반데르 발스와 분자 과학

A. Ya. 키프니스
B. E. 야벨로프
J. S. 로우린슨
지음

하창식·이중희 번역

30대 중반의 반데르 발스 (그의 손자에게서 받음)

머리말

분자 물리학과 물리화학의 발전을 이해하려면 네덜란드 화학자 요하네스 디데릭 반데르 발스의 업적에 대한 지식이 필수적으로 요구된다. 그가 작성한 1873년의 박사 학위 논문은 액체와 기체 두 상에 관하여 서로 본질적인 차이와 유사성을 그 구성 분자 물성의 항으로 해석한 최초의 이론이라고 볼 수 있다. 40년 동안 그와 그의 연구 그룹은 원자, 분자 및 그들의 상호 작용이 대부분의 물리학과 화학의 근간이 된다는 견해를 고수한 채 직접적인 공격보다는 예시를 통해서 마하, 오스트발트, 듀앙 그리고 다른 에너지 관련 학자들의 반원자적 견해들을 반박했다. 물리학에 끼친 그 네덜란드 학자들의 공헌은 아무리 크다고 해도 지나치지 않으며 특히 1914년 제일 차 세계 대전이 일어나기 전 40년간 보여 주었던 그 막강한 영향력은 다시는 볼 수 없는 성질의 것이었다. 반데르 발스는 이 격동의 과학을 이끈 물리학자 그룹의 아버지 같은 선임자였으며 따라서 그의 삶과 업적을 모르고서는 당시의 과학사를 이해하려는 어떤 시도도 불가능하다.

한때 중요하였던 업적이 다음 세대의 과학자들에게 늘 관련되어지는 것은 아니며, 반데르 발스 경우의 업적도 한때는 마찬가지 운명이었다. 하지만 제이 차 세계 대전이 종료될 시점에 그의 업적은 재조명을 받았으며, 따라서 우리는 그가 남긴 업적의 역사적 중요성은 물론이고 (우리가 보기에) 그 본질적인 정확도, 그리고 수많은 업적들의 선견지명 있는 독창성을 인식하기에 이르렀다. 그 논문을 처음으로 읽은 어떤 한 이론 물리학자는 최근에, "나에게는, 그의 학위 논문은 120년 전이 아니라 마치 20년 전에 쓴 것처럼 읽혀집니다."라고 기술하였다. 이런 과학적 삶 속에서 우리는 그의 업적의 모든 측면을 살펴봄으로써 역사적으로 반데르 발스를 분자 과학 창시자의 한 사람으로 자리매김하고자 노력하였다.

1985년에 출판된 러시아판 『요하네스 디데릭 반데르 발스, 1873-1923년』 원저 (A. 야. 키프니스와 B.E. 야벨로프 지음) 와 이 영어 개정 증보판을 준비하면서, 우리는 많은 빚을 지었다. 각 장의 끝에 주석을 통하여 부분적으로 감사의 뜻을 나타냈으나, 훨씬 더 많은 빚을 다른 사람들에게 지었다. 특히 아래 동료들, 친구들 그리고 개인적 서신을 통해 도움을 준 분들에게 고맙다는 말을 전하고 싶다.

러시아: L.P. 다뉴세프스카야, V. Ya. 프렌켈, A.T. 그리고랸, N.F. 미카일로바, G.I. 밀로비도바, Z.K. 소콜로프스카야, Yu I. 솔로비예프, 및 N.V. 프도피센코;

네덜란드 및 벨기에; H. 보르데비직 (헤이그 시 기록 보관소), W. 다우너(레이던 시 기록 보관소), E.P. 반 엠메릭(암스테르담), A.J.F. 고겔라인(레이던 부르하버 박물관), A. 호프(레이던 대학교), G.A. 콘스탐(로젠다알), M. 콘스탐(브뤼셀), A.J. 콕스(암스테르담 대학교), H.J.F.M. 레치부르흐 아우베르(레이던 부르하버 박물관), J. 반 메우르(암스테르담 대학교 박물관), J. 타박(데벤터 시 기록 보관소), G.M. 티에넨(암스테르담 자연과학, 의학 및 외과학 진흥 협회), L.J.W. 바이제르(델프트 공과대학 도서관), 고(故) J.C. 반데르 발스(J.D. 반데르 발스의 손자), 잔 반데르 발스(반데르 발스의 장손), J.H. 반데르 발스(레이던 대학교), J. 발렌브레데(헤이그 북 네덜란드 국립 기록 보관소), G.A.C. 베너만(레이던 부르하버 박물관) 및 M.L. 부르프바인(레이던, '데 라켄할' 박물관);

독일: P.L. 부처(아헨 공과대학);

영국: M. 켈리 (벨파스트, 퀸 대학교 도서관) 및 A.E.B. 오웬(케임브리지 대학교 박물관)

그리고 J.S.R.에게 주어진 레베르훌메 신탁 은퇴 교수 기금

이 원고를 준비하면서 원고를 검토하고 출판을 도와 준 옥스퍼드 대학교 출판사의 직원들, 낸시 로우린손과 특히 이 책의 출판을 위해 7년간 애써 준 마요리 월러스에게 감사드린다.

맨하임 (A. Ya. K.), 모스코바(B.E. Ya.), 옥스퍼드(J.S.R.)

1995년 8월

목 차

192-195쪽 관련 사진 모음
관례에 대한 주 vii
역자 주 viii

1 레이던 1

2 HBS 교사 18

3 '대단히 독창적인 학위 논문' 36
3.1 분자의 실체 37
3.2 연속성, 동일성 및 모세관 현상 41
3.3 반데르 발스 방정식: 유도인가 정당화인가? 44
3.4 학위 청구 논문 발표 64
3.5 모든 사람들에게 이름을 날리다 67
3.6 암스테르담의 왕립 과학 한림원 73
3.7 헤이그에서 암스테르담으로 75

4 암스테르담 대학교 86

5 왕립 과학 한림원에서 115

6 1880년대의 과학 연구 128
6.1 대응 상태 128
6.2 열역학과 용액 이론 134
6.3 모세관 현상 147

7 평가 153

8 스승과 그의 학파 …… 196

9 반데르 발스와 러시아 과학 …… 230

10 은퇴 …… 260

11 분자 물리학 …… 272

11.1 상태 방정식 …… 272

11.2 모세관 현상 …… 287

11.3 임계 현상 …… 289

11.4 대응 상태의 원리 …… 294

12 물리화학 …… 308

12.1 일반 아이디어와 방법론 …… 308

12.2 이성분 및 삼성분계의 열역학 …… 316

12.3 비이상 다성분계의 이론 …… 330

13 결론 …… 354

부록

참고 문헌 …… 357

약어 목록 …… 391

인명 색인 …… 411

주제 색인 …… 419

역자 후기 …… 427

역자 소개 …… 430

관례에 대한 주

이 책에서 상 첨자는 각 장의 끝에 붙은 주석(Notes)을 참조하라는 의미이다. 대괄호 안의 숫자는 부록에 있는 반데르 발스 자신의 업적 혹은 반데르 발스에 관한 참고 문헌 번호이다.

학술지 제목의 약자와 참고 문헌에 기술된 주석의 보충 설명들은 부록의 참고 문헌이 열거되기 전에 정리되어 있다.

현대 네덜란드어 활용법에 따르면, 반데르 발스 이름 같은 철자를 사용할 때 그 자체로 의미가 있을 때는 대문자 V로 표시하지만, 이름의 첫 글자이거나 혹은 이름일 때 소문자 v로 나타낸다. 많은 네덜란드인 영어 작가들을 포함하여 영어 작가들의 오랜 관습에 따라 이 책에서는 소문자 v를 사용하였다.

역자 주

이 책을 번역할 때, 화학 관련 용어는 가능한 한 대한화학회가 펴낸 『화학 술어집』(제5판; 자유아카데미, 서울, 2008년)을 따랐으나, 여기에 수록되어 있지 않은 학술 용어는 외국어를 발음대로 쓰거나 혹은 관례에 따른 한글 용어를 사용하였다. 외국어 인명 및 지명을 번역할 때 웹 사이트, '현대번역통역어학원 (제2장 표기 일람표 (네덜란드어) http://cafe.daum.net/hyundae99/OadF/62?q=peter%20)', '표준외래어 표기(http://zetawiki.com/wiki/%ED%91%9C%EC%A4%80%EC%99%B8%EB%9E%98%EC%96%B4%ED%91%9C%EA%B8%B0_A)', '독일어 사전(https://ko.glosbe.com/de/ko/)', '호기풍의 외국 인명의 우리말 표기(http://cafe.daum.net/poktong/OJvR/15?q=cailletet)'와 '다음 어학사전(http://dic.daum.net/index.do?dic=all)', '구글 (https://www.google.co.kr/)' 검색 등을 참조하였음을 밝혀 둔다.

다만, 현지 발음과 맞지 않더라도 과학계에서 널리 사용되는 이름은 관용명을 따랐다. 가령 Huygens는 표준 네덜란드 발음에 따르면 하이헌스라고 발음되나, 학계에서는 관용적으로 호이겐스라고 하기 때문에 이 책에서는 하이헌스 대신 호이겐스란 이름을 사용하였다. 같은 방식으로 Leiden은 라이든 대신 레이던으로 번역하였다. van der Waals는 반데르 발스로 통일하고 van Geer도 반 게어로 나타내는 등 van은 '판' 대신 '반'으로 나타내었다. 또한, 두 이름이 모두 통용될 경우 그 통용되는 이름을 괄호에 함께 사용하였다. 이를테면 휴고 그로티우스(휘호 더 호르티위스라고도 함)와 같이 표기하였다.

또한, 이 책에서 책이나 논문의 제목이나 지명, 인명, 기관명 등에서 원래 이탤릭체로 표시된 부분은 원저를 그대로 따르되, 번역에 의해 이해가 어렵다고 생각되거나 오해를 불러일으킬 가능성이 있는 경우 원저와 관계없이 괄호에 영어 혹은 원 외국어를 함께 나타내었다.

한편, Academy of Sciences에서의 Academy는 과학원, 한림원, 학술원, 아카데미 등의 여러 이름으로 번역이 가능하나 나라마다 부르는 고유한 이름이 있기 때문에, 이 책에서는 고유 명사의 번역상의 오류나 혼돈을 피하기 위해 아카데미로 통일하였다. 다만, 반데르 발스가 활동하였던 네덜란드의 Royal Academy of Sciences는 다른 나라들의 Academy와 구분하기 위해 왕립 과학 한림원으로 번역하였다.

또한, 원저에는 각 장의 끝마다 주석과 참고 문헌이 수록되어 있고 13장 결론 뒤에 약어 목록과 인명 및 주제 색인이 수록되어 있다. 하지만 이 역서에는 각 장 끝에 있던 주석은 그대로 두되 편의상 참고 문헌은 약어 목록과 인명 및 주제 색인과 함께 부록으로 수록하였다.

제1장

레이던

위대한 네덜란드 물리학자 요하네스 디데릭 반데르 발스의 첫 기록은 1639년 4월 20일에 처음 나타난다. 그날 마스 강과 발 강이 만나는 합류 지점의 조그만 요새였던 브리엘에서 태어난 미치엘 바르톨로메즈 반데르 발의 출생 신고가 레이던 시청에 접수되었다. 그의 아버지 바르톨로메우스 또한 1580~1590년 사이에 브리엘에서 태어났다[1]. 그때는 아직 반데르 발은 아니었다. 하지만 반데르 발의 이름을 놓고 보면 이 가족은 브리엘 근처의 바다로 흘러나가는 라인 강 하류의 남쪽 지류인 발 강의 제방에서 유래된 것으로 추정된다.

1718년부터 이 가족은 반데르 발이란 성을 쓰는 다른 가족과 차별하기 위해서 반데르 발스로 부르기 시작한다[2]. 그리고 J. D. 반데르 발스의 모든 선조들은 이 레이던에서 태어나고, 자라났으며, 생활하고, 자식을 낳고 죽었다. 유일한 예외라면 델프트에서 사망한 외할머니 야네테 몽포르트 (1787-1854년)뿐이다. 남자들은 주로 레이던에 있는 공장에서 건축업자나 재봉사로 일했다.

미치엘 반데르 발이 레이던에 정착했을 당시는 네덜란드 자치주 연합이 스페인의 지배를 물리치고 첫 부르주아 공화국을 세운 16세기 말이었다. 이때부터 네덜란드인들이 자랑스럽게 여기는 황금시대(*Gouden Eeuw*)에 접어든다. 인구 2~3백만 명의 이 작은 나라는 세계적인 강대국으로 성장하여 경제, 무역, 그리고 심지어 군사적으로도 다른 나라들을 압도했다. 자연 과학 및 인문 과학에서도 놀라운 발전을 이룩했고, 기술 분야에서도 제방 건설, 간척 사업, 광학 기구의 개발 및 다이아몬드 절단과 같은 성과를 이루었다. 바다에서는 그들의 배가 오스트레일리아, 타스마니아 및 뉴질랜드의 땅에 최초로 닿았다. 네덜란드 그림 또한 새로운 전성기에 달했고 문학은 야코프 카츠 (1577-1660년), 피터르 호프트 (1581-1647년), 요스트 반 덴 본델 (1587-1679년)과 물리학자 크리스티안 호이겐스 (1629-1695년)의 아버지인 콘스탄테인 호이겐스 (1596-1687년)의 주도 아래 고전 시대에 접어들었다. 또한, 절대 왕정에 억압받던 유망한 학자나 연구자들에게 문을 활짝 열었다. 종교적 엄격함의 굴레에서 벗어난 그들은 네덜란드에서, 프랑스나 이탈리아에선 상상할 수도 없을 자유로운 사고의 결실을 맺을 수 있었다.

역사 깊은 레이던은 끈질긴 독립 투쟁은 물론 그에 잇달아 네덜란드 문화가 번성을 누린 곳으로도 유명했다. 1574년에는 알바 공작이 이끄는 스페인군에 의해 131일간 포위되어 수천 명이 아사하거나 질병으로 죽었지만, 레이던은 무사했다. 이런 용맹에 따른 보상으로, 오라녜 공 빌럼 (William the Silent, Prince of Orange)(1533-1584년)은 특별한 조칙을 내려 레이던에 네덜란드 첫 대학을 설립할 수 있도록 했다.

1575년 2월 8일, 독립 전쟁이 한창 진행되는 가운데 옛 성 바바라 수녀원 자리에 '바타비아 아카데미'가 들어섰다. 종교적 관용, 넓은 범위의 과학 연구와 출판 (엘스비어 출판사 건물, 곧 당시엔 레이던 대학교 출판부는 1580년까지 유명세를 떨쳤다), 훌륭한 도서관과 충분한 보수 등은 유럽의 저명한 석학들을 레이던으로 끌어 모으는 원동력이 되었다. 식물학자 카롤루스 클루시우스 (1526-1609년), 역사학자 요세프 스칼리제르 (1540-1609년), 동료들이 '마르지 않는 학식의 샘'이라 불렀던 법학자 휴고 그로티우스(휘호 더 호르티위스라고도 함) (1583-1645년), 천문학자 빌레브로르드 스넬 (1580-1626년), 수학자 시몬 스테빈 (1548-1620년) 등의 활약으로 레이던은 '북유럽의 아테네'라는 별명을 얻게 되었다. 네덜란드 식 화풍이 꽃피운 것도 레이던에 힘입은 바가 컸다. 렘브란트 (1606-1669년)는 물론이고, 헤릿(혹은 제랄드) 도우 (1613-1675년), 가브리엘 메취 (1629-1667년), 그리고 하이네가 가장 좋아했으며 사교성이 뛰어난 레이던 여관 주인 얀 스테인 (1626-1679년)의 본거지이기도 했다.

마을의 인구는 급속도로 늘어나 16세기 초에 12,000명이었던 인구가 1620-1650년에는 100,000명으로 늘어나 있었는데, 주로 프랑스와 플랑드르 지방에서 피난을 온 개신교 신자들이었다. 레이던이 발전할수록 대학의 유명한 학자들, 화가들, 상인들 및 그리고 일자리를 위해 찾아온 수천 명의 사람들로 북적거렸고, 그중에 반데르 발스 가문의 선조들도 포함되어 있었다. *황금시대* 에 레이던은 방직 산업의 중심지가 되어, '레이던 옷감', '레이던 베이즈', '레이던 캠릿'은 물론이고, 레이던 대학교의 교수였던 피터르 반 뮈스헨뷔르흐 (1692-1761년)가 연구를 수행한 장소의 이름을 따 붙인 '레이던병'같이 '레이던'이란 이름은 후대에 유명세를 타게 되었다.

하지만, 황금시대는 서서히 정체기에 접어들더니 곧 쇠퇴하기 시작했다. 17세기 후반과 18세기 초반에 계속 이어진 전쟁은 국력을 크게 소모시켰다. 상류 계층의 부르주아와 귀족들은 체계적인 지배 체계를 만들기를 거부했고, 이는 국내외 상황에 신속하게 대응하지 못하는 원인이 되었다. 네덜란드 상업과 산업은 외국과의 경쟁에 밀려 크게 쇠퇴했고, 영국이 네덜란드의 자리를 차지했다. 네덜란드 경제의 가장 중요한 지표가 되는 간척 사업 또한 급속도로 악화되었다.

네덜란드의 미술은 경제적 불황이 오기 몇 십 년 전부터 전성기가 지나 있었고, 문학 또한 마찬가지로 생명력을 잃고 있었다. 레이던 또한 이 흐름에서 벗어날 수가 없었다. 마을의 상업은 서서히 죽어가고 있었고, 옷가게들은 빠른 속도로 문을 닫았다. 1710-1717년에 100,000명의 인구는 1/3로 줄어 있었고, 다시 마을은 농업에 의존하게 되었다. 경제 활동과 예술 활동이 절정에 달했던 17세기 중반, 네덜란드에서는 오직 과학만이 그 우위의 자리를 유지한 채 계속 발전하고 있었다.

이 '위상 변위'의 황금기를 주도한 인물들은 크리스티안 호이겐스, 베네딕트 스피노자 (1632-1677년), 안톤 반 레이우엔훅 (1632-1723년), 얀 스왐메르담 (1637-1680년), 레이던 대학교수들이었던, 헤르만 부르하버 (1668-1738년), 빌렘 그라브산드 (1688-1742년), 피터르 반 뮈스헨뷔르흐, 베른하르트 알비누스 (1697-1770년) 등이 있었다. 처음 두 명과 마지막 한 명은 레이던 대학교를 졸업했으며, 호이겐스는 졸업생은 아니었지만, 수업을 청강했다.

레이던은 '바타비아의 히포크라테스'이자 '전 유럽의 스승'인 부르하버가 교수로 있을 때 유럽에서 최고의 명성을 누렸다. 1709년에 교수에 임명된 그는 의학, 식물학 및 화학을 가르쳤다. 그가 담당하는 학생 수는 2천 명에 달했고, 네덜란드 물리학자 제라르 반 슈비텐 (1700-1772년), 스웨덴 식물학자 칼 폰 린네 (1707-1778년), 스위스 식물학자 알브레히트 폰 할러 (1708-1777년) 등을 포함한 전 유럽에서 온 학생들로 넘쳐났다. 1726년의 120명의 의학생들 중에서는 40명의 영국 학생, 20명의 독일 학생, 10명의 러시아 학생과 프랑스, 그리스 및 아랍 학생들도 있었다. 표트르 대제 또한 부르하버의 강의에 몇 차례 참석했고, 부르하버의 제자인 라브렌티 블루멘트로스트 (1692-1775년)는 훗날 상트페테르부르크 과학 아카데미(St Petersburg Academy of Sciences)의 첫 원장이 되었다.

18세기 중엽에 들어서자 레이던의 지위는 많이 하락했지만, 5개의 대학교 – 레이던, 프라네커, 하르데웨이크, 흐로닝엔, 위트레흐트 –가 있는 네덜란드 안에서는 여전히 가장 뛰어났다. 그럼에도 유명한 학자는 더 이상 없었고, 학생 수는 빠르게 감소하기 시작했다. 부르하버의 시대가 끝나고 50년 후, 학생 수는 500-600명 선에 그쳤고, 그중 2/3가 법학이나 신학을 공부하고 있었으며 과학은 완전히 무시되었다. 마을에는 빈집이 늘어났고, 가게들은 문을 닫았으며, 운하에는 사람이 보이지 않았고, 학생들의 소리와 음악이 사라졌다. 레이던은 서서히 활기가 없는 침울한 마을이 되어 갔고, 몇몇 여행자들은 다음과 같이 레이던을 묘사했다.

‘레이던에 도착하니 마치 죽은 자의 마을과 같은 한기가 느껴졌다.... 넓은 도로, 광장, 교차점에는 전염병에서 살아남은 것 같은 사람들 몇 명만이 지나가고 있었다. 길에는 잡초가 무성했고 집들에는 셔터가 닫혀 있었다. 침묵만이 남아 있었고 모든 주민들이 초자연적 잠에 빠져 있는 것 같았다.... 몇 시간에 걸쳐 다리와 다리 사이, 운하와 운하 사이, 섬과 섬 사이를 드나들며 옛 레이던의 활력과 시끌벅적함을 찾으려 해도, 찾을 수 있는 것은 오로지 고독, 침묵과 물에 반사되는 마을의 쓸쓸한 풍경뿐이다.’ (E. 데아미치스, 1878년 [1, p. 214]).

‘마을은 죽어 가는 라인 강변에서 삶을 보내고 있다. 배는커녕 작은 보트조차 없으며, 오로지 모기떼와 오리 무리만이 수면을 휘젓고 돌아다니고 있었다. 온 마을을 돌아다녀도 살아 있는 영혼을 찾을 수가 없다.... 마을 전체가 마법에 걸려 주민들이 전부 영원한 잠에 빠진 것 같다. 도로에서 자라는 잡초가 레이던에 사람이 없다는 것을 나타내는 증거이다.' (M. L. 베르너, 1884년 [2, p. 165-168]).

'마치 창백한 죽음의 미소가 온 마을- 건물과 거리에 드리운 것 같았다.' (Vas. I. 네미로비치-단첸코, 1892년 [3, p. 452]).

1810년에 나라 전체가 나폴레옹의 제1제국에 의해 정치적으로, 경제적으로 붕괴되었을 때 마을의 쇠락은 최고조에 달했다. 프랑스 지배는 네덜란드인들에게 고통과 치욕을 안겨다 주었지만, 반면에 그때까지 서로 꺼려하던 각 주와 마을들을 서로 단합시켜 확고한 규칙이 있는 연방 국가의 기초가 다져지게 되었다. 이는 곧 나폴레옹의 몰락과 주권을 회복한 1813년 이후로 느리지만 꾸준한 경기 부양의 결과로 이어졌다.

1824년에는 강력한 권한을 가진 네덜란드 무역 협회(*Nederlandsche Handel-Maatschappij*)가 창설되어 식민지의 계획적인 탐사에 들어갔다. 이듬해 북 홀란트 운하가 개통되었는데, 이는 1869년 수에즈 운하가 개통되기 전까지 세계에서 가장 큰 운하였다. 1837년에 첫 철도가 들어섰고, 1년 후에는 훗날 진보 세력의 구심점이 된 월간 교양 잡지 *데 기즈(De Gids, 안내서)*가 창간되었다. 1840년대에 네덜란드는 대형 프로젝트로 전 세계를 놀라게 했는데, 1836년에 레이던에 끔찍한 홍수를 일으킨 원인이 된 할레머 메어의 물을 대형 증기 기관이 달린 펌프로 완전히 빼내어 버린 프로젝트가 바로 그것이다.

프랑스 점령기 동안 레이던은 다른 네덜란드의 마을보다 더 사정이 좋지 못했다. 이는 이 마을을 휩쓸었던 약탈과 경제적 쇠퇴뿐만 아니라 1807년 1월 12일에 화력이 센 프랑스 함선이 레이던 중앙에 있는 라펜뷔르흐 운하를 폭파한 사고의 영향이 컸다. 암스테르담까지 소리가 들렸다고 하는 이 사고로 인해 운하 주변이 폐허가 되었고, 수백 명의 사상자가 났다. 이 지역은 곧 폐허지(The Ruins)라는 이름으로 불리게 되었다.

레이던 대학교는 이 혼란한 시기를 무사히 넘길 수 있었고, 프랑스 점령기 동안 위트레흐트, 프라네커 및 하르데웨이크 대학교가 폐쇄되었기 때문에 그 중요성은 더욱 커졌다. 뒤의 2개 대학은 영원히 다시 열리지 않았다. 몇 년 뒤에는 그 폐허지에서 커다란 대학 건물이 들어섰는데, 이는 뒷날 유명한 카메를링 오네스 극저온 연구소가 된다. 1815년 독립 이후에 레이던의 경제와 지적 삶은 또한, 18세기에 레이던에 설립된 네덜란드 문학 및 수학 협회(*'수학, 모든 과학의 시조'란 뜻인* 메테시스(*Mathesis Scientiarum Genetrix*)로 알려짐)의 후원에 힘입어 서서히 부활하기 시작했다.

1820년에 레이던 대학교를 졸업한 요한 루돌프 토르베케 (1798-1872년)는 그의 조국의 역사에 큰 영향을 끼치게 된다. 1831년에 그는 레이던 대학교 법학과의 교수가 되었고, 곧 진보 세력의 지도자가 되어 1848년에 왕실의 권한을 축소하고 좀 더 민주주의적인 정부를 설립하게 된다. 그리고 다음 20년간 그는 보수 세력 및 종교 세력과의 기나긴 싸움 끝에 네덜란드를 역동적인 기업 환경으로 변화시켰다.

요하네스 디데릭 반데르 발스는 1837년 11월 23일 레이던에서 태어났다. 그의 생가는 얀 보센테에흐(*Jan Vossensteeg*) 972번지의 6번 구역으로 아직도 남아 있다(지금은 30번으로 변경되었다[3].) 그는 목수인 야코부스 반데르 발스 (1812-1898년)와 부인 엘리자베스 반 덴 뷔르흐 (1816-1896년)의 아들로 태어났다. 그의 이름은 화가이자 유리 세공인이었던 외할아버지 요하네스 디데릭 반 덴 뷔르흐의 이름에서 따온 것이다. 미래의 과학자가 될 이 아이는 반데르 발스 가문의 열 명의 아이-여섯 명의 남자아이와 네 명의 여자아이- 중 제일 나이가 많았다. 요하네스 디데릭을 제외한 나머지 아이들도 어느 정도의 명성을 얻었다. 게라르두스 (1851년-?)는 동인도회사의 고위직에 올랐고, 제일 막내인 헨드릭 게라르두스 (1857년-?)는 산스크리트어의 번역가가 되었다. 두 번째 아이인 엘리자베스 (1840년)는 2주밖에 살지 못했고, 그 이름은 다음해에 태어난 세 번째 아이가 물려받았다. 여덟 번째 아이인 코르넬리스는 훌륭한 수학자이자 체스 선수였지만, 술을 너무 많이 마셔 경제적인 문제에 휘말리곤 했다[4].

요하네스 디데릭의 유년기와 성장기에 관한 기록은 남아 있는 것이 별로 없다. 알려진 것이라곤 어려운 가정 형편 때문에 기초적인 교육만을 받았다는 점과, 뮬로(MULO)라고 불리는 3년 과정의 고급 초등학교를 한동안 다녔다는 것뿐이다 [231]. 하지만 이 시기에는 네덜란드를 포함한 어느 나라에도 공립 중급 학교는 존재하지 않았다. 대학교는 노동자의 아들로서는 꿈조차 꿀 수도 없는 처지였는데, 학비를 지불할 형편이 되지 못했기 때문이다. 입학금과 강의료는 물론이고 하루하루 먹을 양식을 버는 것조차 힘들기 때문이었다. 이러한 어려운 생활은 23-25세가 될 때까지 지속되었다. 더욱이 대학교에 들어가기 위해서는 고대어를 익히는 것이 필수(*sine qua non*)였고, 이 규정은 1917년까지 유지되었다. 따라서 고등 교육을 받기 위해서는 김나지움, 라틴어 학교, 아테나움 또는 그와 유사한 기관을 거쳐야 했는데, 먹고 살기에도 바쁜 그에게는 정말 가당치 않은 것이었다. 그 당시 네덜란드에서도 초등 과정 교육은 매우 권장되는 분위기였으나, 당시만 해도 다른 나라들과 마찬가지로 초급 교육은 의무교육도, 무료 교육도 아니었다. [4, pp. 45-111; 5, p. 165, 169]. 하지만 당시 네덜란드 초등학교의 교육 수준은 매우 높았다고 알려져 있으며, 그것은 1806년에 제정된 교회의 학교 간섭을 금지하는 법과 학교와 교사의 수준을 체계적으로 평가할 수 있는 제도를 도입한 덕분이었는데, 이 사실은 꽤 주목할 만한 가치가 있다. 네덜란드 공립 교육의 발전에 큰 영향을 끼친 것은 많은 개별적인 공립 기관들의 역할이 컸는데, 영향력이 큰 공익협회(*Maatschappij tot Nut van't Algemeen*)로부터 그만그만한 수학협회(메테시스) 등에 이르기까지 다양한 기관이 있었다. 수학협회는 노동자의 아이들을 위한 3년 과정의 야간 학교(*Burger-avondschool*)를 도입했다. 1785년부터 운영에 들어간 이 학교는 주로 레이던 지역 사회의 지원을 받았다 [6, p. 7].

하지만 현대적 기준에서 보면, 그 당시의 네덜란드 초등학교는 그리 대단한 곳은 아니었다. 오로지 한 명의 교사가 모든 과목을 담당했다. 읽기, 쓰기, 지리, 노래, 자연 과학의 기초까지. 학생들은 모두 한 방에서 가벼운 커튼으로 구분된 '교실'에서 교육을 받았다. 70명 이상의 학생이 있는 경우 교사는 한 명의 조교를 쓸 수 있었는데, 이 조교는 '학생 조교'라고 불렸다. 100명이 넘어가면 조수를 고용할 수 있었고, 150명이 넘어가면 학급은 3개의 조로 나뉘어 각각 교사, 조수, 학생 조교가 담당하게 되었다 [5, p. 254].

반데르 발스는 비교적 이른 나이에 교육자의 길에 들어섰는데, 14~15세가 되었을 때 이미 학생 조교가 되어 있었다. 1856년, 19세인 그는 하나의 시험 과목을 맡게 되었는데, 이는 17년 간 지속된다. 이 시험 과목들은 지정된 과목이나 정부의 명령에 대한 '아크테(정식 명칭은 *Akte van Bekwaamheid*, 곧 자격 인증)'를 얻기 위한 것이었고, 이를 통해 그는 초등 교육 및 고등 교육의 길을 차례대로 밟을 수 있었다. 반데르 발스의 아크테들은 독일어, 프랑스어 및 3등급 교사 자격증이었다[5]. 그리고 기초 수학과 기초 자연 과학에 대한 아크테들도 획득했다. 1850년대 말에 그는 초등학교의 조수로 일하고 있었다 [231, p. 149]. 1860년 10월 12일 헤이그에서 열린 남부 네덜란드 지방 초등 교사 자격 위원회로부터 교사 자격증에 대한 아크테를 획득하여, 수학 교사의 자격을 얻게 된다. 다음해에 그는 교장 자격 아크테를 획득하여 초등학교의 교장에 오를 수 있게 되었다.

반데르 발스가 어릴 때부터 자연 과학 및 교육 분야에 놀라운 능력을 보여 준 것은 의심할 여지가 없다. 이런 능력이 없었다면 그는 결코 가업인 장사에서 벗어나서 그 당시 네덜란드에서 흔하지 않았던 교직의 길로 들어설 수 없었을 것이다.

1862년, 25세가 된 반데르 발스는 수학 강의에 등록하기 위해 처음으로 레이던 대학교에 발을 디디게 되었다. 고전어에 대한 지식이 부족했기 때문에 정규 학생으로 등록할 수는 없었다. 게다가, 애당초 정규직인 교사라는 직업을 포기할 만한 이유도 없었다. 하지만 연간 4개의 강의를 들을 수 있는 과정이 있었는데, 한 강의 당 자신이 버는 초등학교 교사의 연봉인 40 휠던을 등록비로 내야 했다.

그의 첫 교수는 기데온 얀 베르담 (1802-1866년)으로, 레이던 대학교 졸업생이자 19세기 초반을 빛낸 네덜란드 수학자였다. 그는 1839년부터 레이던 대학교에서 강의를 시작했고, 수학 대회 우승자로 네덜란드 전역에서 유명한 분이었다. 초등 수학 및 고급 수학에 관한 교과서도 많이 저술했다. 몇 판밖에 출판되지 않았지만, 몇 권의 책은 독일어로도 번역되었다. 그는 암스테르담에 있는 왕립 과학 한림원(Royal Academy of Sciences)과 하르렘에 있는 네덜란드 과학 협회(*Hollandsche Maatschappij der Wetenschappen*; HMW)의 회원이었고, 그밖에도 프라하 아카데미를 포함한 여러 저명한 아카데미에서 활동했다.

그는 수학의 모든 분야를 가르쳤지만, 그중에서도 특히 기하학을 중요시했는데, 천부적인 그림 실력과 관련이 있어 보였다. 그는 자신의 교과서에 있는 그림을 전부 직접 그렸으며, 전문 판화가들도 그만큼 복잡한 도형을 그려낼 수는 없을 정도였다. 반데르 발스가 대학에 들어와서 들은 이 첫 강의가 자신의 과학적 사고의 기하학적 모형을 발전시키는 데 중요한 역할을 하게 된 것일 수도 있다.

베르담의 건강은 1860년대 초부터 악화되기 시작해서, 그 자리는 종종 다비드 비어렌즈 데 한 (1822-1895년)이 대신 맡게 되었다. 그는 1863년에 조교수에 임용되었고, 3년 후 베르담이 사망하자 그 자리를 물려받게 되었다. 비어렌즈 데 한은 베르담 밑에서 1847년 박사 학위를 받았고, 1860년대에는 국내외적으로 큰 명성을 얻게 되었다. 그는 왕립 과학 한림원과 HMW의 회원이었고, 영국 학술 협회(British Association)의 객원 회원이자 카잔 수학회의 명예 회원이었다. 에든버러 대학교에서 명예박사 학위를 받기도 하였다. 그의 명성은 두 개의 분야에서 빛났는데, 하나는 매우 효과적이고 종합적인 정수표의 개발이었고 (1939년이 되어서야 재수정이 이루어질 정도로 기념비적인 업적이었다), 다른 하나는 네덜란드 수학의 역사에 관해서였다. 그는 이때까지 잘 알려지지 않았던 스테빈, 스피노자 및 호이겐스의 업적을 정리했다. 레이던에서 그는 유명 인사로, 지역 메노파 교회 공동체 회장과 레이던 수학협회(Mathesis)의 회장을 역임했다.

그러나 그는 가르치는 것에 대해서는 재능이 없었던 것 같다. 1870년대에 그의 강의를 들은 바 있는, 사람 좋은 헨드릭 안톤 로렌츠 (1853-1928년)는 어떤 공식적인 모임에서 그 교수의 업적에 대해서 '다른 사람들이 흉내낼 수 없을 정도로 탁월하고 정열적인 업적'으로 젊은 세대들에게 표양이 되는 분이라고 이야기했지만, 그의 강의에 관해서는 침묵

으로 일관했다. [7, p. 328]

반데르 발스 또한 베르담의 후계자에 대해 실망한 나머지, 당초 수학만 들을 예정이던 그는 수리 천문학으로 수업을 보충하기로 결정했다. 그의 아크테 획득 경력에 천문학 분야를 더하기 위해서였겠지만, 천문학 교수였던 프리드리히(혹은 프레데릭) 카이저(1808-72년)의 명석함과 개인적인 매력에 빠져 결정했을 가능성도 없지는 않다. 청년 로렌츠가 레이던 대학교를 선택하게 된 가장 중요한 이유도 카이저의 강의에 매력을 느꼈기 때문인 것으로 알려져 있다 [7, p. 329].

카이저는 젊은 나이에 이미 천문학적 발견과 계산을 통해 네덜란드에서 큰 명성을 얻었다. 그는 27세에 레이던 대학교에서 명예박사 학위를 받았다. 그의 업적은 전 국가적으로 천문학에 관심을 불러일으키게 하였고 특히 1840년대에 두 권으로 된 천문학 백과사전, *별빛 하늘(The Starry Sky)*을 발간함으로써 과히 열풍이라고 할 만큼 대단한 영향력을 발휘하였다. 그는 이 열풍을 등에 업고 레이던에 새로운 천문대를 건설하는 데 활용했다.

검약을 강조하는 토르베케 정부가 재정 지원을 거부하자, 카이저는 모금운동을 펼쳤다. 13,000 휠던이란 거금이 모였고, 1858년에 공사가 시작되었다. 교수에 감명 받은 학생들도 자발적으로 동참했고, 1861년에 천문대가 완공되었다. 처음에는 직원이 아주 적었지만, 학생 봉사자들이 또 한 번 지원에 나섰다. 첫 연구 결과는 그 당시에 전 세계적으로 가치가 있는 내용이었으며, 그에 따라 카이저의 명성은 더욱 올라갔다. 그는 영국 왕립 과학연구원(Royal Institution in London), 왕립 천문학회(Royal Astronomical Society), 그리고 베를린 과학 아카데미(Berlin Academy of Sciences)의 회원이 되었다.

카이저는 레이던의 자랑이 되었고, 지역 명사 취급을 받았다. 대부분의 네덜란드인들은 레이던 대학교의 물리학·수학 학부를 카이저의 학부로 알고 있었다. 모든 학과의 학생들, 심지어 철학과와 신학과 학생들도 그의 강의를 들으러 몰려들었다. 하지만 이 대학교와 네덜란드 과학계에 큰 공을 세운, 그 열정적이고 낙관적인 과학자도 결코 쉬운 삶을 산 것은 아니라는 사실은 주목해야 할 부분이다. 그는 열세 살부터 벌이를 해야 했고,

그 때문에 두통과 감기를 달고 살았다. 그의 사후 3년 뒤, 대학교 300주년 기념사에서 그 대학교 총장은 다음과 같이 연설했다. '카이저가 그토록 매력적인 이유가 무엇일까요? 그의 업적, 위대한 지혜, 통찰력, 탁월한 교육자로서의 능력일까요? 네, 전부 맞습니다. 하지만 그의 마음속에서 불타는 과학에 대한 절대적이고 끝없는 사랑이 있었기에, 그는 학생들의 마음을 불타오르게 하는 방법을 알고 있었던 것입니다.' [8, p. 25]

젊은 로렌츠는 카이저의 강의에 큰 영향을 받았다. 학생 시절에 그는 천문학에 전혀 흥미가 없었지만 [7, p. 330], 카이저의 영향에 의해 물리학자가 되었다. 곧 알게 되겠지만, 뛰어난 과학자이자 스승인 이 사람은 반데르 발스에게도 큰 영향을 끼쳤다. 하지만 젊은 교사를 물리학자로 바꾸는 데 결정적인 역할을 한 사람은 레이던 대학교의 또 다른 교수인 피터 레온하르트 리케 (1812-1899년)였다. 반데르 발스는 리케를 만나기 전에도 물리학에 대한 기초적인 개념은 가지고 있었지만, 그 개념은 뒤틀려 있었고, 이 분야에 큰 흥미를 가지고 있지도 않았다. 하이케 카메를링 오네스 (1853-1926년)는 반데르 발스와의 사적 대화를 기록하면서 다음과 같이 적고 있다. '그는 물리학에 자기 자신만의 방식으로 접근했다. 그는 원래 자신의 영혼에 잘 맞고 강한 신념을 지니고 있던 수학에 흥미를 느끼고 있었다. 그는 교과서를 통해 물리학을 배웠지만, 그 내용을 제대로 이해하지 못했기 때문에 이 과학에 접근할 수가 없었다. 하지만 그는 어느 날 물리학을 공부하려면 리케 교수의 실험 강의를 들어야 한다는 이야기를 들었다. 그곳에서 그는 만약 물리학이 수학의 연역적 추리를 통해 얻은 결과와 일치하지 않는다면, 이 차이는 실험과 관찰을 통해 얻은 신뢰성을 바탕으로 극복할 수 있다는 점을 재빨리 깨우쳤다.' ([233], 편지 1898/x/8)

리케는 1835년에 레이던 대학교를 졸업했고 1854년에 물리학과장을 맡아 1882년 은퇴하기 전까지 그 자리를 지켰다. 그는 한림원과 HMW의 회원이었지만 대부분의 논문은 해외 저널인 *물리학 연보(Annalen der Physik)*를 통해 발표했다. 그는 철저한 경험론자로, 상상에 따른 추론을 피하고 아주 세심하고 철저한 관찰을 우선했다.

그는 주로 전기학 분야 연구를 수행했는데, 특히 전기 아크의 '소리 나는 불꽃'을 중점적으로 연구했다. 그는 고압 전류를 껐다 켰다 할 때 발생하는 전기 아크가 자기장에 의해 억제된다는 것을 처음 발견한 사람이고, 이 효과는 지금 현재 전기 공학에서 널리 응용되고 있다.

그의 실험은 주로 강의에서 시범을 보이기 적합한 것들이었는데, 애당초 레이던 대학교의 물리학과 연구실은 그런 의도에서 설립되었기 때문이었다. 이 실험실에는 황금시대 때 들여온 몇 가지 장비들을 포함한 각종 기기로 가득차 있었다. 더욱이 가르치는 일은 그의 생업이었다. 로렌츠는 다음과 같이 회고했다. '우리 학생들은 그의 세심한 배려에 감동했습니다. 리케 교수님은 꾸준히 학생들의 실험 능력을 발전시키기 위해 노력했고, 또한 그분은 시범에서 아주 자그만 실수도 용납하지 않았기 때문에, 엄청난 집중력과 인내심을 가지고 준비했습니다.' [7, p. 328]. 오늘날 물리학 강의에서 시범은 그리 중요하지 않은 것으로 여겨진다. 물리학에 대한 신념이 확고하므로, 그걸 굳이 증명할 필요가 없기 때문이다. 하지만 과거에는 그렇지 않았으며, 카메를링 오네스에 따르면 반데르 발스로 하여금 물리학엔 확고한 기초가 존재한다고 믿게 한 것은 바로 리케 실험의 완벽함과 높은 신뢰성에 기인한 것이었다.

많은 학생들과 대학원생들은 리케의 손을 거쳐 연구를 시작했다. 반데르 발스와 로렌츠는 그의 지도로 박사 학위를 받았으며, 야코부스 헨리쿠스 반트 호프 (1852-1911년)와 휴고 드브리스 (1848-1935년)는 그의 수업을 들었다. 그는 네덜란드의 고등 교육에 큰 공을 세웠지만, 오늘날 그의 이름은 거의 잊혀졌다. 백과사전과 과학사 논문에도 무시당했고, 심지어 네덜란드 인명사전에도 한두 줄만이 적혀 있을 뿐이다. 하지만 이 망각이 그가 원했던 것일지도 모른다. 그가 죽었을 때는 사망 기사조차 나오지 않았고, 36년간 그가 속해 있던 한림원의 *베르스라헨* (*Verslagen, 프로시딩*) 마저도 조그맣게 검은색 칸으로 처리된 부고란을 통해 짧게 그의 죽음에 관한 내용과 그가 자신의 업적과 생애에 대한 언급을 자제해 달라고 부탁했기 때문에 우리 한림원과 국가는 그의 명복을 빌 뿐이라고만 적었다 [9]. 그의 동료들은 그를 단지 검은색 옷을 입은 무뚝뚝하고 꼬장꼬장한 학자로만 알고 있었지만, 로렌츠는 다음과 같이 적고 있다 '나의 스승이신 리케 교수님은 학생들이 다가가기 어렵게 보이지만, 몇 년이 지나 그를 잘 알게 되자 따뜻한 마음을 가진 분이라는 것을 알게 되었다' [7, p. 328].

반데르 발스의 전문적인 과학과의 첫 만남은 네덜란드 교육 구조에 큰 변화가 있었을 때 이루어졌다. 1862년 2월 진보주의자인 토르베케가 정권을 다시 잡았는데, 그는 1845년부터 1853년까지 수상 자리에 있을 동안에 왕을 압박해서 민주주의적 권리를 얻어냈고 학교의 설립을 장려했었다. 하지만 고등 교육에 관해서는 손을 채 쓰기도 전에 보수파에 의해 밀려났었다. 다시 수상이 된 그는 1862년 국회에 고등 교육 체계를 정립하는 법안을 제출했다. 이 법안은 왕의 재가를 받아 1863년 5월 2일부터 발효되었다.

이 법안의 핵심 목표는, '중산층의 자녀들에게 기초적인 교육에서 달성할 수 없는 지식을 가르쳐서 장차 미래 진로에 관한 준비와 그 직업에서 활용할 수 있도록 하는 것' [6, p. 3] 이었다. 다만 토르베케는 고등 교육이 직업에 관련된 것으로 한정되는 것이 아니라, 젊은이들이 다방면에 걸쳐 지식을 쌓아 장차 모든 분야에서 효과적으로 활동할 수 있도록 하는 것이 목표라고 말했다 [6, p. 3].

두 종류의 고등학교가 도입되었는데, 일반 노동자와 농부의 자녀들을 위한 주민 학교와 '일반 평민의 아이들보다 더 많은 시간을 갖고 재능을 계발할 수 있는 여력이 있는 중산층 자녀들'을 위한 상급 주민 학교(*Hoogere Burgerscholen* 또는 HBS)가 바로 그것이다. HBS는 5년 과정과 3년 과정으로 나누어졌고, 야간 과정 또한 존재했다. 토르베케와 그의 지지자들의 혜안에 보답하듯 HBS는 1870년대부터 시작된 국가 부흥에 크게 이바지를 했고, 세기말에 이뤄진 네덜란드 과학계의 놀라운 발견들의 주춧돌이 되었다. 거의 모든 네덜란드 과학자들은 학생, 교사 혹은 둘 다의 자격으로 HBS를 거쳤다. 12년간 반데르 발스는 5년 과정의 HBS와 밀접한 관계를 맺었다.

이 학교들이 제공한 교육은 무엇인가? 가장 근접한 사례는 독일과 러시아의 *김나지움(Realgymnasia)*으로, 18세기 초에 설립되기 시작해서 HBS가 도입되기 전에는 널리 퍼졌다. 김나지움과 HBS의 차이점은 중점적으로 가르치는 과목- 물리학, 수학, 역학 및 화학-의 '새 과정'에 있었다. 하지만 네덜란드의 실용주의자들은 독일이나 러시아 학생들이 6-7년간 배우는 과목을 5년 안에 배워야만 했다. 독일이나 러시아에서 필수로 들어야 했던 종교 수업은 HBS의 교과 과정에는 존재하지 않았는데, 이는 인구의 각각 절반을 차지하는 개신교와 가톨릭 신자들의 중립적 합의에 따른 결과물이었다. 마지막으로 HBS 학생들은 3개의 근대어- 영어, 독일어, 프랑스어-를 배워야 했고, 독일이나 러시아 학교에 남아 있던 고전적인 라틴어를 배울 필요가 없었다. 이 제도는 죽은 언어에 대한 부담에서 해방해 주는 대가이긴 했지만 대신, 대학으로의 직접적인 진학을 막는 결과를 낳았다.

12-14세의 학생들은 입학시험을 통과하고 연간 30-60 휠던을 지불하면 HBS를 다닐 수 있었다. 1864년까지 600명의 학생이 다닐 수 있는 아홉 곳의 HBS가 문을 열었고, 그다음 10년간 학교의 숫자는 39개, 학생 수는 3,500명으로 늘어났다. 새 학교는 새 과정을 가르칠 수 있는 새로운 선생님들을 필요로 했지만, 이 부족 사태에도 불구하고 1863년 5월 2일의 법은 HBS 교사에 지원하기엔 꽤나 엄격한 기준을 요구했다.

HBS 교사 자리는 큰 존경을 받았고 최대 3,000 휠던의 연봉이 보장되었다. 주요 과목의 교사가 되기 위해서는 박사 학위를 가지고 있거나 아니면 박사 학위 과정이 없는 대학교를 졸업한 경우 *후보자(candidaats)* 여야 했다. 하지만 학위가 없는 경우에는 어려운 시험들을 통과해서 필요한 아크테들을 모아야만 했다.

반데르 발스는 HBS에 최초로 지원한 사람 중 하나였다. 1864년 초 그는 수학 혹은 역학에 *후보자* 자격을 얻을 수 있는 아크테 A 시험을 준비하고 있었다. 그는 이 과목들을 선택하는 데 있어서 망설임이 없었고, 그가 시험에 유일하게 떨어진 것은 옛날에 있었던 수학 시험 하나 뿐이었다 [206, p.8]. 아크테 A 시험은 며칠에 걸쳐 수험생이 선택한 과학 과목들에 대해서 다수의 시험관이 출제한 시험을 여러 번 치루는 방식이었다. 시험 자체는 총 12시간이 소요된다. 모든 것이 순조롭게 흘러가서 1864년 7월 20일, 반데르 발스는 아크테 A를 획득하는 데 성공한다. 하지만 그의 기쁨은 곧 자신에게 일어난 곤혹스러운 오해 때문에 실망감으로 바뀌게 된다. 기묘하게도 그 오해는 뜻밖에 반데르 발스를 수학자가 아닌 물리학자로 만들게 했다.

실제로 일어난 일은 다음과 같다: 반데르 발스는 레이던에서 동쪽으로 약 100km 떨어진 데벤터에 있는 HBS의 수학 교사 자리를 노리고 있었다. 은사인 리케는 그에게 아크테 A를 얻는 순간 그 자리는 보장이 된다고 언급했고, 카이저 또한 제자의 능력에 의심이 없었기에 데벤터 학교 관계자에게 다음과 같이 추천서를 썼다.

"레이던 대학교의 물리학·수학 학부 교수인 본인은, J. D. 반데르 발스가 1863-1864년 동안 수학과 천문학 과정을 매우 꼼꼼하게 수강하였으며 탁월한 능력과 사고력 및 성실함을 보여주었다고 확인합니다. 반데르 발스가 보여 준 겸손함과 침착함을 고려할 때 동료 학생들 가운데서도 특별히 뛰어난 그와 같은 젊은이와 함께한 것은 본인에게도 큰 행운이라고 생각합니다. 따라서 본인은 반데르 발스가 아주 훌륭한 고등학교 교사가 될 수 있다고 확신합니다."

F. 카이저

레이던, 1864년 6월 11일.

이 명성 높은 천문학자가 보낸 추천서가 데벤터와 같은 작은 마을에 얼마나 큰 영향을 주었을는지는 의심할 여지가 없었다. 그래서 만약 리케가 일을 망치지만 않았어도 모든 것이 순조롭게 돌아갔을 것이다. 그는 반데르 발스에게는 데벤터의 수학 교사 자리를 약속했지만, 교육부에는 물리학자를 보낸다고 보고했다. 그래서 데벤터에 파견되는 교사는 물리학자로 결정이 났고, 수학 교사 자리는 이미 다른 사람으로 채워졌다[7].

이는 치명적인 실수였지만, 반데르 발스를 막지는 못했다. 그는 1년간 학교에서 가르치고, 대학의 강의를 들었으며, 이듬해에 있을 시험을 준비했다. 이미 그는 수학협회의 후원으로 설립되어 있던 레이던 야간 초등학교의 교장 자리에 올라 있었다[8]. 1865년 8월 12일, 그는 아크테 B와 C를 획득해서 수학과 물리학 박사 학위를 가진 사람들과 동등한 자격으로 HBS 교사 자리에 지원할 수 있었다. 그는 시험을 가볍게 통과했고, 시험관 중 한 명이었던 카이저는 다음과 같이 적었다- '그의 문제 풀이 방식은 인간의 범주를 벗어난 것 같다'[9]. 카메를링 오네스는 물리학 시험에서 비슷한 표현을 했다- '내가 알기로 저번 시험은 *오로지*[10] 반데르 발스만이 통과한 것으로 아는데, 이는 매우 드문 일이다.' [233]. 데벤터와 좋은 관계를 유지하고 있던 리케는 또 한 장의 추천서를 보내 그가 '매우 뛰어난 재능과 근면성을 발휘했다[11]' 라고 알렸다. 1865년 9월 21일, 반데르 발스는 데벤터 HBS의 물리 교사로 임용되었다 [237].

6일 뒤 그는 열여덟 살의 레이던 출신의 매혹적인 소녀 안나 마그달레나 스미트 (1847-1881년)와 결혼하였다. 그녀는 레이던 농부였던 요하네스 스미트 (1805-1872년)와 부인 안나 피에르 마그네즈 (추정 1810년-?)[12]의 세 자녀 중 막내였다. 그녀의 오빠인 요셉 스미트 (1836-1929년)는 1866년 런던으로 건너가서 뛰어난 화가이자 석판 인쇄공이 되었다. 그의 전문 분야는 동물, 그중에서도 조류였고 *네이처* 와 같은 저널에 그의 그림이 실렸다 [10, p. 64].

반데르 발스는 미래의 아내가 될 여자를 어릴 때 처음 보았다. 그녀의 열세 번째 생일, 그는 안나 마그달레나를 장미꽃 봉오리에 묘사하는 진부한 시를 보냈다[13]. 반데르 발스 가족과 스미트 가족은 레이던의 서로 정반대쪽에 살고 있었고 구역이 달랐기 때문에, 추정하건데 이 소녀와의 관계는 초등학교에서 선생과 학생 사이로 시작된 것으로 보인다[14].

1865년 10월 1일, 그는 데벤터 학교 당국에 임용을 수락한다고 알렸고, 10월 24일 이 신혼부부는 그 마을로 이사했다 [237].

주석(Notes)

1. 반데르 발스의 가계는 1962년판 *Gens Nostra XVII*의 226-227쪽에 실린 N. B. 반데르 발스 항목에서 따온 것이다. 이 자료를 제공해 준 레이던 대학교의 J. H. 반데르 발스 교수, H. 보르데위크 박사 및 헤이그 시의 기록 보관소장에 감사를 드린다.
2. 암스테르담 대학교의 E. M. 브루인스 교수는 이 's'의 사용을 가족 간의 결속 때문에 사용했다고 주장한다.
3. 이 내용은 레이던 시 기록 보관소 담당 W. 다우너 박사가 제공했다 [236].
4. J.D. 반데르 발스의 형제자매에 관한 내용은 72번째 생일 며칠 전인 1984년 2월 5일에 죽은 그의 손자 J. C. 반데르 발스 씨가 제공한 것이다. 이 미완성의 편지 역시 중요한 가족사를 담고 있으며 암스테르담 대학교의 A. J. 콕스 교수를 거쳐 아들 얀 반데르 발스 (1947년-)가 제공한 것이다 [242].
5. W. 다우너 박사와의 개인적인 서신에 의함 [236].
6. Ph. 콘스탐 [206, p. 8]과 H. 카메를링 오네스 [233]의 정밀하고 신뢰성 높은 관찰에 따른 내용이다.
7. 이 구절은 1898년 카메를링 오네스 [233]와 콘스탐 [206, p. 8]에 의해 인용되었다. 따라서 이 말을 반데르 발스에게 직접 들었을 것으로 생각된다.
8. A. J. 콕스 교수는 베르담 교수가 1865년 6월 16일에 쓴 추천서의 수신인에 대해서 설명했다. 지금은 암스테르담에 있는 반데르 발스 연구소의 기록실에 보관되어 있는 이 편지는 '레이던 수학협회 야간 학교 담당자'에게 보내졌다.
9. [205, p. 110] 문서에서 인용.
10. 카메를링 오네스에 의해 밑줄이 그어져 있다.
11. [231, p. 149] 문서에서 인용.
12. 이 정보는 J. C. 반데르 발스 씨와 레이던의 라켄할 박물관 관장인 M. L. 부르프바인 박사가 제공했다.
13. 이 정보는 J. C. 반데르 발스 씨가 제공했고, [232, p. 9]에도 언급되었다.
14. 이 정보는 J. C. 반데르 발스 씨가 제공했다.

제2장

HBS 교사

박식한 베데커가 언급한 것처럼, '깨끗하고 번창한 마을', 데벤터에 관한 19세기 여행 책자를 보면 빠지지 않고 언급되는 두 가지 내용이 있다. [*1*, p. 306]. 그중 하나는 유명한 *데벤터 쾨켄(Deventer koeken)*, 즉 꿀 케이크로 네덜란드 전국을 넘어 동인도와 서인도 회사를 통해 해외로도 수출되었다. 그리고 다른 하나는 1630년에 창설된 데벤터 아테나움 일루스트레(*Deventer Athenaeum Illustre*)였다.

1863년판 *가이드 드 보야주(Guide des Voyageurs)*에 따르면 한때 융성했던 이 학교는 웅장한 회관과 뛰어난 실험실 및 거대한 도서관을 갖추고 있었지만, 당시엔 15명의 학생만이 남아 있었다, [2, p.146]. 비록 교사진의 실력은 뛰어났지만, 학생 수의 감소는 막을 수 없었다. 인문학은 1870년대와 80년대에 유명했던 작가 A. J. 위트링가 (1827-1901년)가 가르쳤다. 순수 과학은 V. S. M. 반데르 빌리겐 (1822-1878년)이 담당했는데, 그는 리케의 제자였고 한림원 (1857년부터)과 HMW (1858년부터)의 회원이기도 했다. 그는 네덜란드 물리학계의 선두 주자 중 한 사람이었고, 기체 방전 스펙트럼 관련 연구로 유명했다.

1863년의 가이드북에 따르면, '이 아테나움은 실업 학교로 전환될 것'이라고 적혀 있었다 [2, p. 146]. 그 저자는 1864년 3월 데벤터 사법 당국에 의해 아테나움의 문을 닫고 남은 건물을 이용해 HBS를 설립하는 법안이 통과되었다는 것을 잘 알고 있었다. 다음해에 그 법안은 폐지되었으나, 이 오래된 학교는 1878년 더 이상의 학생이 오지 않자 자연스럽게 문을 닫았다 [*3*].

처음으로 설립된 HBS 중 하나인 데벤터 HBS는 1864년 9월 8일 문을 열었다. 제1장에서 언급했듯이 비어렌즈 데 한이 이 학교의 설립과 관련되어 있었다. 레이던에서 학위를 받은 그는 데벤터로 와서 지역 김나지움에서 수학을 가르쳤으며, 시 의회 선거에 당선되고 난 뒤에는 교육 정책에 관여하기 시작했다. HBS 설치 법안이 통과되기 1년 전인 1862년, 시 의회는 그의 주장을 받아들여 고등학교의 필요성을 인식하게 된다 [*4*, p.6]. 비어렌즈 데 한은 베르담을 돕기 위해 레이던으로 호출되지만 않았더라도 첫 수학 교사가 되었을 것이다 [5].

HBS 교장 자리는 레이던에서 박사 학위를 받고 아테나움에서 교수 자리에 있었던 M. J. 콥 (1818-1876년)이 차지했는데, 그는 화학 교사도 겸임했다[1]. 수학과 물리는 원래 반데르 빌리겐이 담당하기로 되어 있었지만, 그는 1864년 가을 테일러 재단의 물리학 분야 이사에 임명받고 하를렘으로 떠났다. 50년 후 이 자리는 레이던에서 은퇴한 로렌츠가 물려받게 된다. 이 자리는 모든 네덜란드 물리학자의 꿈이었는데, 충분한 급여와 더불어 수업 의무가 면제되었으며, 방대한 양의 연구 장비는 물론이고 과학 저널인 *Archives Musée Teyler* 를 자유롭게 보유할 수 있었다.

앞서 언급했듯이 반데르 발스는 1864년에 비어 있던 HBS의 수학 교사 자리를 놓쳤지만, 다음해에 물리 교사 자격으로 데벤터에 도착했다.

반데르 발스가 선택한 집 또한 그가 평생 동안 열심히 살아왔던 과정에서 보여 준 성실함을 그대로 보여 주는 집이었다. 신혼부부가 정착한 도로는 지금은 데 헤레이닝잉(*De Hereeniging*)으로 이름이 바뀐 흐로이트 포이트(*Groote Poot*)로, 집의 1층에는 열렬한 독서가인 반데르 발스에게 딱 맞게 서점이 자리잡고 있었다. 옆집에는 그의 어린 아내가 가정주부로서 활동하는 데 도움이 될 만한 철물상이 들어가 있었고, 마지막으로 몇 걸음만 가면 반데르 발스의 새 직장인 데벤터 HBS가 있었다[2] [*6*, p. 51].

그는 1865년 10월부터 물리를 가르치기 시작했고, 12월 14일에는 HBS 야간 과정의 물리 수업도 담당하기 시작했다. 그와 동시에 콥이 병가를 냈기 때문에 화학 수업도 맡아야 했다. HBS는 32명의 남학생으로 시작해서[3], 다음해에는 75명이 되었고, 1870년에는 더 큰 건물로 이사를 해야 했다. HBS의 이런 빠른 발전 속도가 아테나움의 쇠퇴에 큰 영향을 끼쳤다. 몇 번의 확장과 개수를 통해 HBS는 *알렉산더 헤기우스 학교(Alexander Hegius School)*로 이름을 바꾼다[4].

1866년 여름, 학생들이 방학을 맞아 떠난 뒤 (그해에는 오로지 한 명만이 졸업했다 [7, p. 9]), 반데르 발스와 그의 아내는 레이던으로 돌아왔는데, 첫 아이가 태어날 예정이었다. 그들은 코이포이르트흐라흐트(*Koepoortsgracht*) 거리 [234][5]에 있는 스미츠 가족의 집에 임시로 머물렀는데, 그 당시 반데르 발스의 본가에 사람이 너무 많았기 때문이었다. 데벤터에 있을 당시 반데르 발스는 로테르담에 있는 김나지움에 지원했다가 실패했다 [231, p. 149]. 아마도 그의 목표는 외진 마을인 데벤터를 떠나 레이던과 레이던 대학교에 쉽게 갈 수 있는 곳에 정착하고자 했을 것이었다. 레이던에 도착했을 때, 카이저는 헤이그에 좋은 자리가 있다는 기쁜 소식을 전해 주었다.

1865년 헤이그에 있는 김나지움은 한 건물 안에서 두 개의 학교-김나지움과 HBS-로 쪼개졌다. 수학과 물리는 두 학교 모두 H. G. 반 데 잔데 바크휘젠 (1838-1923년) 이 가르쳤는데, 그는 카이저가 아끼던 제자였고 레이던 대학교에서 1863년 박사 학위를 받은 사람이다 [8]. 1866년 7월 그는 헤이그 시 당국에 대학 도시인 위트레흐트에 생긴 새 HBS로 옮기기 위해 사직서를 제출해도 될는지 문의하였다. 이 젊은 천문학자는 연구에 더 적합한 곳으로 옮길 기회를 다시 잃고 싶지 않았던 것이다. 이 모든 것을 알고 있었던 카이저는 반데르 발스에게 헤이그에 빈자리가 생겼다고 전했다. 이 일은 데벤터에서 놓쳤던 기회를 만회하기 위해 더욱 신중하게 진행되었다. 반데르 발스는 7월 20일에 헤이그 시 치안 판사에게 아크테 A, B, C가 동봉된 지원서를 보냈고 [238], 카이저는 다음날 추천서를 보냈다[6].

"J. D. 반데르 발스 씨는, 고등 교육 기관에서 실시한 여러 번의 시험에서 월등한 실력을 보여 주었기 때문에 이미 여러 시험관이 충분한 추천을 해 주었으므로, 제 개인적으로 거기에 덧붙일 내용은 없습니다. 하지만 저는 적어도 반데르 발스 씨가 나의 제자였고 내가 가르칠 수 있었다는 점을 영광으로 생각합니다. 반데르 발스 씨는 엄청난 재능과 통찰력을 가지고 있어서 이미 인간의 능력을 넘어선 것처럼 보입니다. J. D. 반데르 발스 씨의 수학, 물리학 및 천문학에 관한 특별한 능력과 강인한 정신력, 그리고 지금까지의 교사 경험을 고려할 때, 이런 인재가 임명된다면 고등 교육에 큰 도움이 될 것입니다."

F. 카이저

레이던 대학교 물리학·수학 학부 교수

레이던

1866년 7월 21일

경쟁자는 총 7명에 박사 학위를 가진 사람도 있었지만, 7월 26일 반데르 발스는 시 의회에 제출된 최종 후보 두 명 중 한 명에 들어갈 수 있었고, 7월 31일에 최종적으로 선정되었다 [234].

반데르 발스가 헤이그에 보낸 편지 내용을 보면 데벤터 쪽에서는 그의 출발을 달갑게 여기지 않았다는 것을 알 수 있다 [234]. 데벤터 HBS는 병으로 인한 콥의 은퇴가 반데르 발스의 이직과 동시에 일어났기 때문에 그랬고, 더욱이 헤이그 HBS는 콥의 후계자로 임명했던 교사를 데려가려다가 실패한 적이 있었기 때문이었다. 하지만 9월 12일에 데벤터 시 의회는 반데르 발스를 놓아 주었다.

데벤터에서 그의 뒤를 이은 사람은 H. W. 슈뢰더 반데르 콜크 (1836-1867년)[7]였는데, 그는 물리화학 분야에 있어서 화학 반응을 열역학을 통해 해석하려고 했던 선구자 중 한 명이었지만, 젊은 나이에 병사하고 말았다 [*9*].

1866년 9월 14일에 반데르 발스는 아버지가 되었는데, 그의 아내가 첫 아이인 안네 마델레이네 (1866-1937년)를 낳았다. 하지만 시간이 촉박했기 때문에 그는 아내와 딸을 스미트 가족의 집에 남겨 두고 헤이그로 가서 9월 17일 첫 강의를 시작했다 [234].

왕실, 정부, 네덜란드 국회가 있는 헤이그는 19세기 초반에 들어서야 도시가 형성되었다. 그 시대의 무기력한 상태를 벗어난 첫 네덜란드 도시 중 하나로, 1850년대에 들어서자 빠른 속도로 중산층들이 밀려들기 시작했다. 1855년에서 1878년까지 인구는 66,000명에서 100,000명으로 증가했다. 도시에는 귀족, 부유한 상인, 부동산 부자와 고위 공무원들로 넘쳐났다. 또한, 가장 호화로운 박물관과 미술관, 옷가게, 고급 호텔, 웅장한 저택과 정원들이 들어섰다 [*10*].

헤이그 김나지움과 독립한 HBS (지금은 *J. R. 토르베케 학교* (*J. R. Thorbecke School*))는 시내 중심가인 베스타인데스트라트(*Westeindestraat*)

의 3층 건물에 들어서 있었다. 그 이전에는 왕립 음악 학교(Royal Music School)가, 나중에는 예술협회(Fine Arts Society)가 들어가 있던 곳이었다.

내부는 아프리카산 나무판으로 장식되어 있었고, 그중 일부는 지금 시박물관에 보관되어 있다. 학생들은 이 건물을 *호크(Hok)* [12, p. 30], 곧 오두막이라 불렀는데, 교실들이 높은 곳에 있었고 오래되었기 때문이다[8]. 반데르 발스는 처음에는 근처 (19세기 중엽 러시아 여행객이 '가장 아름답게 지어진 도로'라고 평가한) 프린셍흐라흐트(*Prinsengracht*) [*11*, p. 127])에 자리를 잡았다. 1867년 1월 8일, 그와 그의 아내는 공식적으로 데벤터를 떠났고 [227], 기차역에서 시내 중심가로 이어지는 도로인 바헨스트라트(*Wagenstraat*)에 집 주소를 등록했다. 이 도로에는 커다란 오락 시설이 있어서, S. G. 브러시가 '기체 분자 운동의 다른 선구자들처럼'이라 표현한 것처럼[9] 그가 아주 좋아하는 당구도 몇 게임할 수 있었다- [170].

1868년 6월에는 두 번째 딸인 재클린 엘리자베스가 태어났고, 3년 후에는 세 번째 딸인 요한나 디데리카가 태어난 뒤에 세 딸의 아버지는 아들을 낳고 싶다는 희망을 접었다. 1870년인가 1871년인가에 이 가족은 헤이그에서 마지막 집인 자위트발(*Zuidwal*)로 이사했다. 1874년에는 HBS 또한 중앙 광장인 플레인(*Plein*)에서 멀리 떨어지지 않은 블레이엔뷔르흐(*Bleyenburg*) 38번지의 건물로 이사했다. 중앙 광장은 많은 노면 전차 들의 교차점으로, 처음에는 말이, 그 다음에는 증기 기관이, 마지막으론 전기로 기차가 움직였다. 이사 당시에 학생 수는 시작 때 44명의 네 배에 달했다 [7, p. 87].

지금까지 남아 있는 시간표에 따르면, 반데르 발스는 1866-67년과 1868-69년에 걸쳐 HBS의 3, 4, 5반에 수학, 물리 및 우주학을 가르쳤고, 1867-68년에는 2반에 대수학을 가르쳤다. 1869-70년에는 물리와 우주학을 가르쳤지만, 1867-68년부터 1872-73년까지 김나지움의 4학급에 또한 물리를 가르쳤다. HBS는 주 6일제로 아침 9시에 시작해서 주중에는 총 6개의 수업과 1시부터 2시까지의 점심시간으로 구성되어 있었고, 토요일에는 4개의 수업만이 있었다. 반데르 발스는 주마다 총 14-16시간을 가르쳤으며, 이는 꽤나 많은 양에 속했다. 그는 처음 3년간 (일요일을 제외하면) 수업이 없는 날이 없었다 [234]. 1872-76년 사이에는 정확히 사정을 알지 못하지만, 1876-77년에는 적어도 토요일에 수업이 없었다는 점은 알 수 있다.

HBS가 수준 높은 수업을 요구한다는 점은 반데르 발스를 제외하더라도 네덜란드에서 꽤 유명한 학자들이 모였다는 점에서 잘 알 수 있었다. 반 데 잔데 바크휘젠은 이미 언급한 바가 있다; 그는 레이던에서 카이저의 뒤를 이었고, 한림원 회원에 훗날 물리학과 수학 분과(PMD) 위원장이 되었다. C. 벨라 스프뤼트 (1842-1901년)는 물리학 박사 학위를 가지고 화학과 자연 과학을 가르쳤으며, 반 데 잔데 바크휘젠과 같이 위트레흐트로 옮겨갔다. 그는 훗날 암스테르담에서 철학 교수 및 한림원 회원이 되었으며, 현명하고 자유로운 사고를 가진 사상가로 널리 알려졌다. 1874년 P. H. 쇼테 (1846-1913년)가 역학, 기하학 및 회화 교사를 맡게 된다. 그는 훗날 흐로닝엔에서 수학 교수에 임용된 뒤 한림원 회원이자 다차원 기하학 분야에서 국제적으로 인정받는 석학이 된다.

J. 텐 브링크 (1834-1901년)는 명망 있는 작가이자 비평가로, 1884년 레이던 대학교에서 네덜란드 문학사 교수로 초청되기 전까지 HBS와 김나지움 양쪽에서 역사, 지리, 민사법 및 네덜란드 문학을 가르쳤다. 마찬가지로 교수 임용 이후에 한림원 회원이 되었다.

새로운 학교에는 새로운 교과서가 필요했고, 이 교과서들은 HBS의 첫 교사들이 집필했다. 따라서 1866-67년 과정에서 헤이그 HBS 5반은 다음과 같은 교과서를 사용했다: 데벤터에서 반데르 발스의 동료였던 A. J. 반 페쉬 (1837-1916년)가 저술한 기하학 교과서, 반 데 잔데 바크휘젠이 집필한 *역학의 기초(Rudiments of Mechanics)*, HBS에서 벨라 스프뤼트를 대체한 W. F. 코페샤르 (1831-1909년)가 저술한 화학 교과서. 코페샤르의 생애는 반데르 발스와 비슷했으나, 그의 삶을 들여다보면 반데르 발스보다 더 암울했었다. 코페샤르는 레이던 수학협회의 야간 학교에서 초등 교육을 받았으며, 16세에 교사의 조수가 되었다. 4년 뒤 그는 교사 자리에 올랐으며 수학협회의 운영진에 들어갔다. 그는 레이던 대학교에서 몇 개의 강의를 들었고 1865년 토르베케가 개인적으로 준 고전어 시험 면제 특혜를 통해 대학교에 입학한다[10]. 1867년 그는 화학 박사 학위를 받았다. 그가 수강해야 했던 물리학 수업은 J. 보스카가 작성한 교재를 사용하였는데, 이 사람은 반데르 발스가 과학자의 길을 걷는 데 크게 영향을 준 인물이다. 그의 삶과 업적은 추후 언급할 것이다.

반데르 발스는 성실하고 체계적인 교사였다. 1866년 시 연례 보고서에 따르면 이 새 교사는 '자신들이 원하는 기준을 완벽하게 통과한 지식과 실력을 갖추고 있다. 그의 열정에 체력이 따라 줄 수 있으면 좋을 텐데! 그에게 너무 많은 수업이 부과되어 있는 관계로 변경이 필요하다.'라고 적고 있다. 그 다음해 보고서는 다음과 같다: '반데르 발스의 수업은 작년 보고서에 기록한 우리가 그의 첫 수업을 들었을 때 느낀 바를 그대로 떠올리게 했다.' 김나지움 담당자들은 더 화려한 어구로 칭찬했다; '이 교사는 수업을 설계하는 데 있어서 대가이며, 청중들의 주의를 명쾌한 해설로 붙잡아 둘 수 있고, 완벽히 이해시키기 전까지 몇 번이고 기초적인 부분을 반복해서 설명하는 데 주저함이 없다. 그는 혼자서 말하기보다는 학생들과 직접 대화를 통해 그들이 자신의 수업을 얼마만큼 이해했는지 파악한다. 우리는 그의 시간표 변경 요구를 즉시 받아들여 모든 학급이 그의 물리 수업을 들을 수 있게 해야 한다; 1반은 열, 2반은 전자기, 3번은 전류, 4반은 빛과 소리' [234].

반데르 발스는 HBS에서 수업할 때보다 김나지움의 수업에는 덜 열정적이었는데, 그것에는 '현실적인' 편견이 있었다. 그는 김나지움에서 다음 학급으로 진급하는 데 있어서 물리 성적이 아주 큰 영향을 미친다는 점을 공개적으로 비판했다. 그런데도 그는 열, 자기, 전기, 빛과 소리에 있어서 흥미를 가질 수 있도록 거창한 이론뿐만이 아니라 현실적이고 실용적인 응용 사례 또한 소개했다. 수학적 기준은 너무 높게 설정되어서는 안 되었는데, 그 이유는 그럴 경우 과학 자체가 기본적인 수학적 프로그램의 부록이 되어 버리기 때문이었다 [234].

헤이그에서 교사로 있으면서 반데르 발스는 더욱더 과학에 빠져들었다. 얼핏 들리기에는 학생들에게 두려운 선생이 된 것처럼 들리지만, 그는 제자들을 모두 '그만그만한 과학자'로 만들거나 탁상공론의 교육을 하기 보다는 학생들의 계몽에 중점을 기울였다. 이 이야기에 대한 증거와 그의 진보적 교육관에 관한 증거는 1871년 후반에서 1872년 초반에 그와 그의 동료 텐 브링크가 '교양 있는 신분의' 여학생들에게 정밀과학과 문학을 강의한 사실에서 드러난다 [*8*]. 그는 1873년 10월 HBS에 3년 과정의 여학생 반이 생길 때까지 이 강의를 계속했을 것으로 여겨진다. 35명의 여학생이 입학했는데, 그 당시에 HBS에는 108명, 김나지움에는 54명의 남학생이 있었다 [12, p. 96].

반데르 발스가 사람들의 계몽에 앞장섰다는 사실은 헤이그 물리학회 *딜리젠티아*(*Diligentia*)에서 그가 활동한 내용을 통해서도 알 수 있다. 이 학회는 1793년 '실험 철학'의 열렬한 지지자들이 모여서 결성한 것이다 [*13*]. 딜리젠티아는 큰 강의실과 중요한 과학 물품들이 보관된 몇 개의 방이 있는 건물에 들어 있었다. 1870년대에는 매주 금요일 저녁마다 회원 혹은 초청된 과학자가 과학이나 최신 기술에 관해 강의를 하고는 했는데, 초청자 명단에는 H. A. 로렌츠나 휴고 드브리스와 같은 이름도 있었다. 1873년에는 1872-1873년간 이 강의들을 모은 보고서가 *물리학 강좌*(*Natuurkundige Voordrachten*)[11]란 이름으로 출판되기도 했다 (*Natuurkundige* (물리학)라는 단어엔 '의학과 기술' 또한 포함하고 있다는 점에서 *Natuurwetenschappelijke*(자연 과학)의 의미를 담고 있다.). 50년에 걸쳐 이 보고서는 P. A. 학스만 Jr. 기자가 정리했다. 정리된 내용은 일간지 *남부 홀란드 주 및 헤이그 신문* (*Dagblad van Zuidholland en 's Gravenhage*)에 실렸고, 그것들은 또다시 몇 년에 걸쳐 정리되어 한 권의 책으로 출간되었다.

반데르 발스는 1868년 딜리젠티아에 입회했는데, HBS의 동료는 오로지 초대 교장만이 있었다 (1870년대 중반에는 250명의 회원이 있었는데, 다들 명망이 높은 사람들이었다). 학회 출판물에 따르면 반데르 발스는 두 번의 강의를 했는데, 1875년 2월 5일 금요일과 1880년 12월 3일 금요일이었다 [*2*, 13]. (학스만의 보고서는 신문에 1875년 2월 7-8일과 1880년 12월 5-6일에 각각 실렸다). 두 강의 모두 인기가 많았는데, 사람들은 반데르 발스가 전기 현상에 대해서 어떻게 풀어나갈지에 흥미를 느꼈고, 다른 분야에 관해서도 그의 견해를 반영했다.

1880년의 강의는 그가 암스테르담에 살고 있었을 때라 제4장에 소개가 되겠지만, 일단 그 내용인 '전류, 특히 전광에 미치는 자석의 영향에 관해서'는 미리 언급할 필요가 있다 [2].

그는 최근 이 분야에서 급속도의 과학적 발전이 이루어지고 있다는 사실을 언급하면서 강의를 시작하였다. 그는 에르스테트와 앙페르의 발견을 소개하고는 분젠 전지에서 전류가 흐를 때 어떻게 얇은 백금선이 U자 자석의 극 사이를 이동하는지를 실험으로 보여 주었다. 시범은 아주 깔끔하게 설계되었고, 선이 백열을 내고 있었기 때문에 청중들이 쉽게 관찰할 수 있었다. 예를 들어 S자 모양 백금선의 이동과 평형 상태는 선과 자석의 상호 위치에 따라 달랐다.

그리고 그는 희박 기체 실험으로 들어갔다. 룸코르프의 유도 코일에 의해 튜브에서의 백열 방전을 일으켰다. "여기서 볼 수 있듯이" 그는 설명을 이어 나갔다. "전류에 의해 생성된 열이 기체의 저항을 극복하고 어떻게 백열 빛을 발산하는지를 알 수 있습니다. 기체는 백열 상태에 들어 있기 때문에 여기엔 전광이란 존재하지 않습니다." [2, p. 89]. 그는 수소, 질소, 이산화 탄소 및 이산화 황이 각기 다른 색깔을 낸다는 것을 보여주었다. 그는 특히 이 부분을 강조했다 "발광하는 수소의 세 가지 특징은 태양 스펙트럼에서도 관찰되었는데, 이 실험을 통해 얻은 결과를 다른 연구에 접목한다면 태양이 어떻게 자식인 지구를 먹여 살리는지에 대해서 좀 더 잘 알게 되는 계기가 될 것입니다." [2, p. 90]

자석의 두 극 사이에 튜브를 삽입했을 때 기체의 백열 빛이 어떻게 변형되는지를 보여줌으로써, 하얗게 달궈진 백금선과 튜브에 들어 있는 백열 기체의 유사성을 설명하였다. 그 다음에는 전류가 예상보다 더 복잡한 현상이란 점과 자기의 영향을 받는다는 플뤼커와 가시옷이 실시한 아름다운 실험 몇 가지를 소개했다. 그는 끝으로 지구의 자기장이 적도에서 극점까지 이동하는 대기 중의 전류에 어떤 영향을 끼치는지를 소개하며 북극광 현상과 관련이 있을 수 있다는 말로 끝을 맺었다.

여기에 흥미로운 사실이 내포되어 있다. 첫째로 그의 강연으로부터 반데르 발스가 물리학 연구에 필요한 당시로선 최신의 장비를 자유롭게 사용하여 실험을 성공적으로 수행하였다는 점을 유추할 수 있는데, HBS의 연구 기반이 훌륭하다는 것을 말해 준다. 두 번째로 그는 희박 기체의 방전을 전류에 의한 전도열에 의한 것으로 설명했는데, 이는 잘못된 설명이지만 그는 기존의 이론이 소멸되기 전까지는 새로운 가설의 도입을 멀리했다는 것을 입증해 준다. 이는 당시에 그 분야에 있어서는 아직 알려진 부분이 많지 않았다는 점에서 합리적 선택이었다. 마지막으로 그는 천문학적 문제에 있어서도 흥미를 나타냈다[12].

딜리젠티아는 그 도시의 두뇌들로 구성되어 있었다. 헤이그에서 과학 행사는 파울 에렌페스트 (1880-1933년)가 표현한 것처럼 '주로 교수들로 이루어진' 레이던의 행사와는 달리 특별한 일이 없다면 일상생활에 영향을 끼치지 못했다 [*14*, p.89]. 그럼에도 불구하고 헤이그의 몇몇 과학자들은 레이던의 올림피아 신들처럼 큰 영향력을 행사했다.

딜리젠티아에서 반데르 발스는 학생들이 아닌 동등한 과학자들과 처음 교류할 수 있었고, 딜리젠티아 운영진의 한 사람으로 활동하던, 열정적이고 활동적인 물리학자 보스카를 처음 만나게 된다.

요하네스 보스카 (1831-1911년)는 네덜란드 학계에선 유명한 가문 출신이었다. 그의 증조부와 고조부는 고전적인 학자였고, 아버지 요하네스 (1797-1874년)는 철학자이자 토르베케 정부가 아닌 두 정부에 걸쳐 정부와 종교계와의 연락을 담당하기도 했다.

그런 배경을 가진 데다 능력 또한 뛰어났던 보스카가 헤이그에서 반데르 발스 (자기보다 여섯 살 어린)와 만났을 당시에는 과학계와 사회에서 더 높은 평판을 가지고 있었음은 놀라운 일이 아니었다. 1863년에 그는 한림원 회원으로 선출되었고 같은 해 HBS 설치 법안이 통과되고 불과 2개월이 지난 뒤 네덜란드 2개 주의 고등 교육을 담당하는 장학관이 되었다. (반데르 발스가 처음 교사직을 맡은 곳은 자신의 담당 구역이 아니었다. 데벤터는 오퍼아이셀 주였지만 헤이그와 레이던은 남부 홀란트였다.)

1844-48년 보스카는 반데르 빌리겐이 물리를 가르치고 있던 암스테르담의 라틴어 학교에 다녔다. 반데르 빌리겐의 지도로 그는 이어 암스테르담 아테나움에서도 물리를 배웠다. 반데르 빌리겐이 데벤터 아테나움으로

옮겼을 때, 또한 그를 따라갔는데, 물리가 마음에 들었고 이보다 더 나은 스승을 찾을 수 없다는 걸 알았기 때문이다. 아테나움을 1850년에 졸업한 그는 레이던 대학교에 입학하여 리케의 지도로 차동 검류계에 관한 졸업 논문을 썼다. 베를린에서 짧은 체류를 마치고 돌아와서 리케의 조수로 1860년까지 일했는데, 이때부터 수준 높은 연구 결과를 내기 시작했다. 1855년에는 기전력 검출의 보정법을 발견했고, 또한 갈바니 전지에 있는 전기 회로의 전류 보존에 관한 연구로 평판을 넓혔다. 이 법칙은 19세기 중반까지 널리 받아들여지지 않았지만, 그의 연구 결과는 이 법칙을 일반화시키는 데 큰 도움을 주었다 [*15*].

레이던에서 그는 카이저의 마법에 빠져들었다. 리케의 제자이자 조수로서 그는 학생들의 노력을 한데 모아 새로운 관측소를 만드는데 구심점이 되었고, 카이저의 천문학 연구에 큰 도움을 주었다. 카이저의 철저한 사고방식이 보스카가 훗날 연구하게 되는 도량학의 편차에 큰 영향을 주었을 것이다.

1860-63년 그는 고향 마을인 브레다에 있는 사관 학교에서 물리와 수학을 가르쳤고, 그 뒤 10년간은 헤이그에서 고등 교육 장학관으로 일했다. 그는 토르베케가 처음 조직한 팀의 일원으로 1863년의 법을 바탕으로 HBS를 건립하는 데 앞장섰다. 그의 일은 교사를 뽑는 것과 학사 일정을 짜고 시험을 주관할 위원회를 구성하는 일이었다. 그의 열정과 인내의 결과로 HBS는 뛰어난 물리와 화학 실험실을 갖추게 되었고 또한 교사들이 연구 활동을 할 수 있도록 했다.

1865년에는 첫 교과서 *물리와 가장 중요한 응용 사례 교과서(Textbook of physics and its most important applications)* [*16*]가 출간되었는데, 이는 특히 HBS를 위한 것이었다. 이 책은 개정이 계속 이루어졌고 30년 동안 총 일곱 번의 개정이 있었다. 이 책은 처음엔 A. 부탕과 J. Ch. 알메이다가 집필한 유명한 프랑스 교과서를 그대로 네덜란드 실정에 맞게 편집한 것에 지나지 않았지만, 곧 네덜란드 전역에서 쓰이는 표준 교과서가 되었다 [*17*].

보스카는 정치인의 자리에 있으면서도 과학 활동을 포기하지 않았다. 실험 설비가 갖추어져 있지 않았기 때문에, 그는 그때 당시 가장 인기가 있었던 1847년 H. V. 르뇨 (1810-1878년)가 발표한 기체의 열 물리학 계측을 분석하고 그것을 보완하는 데 집중했다. 1869년부터 1871년까지 보스카는 그 유명한 프랑스 과학자와 수은의 열팽창과 그가 시도한 수은 및 기체 온도계를 사용한 온도 측정의 정확도에 관해서 열띤 토론을 펼쳤다.

1873년 보스카는 델프트 폴리텍(Polytechnic at Delft)의 물리학 교수로 내정되었고 5년 뒤에는 총장이 되었다. 그 델프트 대학교의 교육 수준이 일반 공과 대학교(Technical University) 수준에 버금가는 수준으로 향상되고 물리학 연구실이 국립 표준국(National Bureau of Standards)과 동등한 수준으로 끌어올려진 것은 그의 노력 덕분이었다. 네덜란드 도량학자의 선두 주자로서 그는 1880년대 도량학계에서 왕성한 활동을 펼쳤고 무게와 길이에 관한 국제 표준 규격을 만드는 데 앞장섰다. 국제 학회의 요청으로 그는 델프트에서 여러 국가에서 사용하는 다양한 규격을 비교했다. 그럼에도 불구하고 1875년 5월 오랜 과학적 및 외교적 토론 끝에 국제 미터조약(International Convention of the Metre)가 체결되었는데, 네덜란드는 보스카의 고집 때문에 참여하지 않은 국가 중 하나로 남았다 [*18*].

1885년 그는 하를렘에 있는 1752년도에 설립된 네덜란드 학술회(Holland Society of Sciences)의 사무총장직을 맡게 되었는데, 이 학술회는 네덜란드 과학계의 제일 중요한 인물들과 국제적으로 유명한 사람들이 소속되어 있었다. 그는 이 자리를 25년간 지켰고, 네덜란드 과학계의 군주가 되었다. 사무총장의 권한으로 그는 학술지 *네덜란드 정밀과학 및 자연 과학지 (Archives néerlandaises des sciences exactes et naturelles)*를 편집했다. 이 학술지는 프랑스어로 발간하여 네덜란드 과학을 전 유럽에 널리 알리는 데 기여했고, 반데르 발스에 관한 내용도 보스카가 직접 번역해서 소개했다.

1911년 그가 죽자 델프트에서 1878-82년 동안 조수였던 카메를링 오네스는 다음과 같이 그를 추모했다. '그는 위대한 용기와 의지를 지녔을 뿐만 아니라 동시에 어린아이와 같은 단순함과 신뢰성, 끝없는 긍정적 사고를 가진 분이었습니다. 우리는 이 위대하고 솔직한 사람이자 친구였던 그를 잃었지만 그가 보여 준 따뜻한 마음과, 미래는 위대한 아이디어들에 달려 있다는 그의 신념에 고무되었습니다' [*19*].

반데르 발스가 헤이그에 정착한 이후로는 병행이 가능한 선에서 레이던 대학교에서 강의를 들었던 것으로 보인다. 행정 수도에서 과학 도시로 가는 기차는 불과 45분밖에 걸리지 않았었다.

1870년대 중반의 이탈리아인 작가에 의하면 헤이그에서 레이던으로 가는 기차에는 불량배도 없었고, 소란도 없었으며 일부 승객들은 잠을 즐기는 가운데 천천히 움직였다고 한다 [*20*, p. 213]. 하지만 그 가운데 헤이그에서 온 한 교사는, 굴러가는 기차 안에서도 잠을 자는 대신 일분일초를 아껴 가며 열심히 공부하고 있었을 것으로 여겨진다.

레이던으로 가는 기차 여행에 관한 것은 추측만 할 수 있지만, 실제로 그가 1870-73년 동안 두 개의 강의에 참석했다는 것은 1575-1875년 레이던 대학교 학생부를 통해 확인할 수 있다 [*21*]. 이 중 하나는 1871년 2월 16일자에 적혀 있었고, 다른 하나는 1873년 4월 22일에 3학년 (*anno studiorum 3*)에 추가로 표기되어 있었다. 정확히 어떤 강의를 수강하였는지는 확인할 수 없지만, 적어도 그와 가까웠던 세 과목 - 수학, 물리학, 수리 천문학-과 관련이 있었다고 추정된다. 물리학은 여전히 리케가 담당하고 있었지만, 천문학과 수학에는 변화가 있었다. 1872년 카이저의 죽음 이후로 천문학과장은 헤이그에서 반데르 발스의 선임자였던 반 데 잔데 바크휘젠이 맡고 있었고, 1866년 베르담의 죽음 이후로 수학 학과장은 비어렌즈 데 한이 맡게 되었는데, 베르담의 다른 제자였던 P. 반 게어(1841-1919년)가 1년 뒤부터 보좌했다.

반 게어는 원래 일류급의 수학자는 아니었지만 사회 보험과 연금에 관련된 수학 문제를 해결하는 데 기여했다. 그리고 그는 몇 종류의 교과서를 집필하였으며 다른 교사들에게도 적극적으로 조언을 아끼지 않았다. 그는 주로 기하학과 역학을 가르쳤는데, 생동감 있고 알기 쉽게 잘 가르치는 것으로 평판이 높았다 [*22*]. 그의 해석 기하학 수업을 들은 로렌츠는 1925년, '반 게어의 강의를 들을 때면 마치 수학적 시를 듣는 듯한 느낌이 들었다' [*23*, p. 329] 라고 회고했다. 그는 HBS 졸업과 수학 및 물리 아크테 획득을 위한 시험을 담당하는 남부 홀란드 위원회의 평생 위원이었기 때문에,

반데르 발스의 시험 순례에도 어느 정도 기여를 했으리라 추정된다.

반데르 발스는 로렌츠, J. H. 반트 호프와 같이 카이저, 리케, 비어렌즈 데 한 및 반 게어의 수업을 들었을 것이다. 로렌츠는 1870년 10월부터 1872년 2월까지 레이던에서 공부했고 [*24*, p. 20], 반트 호프는 1871년 10월부터 1872년 6월까지 공부했다 [*25*, p.88]. 하지만 그는 장차 연구 동료가 될 이 두 사람과 교류하지는 않았는데, 그가 원래 사교와는 거리가 먼 사람인 데다 레이던에는 오로지 강의를 듣기 위해서 왔고, 그리고 그들보다 나이 차가 거의 두 배나 더 많았기 때문이다.

그렇다면 반데르 발스는 자신이 관심을 가지는 문제를 주제로 누구와 토의하고, 1860년대 중반에 자신이 염두에 두었던 이론들을 검증하고 있었을까? 현대의 과학은 끊임없는 세미나와 강좌 및 심포지엄의 반복이지만, 그 당시엔 과학자들 간의 교류가, 특히 네덜란드에서는 거의 없었다고 봐도 과언이 아니다. 그 자신이 과학적 토론이 활기차게 일어나는 장소와는 거리가 먼, 상트페테르부르크에서 왔던 에렌페스트마저 1912년 로렌츠의 후임으로 레이던에 도착했을 때, '물리학자들 간의 교류가 전혀 없네!' 하고 놀랐을 정도이다. [*14*, p. 97].

에렌페스트는 네덜란드 물리학계에 기존의 물리학회를 보다 활기찬 토론이 일어나는 곳으로 바꾼 장본인이다. 그는 상트페테르부르크에 사는 친구 A. F. 요페에게 다음과 같은 편지를 썼다; '지금까지 레이던에서 과학적 교류라는 건 존재하지 않았다네' [*14*, p. 94]. 네덜란드 화학자들도 별반 다르지 않았다. 따라서 1888년 암스테르담에 있는 반트 호프의 연구실에서 일하던 아레니우스 또한 동료들이 그저 업무 때문에 만날 뿐이지 다른 사람들의 연구에 전혀 관심이 없다고 불평했다 [*26*, p. 42]. 동등한 자격의 동료들에게서 그런 삭막함이 존재한다면, 학생과 교수 간의 관계는 무엇을 더 바라겠는가? 레이던에서는 교수의 집을 방문하는 공식적 '다과회'가 학기 당 1~2회로 제한되어 있는 게 당연했다. 학생들은 그 당시의 정장인 연미복, 장갑, 중절모와 지팡이를 착용해야 했다. 심지어 반트 호프는 리케의 저녁 다과회에 참석할 때 주변 학생들의 물건을 하나씩 빌려야만 했다 [*25*, p. 32].

반데르 발스 경우, 그가 생각하던 문제를 토론할 상대는 오로지 고등 교육 장학관이자 주변 사람들을 챙기며 그들의 연구에 큰 관심을 가졌던, 저명한 물리학자 보스카뿐이었다. 두 사람은 물리학이라는 공통된 호기심이 있었고, 같은 마을에 살았으며, 고등 교육 기관에 종사하고 있었고, 같이 딜리젠티아에 소속되어 있었다. 보스카의 장남은 반데르 발스가 다니는 HBS의 학생이었는데[13], 반데르 발스는 아버지 보스카가 쓴 교과서로 물리를 가르쳤다. 교과서의 서문에 보스카는 '반데르 발스 박사가 분자 운동과 진동에 관련된 자료를 같이 수집하고 정리해 준 것에 대해서 아주 큰 감사를 표한다.' 라고 적었다 [27].

헤이그 시절에 반데르 발스에게 가장 중요했던 일은 1873년 6월 14일 레이던에서 있었던 그 유명한 박사 학위 논문 발표였다. 이 일에 보스카가 중요한 역할을 한 것은 사실이나, 그것을 증명할 증거는 많지 않다. 카메를링 오네스는 '저명한 네덜란드 물리학자인 보스카가.... 반데르 발스로 하여금 박사 학위 과정을 밟고 학위 논문을 작성하라고 권유했다. 반데르 발스는 필요한 시험을 통과하고 논문 주제로 열을 선택했다.' [233] 라고 증언했다.

다양한 아크테들이 있었지만 고대어를 공부하지 않은 관계로 반데르 발스는 이 시험들을 통과할 수 없었다. 하지만 이런 분야의 전문가인 보스카는 1884년 런던에서 열린 국제 교육 학술회의에서 이 조건들을 달성하는 것은 그리 어렵지 않다며, '필요한 라틴어와 그리스어 어휘는 몇 달만 공부하면 다 익힐 수 있다고 말했다' [28]. 그리고 다행인 것은 1871년 1월 4일 토르베케 정권이 세 번째로 집권하면서 변화가 일어났다는 점이다. 자유방임주의에 바탕을 둔 자유당은 고등 교육에 있어서 필요한 고대어 기준을 낮추는 법안을 통과시켰다.

반데르 발스는 보스카의 조언에 따라 1871년 3월, 토르베케에 의해 쉬워진 라틴어와 그리스어 기준치에 힘입어 수학과 물리학 시험을 우수한 성적 (*마그나 쿰 라우데(magna cum laude)*)로 통과한다 [231, p. 151]. (이 시험은 *박사 학위 과정 후보자 자격* 시험으로 추정된다.) 같은 해 12월에 박사 학위 청구 자격 종합 시험에 합격하면서 그의 기나긴 시험 기간이 끝을 맞이하게 된다 [231, p. 151]. 1872년이 되어서도 레이던에서 강의를 듣는 것을 멈추지 않았는데, 심지어 학위 청구 논문 발표를 6주 앞둔 1872년 4월에도 새 강의를 신청했다. 그에게는 강의가 시험 통과가 목적이 아닌, 지식을 넓히기 위한 수단이었음을 알 수 있다.

이제 다음 목표는 논문이었다. 카메를링 오네스는 반데르 발스가 시험을 통과한 뒤에 열을 학위 논문 주제로 선택하였을 것이라 추정하였는데, 그것은 사실과 다르다. 그의 과학적 관심은 이미 1860년대에 정해졌었고, 그때부터 그는 관련 논문을 읽고 계산하였으며 자료를 모았다. 그중 몇 개는 보스카의 도움을 받았는데, 그럼 언제부터였을까?

학위 청구 시험이 끝난 뒤부터 논문을 쓰기 시작하였고, 1872년 말에 논문이 완성되었다는 사실은 확실하다. 이를 증명할 만한 자료가 두 가지 있다. 하나는 그가 논문 마지막 장에 다음과 같이 적었다는 점이다 [*29*]; '*화학 및 물리학 연보(Annales de Chimie et de Physique)*의 최신판에 따르면' [1, p. 120; 1e$_2$, p.232]. 이는 1872년 10월호를 말한다[14]. 두 번째로는 '보스카가 최근 실시한 충격적인 실험에 의하면' [1, p. 37; 1e$_2$, p.158]이라는 인용구가 있다는 점이다. 이 실험은 보스카가 1871년 11월 25일 한림원의 월례회의에서 보고한 담배 연기와 다른 에어로솔이 표면 장력이 있다는 것[15]을 말한다 [*30*]. 그는 이전 회의에서는 이 실험에 대해서 보고한 적이 없었으며 9월 30일에는 모세관에 관해서 언급했지만, 에어로솔에 대해선 아무런 언급이 없었다 [*31*]. 그러므로 반데르 발스에 있어서 '최근'은 1817년 10-12월을 뜻한다. 그는 이 정보의 출처를 언급하지 않았지만 아마도 보스카에게 직접 들은 것으로 추정된다. 결과가 아주 마음에 들었기 때문에 반데르 발스는 담배 연기를 이용해서 비슷한 실험을 실시했으며 보스카의 결론이 옳다고 증명했다 [1, p. 38; 1e$_2$, p.159].

토르베케는 1872년 7월 4일 사망했다. 반트 호프는 그의 죽음으로 네덜란드는 '벌거숭이 나무' 같이 보인다고 표현했다 [*25*, p. 30]. 자유당은 정권을 유지했고 게릿 드브리스 (1818-1900년)에 의해 새 내각이 꾸려졌는데, 그는 1839년부터 레이던에서 의사로 활동했고 휴고 드브리스의 아버지였다. 고등 교육 법안에 몇 가지 수정이 이루어졌는데 [*32*, p. 84], 이는 반데르 발스가 레이던 대학교에 논문을 제출하는 데 약간 도움이 되었을 수도 있다. 그게 사실이든 아니든, 1873년 6월 14일은 물리학 역사에 있어서 중요한 날인데, 반데르 발스의 박사 학위 논문 *기체와 액체 상태의 연속성에 관해서(Over de continuiteit van den gas- en vloeistoftoestand)*가 세상에 모습을 드러낸 날이기 때문이다 [1].

주석(Notes)

1. HBS의 교장 자리는 '실용 과학'을 담당하는 교사에게만 주어졌다.
2. 반데르 발스의 데벤터 체류에 관한 내용은 데벤터의 기록 보관소 담당 J. 타박 씨가 확인한 것이다.
3. 데벤터 HBS에 처음으로 여학생이 입학한 것은 1908년이었다 [*4*, p. 12]. 1863년의 고등 교육 법안은 남학생만을 대상으로 하고 있었다.
4. 이 정보는 학교의 러시아어 교사였던 M. 반 브링크 여사와 그녀의 학생들에게서 얻은 것이다.
5. 이 자료 [234]는 헤이그의 기록 보관소 담당 H. 보르데위크 박사가 확인한 것이고, 그는 반데르 발스의 헤이그 체류에 관한 다른 중요한 정보들도 밝혀냈다.
6. [205, p. 110] 인용.
7. 생리학과 해부학의 대가였던 위트레흐트 대학교 J. L. C. 슈뢰더 반데르 콜크 교수 (1797-1862년)의 아들이자 유명했던 광물학자 J. L. C. 슈뢰더 반데르 콜크 (1865-1906년)의 아버지였다.
8. H. 보르데위크 박사의 설명에 의한 내용 [239].
9. 이 기록은 분명히 J. D. 반데르 발스 주니어의 기억에 의한 것이다.
10. 국립 대학교는 내무부 관할이었다. 세 번의 통치 동안 (1849-53년, 1862-66년, 1871-72년) 토르베케는 수상과 내무부 장관 자리를 겸임했다.
11. 이 정보는 암스테르담 대학교 도서관 사서 J. 반 메우즈의 자료를 인용한 것인데, *물리학 강좌(Natuurkundige Voordrachten)*의 실제 내용과 반데르 발스의 강의 날짜를 확인할 수 있었다.
12. 반데르 발스의 논문 중 두 가지의 '*제안*' (V와 X, 제3장 참조)이 또한 태양과 관련되어 있다는 점이 흥미롭다. 15년 뒤 그는 다시 이 분야로 돌아와서 태양 표면의 다양한 층이 중력에 의해 어떻게 나눠지는지 알고 싶어 했다. ([31, 15절의 끝부분 참조])
13. H. 보르데위크 박사와의 개인 서신에 의함 [234].
14. 한림원 도서 목록을 통해 그것이 *프로시딩과 단신(Verslagen en Mededelingen)*에 같이 들어 있었고 화학 및 물리학 연보는 그달의 책이 출간되면 한 달 안에 네덜란드에 도착한다는 것을 알 수 있다.
15. *에어로솔 과학지(Journal of Aerosol Science)*의 편집 위원인 A. A. 키르쉬 박사에 의하면 무전하 상태의 에어로솔의 표면 장력은 아직 완전히 밝혀지지 않았다고 한다.

제3장

'대단히 독창적인 학위 논문'[1]

반데르 발스의 학위 논문 제목은 *기체와 액체 상태의 연속성에 관해서 (On the continuity of the gaseous and liquid state)*이다. 훗날 이 논문이 유명해져서 많은 물리학자와 화학자들이 이 논문을 인용할 때는 간단히 *de Continuiteit, die Kontinuität, la Continuité, Nepreyvnost* 등과 같이, *연속성 (Continuity)* 혹은 그에 대응하는 자신의 모국어 단어를 사용했다.

헤르츠 [*1*]가 맥스웰의 전기 역학에 대해서 말했듯이, 우리 또한 반데르 발스의 이론이 논문에 어떻게 표현되었는지를 그의 상태 방정식을 통해 알 수 있다.

$$\left(P+\frac{a}{V^2}\right)(V-b)=RT, \tag{3.1}$$

P는 압력, V는 몰 부피, R은 기체 상수, T는 온도, a와 b는 분자 인력과 크기의 매개 변수를 뜻한다. 과거에 정립된 이상 기체 방정식에 두 가지 보정이 이루어졌다.

$$PV=RT \tag{3.2}$$

첫 번째로 내부 압력이라 알려진 a/V^2는 직접 측정할 수 있는 실제 압력 P와 더해진다. 이 보정은 끊임없이 움직이는 분자들에 의해 생성되는 분자 인력을 반영한 것이다. 두 번째로 b는 이 분자들이 차지하고 있는 공간 전부에서 이런 현상이 일어나는 것이 아니기 때문에, 실제 유효 부피는 측정된 부피인 V보다 작아진다.

반데르 발스의 두 가지 보정은 엄청난 효과를 가져왔다. 오로지 제한된 환경 (실제 현상보다는 이론적으로만)에서 사용할 수 있었던 이상 기체 방정식 (3.2)이 희박 기체에서 밀도 높은 액체로, 또한 이 두 개의 상의 차이가 사라지는 임계점의 존재까지 고려할 수 있는 방정식으로 변모한 것이다. 어떻게 그는 이런 결과를 얻어낼 수 있었을까?

3.1 분자의 실체

1910년 가을 노벨상 수상 강연에서 반데르 발스는 다음과 같이 회고했다. '이 일에 첫 영감을 받은 때는 대학교에서 공부를 마치고 우리가 열이라고 부르는 운동의 본질을 다룬 클라우지우스의 논문 (1857년)을 읽으면서 입니다 [103e, p. 254]'. 이 논문은 당연하게도 클라우지우스의 유명한 논문인 *열이라는 일종의 운동에 관해(Ueber die Art Bewegung, welche wir Wärme nennen)*이었다 [2].

반데르 발스의 제자이자 가까운 사이였던 A. 콘스탐 박사는 자신의 기억에 따르면 반데르 발스의 대학에서의 공부는 1865년 8월 물리학 시험을 끝으로 일단 막을 내렸다고 한다 [206, p. 10]. 콘스탐은 그러나 '1865년에 반데르 발스가 이미 클라우지우스의 결론을 이해하고 새로운 분자 이론에 도달했다.'라는 주장에 대해서는 확신하지 못했다 [206, p. 10]. 중요한 점은 *연속성*에 인용된 클라우지우스의 논문은 1867년에 두 번째로 출간된 *역학적 열 이론에 관한 소논문(Abhandlungen über die mechanischen Wärmetheorie)*에 실려 있다는 점이다. 콘스탐은 1857년에 발표된 논문 원본은 보스카가 1873년 델프트 폴리텍에서 강의하기 전까지는 네덜란드에 알려지지 않았다고 말했다 [206, p. 8]. 보스카는 이보다 먼저 분자 이론에 관해서 어느 정도 알고 있었다. 1869년에 쓴 논문에는 '물리학자들의 최근 관점에 따르면, 온도는 그들 [예; 분자들]의 운동 에너지에 지나지 않는다.'라는 표현이 나와 있다 [3, p. 175]. 하지만 이 '최근 관점'은 1871년에 출판한 그의 교과서의 열역학 부분에는 빠져 있다. 클라우지우스는 이미 그 당시에 네덜란드에서 잘 알려진 인물이었지만, 그것은 1850년대에 발표한 두 가지의 열역학 기초 이론[4] 때문이었지 (기체 분자) 운동론 때문은 아니었다. 그는 1852년 *네덜란드 과학 협회(HMW)*가 100주년 기념으로 내건 1,000 휠던의 시상금을 놓고 겨루던 9명의 과학자 중 한 사람이었다. 수상은 향후 4년 안에 자연 과학에 있어서 가장 중요한 발견을 한 과학자 앞으로 돌아간다는 것이었다. 수상자는 두 명의 식물학자로, 알퐁스 드 캉돌과 오스왈트 히어가 주인공이었고, 클라우지우스는 1857년 HMW의 외국인 회원으로 뽑히게 된다. 하지만 그는 1870년, 4년마다 최근 20년간 정밀과학 분야에 있어서 큰 공을 세운 과학자에게 주어지는 호이겐스 금메달을 처음으로 수상하게 된다 [5. P. 273-84].

브러시 [6, p. 198-210]는 1857년 클라우지우스의 논문에 가장 중요하고 핵심이 된 논평을 한 사람이 위트레흐트 대학교의 C.H.D. 바위스 발롯임에도 불구하고, 네덜란드가 분자 운동론을 접목시키는 데 꽤나 느리다는 것을 알게 된다. 그는 일상생활에서 냄새가 방에 퍼져 나가는 것처럼 확산에 의해 기체가 섞이는 속도는, 새로운 분자 운동론에서 요구되는 고속과 직선 경로에서 나타나는 일정한 속도보다 느리다는 점에 심각한 의문을 제기하였다 [7]. 그는 1844년 모세관 운동으로 박사 학위를 받았을 때부터 1758년에 발표된 보스코비치의 이론과 크게 다르지 않은 '통일된 분자 이론'에 깊은 관심을 갖고 있었다. 바위스 발롯은 원자를 힘의 중심에 두었고, 확산 속도에 관련하여 이해가 어려운 점이 그로 하여금 '수학적인' 원자들은 직선 운동보다는 오히려 진동 운동을 한다는 결론으로 이끌게 했다 [8].

위트레흐트에서 제기된 소박한 이의에 클라우지우스가 반응하는 데는 2개월이 걸렸는데, 이런 이의는 그나 분자 운동론의 선구자들에게는 처음 있는 일이었다. 그 다음 논문 [9]에서 그는 기체 원자가 무한히 작은 크기를 가진다는 가설을 포기하고 다른 원자와 충돌하기 전까지는 멀리 이동하지 못하는 '충분한 정도의 크기' 혹은 '활동 반경'을 가진다고 수정했다. 이렇게 하여 기체 분자의 자유 행정에 대한 개념이 물리학에 도입되게 되었다. 바위스 발롯은 기상학에서 큰 인물이 되었지만, 운동론에는 더 이상 관여하지 않았다.

반데르 발스는 1910년 노벨상 수상 강연에서 다음과 같이 이야기를 이어나갔다. '저는 그 당시에 기체 분자가 만약 매우 희박한 상태에 있어서 움직이는 작은 입자들로 구성되어 있어 점으로 간주될 수 있을 만큼 큰 부피라면, 이는 부피가 줄어들었을 때도 사실일 것이며, 최대한으로 압축한 상태에도 마찬가지라서, 액체는 저온에서 압축된 기체로 표현할 수 있을 것이라는 생각을 지니고 있었지만, 클라우지우스의 논문은 저에겐 하나의 계시와 같은 것이었습니다. 따라서 저는 기체와 액체 상태가 근본적으로 차이가 없다는 생각에 도달했고, 분자의 운동을 제외한 압력을 결정하는 요소는 밀도와 온도의 변화에 의한 양적인 차이에 의한 것으로 봐야 하지만, 그것들의 영향을 파악하기 위해서는 다양한 요소를 고려해야 한다는 결론을 내리면서 연속성의 개념이 떠올랐습니다' [103e, p. 254-255].

클라인은 반데르 발스가 1857년에 발표된 클라우지우스의 논문에서 발견한 '계시'는 '기체 분자 인력은 서로가 충돌할 만한 가까운 거리에 있을 때만 작용한다.' [176, p. 36] 라는 점인 것이라고 제안하였다. 그런 열정적인 표현은 40년 전부터 지녀 왔던 운동론의 우아함, 생생함, 종합성에 매료된 결과를 반영하는 것이었다. 논문의 서론에서 클라우지우스는 분자의 세 가지 상태에 관해 설명하는데, 이 내용이 바로 수십 년 후에 반데르 발스가 스톡홀름에서 회고하는 생각 열차의 출발점이 된 것은 의심할 여지가 없다. 사실 연속성 개념과는 대비되게 클라우지우스는 운동론이 세 가지 상태에 어떻게 연결되는지를 보여 주려 했고, 분자 인력은 이것이 두 응집 상태 물체에는 매우 중요하지만, 기체와는 거의 관련이 없다는 내용이었다. 따라서 반데르 발스가 생각해낸 연속성의 개념은 클라우지우스의 논문에서 암시를 받긴 했지만 직접적으로 수용한 것은 아니었다.

기체들의 고유한 분자 크기에 관한 보정 개념 또한 다른 사람들의 생각들을 직접 수용하는 대신 그런 생각들에게서 자극을 받아 이루어진 것이다. 1898년 카메를링 오네스[2]는 '반데르 발스는 확장된 분자를 *믿는다.*' 라고 적었다 [233]. 이 원자와 분자에 관한 확고한 신념과 믿음은 노벨상 수상 강연에서도 반복되었다. '저의 모든 연구에서 분자가 실제로 존재한다고 믿었다는 것은 확고합니다. 저는 그 생각을 허구의 상상이나 강제 효과에 따른 것이라고는 절대로 믿지 않았습니다. 저는 그것들이 실제 물체라고 여겼기에, 우리가 일상생활에서 사용하는 '물체'는 "준 물체"라고 말하는 것이 옳습니다. 왜냐하면, 그것은 물체와 빈 공간의 회합체이기 때문입니다. 우리는 화학 원자 하나로 이루어진 분자의 상태를 알지 못합니다.

이 질문에 답을 찾는 것은 성급한 일이지만 사실을 모른다고 하더라도 존재 자체를 부정할 수는 없습니다. 제가 연구를 시작했을 때 저는 혼자서 있는 것 같은 느낌을 받았습니다. 그리고 1873년 논문을 쓸 당시 벌써 저는 1그램 몰 수 단위까지 결정하였고, 크기와 성질까지 파악할 수 있었습니다. 저의 이론을 강화할 수 있었지만 저는 마지막까지 이 분자의 최종 분석과 분자 이론 전부가 상상의 산물인지 아닌지는 확신할 수가 없었습니다' [103e, p. 264-265]. 그는 이 질문에 대답하는 것에 어려움을 느꼈었는데, 논문의 여러 곳에서 이 이야기가 반복되곤 했다: '분자는 물질의 고체 상태로 고려하는 것이 제일 올바를 것이다' [p. 160][3],'…분자를 작은 확장된 물체로 보는 것이 옳다' [p. 168]; '이상 기체의 일반적 개념[4]이 실현된다면 물질의 가장 핵심적인 성질 - 공간의 확장 - 이 고려되지 않는 물체가 가능하게 된다' [p. 168].

1860년대 후반에는 분자의 실체라는 개념이 홀대를 받았다는 1910년의 그의 언급은 약간 과장된 면이 있을 수 있으나, 적어도 네덜란드 안에서는 사실이었다. 그러나 이 늙은 물리학자의 기억은 세기를 넘어가면서 일어난 원자의 실체에 관한 강한 반대 움직임 때문에 변형된 감이 있다. 그가 논문을 쓸 당시에는 적어도 원자에 관해서 굳건히 지지해 주는 사람과 전혀 믿지 않는 사람까지의 넓은 스펙트럼이 형성되어 있었다. 몇몇 사람들은 클라우지우스, 맥스웰과 볼츠만 같은 운동론 창시자들의 원자와 분자에 대한 굳건한 믿음을 추호도 의심하지 않았지만, 맥스웰 자신은 1873년 영국 학술 협회에서 행한 강연에서 '원자라는 것이 존재한다면...'이라며 교묘하게 비켜 나갔다 [*11*, p. 437]. 1860년대와 1870년대에, 이 세 물리학자와 추종자들은, 원자 모형을 현미경 차원의 원형 구체로 받아들이기 시작했다. 이 모델이 기체, 액체, 고체의 모형이라 믿는 사람은 실제로 반데르 발스를 제외하고는 거의 없었다. 그에게는 이 작은 당구공이 일상생활에서 보는 물체같이 실제적이었다. 이 믿음이 그로 하여금 '나는 이 분야에 있어서 혼자 있는 듯한 느낌을 받았다.'라고 회고하게 했다.

가버는 클라우지우스의 연구가 '열의 본질'을 알기 위한 것이라고 기술하였지만, 맥스웰은 분자 운동론을 이용해 물질의 구조를 파악하려 했다 [*12*, p. 303]. 볼츠만은 당연히 클라우지우스의 예를 따랐고, 통계학을 도입하여 그것을 발전시켰다. 반데르 발스의 목표는 약간 달랐는데, 분자 운동론과 열역학을 이용해서 다양한 물질의 응집 상태를 정밀하게 분석하는 것이 목표였다. 클라우지우스, 맥스웰, 볼츠만은 원형 구체 모델이 실제 분자 구조의 참된 구조라고는 생각하지 않았다. 그들은 이 구조의 본질을 캐기 위해 노력했으며, 특히 맥스웰은 열 성질과 광학 스펙트럼을 결부시키는 능력이 부족했기 때문에 불편했다 [*13*]. 반데르 발스 또한 분자는 변형되지 않는 딱딱한 공과 같은 모델 이상의 것은 아니라는 사실보다는 더 많은 사실을 알고 있었다.

그는 학위 논문에 다음과 같이 썼다; '최근 화학적 관점에 따르면 분자에서 원자가 차지하고 있는 위치는 이성질체의 원인이 되기 때문에 아주 광범위한 중요성을 지니며, 따라서 반드시 확실하게 정의되어야 한다… 분자는 원자 여러 개가 모여서 만들어진 것이기 때문에, 하나의 단일 강체로 대할 수는 없다' [p. 160, 164]. 그는 분자 내부 구조에 관한 분자 운동론의 세 명의 지지자의 토론에 참여하지는 않았지만, 그 토론을 하나로 모아 자신의 의견대로 실존하는 작은 구체 이론을 강화하는 데 사용했다. 모든 '보통의' 물체는 분자로 이루어졌지만, 그것이 고전 역학을 따르는 단일 개체로의 취급을 막는 것은 아니다. 그러한 굳은 신념이 있었기에 그는 노벨상 강연에서 그의 평생 목표가 물리학자들로 하여금 분자가 실존한다는 믿음을 심게 하는 것이라고 말했다 해도 놀라운 일이 아니었다. '...나의 이론은 약간의 기여에 지나지 않을 수 있다. 그리고 나는 솔직히 이것이 한 발 진전된 것으로 생각한다.' [103e, p. 265]. 이 생각은 원자가 존재하지 않는다고 믿었던 사람들의 수장인 오스트발트에 의해 한 번 더 언급된다. '이러한 결과는 어느 정도 (사실은 꽤 많이) 자신의 연구로부터 힘입은 것이라고 그가 말해도 그럴 자격이 충분하다' [103a].

3.2 연속성, 동일성 및 모세관 현상

카메를링 오네스는 다음과 같이 썼다; '열 과학에는 서로 관련이 없는 숫자들 (예를 들어 열팽창 계수와 압축률)이 많이 있다는 사실이 반데르 발스가 논문 주제를 택할 때 매우 중요한 근거가 되었다. 특히 반데르 발스는 선험적으로 모든 형태가 같은 법칙을 따른다고 믿었다. 따라서 열과 관련된 그의 학위 논문 내용은 다른 물리학 분야보다는 훨씬 덜 진보적이라고 느꼈을 것이다.' [233]. 다음과 같이 반데르 발스가 쓴 논문의 시작 부분을 보면 그의 연구 동기에 관한 카메를링 오네스의 추론은 꽤나 신빙성이 있어 보인다.: '본 논문의 주제는 라플라스가 창안한 모세관 현상 이론에서 중요한 역할을 하는 어떤 크기에 관해 좀 더 정확히 파악해 보자는 것이다' [p. 125]. 이 방정식은 계수 K, 직경 R을 가진 액체 방울 안의 '내부' 압력에 관한 라플라스의 유명한 식이다.

$$P_{\text{int}} = K + H/R \tag{3.3}$$

계수 H는 2γ와 같고, γ는 표면 장력이기 때문에 기존에 있는 기술을 통해 쉽게 측정할 수 있는데 비해 K는 다른 관측 가능한 수치와 관련이 없다. 반데르 발스는 유체를 정확히 이해하기 위해서는 '분자 압력'이자, '물질의 응집 척도'인 K 값을 적절히 알아야 한다고 주장했다. 이는 다른 관측 가능한 수치들보다 작은 건 아니지만 (사실 백만 배 정도 더 컸다), 다른 측정 가능한 성질에 관한 최종 방정식에 들어가지 않기 때문에 이론적으로 찾아야 한다. 그런 계산이 '나로 하여금 기체와 액체 상태 사이에 있는 연속성에 대한 개념을 정립하게 했는데, 나중에 알고 보니 다른 사람들도 같은 생각들을 하고 있는 것으로 파악되었다.' [1, p. v-vi].

그에게 어떻게 '연속성'의 개념이 떠올랐는지는 그의 노벨상 강연과는 약간 차이가 있다. 후자가 약간 더 신빙성이 떨어지지만, *연속성 (continuiteit)*이라는 단어는 1881년 독일어판에서는 좀 더 무미건조한 단어인 *Zusammenhang* 으로 [1d₁'], 1890년 영어판에는 *connexion* [1e₁']으로 각각 사용되었는데, 둘 다 원저자의 감수를 거쳤다. 그리고 그는 그들 번역본 추천사에서 새로 쓴 두 개의 문단으로 그 차이를 분명하게 설명하였다.

'기체 상태와 액체 상태의 연속성'의 개념은, 한 응집 상태에서 다른 상태로 연속적으로 넘어갈 수 있기 때문에 적합한 표현이라고 볼 수 있다. 기하학적으로 표현하자면 등온 곡선의 두 부분은, 심지어 그 부분들이 연결될 수 없는 경우까지도 *하나* 의 곡선 위에 있게 되는데, 나는 엄밀하게 말해서 더 많은 것을 증명하고 싶다. 즉 두 응집 상태의 *동일성(identity)*

에 관해서 말이다. 대략 세워진 추정에 의하면 액체 상태에서의 분자는 서로 섞여서 보다 큰 원자 착체를 형성할 수는 없다. 그리고 만약 이 추정이 옳다면, 두 상태의 차이는 밀도 크기의 차이일 뿐이다. 곧 정량적 차이에 지나지 않는다.' [p. 125]. 번역본의 서문에 있는 이 중요한 주장들은 원 논문의 본문에 있는 인용구와 일치한다. '...본 학위 논문의 목적은 액체 상태와 기체 상태를 구별하는 것은 오로지 정량적 차이밖에 없다는 사실을 정립하는 것이다.' [p. 159].

따라서 연속성에 관한 그의 생각은, 처음에는 분자 운동론에서 영감을 얻은 '동일성'에서 희미하게 개념을 잡았고, 거기서 연속성의 개념을 유추해낸 뒤, 마지막으로 방정식을 통해서 확고한 상호 관계를 알아내려 한 것이었다. 곧 라플라스의 '분자 압력' K를 파악하고자 하는 과정에서 정립된 것이었다. 그는 라플라스의 이론을 잘 알고 있었기에 분자 인력이 모세관 현상의 근거가 된다는 데 의구심을 가질 수가 없었다. 그는, 보스카의 (그리고 자신의) 연구 결과에 따라, 꽤 떨어진 거리에선 아주 약해지긴 하지만, 분자 인력이 담배 연기나 에어로솔 같은 작은 유동체들에 상당한 영향을 끼쳐 모세관 현상을 나타내는 것이라고 언급하기까지 하였다. [p. 159].

이러한 인력에 관한 고찰에 비추어 볼 때, 왜 그의 학위 논문이, 분자의 정적인 평형에 있어서 '일반적으로 버려진 가정'에 강한 반박 논리를 펴면서, 또한 '분자들 간의 반발력 가정'을 일축하면서 시작되는지를 쉽게 이해할 수 있을 것이다 [p. 127]. 1867년의 유명한 논문에서 맥스웰은 수학적 편의를 위해 기존에 선호했던 분자 강체 구를 반발력 중심 r^{-5}[*14, 15, 16*, p. 26-29]로 치환한다. 하지만 반데르 발스에겐 그런 반발력 개념이 받아들여질 리 만무하였다. 반데르 발스는, 반발력 개념이 1854년에 실시된 줄과 톰슨 실험 결과와도 맞지 않다는 걸 입증하였다. 줄과 톰슨의 실험에서는 유동 기체가 단열 팽창하는 경우 발열 대신 냉각이 이루어짐을 관찰하였는데, 이는 반발력이 존재할 경우 열이 발생되는 데 반해, 힘이 인력일 때는 냉각이 되는 것으로 예상이 되기 때문이다.

학위 논문의 뒷부분에서 그는 '수소를 제외한 모든 기체에서 냉각 현상이 확인되었다. 분자 인력이 존재한다는 가정이 없으면 영구 기체라고 하더라도 그 현상을 설명할 수가 없다는 사실이 최근까지도 주목을 받지 못했다는 사실이 놀랍다.' [p. 221] 라고 기술하였다. 심지어 톰슨과 가까운 사이였던 맥스웰마저도 1871년의 *열 이론*에서 이 현상을 '미미한 효과'라고 평하면서 거의 무시했다 [*17*, p. 195]. 하지만 반데르 발스가 이 현상을 처음 알게 된 것은 맥스웰의 책을 통해서일 가능성이 높다. 클라우지우스는 아예 이 현상을 무시한 것으로 여겨진다. 이 현상의 응용은 반데르 발스가 처음 시작했고, 그와 동시에 분자 운동론에 이론적 뼈대를 도입한 메이어 [*18*, p. 30]가 뒤따랐다. 그러나 후대 과학자들은 1877년에 발표된 메이어의 분자 운동론 논문 [*18*]을 인용했지만 반데르 발스의 공헌에 대한 언급은 하지 않았다. 아마도 당시 학자들이 반데르 발스가 사용한 1854년의 줄-톰슨 효과 (연속적으로 흐르는 기체의 팽창에 관한)의 미미한 효과에는 거의 주목을 하지 않은 대신, 줄이 1845년에 발표한 유명하지만 가치 없는 실험 (단일 공정에서의 팽창)에 관심이 더 쏠려 있었기 때문이었을 것이다. 반데르 발스의 표현에 의하면 이러한 부정적 결과로 말미암아 '열 학교의 예언자들'이 패주하게 되었다. [p. 225][5].

따라서 인력을 고려해야 한다는 점이 확실해졌기 때문에 분자가 존재한다고 믿는 사람으로서 그는 내부 부피를 무시할 수 없었다. 클라우지우스와 (훗날에) 맥스웰의 논문을 열렬히 따랐던 그는 '기체의 확산과 점성에 관한 연구는 우리가 분자를, 작지만 확장된 물체로 봐야 한다는 것을 알려준다.' [p. 168] 라고 생각하고 있었다. 반발력에 관한 개념이 잘 잡히지 않았기 때문에, 그는 선택의 여지가 없이 분자를, 유한한 부피를 가진 강체라고 가정할 수밖에 없었다.

3.3 반데르 발스의 방정식: 유도인가 정당화인가?

3.3.1 '등온선의 기본 방정식'

1870년 10월 클라우지우스는, 깁스가 1889년에 '분자 과학에 매우 귀중한 기여를 하였다고' 회고한 비리알 정리를 발표한다 [*19*, p. 265]. 이 정리에 따르면 어떤 계의 평균 *비스 비바*(*vis viva*)는 비리알과 같다. 현대적인 식으로는 다음과 같다:

$$\frac{1}{2}\langle m_i v_i^2 \rangle = -\frac{1}{2}\langle f(r_i) \cdot r_i \rangle \tag{3.4}$$

여기서 m_i, v_i는 i번째 분자의 질량과 속도를 뜻하고, $f(r_i)$은 위치 r_i에 있을 때 분자가 받는 힘을 뜻한다. 위 정리는 어떤 계가 정지된 움직임 상태에 있을 때 적용되는데, 즉 위치와 속도가 구속된 움직임 상태를 뜻한다. 운동이 주기적이라면 평균은 완전한 순환 기간 동안의 평균을 의미하며, 운동이 불규칙적이라면 충분히 오랜 시간이 지나면 평균값이 일정해진다. 멋진 이름을 붙이기 좋아했던 클라우지우스는 식(3.4)의 오른쪽 항에 있는 값을, 힘을 뜻하는 라틴어 vis에서 따와서 비리알이라 불렀다.

클라우지우스는 비리알이 첫째 계의 경계에서 균일한 외부 압력에 의해 $3/2 \cdot PV$로 주어지는 항과 둘째 '강체를 구성하는 입자들' 사이의 떨어진 거리, $r_{ij} = |r_i - r_j|$의 함수인 입자들 각 쌍 사이의 중심력만으로 구성되어 있는 가장 간단한 경우를 취했다. 인력은 플러스로, 반발력은 마이너스로 계산했다. 클라우지우스는 시간에 따른 평균값 대신 분자 계에 존재하는 다양한 배열의 평균값을 도입했는데, 이 변화는 훗날 깁스가 앙상블의 운동에 대한 개념을 도입하면서 좀 더 공식적으로 다듬게 된다. 클라우지우스는 계속해서, (우리가 열이라고 부르는) '내부 운동의 *비스 비바*' h는 다음과 같은 방정식으로 나타낼 수 있다고 하였다.

$$h = \frac{1}{2}\sum_{ij} r_{ij} f(r_{ij}) + \frac{3}{2}PV.\text{'[20]} \tag{3.5}$$

그는 순전히 역학적 관점에서 열역학 제2법칙을 유도해내려는 가운데 이 비리알 정리에 도달했지만, 성공을 거두지 못한 까닭에 더 이상 이 정리를 사용하지 않았다 [176].

클라우지우스가 쓴 새 논문에 항상 신경을 곤두세우고 있었던 반데르 발스는 이 정리가 인력을 다루는 데에 도움이 될 수도 있을 것이라고 보았다. 그의 논문 제2장에서 그는 클라우지우스의 방정식을 도입하되 식(3.5) 왼쪽 항의 h를 운동 에너지의 합으로 대체했다.

$$\sum_i \frac{1}{2} m_i v_i^2 = \frac{1}{2} \sum_{ij} r_{ij} f(r_{ij}) + \frac{3}{2} PV. \tag{3.6}$$

희박 기체일 경우 오른쪽 항의 첫 번째 항을 무시할 수 있는 반면, 액체일 경우는 두 번째 항을 무시할 수 있다. 기체의 경우에는

$$\sum_i \frac{1}{2} m_i v_i^2 = \frac{3}{2} P_1 V. \tag{3.7}$$

액체의 경우에는

$$\sum_i \frac{1}{2} m_i v_i^2 = \frac{3}{2} P_2 V. \tag{3.8}$$

가 된다. P_1은 외부 압력이고 P_2는 열운동에 의해 '지속적으로 멀어지려고 하는 경향'과 균형을 맞추려는 인력에 의해 생성되는 분자 압력이다. 위 맨 끝 방정식은, 라플라스가 언급한 것처럼 액체를 처리할 때에도, 어떤 한 분자에 작용하는 힘들의 수가 크고 그들이 대략적으로나마 균형을 유지하게 되므로, 기체를 처리하는 것과 같은 방식으로 처리할 수 있다는 사실을 정성적으로 설명해 주게 된다. [183, p. 9, 12].

반데르 발스는 두 가지의 가정을 했는데, 하나는 '분자력이 아주 짧은 거리에서만 작용된다는 것을 고려해야 한다....'는 것이다. '지금까지 분자력이 영향을 받지 않는 거리가 얼마냐에 대한 연구 결과들 중에 서로 일치된 결과는 없다; 하지만 그 거리가 매우 짧다는 데 대해서는 모두들 동의를 하고 있다.' [p. 134]

이 점에 있어서 반데르 발스와 보스카는 완전히 동의했다. 사실, 기체에서 이런 힘들의 작용은 무시해도 될 수준이었다. 반데르 발스는 인력이 '어느 정도의 거리에서는 인식 불가능'이라는 라플라스의 지적을 더 정확하게 바꿔서 '구의 지름 (곧, 클라우지우스의 '작용 구(sphere of action)') 보다 거리가 더 떨어지면 힘 자체의 인식이 불가능해진다.' 라고 수정했다 [p. 135].

실험으로 '완전히 증명된' 그의 두 번째 가설은, '아마도 '표면에서의 아주 얇은 층'에서 단거리의 분자 인력의 직접적인 결과로 층 두께가 매우 얇게 될 때를 제외하고는, 평형 상태의 액체는 모든 지점에서 같은 밀도를

가질 것이다.'라는 사실이다. 이 밀도의 균일성으로 말미암아 액체 더미에 있는 분자에는 힘이 가해지지 않으며, 그에 따라 최외각 층에 미치는 내부로 향하는 인력은, 보상되지 않는 채로, 식 (3.8)의 내부 압력 P_2에 영향을 주게 되고, 식 (3.7)의 외부 압력 P_1과 같이 처리되어 P_1에 덧붙여지게 된다. 그는 다음과 같이 요약했다: '우리는 기체 상태의 입자와 액체 상태의 입자에 많은 공통점이 있다는 것을 발견했다. 기체 입자에는 힘이 가해지지 않고, 액체 안의 입자는 서로가 힘을 중화시킨다. 두 경우 다 충돌이 일어나지 않는다면 이 운동은 방해받지 않고 계속 진행된다.' [p. 135]. '자연에서 관찰되는 유일한 상태', 곧 밀도의 중간 상태 [p. 137] 에 대해서는 두 개의 항을 더할 수 있다.

$$\sum_i \frac{1}{2} m_i v_i^2 = \frac{3}{2}(P_1 + P_2)V. \tag{3.9}$$

왼쪽 항은 주어진 온도에서는 상수가 되므로, 그는 이 식을 '등온선의 기본 방정식'이라 불렀다. [p.138]

그는 액체의 경우 P_2가 P_1보다 훨씬 크기 때문에, 액체가 아주 낮은 압축성을 보이는 것은 놀라운 일이 아니라고 기술하였지만, 이 압력을 라플라스의 K 값과 동일시하는 것에는 아주 신중을 기하였다. 제9장에 이르러서야 이 점에 대해 언급하고 있다. 그러나 그는 P_2가 밀도 값 자체보다는 밀도의 제곱에 비례한다고 주장했다. 이 사실은, 대부분의 기체 경우 압력이 커질수록 부피와 압력의 곱이 이상 기체의 부피와 압력의 곱보다 낮게 나타난다는 관찰 결과와 일치하였다. 그는 이러한 밀도 의존성이, 오랜 시간 동안 잘 알려져 있지 않았던, 1864년 굴베르그와 보게가 고안한 질량 작용의 법칙과 일치한다는 사실을 언급하기도 하였다. [p. 137].

'등온선의 기본 방정식'은 제2장의 마지막 부분에 처음 등장한다. 다음 두 장의 내용은 라플라스의 모세관 현상에 관한 다양한 변형을 다룬 것이다. 그는 물질을 고정된 연속체로 보는 라플라스의 물질관을 잠정적으로 채택하였지만, 어떤 면에서만 보면 그 저명한 선행 연구자를 능가하게 된다. 상당한 시간이 흐른 후에 반데르 발스가 대학 강의에서 강조했듯이, 라플라스 (와 당시의 학자들)는 액체는 압축할 수 없는 물질이라고 믿었기에, 계산에 밀도를 고려할 필요가 없다고 생각했으며 이들 두 상수는 서로 아무 상관이 없다고 생각하였다. [91, p. 239]. 하지만 반데르 발스는 밀도를 다시 끌어들여 라플라스의 두 가지 정수를 다음과 같이 정의한다.

$$K = 2\pi D^2 \int_0^\infty \psi(x)dx \tag{3.10}$$

$$H = 2\pi D^2 \int_0^\infty x\psi(x)dx, \tag{3.11}$$

여기서 D는 라플라스 방정식에서 빠졌던 밀도이고, $\psi(x)$는 떨어져 있는 거리 x에 대한 미분치가 분자 인력의 내부 포텐셜을 의미하는 함수이다.

그는 제5장을 다음과 같은 문장으로 시작하였다: '지금까지 우리는 분자를 질량 점으로 판단하여 문제를 단순화시켰지만, 물질이 나타내는 실제 현상과는 거리가 멀었다. 따라서 우리는 지금부터 이론을 크게 두 가지 방향으로 수정하여야 한다.' [p. 160]. 첫 번째는 '분자들은 질량 점이 아닌, 원자로 이루어진 회합체이기 때문에' 분자 내부 구조를 반영해야 한다는 점이다[p. 160]. 두 번째로 수정해야 할 점은 제6장의 주제로, 분자는 크기, 곧 '공간 내에서 명확히 확장된 상태(definite extension in space)'에 있다는 사실이다.

식 (3.4)의 왼쪽 항에 있는 운동 에너지는 분자 전체로서의 병진 운동과 관련된 항목 (클라우지우스는 '전진 운동 속도'라고 불렀다), 분자 전체로서의 회전 운동과 관련된 항목, 다른 원자들에 대한 원자들의 상대적 내부 속도와 관련된 항목이 포함되어 있다. 식의 오른쪽 항에는 원자들 사이의 내부 힘들의 비리알이 더해져야 한다. 이 식과 클라우지우스가 분석한 일정한 압력과 부피에서의 기체 열용량의 비를 고려하여 반데르 발스는, 왼쪽 항에는 '전진 운동'을 제외한 모든 운동 에너지를 무시하고, 오른쪽 항에는 내부 힘들의 비리알을 무시한다는 가정 아래 복잡한 분자에 비리알 방정식을 사용해도 된다고 주장했다. 하지만 그는 이 미묘한 문제에 대해 자기 생각이 옳다는 확신은 가지고 있지 않았다.

그는 이제 실제 분자를 다룰 준비가 다 끝났음에도 불구하고 다음 문제로 넘어갔는데, 전략에 큰 변화를 주게 된다. '나는 이때까지 사용되었던 방식과는 다른 방식을 사용하려 한다.' 그는 제6장의 시작 부분에 이렇게 적었다.

3.3.2 부피 보정

현대 과학에서는, '분자의 확장'을 설명할 때 '등온선의 기본 방정식'을 사용하여, 분자가 서로 가까이 다가갈수록 근거리 반발력이 증가한다는 점은 아주 자연스럽게 받아들여진다. 하지만 반데르 발스는 앞서 보았듯이 반발력에 대한 개념을 받아들이지 않았기 때문에, 좀 더 간단한 준-정량적 계산을 위해 식 (3.9)를 일시적으로 포기하게 된다.

분자들이 클수록, 다른 환경이 동일하다면 충돌 간의 평균 자유 행정은 짧아질 것이고, 그렇게 되면 짧아진 자유 행정은, 분자들이 벽에 충돌하는 횟수에 비례하는 압력의 증가로 이어진다. 클라우지우스와 맥스웰은 평균 자유 행정을 계산했지만, 분자의 크기로 인한 감소는 받아들이지 않았다. 반데르 발스는, "우리가 이 평균 자유 행정을, 구의 중심에서 벽까지의 거리로 정하는 대신, 구의 반지름보다 짧은 거리는 아니라고 가정하여 공을 던져 벽에 맞출 때의 경로 길이로 과대 계산하는 것처럼 그들도 경로의 길이를 과대 계산했다."고 주장했다. 클라우지우스의 평균 자유 행정에 관한 식은 다음과 같다:

$$l_1 = V/\frac{4}{3}\pi s^2 N, \tag{3.12}$$

여기서 V는 N분자를 포함하고 있는 부피이고, s는 지름, 정확히 말하자면 '작용 구'의 지름이거나 혹은, 두께가 무시되었기 때문에 반데르 발스가 주장하듯이 '작용 원판(disc of action)'의 지름이라 말하는 것이 제일 정확하다. 두께가 고려된다면 중심선을 따른 직접 충돌에 대한 평균 자유 행정은 $l_s = l_1 - s$ 혹은

$$l_2 = \frac{V - \frac{4}{3}\pi s^3 N}{\frac{4}{3}\pi s^2 N} \tag{3.13}$$

가 되고, 정리하면

$$\frac{l_2}{l_1} = \frac{V - 8b_1}{V} \tag{3.14}$$

가 되는데, b_1는 분자의 부피이다. 중심선을 따르는 직접 충돌은 오로지 한 가지 형태의 충격만이 있으며, 모든 충돌각의 평균 (현대적으로 표현하자면 모든 '충돌 매개 변수')을 구하면 계수 8을 반으로 줄이기 때문에, 최종 식은 다음과 같다.

$$\frac{l_3}{l_1} = \frac{V - 4b_1}{V}. \tag{3.15}$$

그는 줄어든 평균 자유 행정에 관한 이 식은 '물질을 압축할 때의 극한값으로 이끌 수는 없다는' 점을 알고 있었다 [p. 171]. 물리적 배경으로도 실제 가능한 $V < 4b_1$의 상태라면 깨질 수도 있지만, 극한값에 도달하기도 전에 부정확해진다. 따라서 고밀도 상태에서는 b_1의 멱수는 4보다 낮아야 한다. 더욱이 저밀도에서도 오로지 원형 분자일 경우에만 맞는데, 다른 모양일 경우 직접 혹은 중심 충돌 비율이 더 낮기 때문이다.

따라서 그는 분자의 확장에 관한 수정에 들어갔는데, b를 '[밀도]의 일정한 극한까지는 분자의 부피에 4배가 되지만, 그 이상은 작아진다.' [p. 171] 라고 적었다. 그에 따라 '등온선의 기본 방정식'인 식 (3.9)는 다음과 같이 바뀐다.

$$\sum \frac{1}{2} m_i v_i^2 = \frac{3}{2}(P_1 + P_2)(V - b). \tag{3.16}$$

3.3.3 상태 방정식

반데르 발스는 제7장에서 '내부' 혹은 '분자 압력'인 P_2에 관한 방정식을 구하려 했다. 그러나 그는 기존의 라플라스의 K를 사용한 식 (3.10)으로 회귀하지는 않았다. 그는 D^2 인수를 추가해서 기존의 식을 보완했지만, 여전히 그 식은 물질의 정적 및 연속체 상태를 가정하여 만들어진 것이기에, 분자 인력을 서로 적분해서 K를 얻은 라플라스의 방법을 신용하지 않았다. 근거리에서의 인력이라는 문제에서 보면, 어떤 하나의 분자에 대해 '인력을 계산할 수 있는 역학 법칙'을 알 필요가 있다 [p. 173]. 40년 후 그는 더 명확하게 이야기한다.; '라플라스는 액체를 연속체로 보았다. 그는 그 당시에 분자에 대해서 몰랐다. 그리고 만일 우리가 정지된 분자를 다루고 있었다면 내부의 인력을 표면의 힘으로 고려하는 것이 용인되지 않았을 것이다' [103e, p. 256].

그는 분자의 혼돈 열운동이 이 난제를 해결해 줄 것이라고 가정했다. '하지만 만약 이 분자가 운동 상태에 있고, 서로 다른 공간을 차지할 수 있다면, 위에서 언급된 가장 어려운 부분을 해결할 수 있다.... 따라서 우리는 적분처럼 물질을 연속체로 가정하듯이 분자가 움직인다고 가정하면 같은 결과를 얻을 수 있다.' [p. 173]. 이를 통해 그가 자기 자신에게 얼마나 믿음을 가졌는지는 모르지만, 몇 번의 힘든 숙고 끝에 앞으로 다음 수백 년간 모든 학생들이 교과서를 통해 확인할 수 있는 형태의 식으로 줄이는 데 성공한다. 표면에 가까운 층에 있는 분자의 개수는 밀도에 비례하고, 밑에 흐르는 유체에 의한 인력 또한 밀도에 비례하므로, 내부 압력은 밀도의 제곱에 비례한다. 곧 $P_2 = a/V^2$로, V는 물질의 단위 질량 당 부피이며 a는 비례 상수로, 그는 '비 인력(specific attraction)'이라 불렀다. 따라서 식 (3.16)은 이렇게 된다.

$$\left(P+\frac{a}{V^2}\right)(V-b)=\sum_i \frac{1}{3}m_i v_i^2 \tag{3.17}$$

그리고 드디어 물체 내의 '열'을 분자의 평균 운동 에너지와 동일시한 클라우지우스의 이론으로 돌아와서 제7장의 마지막에 그 유명한 상태 방정식을 얻게 된다:

$$\left(P+\frac{a}{V_2}\right)(V-b)=RT. \tag{3.18}$$

평균 운동 에너지를 $\frac{3}{2}RT$로 치환하는 대담성도, '전진 운동'에서 발생되는 에너지가 밀도와 관련이 없다는 것과, '예를 들어 물 한 분자와 0도의 증기 한 분자가 같은 속도의 전진 운동을 한다.'라는 가정과 같은 중요한 한 발걸음이라는 것을 그는 인식하고 있었다. 그는 $\frac{1}{3}mv^2$의 평균값이 온도의 정의로 고려되어야 한다는 날카로운 가정을 세움으로써 자기주장을 뒷받침했다.

3.3.4 유도인가 정당화인가?

클라인이 고찰한 것처럼, '반데르 발스의 학위 논문 중 첫 다섯 장은, 그가 이제 인력은 물론이고 충돌 시에만 작용하는 반발력, 곧 0이 아닌 분자 부피에 따른 효과 모두를 고려하여 분자력의 평균 비리알로부터 분자 압력을 계산할 것이라는 기대를 갖게 했다. 하지만 비리알 정리에서 유도될 것으로 예상되는 식을 찾아내지는 못하였다.' [176, p. 39]. 혹자는 반데르 발스가 독자들이 쉽게 이해할 수 없는 비리알 정리의 복잡한 수학에 빠져들게 하기 보다는 좀 더 쉬운 정성적인 접근 방식을 선호한 게 아니냐고 생각할지도 모르겠다. 하지만 이는 말이 안 될 가능성이 큰데, 왜냐하면 그는 클라우지우스의 이론을 알기 전부터 이 방정식을 만들었다는 증거가 많이 있기 때문이다. 이 방정식은 1870년 10월 10일 폐간된 '*물리학 연보* 지의 최종 호에 실려 있는데, 이 저널은 1871년 1월 한림원 도서관에 반입되었다는 사실이 도서 목록을 통해 확인된다. 이때 5번째 증보판(*Ergänzungsband*)이 같이 실려 있었고, 여기에는 반데르 발스에게 매우 중요했던 앤드류의 논문 요약본이 같이 실렸다. 그는 자신의 논문에 이 논문을 처음 언급할 때 이렇게 적었다: '최근에 앤드류는 이산화 탄소에 관한 논문을 발표했다 – 어떤 다른 논문보다 이 논문은 우리 방정식을 실험하기에 제일 적합한 것이다.' [p. 191]. 이 문장은 르뇨의 앞선 결과(아래 참조)로 방정식을 검증한 결과를 담은 문단으로 이어진다. 그러므로 앤드류의 실험과 클라우지우스의 결과가 나왔을 때 그가 이미 방정식을 완성했다는 것을 알 수 있다. 또한, 논문 곳곳에 흩어져 있는 다른 힌트들을 보면, 그가 이런 이전 논문들을 순서대로 파악하고 있었음을 알 수 있다.

심지어 그가 방정식에 위의 두 항을 포함시키기 전부터 상당 기간 위 두 수정 항을 미리 고려하고 있었을 수도 있을 것으로 여겨진다. 그는 '*처음에는* (이 책의 저자들이 임의로 이탤릭체로 표시한 것임- *역자 주*) 외부 부피와 분자가 차지한 부피의 차이가 운동이 일어나는 공간일 것으로 생각했다.'라고 썼다. [p. 168] 마찬가지로 노벨상 수상 강연에서도 그는, '배제 부피'가 그 공간의 4배만큼 크다는 것을 발견했을 때의 놀라움을 언급했다 [103e, p. 255]. 콘스탐이 논문에서 b를 계산할 때 택한 정상적인 방식을 벗어난 방법에 대해 반데르 발스에게 질문을 했을 때, 그는 이런 답변을 받았다. '알다시피, 내가 이것을 쓸 때는 그리 엄격하지 않았다는 것을 알고 있네. 하지만 나는 결과가 맞다는 것을 알았고 이 결과를 맞추기 위해 먼 길을 돌아가고 싶은 생각은 없었네.' [206, p. 17].

우리는 그로 하여금 a/V^2항을 생각해낸 간단한 아이디어에, 질량 작용의 법칙과 실제 기체의 압력은 이상 기체보다 낮다, 곧 '불완전 기체에서 부피와 압력의 곱은 압력의 증가에 따라 감소한다.' [p. 138]는 정성적인 관찰 결과가 포함되어 있다는 것을 이미 살펴본 적이 있다. 심지어 '등온선의 기본 방정식'에서의 '비리알 유도식' 또한 논리적 추론에서라기보다는 실험 결과에 맞추기 위한 것이었다.

이 논의들은 논문의 첫 일곱 장들에 있는 '유도식'이 보다 기초적인 추론과 실험 결과를 통해 이미 정립해 놓은 방정식을 정당화한 것이라는 분석을 뒷받침한다. 그럼에도 불구하고 클라우지우스의 비리알 정리를 분자 운동론에 도입한 것은 훗날 분자 과학에 큰 기여를 했다는 평가를 받는다.

3.3.5 반데르 발스의 방정식과 르뇨의 실험 결과

방정식을 검증하기 위해서 반데르 발스는 프랑스 물리학자 H. V. 르뇨가 1840년대와 1860년대 각각 발표한 기체들의 이상성으로부터의 편차 실험 결과를 사용했다 [22]. 이 실험은 원래 기체 온도계의 보정 정도를 계산하기 위해서 고안된 것으로, 이는 지난 19세기 후반의 가장 인기 있는 주제 중 하나였다. 예를 들어 보스카는 온도 측정에 관해 르뇨와 열띤 토론을 펼쳤다 [3, 23].

반데르 발스는 르뇨가 측정한 3가지의 기체 성질을 사용했다.

(1) 압력 계수: $T(\Delta P/\Delta T)_V/P$;

(2) 압축률: $(P_1V_1/P_0V_0)_T$; 여기서 V_1은 V_0의 약 절반임.

(3) 팽창 계수: $T(\Delta V/\Delta T)_P/V$.

그는 자신의 상태 방정식을 이용하여 이 3가지의 계수를 추론해냈고, 처음 두 계수를 르뇨가 했던 이산화 탄소, 수소, 공기 및 이산화 황 실험 결과와 비교해서 상수 a와 b의 값을 구했다. 그리고 세 번째 계수인 팽창 계수에서 얻은 값과 b의 값을 비교하여 자신의 상태 방정식을 검증했다.

이 값들을 비교한 결과 그것이 같은 종류에서든 혹은 다른 종류에서든 측정된 값과 일치하였지만, 완전히 신뢰할 수준은 아니었다. 그렇지만 한편으로 르뇨 실험의 정확도가 그리 높지 않다는 것도 알고 있었고, 더구나 실험 결과와 방정식을 통해 유추한 값이 눈에 띌 정도로 분명하게 차이 나는 경우는 거의 없었다. 그는 그 전까지는 설명이 불가능하였던, 이상 거동에서 벗어나는 경우가 얼마나 많은가를 적어도 정성적으로는 증명해 보여 줄 수 있었다는 사실에 힘입어 더욱 자신감을 얻었다.

3.3.6 상태 방정식과 앤드류의 등온선

르뇨의 실험 결과에 관한 분석에서 반데르 발스는 이산화 탄소에 관한 내용을 빼먹었다. 그 이유는 아마도 그가 논문 작업을 할 때 앤드류의 논문, *물질의 기체와 액체 상태의 연속성에 관해서*가 이산화 탄소만을 다루고 있었다는 것을 독일어로 된 요약본을 통해서 알게 되었기 때문임은 사실상 확실한 것으로 여겨진다 [24]. 하지만 그는 이 논문이 2년 전인 1869년에 발표되었다는 것은 알지 못했다 [25].

앤드류는 표와 선도를 통해 13 - 48℃의 온도, 1 - 110atm의 압력 범위에서 이산화 탄소의 등온선을 제시했다.

반데르 발스는 르뇨의 결과에서 얻은 두 개의 상수를 그의 방정식에 대입했다. 그는 다음과 같이 말했다. '르뇨의 실험을 통해 얻은 이산화 탄소의 상수를 사용하는 것은 특히 압력이 27atm일 때 약간의 의문이 있었다. 하지만 [앤드류의 결과와 비교한] 내용은 매우 만족할 만한 것이었기 때문에 앤드류의 실험을 통해 상수 a와 b의 값을 구하는 것보다 그냥 이 값들을 바로 사용하기로 결정했다 [p. 191]. 이 마지막 표현은 그가 앤드류의 연구를 알기 전부터 자신의 방정식을 이미 유도해내었다는 추정을 입증하는 또 하나의 증거가 되는 것이다.

그가 말하는 만족스러운 결과는 이미 구한 b의 값과 앤드류의 실험을 통해 구한 값이 비슷하다는 것을 의미한다. 르뇨의 실험에서 그는 51cm^3mol^{-1}(현재의 단위)를 얻었고, 앤드류의 측정값을 통해 11.3 - 35.5℃의 온도, 110 - 356

cm^3mol^{-1}의 분자 부피 범위 안에서는 51.9 - 56.3cm^3mol^{-1}의 결과를 얻어냈다.

계산된 b의 값에 있는 편차는 예상된 것이었지만 그는 '온도의 차이가 크면 작은 b의 값은 항상 작은 부피에 대응하기 때문에 b에 한해서는 온도의 영향이 사라진다.' [p. 193] 라는 것을 알아냈다. 그는 이것을 '가장 중요한 결과' 라고 말하고 이런 자연스러운 규칙이 자신의 이론으로부터 예상되는 것이라고 말했다. 하지만 우리는 그가 처음에 b가 분자 부피의 합 그 이상도 아니라고 생각했고, 이에 따라 변화가 있지도 않으리라 예상한 것을 알고 있다. 아마도 관찰된 변화가 그로 하여금 원래 생각에 의문을 품게 해서 부피 수정에 좀 더 신경을 써서 생각한 것이라 예상되는데, 그것 말고는 b를 분자 부피에 관련시키는 요인에 대해 걱정할 이유가 없기 때문이다. 그는 등온선을 연구한다고 하더라도 이 요인에 별다른 뚜렷한 해석이 나오지 않는다는 것을 잘 알고 있었다.

앤드류는 기체와 액체 사이의 자연스러운 전이의 연속성을 명확히 입증한 최초의 과학자이다. 그의 등온선은 맥스웰의 *열 이론* [17, p. 120]에 다시 등장했으며, 맥스웰은 거기에 점선으로 포화 액체 상태와 포화 기체 상태를 표시했다. 반데르 발스가 자신의 논문에 그림 8로 다시 나타내었고, 여기서는 그림 3.1 로 나타낸 그림이 바로 맥스웰의 그림이다.

이러한 결과들의 분석을 통해 반데르 발스는 같은 부피일 때 21.5℃의 액체 상태에서 얻은 b의 값이 (15% 정도의 오차 범위 내에서) 32.5℃의 기체 상태에서 얻은 b의 값과 같다는 결과를 만족스럽게 언급하였다. 이러한 일치는 그가 논문 서문에서 "등온선의 양 부분이 *한* 곡선 위에 놓여 있다.' 라고 언급한 바대로 그의 방정식은 물질의 두 가지 상태에 모두 적용된다는 것을 분명하게 입증해 주게 되었다 [p. 125].

3.3.7 임계 매개 변수

HBS의 교사로서 반데르 발스는 3차 방정식이 하나 혹은 세 개의 실수해를 갖는다는 것을 설명해야 했기 때문에, 자신의 상태 방정식이 부피 V에 관한 3차 방정식이란 것을 언급하지 않을 수가 없었다.

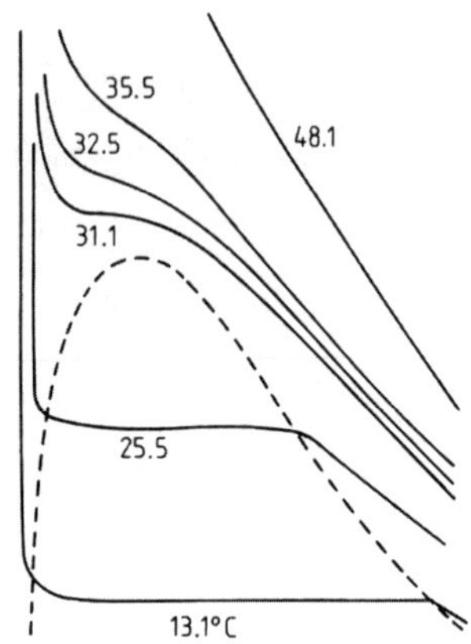

그림 3.1 맥스웰의 열 이론 (1871년)에 인용된 앤드류의 이산화 탄소의 등온선. 반데르 발스의 학위 논문에는 그림 8로 인용됨.

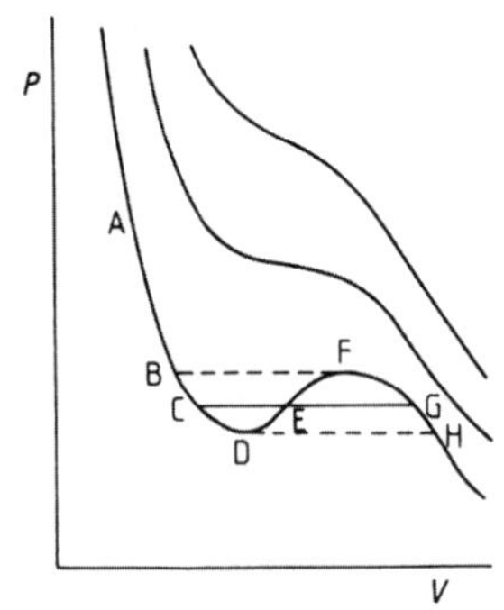

그림 3.2 맥스웰의 *열 이론* (1871년)에 표시된 연속적 등온선. 반데르 발스의 학위 논문에는 그림 7로 인용됨.

그리고 그는 그의 방정식과 실험 결과를 비교하여 V에 대한 몇 개의 해를 구할 수 있었다.

P와 V의 선도에서 V축에 평행으로 선을 그으면 그림 3.2와 3.3에서 볼 수 있듯이 등온선에 따라 한 개에서 세 개의 점에서 만나게 된다. 첫 번째 그림은 학위 논문의 그림 7이고 맥스웰의 *열 이론* (1871년)에서 인용한 것으로 [*17*, P. 120], 전적으로 정성적인 그림이다. 두 번째 그림은 학위

논문의 그림 6인데 반데르 발스 자신의 방정식을 그림으로 표현한 것이다.

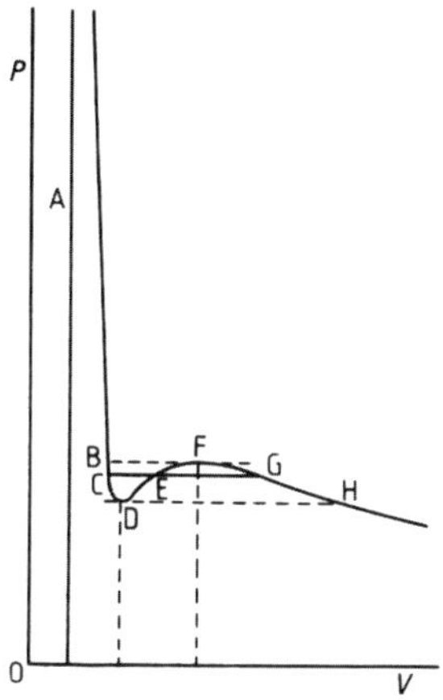

그림 3.3 반데르 발스의 상태 방정식을 통해 얻은 등온선.
학위 논문의 그림 6.

맥스웰의 교과서는 '공립 학교와 과학 학교에서 장인들과 학생들을 위해 채택된' 시리즈의 하나였다. 영국에서는 1871년 말 무렵에 모습을 나타냈는데, 제임스 톰슨 (윌리엄의 큰 형)의 논문 [26]에 의하면 이 책은 11월까지 출판되지 않았지만 (맥스웰은 이 사실을 미리 알았을 가능성이 있다.), 곧 유럽 대륙에도 널리 퍼지게 되었는데 1872년 1월 11일자 프랑스 주간지 르몽드의 익명 비평 덕분이 컸다. 반데르 발스가 1871년 중반부터 앤드류의 연구를 바탕으로 작업한 것은 확실하지만, 이 (그림 3.1) 내용은 당연히 그림 3.2의 BDFH처럼 S자 모양의 등온선을 포함하지 않고 있었다. 그림 3.2의 내용 자체는 거의 분명하게 맥스웰의 책에서 가져온 것이지만, 이것으로 말미암아 그의 방정식에 숨겨져 있던 3차 곡선을 발견하게 되는 계기가 된다. 그에겐 예기치 않게 덤으로 얻은 선물인 셈이었다. 개념 자체는 사실 맥스웰이 아닌 제임스 톰슨 [26]이 앤드류의 결과를 연구하다 얻은 것이다. 아무튼, 반데르 발스가 맥스웰의 책으로부터 아이디어를 얻었음은, 그가 맥스웰의 책을 '모든 물리학자들의 손에 들려 있을 작은 책'이라고 따뜻하게 비평한 데서 알 수 있다. 그는 톰슨과 맥스웰을 따라 가장 바깥쪽의해 (예: 그림 3.2의 C와 G)를 각각 액체와 기체의 부피로 해석했고, 세 번째 해인 E를 신뢰성이 낮다고 판단했는데, 왜냐하면 $(\partial P/\partial V)_T$가 플러스였기 때문에 압축률이 마이너스가 되고, 따라서 계 전체가 역학적으로 불안정하기 때문이다.

온도가 올라갈수록 앤드류의 '기체와 액체 혼합물'에 대응하는 수평선 CG의 길이가 줄어들어 [25, p. 581], 앤드류가 임계 온도라고 언급한 온도가 되면 0이 된다(그림 3.1). 반데르 발스는 자신의 상태 방정식을 통해 그 값이 다음과 같다고 계산했다

$$RT^c = 8a/27b \tag{3.19}$$

그리고 임계 부피와 임계 압력은 각각

$$V^c = 3b, \quad P^c = a/27b^2. \tag{3.20}$$

라고 정의했다. 그의 V^c에 대한 정의에는 예상 기체와 액체 사이의 대칭성은 포함되지 않는다. '내가 말하는 임계 부피는 임계 온도 근처에서 포화 증기압에 있는 액체가 갖는 부피를 말한다. 임계 압력은 이 극한 상태에서의 압력이다.' [p. 201].

반데르 발스가 T^c에 덧붙인 물리학적 의미와 이 온도 아래에서는 '외부 압력에 따라 어떤 물질이 이른바 액체 상태로뿐만 아니라 이른바 기체 상태로도 존재할 수 있다.'는 앤드류의 실험 결과가 놀라울 정도로 일치한다는 사실에는 누구나 깊은 인상을 받지 않을 수 없다. 특정 압력 하에서는 어느 상태 중 하나로만 존재하지만, 일정 온도를 넘어서면 압력에 상관없이 한 가지 상태로만 존재한다. 만약 온도가 임계점을 넘어섰다면, 물질을 액화시키는 것은 불가능하다' [p.200]. 그는 앤드류의 기여를 다음과 같이 표현했다. '이른바 영구 기체와 일반 기체의 액화에 관한 기존의 관념을 뒤바꾼 이 놀라운 발견은 앤드류의 것이다.' [p. 200-201]. 그러나 그는 각주를 달아 패러데이도 비슷한 생각을 했었다고 덧붙였다. 관측된 임계 온도인 30.9℃와 르뇨의 결과에서 유도한 a와 b의 값의 일치는 실로 놀라운 것으로, 그런 방정식에서 나온 결과라고는 믿기지 않았다.

다른 기체의 임계 상수를 파악하는 데 있어서 반데르 발스가 파악한 유

일한 자료들은 카냐르 드 라 투르가 1822년과 1823년에 한 실험 결과였다. 정확도는 그리 높은 편이 아니었으나 그는 적어도 에터와 이황화 탄소의 결과가 추정된 임계비인

$$P^c V^c / RT^c = 3/8. \tag{3.21}$$

에 벗어나지 않는다는 것을 알아냈다.

참고로, 카냐르 드 라 투르의 결과에 따라 물의 임계 온도를 412℃로 추산하였다 (오늘날 측정 온도는 374℃).

카유테는 1870년, 15℃에서 공기와 수소의 압력에 따른 PV곱 값의 변화에 대한 논문을 발표하였다. 그 자료를 이용해 반데르 발스는 공기의 임계 온도를 -158℃ (오늘날 실측 온도는 -174℃), a값이 너무 작아서 계산할 수 없었던 수소의 경우는 임계 온도가 －273℃ (오늘날 실측 온도는 -240℃)라고 추산했다. 이 값들은 영구 기체라고 불렸던 기체들을 액화하려면 아주 낮은 온도가 요구된다는 것을 처음으로 증명한 결과였다. 그의 논문은 응집 물리학 연구의 중요한 한 갈래가 된, 저온 물리학의 출발점이 되었고, 나아가서 레이던에 의해 가장 위대한 물리학적 기여를 하게 된다. 반데르 발스는 자신의 방정식에 관한 관점의 변화가 다음과 같은 결과를 가져왔다고 적었다. '기존에 있던 관념인, 기체는 압력에 의해 액화되고, (실제로는 압력을 낮추는) 냉각이 액화를 가속화 한다는 내용은 수정되어야 한다. 기체는 큰 압력을 가하지 않아도 냉각만으로도 액화할 수 있다.' [p. 201].

임계 상수에 관한 연구 결과를 요약하면서 그는 매우 큰 긍지를 가지고 다음과 같이 썼다. '나는 이해할 수 없었던 현상을 설명했다고 자부한다. - 최소한 보편적인 물리 법칙을 따르는 현상에 관한 설명을 말이다. 주어진 3개의 식을 이용하면 특정 물질에 관하여 상수 a와 b를 알고 있다면 손쉽게 임계 온도, 임계 부피 및 임계 압력을 구할 수 있다.' [p. 201].

그는 BCDEFGH 부분에 관해서는 어려운 질문을 남겨 놓았다. 이 부분은 제임스 톰슨이 앤드류의 등온선의 두 부분을 하나로 합치면서 처음 나타난다. 반데르 발스는 '이 행복한 아이디어' [p. 196]를 맥스웰의 책에서 배웠다 (그는 1871년 가을에 영국 학술 협회로 보낸 톰슨의 논문을 인용

했지만, 논문은 1872년 여름까지 입수할 수 없었다). 그는 톰슨과 맥스웰의 의견을 받아들여 고리의 외곽 부분, BD와 HF는 과열된 액체와 과냉각된 기체라고 생각했지만, 맥스웰이 C와 G를 하나의 선으로 연결한 것에는 (단순히 앤드류의 실험 결과를 옮긴 것) '행복하지 않은 아이디어이지만, 일관성을 유지하기 위해서 계산되어야만 했다.' 라고 말했다[7] [p. 196].

이론적이 아닌 실제적 연속성이 기체와 액체 상태 사이에 존재한다는 것을 증명하기 위해, 그는 온도와 압력을 변화시켜 물질이 임계점을 '우회하도록' 하는 방식을 설명했다. 그는 이 생각을 맥스웰에게서 빌려 왔다고 말했는데, 앤드류가 실제로 실험실에서 진행했다는 사실은 간과했다 [25].

3.3.8 분자 차원

상태 방정식, $K = a/V^c$, 그리고 계산된 a의 값을 통해, 반데르 발스가 이론적 가정으로부터 분자 압력을 계산하고자 하는 그의 목표를 이루는데 필요한 모든 것들이 다 갖춰진 것처럼 보였다. 하지만 그는 이 분야에 있어서는 열기가 식어 버렸다. 그에 대해 클라인은 이렇게 적었다; '어떤 의미에서 그의 새 이론은 K를 자신의 생각보다 덜 매력적인 양으로 만들어 버렸는데, 왜냐하면 이제는 더 깊이 들어가서 그 크기를 분자 단위로 계산할 수 있었기 때문이다.' [176, p. 42]. 그래서 논문에서 제일 짧은 부분인 제9장에서만 여러 다른 물질에 관한 K의 추정 값이 등장한다. 실험 결과의 낮은 정확성 (많은 부분을 카냐르 드 라 투르의 실험에서 인용함)을 염두에 두고 그는 제10장에서 표 3.1의 첫 번째 열을 설명한다 (x_1과 s는 아래에 설명). 이 K 값들은 실온 및 대기압 상태의 액체에 관한 것이다. 따라서 그는 자신 있게 액체의 K 값은 외부 압력 1atm 보다 더 크다는 것을 보여줄 수 있었다.

20세기 초반부터 $\frac{1}{4}b$가 1몰의 분자의 부피 합이고 아보가드로 상수로 나누면 한 분자의 부피가 된다는 사실을 이용해서 분자의 크기를 추정할 수 있게 되었다.

표 3.1

	$K(atm)$	$x_1 \times 10^8(cm)$	$s \times 10^8(cm)$
에터	1300	2.9	4.0
알코올	2100	2.5	2.7
이황화 탄소	2900	2.3	
물	5000	3.1	
수은	22500	4.9	

이 방식은 1871년에는 이 상수의 값이 알려져 있지 않았기 때문에 반데르 발스가 사용할 수는 없었다. 따라서 그는 다른 간접적인 방식을 택했다. 그는 맨 처음 라플라스의 두 적분 식 (3.10)과 (3.11)에 표 3.1에서 가져온 K의 값과 표면 장력에서 구한 H의 값을 대입했다. 그 비율은 분자 간 포텐셜의 적분인 $\psi(x)$가 적용되는 전 범위에 걸친 평균값 x_1이다 (이 계산은 1816년 영이 실시한 계산으로, 반데르 발스는 그 사실을 몰랐다 [183, p. 9]). 표 3.1의 두 번째 열에 그가 계산한 힘의 평균값이 표시되어 있다. 그리고 그는 평균 자유 행정 l을 분자 지름 s의 식과 연관지은 클라우지우스의 식을 수정해서 다음과 같은 식을 제시하였다.

$$l = (V - b)s/2b$$

유일하게 알려진 l의 값은 맥스웰이 구한 15℃, 1atm에서 공기의 $6.5 \times 10^{-5} cm$이었는데 [27], 반데르 발스는 이를 반올림해서 $7 \times 10^{-5} cm$을 사용하여, $s = 2.8 \times 10^{-8} cm$를 구하였다. l의 값이 $b^{-2/3}$와 같은 척도라는 사실에 주목하여 그 값을 이용해 위 표에 나타낸 다른 s의 값을 계산했다.

이 시점에서 그는 알려진 다른 상수와는 달리 아보가드로 법칙을 이용해서 b와 비례하는 s의 값을 계산할 수 있었지만, 그것을 알지 못했던 관계로 좀 더 돌아가는 길인 평균 자유 행정을 이용할 수밖에 없었다. 하지만 그는 b의 값을 이용해서 오늘날 로슈미트 수라는 것을 추정해내는데, 이 수는 0℃, 1atm에서 $1 cm^3$의 기체가 갖는 분자의 수를 뜻한다. 그가 계산한 값은 5×10^{19}로, 오늘날 알려진 값인 2.7×10^{19}과 그리 차이 나지 않는다. 그의 값은 1865년에 계산된 로슈미트의 원래 추산치 (2.5×10^{18})

[*28*]나 1868년에 추정된 스토니의 값 (2.5×10^{21}) [*29*]보다 더 정확했다. 그는 이 값이, 자신이 주장했던 b의 값이 클라우지우스와 그 뒤를 이은 스토니가 주장한 8배가 아니라 분자 부피의 4배라는 것의, 또 다른 간접적인 증거가 된다고 언급하였다.

분자 계량화의 이러한 시도를 통해 그는 분자 인력의 범위가 분자 지름과 거의 비슷하다는 것에 확신을 하게 되었다. 그는 다음과 같이 썼다; '이것은 우리가 분자들의 만남이 어떤 의미를 가지는가를 고려하는 데 대해 새로운 관점을 제공해 주었다. 이때까지 그것들은 부피의 감소에 반하는 것으로 여겨졌지만, 이제는 눈에 띄는 인력을 일으킨다는 점에서 정반대의 효과로 나타나게 되었다.' [p. 217-218].

제9장은 자명한 결론으로 끝을 맺는다. '수소 하나의 절대 분자량은 대략 $10^{-21}mg$이다' [p. 219]. 이 결론은 아마도 로슈미트 수와 기체의 밀도를 통해 계산했을 가능성이 높다. (오늘날 실측치는 $3.3 \times 10^{-21}mg$)

마지막 두 장은 먼저 줄-톰슨 계수의 열역학적 계산과 '기체의 단열 팽창 문제' [p. 230] 에 관한 내용과 다음은 실패로 끝나긴 했지만, 주어진 온도에서 포화 증기압을 구하는 과정을 다루고 있다. 이 장들은 앞선 내용들과 비교해서 그리 큰 관심을 받고 있지는 않지만, 오늘날의 저온 기술에서 핵심적 역할을 하는 줄-톰슨 계수를 처음 사용한 사람이 반데르 발스라는 점은 강조해 둘 만하다. 포화 증기압에 관한 그의 연구는 불행히도 맥스웰과 클라우지우스가 훗날 발견한 '등적(等積)(equal-areas)' 규칙을 알지 못했기 때문에 성과 없이 끝난다.

짧은 결론 부분에서 그는 겸손하면서도 확고하게 자신의 성과에 대해 자랑하면서, 1871년 에든버러에서 윌리엄 톰슨이 영국 학술 협회에서 행한 장엄한 연설문 [*30*]을 인용하여, '작은 원자가 돌아다니는 미로를 찬양하면서 잠시 동안 행성의 운동과 구의 음악을 잊어버릴 때' 아름다운 과학의 미래가 기대된다고 결론을 맺었다. [p. 239]. 반데르 발스는 이 말이 톰슨이 직접 한 말이 아닌, *북 영국 리뷰(North British Review)*에 실린 익명의 에세이에서 따온 것이란 걸 알지 못했다. 오늘날 실제로 밝혀진 원저자는 여러 기업에서 톰슨을 보좌했던 H. C. 플레밍 젠킨이었다 [183,

p.14].

반데르 발스가 앤드류의 실험 결과에 큰 도움을 받은 것은 사실이지만, 그는 이 아일랜드 과학자가 관찰 결과를 바탕으로 이론적 접근을 하지 않았던 것과 그의 다소 일반적으로 낡은 접근 방식을 그리 좋아하지 않았다. 반데르 발스와 가장 큰 입장 차이를 보였던 앤드류의 논문은 1869년에 발표한, '내부엔 팽창 혹은 반발 특성을 갖는 어떤 힘이 존재한다.'라고 발표한 유명한 논문이다 [*24*, p. 85]. 반데르 발스는 그런 식으로 모호한 일반화가 분자 운동론의 아름다운 구조로부터 얻어질 수 있는 모든 것이란 걸 받아들일 수가 없었고, 이는 그의 논문 첫 마디에 비판적 글이 실리게 되는 원인이 된다. '분자 평형에 있는 어떤 물체의 분자들이 안정된 상태에 놓여 있다는 것과 분자 간 거리의 불변성이 반발력에만 의존한다는 것은 이미 버려진 이론이다. 그런 이론은 에너지 보존의 법칙에 대비되는 내용이며, 따라서 받아들일 수 없다' [p. 127]. 비록 감사의 말씀 없이 앤드류의 논문에서 자기 논문의 제목을 직접 가져온 점이 상당한 비판에 직면했지만[8], 반데르 발스도 알고 있었음에 틀림없었을, 유사한 일이 몇 년 전에도 이미 있었다. 1857년 클라우지우스는 획기적인 논문 *열이라는 일종의 운동에 관해* (Ueber die Art der Bewegung, welche wir Wärme nennen)를 발표했는데, 같은 해 조금 뒤에 바위스 발롯은 위에서 언급한 비슷한 문제에 휘말리게 된다. 그의 논문 제목이 *역학적 열 이론에 관한 논문(Über die Art der Bewegung, welche wir Wärme und Elektricität nennen)*이었기 때문이다.

반데르 발스는 자신이 이룬 성과에 대단히 만족했다. 볼츠만에 따르면 반데르 발스는 '어느 정도는 영감에 의해' 발견하게 된 자신의 방정식이 안고 있는 잠재성에 놀라워했다고 한다 [*31*, p. 155]. 분자 압력의 계산, 르뇨와 앤드류의 결과 분석, 임계 현상의 이론, 줄-톰슨 계수의 계산, 그리고 무엇보다도 실제 기체가 이상성에서 벗어나는 정도로부터 분자 크기를 추산하는 것까지. 그는 다른 물리학자들이 포기했던 많은 문제들을 해결했다. 상당한 시간이 흐른 후 그는 이 당시에 '자신이 미쳤거나 아니면 엄청난 일을 하고 있다.' 고 생각했노라고 회고했다 [206, p. 11].

1950년 볼츠만과 나블은 그를 '기체의 이상성에서의 벗어남에 대한 이론을 유도해낸 뉴턴'이라 평했다 [32, p. 550]. 그렇다면 1873년 당시에 그의 학위 논문은 어떤 평가를 받았을까?

3.4 학위 청구 논문 발표

1873년 6월 14일 오후 3시, 반데르 발스는 수학과 물리학 박사 학위 후보자로 레이던 대학교 평의회에 참석했다. 전통에 따르면 학위 논문의 구두시험은 대학교 창설 이래 3백 년 동안 가르쳐 왔던 교수들의 초상화가 벽에 걸린 평의회 건물에서 진행된다. 의장의 자리는 그 당시 총장이었던 M. 드브리스가 앉았는데, 네덜란드 어학계의 대부이자 식물학자 휴고 드브리스의 삼촌이었다. 전통에 따라 후보자는 자신의 논문 구두시험을 긴 탁자 앞에서 행해야 했고, 주변에는 모든 학과에서 온 16명의 교수가 앉아 있었다. 화학, 식물학, 철학, 역사, 문헌학과 언어학까지. 그중에는 물론 물리학자 P. L. 리케, 수학자 D. 비어렌즈 데 한과 P. L. 반 게어, 천문학자 반 데 잔데 바크휘젠도 있었는데, 이 4명만이 후보자가 무슨 말을 하는지 이해할 수 있었다. 물론, *후원자(Promotor)* 리케가 가장 잘 알고 있었다.

의무적인 짧은 소개에서 반데르 발스는 다음과 같이 말했다. '본 학위 논문의 구두시험을 받기 위해 초청받았을 때 여러 가지 기분이 들었습니다.... 그것은 감사의 마음입니다. 특히, 제 마음에 물리학에 대한 사랑을 심어 주신 고매한 *후원자*인 리케 교수님께 감사를 드립니다. 또한, 대학에서 공부하던 시절에 제가 많은 신세를 지었지만 몇 년 전에 유명을 달리하며 대학을 떠나신 그분들께도 추모와 함께 감사를 드립니다' [1, p. vi]. 비록 그가 카이저라는 이름을 직접 언급한 것은 아니지만, 이 유명했던 레이던 대학교 교수는 1년 전에 세상을 떠났다. 논문에는 헌사가 없었는데, 그 당시에는 일반적으로 후보자의 부모가 그 대상이 되었다. 아마도 이를 빼먹은 것은 일반적으로 가족의 지원을 받아 공부하는 많은 과학자들과 달리 부모에게서 아무런 지원을 받지 않았기 때문일 수도 있다.

지금까지 내려오는 전통에 따르면 논문은 *제안(stellingen)*, 즉 주제와는 직접적인 관련은 없지만, 후보자가 중요하다고 생각하는 내용을 소개하는 것으로 끝을 맺는다.

이 학위 논문에는 총 19개가 실렸으며, 1873년의 네덜란드어 원본 말고는 나타나지 않으므로, 그중 중요한 몇 가지만을 소개하고자 한다.

1. 기체, 증기, 액체에는 근본적인 차이가 없다. 같은 상태끼리 뭉치는 물체의 다른 형태에 불과할 뿐만 아니라 정확하게 어떤 상태가 멈추게 되고 어떤 상태가 시작되는 것인지 그 경계 구분을 할 수가 없다.
5. 태양이 기체인지 액체인지 하는 질문은 그 물질이 임계 온도보다 위인지 아래인지와 같은 질문이다.
7. 기체는 표면 장력을 가지므로 모세관 현상을 일으킬 수 있다.
9. 톰슨이 내린 절대 온도의 정의는 가장 합리적이긴 하나, 정의된 온도는 공기 온도계에 측정된 것에 지나지 않는다.
10. [J. R.] 마이어가 내린 운석 충격이 태양열의 원인이라는 가설 (1868년)은 인정할 수 없다.
12. 물은 전해질이 아니다.
15. 어떤 종류의 자극을 일으키는 힘이 등비수열에 따라(곧 기하급수적으로) 증가한다면, 그 응답성은 등차수열을 따른다 (베버의 법칙[9]).
16. '활동이 없는 무생물이 물질이 아닌 다른 것의 간섭 없이 다른 물질에 접촉하지 않은 채로 영향을 끼친다는 것은 믿기 어렵다. 그래야 한다면 (에피쿠로스 식으로 생각하자면) 중력이 반드시 필요하다' (뉴턴[10]).
18. 푸앵소가 말한, '진정한 방법(론)은 분석과 종합의 이 탁월한 혼합에 지나지 않는다. 여기에서 계산은 하나의 도구로만 사용될 뿐이다. 아마도 아주 유용하고 필수적인 도구이기는 할 것이다. 그것이 우리의 진전을 확보해 주고 용이하게 해 주니까. 하지만 그것 자체로는 *그 어떤 고유한 힘도 갖지 못한다.*'[11] 라는 표현은 좀 과장된 것이다.

논문 구두시험의 결과는 그리 나쁘지 않았다. 반데르 발스의 평판은 좋았다. 그는 과학을 연구했고, 강의에서 뛰어난 능력과 꼼꼼한 세심함을 발휘했으며, 충분한 나이를 먹었다. 그리고 레이던에는 그가 아크테 시험들에서 보여 줬던 놀라운 모습을 기억하는 사람들이 남아 있었다. 리케가 후원자를 수락했다는 것 자체가 성공의 보장 수표였지만, 이 낡은 방식의 실험 주의자가 논문을 완벽히 이해했으리라고는 생각하기 어렵다. 우리는 구두시험이 형식적이었고 평의회가 그렇게까지 만족하지는 않았다는 것을 알 수 있다. 그리 드물지도 않은 *쿰 라우데 (우등)*나 *수마 쿰 라우데 (최우등)* 의 칭호도 수여되지 않았다. 사실, 학위 논문의 요구 사항은 현재보다 더 적었다. 과학적 문제를 다룬 어떤 한 논문의 요약을 하고, 과학적 기여도 없는 자기 자신의 결과를 한두 개 올리는 것으로 충분했다. 주제가 너무 어려웠기 때문에 레이던 대학교 출판부에서도 반데르 발스의 논문 구두시험에 큰 관심을 가지지 않은 것이 당연했다. 일반적으로 학위 청구 논문 발표는 대학교 소식으로 꽤 크게 다루어진다 [236].

'아직도 생생히 기억난다.' 로렌츠는 1910년 이렇게 썼다. '논문 *기체와 액체 상태의 연속성에 관해서* 가 1873년에 받은 평가를. 원로들은 이론 물리학에서 가장 어려운 문제 중 하나를 수업과 각종 업무에 오랜 시간 시달려온 사람이 다루었다는 것에 인상이 깊었다. 우리와 같은 젊은 세대는 그런 환경이 연구에 어떤 영향을 끼쳤는지 잘 알지는 못하지만, 물질의 기초와 힘에 손을 댄 대담함과 기발함에 큰 감명을 받았다. 제목의 독창성 하나만으로도 초보들을 놀라게 하는 데 손색이 없었다. 어떻게 한 사람이 겉보기에는 전혀 달라 보이는 기체와 액체를 하나의 연속성을 가진 상태로 해석할 수 있단 말인가.' [195, p. 308] 이 로렌츠의 회고는 그가 목격자였기 때문에 더 가치가 높았다. 그는 학위 청구 논문 발표가 있던 당일 [*33*] 에 그의 박사 학위 청구 자격 시험을 마쳤다[12]. 하지만 참관인이 허락되지 않았기 때문에 평의회 건물에는 들어갈 수 없었다. 그의 평가는 반데르 발스의 학위 논문 구두시험에 관한 그 자체가 아니라 반데르 발스가 평판을 얻기 시작한 좀 뒤에 한 것이다.

3.5 모든 사람들에게 이름을 날리다(Stat sua cuique dies)[13]

8월 7일 수학과 물리학의 그 새내기 박사는 최고의 선물을 받았다. 다름 아니라 안나 마그달레나가 자신의 뒤를 이을 아들인 요하네스 디데릭 Jr. (이름을 정하는 데 그리 시간이 걸리지는 않았을 것이다) 를 낳았는데, 그는 훗날 그 훌륭했던 학위 논문이 자신의 쌍둥이 누나라는 농담을 들었다 [173, p. 263]. 과연 그 아버지는 이 이름을 가진 아들이 자신의 뒤를 이어 이론 물리학 교수가 될 거라고 생각이나 했을까? 박사 학위는 낭연히 그의 진로에 큰 도움이 되었다. 1874년 1월 1일자로 그는 HBS의 교감이 되었고, 봉급도 2,500 휠던에서 2,750 휠던으로 올랐다 [234, 238]. 그때쯤 그의 학위 논문이 처음으로 언급된다.

1873년 말 장님이었던 벨기에 실험 물리학자 J. A. F. 플라토는 두 권에 걸친 책을 출판하였다. *분자간 힘에 따른 액체의 이론적 및 실험적 정력학(Statique expérimentale et théorique des liquides soumis aux seules forces moléculaires)*, 곧 이 '표면 장력에 관한 백과사전'은 모세관 현상에 관한 방대한 참고 문헌이 달려 있었으며, 제2권 말미에는 최근 출판된 논문의 목록이 있었는데, 그중 반데르 발스의 학위 논문이 N44로 실려 있었다 [*34*, v. 2 p. 473]. 이 목록에는 1873년 가을에 출판된 모세관 현상에 관한 보스카의 두 논문도 실려 있었다. 플라토가 아무런 연관도 없는 무명의 학자가 쓴 학위 논문을 아무 이유 없이 넣었을 리는 없다. 아마도 보스카가 자신의 두 논문과 헤이그에 있는 동료의 이 새로운 연구 결과를 그에게 소개해 주었음이 틀림없다. 그 말고는 반데르 발스에 대해 그렇게 정통한 (*au fait*) 사람은 없었다.

플라토의 그 책은 물리학계에서 즉각적인 반응으로 좋은 평가를 받았다. 가장 잘 알려진 서평은 맥스웰이 '비누 거품 위의 플라토'란 제목으로 1874년 6월 18일 *네이처* 지에 쓴 기사이다. 이 간결한 글에서 그는 '박사 학위 논문 *기체와 액체 상태의 연속성에 관해서(Over de Continuiteit van den Gas- en Vloeistoftoestand)*를 쓴 반데르 발스 씨는 분자 물리학에 가장 큰 기여를 했고, 에너지의 연속적 변화 과정에서 단층 [모세관 층]의 두께를 계산해서, 물의 경우 0.0000003 밀리미터 (표 3.1 참조)라는 것을 알아냈습니다. '이 계산에 어떤 생각을 가지든 간에, 액체의 표면층같이 물체의 차원이 아주 감소한 현상 가운데서 일반 물질의 분자 크기를 알아낼 수 있다고 희망을 가지게 한 유일한 방법을 찾아낸 것은 분명한 사실입니다.' [*35*, p. 120].

맥스웰의 평가를 어떻게 다뤄야 할까? 이 평가에는 칭찬의 말인 '분자물리학에서 가장 큰 기여'가 있지만 약간 좋지 않은 표현인 '이 계산에 어떤 생각을 가지든 간에'도 있다. 그는 계산에 관해서는 좋지 않은 생각을 한 것이 확실하지만, 논문을 정확히 읽지는 않은 것 같다. 그가 표현한 작은 계에서의 연구, 즉 표면층을 통해 분자 크기를 알 수 있다는 내용은 물체의 총괄적인 성질을, 기체들이 이상 기체 방정식으로부터 벗어나는 정도를 통해 추산할 수 있다는 반데르 발스의 입장과는 배치된다.

많은 독자를 가진 국제적인 잡지에서 저명한 과학자가 좋은 평가를 남겼다는 사실은 과학에서 꽤 오랫동안 성과가 없었던 네덜란드에서는 그냥 넘어갈 일이 아니었다. 하지만, 그것은 전주에 지나지 않았다. 1874년 10월 18일, 맥스웰은 다시 한 번 *네이처* 에 '반데르 발스의 기체와 액체 상태의 연속성'에 관한 심층 비평을 올린다 [*36*]. 마침내 이 네덜란드인은 목록의 '그밖에'나 다른 책의 비평에서 곁다리로 실리는 것이 아닌, 자기 자신이 무대에 오를 수 있게 되었다.

맥스웰이 다양한 재능과 더불어 언어에 소질이 뛰어났다는 것은 잘 알려진 사실이지만, 그를 잘 아는 그의 전기 작가는 '그가 유일하게 어려움을 겪었던 언어는 네덜란드어다.' [*37*, p. 325] 라고 적었다. 그럼에도 불구하고 그는 그 학위 논문을 꼼꼼하게 읽었고, 보스카와 반데르 발스가 담배 연기의 모세관 현상을 연구했다는 짧은 내용도 놓치지 않았다.

맥스웰의 비평은 지극히 친절한 내용이었다. '반데르 발스 씨는 몹시 어려운 분야에서 현대 과학에 큰 이바지를 했다. 그의 연구는 독창적이고 명확하게 진행되었고, 끊임없이 새롭고 신선한 생각을 제공한다. 그러므로 나는 그가 장차 분자 과학 분야에서 우뚝 서리라 믿어 의심치 않는다.... 그의 '분자 압력' 처리 방식은.... 기발하고.... 모세관 이론에서 그가 찾아낼 것들이 기대가 된다.' 하지만 그 바닥에는 꽤나 비판적인 어조가 깔려 있었다. 그는 반데르 발스의 추론의 신빙성을 깎아내리기에 충분한 정도의 비판을 몇 가지 곁들였다. 첫 번째, '내가 보기에는 [상태] 방정식은 그 기초가 된 클라우지우스의 정리와 맞지 않는 것처럼 보인다. 그 정리에는 p가 용기 측면의[에 미치는] 압력이고, V가 용기의 부피이다. 이 수치들은 수정의 대상이 될 수 없다.' 두 번째, 부피 보정은 비리알 정리에서 유도된 것이 아니다. 세 번째, 제대로 유도된 부피 보정은 전혀 다른 형태를 가진다. 네 번째, 평균 운동 에너지를 $\frac{3}{2}RT$로 치환하는 것은 기체일 경우에만 해당한다. '따라서 반데르 발스 씨는 이 가정을 너무 성급하게' 액체에 적용한 면이 있다. 처음 두 개의 비판은 반데르 발스의 유도식에 대한 비판이지, 결과에 대한 것은 아니다. 세 번째와 네 번째의 경우는 좀 더 심각하지만, 이 경우는 반데르 발스가 옳았고, 맥스웰이 틀렸다. 맥스웰은 자신의 비평 기사에서 유도 과정 없이 부피 보정의 값을 수록했지만, 이는 앞서 언급한 대로, '완전히 형편없을 정도로 빗나갔다' [183, p. 15-16].

맥스웰은 계속 이어나갔다. '르뇨와 앤드류의 자료를 방정식에 대입해서 반데르 발스 씨가 얻은 결과는 매우 흥미롭고, 방정식이 실제 상태를 나타내는 것처럼 보인다. 하지만 실험 결과가 경험적 방정식에 맞아 떨어진다고 하더라도, 반데르 발스 씨의 방정식은 동역학 이론을 바탕으로 하고 있으므로, 더욱더 문제가 될 수 있다.' 나중에 보겠지만, 맥스웰은 방정식이 실험에 바탕을 둔 것이라는 태도를 바꾸지 않았다. 그러나 맥스웰은 방정식 자체가 틀렸다고 하는 다른 사람들과는 달리, 방정식 자체는 문제가 없다는 생각이었고 실제로 다른 계산에도 활용했다. 그는 다만 반데르 발스의 유도식을 거부한 것이다.

맥스웰이 유일하게 인정한 이론적 기여는 클라우지우스의 매우 중요한 정리를 반데르 발스가 분자 운동론에 도입한 부분이다. '이 나라에서 이 정리의 중요성을 인정받기란 매우 힘들다.... 나는.... 그 [반데르 발스]가 혼자서 비리알 정리가 중요하다는 것을 깨우치게 한 사람이 아니라는 점을 덧붙이는 걸 잊어서는.... 안 된다.' 맥스웰은 반데르 발스와 거의 동시인 1871년 클라우지우스의 논문을 읽었지만 [*12*, p. 317], 그 중요성을 간과했다. 아마도 '열 철학자' [*37*, p. 336] 가 새롭고도 반향이 큰 과학 용어를 도입한 것에 대해서 냉소적인 태도로 바라보았기 때문이 아닐까.

맥스웰은, 비록 '그에게는 주제의 모든 부분에 완전히 익숙해 있지는 않은 것 같다.' 라고 지적하였음에도 불구하고, 이 분야에 새로 등장한 초보자가 발표한 학위 논문이 그의 훌륭한 과학적 식견과 능력을 나타내는 것이라고 인정했다. *네이처* 에 오른 이 비평은 주변 동료들에게 반데르 발스의 명성을 더욱 높여 주는 계기가 되었다. 비판점은 주로 기술적인 부분이었지만, 칭찬은 명확했고 감명 깊었다. 하지만 이는 이야기의 끝이 아니다.

1875년 2월 18일, 맥스웰은 런던 화학회에서 분자 동역학의 원리에 대한 강연을 했다. 비리알 정리의 정성적인 논점과 예시를 들기 위해 그는 반데르 발스의 등온선을 레이던의 그 학위 논문의 언급 없이 유도했고, 이제는 잘 알려진 그의 '등적' 규칙을 추가해서 포화 증기압을 계산할 수 있다고 발표하였다.

마지막에 그는 반데르 발스를 언급한다. '액체와 기체 상태의 연속성에 관한 분자 이론은 레이던 대학교를 졸업한 요하네스 디데릭 반데르 발스의 아주 기발한 학위 논문의 주제입니다. 몇 가지 부분에서 수학적 오류가 있다는 점과 최종 결과가 실제 분자의 작용을 완전히 반영하지 않는다는 점이 문제로 남아 있지만, 이 어려운 문제에 도전한 그의 정신은 매우 용감하고 현명해서, 분자 과학에 큰 파급효과를 미칠 것입니다.' 그리고 그다음 맥스웰은 모든 네덜란드 물리학자가 반데르 발스에 관한 이야기를 할 때 나오는, 잘 알려진 그 유명한 대사를 언급한다. 논문에 쓰인 '공격'은 '많은 사람으로 하여금 그 학위 논문이 쓰인 북부 독일 지방어(Low-Dutch language)[14]를 공부해야 하겠다는 생각을 들게 할 것입니다.' [*38*, p. 359].

맥스웰은 다시 한 번 반데르 발스를 (단순한) '레이던 대학교의 졸업생' 이라 표현했고 칭찬에 이어 '수학적 오류에 빠졌다'라는 말로 냉정한 비평을 덧붙였다. 하지만 그런데도 네덜란드 과학자들은 반데르 발스의 논문이 영국 과학자들로 하여금 네덜란드어를 공부하게 했다는 점에 기뻐했다.

이 강의는 1875년 3월 4일 자 *네이처* 에 보고되었고, 두 달 뒤 헤이그에 살던 평범한 교사는 자신의 이름으로 된, 단 하나의 출판물 (학위 논문) 덕분에 왕립 과학 한림원의 물리학과 수학 분과 (PMD)[15]의 정회원 (*게운 gewoon*)으로 뽑히게 된다. 진행 과정은 다음과 같다. 2월 27일 PMD의 특별 회의에서 한림원의 신규 회원을 뽑는 위원회가 구성되었다. 위원회는 총 7명의 학자로 구성되었고, 그중 3명이 물리학자였다. C. H. D. 바위스 발롯, H. G. 반 데 잔데 바크휘젠, 그리고 델프트의 화학자 A. C. 아우데만즈였다. 위원회는 3월 13일에 회의를 갖고, 3월 27일에 열린 PMD 특별 회의에서 위원장 바위스 발롯은 의학 분야에서 2명, 화학 분야에서 2명, 수학과 물리학 분야에서 각각 1명, 총 6명을 뽑을 것을 추천한다. 그는 21명의 후보자 중에서 투표를 통해 2배수인 12명으로 압축시켰다. 4월 27일에 열린 긴 PMD 회의 끝에 투표가 실시되었고, 물리학 부분은 반데르 발스가 뽑히게 된다. 5월 4일 투표 결과가 칙령에 의해 승인되었다. 맥스웰의 칭찬이 투표에 큰 영향을 끼친 건 사실인데, 반데르 발스에게는 강력한 경쟁자가 있었다. 그의 이름은 D. J. 스테인 파르브로 남부 홀란드 주의 고등 교육 장학관 (곧 반데르 발스의 상급자)이자 HMW와 *딜리젠티아* 의 회원이었고, HBS의 기획안을 만든 것으로 네덜란드에서 꽤 유명한 인물이었으며, 이 기획안을 토르베케의 오른팔로서 실행에 옮기기도 했다. 그는 데벤터 아테나움에서 공부했고, 흐로닝엔 대학교를 1847년에 졸업, 마스트리히트의 아테나움에서 10년간 수학 교수로 있었으며, 2판이 출판된 HBS의 물리 교과서의 저자이기도 했다. 그는 연구 분야에는 업적이 없었으나, 그 당시 네덜란드의 관례는 문화적 및 사회적 기여가 독창적인 연구보다 더 우대되었기 때문에 한림원 회원으로 뽑힐 자격은 충분했다.

브러시는 다음과 같이 썼다. '나는 반데르 발스의 학위 논문이 네덜란드어로 발표되었고, 따라서 스코틀랜드 물리학자 제임스 클러크 맥스웰이 1874년 *네이처* 에 열정적인 비평을 올리기 전까지는 영국이나 다른 나라에서 관심을 가지지 않았다는 점을 강조하고 싶다.' [173, p. 263]. 이 문장은 검증이 필요하다. 우리는 맥스웰의 비평이 완전히 열정적이라는 것과는 거리가 멀다는 걸 알고 있으며, 반데르 발스를 '발견한' 사람은 맥스웰 혼자만이 아니었다. 학위 논문 발표와 동시에 그 중요성에 대해 주목을 한 사람은 보스카밖에 없었다 하더라도, 맥스웰은 반데르 발스 고국 동포들의 눈을 뜨게 하였다. 영어를 쓰는 국가에서는 맥스웰이 '레이던 대학교 졸업생'에게 한 칭찬은 몇몇 사람들의 주목을 받긴 했으나, 그의 권위적인 비판은 사람들로 하여금 학위 논문에 오류가 있다고 생각하게 하여서, 굳이 네덜란드어 논문과 씨름을 할 생각을 없게 만들었다. 따라서 1891년 테이트는 레일리 경에게 다음과 같이 보고한다. '언어 문제도 있지만, 무엇보다도 클러크 맥스웰이 한 아주 확고한 부정적 평가 때문에 나는 이 학위 논문이 모습을 드러냈을 때 읽을 생각이 없었습니다. 하지만 1888년 H. 뒤부아 박사[16]의 이야기를 듣고 난 뒤에는 생각이 달라져서, 서둘러 독일어판 논문을 읽었습니다' [*39*, p. 546].

맥스웰은 자신이 논문에 이의를 제기한 유일한 영국 과학자는 아니라고 했다 ('다수의 과학자로 하여금 관심을 끌게 만들었으며…'). 그렇다면 이 무명인이 쓴 레이던 대학교의 학위 논문을 읽기 위해 '북부 독일 지방어'를 공부하기까지 한 사람은 누가 있었을까? 그중 한 사람이 앤드류라는 사실은 놀라운 일이 아니다. 1874년 2월 5일, 맥스웰이 반데르 발스를 공식적으로 언급하기 전에, 그는 지금은 글래스고에 있는 자신의 옛 동료 제임스 톰슨에게 다음과 같은 편지를 보내었다. '베시 [그의 세 딸 중 한 명]와 나는 지금 디데릭 반데르 발스의 연구 내용을 분석하고 있네' [*40*, p. lxxi]. 이 문장은 톰슨이 반데르 발스가 누구인지, 그리고 그의 연구 내용이 뭔지 모른다면 성립이 되지 않는다. 그는 4월에도 또 톰슨에게 편지를 보냈다. '나는 이 네덜란드어 논문에 크게 감명을 받았고, 나 자신의 연구 결과가 생각보다 더 중요하다는 사실을 이제야 깨닫게 되었네.' [*40*, p. lxxi]. 앤드류는 자신의 연구를 낮게 평가하지는 않았다. 1865년 초, 그는 자신의 아내에게 다음과 같은 편지를 썼다. '나는 자연의 여신이 나에게 호의를 베풀어, 나로 하여금 내가 상상했던 그 이상의 자연의 법칙을 깨우치게 해 주었소.' [*41*, p. xxxi]. 하지만 1874년 그의 생각은 반데르 발스의 학위 논문에서 사용된 자신의 연구 결과 덕분에 더 강화되었다.

1874년 봄까지는 맥스웰은 아직 그 학위 논문을 주의 깊게 읽지 않았고, 이는 6월에 쓴 플라토의 책에 관한 비평과 날짜가 4월로 적힌[17] 테이트에게 보낸 편지에 적힌 간단한 평가를 통해 알 수 있다. '반데르 발스는 분자 확장의 유일한 효과 곧, 기체가 이동할 때의 유효 부피의 감소가 분자 부피의 4배가 된다고 주장한다. 나는 아직 그의 증명을 제대로 분석하지 않았다.' [*42*].

1875-76년에 걸쳐 연속성에 관한 논문 여러 개를 발표하면서 계속 연구를 했음에도 앤드류는 반데르 발스의 학위 논문을 언급하지 않았다. 그 뒤에 맥스웰의 비평이 개재되었으며, 앤드류는 테이트처럼 이론 물리학자로서의 맥스웰의 권위에 영향을 받았는지 그 학위 논문에 문제가 있다고 평가했다. 또 다른 이유로는 나중에 얻은 앤드류의 실험 결과가 반데르 발스의 방정식과 맞지 않았기 때문일 수도 있다.

3.6 암스테르담의 왕립 과학 한림원

1875년 5월 선출된 이후로, 반데르 발스는 왕립 과학 한림원 중심으로 활동하게 된다. 그러므로 네덜란드 과학계에서 제일 높은 위치에 있는 이 기관에 관해서 좀 더 자세히 알아보자.

이 기구는 나폴레옹 보나파르트의 동생인 루이 나폴레옹 왕의 칙명으로 1808년 암스테르담 왕립 과학, 문학 및 예술원(Amsterdam Royal Institute of Sciences, Letters and Arts)으로 설립된다. 네덜란드는 훗날 국가 주도의 과학 기구를 가장 많이 건설하는 유럽 국가가 되지만, 그 당시에 지방 분권화가 강했던 네덜란드는 나폴레옹 시대 전까지는 이런 기구의 필요성을 인식하지 못했다. 암스테르담에 이 기구를 설립하게 된 이유는 루이 나폴레옹 (네덜란드어로는 로데위크)이 그 당시 제일 권위가 있었고 국가 기구가 될 거라 예상했던 HMW와 갈등이 있었기 때문이다. 로데위크는 자신을 HMW의 *종신 의장(Président perpetuel)*으로 지명하고 기구를 고도의 중앙집중화된 구조로 변화시켜 파리에 있는 프랑스 학사원 (Institut de France) 산하로 넣으려 했다. HMW의 이사회는 이 계획이 마음에 들지 않았으나 새 왕의 명령에 따르기로 했다. 하지만 왕이 이사회에 새 인물을 선출하는 것을 막으려 하자 이에 반기를 들었다. 이 이사회의 임원은 귀족, 부유한 상인, 정치인이 종신직으로 임명되어 있었기 때문에, 로데위크의 새 계획에 따르면 숫자가 갈수록 줄어들 수밖에 없었다. 이 비타협적 태도에 그는 HMW를 버리고 자신의 계획을 실행할 수 있는 새 기구를 암스테르담에 설립하였다.

나폴레옹의 몰락과 네덜란드의 독립 이후로 그 왕립 기구는 살아남았지만 몇 십 년간 일관성 없는 방향으로 운영되었다. 그리고 1851년에 마침내 이 기구는 유지비용 때문이기도 하거니와 학문의 자유를 더는 막을 수 없다는 이유로 폐쇄되었고, 왕립 과학 한림원이 대신 들어서서 네덜란드 물리학계와 수학계를 지원했다. 이 변화 또한 토르베케의 작품이었다. 4년 후에는 역사와 철학을 다루는 문학부가 새로 생기게 된다. 이제 한림원은 모든 분야의 학문과 예술을 담당하게 되었는데, 그 당시 의학은 자연 과학에 속해 있었고, 경제학, 정치학 그리고 예술은 새로 생긴 문학부가 담당했다. 이 구조는 오늘날까지 계속 지속되고 있다.

건물은 프랑스 통치 시절에 그 왕립 기구가 사용했던 건물을 그대로 쓰고 있다. 이 건물은 1662년 유명한 건축가인 J. 빙분즈가 부유한 암스테르담 상인이었던 트립 형제들을 위해 건설한 클로베니어스뷔르흐발 운하 위에 세워졌고, 지금은 트리펜하위스로 불리고 있다. 이 건물은 처음에는 건물주를 위해 서로 건너갈 수 없는 두 부분으로 나누어져서 지어졌는데, 그 중 절반은 1812년부터 한림원이 사용을 시작했고, 남은 절반은 1816년에서 1885년까지 국립 미술관(Rijksmuseum)이 들어섰다. 국립 미술관이 현 건물로 옮겨간 뒤에는 한림원이 트리펜하위스를 모두 차지하게 된다.

왕립 과학 한림원은 정부에 과학 안건, 장학금 및 연구 분야에 관해 조언하는 역할을 한다. 이 분야에 있어서는 국내적으로나 국제적으로도 선두주자이다. '왕립'이라는 단어는 원래 한림원이 연례 보고서를 제출하고 중요한 의사 결정 및 임직원들의 임명을 왕실에만 보고했던 점을 보면 단순히 의례적인 것만은 아니다. 한림원은 두 개 부로 나뉘는데, PMD와 문학부가 그것이며, 각자 부장, 차장 및 사무국장을 선출하는데, 처음 두 직책은 매해마다, 마지막 직책은 5년마다 뽑지만 재선하는 것이 관례이므로, 원래 임기보다 오래 봉사하는 편이다. 실제 각 부의 운영은 사무국장이 책임진다. 한림원의 원장은 두 부의 부장이 매년 돌아가며 맡게 되지만, 한림원의 사무총장은 항상 PMD의 사무국장이 맡게 되어 있었다. 각 부는 7월과 8월을 제외한 달의 마지막 토요일에 회의를 했다. 반데르 발스의 선거가 있던 때의 원장은 유럽에서 명성이 높았던 안과 의사이자 과학자였던 F. C. 돈데르스였다.

3.7 헤이그에서 암스테르담으로

1875년 5월 29일, 반데르 발스와 새로 뽑힌 4명의 회원은 트리펜하위스에 도착해서 원장의 환영을 받았다. 환영 인사 중에서는 PMD에 소속되어 있던 레이던 대학교의 두 교수인 리케와 비어렌즈 데 한, 보스카와 그의 교사였던 V. S. M 반데르 빌리겐, 헤이그에서 반데르 발스의 선임자이자 카이저의 수업을 같이 들었고 2년 전에 한림원에 뽑힌 반 데 잔데 바크휘젠도 있었다. 그리고 위트레흐트에서는 바위스 발롯, HMW의 사무총장인 화학자 E. H. 폰 바움하우어, 콜로이드 화학의 창시자 중 한 명인 J. M. 반 베멜렌, 토목 공학자 G. 반 디젠, 그리고 네덜란드 대학교에서 자리를 잡아 보려 노력하다 (그는 대학교 학위가 없었다) 프랑스로 이주한 수학 천재 T. J. 스틸체즈도 있었다. 반데르 발스는 이미 이 중 몇 명을 헤이그의 *딜리젠티아* 에서 만난 적이 있었다.

트리펜하위스에서의 첫 회기는 다른 사람들의 전례를 밟았다. 곧 그의 삶에서 새로운 장이 열린 셈이었다. 그는 꼬박꼬박 제 시간에 출석해서 한 번도 빠짐없이 회의에 참석했지만, 처음에는 아무런 성과가 없었다. 놀라운 사실은 이제 한림원의 회원이자 HBS의 교감 자리에 있으면서도 그는 자기 강의 부담을 줄이지 않았고, 다만 회의에 참석하기 위해 수업 시간을 조정해서 토요일을 비워 두는 것에 지나지 않았다 [234]. 통근 시간은 3시간이나 걸렸다. 그는 1875년 12월 18일 회의부터 연구 활동을 재개해서, 분자의 크기가 충돌에 미치는 영향에 관한 논문을 한림원 학술지인, '*보고와 단신(Reports and Communications)*'에 발표하였다 [4].

이 논문과 프랑스어 번역판 [4f] 은 모두 12월 17일자로 표시되어 있었는데, 이는 그가 마지막으로 논문을 발표한 지 2년 반이나 지난 날짜이기 때문에 그동안 무슨 일이 있었는지 궁금해진다. 왜 그렇게 오래 기다렸을까? 논문이 단순히 미래를 위해서 쓰인 것이나 과학에 흥미를 잃었기 때문에 그런 것은 아니다. 아마도 그가 그렇게 노력을 하였음에도 불구하고 과학계에서 별다른 관심을 기울여 주지 않았기 때문이 아닐까. 그다음 가설로는 그가 높이 평가했던 맥스웰의 비판이 있다. 다른 네덜란드 과학자들이 어떤 생각을 했든 간에, 그는 이를 진지하게 받아들이고 맥스웰이 그를 장래가 있는 신인이라 칭찬한 것에 위안을 얻지 않았을 것이다. 우리는 그의 외침을 기억해야 한다. '나는 미쳤거나 아니면 굉장한 일을 하고 있다.' [206, p. 11]. 아마도 동료 물리학자들의 반응이 그로 하여금 자신이 한 그 질문이 미사여구에 지나지 않았는지 생각해 보는 계기가 되었을 수도 있다.

맥스웰은 1876년 2월 14일 테이트에게 편지를 보낸다. '혹시 (레이던)의 로렌츠가 쓴 *빛의 반사와 세기(Over de Terugkaatsing &c van het Licht)*[19]를 본 적이 있나?' [*43*]. 그는 1875년 12월 11일 로렌츠가 레이던 대학교에 제출한 박사 학위 논문을 말하고 있었다. 학위 논문의 출판본은 1877년까지는 모습을 드러내지 않았기 때문에, 맥스웰은 그와 앤드류가 2년 전에 반데르 발스의 학위 논문을 입수했을 때처럼 원본 중 하나를 입수했을 것이다 [*43*, p. 510]. 리케가 학위 논문의 후원자였기 때문에 그가 보냈을 가능성이 있다 [231]. 만약 그렇다면 *연속성*의 사본이 클라우지우스에게 보내지지 않았을 가능성은 적다. 이 내용은 반데르 발스의 두 번째 논문 [4]에서 유추할 수 있다. '최근에 클라우지우스는 논문을 발표했는데, 충돌수에 분자의 두께가 주는 영향을 분석한 연구가 이미 이뤄졌다는 사실을 아마도 몰랐을 가능성이 있다.' [4f, p. 211]. 하지만 이 내용은 오로지 이 논문에만 있었기 때문에, '아마도'라는 단어는 학위 논문 자체는 본에 사는 클라우지우스에게 보내졌지만, 그가 읽지 않았을 가능성을 내포하고 있다[20]. 클라우지우스는 1879년 9월 독일 자연 과학자 및 물리학자 연례 학술회의에서 처음 반데르 발스를 언급하는데, 여기서 그는 1877년의 독일어 요약본 [1c$_2$] 이 아닌 네덜란드어 원본에 관해서 이야기한다. 아마도 그 학위 논문은 선반 위에서 먼지가 쌓인 채로 5년간 방치되었을 것이다.

반데르 발스가 인용한 클라우지우스의 논문은 1876년 *물리학 연보*의 *증보(Ergänzungsband)*판에 출판된 내용이라서, 반데르 발스의 논문 발표 일자가 1865년 12월인 것을 감안하면 매우 놀라운 일이다. 아마도 그는 1874년 11월 9일에 전달되어 1875년에 영역판 [*45*] 이 나온 초본을 입수했을 가능성이 높다. 클라우지우스는 분자의 열운동에 필요한 유효 부피를 계산하고 총 부피가 분자 부피의 8배보다 작다는 것을 알아낸다. 반데르 발스 논문의 목표는 이 오류를 수정하고 논문에서 사용된 4라는 인수를 그의 원 학위 논문에서 보다 더 결정적인 방식으로 다시 유도하는 것이었다.

클라우지우스 논문이 그에게 준 자극과는 별도로, 이러한 재 유도에 대한 시도는 반데르 발스가 자신의 학위 논문의 핵심 목표 중 하나로 되돌아오게 하는 원인이 된 셈일지도 모른다. 12월 18일, 논문을 제출했던 그 PMD 회의에서 브레다 HBS의 수학 교사인 D. J. 코르테베흐(Korteweg)가 더 엄격한 수학식을 이용해서 계산한 결과 반데르 발스의 부피 보정값이 옳다는 논문 [*46*] 이 접수되었다. 코르테베흐의 논문은 날짜가 11월 11일로 되어 있었는데, 반데르 발스는 다음과 같이 반응했다. '비록 내가 발표한 결과는 비판의 대상이 될 수 있겠지만, 코르테베흐 씨는 이 값이 아주 정확하다는 것을 증명해 주었다.' [4f, p. 211].

그다음 회의인 1876년 1월 29일, 반데르 발스와 코르테베흐는 서로 다르지만, 더 엄격한 방식으로 *연속성* 에 제시된 부피 보정 계산이 옳다는 것을 증명하는 논문을 각각 제출했다. 코르테베흐의 논문 [*47*]에 날짜가 없기 때문에 어느 논문이 먼저인지는 알지 못한다. 반데르 발스의 논문에는 '헤이그, 1875년 12월 29일'이라는 내용이 적혀 있었다 [5]. 이전까지 반데르 발스는 자신의 강의 의무상 허용이 되는 한도 내에서 과학 행사에 참석했었다. 처음에는 순수하게 실험적인 연구였다. HBS의 물리 실험실에서 그는 탄소의 선 스펙트럼 [3]을 연구했고, 물의 잘 알려진 최대 밀도와 온도가 압력에 따라 어떻게 변하는지 실험했다 [7].

코르테베흐는 앞으로도 언급이 되므로 잠깐 소개를 하는 것이 좋겠다. 그는 1848년 옛 브라반트 가문의 아들로 태어났다. 그는 수학에서 큰 재능을 보여 최근에 설립된 델프트 폴리텍(Delft Polytechnicum)에 입학하는 데 필요한 아크테 시험을 통과한다. 그는 곧 자신이 공학과는 맞지 않는다는 것을 알게 되고, 공학사가 아닌 수학 교사에 필요한 자격증만을 가지고 대학을 나선다. 그의 첫 근무지는 틸뷔르흐 HBS였고, 1873년부터 브레다 HBS에서 일하기 시작했다. 그 가운데 그는 여러 번의 수학 대회에서 우승하며 네덜란드 과학계에서 수학의 달인이란 명성을 얻게 된다. 1873년 그는 레이던 대학교의 수학자와 논쟁을 일으켰고, 그해 말에는 '분자 역학'을 확실한 수학적 반석 위에 올려놓았다고 저자가 자랑한 독일 논문을 납작하게 만드는 반론으로 또 다른 상을 받는다. 그는 원자가 회전하는 원반이라 생각했지만, 분자 운동론에 대해서는 일체 언급한 바는 없었다. 이 논문은 1874년 5월 레이던 대학교의 화학 교수였던 A. P. N. 프랑시몽이 임용 강연 도중 언급한다.

아마도 레이던의 몇몇 사람들이 수학의 달인이었던 코르테베흐에게 영국에서 큰 비판을 받았던 반데르 발스의 논문의 정확성에 관해서 질문했을 것이다. 코르테베흐가 단 한 번도 기체의 분자 운동론을 다룬 적이 없었다는 점은 주목할 만하다. 그는 맥스웰의 비평이나 1875년의 클라우지우스의 논문은 일절 언급하지 않았고, 오로지 반데르 발스의 결과가 맞는지 아닌지 만을 검증했다. 그의 첫 논문의 날짜인 1875년 11월 11일은 이 추측을 뒷받침하는데, 왜냐하면 이미 반데르 발스의 이론을 포기한 앤드류가 그해 가을에 네덜란드를 방문했기 때문이었다 [*41*, p. xxxii]. 벨파스트에서 이뤄진 실험과 똑같은 실험을 레이던에서 하기로 되어 있었지만, 기체는 아산화 질소가 대신 사용되었다. 리케는 이 일을 제자 W. J. 얀센과 함께 담당했고, 그를 벨파스트로 보내서 앤드류의 기술을 익힘과 동시에 필요한 장비인 '앤드류 박사의 압력 장치 중 하나'를 레이던으로 가져오게 했다 [*41*, p. xxxi].

1876년 4월 앤드류는 두 번째 베이커 강연(영국 왕립 학회가 주관하는 물리학 분야 명사 강연-*역자 주*) [*48*] 에서 반데르 발스의 방정식과 맞지 않는 이산화 탄소의 새 등온선을 발표했는데, 훗날 반데르 발스는 이 결론에 이의를 제기했다 [6]. 앤드류는 반데르 발스를 언급하지도 않았지만, 그의 방정식을 부정했다는 것은 다음 대사를 통해 잘 알 수 있다. '실험 결과에서 방정식을 유도하는 것은 그리 어려운 일이 아니다.... 하지만 나는 그 방식을 꺼린다....; 과학적인 목적을 위해서는 내가 여러 번에 걸쳐 관찰한 것처럼 실험식의 결과는 때때로 연구자에게 오류를 가져오게 하고 연구 진행에 방해를 일으킨다.' [*48*, p. 434].

앤드류가 1876년 8월 *왕립 학회 철학 회보(Philosophical Transactions of the Royal Society)*에 싣기 위해 논문을 제출했을 때, 심사위원으로 내정된 사람은 바로 맥스웰이었다. 그는 앤드류의 실험식에 관한 비판에 흥분했고 그가 말하는 실험식이 반데르 발스의 방정식이라는 것을 알아챘다. 그는 자신의 의견을 바꿀 생각은 없었지만, '실험식'이 '쓸모가 없다거나', 심지어 '악영향'을 끼친다는 표현에는 동의할 수 없었다. 그는 이렇게 적었다. '이 식을 뒷받침하는 동적인 근거는 결코 옳다고는 말할 수 없으나, 탄산의 압축 반응이 지속적으로 진행되는 것을 적절히 잘 나타내고 있다.' [*49*]. 그는 더 나아가서 어느 것이 실험적이고, 어느 것이 이론적인지에 관한 조정 의견을 제시하였다. '실험식의 정확도는 그 가치를 판단하는 것에 있지, 그것이 실험적인지 아닌지를 판단하는 것은 아니다. 옴의 저항 법칙은 그 정확도가 매우 높다.... 하지만 이것은 순수한 실험식이다.... 다른 한편으로 보일의 기체 법칙은 기체 분자의 가설에 관한 결과가 나오기 전까지는 실험식이었다.... 만약 가설이 옳다면 보일의 법칙은 진실이 되며, 더 이상 실험식이 아닌 자연 법칙이 된다. 하지만 보일의 법칙은 엄밀한 의미에서 진실이 아니다. 그렇다면 이 식은 어떻게 다루어야 하는가?' [*49*].

1876년 가을 얀센은 레이던에서 아산화 질소에 관한 등온선의 측정을 마쳤다. 앤드류는 벨파스트에서 편지를 계속 보내서 '도움이 될 만한, 자세한 (때로는 아주 자세한) 실험 정보'를 알려 주었다 [*41*, p. xxxi]. 9월에 얀센은 영국 학술 협회의 연례 학술회의 때 결과를 보고할 수 있도록 글래스고로 초청받았다. 앤드류가 그 해의 회장이었다. 이 네덜란드 청년은 좋은 평판을 받았고, 통신 회원으로 선출되었으며, 운영 위원회의 의결에 의해 그의 논문은 불과 몇 명의 다른 연구자들과 함께 그 철학 회보 지에 *상세히(in extenso)* 게재되었다. 그의 결과는 앤드류가 실험한 이산화 탄소의 결과와 비슷했고, 그 아일랜드 멘토(곧 앤드류)를 따라 반데르 발스는 언급하지 않았다.

그런데 반데르 발스의 이름은 앤드류의 회장 연설에서 거론되었다. 최근에 일어난 뛰어난 과학적 발견을 언급하였을 뿐만 아니라 자신이 평소에 관심이 많았던 고등 교육에 관한 이야기로 시작했다. 그는 영국 대학교의 과학 교육 수준이 대륙에 비해서 많이 낮다고 지적했다. 그는 다음과 같은 예시를 든다. '최근 레이던 대학교의 이학 박사들인 반데르 발스와 로렌츠(*sic*)가 각각 쓴 논문은 비범한 수준의 것들이며, 리케 교수의 또 다른 제자도 현재 박사 학위 청구 자격을 얻기 위해 몇 가지 정교한 실험 연구를 수행 중이다.' [*50*, p. 411]. 로렌츠를 언급한 것은 놀라운 일인데, 순수 실험 과학자인 앤드류 세대가 로렌츠의 수리 물리학을 이용해서 아직 널리 인정받지 않고 있는 맥스웰의 전기 역학 방정식을 해결할 가능성은 낮기 때문이다. 맥스웰은 그 학술회의에서 로렌츠의 논문 [*51*]을 언급한 논문을 발표했는데, 바로 이 발표가 앤드류로 하여금 그를 칭찬하도록 이끈 계기가 되었을 것이다. 그래도 반데르 발스의 박사 학위 논문을 예로 들은 것은 맥스웰이 *네이처* 에 발표한 그 학위 논문에 대한 비평문과 같은 관점에서 지나가면서 약간 언급한 것에 지나지 않는다.

얀센은 1877년 6월 30일 레이던 대학교 평의회에서 학위 청구 논문 발표를 하였다. 그는 반데르 발스보다 더 큰 호응을 받은 것으로 보이며, 네덜란드의 젊은 물리학자로서는 큰 영광인 리케의 조수에 임명되기도 했다. 여기에는 뭔가 수상한 구석이 있다. 학위 청구 논문 발표는 4년 전에 반데르 발스가 자신의 학위 논문을 발표했던 그 장소에서 똑같이 시행되었다. 리케는 다시 학위 논문 후원자였고, 평의회는 크게 달라지지 않았다. 비어렌즈 데 한, 반 데 잔데 바크휘젠, 반 게어 모두 자리에 있었지만, 반데르 발스는 얀센의 학위 논문에서 언급되지 않았다. 서문에서도, 본문에서도, 심지어 *제안* 에도 [*52*]. 그 말은 자신의 실험 결과를 설명해 줄 수 있는 그 유일한 이론에 관한 언급이 단 한마디도 없었다는 뜻이다. 물론 학위 논문 자체가 실험 위주였고 그 당시에는 실험 결과를 예측이나 관련 이론과 비교하는 것이 의무는 아니었지만, 왜 반데르 발스의 이론을 완전히 무시하였는지를 설명하기는 여전히 힘든 일이다. 1877년에는 반데르 발스가 네덜란드에서 어느 정도 이름이 알려졌다는 사실을 인식하게 되면 더 이해가 힘들다. 그는 한림원 회원으로 2년 이상 있었고 다른 네덜란드 학자들에게 인용이 많이 되었다. 더욱이 그는 1877년에는 국제적인 명성도 얻게 된다. 얀센이 반데르 발스를 언급하지 않은 것에는 큰 이유가 있었을 것인데, 그것은 아마도 앤드류가 *연속성*을 인정하지 않았던 점일 것이다. 얀센은 앤드류의 도움을 '언행이 일치하는'이라고 학위 논문의 서문에 썼다 [52, p. ii]. 리케는 1882년 은퇴했고, 카메를링 오네스가 그 뒤를 이었다. 그리고 2년 뒤 얀센은 레이던을 떠나 스위스로 간다[21]. (30년 뒤, 반 라르는 반데르 발스와 어색한 관계가 된 뒤에 네덜란드를 떠나 스위스로 갔다 [53]).

1877년 새로운 월간 논문 초록집인 *바이블래터* (*Beiblätter*, 부록이란 의미 - *역자 주*)가 물리학 연보에 추가되면서 반데르 발스는 국제적 명성을 얻게 된다. 이 제안은 물리학자이자 물리 역사학자인 J. C. 포겐도르프의 것이었는데, 그는 그 *물리학 연보*의 편집자로 더 기억에 남게 된다. 이 잡지는 당시 '정보량이 폭발적으로 증가'한 데 따라 만들어진 것이었다. 이를테면 편집자는 700쪽에 달하는 르뇨의 논문을 번역해야 했다. 하지만 80세의 포겐도르프는 1877년 1월에 사망했고, 라이프치히에서 물리화학 교수였던 구스타브 비더만과, 기체의 열용량에 관한 실험 연구로 1년 전 하빌리타치온(*Habilitation*) 자격을 얻어 대학의 *사강사*(*Privat Dozent*)가 된 그의 아들인 25세의 아일하드[22] 가 편집자 역할을 이어받게 된다. 새 잡지의 편집을 주도하게 된 아일하드 비더만은 물리학자와 아랍 과학사의 전문가로 유명해진다. 그의 언어 능력은 비 독일어 논문들을 재빠르게 *바이블래터*에 옮기는 것을 가능하게 해서, 큰 인기를 끌게 된다.

바이블래터 의 초판본은 아직 포겐도르프의 이름이 표지에 적힌 채로 1877년 초에 출간된다. 아일하드 비더만이 쓴 여러 개의 영어, 프랑스어, 이탈리아어, 스웨덴어 및 네덜란드어 논문 요약본 중에서 *연속성*은 '저자의 협조'를 통해 마련된 긴 내용이 실려 있었다. 제목에 달린 각주에는 '네덜란드 원본은 불행히도 잘 알려지지 않았다' [1c$_2$, p. 10][23]라는 내용이 달려 있었다. 이 *바이블래터* 의 발행으로 반데르 발스는 드디어 국제적

으로 이름을 알리게 되었고, 그는 노벨상 강연에서 비더만에 감사의 뜻을 나타낸다 [103e, p. 256].

1877년 5월 11일 비엔나 과학 아카데미 회의에서 볼츠만은 표면 장력과 분자 크기의 관련성에 대해 발표하였다 [*54*]. 그는 *바이블래터* 의 요약본과 네덜란드어 원본 *연속성*을 같이 언급했는데, 하지만 그는 네덜란드어 원본의 제목을 잘못 말했기 때문에 (요약본에는 원본 제목이 없었다.) 요약본만을 읽은 것으로 보인다. 아니면 레이던 대학교에서 그의 동료이자 전직 교사인 요세프 스테판에게 보낸 책자만을 봤을 수도 있다.

마침내 같은 해인 1877년, 화학자 로타 마이어의 동생인 O. E. 마이어는 기체의 분자 운동론에 관한 중요 논문 [*18*]을 발표하는데, 그 분야에 있어서 가장 정확한 내용을 담고 있다고 인정받게 된다. 그는 비더만의 요약본과 네덜란드어 원본 *연속성*을 같이 언급하면서 이 연구가 자신의 논문에 큰 역할을 했다고 적었다.

1881년 암스테르담의 한 서점은 반데르 발스에게 편지를 보냈다. '영국, 독일, 미국에서 귀하의 책을 요청하는 편지가 계속 오고 있습니다.' 하지만 그는 더는 남은 분량이 없었기 때문에 거절할 수밖에 없었다 [231, p. 149].

그 가운데 수업과 시험 등이 잇따르는 헤이그에서 그의 삶은 큰 변화가 없었다. 그리고 1877년 봄, 수학자 A. T. 반 아켄이 교장 자리에서 물러나면서 행정에 변화가 찾아온다 [234, 238]. 고등 교육 장학 위원회가 헤이그 치안 판사에 반데르 발스의 임명을 위한 장학관 스테인 파르브의 승인을 받기 위한 요청을 한 것은 사실로 보인다. 그는 승낙했지만 반데르 발스가 지금 물리 수업과 같이 해 나갈 수 있을는지 의문이 들었다. 하지만 장학관은 반데르 발스가 어떤 것도 포기하지 않으리라 생각했다. 5월 4일 시 정부는 반데르 발스에게 현 상황에 관한 편지를 보낸다. 그가 어떤 대답을 했는지는 알지 못하지만, 3일 뒤 치안 판사는 시 당국에 다른 후보자 없이 반데르 발스를 단독으로 추천한다는 편지를 보낸다. 그 이유로는 첫째, 반데르 발스는 이미 아켄의 부재중에 업무를 대행한 적이 있었고, 둘째, '그는 이미 이 자리에 필요한 모든 자격을 다 갖추었으며', 그리고 마지막으로 '사람들의 생각으로 그는 충분한 자격이 있다.'라는 점을 꼽았다.

이 내용에는 반데르 발스가 한림원 회원이라는 말이 빠져 있었는데, 스테인 파르브에게 그 사실은 그리 중요하지 않았던 것처럼 보인다. 5월 15일 임명 제청이 시청에서 승인되었고, 그 다음날 치안 판사는 이를 확정하고 연봉을 3,500 휠던으로 올린다.

하지만 그는 교장 자리를 채 6개월도 채우지 못했는데, 그다음 학기부터 암스테르담 대학교의 물리학 교수 자리를 받아들였기 때문이다. 그는 9월 20일 시 당국에 사직서를 제출했다. 시 당국의 연례 보고서에 적힌 그의 사직서에 관한 내용은 다음과 같다. '여기서 그의 장점을 언급하는 것은 의미가 없을지 모르나, 그는 학교를 위해서 아주 큰 공을 세웠다. 그리고 우리는 대학교수라는 영광스러운 자리에 초청받은 그에게 작별 인사를 보낸다.' 그의 후계자는 화학자 W. F. 코페샤르[24]였고, 그 보고서에서는 그에게 '선임자의 뒤를 잘 이어주기를 바란다.' 라고 적혀 있었다.

1877년 10월 23일, 반데르 발스 가족은 헤이그를 떠나 암스테르담으로 옮겼다.

주석(Notes)

1. J. C. 맥스웰의 반데르 발스의 논문에 관한 비평 [*38*, p. 359].
2. 카메를링 오네스의 강조.
3. 이 장에서 [p. n(숫자)]는 [1e$_2$, p. 숫자]를 뜻함.
4. 반데르 발스는 분자의 개념을 점과 같은 질량으로 보았다.
5. [*10*, p. 48] 참조.
6. 수많은 실험 결과 중에서 의미가 있는 내용을 찾으려 시도한 것을 고려해야 한다. '따라서 나는 모든 환경을 고려했지만.... 의미가 있는 결과는 없었다.' [p. 177]. 그리고 '시간이 된다면 더 깊게 파고들 생각이다.' [p. 180].
7. 이 내용은 연속성의 초기 번역본에는 빠져 있다.
8. 반데르 발스는 앤드류가 사용한 복수 형태인 *states*대신 단수 형태인 *toestand* 를 썼다. 네덜란드어에서는 복수 형태인 *toestanden* 이 더 자연스러운 표현이다.
9. W. E. 베버와 G. 페흐너의 정신 물리학 법칙 (1858년).
10. 1693년 뉴턴이 R. 벤틀리 목사에게 보낸 편지에서 영어로 인용 [*55*, p. 302-303].
11. 이 강조는 반데르 발스가 했다. 푸앵소의 비판 [*56*, p. 507]은 상태 방정식이 예상치 못한 결과를 냈기 때문에 가지게 된 감정 때문일 수 있다. 아니면 이 사건과 다른 *제안* 이 자신의 박식함과 외국어 능력으로 평의회에 감명을 주기 위해서 기획되었을 수도 있다.
12. 로렌츠는 1875년 박사 학위를 *숨마 쿰 라우데* 로 받았다.
13. '누구에게나 최고의 날은 온다.' 버질, *이니드(Aeneid)*, x, 467.
14. 북부 독일 지방어는 말실수이거나 로렌츠의 착각일 수 있다. 따라서 1967년 반데르 발스의 노벨상 강연에 관한 해설은 다음과 같다. '맥스웰은 아마도 '북부 독일 지방어'를 말했을 가능성이 높은데 이 또한 잘못된 것으로, 네덜란드어는 이미 독립된 지위를 가지고 있었다. 클라인은 이 표현이 '네덜란드에 쓴웃음을 주었을 것' 이라고 말했다 [176, p. 42]. 하지만 영국에서는 18세기까지 (예 [57] 참조), 미국에서는 19세기까지 *네덜란드*는 언어와 국민을 묘사하는 데 있어서 독일이란 단어 대용으로 쓰였다. 따라서 네덜란드의 언어는 *북부 독일 지방어* 로, 독일어는 *고지 네덜란드어*로 표기했다. 맥스웰의 표현 방식은 낡았지만, 언어학적으로 용납될 수 있는 일이었다. 1862년 그는 스코틀랜드 단어 *wintershines* (또는 더 흔하게는 *widdershins*) 가 '고지 독일어의 *wider die Sonne* 와 같은 뜻인지 궁금해 했다.' [*37*, p. 383].
15. AW-NF, Afdeeling der Wis – en Natuurkundige Wetenschappen. 2년 뒤, 맥스

웰은 PMD의 외국인 회원이 된다.

16. 영국과 독일에서 몇 십 년간 활동한 네덜란드 물리학자.
17. 이 편지의 날짜가 4월 어느 날인 것은 좀 이상한데, 왜냐하면 이 내용 자체가 10월 18일에 있었던 맥스웰의 논문 비평과 관련되어 있기 때문이다. 여기에는 부피 보정에 관한 잘못된 표현이 들어 있는데, 반데르 발스의 4 대신 16이 사용되었다. '이 결과의 형태는 네덜란드 학자의 것과는 꽤 다르다.' 1874-75년 맥스웰은 레이던의 학위 논문에서 제기된 문제에 여러 번 다시 접근한다. 몇 개의 중요한 계산 결과들은 앤드류의 논문 심사 의견서에서 발견된다 [*49*]. (아래 내용과 그 심사 의견에 대한 로우린슨의 의견 [183, p. 16-17]을 참조) 그리고 그와 같은 의견들은 출판되지 않은, 맥스웰이 케임브리지에서 쓴 논문들의 주석들에서도 추가적으로 발견된다. 그중 하나에서 그는 반데르 발스의 방정식과 르뇨의 실험 결과를 사용하여 물의 임계 온도를 계산한다. 그의 값인 434℃는 반데르 발스의 412℃보다 더 안 좋은 결과였다. 맥스웰의 임계 지수는 자신의 옛 제자인 W. 가넷이 *대영 백과사전*(*Enclyclopaedia Britannica*) 9판 (1879년)의 '증발'에 실어 놓은 것을 사용했다. 여기에는 반데르 발스에 관한 언급도 짧게 있었고, 맥스웰은 *연속성*을 읽고 나서 줄-톰슨 효과의 중요성에 관해 다시 생각하게 되었다. 1874년 *대영 백과사전*에 그는 글을 썼다. '분자 사이의 힘은 크지 않지만, 전체로 보면 인력이 작용한다.' [*58*, p. 185].
18. 1870년에서 1874년까지 국립 미술관의 관장은 조각가이자 F. 카이저의 동생인 J. W. 카이저였는데, 그는 천문학자이기도 했고, 로렌츠의 장인이기도 했다.
19. *Over de theorie der terugkaatsing en breking van het licht* (빛의 반사와 굴절에 관한 이론).
20. 그 당시에 클라우지우스가 10월 18일에 나온 맥스웰의 비평을 읽고 그 내용을 믿어 네덜란드어 학위 논문을 굳이 보지 않았을 가능성도 있다.
21. 얀센의 행보는 영국 학술 협회가 매년마다 발간하는 보고서의 통신 회원 주소록을 통해 확인할 수 있다.
22. 그의 외조부는 화학자인 아일하드 미처셔리히였다.
23. 영국에서도 상황은 비슷했다. *대영 백과사전*의 편집자인 물리학자는 반데르 발스의 연구를 잘 알고 있었지만 1880년에 '영국에는 충분히 알려져 있지 않다.' 그리고 그의 이론이 '영국에 지금까지 제대로 소개된 적이 없다.' 라고 적었다 [*59*].
24. J. J. 반 라르는 열넷 살일 때 (1874년) 코페샤르의 HBS용 화학 교과서 3권을 전부 이해했다고 한다 [*53*, p. 22].

제4장

암스테르담 대학교

1877년 10월 23일 반데르 발스와 그의 가족은 헤이그를 떠나 300,000명 이상의 인구가 사는 네덜란드에서 가장 큰 도시인 암스테르담으로 간다. 상공업이 활발한 이 대도시는 조용한 레이던과는 정반대였다. 프랑스 예술가이자 작가 외젠 프로망탱은 1875년 이곳을 '오래되고, 중상류층의, 답답하면서도, 바쁜, 몰려다니는' 도시라고 말했다 [*1*, p. 233]. 하지만 그 당시 런던의 인구는 암스테르담의 10배에 달했고, 몇몇 유럽 여행자들은 네덜란드의 이 도시, 특히 외곽 부분의 신도시는 아주 평화롭고 조용한 녹색 도시라고 말했다. 그런 멋있는 구역 중에서 가장 아름다운 도시공원 가까이, 시인 요스트 반 덴 폰델의 이름을 딴 곳에 반데르 발스의 가족은 정착했다. 주소는 *N57 P. C. 호프트스트라트 (Hooftstraat)*로, 반 덴 폰델과 같이 17세기를 대표하는 작가 피터 코르넬리츤 호프트의 이름을 딴 도로였다. 1896년 이 구역이 도시 중심부로 편입되면서 *177번지*로 변경되었고 [238], 여기서 반데르 발스는 죽을 때까지 살았다. 이 구역은 더는 세련되지 않았고 집의 정문은 175-179번지의 다른 집들과 통합되며 사라졌다.

암스테르담으로의 이동은 네덜란드의 발전과 시기가 맞아 떨어졌다. 이 시대가 사람들이 '흐름이 더 빠르게 흘러간다.' [2, p. 25] 라고 할 정도로 이때까지 유럽 발전의 변두리에 머물러 있던 국가가 마침내 그 흐름을 타고 선진국 대열에 합류하는 시대였다.

네덜란드의 교역은 1869년 수에즈 운하가 개통되어 식민지와 본국 간의 거리가 줄어들면서 빠르게 증가했다. 돈이 쏟아져 들어왔고 더 많은 운하가 개통되었다. 1872년에는 새로운 수로(*Nieuwe Waterweg*)가 완성되었다. 이 엄청난 계획은 천재 공학자 피터 카란드가 수립한 것으로 로테르담과 북해를 운하로 연결하여 시내 중심까지 배가 들어올 수 있도록 하는 것이었다. 로테르담은 곧 유럽 제일의 항구로 발전한다. 두 번째 해양 운하는 암스테르담과 북해를 연결하는 것으로, 1876년에 개통되었다. 다른 공업적 발전 속도도 매우 빨랐다. 하나의 예를 들자면 산업용 증기 엔진 수가 1870년에서 1880년까지 10배나 증가하였다.

네덜란드의 문화와 과학 분야도 황금기를 맞이했다. 대부분 그렇듯이, 부활의 첫 신호는 문학 분야에서 처음 나타났다. 19세기 중반에는 여러 명의 뛰어난 동시대 현실주의 작가들이 나타났다. 목사 니콜라스 비츠 (1814-1903년, 필명은 힐데브란드) 는 1839년에서 1851년까지 단편을 모은 소설집을 *어둠상자(Camera Obscura)* 라는 이름으로 출판했는데, 네덜란드인의 삶을 현실적으로 잘 묘사했다는 평가를 들었고, 에두아드 다위스 데커 (1820-87년, 필명은 물타툴리 곧 '충분히 고통 받았다'.는 의미)는 유명한 반식민주의 소설인 *Max Havelaar* (1860년)를 출판하는데, 이 책은 네덜란드 문학의 전환점으로 여겨진다.

진보적인 작가들과 비평가들은 자신들을 문학의 부흥을 이끄는 '젊은 네덜란드' 라고 불렀다. 1884년에는 *새 가이드(De Nieuwe Gids)*라는 잡지를 창설하여 기존의 잡지인 *데 기즈* 의 국가적 자긍심과 편협성에 도전했다.

오랜 쇠퇴의 길을 걸은 네덜란드 건축계도 현대적 개념을 전통 고딕 및 바로크 양식에 접목한 피터 J. H. 카위페르스 (1827-1921년) 같은 사람들의 등장으로 부활했다. 유명한 그의 작품 중에는 중앙역과 암스테르담 국립미술관 (1877-85년)이 있다. 네덜란드 회화는 '헤이그 학파'를 중심으로 움직였는데, 전통적인 화가 요세프 이스라엘스와 열정적인 화상 G. 테르스테흐 등이 있었다. 이 학파에서 빈센트 반 고흐가 등장한다.

1870년대는 네덜란드 과학계의 르네상스이기도 했다. 1863년의 토르베케법이 효과를 보기 시작한 순간이었다. 과학을 연구하는 유일한 중심지였던 대학교에 많은 지원들이 새롭게 제공되었다. 수백 명에 달하는 HBS 학생들이 라틴어와 그리스어 시험을 통과하여 대학교로 진학했다. 보스카는 1884년 국제 교육 학술회의에서 다음과 같은 글을 남겼다. '1863년에는 '김나지움'에서 공부하지 않은 학생은 각 대학교의 문학 학과에서 출제한 시험을 통과해야만 대학교에 진학할 수 있다는 조건이 아직 남아 있었다. 쉽게 이해할 수 있듯이, 이 시험들은 여러 번의 과정을 거쳐 난이도가 아주 쉬워져서, 몇 달의 라틴어나 그리스어 공부만으로도 합격하는 데 큰 문제가 없었다.' [*3*, p. 197]. 그리고 HBS의 설립은 대학교 졸업자들에게 많은 일자리를 제공해 주었다. HBS 교사는 충분한 봉급과 평판을 받았으며, 대학교수로 가기 위한 효과적인 훈련 과정이기도 했다. HBS가 1870년부터 시작된 네덜란드 과학의 급성장에 큰 영향을 끼쳤다는 것은 잘 알려진 사실이며 [*4*] 세 명의 미래 노벨상 수상자를 그 예로 들 수 있다. 1873년에는 헤이그 HBS의 교사였던 반데르 발스가 *연속성* 논문으로 박사 학위를 받았다. 1874년에는 로테르담 HBS의 학생이었던 반트 호프가 입체 화학의 길을 열었다. 1875년에는 아른헴 HBS의 학생이자 교사였던 로렌츠가 전기 역학의 발전에 큰 기여를 하는 논문을 발표한다.

국가적 르네상스를 대표하는 가장 놀랍고도 중요한 예는 아마도 네덜란드의 네 번째 대학교, 암스테르담 대학교의 설립을 들 수 있을 것이다. 이 사건은 국가의 교육 과정에 중요한 변화가 이뤄짐에 따라 가능하게 된 것이다.

1874년 여름 드브리스의 자유당 정권이 물러나고 J. 헤임스케르크(1818-97년)가 이끄는 보수당 정권이 들어섰는데, 들어서자마자 즉각 고등 교육의 개혁 법안을 발표했다. 시대가 무르익어 대학교의 근대화는 필수적이었지만, 법안에 들어간 유일한 변화는 신학과의 폐지뿐이었다. 헤임스케르크는 무신론자는 아니었지만, 목사를 교육하는 과정은 국가가 재정을 지원하는 대학이 아닌 교회가 담당해야 한다고 믿었다. 2년간 상원에서 펼쳐진 열띤 토론 끝에 법안은 통과되었지만, 160개의 수정 사항이 들어가 있었다.

1876년의 새 고등 교육 법안은 반데르 발스의 미래에 큰 영향을 끼치는 두 가지 변경 사항이 있었다. 하나는 더 늘어난 대학교수 자리였다. 신학대학은 유지되었지만, 그 숫자는 대폭 줄어들었다. 레이던 대학교는 리케의 주도로 물리학과에 두 번째 교수 자리가 생겼다. 그는 실험 물리학 교수 자리를 유지했고, 새 교수는 이론 물리학을 맡게 되었다. 비슷한 일이 위트레흐트와 흐로닝엔에도 각각 일어났다.

새 법안의 두 번째 항목은 암스테르담의 *아테나움 일루스트레* 에 관한 내용을 담고 있었다. 이 학교는 새로 부상한 암스테르담의 부유한 상인들이 독립적이고 부유해졌으며 중요성이 높아진 이 도시에서 자신의 자식들에게 양질의 교육 기회를 제공하기 위해 1632년 설립되었다. 하지만 도시의 후원자들은 아테나움을 대학교로 승격시키는 데는 실패했다. 그 당시에 유일한 대학교였던 레이던 쪽에서 자신들의 지위를 잃을까 걱정해서 강하게 반대했기 때문이었다. 250년간 암스테르담 아테나움은 계속 이 일을 추진했지만 실패로 돌아갔다. 창립자들의 원래 기대에는 어느 정도 부응했지만, 레이던만큼의 과학적, 문화적 성과는 이루지 못했다. 이 상황은 1870년에 도시와 아테나움이 다시 발전을 시작하면서 바뀌게 된다. 교수의 자택에서 이뤄지던 수업이 철폐되고, 정상적인 강의가 시작되었다. 학생 숫자는 특히 의학부에서 급속도로 늘어났고, 교수진의 수준 또한 올라갔다. 하지만 암스테르담의 청년들은 대학교 학위를 따기 위해서는 도시를 벗어나 레이던으로 가야만 했다. 아테나움을 대학교로 승격시키자는 운동은 학생과 교수들에게서 시작해서 도시 전체로 퍼져 나갔고, 곧 시 당국의 지지를 얻게 된다. 하지만 헤임스케르크(비록 그 자신이 시 당국으로부터 재정적 지원을 받는 아테나움의 관리자인 했지만)를 비롯한 보수당은 이 일에 반대했다. 보수당은 이 옛 교육 기관의 근대화와 확장을 반대한 것은 아니지만, 이 기관을 시립 대학교로 바꾸는 것에 반대했다. 그들은 대학교의 과학 학위는 국가가 관리해야 한다고 생각했으며, 또 하나의 국립 대학교를 설립하는 것에 관해서는 비용 문제로 반대했다. 하지만 헤임스케르크는 패했고, 새 고등 교육 법안은 아테나움을 암스테르담 시립 대학교(*Gemeente Universiteit van Amsterdam*)로 바꾸는 내용을 담게 된다. 레이던은 마지막으로 경쟁자의 출현을 막기 위해 법안이 상원을 통과한 뒤 하원에 청원서를 보내서 국가의 지적 자원이 부족하고 한정되어 있어서 4개의 대학교를 운영하는 데 어려움이 있으니, 암스테르담 대학교가 들어서면 네덜란드의 고등 교육에 큰 피해를 준다고 주장했다. 하지만 청원서는 기각되었고, 1877년 10월 15일 새로운 대학교가 암스테르담에 들어섰다.

처음에는 아테나움이 있던 도시의 남부와 서부 지역을 가르는 중심 운하의 제일 끝에 있었던 싱엘흐라흐트(*Singelgracht*)에 들어섰다. 이 건물은 이제 대학교 도서관으로 변경되었다. 1880년에는 도시 중앙의 아우데만넨하위스(*Oudemannenhuis*)에 들어섰는데, 이 건물은 14세기에는 성으로, 그 뒤에는 수녀원과 빈민 구호소로 사용되었다. 이 건물은 오늘날까지 대학교의 본 건물로 남아 있다.

아테나움에서 대학교로의 변경은 많은 변화를 가져왔는데, 그중에서는 물리학·수학 학부의 개설, 그리고 물리학과에 새 교수 자리가 있었다. 레이던과 암스테르담 두 곳 모두, 반데르 발스는 네덜란드 물리학계의 신성으로 유력한 후보였다. 그중에서도 자신의 고향에 세워진 유명한 대학교이자 자신이 처음 과학을 접한 곳이고, 항상 '과학의 성역' [157(a)] 이라 여겼던 레이던으로 갈 것으로 예상되었다. 하지만 그는 암스테르담을 선택했다. 그 이유는 생각보다 단순했다. 시립 대학교는 암스테르담 시장의 허가만을 받으면 고등 교육법의 새 교수 임용에 필요한 모든 행정 절차가 끝나는 데 비해, 국립 대학교인 레이던은 새 교수를 임명하는 데 왕실의 허가가 필요했기 때문이다. 따라서 1877년 여름 반데르 발스는 암스테르담에선 확실한 제안을 받았는데 비해, 레이던은 아직 행정 절차가 진행 중이었다. 8월 31일 리케는 반데르 발스에게 편지를 보내 국립 대학교의 교수에 임용시키고 싶으니 암스테르담의 제안은 거절하라고 전한다. 이 편지는 오히려 반데르 발스로 하여금 레이던의 상황이 아직도 불투명하다는 공포를 불러일으켜, 9월에 그는 암스테르담 시 당국에 편지를 보내 새 대학교의 물리학과 교수직을 승낙한다는 뜻을 전한다 [234]. 그는 너무 성급했을 수도 있다. 레이던의 새 교수에 관한 왕실의 허가는 10월에 나왔다. 원래 반데르 발스에게 주고 싶었던 이론 물리학 교수 자리는 1878년 1월 28일, 25세의 헨드릭 안톤 로렌츠가 가져가게 된다.

이 대학교는 반데르 발스가 앞으로 30년 이상을 연구하는 데 쾌적한 환경을 제공해 준다. 다른 오래된 대학교들인 레이던, 흐로닝엔, 위트레흐트와 가장 큰 차이점은 시립 대학교라는 점이었는데, 그 외에는 다른 국립 대학교들의 기준을 따랐다. 이 대학교는 총 5개의 학부로 구성되었다- 신학, 법학, 의학, 물리학·수학, 문헌학 및 철학. 대학교의 최고 기관은 평의회로, 렉토 마그니피쿠스라는 이름의 의장이 총괄하는 교수회였다. 렉토는 매년 평의회에서 추천한 3명의 교수들 중에서 시장과 시 의회 의원들이 임명했다. 은퇴할 예정인 렉토는 재선이 불가능했다.

렉토와 렉토가 뽑히지 않은 나머지 4개 학과에서 각각 한 명씩 뽑히는 4명의 보좌관(곧 Assessors)에 평의회의 사무총장이 모여서 대학교 운영위원회를 결성한다. 학년은 9월 셋째 주 화요일에 시작해서 7월 둘째 토요일이 오기 전 금요일에 끝이 나며, 크리스마스와 부활절에 방학을 갖는다.

일반적인 규정 외에도 학생들과 직원들을 대상으로 하는 규칙들은 많이 있었다. 예를 들어, '모든 평교수는 평의회에서 열리는 회의를 처음부터 끝까지 참석해야 한다. 정당한 이유가 없이 불참하면 1 휠던의 벌금을 물게 된다.' [5, p.18]. 학과에서 열리는 회의는 이보다 가벼워서, 0.50 휠던을 내야 했다. 참고로 학비는 연간 200 휠던이었고, 교수의 연봉은 처음 5년간은 4,500 휠던, 그다음 5년간은 5,000 휠던, 그 뒤로 5,500 휠던으로 늘어난다.

대학교의 직원들은 일단 대부분이 아테나움에서 왔다. 그중 가장 뛰어난 사람은 국제법의 전문가인 T. M. R. 아세르 (1838-1913년)였다. 레이던 대학교를 졸업한 그는 상법과 국제법 교수 일을 하나로 성공적으로 묶어내는 대변자로 성과를 냈다. 몇 년간은 정부에서 공무원으로 일한 적도 있었다. 그는 국제법 분야의 협력 단체를 조직화한 노력으로 가장 잘 기억이 되는 인물이다. 그는 국제법 연구소 (1873년)의 창설자 중 한 명이기도 했고, 1890년 헤이그 국제법 학술회의와 1899년과 1907년에 각각 열린 헤이그 평화 회담의 조직을 담당하기도 했다. 여기서 헤이그의 국제 재판소의 설립이 논의되었고 지금까지도 유지되고 있다. 1911년 그는 노벨 평화상을 받았다.

두 번째로 중요한 인물은 B. J. 스톡비스 (1834-1902년)로, 1874년부터 아테나움의 의학부 교수를 맡고 있었다. 아테나움의 변환 이후 이 학부는 427명의 학생 중 310명이 소속된 제일 큰 학부였는데, 스톡비스는 네덜란드에서 가장 뛰어난 의사로 알려졌었다. '그의 자필로 쓰인 몇 단어의 쪽지는 런던, 파리 혹은 베를린 어디서나 통용되는 최고의 소개장이었다.' [6]. 동료들과 학생들에게도 인기가 많았던 그는 사회 문제에도 관심이 많았다. 그는 1877년 네덜란드 자연과학자 및 의사 회의의 설립자였다. 이 회의는 2년마다 열렸고, 첫 회의는 스톡비스의 흥미로운 주제인 '국적과 과학'으로 시작되었다.

물리학·수학 학부에서 제일 나이가 많은 교수는 C. J. 마테스 (1811-82년) 로, 1847년부터 아테나움의 수학 교수 자리를 차지하고 있었다. 레이던 대학교 박사 학위 소유자이자, 한림원의 창립(1851년) 회원인 마테스는 그 오래된 학교의 교수로서, 최초의 책은 라틴어로 집필하였다. 그는 공립 교육, 과학 대중화, 수학자들의 전기에 관한 여러 권의 교과서와 논문 및 연설문 등을 썼다. 그의 연구 분야는 기하학과 역학이었다. 그는 1864년부터 1878년까지 한림원의 사무총장을 맡았다. 아마도 교사로서 그는 그리 유명하지는 않았던 것으로 여겨지는데, 아테나움이 대학교로 변경된 이후로 물리학·수학 학부는 오로지 8명의 학생만이 있었기 때문이다. 그리고 그의 자리는 둘로 쪼개져서 그는 수학, 역학 및 천문학을 담당했고, 새 교수가 물리학을 담당하게 되었다.

반데르 발스의 동료가 된 아테나움에서 온 나머지 두 명의 교수는 식물학자 C. A. J. A. 아우데만즈 (1825-1906년)와 화학자 J. W. 건닝 (1827-1901년)이었는데, 1896년에 은퇴하기 전까지 두 기관의 마지막 연결 고리가 되었다. 그들은 한림원에서도 이학부의 동료이기도 했다. 첫 렉토 마그니피쿠스가 된 아우데만즈는 세 형제 중 장남이었다. 둘째 J. A. C. 아우데만즈 (1827-1906년)는 위트레흐트에서 천문학자였고, 막내 A. C. 아우데만즈 (1831-95년)는 델프트 폴리텍에서 화학을 담당하고 있었으며, 1885년 보스카의 뒤를 잇는다. 그는 화학 물질을 제공하기도 했고 물질의 밀도를 계산해서 반데르 발스에게 보내 주었다. 이 도움에 관해서 그는 *연속성*의 첫 독일어판에 감사의 말을 올렸다 [1d, p. 162-164].

장남 아우데만즈는 의학 박사 학위를 취득한 뒤 식물학으로 방향을 틀어서 식물 계통학을 연구하고 있었다. 의학을 싫어했기 때문에 그는 1877년 자신에게 도움을 요청한 휴고 드브리스에게 모든 것을 맡겼다. '아우데만즈는 말솜씨가 능숙한 뛰어난 연설가이며, 좋은 교사이자 정직한 홍보관이었다.' [7, p. 114]. 한림원에서 그는 이학부의 부의장을 몇 년간 맡았으며 1878년에 마테스의 뒤를 이어 사무총장에도 오른다.

건닝 또한 의학을 공부했지만, 화학자로 진로를 바꾸었다. 그의 박사 학위 논문은 자연수에 관한 것이었다. 1865년부터 아테나움의 교수가 된 그는 의학을 최고로 쳤고 화학과 물리학을, 그것을 뒷받침해 주는 보조적 학문으로 여겼다. 그는 암스테르담에서 자연 과학이 독립적 위상을 갖도록 하는 데 많은 노력을 기울인 것이 그의 최대의 공적이었다. 그는 고등 교육법의 작성을 도와 암스테르담에 물리학·수학 학부가 설립되는 데 도움을 주었고, 1874년에 '의학과 수술 학회'에 독립된 물리학 분야가 생기고 그 이름이 '의학과 자연 과학 학회'로 바꾸게 되는 데 기여를 하게 된다. (반데르 발스는 1887년에 이 학회의 회원이 되었다.) 건닝은 반데르 발스와 같이 1875년 한림원 회원으로 뽑히게 되었다. 물리학·수학 학부가 창설되고 난 뒤, 건닝은 의학부 학생을 위한 약학과 화학을 담당했다. 나머지 수업은 그의 입체 화학을 받아들이지는 않았지만, 아무튼 동료 J. H. 반트 호프가 맡았다.

방금 언급한 두 젊은 드브리스와 반트 호프는 여기에 따로 그 업적을 남기지 않아도 될 정도로 너무나 잘 알려진 과학자들이다. 이 둘은 강사(*lectors*)로 출발했지만 불과 1년 뒤에 교수로 승진했다. 그들은 여러 개의 다른 강의를 맡았는데, 반트 호프는 일반 화학, 결정학, 지질학, 및 광물학 과목을 담당하였다.

마지막으로 학과에는 이름이 잘 알려지지 않은 나머지 두 명의 교수가 있었다. A. J. 반 페쉬는 1878년에 임명되어 마테스를 도와 수학과 역학을 가르쳤다. 공학자였던 그는 처음에는 데벤터에서 일하다가 델프트 폴리텍으로 옮겼는데, 그의 연구 분야는 사회 문제에 대한 확률 계산학의 응용이었다. 그의 사망률 표는 네덜란드에서 큰 반향을 일으켰고, 그는 연금과 통계를 주관하는 정부 위원회의 위원이 되기도 했다. 레이던은 1890년에 그에게 명예박사 학위를 수여했다. 그 대학에서는 주로 계산학을 가르쳤는데, 꽤나 실력이 있었는지 많은 물리학과 화학 분야 학위 논문에서 그에게 감사를 표하는 글이 실려 있었다.

1881년 마테스는 은퇴하고 그 뒤를 디데릭 요하네스 코르테베흐(1848-1941년)가 이었는데, 그는 앞서 1875년에 *연속성* 을 옹호한 것으로 이미 언급한 바 있다. 이 재능 많은 수학자는 이제 반데르 발스의 동료가 되었고, 수십 년간의 교우 관계가 지속된다. 암스테르담 대학교의 학생으로, 그는 1년 뒤에 *후보자* 시험에 합격하고 곧 박사 학위 청구 시험도 합격한다. 1878년 7월 18일, 학년의 마지막 날에 그는 박사 학위 논문 *탄성 튜브들에서의 파동 전파 속도에 관해서* 에 관해 학위 청구 논문 발표를 했고, 우수상(쿰 라우데)을 받는다. 이 논문은 이 신설 대학교의 첫 박사 학위 논문이었는데, 반데르 발스가 그 논문의 후원자였지만 리케가 그에 대해 한 것처럼 그의 역할은 전적으로 공식적인 후원에 불과한 것으로 여겨진다. 그 까닭은 코르테베흐의 논문 감사 말씀 어디에도 그에 관한 언급이 실려 있지 않았기 때문이다. 하지만 맨 끝부분에 나오는 '제안'에서 반데르 발스 방정식의 b에 관한 코르테베흐의 초기 계산이 나오기는 한다. '만약 기체 분자가 인력도 반발도 하지 않는 고체의 구체라면, 일정한 온도에서 a를 구의 총 부피라고 할 때 근사 공식 $p(v-4a)=C$는 옳다.' [8, p. 165].

코르테베흐의 다른 '제안'은 원자의 존재에 관한 신념과 원자설에 관한 깊은 이해였다. '스타스가 우연찮게 작은 원자 질량의 근사치를 정수로 계산하게 된 것은 안타까운 일이다. 반면에, 이 사실은 원자의 성질을 풀 수 있는 중요한 열쇠가 될 수 있다.' [8, p. 166].

1881년 10월 10일에 있었던 그의 임용 첫 강의의 주제였던 '보조 과학으로서의 수학'은 가볍게 선택된 주제가 아니었다. 이는 그 폴리텍에서의 초기 훈련과 반데르 발스와의 개인적 교류를 통해 선택된 것이었다. 그의 논문은 오랫동안 몇 명의 전문가들만이 알고 있었지만, 이제 많은 물리학자들이 그의 이름을 그의 학생이었던 구스타브 드브리스 (1860년-?, 휴고와는 관련 없음)가 1894년에 발표한 논문과, 코르테베흐와 드브리스가 1895년에 발표한 논문 [9]을 통해 알게 되었다. 많은 논문들이 반데르 발스의 연구를 주제로 한 것이었다. 그는 상태 방정식과 이성분 혼합물에 관한 반데르 발스의 연구들을 뒷받침하는 여러 편의 논문을 발표했다. 이 논문들은 다음과 같은 제목들을 달고 있었다- *플레이트 점과 반데르 발스의 ψ-표면의 일반론과 ψ-표면의 이웃면에 있는 플레이트 점과 대응되는 플레이트* [*10-12*]. 반면에 반데르 발스는 코르테베흐의 판드로모티브(pondermotive) 힘

이론 [14]에서 몇 가지 개념을 유도해냈다. 서로 간에 깊은 학문적 교류가 있었던 것은 사실이나, 오로지 토론 수준에서 국한된 것으로 공동 논문 같은 건 작성하지 않았다. 아마도 양쪽 다 자신의 이론에 너무 독자적이었고 차별적이었기 때문이 아닐까 한다.

이 대학교에서 코르테베흐는 다양한 수학 수업을 가르쳤으며, 천문학과 역학 또한 담당했다. 그는 미래의 수학자들뿐만이 아니라 물리학자들과 화학자들도 가르쳤다. 에른스트 코헨 (1869-1944년)은 코르테베흐의 강의가 활기찬 대화 같았지만, 공부를 회피하려고 하면 이런 질문을 받게 될 수도 있다고 회고했다. '아니, 여러분, 왜 상인이 되지 않았나요? 그랬으면 이런 분석 기하학에 신경 쓸 필요가 없었을 텐데요!' [*13*, p. 499].

코르테베흐는 아주 활동적인 사람으로 과학의 사회적 활동에도 자주 참여했다. 몇 년간 그는 암스테르담 수학회에 참여했고 젊고 총명한 학자들의 논문을 끌어 모은 *Nieuw Arch's voor Wiskunde* 라는 수학 잡지의 편집장을 맡았다. 그는 10권 분량에 달하는 호이겐스의 편지를 정리하여 편집했고, 그 공으로 1906년에 HMW가 주는 호이겐스 메달을 받았다. 그는 국제 서지 잡지 *과학 논문 모음집 (The Catalogue of Scientific Papers)*의 네덜란드 담당이기도 했다. 1881년에 한림원 회원이 된 그는 1902-1919년 동안 이학부의 부의장을 맡았다. 그는 대학교와 한림원의 다양한 위원회에 참가했으며, 1893-1894년에는 대학교의 렉토가 되었다. 1월 8일 (1632년 아테나움이 개설된 바로 그 날) 렉토 취임 연설 제목은 '네덜란드에서의 수리 과학이 활짝 꽃피는 시간'이었는데 특별히 호이겐스의 업적에 찬사를 바쳤다[1].

이 신설 대학교의 인물 소개를 끝내려면 인문학 교수 두 명을 더 소개해야 한다. 첫 번째 사람은 C. 벨라 스프뤼트로, 총명하고 경이로운 사람이었으며, 위트레흐트에서 1867년 자연 철학 분야 박사 학위를 수여 받았다. 박사 논문은 *온도에 따른 다니엘 전지의 기전력* 이었다. 그는 헤이그 HBS의 물리와 수학 보조 교사였고, 그 뒤에는 위트레흐트 HBS에서 화학 교사를 맡았다. 1871년부터는 C. W. 오프추머 (1821-92년)의 실증 철학에 반대하는 논문을 발표하여, 네덜란드 철학에 새로운 장을 열었다. 암스테르담에서 그의 임용 첫 강의는 철학과 전공 지식들 간의 관계였는데, 이는 곧 자신이 담당하는 세미나 수업의 주요 주제가 된다. 벨라 스프뤼트는 철학의 역사와 논리, 심리학을 가르쳤다. 그는 네덜란드 지식인들에게 큰 영향을 끼쳤는데 특히 그의 수업을 들은 물리학자들과 수학자들이 많이 있었다. 이들 중에서는 J. D. 반데르 발스 Jr. (1873-1971년)와 A. 콘스탐 박사 (1875-1951년)가 있었는데, 둘 다 그의 철학을 평생 동안 연구했고, 사후 그의 강의를 편집하며 출판하는 데 큰 역할을 하였다.

마지막으로 우리는 신학 교수 P. D. 샹트피 드 라 소세예 (1848-1920년)를 빼먹을 수 없는데, 그는 반데르 발스와 그 가족들의 절친한 친구였다. 개신교 목사이자, 목사의 아들로 그는 위트레흐트, 본, 튀빙겐에서 신학 공부를 이수한 뒤 반데르 발스가 임명되고 1년 뒤 암스테르담으로 왔다.

그의 국제적 명성은 고전적인 *종교의 역사* (초판, 1887-89년) 에 바탕을 두고 있는데, 그의 독특한 비전통적 관점, 몇몇 사람들이 '반-정통적' [7, p. 33] 이라 부르는 관점은 이미 1871년에 나온 그의 박사 학위 논문 *종교의 기원에 관한 방법론 연구* 에서 드러나고 있었다. 1893년 그는 의문 ('신념과 의문')의 중요성에 관한 공개 강의를 했는데 큰 성공을 거두었다. 또한, 그는 유교, 도교, 조로아스터교 및 불교에 관해서도 글을 썼고, 많은 종교의 역사에 관한 책을 냈다. 그의 비평에는 *어둠상자(Camera Obscura)*의 저자인 니콜라스 비츠의 전기도 포함되어 있었다. 그는 네덜란드 지식인들 사이에서 인기가 많았던 유명한 잡지 *우리 시대(Onze eeuw)* 편집 위원회의 중요 인물이기도 했다. 다양한 분야에 관심이 많고 문화적으로 박식한 그는 도덕이 인간의 태도와 행동의 바탕이라고 생각했다. '사람의 힘은 그의 윤리에서 온다.' [7, p. 33]. 아마도 이 믿음이 그로 하여금 반데르 발스와 친해지는 계기가 되었을 것이다. 그는 샹트피가 자신의 장례식 때 추도 연설을 해 주길 원했으나 현실로 이루어지지는 않았다[2].

반데르 발스는 새 대학교의 첫 학기를 여는 수업을 시작하는 영광을 갖게 되었다. 1877년 10월 15일, 그는 '물리학 연구의 목적에 관한 개요'를 자신의 임용 첫 강의로 하게 된다 (불행히도 제목만이 남아 있다) [5, p. 43]. 축제와 같은 첫 수업이 끝나고 그는 단조로운 일에 치여 살게 된다.

그는 아무것도 없는 상태에서 시작해야 했는데, 심지어 공간마저도 없었다. 그가 임의대로 할 수 있는 것이라고는 주로 18세기의 낡은 장비들을 모으는 일뿐이었다. 그는 심지어 3년 뒤 이 대학교가 아우덴만넨하위스로 옮길 때까지 자신의 방조차 얻지를 못했다. 하지만 자신에게 주어진 연구가 오로지 물리학 분야밖에 없었으므로 그는 주어진 시간 내에서 수업, 실험 그리고 자신의 연구를 분배하지 않으면 안 되었다. 그가 물리학과를 확장하는 데 얼마나 애를 먹었는가는 쉽게 상상할 수 있는데, 1882년 드브리스의 식물원 근처 플란타헤 마위데르흐라흐트 (*Plantage Muidergracht*)에 마침내 새 물리학 연구소(Physical Laboratory)가 세워짐으로써 그 노력은 어느 정도 성공을 거두게 된다. 이 연구소에 관한 자세한 내용은 최근에 공개되었다 [250]. 계획에 따르면 1층에는 자기학 연구와 수업들을 위한 강의실이, 2층에는 열, 빛, 소리, 유전기 및 정전기 실험실이 있었다. 자기학과 유전기 실험실은 특별히 커서, 대략 $70m^2$ 크기였고, 교수 연구실은 $4m \times 7m$ 크기였다. 연구소에는 경비실과 몇 개의 빈방, 그리고 옥상에는 대형 극장식 강의실이 있었다. 이 강의실에는 140명이 들어갈 수 있었는데, 자주 가득차서 대학교 평의회의 재치꾼인 쿤 교수가 '나 또한 동료 교수 반데르 발스처럼 유명해져야 하는데....' [5, p. 84] 라고 감탄할 정도였다. 그는 몇 년간 병리 해부 수업 때문에 더 큰 교실을 원하고 있었고, 반데르 발스의 강의 때처럼 학생들로 가득한 극장식 강의실을 부러워하고 있었다. 그래도 그 대학교는 교수들의 요구를 완전히 따라 줄 수는 없었으며 반트 호프는 1891년이 되어서야 새 화학 연구실을 얻게 된다.

여기서 50여 명 학생밖에 없는 물리학·수학 학부에 왜 그렇게 큰 강의실이 필요했는지 설명이 필요하다. 그 이유로는 물리학 수업은 의학, 약학, 생물학 그리고 철학 학생들도 들었기 때문이다[4]. 이 시기에 그런 수업들은 강사나 '특임' 교수들이 맡지 않았으므로, 반데르 발스가 직접 해야 했다.

그는 '실험' 혹은 일반 물리학 강의와 '수학' 혹은 이론 강의를 둘 다 해야 했는데, 물리학자와 화학자는 두 강의 다 들어야 했지만, 나머지 학생들은 전자만을 들었다.

G. C. 게리츠로 추정되는, 전에 그의 학생이었던 한 사람은 1896년 반데

르 발스의 임용 후 첫 강의를 다음과 같이 묘사했다. 강의 내용은 '분극화'에 대한 것이었다. 그 교수가 가을 학기의 첫 강의를 시작하려 하자 새 학생들은 큰 박수로 그를 맞이했다. '이 작은 '위인'은 프록코트를 입고, 접은 칼라에 검은색 넥타이 차림에 회색 머리카락과 짧은 흰 수염을 한 채로 빠르게 자신의 자리로 와서 교단 주위를 재빨리 둘러보더니 큰 주름이 뺨에서 눈 근처까지 생기도록 이마를 찡그렸다. 주변을 계속 둘러보던 그는 손을 가볍게 문지르고, 이 박수가 멈추기를 기다렸다.... 강의 시작 때의 박수는 관례가 아니었다.... 그는 주변을 사납게 둘러보며 빠르게 단어를 뱉어냈다. "우리에게는 두 가지 현상이 있습니다. 무게를 잴 수 있는 물질에 관련된 현상과 무게를 잴 수 없는 물질에 관련된 현상입니다.". 반데르 발스의 강의는 '수정처럼 깨끗하고, 소름 돋을 정도로 정확했다!.' [194].

그럼에도 불구하고 150-200명에 달하는 일반 물리학 강의는 반데르 발스에게는 쉽지 않았다. 이는 다음 문장이 잘 보여준다. '강의실에 들어올 때마다 그는 알지 못하는 많은 사람들에게 이야기할 수 있도록 자신을 가다듬어야 했다. 강의를 시작할 때마다 그는 많은 기력을 소모해야 했고, 그중에서 몇몇 친숙한 얼굴들을 찾아내었다.... 그 뒤로는 순조롭게 흘러가고, 그 이후로는 그 학생들만 보고 이야기했다. 15-20년이 지나도 그는 강의를 시작하는 것이 힘들었다.' [187, p. 57]. 하지만 이론 물리학 강의는 달랐다. 학생 수가 30-40명뿐이었기 때문에 모든 학생을 개인적으로 알 수 있었고 강의는 대화가 되었다.

생물학 및 의학 전공 학생들을 가르치는 것과 자기 학과의 학생들을 가르치는 것의 차이는 시험 기간에 가장 극명하게 드러났다. 1880-85년에 그 대학교에서 공부했던 유명한 생물학자 F. A. F. C. 벤트는 몇 십 년 후에 반데르 발스가 '많은 것을 요구하는 쉽지 않은 분이다. 많은 학생들이 그를 두려워했고 시험장에 공포와 불안감을 느끼며 들어갔다. 이는 과학을 진지하게 받아들이는 학생들에게는 해당 사항이 아니었는데, 반데르 발스는 그들에게 아주 친절하게 대했기 때문이다. 하지만 그는 과학을 가볍게 대하는 것을 용납하지 않았고, 그의 불쾌함을 거친 단어와 귀에 거슬리는 쉰 소리로 표현했다. 따라서 그를 잘 알지 못하는 사람들이 그를 두려워했던 것은 이해가 간다.' [202, p. 216-17].

많은 학생들이 성실하지 않았던 사실은 시험 결과가 잘 증명해 주며, 그 공포에는 이유가 있다는 것을 느끼게 된다. 대부분의 시험에서 낙제는 10% 비율이었지만, 물리학은 그 숫자가 훨씬 높았다. 첫 물리학 시험의 *연감(Jaarboeken)* 요약본을 보면 매해 몇 명이 수업을 들었고 또 시험을 통과했는지 확인할 수 있다.

1881-82년	40 및	32	1889-90년	55 및	43
1882-83년	42	34	1890-91년	67	47
1883-84년			1891-92년	63	50
1884-85년	56	31	1892-93년		
1885-86년	43	21	1893-94년	53	37
1886-87년	55	38	1894-95년		
1887-88년	55	32	1895-96년	56	34
1888-89년	43	25			

시험을 두 번, 혹은 세 번 떨어져도 반데르 발스는 재수강을 받아 주었다. 이 수치는 물리학·수학 학부에 해당한 것이지만 의학부 또한 다르지 않았다. 의학부 학생 한 명은 '대학교 1학년이 제일 힘들었다.'라고 회고했다 [190, p. 328].

물리학과 학생들은 점점 확실한 이점을 가지기 시작했다. 반데르 발스는 그들을 개인적으로 알고 있었고, 시험에 준비가 되었다고 생각하면 개인적인 도움을 줘서 학생들에게 자신감을 심어 주고 부담감을 덜어 주었다. 그런데도 시험은 간단한 것이 아니었다. 반데르 발스의 기준은 높고 명확했다. 그는 백과사전식의 지식 대신 각 문제의 본질을 이해하길 원했다. 그는 학생의 지식이 중요한 것이 아니라 학생의 이해력과 가진 지식을 어떻게 응용하는지가 중요하다고 생각했다. *후보자 시험(candidaasexamen)*에서 그는 학생들이 과목을 선택하도록 허락했지만, 그 내용은 철저하게 물어보았다.

교수로 있으면서 그는 어떤 과목을 가르쳤을까? 1877-84년에 걸쳐서는 뚜렷한 정보가 없고, 오로지 위에 언급한 두 개의 과목과 특히 '분자 이론'에 관한 고급 과정을 가르쳤다는 것만을 알 수 있다. 그 이후로는 그 대학교의 연감을 통해서 자세한 내용을 확인할 수 있다. 밑에 있는 목록은 그가 가르친 두 과목의 개요이며, 괄호 안의 숫자는 매주 수업 시간이다.

년도	*실험 물리학*	*수리 물리학*
1884-85	(4) 빛과 전기	(5) 패러데이와 맥스웰의 전기 이론, 기체 흡수 이론
1885-86	(4) 물체의 구성, 분자력, 열, 소리	(4) 열의 역학적 이론과 응용 (2) 선수 과목의 복습 (전기와 자기)
1886-87	(4) 빛, 자기와 전기	(4) 기체 분자 운동론
1887-88	(4) 역학, 정수 역학, 열, 소리, 분자력의 입문 (1) 세미나	(2) 앙페르, 그라스만, 베버, 헬름홀츠의 이론들 (2) 단일 물질의 열역학적 평형
1888-89	(4) 빛, 자기와 전기 (1) 세미나	(2) 소리 (2) 혼합물의 분자 이론
1889-90	(4) 역학, 열, 분자력, 소리 (1) 세미나	(4) 포텐셜, 정전기 이론
1890-91	(4) 빛, 전기와 자기	(2) 열의 역학적 이론 (2) 정전기, 구면 조화, 자기, 동전기, 앙페르의 이론, 폐회로의 포텐셜
1891-92	(4) 물질의 일반적 성질, 운동과 운동 법칙, 중력, 열, 분자력, 소리	(2) 전기와 자기 (2) 혼합물의 평형 법칙
1892-93	(4) 빛, 자기와 전기	(2) 열의 역학적 이론 (1) 기체 분자 운동론

		(1) 포텐셜 이론
1893-94	(4) 힘과 운동, 중력, 열, 분자력, 소리	(1) 열의 역학적 이론, 기본 법칙들, 상태 방정식 (3) 포텐셜 이론, 전기 포텐셜의 주요 특징 (1) 자기와 전기 이론, 빛의 전자기 이론
1894-95	(4) 빛, 자기와 전기	(2) 평형의 원리와 두 물질의 혼합물의 응용 (2) 자기와 전기의 맥스웰 이론
1895-96	(4) 역학, 중력, 열과 그에 인한 분자력, 소리	(2) 정전기 (2) 열의 역학적 이론의 제1 및 제2법칙 논의, 단일 물질에 응용, 대응 상태의 법칙, 평형의 원리
1896-97	(4) 빛, 자기와 전기	(2) 열역학 (2) 전자기, 전자기장의 공식, 빛의 전자기 이론
1897-98	(2) 현대 전기 이론의 기초적 논의	(2) 전기와 자기, 열역학, 평형의 일반적 특성 (2) 기체 분자 운동론, 열 현상 해설

이 목록에서 일반 물리학은 2년 과정이었다는 것을 알 수 있다. 2년이 필요한 이유는 물리학의 모든 분야를 다루기 위해서였다. 해마다 과학의 발전에 따라 내용은 약간씩 변경되는 것을 볼 수 있다.

수리 물리학은 그 범위가 그리 넓지 않았는데 주로 두 과목에 집중했다 - 때때로 기체 분자 운동론을 포함한 열역학과 전기와 자기였다. 여기서는 내용이 해마다 크게 바뀌었고, 특히 열역학은 자신의 연구 성과가 포함되었다. 역학이나 광학 같은 다른 분야는 일반 과정으로 편성되었다.

모든 증거 [190, 194, 202, 221]에서 볼 수 있듯이 일반 물리학 수업은 간결하면서도, 명확하고 명쾌했고 훌륭한 시범이 뒤따랐다. 수리 물리학 수업은 그렇게 간결하지 못했다. 그는 도중에 청중들이 질문이나 이의를 제기하는 것을 허용했다. 그런 행위는 강의를 어렵게 하는 것이었지만, 그는 토론을 피하지 않았다. 세미나는 끝없는 질문과 답변의 연속이었는데, 가끔씩 계획대로 진행이 되지 않을 정도이긴 했지만 콘스탐이 언급했듯이 학생들로 하여금 물리학 문제를 생각하는 계기가 되도록 해 주었다 [193, p. 161-62].

또 다른 한 학생은 이렇게 회고했다. '그는 자신이 담당한 교과목의 지배자였다. 그는 모든 것을 완벽하게 이해하고 있었다. 만약 예상치 못한 질문이나 어려운 질문이 있다면 그는 즉시 핵심적인 부분으로 직행하며, 그의 퉁명스러운 목소리는 그가 얼마나 문제에 빠져 있고 그것을 풀어내는 데 열중하고 있는지를 보여 준다. 그의 강의는 열정적이고, 강렬하고 명쾌하며, 격식 없는 여담과 질문이 넘쳐나고, 칠판에는 그림이 빼곡했다. 그는 지치지도 않았다. 그는 2시간의 강의 도중 15분밖에 없는 휴식 시간에도 앉지 않았다' [190, p. 328].

그의 세미나는 몇 명의 학생들만이 참여했다. 1881-82년의 열역학 강의에는 4명의 학생만이 있었는데, 그중에는 젊은 나이에 죽은 얀 팔켄뷔르흐도 있었다. 그는 반트 호프의 제일 아끼는 학생이었는데, *화학 동역학 연구(Etudes de dynamique chimique)*를 그에게 헌정하였다. 남은 세 명의 학생들- J. J. 반 라르 (1860-1938년), G. 바커 (1856-1938년), Ch. M. 반 데벤터 (1860-1931년)는 전부 과학계에 이름을 남겼다. 인생 말년에 수업을 회고했던 반 라르는 반데르 발스의 강의 방식에 관한 흥미로운 연구를 남겼다. '강의에는 역사적 혼이 담겨 있었다. 종종 반데르 발스는 그가 전력을 다해 몰두하고 있던 자신의 연구 내용을 수업에서 소개하려는 욕망을 이기지 못했다. 따라서 그의 강의는 자주 단편적으로 쪼개지곤 했는데, 그의 연구가 진행될수록 수정이 들어갔기 때문이다. 하지만 그 보상으로 학생들은 그의 논문들의 초본을 받게 되어, 어떻게 연구가 진행되는지, 그리고

아직 해결되지 않은 문제가 어떤 어려움을 일으키는지 알게 되었다 [186d', p. 37].[5]

1886년에서 1892년까지 그 대학교를 다닌 에른스트 코헨의 회고는 약간 유치하지만 아주 적절한 것이었다. '반데르 발스의 열역학 강의는 잊을 수가 없다. 이해하고 싶은 학생들은 더 열심히 공부하는 것 말고는 선택의 여지가 없었다. 학생 수는 10명을 넘지 않았기 때문에 반데르 발스는 항상 끊임없이 질문을 던져 그들이 잘 따라오고 있는지를 확인했다. 만약 학생들이 공부를 열심히 하지 않은 것을 발견하면, 그는 몹시 화가 났고 그것을 숨기지 않았다.' [*13*, p. 498]. 가끔씩 그는 흥분해서 목소리를 높이다 약간 더듬기도 했다: '나, 나 나.... 나는 아침 4시부터 밤 11시까지 일을 했습니다. 그 당시에는 여러분과 같은 나이였고, 심하게 고생했습니다. 하지만 여러분이 하는 것이라곤 손가락을 빙빙 돌리는 것뿐이군요.' [252].

여기서 반데르 발스가 연구실에서 어떻게 실험을 하는지 제만이 회고한 내용을 살펴보자. 그는 학생들에게 실험 전에 간단한 소개를 하고, 그 뒤에 만약 어려움이 있다면 '동시에 여러 개의 질문을 내서 어려운 부분을 확인하고, 질문한 학생이 얼마나 문제를 이해하고 있는지를 확인했다. 게으름쟁이들은 이 수법을 좋아하지 않았지만, 이는 매우 효과적이었다.' [205, p. 110-11].

위 목록에 포함되지 않은 연구실에서의 실험 실습은 그의 강의 허용량에 과부하를 걸었다. 실험 수업은 보통 매일 있었는데[*5*, p. 50-51], 1891-92년 동안 매 주마다 12시간의 수업을 가르쳐야 했다 [*16*, p. 51]. 하지만 정해진 수업 시간이 없는 (*onbepaald*) 년도도 있었다.

학과장은 자동적으로 연구실은 물론이고, 사무실 그리고 부속 기관의 장을 맡게 되었다. (따라서 휴고 드브리스는 식물원(*Hortus botanicus*)의 원장을 겸임했다.) 따라서 새 물리학 연구소의 설립 후에 반데르 발스는 자신의 연구실을 돌봐 줄 연구원을 임명했다. 그의 첫 동료는 그 대학교에서 1877년부터 1881년까지 공부한 C. 카즈 박사였다. 학생일 때도 그는 이미 반데르 발스의 조수로 일을 도왔고, 특히 대응 상태 원리에 관한 연구에서 원리 증명에 필요한 계산을 도맡았다. 그 때문에 반데르 발스는

1881년 *연속성* 의 독일어판에 감사의 말을 남겼다 [$1d_1$, p. 157]. 1882년 가을 그는 물리학 연구소의 조교가 되었고, 1896년까지 그 자리를 지킨다. 그와 동시에 조수 (*amanuensis*)에 F. W. 데 츠반이 임명되어 반데르 발스가 은퇴할 때까지 보좌하게 되었다. 두 번째 조수는 1887년에 추가되었고, 그리고 마침내 1891년에 조교수 (특임 교수)가 임명되었다. 대상자는 바로 위트레흐트에서 온 W. H. 율리우스 (1860-1925년)로 바위스 발롯이 아끼던 학생이자 훗날 태양에 관한 물리학 연구로 유명해진다. 타고난 실험가인 율리우스는 그 대학교에서의 첫 강의를 '물리학을 위한 연구 방법'으로 선택했고, 대학원생 상대로 연구 실험을 가르쳤다. 그는 1893년에 물리학 연구소의 공동 소장이 되었는데, 이는 반데르 발스의 전기에 간략하게 설명되어 있다 [216]. '율리우스는 반데르 발스에게 어느 정도 도움을 주었다.' 아인슈타인이 '훌륭한 성격을 가지고 있다'고 말한 이 사람은 [*17*] 이 임무들을 다 감당해내지 못하고 5년 뒤 위트레흐트로 돌아가서 정교수 (일반 교수)가 되었다. 아마도 이 행동의 계기는 코헨이 33년 뒤에 말한 어느 사건 때문일지도 모르겠다 [*18*].

1896년 1월 뢴트겐은 역사에 남을 X선의 발견을 반데르 발스를 비롯한 유명한 물리학자들에게 알린다. 1월 10일 코헨은 스스로 뢴트겐의 실험을 재현했고, 그 다음날 신문에는 이 사실이 '벽을 통과해서 사진을 찍다.'라는 표제로 실리게 된다. 표제 밑에는 이 실험에 필요한 시설은 율리우스 교수가 제공해 주었다고 적혀 있었다. 반데르 발스는 그 자신도 뢴트겐의 발견에 큰 관심이 있었기 때문에, 자신의 인지나 허가 없이 물리학 연구소에서 실험이 진행되었다는 것을 알게 되자 몹시 못마땅해 했고, 불쾌감을 감추지 못했다. 하지만 코헨이 '내가 전후 사정을 설명한 뒤로 하늘은 다시 맑아졌다.' 고 언급하였듯이 [*18*, p. 354], 반데르 발스와 율리우스의 관계는 원래대로 돌아왔다.

그러나 이 관계 복원은 반데르 발스가 가지고 있던 무거운 업무량을 줄여 주지는 못했다. 새 학과를 설립하고 물리학 수업 2개를 담당하는 가운데 시간을 쪼개서 연구를 재개할 수 있었다는 게 놀라울 정도이다. 그러나 그의 논문 출판 목록은 주로 1877-81년 사이에 집중되어 있다. 가장 중요한 논문은 상태 방정식과 유체의 열 특성이었는데, 이 시기에 그는 뒤에 언급될 중요한 대응 상태의 원리를 발견한다 (제6장, 1절 참조). 그밖에도 소리 전파의 기하학적 해석 [9], 코르테베흐의 판드르모티브 힘 이론 [14], 그리고 자세한 분석이 필요한 흥미로운 '고도로 희박한 상태의 물질, 곧 복사 물질의 전기적 현상' [13] 이 있었다. 이는 제2장에서 언급된 반데르 발스의 *딜리젠티아* 에서의 두 번째 강의 주제였다.

반데르 발스는 아주 명료한 설명과 다양한 모델, 기구, 장비 및 실험을 통해 강의실에 꽉 차게 들어선 청중들을 만족시켰다. 자주 사용했던 실험은 크룩스가 '복사 물질'에 관해 영국 학술 협회에 1879년 8월 22일에 제출하여, *네이처* 에 8월 28일과 9월 4일자에 실린 실험이었다. 반데르 발스는 또한 강의할 때 내용이 담긴 작은 전단을 항상 배포했다[6]. 실험에 필요한 장비는 반데르 발스가 직접 만들었고, 그것의 정밀함을 자랑하는 것으로 자신의 자부심을 표시했다. 그의 '비밀'은 진공 유리관을 300-400℃에서 몇 시간 미리 가열하는 것에서 시작했다. 희박 기체를 담고 있는 튜브는 이 방식을 이용하면 8-9개월간 원하는 결과를 낼 수 있었다. 이 모든 아름답고 우아한 실험들은 크룩스의 잘 알려진 강의 기록에 남아 있으니 다 언급할 필요는 없지만, 그것의 반복은 반데르 발스의 실험 기술을 증명하는 셈이었다.

그의 강의에서 주된 관심사는 이론적 배경으로, 크룩스와는 관점이 많이 달랐다. 시작부터 그는 크룩스의 주장인 '물질의 네 번째 상태' 가 있다는 말을 믿지 않는다고 말한다. 그는 물질을 극도로 희박화하면 물질의 새로운 상태가 된다는 것을 받아들이지 않았으며 더 나아가서 액체와 기체 상태는 하나의 상태로 봐야 한다고 주장했다. 그는 크룩스가 (그리고 자신도) 달성한 고도의 진공 상태를 관찰하고 공기 $1mm^3$당 5×10^{10}개의 분자가 있으며, 더 많은 분자가 용기의 벽에 붙어 있다고 말했다. '이 현상은 우리의 태양계와 비슷한데, 공기가 일정하게 분포되지 않고 행성의 표면에 집중적으로 분포되어 있는 것과 같다'[7][13, p. 47]. 그는 여러 번 진공관 가열과 냉각 실험을 반복해서 어떻게 기체가 유리벽에 남을 수 있는지를 증명했다. 그리고 그는 진공관에서의 전기 현상으로 나아가서 크룩스의 아름다운 실험을 반복한 뒤, 이렇게 말했다. '이 현상들을 설명할 수 있는가? 이 문제에 대한 크룩스의 답은 불운했다. 그는 마치 뉴턴과 호이겐스가 자연의 빛을 찾으려 했을 때처럼, 두 가지의 가능성과 마주쳤다. 이 현상의 원인은 물질인가 비물질인가?' 크룩스는 첫 번째 가능성에 무게를 두고 이름을 *복사 물질(radiant matter)*로 지었지만, 골드슈타인과 다른 사람들은 이에 이의를 제기하고 에터의 특별한 상태가 원인이라고 주장했다. 이 문제는 아직 해결되지 않았지만, 물질의 네 번째 상태라고 말할 이유는 없다. 만약 희박 상태가 물질의 새로운 회합 상태라고 한다면 그런 상태는 수도 없이 많을 것이다.

복사 물질 과 같은 그런 표현들은 에디슨 식으로(à la Edison), '화려한 전기 빛을 광고하기 위해서라면' 허용될 수 있을지 모르나, 모든 원소를 쪼갤 수 있다느니 혹은 염소가 산이라느니 하는 등의 주장을 너무 생각나게 만든다. 사실은 이 모든 주장들이 (이제는) 안개처럼 사라져 버렸기 때문이다. 따라서 반데르 발스는 '크룩스의 실험 재능은 인정받아야 하지만, 결과를 표현하는 방식은 과학의 발전에 도움이 되지 않는다.' 라고 말했다 [13, p. 54].

반데르 발스의 어떤 논문들에 비해서도 그러한 심한 비판의 수위는 따라갈 수 없었으며, 이 강의는 초창기 그의 과학적 윤리를 보여 주는 유일한 증거이다. 그의 처지는 크룩스의 낭만주의와는 정반대에 있었다. 영국 과학자의 아름답고 시적인 강의는 그를 짜증나게 했다. 시적일 수는 있지만 과학적이지 않았기 때문이었다.

그의 실험 능력과 더불어 이 강의는 그가 분자 과학 다음으로 중요성이 있는 전기와 자기에도 관심을 가졌음을 보여 준다. *연속성* 다음으로 두 번째와 세 번째 논문은 둘 다 기체의 방전 현상에 관한 것이었다. 앞서 설명했듯이 코르테베흐의 연구는 엄밀히 말해 이 분야의 것은 아니었기 때문에 그의 지도 아래 이루어진 첫 번째 박사 학위 연구 논문은 이 분야에서 이루어졌다고 보아야 한다. 이 논문은 1881년 10월 28일 학위 청구 논문 발표회를 가진 H. W. C. E. 뷔크만 (1855년-?)의 *희박 기체의 방전에 관해서* [*19*]였다. 1908년에 뷔크만 본인은, '실험은 아주 어려운 상태에서 진행되었는데 반데르 발스가 교수직에 오른 초창기 시절이라 공간도 없었고 장비도 빈약했기 때문이다.'라고 회고했다. 우리는 카메를링 오네스를 통해 실험 기술이 반데르 발스에게서 전수받은 것이란 걸 안다. 그 논문의 저자는 크룩스의 실험을 반복하기보다는 글로우 방전을 배워서 고압 환경에서 실험하고 있었다. 그는 색깔의 변화와 띠 스펙트럼에서 선 스펙트럼으로의 변화를 관찰했으며, 성층화(stratification)가 튜브 내의 기체 밀도와 관련이 있다는 걸 증명하려 했다. 그는 자기장이 이 현상에 주는 영향을 또한 연구했다. 그가 처음에는 실험 결과를 해석할 수 없었던 것과 '희박 기체의 방전을 설명할 이론은 존재하지 않는다.'는 결론을 내린 것은 그리 놀라운 일이 아니다 [*19*, p. 77]. 그의 주목적은, 하지만 어떤 이론이라도 '기체 자체가 방전의 전달체로 거동한다.' [*19*, p. 73] 라는 사실은 전적으로 옳다는 사실을 증명할 수 있어야 한다는 것이었다. 뷔크만의 다른 발견으로는 자유 질소가 아닌 CHN과 같은 탄소와의 화합물에 관련된 스펙트럼 띠이다. 이 발견은 반데르 발스 [3]가 1869년 와츠에 의해 발견된 탄소 관련 스펙트럼 띠가 사실은 이산화 탄소에 의한 것이라는 걸 알게 되는 계기가 된다. 비록 논문은 뷔크만 혼자서 썼지만, 그가 논문 후원자의 의견을 거스를 가능성은 없었으니 히토르프에게 인용구로 보낸 뷔크만의 일반적 제안이 반데르 발스의 것이라는 생각에는 큰 무리가 없을 것이다. '열과 같이 전기와 기체 간의 상호 작용은 그 현상의 핵심적인 것을 쉽게 밝혀낼 수 있어서, 근대 물리학에서 마지막 남은 측정할 수 없는 무엇, 이른바 '전기적 현상'을 몰아내는 건 불가능한 일이 아닙니다.'

반데르 발스의 지도로 써진 두 번째 박사 학위 논문 또한 전자기 문제를 다루고 있었는데, 앞서 언급된 C. 카즈 박사가 쓴 *자석에 의해 반사된 빛* 이란 논문이었다. 이 일에 관해서 반데르 발스는 커의 자기-광학 효과를 측정할 수 있는 새 방법을 고안해냈는데, 자기를 띤 표면에서 반사되는 빛을 편광면을 통해 회전시키는 것이었다. 그는 편광자와 분석기가 편광면의 회전이 멈출 때까지 동시에 돌아야 한다고 주장했다 [20]. 이 방법은 40년 뒤 네덜란드 물리학 역사에서 중요한 실험의 진전이라 평가받았다 [*20*].

이 분야에 반데르 발스가 꾸준히 관심을 가졌다는 것을 보여 주는 가장 확실한 증거는 그의 이론 물리학 강의 내용에 있다. 20년이 지나서 자신이 원하는 과목만을 가르칠 수 있게 된 반데르 발스는 분자 물리학, 열역학 그리고 전기와 자기를 선택한다[8]. 콘스탐은 맥스웰의 *전기와 자기에 관한 논문*의 설명은 그의 수업 중에서도 '가장 훌륭한 걸작' [187, p. 57] 이라고 평가했다. 따라서 실험 물리학 수업을 두 번째 교수에게 넘겨주고 난 뒤 마지막으로 했던 수업이 '새 전기 이론'이었던 것도 놀라운 일은 아니다.

암스테르담에서의 처음 4년간은 반데르 발스의 오랜 삶에서 절정일 때이었다. 그는 그가 발휘할 수 있는 최고의 권한을 가졌고 지속적인 활동의 모든 순간을 즐겼다. — 새 학과를 꾸미는 것, 강의, 실험, 깁스 열역학의 숙달, 델프트의 피뢰침을 연구하는 위원회에서의 활동, 투고 논문 읽기와 그리고 1881년 6월에 네덜란드에 도착한, 그의 이름을 전 세계에 널리 알리는 계기가 되는[10] 독일어판 *연속성*의 출판 작업까지.

그의 자녀들은 *P. C. 호프트스트라트* 의 행복하고 편안한 환경의 집에서 잘 자랐지만, 곧 질병이 덮쳤다. 헤이그를 떠나자마자 안나 마그달레나는 결핵에 걸리게 된다. 이 시기에 오고갔던 가족들 간의 편지를 보면 어머니의 건강에 관한 많은 정보와 관련 자료들이 포함되어 있다. 하지만 그녀는 계속 버텨냈는데 차도가 약간 있자 남편과 아이들의 뒷바라지를 했다. 그녀의 남편은 곧 다가올 현실을 맞이하는 것을 거부하는 것처럼 보였고, 마지막 날까지 그녀가 죽으리라는 것을 믿지 않았다. 1881년 12월 28일 안나 마그달레나는 '오랫동안 병마에 시달리다 평화롭고 조용히 세상을 떠났다' [232, p. 10]. 그녀의 나이는 34세밖에 되지 않았다.

'그는 자신을 부러뜨릴 만큼 큰 충격에 휩싸였다' [206, p. 14]. 한 달 뒤 그는 부인에게 사랑, 고통, 그리고 사후에 만날 수 있으리란 희망이 가득 담긴 시[11]를 바친다. 하지만 살아남은 사람은 계속 살아가야 했고, 그는 아이들을 돌봄과 동시에 교수로서의 직무를 또한 수행해야 했다.

열다섯 살의 안네 마델레이네가 처음 몇 달간은 샹트피 부인의 도움을 받아 할 수 있는 만큼의 가사를 담당했고, 그녀의 동생들에게 엄마 역할을 했다. 그녀의 아버지는 1882년 9월 27일 그녀에게 이런 편지를 썼다. '오늘은 아빠와 엄마의 결혼기념일이란다. 최근에 나는 너무 우울해서 너희들에게 완전히 회복된 모습을 두 번 다시 보여 주지 못할 수도 있단다. 하지만 나는 너희들을 보고 위안을 얻고, 건강하게 잘 자라는 것이 무척 기쁘단다. 얀티 [아들]는 계속 너무 사랑스럽고 다정해서 계속 놀라는 중이란다. 그리고 다른 아이들도 전부 내가 원하는 대로 자라고 있단다. 이미 엄마가 떠났기 때문에 아빠가 줄 수 있는 게 얼마 없는 너희들에게 하느님의 축복이 있기를.' [232, p. 11].

이 상실의 슬픔은 그를 떠나지 않았다. 15년 후 가족의 친한 친구가 된 콘스탐은 다음과 같이 기억한다. '조심스런 관찰자라면 알아챌 수 있는 한 장의 그림자가 영원히 떠나지 않았다는 것을 볼 수 있었다. 그가 흔치 않은 열정과 정열로 사랑했던 아내의 죽음을. 이 그림자는 거실에 있는 커튼에도 드리워져 있었고, 많은 방문자들이 눈치챌 수 있었다[12]. 이 그림자는 책과 서류로 뒤덮인 반데르 발스의 책상 옆 안락의자 위에 있던 초상화에 더욱 확고히 드러났다. 초상화를 만지거나 의자 밑에 무언가를 두는 것은 이 방에 들어오는 누구에게나 금기처럼 느껴졌다[13]. 비록 이 슬픔이 집에서 사라지는 일은 영원히 없었지만, 실의나 괴로움은 없었다.' [206, p. 5-6]. 그는 항상 자기 자신을 지켰지만, 아내의 죽음 이후로는 가족과 몇 명의 절친한 친구에게는 심각한 표정을 지어서 이 비극이 일어나기 전에 그를 알지 못했던 사람들에게 큰 인상을 주게 된다.

1892년에 그는 레이던 대학교에서 제의를 받게 되는데, 리케의 은퇴로 새 실험 물리학 교수가 필요했기 때문이다. 암스테르담은 그 대학교에서 가장 유명한 과학자가 결정을 내릴 때까지 숨을 죽이고 기다렸다. 결국에 그는 렉토가 연감에 적었듯이 '레이던의 사이렌 소리'에 응답하지 않았고' [5, p. 82], 자신을 받아 준 대학교에 남았다. 왜 그는 자신이 높게 평가하는 모교의 요청을 거절했을까? 아직 완성되지 않은 물리학 연구소 때문일까, 아니면 아내의 무덤에 가까이 있고 싶어서일까? 아마도 결정적인 이유는 그가 가지고 있던, 드물게 계속되는 사랑 때문일 것이다. 그는 자신의 결정에 충실했고, 따라서 이 결정을 끝까지 지켜서 다른 대학교의 제안도 모두 거절한 것은 그리 놀라운 일이 아니다[14].

주석(Notes)

1. 코르테베흐의 더 상세한 내용은 [*14*] 참조.
2. 1888년 샹트피 드 라 소세예는 한림원의 회원이자 1908-1917년 동안 문헌학 분과의 의장이 된다. 1899년에 그는 암스테르담을 떠나 레이던으로 가서, 1920년 사망할 때까지 그곳에 남는다. 그가 떠난 것은 반데르 발스와의 친분 관계에는 아무런 영향을 미치지 않았다. 전기 [*15*] 참조.
3. 이 표는 그 대학교의 연감에서 인용한 것으로 대학교 입학생과 물리학수학 학부 입학생을 나타낸다. 1890-91년 동안은 대학교와 학부의 전체 학생 수가 또한 표시되어 있다. 이 수치들은 처음 25년간 대학교의 크기를 추정케 하는 자료가 된다.

학년도	입학생 수		대학교내 전체 학생 수	물리학·수학 학부 전체 학생 수
	대학교 전체	물리학·수학 학부		
1878-79	95	15		
1879-80	73	11		
1880-81	78	9		
1881-82	123	18		
1882-83	63	10	487	
1883-84	124	21		
1884-85	147	21	557	
1885-86	126	20	585	
1886-87	165	34		
1887-88	167	18		
1888-89	168	23	733	
1889-90	164	34	809	
1890-91	176	31	826	78
1891-92	182	37	966	103
1892-93	186	39	1019	151
1893-94	205	36	1039	120
1894-95	175	24	949	98
1895-96	162	24	917	101
1896-97	170	32	897	91
1897-98	157	29	850	107
1898-99	191	42	867	109
1899-1900	165	33	835	110
1900-1	169	40	883	120
1901-2	183	32	857	127

4. 반데르 발스에게서 물리학 수업을 받은 첫 의학부 학생들 중 세 명이 유명한 과학자가 되는 것은 특기할 만하다: C. 에이크만은 1883년 *쿰 라우데*로 졸업한 뒤 비타민과 관련된 연구로 노벨상을 받았다. H. 츠바르데마커는 1881년 *쿰 라우데*로 졸업한 뒤 사람의 청각 생리학에 관한 뛰어난 연구 결과와 방음실과 같은 몇

가지 의료 기구를 발명하였다. 외젠 뒤부아는 자바 원인의 화석을 발견하고, 훗날 물리학수학 학부로 들어와서 반데르 발스의 동료가 되었다.

5. 반 라르는 로렌츠의 강의를 다음과 같이 평가했다. 강의는 명료하고 완벽했지만, '명쾌하고 완벽한 그의 강의에 빠져든 학생들이 문제가 극히 어렵다고 느끼지 않거나 심지어 모든 것이 간단히 해결되어진다고 꿈꾸게 하는 경향이 있었다. 하지만 그 뒤로 자신의 연구 분야에 들어서자 그제야 그는 이 분야가 문제로 가득 차 있는 분야란 걸 깨닫게 되었다.' [186d', p. 36-37].
6. 이런 내용들은 반데르 발스가 1879년 여름 방학 때 영국을 방문했다는 추론을 할 수 있게 한다
7. 반데르 발스는 천문학에도 관심이 많았다.
8. 반데르 발스의 강의 관련 정보를 완성시키기 위해 그의 마지막 10년간의 강의 목록을 첨부했다. (매주 수업 시간은 괄호 안에 표시되어 있다.)

1899-1900년 *분자력* (1): 모세관 현상
전기와 자기 (2): 전기장과 자기장의 상태
열역학 (2): 단일 물질의 평형 상태에의 응용
수리 물리학 (2): 그린의 정리와 구면 조화

1900-1년 *수리 물리학* (2): 자기, 전자기 유도, 전기 펄스의 전파
열역학 (2): 두 물질의 혼합
후보자(*candidaaten*) 지망생을 위한 실험 물리학 과정의 상세 분석 (2): 열 현상, 열량 현상, 열 평형학의 두 가지 법칙과 그 결과들, 열 전도

1901-2년 *후보자* 지망생을 위한 *물리학 과정* (2): 정전기, 자기와 유도
수리 물리학 (3): 포텐셜, 정전기, 라플라스와 쁘아송 방정식의 비교, 구면 조화의 역전
열역학 (2): 열역학 제1, 제2법칙, 평형 원리, 물질에 작용하는 외부 힘

1902-3년 수학, 물리학, 화학에서 *후보자* 지망생을 위한 *특별 물리학 과정*(2): 열
열역학 (2): 이성분 혼합물
수리 물리학 (3): 자기, 전자기장의 성질, 유도, 기전력과 판드로모티브 힘, 헤르츠의 발진기, 빛의 전자기 이론, 반사와 굴절, 이중 굴절, 초점, 자기장의 광원

1903-4년 *수리 물리학* (3): 정전기, 그린의 포텐셜 정리, 구면 조화, 전하 이미지, 2차원 공간에서의 포텐셜 선과 역(力)선
열의 역학적 이론 (2): 열의 역학적 이론 제2법칙의 결과, 평형 원리, 외부 힘의 영향

수학, 물리학, 화학에서 *후보자* 지망생을 위한 *특별 과정* (2): 정전기, 자기, 유도 전류

1904-5년 *수리 물리학* (3): 맥스웰 이론 이후의 전자기, 헤르츠의 진동, 전기적 진동의 전파, 레흐의 문제, 빛의 전자기 이론, 전자 이론의 원리

열역학 (2와 1): 이성분 혼합물, 모세관 현상의 열역학 이론

후보자를 위한 선택 과정 (2): 단일 조성 물질의 열과 열량 관계를 다루는 과정

1905-6년 수학, 물리학, 화학에서 *후보자* 지망생을 위한 *물리학* (2): 정전기와 유전기, 정적 유도와 동적 유도, 교류 전류, 무선 전신, 자기

수학과 물리학에서 *박사 과정(doctorandi)* 지망생을 위한 *열역학* (2): 열역학의 법칙과 단일 물질의 평형 원리, 외부 힘의 영향, 모세관 현상

수학과 물리학에서 *박사 과정* 지망생을 위한 *정전기 이론* (2): 그린의 정리와 응용, 구면 조화, 2차원 공간에서의 포텐셜 선과 역선

고체와 유체 상의 평형 (1): 이성분계에서 고체상이 분리될 때 나타나는 현상

1906-7년 수학, 물리학, 화학의 2, 3학년생을 위한 *물리학 과정* (2): 열, 열의 성질, 상태 방정식, 최대 압력과 최저 압력의 기하학적 표시, pV의 최젓값, 경계선 등등, 열과 일의 등가, 카르노 순환, 엔트로피, 등 엔트로피 관계 등등.

박사 과정 지망생을 위한 *이론 물리학과 전기* (3): 맥스웰의 정리, 빛의 전자기 이론, 이중 굴절, 광원과 집중, 전자 이론의 문제점

박사 과정 지망생을 위한 *열역학* (1): 이성분 혼합물 이론, p-선, q-선, 포텐셜 선, 스피노달 곡선과 바이노달 곡선의 경로

1907-8년 *정전기의 수학적 분석* (2): 그린의 정리, 유도, 이미지 이론, 구면 조화, 슈바르츠의 정리

이성분계 이론 (1): p-선, q-선, 포텐셜 선의 경로, 열의 역학적 이론, 전기 변위와 힘

수학, 물리학, 화학에서 *후보자* 지망생을 위한 *특별 전기 과정* (2): 축전기, 자기 유도와 힘, 전류와 그 유도의 문제점

9. 1879년 반데르 발스는 막 100주년을 넘긴 수학협회에 가입한다. 협회의 모토는 *끊임없는 노력은 모든 것을 능가한다(Tireless labour overcomes everything)*였는데, 반데르 발스에게 딱 맞는 말이었다.

10. 이 *연속성* 의 독일어판은 동시대와 후세의 과학자들에게 반데르 발스 이론의 원본이 되기 때문에, 몇몇 사람들은 반데르 발스 방정식이 1881년에 발표되었다고

생각했다.(이를테면, M. 보른의 고전적인 *원자 물리학*(*Atomic physics*) (1935년) 책을 보라.)

11. 여기서 반데르 발스의 시를 하나 소개한다 [232, p. 12].

Zou dan, toen gij werdt verheerlijkt
In een meer volmaakten staat
Uwe liefde zijn verdwenen,
Al seen zon die onder gaat?

Neen voorwaar, dat is niet mooglijk.
Die uw harte heer gekend,
Die in vreugde en smarte beiden
Aan Use liefde was gewend

Weet, die min was onvergankelijk;
De was met Use wezen één.
Die werd, toen gij werdt geheiligd
Zelfs nog reinder dan voorheen.

Waarom kan ik zed an niet voelen
Als toen gij bog bij mij waart?
Wordt dan reine hemelliefde
Niet den mensch geopenbaard?

Kan de Heer dan niet gedoogen,
Dat gij mij Uw liefde toont?
Is het troosten dan verboden
Aan degeen, die bij Hem woont?

Maar op al dat angstig vragen,
Op dien twijfel, op die klacht
Klinkt mij nooit een stemme tegen,
Die mijn bitter leed verzacht.

't Graf blijft zwijggen – Van de groeve,

Waar Uw stoflijk kleed in rust,
Keer ik ongetrosst steeds weder,
Dieper van mijn leed bewust.

Toch blijf ik, lieve! aan U hangen,
Blijf ik smeeken onverpoosd,
Dat ik door een enkel teeken
Van Uw liefde word getroost.

12. 이 추모 커튼은 그의 아들이 결혼한 1902년에야 치워졌다 [232, p. 11, 175].
13. 그의 손자가 모은 기록에 의하면, 이 의자는 *그녀*의 의자였다. 그의 자식들도 그에게 이야기할 때는 의자에 손을 올리지 않았다고 한다.
14. 여기서 반트 호프와 대비되는 성격을 볼 수 있는데, 반트 호프는 덜 둔감한 성격이라 많은 양의 강의와 업무를 가까스로 견디어내었다. 몇 번의 제의를 거절한 그는 마침내 1896년에 네덜란드를 떠나 독일로 간다. [*21*과 *13* 참조].

제5장

왕립 과학 한림원에서

반데르 발스는 40년 가까이 한림원의 회원으로 있었다. 여기서 그는 모든 논문을 발표했고, 여기서 그는 자신이 과학계의 조직 업무를 선두적으로 이끌어 간다는 것을 입증해 보였다.

회원 초창기 시절부터 그는 자신의 분야인 PMD에서 뛰어난 실력을 보여 주었다. 하지만 1881년 12월 24일 회의에서 액체와 기체의 내부 압력과 온도의 상관관계에 관한 보고서 [19]를 낸 뒤로 그의 이름은 월간 회의에 제출되는 보고서의 명단에서 사라진다. 그는 1년 반 동안 한림원 회의에 참석하지 않았고 불참에 대한 사과의 편지나 그 이유를 알리지도 않았다. 회원이 정당한 이유 없이 2년 이상 회의에 참석하지 않으면 자동으로 탈퇴 처리되는 조항 때문에 그는 퇴출의 위기에 몰리게 된다. 하지만 반데르 발스는 아내의 죽음 이후로 과학계 회의에 관한 흥미를 잃었다. 그를 다시 끌어들이기 위해서 PMD의 부의장으로 선출한다. *부재중* 에 치러진 이 선거는 1883년 봄에 이루어졌고 목적을 달성하는 데 성공했는지 반데르 발스는 그해 가을 회기부터 참석을 재개한다. 다음해 가을 그는 자신의 첫 조수인 카즈 박사가 연구한 자기-광학에 관한 보고서 [20]를 제출한다.

하지만 이 직책은 명예직에 가까웠다. 13년간 그는 총 12번의 회의에만 의장을 맡았다. 처음에는 바위스 발롯을, 그다음에는 반 데 잔데 바크휘젠을 대행하였기 때문에 그리 힘든 일은 아니었다. 하지만 그의 조직 관리 능력과 한림원, 나아가서 네덜란드 과학계에 관한 헌신은 이 시기에 처음 드러난다.

그의 동료들에 따르면 (예: [186]) 반데르 발스는 사교 활동을 꺼려하는, 말수가 적은 사람이었다. 따라서 이 관점을 서둘러 받아들여 그를 현실 세계에는 관심이 없는 은둔자로 생각할 수도 있다. 하지만 이는 건전한 상식이 있고, 독특한 자기 절제와 일에 관한 엄청난 능력, 조직 관리에 뛰어난 실제 반데르 발스와는 거리가 멀다. 그는 이런 경험을 12명의 교사와 200명의 학생을 관리했던 HBS에서 처음 배웠을 것이다. 하지만 대학교에서 담당 학과를 관리할 때는 그리 성공적인 결과를 얻지 못했다. 조직 관리의 재능이 네덜란드 과학의 르네상스를 이끈 그의 영감과 결합하여 마침내 꽃을 피운 장소는 바로 한림원이었다. 여기서 그는 자신의 '학문적 애국주의'를 보여 주었다.

1887년에 이뤄졌던 표준 미터 계량기와 질량 동기를 어디에 보관할지에 관한 토론 순간을 대표적인 예로 들 수 있다. 이 시기는 국제적으로 표준 미터법의 사용을 권장하던 시기였고, 정부는 한림원이 이 계량기들을 델프트 폴리텍의 총장이자 네덜란드 계량학의 대가인 보스카가 있는 델프트 폴리텍으로 보내기를 원했다. 그는 이 표준 기기들이 사용될 장소인 델프트에 있어야 한다고 주장했었다. 반데르 발스는 델프트의 계량학자들이 이 기기들을 얼마나 자주 사용하느냐고 물었고, 보스카는 드물게- 10년에 한 번쯤 정도라는 고백을 한다. 그리고 이런 토론에서 반데르 발스가 어떻게 반응했는지에 관한 자세한 기록이 나온다. '반데르 발스 씨는 보스카 씨의 의견에 동의할 수 없었다. 그는 보스카 씨가 주장한 델프트에 표준 기기들을 보관해야 한다는 점에 어느 정도 장점이 있다는 것은 인정했지만, 이는 여러 가지 측면에서 크게 과장되었다고 주장했다. 반데르 발스 씨는 이 문제를 순수하게 과학적 관점에서 보기를 원했다. 이 관점으로 보면 국가에서 과학계 최고 기구인 한림원이 표준 기기를 다른 곳으로 보내거나, 표준 기기에 대한 통제권을 잃게 되는 것은 옳지 않다는 것이다. 그는 표준 기기가 측정 기술에 국한된 문제는 아니라고 생각했다. 따라서 반데르 발스 씨는 계량학자들이 있는 곳에 표준 기기를 놔둘 필요가 없다고 주장했다. 이 국가에 계량에 관한 전문 기관이 생기기 전까지 이런 결정은 표준 계량법의 품질 관리 측면에 도움이 되지 않는다고 그는 생각했다.' [150]. 따라서 그는 많은 도움을 받았던 동료 과학자의 요청을 정중하고 전략적으로, 그러나 확실하게 거절했다. 이 일이 바로 어떤 사람이라도 과학 문제에 있어서 한림원의 권위에 도전해서는 안 된다는 관점의 시발점이 된다. 그에게 있어서 이는 네덜란드 과학 발전에 필수 요소였고, 그는 한림원의 역할과 권위 향상을 위해 모든 수단을 아끼지 않았다.

이 관점은 왜 반데르 발스가 1896년 C. A. J. A. 아우데만즈가 은퇴한 뒤 이학부의 사무국장이 되었는지 잘 설명해 준다[1]. 곧바로 그는 한림원 전체의 사무총장이 되는데, 이미 제3장에서 언급한 대로 한 부서의 사무국장이 한림원 전체의 사무총장을 맡게 되는 규정에 따른 것이었다. 신학부에서는 사무국장 벨라 스프뤼트를 사무총장에 추천했지만, 1896년 4월 25일 연례 회의에서 반데르 발스는 24표를, 벨라 스프뤼트는 15표를 획득한다 [*1*]. 1901년, 1906년, 1911년에는 다른 후보자가 없었기 때문에 반데르 발스는 자동으로 선출된다.

이 자리는 한림원의 전체 업무를 관장하는 사무총장 자리였기 때문에 이때까지 있었던 업무보다 더 많은 업무를 처리해야 했다. 그의 담당 업무는 매우 다양했다. 이학부의 사무국장으로서 그는 *네덜란드 관보 (Nederlandse Staats Courant)*의 발간 회의 개최 날짜를 정하고, 출판, 배포 및 부서의 문서 보관을 총괄하며, 부서의 모든 편지와 보고서를 확인해야 했다.

사무총장으로서의 임무는 한림원의 연례 회의 주관, 활동 내역에 관한 연간 보고서의 준비 및 확인, 도서관 감독 (새로 들어온 도서 목록 작성 및 회계 감독), 한림원 내에 인쇄물 배분, 왕실 가족, 상원과 하원 국회의원, 한림원 회원들에게 보낼 서류 관리, 그리고 한림원 기록 보관소와 창고 관리까지 있었다.

반데르 발스가 몇 명의 조수들만 데리고 이 모든 일을 처리했다는 점은 놀라운 일이다. 조수가 가져온 서류는 연구실에서 실험 수업을 진행하고 있는 도중에도 처리하곤 했다. 하지만 일이 중요한 경우에는 그는 시간과 노력을 아끼지 않았고, 한림원의 여러 위원회 회의를 주관했다. 규정에 따르면 정부가 한림원에 과학이나 기술 관련 자문을 요청한 경우에는 위원회가 개설되어야 했다. 특히 자주 들어온 요청은 공공건물에 있어서 피뢰침에 관한 조언이었는데, 이런 요청은 그 당시 전 유럽에서 흔하게 벌어지는 일이었다. 영국에서는 맥스웰이, 그리고 나중에는 앰브로스 플레밍과 올리버 롯지가 이 일을 맡았고, 독일에서는 키르히호프, 헬름홀츠, 지멘스가 베를린 과학 아카데미의 피뢰침 위원회의 위원으로 활동하였다.

암스테르담의 피뢰침 위원회는 3명의 위원으로 구성되었고, 1878년부터 1902년까지는[2] 반데르 발스가 항상 참여했다. 첫 위원회 동료는 리케와 보스카였고, 그다음에는 리케를 대신하여 위트레흐트에서 온 물리학자 C. H. C. 그린비스 (1831-99년)가 참여했다. 나중에 로렌츠가 그를 대체했고, 마지막으로 카메를링 오네스가 보스카의 자리를 차지했다. 반데르 발스의 위원회가 보호한 건물들은 1879년 설치된 델프트의 무기고, 화약고, 탄약고와 주철 공장, 1882년에 설치된 델프트의 정신 병원, 새 국립 미술관, 1887-88년에 암스테르담에 들어선 카위페르스의 걸작 건물, 그리고 1895-96년에 설치된 헤이그의 옛날 궁전인 마우리츠하위스로, 이 건물에는 국립 미술관과 맞먹는 수준의 미술 작품들이 보관되어 있었다.

위원회의 기록은 일이 어떻게 진행되었는지 알 수 있게 한다. 물질의 내부식성 문제에서부터 번개에 관한 과학적 지식들을 어떻게 넓혀갈 것인가에 대한 토론과 그 방법론에 대한 일반적인 문제 분석에 이르기까지 모든 문제가 꼼꼼히 검토되었다. 진행된 모든 조사에는 세 가지 특징이 있었다. 첫째로 현장을 직접 방문하여 건물을 자세히 분석하고, 그다음으로 외국에 비슷한 사례가 있는지를 조사하며, 마지막으로 너무 복잡한 이론적 분석이나 고려 대신 간단한 물리 법칙을 바탕으로 한 설계를 하는 것이었다. 책임감이 무거운 위치였지만 그들은 편하게 넘어가지 않았다. 한편으로는, 그 보고서는 기술적 무지에 의해 야기될 두려움들은 고의적으로 경시해 버리는 경향도 있었다. 델프트에 있는 건물 분석에서 이 예를 볼 수 있다. 1879년 시청은 무기고의 확장을 고려했지만, 헤이그와 델프트 시청의 감독 엔지니어는 주변 건물이 번개에 맞았을 경우 그런 확장은 큰 위험을 일으킬 수 있다고 반대했다. 자세한 연구 끝에 위원회는 무기고뿐만이 아니라 주변 공장 건물들도 주의를 기울여야 한다고 보고서에 기록하고, 공장 건물 사이에 있는 경비 건물 지붕에 피뢰침을 설치하면 된다는 결론을 내렸다.

위원회가 한 일 중에서 흥미로운 사건이라면 1886년에 공사가 끝난 국립 미술관 같은 유명한 네덜란드 박물관의 보호에 관한 것이었다. 이 건물에 국가의 중요한 미술품들이 다 모여 있었기 때문에, 한림원이 전문가 조언을 하는 것은 당연했다. 1887년 6월 3일에 내무부에 의해 공사가 시작되었는데, 25일에 보스카는 이학부 회의 때 위원회의 보고서를 읽게 된다. 카위페르스의 도움으로 위원회는 구술 설명 및 서면 보고서와 함께 도면을 확인하며 새 건물을 위해 설계된 분기 피뢰침 구조를 자세히 분석한다. 그들은 구조[3]는 효과적이지만 수명을 늘리기 위해서는 몇 가지 변경 사항이 필요하다고 결론내렸다 [138].

1895년에 마우리츠하위스에 설치될 새 피뢰침에 대해서도 위원회는 멜잠의 보호 구조를 승인했지만, 올리버 롯지가 비용을 절감하기 위해 고안한 수정안을 채택했다 [140, 141]. 이 보고서는 반데르 발스가 작성해서 위원회의 이름으로 다음해에 제출되었는데, 여기에는 번개 폭풍을 대비하기 위한 국가적 조직과 피뢰침 검정을 위한 새 직책의 신설 제안도 담겨 있었다. 새로운 직책을 맡을 사람은 공학자나 물리학자로 전기 분야에서 경험이 풍부해야 하고, 설치와 제어 과정에서 총괄 감독도 맡아야 했다. 반데르 발스는 말하기를, 한림원은 중요한 실생활 문제를 다루지 않겠다는 것은 아니지만 모든 경우에 관여할 필요는 없다고 생각했다. 문제의 본질을 파악하고, 감독관이 꼭 필요할 때에만 관여해야 한다는 것이 그의 주장이었다. 그 보고서의 제출 이후로 반데르 발스가 위원장으로 있는 위원회는 1897년과 1902년의 두 건만을 담당하게 된다. 이전 15년간은 아홉번의 의뢰를 맡아야 했다. 이런 식으로 일하는 방식을 재조정한 것 또한 그가 한림원 활동에 기여한 대표적인 예였다.

1896년 1월 한림원은 법무부로부터 뜻밖의 요청을 받게 된다. 독방에 감금된 죄수들이 서로 의사소통을 하는 것이 명백해 보이기 때문에, 법무부는 한림원이 이 일을 막을 값싼 방법을 찾기 원했다. 부서의 의장인 반 데 잔데 바크휘젠은 반데르 발스, 카메를링 오네스, 로렌츠 그리고 반 디젠으로 구성된 위원회에 이 일을 맡겼다. 다른 사람들과 달리 반데르 발스는 이런 곤란한 일을 맡기 전에 며칠의 시간을 달라고 요청했지만, 다른 사람들과 합의 끝에 위원장을 맡았다.

그는 지금은 '시스템 분석'이라 불리는 공학적 수사법을 사용한다. 위원회는 법무부 직원을 만나서 7개의 모든 네덜란드 감옥을 검사하고, 프랑스, 독일, 영국, 오스트리아와 벨기에 감옥에서 비슷한 문제점이 있는지를 확인한 뒤, 레이던 물리학 연구소에서 특수 제작된 측정 장비를 요청하고, 생리학과 의학의 전문가들과 상담한다. 1년간의 연구 끝에 위원회는 자세한 보고서를 제출하는데 [146], 그 보고서에는 죄수들이 환기용 장치 혹은 난방용 배관을 두들기거나, 벽 사이를 두고 소리를 전달하는 식으로 의사소통한다는 내용이 담겨 있었다. 네덜란드와 외국 감옥 둘 다 환기용 장치가 가장 흔하게 사용되었다. 그들은 이 사실을 직접 실험을 통해 증명했는데, 그 광경은 꽤나 웃겼을 것이다. 네덜란드 과학계의 선두 주자들은 환기 구멍을 통해 한 방에서 다른 방으로 대화하는 장면을 보여 주었다. 위원회의 권장 사항은 자연 환기 장치 대신 강제 환기 장치로 바꾸는 것이었는데, 이는 위생적인 측면에서도 도움이 되었다. 보고서의 한 부분에는 강제 장치가 소리를 차단하는 효과를 가져다준다는 내용도 적혀 있었다. 그들은 또한 죄수들이 창문을 여는 것을 금지하는 방안을 고려했는데, 이 벌칙은 비인간적이기 때문에 아주 제한적으로 사용되어야 한다고 생각했다. 그리고 마지막으로 독방 수감은 죄수의 육체적 및 정신적 상태를 악화시키므로 없어져야 한다고 생각했다.

이 보고서는 열역학에서 시작하여 경제학과 윤리로 끝나는, 넓은 범위의 문제를 망라하는 극히 흥미 있는 보고서였다. 이렇게 복잡한 연구는 제대로 된 계획이 필요했다. 중요한 점은 한림원에 제출한 많은 반데르 발스의 보고서 중 이 보고서만이 유일하게 코르테베흐가 편집한 *과학 논문 모음집*에 실려 있다는 것이다.

1898년 예산을 논의하는 가운데 의회에서 한림원의 추천에 관해 의문점이 있다는 이야기가 나왔고 이는 곧 공식 문서인 *회신 비망록(Memorie van Antwoord)*으로 나온다. 이 사건은 반데르 발스가 물리학과 거의 관계가 없는 분야에서 어떻게 당당하고 강인하게 대처하는지를 보여 주는 좋은 사례가 된다. 그는 이학부에서 법무부로 보내는 편지에서 위원회는 주어진 임무를 뛰어난 실력으로 해결하고 있으며, 이 공식 문서의 저자는 보고서를 이해하지 못하거나, 이해하지 않으려는 사람이라고 논리적으로 설명한다. 편지의 전문은 위엄과 확고함이 묻어 나온다. '1855년 2월 23일 왕실

칙령에 따라 승인된 왕립 과학 한림원의 규정 제2조에 따르면, 한림원은 과학 분야에서 정부의 자문 역할을 하는 것이 의무로 되어 있습니다, ...만약 결과물이 의미가 있는 것이라면 정부와 관료들은 한림원이 보낸 보고서를 이해하는 데 문제가 없어야 합니다. 정부가 의문을 갖고 한림원에 보고서의 뜻을 묻는다면, 한림원은 기꺼이 그 의문을 풀어 줄 것입니다.

하지만 정부가 그런 절차 없이 보고서를 잘못 이해했다는 발표를 하게 되면, 한림원은 어떤 상황이더라도 그것을 바로잡아야 하는 의무가 있습니다. 이제 귀하께 항의하는 의미로 이 불쾌한 의무를 내려놓고자 합니다.' [147, p. 361-362]. 법무부는 한림원에 문제를 재검토할 수 없겠냐는 요청을 하지만, 위원회와 이학부는 기존의 입장을 고수하고 이 임무는 종료된 것으로 한다는 결론을 내린다. 이 사건은 반데르 발스에게도 큰 영향을 끼치는데, 일반적으로 위원회의 활동을 짧게 기록했던 사무총장의 연간 보고서 [3]에 장문의 글을 적어 두었다.

거의 같은 시기에 그는 꽤 다른 종류의 위원회 활동에 관여하게 되었다. 1896년 2월 월간 회의에서 내무부가 보낸 레이던 대학교의 물리학 연구소에 관한 문의 사항이 접수되었다. 내무부는 압축 기체의 광범위한 사용에 관해서 그 위험성과 허용 범위에 관한 수사를 의뢰한다. 그는 정부로 하여금 그런 조사를 금지해 달라고 요청하는 남부 홀란드 주 (레이던이 속한 주) 특별 위원회의 각서를 첨부하였는데, 그 이유로는 압축 수소를 이용하는 것이 위험하다는 유언비어가 나돌아서 많은 항의가 들어오고 있었기 때문이었다. 항의자들은 자신들의 의견을 모아 레이던 공익 위원회, 대학교 책임자들, 한림원 회원이자 물리학 연구소와 화학 연구소(Chemical Laboratory) 사이에 놓여 있던 대학 해부학 강의실 담당자 T. 자이에르 교수에게 보낸다. 각서에는 카메를링 오네스가 쓴 자세한 설명문이 첨부되어 있었지만, 항의자들을 만족시키지는 못했다. 내무부는 결론을 내리기 전에 한림원의 의견이 필요했고, 그에 따라 위원회가 설치되었다. 반데르 발스가 위원장으로, 나머지 위원들은 코르테베흐, 델프트 폴리텍의 화학 교수인 S. 호헤베르프, 그리고 수문학의 전문 공학자이자 훗날 자위더르지 간척 사업을 계획하게 되는 C. 렐리가 있었다. 위원회는 즉시 카메를링 오네스에게 해외의 극저온 연구실들에서의 안전 장비 현황을 물어보았고, 그래서 그는 기체 액화의 전문가들에게 편지를 보낸다 – 런던의 제임스 듀어, 크라코우의 카롤 올스체위스키, 그리고 베를린의 라올 피크테트.

반데르 발스는 부서의 5월 회의 때 위원회 보고서를 제출할 수 있었다 [145]. 그는 위원회가 일단 카메를링 오네스의 연구실에서 사용되는 장비들을 꼼꼼히 점검했고, 그 정보를 런던, 크라카우, 베를린에서 온 정보와 규합하여 해외에서 제작 시 안전 규칙과 비교하고, 고압 환경에서 실험 및 보관 용기의 사용을 시험한 뒤 마지막으로 해외에서 있었던 압축 기체 폭발 사건을 전부 확인했다고 했다.

그리고 이 모든 정보를 종합한 결과 위원회는 레이던에서 연구용으로 압축 기체 사용을 금지하는 것은 아무런 근거가 없다는 결론을 자신 있게 내릴 수 있었다. 더욱이, 반데르 발스는 여기서 '폭발성'이라는 단어를 쓰는 것은 옳지 않다는 주장을 하는데, 이 단어가 가지고 있는 파괴와 인간 살상의 이미지는 오로지 화약이나 다이너마이트같이 급격한 화학 에너지의 방출에만 적용되어야 한다는 것이었다. (물론 반데르 발스는 여기서 레이던의 폐허를 만들게 된 운하에서 있었던 배의 폭발 사고를 언급하고 있다.) 압축 기체를 담고 있는 용기가 파괴될 경우, 오로지 부피나 압력과 같은 물리적 에너지가 방출되며, 그 위력은 화약 3kg의 화학 에너지 수준밖에 안 되는 것이었다. 그런 양이라면 보관이나 운반에 딱히 특별한 규정이나 제한 같은 건 필요 없었다.

위원회는 카메를링 오네스가 요청한 안전 기준을 실제로 시험했고, 만족스러운 결과를 얻었다. 반데르 발스는 냉소적으로 이 수준의 안전 규정이라면 항의자들이 주장하는 위험의 증거가 될 수 있다고 하며, 카메를링 오네스의 꼼꼼함 정도라면 항의에 넣어도 될 것이라고 비꼬았다.

런던, 크라카우, 베를린에서 온 지지 편지도 같이 첨부되었다. 특히 듀어의 편지는 인상적이었는데, 그는 이렇게 적었다 (서둘러) '만약 레이던 시청에서 귀하의 탁월한 극저온 연구소의 연구에 어떠한 규제라도 거는데 성공한다면, 이는 귀국 (그리고 과학계 전체)에 있어서 큰 과학적 손실이 될 것입니다. 나는 이 상황을 이해할 수 없습니다.... 나는 고압 환경에서의 실험을 영국 왕세자(Prince of Wales) 각하와 귀국의 여왕 폐하(Queen Dowager the Duchess of Albany)의 동생 분 앞에서 아무런 문제없이 수행했으며, 어떠한 안전 문제도 논의되지 않았다는 점을 알려드립니다.' [145, p. 12].

5년 전에 위원회의 위원 중 한 명이 런던의 왕립 연구원에 있는 듀어의 실험 장비를 면밀히 관찰한 적이 있었다는 사실도 첨부되었다. 이 건물은 영국 수도의 큰 거리 중 하나인 피커딜리에서 불과 몇 발자국 떨어진 곳에 있었고, 그 누구도 아무런 문제가 없었다는 점을 언급했다. '위원회 위원 중 한 명'은 바로 반데르 발스 자신이었다 [4].

보고서에 적혀 있던 마지막 주요 내용은 인구가 밀집된 도시에 마구 들어서고 있는 공장과 건물들이 카메를링 오네스의 압축 기체 실린더보다 더 위험하다는 내용이었다. 자이에르 교수의 기대에 부응하듯 위원회는 해부학 강의실 근처 실린더의 숫자는 늘어나고 있지 않지만, 근처의 화학 연구소에 화재가 발생한다면 큰 위험이 될 것이라는 의견을 추가했다. 반데르 발스는 이렇게 결론을 내렸다. '우리는 (극저온 연구소에서의 연구 계속 요청에 대해) 내무부에서 무조건 허가를 내리는 것이 좋다고 생각합니다' [145, p. 10]. 보고서는 표결에 부쳐져서 승인이 났지만, 이학부 회원 중 한 사람이 일어나서 방금 결정된 결론에서 자신을 제외해 달라는 요청을 한다. 그 사람은 바로 자이에르 교수로, 해부학 강의실의 담당자였다.

반데르 발스는 물론 레이던의 반응에 홀로 맞서 싸우는 카메를링 오네스를 그저 바라만 보고 있지는 않았는데, 그에게 있어서 극저온 연구소는 과학적으로 큰 관심의 대상이었고, 그는 직업적으로나 사회적으로나 연구소장과 가까운 위치에 있었다. 그러나 위원회 위원장으로서 그의 업무에 정직성이나 객관성에 의심할 여지는 없었다. 결론은 다른 피뢰침에 관한 보고서와 같이 유럽 다른 곳에서 일어난 사건의 분석이나 모든 조건에서의 고려를 바탕으로 한 보신 제일주의나 '이중 보험'과 같은 정책을 피하는 것이었다.

하지만 오랜 행정 절차 끝에 카메를링 오네스가 공식적인 실험 재개와 확장의 허가를 받은 것은 1898년의 일이었다. 그다음 10년간 극저온 연구소는 저온 환경에서의 물리학과 기술의 전 세계적 중심이 된다. 이는 카메를링 오네스의 능력뿐만이 아니라 반데르 발스의 위원회가 다른 결론을 내렸다면 이루어지지 않았을 현실이다. 수십 년 뒤 카메를링 오네스의 뒤를 이은 W. H. 키솜은 이 사건을 이렇게 언급한다. '...이 시기에 연구소는 아주 심각한 사건을 맞는다.... 이는 연구를 몇 년이나 연기시켰고 극저온 연구소에 치명적인 결과를 가져다줄 수 있었다.' [5].

반데르 발스가 한림원을 위해 한 일 중에서 더 중요한 일이 있다면 그것은 출판 업무의 처리였다. 한림원의 *프로시딩* 은 과학계를 관할하는 데 그가 가장 좋아하는 도구가 된다. 지금까지 한림원은 부정기적으로 출판되는 *베르스라헨*(*Verhandelingen,* 회고록)과 정기적으로 출판되는 *프로시딩과 단신* 이 있었는데, 그 내용은 낡았고 빈약했다. 잡지에는 부서 회의록, 과학계 소식, 출판을 위해 보고된 논문 목록과 그 논문들, 위원회 보고서, 그리고 별도로 첨부된 도서관 신간 목록이 실려 있었다. 1892년 여름부터 이 평범한 잡지는 최신식으로 내용이 알찬 과학 잡지로 탈바꿈해서 과학 논문들을 중점적으로 다루게 된다. 약간의 회의 내용만이 기존의 전통을 유지한 채로 실려 있었을 뿐이다. 고전적인 *프로시딩과 단신* 은 과학 역사가들에게 훌륭한 자료였는데, 한림원에 관한 자세한 내용과 각 회의에 참석한 회원 명단, 저자들이 쓴 논문의 요약본 같은 것이 있었기 때문이다. 이 모든 것들은 개편을 통해 사라졌지만, 최신 과학 연구 결과를 알고 싶거나 그런 결과를 다른 학자들과 공유하고 싶은 과학자들에게 이 새 *베르스라헨* 은 안성맞춤이었고, 반데르 발스가 노리던 것도 바로 그것이었다.

1900년부터 한림원은 *베르스라헨* 의 영어판도 발행하기 시작했다. 이 영어판 또한 반데르 발스가 편집했고, 이 잡지는 곧 *이학부 프로시딩* *(Proceedngs of the Section of Sciences)*이란 이름으로 국제적으로 알려지게 되었다[4]. 이는 네덜란드 과학자가 이룩한 업적을 전 세계에 알리게 하는 좋은 도구가 되었다.

그는 *베르스라헨*의 발행에 많은 시간과 노력을 투자했는데, 1902년에 자신이 전부 감당하기엔 양이 너무 많아지자, 출판 보조원 자리를 하나 더 만들어서 출판 업무를 보조하게 했다.

처음 이 자리를 맡은 것은 그의 아들인 J. D. 반데르 발스 Jr.였고 2년 뒤에 그가 흐로닝엔에 교수가 되었을 때는 콘스탐이 그 자리를 이었다. 그는 또한 영어 교사를 하고 있던 막내딸 요한나 디데리카에게 출판 업무를 맡겼다. 그녀는 *프로시딩* 의 영어 번역과 감수 작업을 맡았고, 매년 2,000 휠던을 받았다.

반데르 발스가 *베르스라헨* 일은 물론이고, 사무를 조직화하는 데 대한 그의 건전한 가치관을 알 수 있는 일화가 하나 더 있다. 1898년 한림원에 전화를 설치해야 하는지에 관한 토의가 연례 회의에서 진행되고 있었다. 이 발명품은 돈이 많이 들었기 때문에 반대의 목소리도 컸다. 사무총장은 기술적 진보를 열렬히 지지했다. 그는 전화를 설치하면 응급 연락 시에 시간이 줄어들기 때문에 화재 사고에 빠른 대응을 할 수 있고 '지금 현재 많은 양의 투고 논문으로 인해 *베르스라헨* 의 발간이 늦어지는 일도 없어질 것'이라고 주장했다 [6]. 그는 첫 전화는 이학부와 자신의 집에 설치해서 집에서도 편집 업무를 할 수 있도록 해달라고 주장했다.

그가 사무총장 자리에서 물러날 때 한림원에서 기념으로 *프로시딩* 의 네덜란드어판과 영어판 전권을 선물한 것은 그리 놀라운 일이 아니다. 한림원의 원장인 로렌츠는 그의 오랜 동료이자 친구에게 16년 전 동료들의 합의로 그를 사무총장 자리에 추천했었던 일을 언급한다. 로렌츠는 계속 말했다. '우리는 그 당시에 자네에게 너무 많은 것을 요구했을 수도 있다고 생각했네. 우리는 자연의 신비를 뚫고 *연속성*을 쓴 그 손이 사무총장의 업무를 감당할 수 없을지도 모른다는 의구심을 품었다네. 하지만 그런 걱정은 전부 기우에 지나지 않았지. 자네의 이름은 총명함을 잃지 않았어. 젊은 열정으로 자네는 사무총장의 업무를 완벽히 소화해냈고 과학자들에게서는 좀처럼 찾기 어려운 조직 관리 능력도 보여 주었지.' [7].

반데르 발스는 '아주 힘든 사무총장의 업무'를 왜 자발적으로 맡은 것일까? 그는 과학에 모든 것을 투자한 반면 야망으로부터 자유로웠기 때문에 그는 항상 고위직 임명을 거절해 왔다. 예를 들어, 그는 30년간 단 한 번도 대학교의 렉토에 오르지 않았다. 그 해답은 콘스탐이 알고 있다. '한림원이 네덜란드 과학 세계의 중심이 되어야 한다는 생각, 모든 네덜란드 과학자가 이룩하는 발전에 신경을 써야 한다는 생각, 그러나 국제적으로 과학이 갖는 가치의 인식, 그리고 국가적 자긍심의 부활과 강화 - 이 모든 생각들이 반데르 발스로 하여금 한림원에 헌신하게 된 이유가 되었다.' [197].

주석(Notes)

1. 이 당시 부원장의 자리는 스톡비스가 차지하고 있었다.
2. 위원회는 이 날짜 이후로도 계속 존재했겠지만 알려진 활동 내역은 없다 [2].
3. 카위페르스는 벨기에 물리학자 A. 멜잠이 발명한 구조를 사용했다. 이 구조의 원리는 패러데이의 새장으로, 철제 케이지 안에서는 방전이 불가능한 구조이다.
4. *프로시딩은* *베르스라헨* 과 달리 국내용인 이학부의 회의 내용은 빠진 채로 논문들만 모아서 출판되었다.

제6장

1880년대의 과학 연구

6.1 대응 상태

*연속성*의 독일어판은 1881년 6월에 출간되었고 [1d₁'], 몇 십 년간에 걸쳐서 과학 분야의 '베스트셀러'가 된다. 1년 전에 구스타브와 아일하드 비더만의 지도로 기체의 압축성에 관한 실험 논문 [2]으로 박사 학위를 받은 토마스 프리드리히 로스가 '제한적' 언어의 속박을 푸는 일을 맡았다 [*1*, p. 3]. 번역본의 서문에서 로스는 자신을 많이 도와 준 아일하드 비더만의 강력한 추천으로 이 일을 맡게 되었다고 적었다 [1d₁', p. v]. 독일어 번역본은 반데르 발스 본인이 제동을 걸지 않았다면 훨씬 더 빨리 출판되었을 것이다. 단지 번역의 상태를 점검하거나 논문의 사소한 수정 및 보완 때문은 아니었고 (물론 교정 작업은 진행되었다), 그는 자신의 이론에서 보다 핵심적인 진전을 이루어냈기 때문에 그것을 추가해서 넣어야 했기 때문이다.

1880년 10월과 11월 이학부 회의에서 그는 분자 물리학계에 큰 발견이 되는 대응 상태의 원리 (혹은 법칙)을 발표한다 [12ac₁]. 두 개의 후속 논문이 네덜란드어로 그 해 출판되었고 [12, 15], 로스는 재빨리 작업에 들어가서 요약본이 *바이블래터* 1881년 1월과 4월호에 각각 실리게 되었다. 그리고 추가된 부분의 번역과 원래 부분의 보완 작업이 *연속성* 의 독일어판에 반영되었다. *바이블래터* 의 가장 활동적인 기여자 중 한 명인 로스는 수십 년간 반데르 발스의 '개인적 논문 내용 요약자'로 활동했고, 그가 발표한 다른 관련 논문들의 요약본에도 관심을 가졌다 [*3*].

반데르 발스는 그림 3.2의 곡선 BCDEFGH에 나오는 등온선의 고리가 나타내는 기체에서 액체로의 전이 현상을 분석하던 도중 대응 상태의 법칙에 도달하게 된다. 이 고리는 관찰할 수 없는 것인데 평행선 CG 위에 실험 결과가 나타난다. 어떤 압력에서 이 선이 나타나는가? 1873년에 그가 언급한 말을 보자; '이 중요한 문제를 풀기에는 운이 좋지 않았다.... 나는 포화 증기의 성질들을 아무리 분석해도, 등온선에서 이 선의 위치를 정할 때 사용할 수 있는 특성 중 어떤 것도 찾아낼 수 없었다.' [1e$_2$, p. 232, 233].

1875년 런던 화학회에서 이뤄진 강연에서 [*4*], 맥스웰은 이 문제를 해결했다. 이 선은 그려졌을 때 둘로 나뉜 고리의 윗부분과 아랫부분의 넓이가 같게 되도록 그려져야 했는데, 즉 식으로는

$$\int_{V_l}^{V_g} PdV = P_{sat}(V_g - V_l), \tag{6.1}$$

과 같고 여기서 P_{sat}는 포화 증기압, V_g와 V_l은 각각 G와 C 지점에서의 기체와 액체의 비체적을 의미한다.

이것이 바로 유명한 맥스웰의 '등적 규칙'이다. 클라우지우스는 1879년 다른 방법을 이용해서 같은 결과에 도달했는데, 이 내용은 1880년 3월 논문으로 발표된다 [*5*]. 그는 맥스웰이 자신보다 5년 먼저 이 결과를 얻어냈다는 것을 반데르 발스와의 '친절한 서신 연락'을 통해 알게 되었다 [*6*, p. 280].

평행선 C와 G의 말단 점들의 궤적은 $P-V$ 평면에서 액체-기체 공존 지역의 경계 곡선 곧 바이노달 곡선을 형성한다. 맥스웰은 1871년 자신의 *열 이론* 초판본에서 처음으로 이 곡선의 궤적을 대략적으로 그려내는데, 이 모양은 증기 기관을 연구하는 많은 과학자와 공학자들의 관심을 끌었다. 이 곡선의 궤적을 알게 되면 포화 증기의 압력과 밀도의 상관관계나 열용량 (제6장, 2절 참조)과 같은 다양한 과학적, 공학적 성질을 알 수 있게 된다. 이 성질들 중에서 포화 증기압과 온도의 관계 같은 성질은 실험을 통해 쉽게 얻어낼 수 있었지만, 그 결과의 해석은 힘들었다. 따라서 반데르 발스는 *연속성*에서 다음과 같이 적었다. '이 법칙을 해결하기 위해 다양한 이론적 접근 방식이 시도되었지만, 성공한 사례는 없다. 하지만 실험식은 아주 많이 있다. 예를 들어 1847년에 출판된 *물리학의 진보 (Fortschritte der Physik)*에는 40개의 실험식이 있으며, 그중 2-3개는 비슷한 온도 범위를 다루고 있으므로 해석의 여지가 있다.' [1e$_2$, p. 232].

반데르 발스 방정식은 맥스웰-클라우지우스의 등적 규칙을 적용하면 기체의 완벽한 분석과 경계 곡선의 모양을 포함한 기체의 액화 과정을 알아낼 수 있다. 남은 문제는 이 정보를 어떻게 활용하느냐는 것이었다. 첫 시도는 반데르 발스 방정식의 변형 공식에서 시작되었는데, 클라우지우스 [5]의 식이 앤드류가 측정한 이산화 탄소의 값에 더 잘 맞았기 때문이다. 1881년 6월 증기압 곡선과 밀도를 계산할 수 있는 매개 변수 해법이 젊은 막스 플랑크에 의해 발표된다 [7]. 논문에서 그는 1877년의 독일어 요약본이 아닌 *연속성*의 네덜란드어 원본을 읽었다는 점을 분명히 했다. 그 논문의 사본이 뮌헨에 있는 그의 스승, 필립 욜리 교수에게 전달되었음은 틀림이 없다. 1881년 8월, 클라우지우스는 *물리학 연보*에 논문을 보내는데 [6], 거기서 그는 플랑크의 논문이나 로스의 *연속성*의 번역본 출판 훨씬 이전에 비슷한 공식에 도달했지만, 따분한 계산 과정을 처리하느라 발표가 늦어졌다고 주장한다. 1882년 초 플랑크와 비슷한 계산 방식이 모스크바에 있는 P. A. 칠로프와 스승 A. G. 스톨레토프 [8]에 의해 수행되었다.

그들 중에서 아무도 그의 결과에 만족하지는 않았는데, 그 이유는 증기압과 온도 간의 관계를 명확히 밝혀내지 못했고, 실험 결과와도 거리가 멀었으며, 심지어 클라우지우스는 3개의 매개 변수를 사용했음에도 실패했다. 반데르 발스도 비슷한 길을 걸었다. 그는 1880년에 이렇게 적었다 '몇 번이고 나는 [경계] 곡선의 방정식을 찾으려고 노력했다'.

그러나 그는 플랑크나 클라우지우스와 비슷한 결과를 얻었음에도 이를 발표하지 않았는데, 그 이유는 '계산의 단조로움이나 최종 방정식의 복잡함' [$1d_1$', p. 125-126] 때문이 아니라, 주변 동료들보다 더 비부피가 저온에서 포화 액체 수준으로 작아졌을 때는 자신의 방정식이나 클라우지우스의 '개량된' 방정식, 어떤 식도 믿을 만하지 못하다는 사실을 잘 알고 있었기 때문이었다. 따라서 그런 방정식에서 정확하게 계산하는 것은 큰 의미가 없었고, 따라서 그는 수학적 분석에 큰 기대는 하고 있지 않았다.

하지만 상태 방정식을 통해 얻은 수치에 의존하지 않는 경계 곡선 상의 어떤 특징이 있지는 않을까? 이 질문에 대답하기 위해 반데르 발스는 한 물질과 다른 물질의 차이는 오로지 두 개의 매개 변수 a와 b의 차이에만 의존한다는 옛날 생각으로 돌아간다. 그렇다면 방정식을 이런 식으로 변형시켜서 직접 대입하지 않는 방향으로 바꿀 수 있지 않을까? 그는 임계 상수를 이 매개 변수로 표현할 수 있다는 것을 알고 있었다. $P^c = a/27b^2$, $V^c = 3b$, $RT^c = 8a/27b$를 대입해서

$$P = lP^c,\ V = nV^c,\ T = mT^c,$$

로 바꾸면 보편적 상태 방정식을 얻을 수 있다.

$$(l + 3n^{-2})(3n - 1) = 8m. \tag{6.2}$$

이 방정식은 보편적인데 그 이유는 개별적 물질 매개 변수를 포함하고 있지 않아서 모든 물질에 적용할 수 있기 때문이다. '모든 특정함이 사라졌다.'라고 반데르 발스는 명료하게 표현했다 [1d$_1$', p. 127].

그는 변수 l, n, m을 '환산 변수'라 불렀고, 식 (6.2)는 '환산 등온선 방정식'이라 이름 지었다. 환산 좌표는 모든 물질이 같은 등온선을 갖는다는 전제를 의미했다. 등적 규칙 또한 환산 변수로 표현할 수 있었기 때문에 모든 물질은 같은 환산 경계 곡선을 가지게 되며, 따라서 한 물질의 실험 결과를 통해 다른 물질의 값을 구할 수 있게 되었기 때문에 정확한 공식을 구할 필요가 없어지게 된다. 따라서 경계 곡선을 찾는 문제가 더 중요하게 다가왔는데, 물질의 모든 열 물리학적 성질이 대응 상태에서 같아야 한다는 가정에 따라 세워진 대응 상태의 법칙은 세 쌍의 변수에서[1] 계산된 환산 변수와 연결된다. 이 법칙은 식 (6.2)를 통해 직접 얻어낸 것이며, 정확히 말하자면 각 물질이 두 개의 매개 변수만을 가진 상태에서 존재하는 상태 방정식의 결과물이다. 왜냐하면, 그런 방정식의 존재는 곧 두 개의 환산 변수가 한 쌍의 물질에서 같다면, 세 번째 또한 마찬가지일 것이기 때문이다.

반데르 발스는 그 법칙의 결과를 몇 개 선택해서 그것들이 실험 결과를 뒷받침해 준다는 것을 보여 주었다. 정해진 환산 온도에서 모든 액체는 동일한 환산 증기압과 동일한 증기 및 액체 상태의 환산 비부피를 가지며, 그리고 증발 잠열과 분자량의 곱이 같다. 동일한 환산 압력에서는, 모든 물질은 분자량과 증기와 액체의 환산 부피 차이의 곱이 같은 값을 갖게

된다. 동일한 환산 온도와 환산 압력의 경우는, 모든 물질의 압축률은 임계 온도에 반비례하게 된다.

직접 비교한다는 것이 의미가 없을지 모르겠지만, 이 당시 경력으로 볼 때 반데르 발스는 깁스 정도를 제외하면 어떤 다른 과학자들보다 분자 물리학에 깊은 통찰력을 가진 것으로 여겨진다. 클라우지우스, 플랑크, 반데르 발스 모두 경계 곡선 문제에 도전했지만, 앞 두 사람은 형식적인 답을 내는 것에 그친 데 비해, 반데르 발스는 그의 결과에서 중요한 일반 방정식을 이끌어냈고, 이는 곧 과학자들의 관심을 끌었다. 이 대응 상태 법칙은 활용도가 무궁무진해서 다양한 유체를 좀 더 일관성 있고 명확하게 파악할 수 있도록 하였다. 이제 실험으로 파악이 불가능했던 열 물리학적 성질을 알아낼 수 있게 하였고, 기체 액화 기술의 발전에도 강력한 자극을 주었다. 이 법칙의 발견은 더 나아가서 분자 물리학에 새로운 개념, 즉 열 물리학과 분자 유사성이란 개념을 도입하는 계기가 되었다. 많은 물리학자들에게 이 법칙은 오랫동안 자신들의 연구에 기초가 되어 주었다. 기체 액화의 선두 주자 중 한 명이던 제임스 듀어는 1902년에 대응 상태의 법칙보다 더 중요한 법칙이 있다면 카르노 순환 정도밖에 없다고 말한다 [9, p. 29]. 따라서 1881년에 등장한 *연속성* 의 독일어판과 함께, 기존에도 유명했던 상태 방정식과 이 새 법칙은 반데르 발스의 이름을 전 세계에 알리는 계기가 된다.

반데르 발스의 새 연구 결과에 대한 첫 반응은 카메를링 오네스였고, 그 다음은 델프트 폴리텍에 있던 보스카의 조수였다. 반데르 발스는 1904년에 이렇게 적었다. '내가 그 법칙을 발표한 뒤, 논문을 인쇄하기도 전에 그 이야기를 들은 오네스는 더 일반적인 원리에서 그것을 유도하는 논문을 작성했다.' [74, p. 86]. 1880년 12월 24일, 역학적 유사성 법칙에 바탕을 둔 카메를링 오네스의 유도 과정은 반데르 발스에 의해 이학부에 제출된다 [127]. 이 사건은 두 과학자 간의 첫 교류가 되며, 그 이후로 급속도로 발전해 업무적으로나 사생활적으로나 친한 사이가 되었다. 카메를링 오네스의 연구 결과는 반데르 발스의 그 법칙이, 그가 이 원리를 유도하는 데 사용했던 자신의 상태 방정식보다 더 정확할 것이라는 반데르 발스의 직감이 옳았다는 것을 보여 준 셈이었다. 더 일반적인 원리에서 유도할 수 있다면, 굳이 필연적으로 오류가 담겨 있는 특정한 방정식에 얽매일 필요는 없었다.

그런데도 대응 상태의 법칙은 활용도가 넓었지만 완벽한 것은 아니었고, 반데르 발스는 오랜 계산 끝에 이 법칙이 자신의 실험 결과와 정확히 일치하지는 않는다는 사실을 발견했다. 이런 상황에서 드는 생각은 이 차이가 법칙의 부정확성에 의한 것인지, 아니면 실험 오류인지를 알아내는 것이다. 이 법칙이 근사적으로밖에 맞지 않는다는 사실이 밝혀지자 반데르 발스는 큰 상심에 빠진다.

'처음에는 한 [물리 법칙]에 어떤 값을 집어넣더라도 정확한 값이 나오는 것을 기대했었다. 그 이유는 다음과 같다; "부정확한 것은 쓸모가 없다." 그리고 나는 이 법칙이 오로지 근사치에 가깝다는 것을 알고 이를 세상에 알려야 하나 의문이 들기 시작했다. 하지만 곧 나는 우리의 모든 지식이 근사치로 이루어져 있다는 사실을 눈치 채고 이론의 이점이 모든 물질을 하나의 속에 속하게 한다는 것을 깨달았다. 마치 우리 인간들이 *인류(Homo)* 속에 속해 있는 것처럼.' [102, p. 43]. 이 마지막 이야기는 독창적이고 심오한 관찰로 근사 대칭에 관한 현대 사상가들이 응용할 수도 있는 이야기이다.

대응 상태의 법칙이 반데르 발스 자신이 가장 좋아한 결과였음은 틀림없다. 그는 유명한 논문 중 하나를 쓰게 되는데 [73], 평소라면 쓰지 않았을 방식을 사용한다. 이 주제는 그가 유일하게 '철학적으로 논하는 것'을 허용한 주제였다. 여러 번 그는 모든 것의 핵심적 생각에 도달했지만 다양한 차이가 있었다. '만약 우리가 높이를 온도에, 폭을 압력에, 길이를 부피에 비교한다면, 모든 물질은 서로 같다고 할 수 있다.' [155]. 하지만 만약 이것이 사실이라면 철학자들이 오랫동안 고민해 온 문제에 도달하게 된다. '모든 인간이 같은 생물이라고 하지만, 우리는 사람들의 지식 능력과 생활 방식의 엄청난 다양성에 매우 놀라고 있다. 그리고 비록 모든 개체가 각자 하나의 속에 속한다고 하지만, 단순히 차원뿐만이 아니라 질에 있어서도 큰 편차를 보이고 있다. 어떤 물질은 쓸모가 많지만, 또 다른 물질은 치명적인 독성을 지니고 있다. 이 다양성은 어디서 오는 것인가?' [102, p. 44]. 그의 대응 상태의 법칙에 관한 숙고는 그가 가지고 있는 연구에 관한 가장 깊은 생각을 나타내었다. '물질계에 있는 다양성 위에 존재하는 통일성.... 물질계는 우연히 생성된 것이 아니라, 간단한 법칙에 의해 탄생되고 존재해 왔다.... 예술가와 같은 물리학자 관점에서 물질의 성질을 꼼꼼히 분석한다면 이 법칙은 쓸모가 없을 것이다. 하지만 철학자와 같은 물리학자 관점에서 '대응'이란 상태를 이해할 수 있다면, 그는 통일성을 이해하고 이때까지 확률과 혼란이 지배하던 곳에 조화를 가져다 줄 수 있을 것이다.' [73, p. 285]. 반데르 발스는 자신을 '물리학자들 중에서 철학자의 한 사람'이라고 말했지만, 그는 아마도 '잠재적' 철학자였을 수도 있다.

6.2 열역학과 용액 이론

1870년대에 열역학은 반데르 발스의 연구에 그리 중요한 역할을 하지 않았다. 오로지 *연속성* 의 제11장과 두 개의 논문, *물이 최대 밀도를 갖는 온도에 대한 압력의 영향* [7]과 *포화 증기의 비열* [8]에만 그 당시에 '열의 역학적 이론'이라 불리는 내용이 들어가 있었다. 이 논문들은 그가 문제를 정형화한 방식 때문에 관심을 끌게 되는데, 우아한 기하학적 접근법과 한 개 이상의 해석법 사용이 그것이다.

첫 번째 논문은 이론 부분뿐만이 아니라 1876년 HBS에서 실시한 실험 기록도 포함하고 있다. 그는 유리 액주 압력계에 물을 넣고 0.1℃에서 6.1℃ 사이의 온도 범위에서, 대기압과 또한, 그 당시 그가 올릴 수 있는 최대 수준이었던 7atm에서 각각 물의 부피를 측정했다. 그는 정량적 결과는 신빙성이 떨어진다고 생각했고, 또 그게 사실이었지만, 정성적인 결론, '최대 밀도의 온도는 압력이 증가할수록 감소한다.'라는 사실은 옳았다. 최근에 밝혀진 바로는 이 값은 0.02K · atm^{-1}이다. 두 번째 논문은 더 중요한데, 임계 영역 바깥에서 증기-액체 계의 거동에 관한 것이었다. 물과 몇몇 액체는 포화 증기의 비열이 음수가 되는데, 이는 곧 열을 제거하면 포화 증기가 더 높은 온도, 그리고 더 높은 압력 상태가 된다는 사실은 이미 잘 알려져 있었다. 하지만 에틸 에터는 비열 값이 양수였는데, 반데르 발스는 이 '비정상'의 이유를 알아내었다. '포화 증기의 비열은 [압력-부피 도표 상의] 포화 증기선의 특정 지점에서 단열선이 포화 증기선보다 더 많이 변화하게 되는데, 이때 단열선이 급격하게 상승하면 비열 값이 음수가 되는 반면 완만하게 상승하게 되면 비열 값은 양수가 된다.' [8, p. 172]. 그 논문에는 특정 물질들의 열역학적 성질들을 구하기 위한 일반 공식과 계산이 포함되어 있었다. 이 계산을 바탕으로 그는 클로로폼 증기는 120℃ 아래에선 수증기처럼 행동하고 이 온도 이상에서는 에터처럼 거동한다고 예측했는데, 이 결과는 훗날 각각 카진과 히른이 한 실험으로 확인되고, 츠올손이 자세히 해석을 덧붙이게 된다 [*10*][2].

여기서 우리는 반데르 발스가 유럽에서 진행되던 열역학 연구에 뛰어난 성과를 보여 줬지만, 그와 동시에 그는 이 분야에 그다지 큰 관심을 갖지는 않았다는 것을 알 수 있다. 그의 생각은 *연속성*에서 잘 드러난다. '사용되는 법칙들이 물질의 구조와 같은 가정에 의존하지 않는다는 점과, 현재로선 이해할 수 없는 진실을 끊임없이 구현한다는 점은 열역학의 자랑이다. 하지만 만약 우리가 반박할 수 없는 모종의 진실로부터 벗어날지도 모른다는 두려움 때문에 자연의 본질을 탐구하는 데 지장을 받는다면, 이는 자연의 숨겨진 진실을 찾는 가장 확실한 길을 제멋대로 막아 버리는 것과 같다.' [1, p. 113; 1e_2', p. 225-226].

몇 년 후 두 연구 방식을 고려하던 그는 이렇게 적는다. '열역학 법칙에 바탕을 둔 첫 번째 길은 탄탄하여 신뢰할 만한 결과를 얻을 수 있다. 하지만 이 길은 그림자가 있는데 왜냐하면 현상을 일으키는 메카니즘이 불분명한 채로 남기 때문이다. 다른 길은 분자 운동론을 따르는데, 이 길은 그 메커니즘이 무엇인지 곧바로 안내할 수 있다. 따라서 이 길을 걷는 사람들은 더 높은 목표를 가지고 있는 셈이다. 하지만 이 이론은 아직 완전히 이해된 것이 아니므로 잘못된 메커니즘으로 빠질 위험이 있다.' [10, p. 199-200]. 반데르 발스는 당연히 '더 높은 목표'를 달성하기 위해 두 번째 길의 위험을 감수하기를 선호했다.

1879년에는 비록 표면적으로는 큰일은 아니었지만, 열역학에 대한 반데르 발스의 태도를 크게 바꾸는 사건이 일어났다. 그해에 반데르 발스는 깁스에게서 1876년에 1부가, 1878년에 2부가 출판된 *불균일 물질의 평형에 관해서* 를 두 권 모두 받게 된다. (또한, 그는 1879년에 발표된 해리 증기의 밀도에 관한 논문과 깁스의 광학 연구 내용, 클라우지우스의 회고록과 그가 쓴 통계 역학 책을 받게 된다.) 깁스가 반데르 발스의 이름을 알게 된 계기는 1877년의 *바이블래터* 에 실린 *연속성* 의 초록이나 그보다 앞서 *네이처* 에서 언급된 맥스웰의 비평 덕분일 것이다. 어쩌면 유럽의 거의 모든 물리학 및 화학 교수가 실려 있는 인명록에서 그의 이름을 알게 되었을 뿐일지도 모른다.

아무튼 반데르 발스는 깁스의 불균일 평형 논문들에 이름을 올린 90여 명 정도의 교수 중 한 명이 되고, 그 이후로 이 분야 연구를 계속한 유일한 사람이 된다. 그의 반응은 처음에는 다소 회의적이었다.; 그는 이학부에 깁스의 추론 곧 평형 원리[3]에 '석연찮은 점이 있다'고 말하며 그 같은 접근 방식을 벗어날 시점을 고려하고 있다고 보고했다 [10ac]. 따라서 그는 전통적인 미분 방식과 깁스의 방식을 기체의 해리 계산에 적용하여 비교했다. 그 두 방법의 일치는 그의 논문, *해리점에서의 압력, 부피, 온도 간의 관계* 의 결론을 장식한다 [10]. 이 잘 알려져 있지 않은 논문은 1880년 1월 언론에 보도되는데, 이는 반데르 발스가 이룩한 과학적 발전에 중요한 이정표가 된다.

이것은 우선, 깁스가 *없는 가운데(in absentia)*[4] 그와 깁스가 한 공동 연구의 시작이란 걸 의미한다. 열역학에 대한 초기의 비판을 생략한 채, 그는 서론에서 아무튼 '윌리어드 깁스'에 의해, 열역학적인 방법이 기체 혼합물에 대해 '아주 성공적으로 적용되었다.'고 서술하였다. 이 중요한 '*불균일 물질의 평형에 관해서* 논문을 통해, 그는 해리되는 기체 혼합물의 압력, 부피, 온도 사이의 관계를 나타내는 식을 정립하였으며, 이는 보일과 게이-뤼삭의 법칙들과 동일한 유효성을 가진다.' [10, p. 200] 두 번째로, 그 논문은 반데르 발스로 하여금 물리화학의 세계에 발을 담그는 계기를 만들어 주었다; 그 당시 '해리'의 개념은 이른바 '화학 역학' 분야에서 선도적 개념의 하나였다. 반데르 발스에 따르면, '해리는 일반적인 의미로 물리학과 화학 모두에 속하는 현상이다. 화학 분야엔, 원자를 조합하여 복합 분자에 속하게 하고, 물리학에서 보면, 이러한 분자들을 조합하여 보다 큰 집합체를 만드는 셈이다.' [10, p. 199]

결론적으로, 우리는 그가, 깁스의 방식을 따르게 되면 기존에 생각했던 것보다 훨씬 더 현상학적 접근이 수월하게 된다는 점을 처음 인식했다는 것을 알 수 있다. 또한, 그는 1879년에 독일어로 최종 형식이 나온 굴베르그와 보게의 질량 작용의 법칙을 존경심을 가지고 인용하며 자신의 생각을 덧붙였다. 이 변환을 위해 그는 달턴의 법칙에서 계산된 분압을 도입하였다.

이 논문의 위 세 가지 특징은, 그 어느 것도 독창적인 것은 아니었지만, 반데르 발스에 의한 과학적 기여의 증거이다. 하지만 그것은 하나의 새로운 주제, 곧 평형 문제를 푸는 데는 순수하게 열역학적 접근 방식만으로는 부족하다는 아이디어를 제시한 것이었다.

혼합물의 PVT 관계도 알아야 했기 때문에 그는 깁스의 논문에 대한 평가에 '어쨌든 기체 혼합물에'라는 조건을 달게 된다. 열역학과 상태 방정식은 하나로 합쳐져야 한다는 생각은 반데르 발스의 나머지 평생 동안 그의 머릿속을 떠나지 않았다. 이 논문에서 그는 순수 물질과 동일한 조건을 기체 혼합물에 적용시키되, 매개 변수 a_x와 b_x 는 혼합물의 조성에 따라 변하도록 했는데, 이 경우는 해리도였다. 하지만 그는 이렇게 덧붙였다. '하지만 정해진 조성을 가지는 혼합물의 압력과 온도 관계식에 사용되는 상수들이 그 혼합물의 조성비와 어떻게 연관되는지는 정확히 알지 못한다.' [10, p. 204].

이 열역학 논문은 마치 갈릴레오의 *그래도 지구는 돈다(E pur si muove)* 정도의 열망이 느껴질 정도로 그의 끊임없는 호기심을 나타내는 표현으로 끝을 맺는다. '비록 온도에 따라 해리도가 변하는 것이 현재의 분자 운동론으로는 해석할 수는 없지만, 나는 그 이론에서 유도하는 것이 그리 어렵다고는 생각하지 않는다. 나는 조만간에 분자 운동론에서 온도 변화를 유도해낼 수 있기를 기원한다.' [10, p. 217].

하지만 이 문제로 다시 돌아오기에는 10년이란 시간이 걸렸다. 그 대학교 규정에 따르면 모든 학부는 격년마다 상금을 걸고 하나의 문제를 낼 수 있다. 10년간 반데르 발스는 물리학·수학 학부가 출제한 문제에 자신의 주제를 넣지 않았는데, 아마도 마땅한 학생이 없었기에 그랬을 것이다. 하지만 1888-89년에 그는 '보통 조건하에서 압력과 부피, 잠열과 같은 조건이 일정할 때 포화 증기의 밀도와 압력, 소리의 속도, 열용량의 비에 관련된 법칙들에 미치는 해리 효과'라는 문제를 낸다. 실러의 *이상과 삶(Das Ideal und das Leben)*에서 따온 *강자만이 운명을 누를 것이다(Nur der Starke wird das Schicksal zwingen)*라는 글귀가 새겨진 금메달의 수상자는 암스테르담 대학교 후보자인 A. J. 스와트였고, 그는 이 에세이를 박사 학위 논문으로 발전시킨다. 스와트의 결과 중에서 화학적 부분은 의미가 있었기 때문에 *물리화학 저널 (Zeitschrift für physikalische Chemie)*에 게재된 반트 호프의 한 논문에 상세히 소개된다 [*11*]. 그 논문의 다른 부분, 곧 분자 운동론은 기체 혼합물의 운동론을 수립하려는 시도에 그친다.

1880년대의 반데르 발스의 연구는 그리 알려진 내용이 없다. 아내가 죽은 이후로 그는 침묵을 지켰고, 간간히 추천서나 비슷한 종류의 서류에만 이름이 올라가곤 했다. 하지만 그의 연구는 깁스의 열역학을 완전히 이해하는 방향으로 계속 진행되고 있었다. 콘스탐은 반데르 발스가 다른 사람의 이론적 작업에 직접적으로 영향을 받은 경우는 그의 논문에서 감사의 뜻을 표했던 클라우지우스 논문을 처음 '발견했을 때'를 제외한다면 이번이 유일하다고 언급하고 있다 [206]. 30년 후 반데르 발스 스스로, '깁스가 논문을 발표한 즉시 나에게 보내 준, 불균일 물질의 평형에 관한 논문을 접하게 된 것은 나에게 극히 중요한 일이었다.' 라고 언급하였다 [103e, p. 263]. (마지막 문단에 있는 약간의 오류는 양해를 바란다.)

1885-86년에 그는 이학부 회의에서 7편의 상평형의 열역학 관련 보고서를 읽게 되지만 [21-26], 그중 초록은 처음 1개만 준비하였다. 콘스탐은 이 시기의 그를 이렇게 적었다. '육체적인 고통에 의한 우울함으로 그는 연구 논문 출판에 흥미를 잃은 상태에 빠져들었다. 그는 일과 관련이 없는 과학 연구를 할 수가 없었다.... 하지만 모든 야망이 사라지고 모든 학회 일에 흥미를 잃을 만큼 마음에 상처를 안은 그로 하여금 자신의 연구 결과를 정리하여 다른 과학자들이 사용할 수 있도록 하는 것이 무슨 의미가 있었

겠는가? 그것이 무엇이든 간에, 그에게 드리워져 있던 위험은 결국 카메를링 오네스의 주도적인 노력과 그 자신이 갖고 있는 강인한 의무감과 절제 능력을 통해 사라지게 되었다.' [206, p. 24-25].

반데르 발스는 훗날 자신에게 무슨 일이 일어났는지 회고했다. '오네스는 그의 연구실에서 혼합물 연구를 시작하고 싶다는 의도를 밝혔다. 단일 물질의 연구는 이미 많이 밝혀졌지만, 혼합물의 경우는 아직 의문 투성이었다. 여기 놓인 문제점들은 무엇인가? 기준점이 되는 이론이 없다는 점과 너무나 큰 불확실성 때문에 어디서 어떻게 시작해야 할지 아무도 몰랐기 때문이다.' [74, p. 82].

여기서 우리는 이것이 카메를링 오네스뿐만이 아니라 모두에게 사실이라는 것을 말하지 않을 수 없다. 특히 임계 영역에서 기체 혼합물의 문제는 맥스웰, 앤드류, 카유테, 스톨레토프 등이 도전했지만, 그 누구도 단일 물질에 대해 개발된 개념들과 단일 성분일 경우 전체 압력은 부분 압력의 합과 같다는 달턴의 법칙에서 벗어나지 못했다.

반데르 발스는 계속 이어나갔다. '나는 이 발표에 놀랐고, 그에게 자기 자신도 오랜 시간 동안 이성분 혼합물에 관한 연구를 계속 진행했었고, 큰 범위에서는 어느 정도 완성했다는 사실을 전하는데, 오네스 또한 놀랐다. 나는 원리에는 확신이 있었기에, 자세한 부분까지는 연구하지 않았지만, 결과를 어느 정도 그에게 말해 주었다. 2시간 가까이 걸친 이 대화중에 이론적 배경에 관한 언급은 없었고, 그 대신 공존 상태의 법칙, 임계 현상을 설명해 줄 수 있는 고리 발생, 접촉 시의 플레이트 점(plait point)과 임계점 등을 얘기했다. 이론적 토대가 생략되었기에 이런 나의 주장들은 오네스에게는 문제만 던져 준 것처럼 느껴졌다....

내가 그에게, 계산 과정을 보게 된다면 의구심이 사라질 것이라고 말하자, 그는 이 이론을 출판하자고 건의했다. 나는 그 당시 새로운 결과를 발표하는 것에 흥미를 잃었던 시기였고, 아직도 그 상태에서 벗어났는지는 잘 모르는 상태였다. 하지만 오네스는 내가 민감하게 생각하는 그 이론의 출판을 지지했다. 그는 자신이 인용할 수 없는 이론을 바탕으로 연구를 진행하고 싶지는 않다고 말했다.' [74, p. 82-83]. 이 토론 끝에 1888-89년 암스테르담 대학교에는 *혼합물의 분자 이론*이라는 과목이 개설되었다 [*12*].

반데르 발스가 한 일은 무엇이었을까? 그의 이론의 핵심은 열역학 법칙과 혼합물을 위한 상태 방정식의 조합, 아니 더 정확히 말하자면 합성을 통해 매개 변수 a와 b를 특정한 형태로 혼합물의 조성에 대응되게 바꾸는 것이었다. 로렌츠는 이것을 '행복한 합성'이라 불렀다 [195, p. 308]. 반데르 발스는 맥스웰이 넘지 못했던 문제를 해결하였다.

일반화된 상태 방정식에 내재된 개념은 *연속성*의 것과 같다. 혼합물에서도 단일 물질처럼 액체와 증기는 '크기와 인력을 가진 동일한 운동성 영구 입자'로 구성되어 있다는 것이다 [58, p. 583-584]. (특정한 비정상적 물질과 화학 반응을 하는 혼합물은 이 이론에서 제외된다.) '당연히 단일 물질에서 해결되지 못한 문제는 혼합물에서도 해결되지 않는 상태로 남는다.' [61, p. 51].

상태 방정식은 반데르 발스가 직접 만들었고, 열역학 방식은 윌라드 깁스가 거의 완성된 형태로 발전시킨다. 그의 아들에 따르면 반데르 발스는 맥스웰을 제외하고는 현재 깁스보다 더 뛰어난 물리학자는 없다고 생각했다 [*13*, p. 410]. 반데르 발스는 그만의 방식으로 경의를 표했다. 그는 깁스의 표기법을 자신에 연구에 사용했다[5]. 훗날 그는 노벨상 강연에서 이 점을 언급했다. '그를 기리기 위해 나는 평형 표면을 ψ-표면이라 이름 지었습니다. 자유 에너지가 평형 상태에서 중요한 역할을 한다는 것을 처음 깨달은 그는 항상 ψ로 표기했습니다.' [103, p. 11; 103e, p. 263].

열역학 표면은 1875-76년에 깁스에 의해 개발되었다. 그는 열역학적 함수와 그 인수 (예: 에너지를 엔트로피와 부피의 함수로 표현)의 의존 관계를 표현함으로써 다양한 집합 상 간, 혹은 일반적으로 다른 상 간의 평형 상태의 조건을 어떤 분석적 방법보다 훨씬 더 쉽게 이해할 수 있도록 해준다는 점을 알아냈다. 만약 한 면이 열역학 표면에 두 점에서 접선으로 (tangent) 만나게 된다면, 이 점들은 공존 상태를 의미한다.

깁스의 기하학적 방법은 즉각 맥스웰의 열렬한 환영을 받았다. 1875년 *열 이론* 의 4판에서 그는 깁스의 단일 물질에 관한 에너지 표면 연구를 자세히 언급하였다. 그는 열역학 표면에서 특정 선과 점을 찾는 간단한 방법을 제안했는데, 그는 유리판에 기름을 칠하고 그 유리판을 표면 위로 말아서 두 점에 접촉하도록 하였다. 그러면, 그 두 개의 접촉점으로 이어지는 기름의 경로가 바로 공존 상태를 의미했고, 유리판에 있는 대응 선들은 바로 공존 상태를 기하학적으로 나타내는 셈이었다. 맥스웰은, 깁스로부터 '*불균일 물질의 평형에 관해서*' 논문을 받은 후, 이 연구를 바탕으로 3개의 서로 다른 열역학 표면 모델을 제작하여 [*14*], 1876년 5월 런던의 사우스 켄싱턴 박물관에서 열린 국제 과학 기구 박람회에 전시했다. 리케와 보스카를 포함한 8명의 네덜란드 물리학자가 이 박람회에 참가했는데, 리케는 맥스웰에 이어 강의를 진행했다. 따라서 맥스웰의 강의는 반데르 발스에게 전해졌을 것이다. 깁스의 연구를 본 뒤, 원래 기하학적 사고방식을 가졌던 반데르 발스가 혼합물의 열역학 연구에 기하학적 방법을 적용하는 가능성에 흥미를 가지게 되었음은 말할 필요도 없었다.

그의 열역학과 상태 방정식의 합성은 반데르 발스의 ψ-표면을 기하학적으로 구축하는 방식으로 나타났는데, 주어진 온도에서 균일 이성분 혼합물의 자유 에너지를 두 개의 변수, 부피 V와 몰 분율 x의 함수로 표현하는 방법이었다.

이 표면의 구축은 상태 방정식에서 ψ가 V와 x의 함수로서 명시적으로 알 수 있다는 점이 밝혀지면서 가능하게 되었다. 그 모양은 하나의 계를 간단한 방법으로 나타내 준다. 수평 V-x 평면에 볼록하게 튀어나온 부분은 안정된 균일 상태를 의미했고, 안으로 오목하게 들어간 부분 (*플레이트*라고 부름)은 불안정해 두 개의 공존 상태로 나뉘는 상태를 의미했다. ψ 면에 대한 접평면의 경사, $-(\partial\psi/\partial V)_x$는 이 계의 압력을 나타냈다. 만약 플레이트가 있다면 접평면은 두 군데에서 표면에 접하게 되는데, 이는 공존 상태를 의미했다. 면의 경사는 온도가 동일할 때 압력 변화에 따라 달라지는 두 상태의 조성을 나타낸다. ψ-표면은 온도와 상태 방정식의 매개변수에 따라 그 모양이 천차만별이 될 수 있다.

이 모든 결과는 1889년 2월 23일 이학부 회의에서 반데르 발스에 의해 처음 발표되었다. 그의 보고서의 제목은 *두 가지 물질의 혼합물 이론의 분석을 통해 얻은 약간의 결과들* 이었는데, 두 개의 액체 상태와 하나의 증기 상태로 이루어진 계의 ψ-표면 모델을 제시했다. 보고서의 요약본 [29]은 그 내용이 아주 풍부하고 충실했다. 이성분 혼합물에 관한 상태 방정식의 일반화, 자유 에너지에 관한 명시적인 식 유도, ψ-표면의 기하학적 표현, 안정된 균일 상태에서 2~3개의 상태로 쪼개지는 표면상의 지점 위치. 이 모든 내용에 관한 그의 이론이 이 첫 보고서에 기록되어 있었다.

1889년 2월 25일, 반데르 발스는 (영어로)[6] 편지를 쓴다. '나는 지금 두 가지 다른 물질이 섞인 혼합물을 연구하고 있네. 저번 토요일 나는 그 내용의 일부를 암스테르담의 왕립 과학 한림원에 발표했었지.

내가 *연속성* 에서 이 주제에 관해 쓴 내용은 내가 이 분야에서 아주 제한된 시야를 갖고 있을 때 쓴 내용이라 반드시 수정이 필요하네.... 두 가지의 물질 이론은 내가 *연속성*에서 쓴 어설픈 이론을 보완해 줄 거야.'

얼마 뒤 그는 *네덜란드 연보(Archives Néerlandaises)* 제출용으로 그 보고서를 긴 논문으로 정리하였다. 노벨상 강연에서 그는 '나는 이 논문을 네덜란드어로 썼지만 존경하는 친구 보스카가 프랑스어로 번역하는 힘든 일을 맡아 주어 그 당시에 자세히 연구되지 않았던 특정 점(플레이트 점)들과 곡선을 구하기 위한 수학적 방법을 간단히 표현할 수 있었습니다. 하지만 그 이전에는 나의 연구 결과를 가지고 많은 이야기를 나누었던 내 친구 코르테베흐가 이 곡선들의 수학적 의미를 분석했었는데, 그것도 큰 도움이 되었습니다.' [103e, p. 262]. 보스카는 또한 몇 가지 사실을 추가하고 반데르 발스의 기존 논문들 (주로 *연속성*)의 인용도 추가했다.

이렇게 그의 유명한 논문 *두 개의 다른 물질로 구성된 혼합물의 분자 이론* 은 전 세계에 퍼지게 되었다 [31]. 콘스탐은 이렇게 표현하였다. '대단한 논문으로 모든 페이지에서 저자가 이때까지 쓰지 못하게 막았던 문제들을 극복하려는 느낌이 전해진다. 만약 누군가가 이 느낌을 단어로 표현하자면, 수십 개의 단어가 아닌, 5개 혹은 2개 정도일 것이다. 그만큼 이 논문은 읽기 어렵거나, 정확히 말하자면 완전히 이해하기가 힘들었다.... 10년 이상에 걸쳐 나는 이 50쪽에 달하는 논문을 20-30회 읽었고, 내 이해력이 증가할수록 이때까지 놓치고 있었던 다른 부분이 계속해서 드러나곤 했다. 지금도 나는 그 내용을 완전히 이해했다고 장담할 수는 없다.'

[206, p. 27].

수십 년 뒤, 노벨상 강연에서 반데르 발스는 그의 개인적 문제를 전혀 언급하지 않았다. '내가 오랫동안 논문 발표를 꺼렸던 이유는 여러 가지가 있고 여기서 그것들을 언급하는 것은 큰 의미가 없습니다. 하지만 하나 과학적으로 중요한 이유가 있었다면 내가 나 자신에게 계속 물었던 질문이 있습니다.: 상태 방정식에 관한 연구도 완전히 끝나지 않았는데, 이것을 혼합물에 적용하는 것이 무슨 소용이 있을까?' [103e, p.262-263]. 콘스탐은 이렇게 덧붙였다. '하지만 이 주장은 그리 설득력이 없다. 이런 의문은 카메를링 오네스의 끈기 덕분에 논문 발표 후 얼마 지나지 않아서 추가 실험이나 반증을 통해 해결될 수 있었기 때문이다.' [206, p. 26]. 그럼에도 불구하고 비록 다른 더 중요한 이유가 있었다고 하더라도 반데르 발스 자신이 가진 그 의문은 중요한 많은 다른 논문의 발표를 미룰 만큼 진솔한 것이었다. 논문을 보스카에게 보내고 난 뒤, 그는 서론에 이렇게 덧붙였다. '...몇 개의 특정 점들에 관한 나의 연구는 아직 끝나지 않았기 때문에, 이 문제를 전체적으로 다루는 처지에 서기 위해서는 시간이 더 필요하다.' [31, p. 1]. 이를 보면 저자 자신이 완전히 이해하지 못한 것을 가지고 연구를 한다는 것이 얼마나 괴로운 일인지 잘 알게 된다. 이런 일은 모세관 이론, 열역학 강의 모음집 출판 및 다른 사소한 연구에서도 계속 일어났을 것으로 짐작된다.

이제 이 문제를 다른 방향으로 눈을 돌려서 어떤 사건이 이 연구의 추진력이 되었는지를 생각해 보자. 노벨상 강연에서 그는 이렇게 적었다. '...단일 물질의 경우 b 상수만 있더라도 [상수로 유지된다고만 하여도] 내 이론은 하찮은 것이 아닌데 그 이유는 많은 현상이 혼합물의 a와 b 값만 적절히 구할 수 있다면 그 현상을 정성적으로 해석할 수 있다는 희망을 가지게 하기 때문입니다.' [103e, p. 263]. 자신의 이론을 다른 영역으로 확장하려 했던 이유는 명확히 설명하지 않았기 때문에 추측만이 가능하다. 다른 말로 하자면 우리가 연구할 수 있는 계들의 계층 구조상 단일 물질로 형성된 구조보다 이성분 혼합물은 상위 체계를 형성한다는 의미이다. 그는 나중에 이성분 혼합물의 자료에서 각 성분들의 a와 b의 값을 유도해내고,

준 회합에 관한 논문에서 이 혼합물 이론을 적용하였다.

마지막으로, 우리는 당시에 이 연구 논문 발표에 관해 영향을 끼쳤던 외부 요인을 고려해야 한다. 1880년대 말과 1890년대 초는 특히 용액 연구에 있어 중요한 시기였으며, 여러 주장들이 격렬하게 논쟁하던 시기- 곧 반트 호프와 아레니우스의 용액 물리 이론이 대변하는 질풍노도의 시기였다. 항상 그랬듯이 반데르 발스는 자신만의 길을 갔고 희박 용액뿐만 아니라 모든 농도의 용액에 관한 연구를 진행하였다. 그의 연구는 대세를 거스를 뿐만 아니라 앞지르는 것일 수도 있었다. 하지만 주제에서 완전히 벗어나는 것은 아니었고 논문 마지막 부분에 반트 호프의 이론을 소개하였다. 이것은 반트 호프가 1890년 1월 5일 암스테르담에서 아레니우스에게 왜 편지를 보냈는지 그 이유를 설명해 준다. '*네덜란드 연보* 에는 이미 반데르 발스가 두 물질의 혼합물에 관한 상태 방정식을 다룬 논문이 실려 있습니다. 그는 나에게 희박 용액의 삼투압 법칙과 아보가드로 법칙의 확장판도 추가했다고 말했습니다. 내 생각에 이 논문은 많은 물리학자들을 안심시킬 것입니다.' [*15*, p. 278]. 반트 호프 덕분에 이 논문은 오스트발트에 의해 1890년 3월 *물리화학 저널* 에 독일어판으로 실리게 된다 [31d]. 반트 호프는 반데르 발스가 자신의 이론을 증명하는 데 좋은 예시가 될 것으로 생각하고, 그 결과를 여러 편의 논문과 1890년 리즈에서 열린 영국 학술협회의 용액 관련 토론에서 언급하였다 [*15*. p. 282]. 이 모든 사건은 카메를링 오네스가 말한 '반트 호프는 기존에 알려진 것 이상으로 반데르 발스의 영향을 받았다.'라는 내용을 뒷받침한다 [233].

여기서 반데르 발스가 쓴 두 개의 전해질 관련 논문을 소개한다. 이 논문들은 반데르 발스의 주 연구 분야와는 살짝 벗어나 있으나, 그 당시를 알 수 있는 자료로서, 그리고 반트 호프와 아레니우스의 이론에 관한 격렬한 논의에 영향을 준 자료로서 가치가 있다. 앞서 언급한 대로, 반데르 발스는 반트 호프의 희박 용액 이론을 지지했지만, 아레니우스의 이론에 대한 그의 입장은 그렇게 단순하지를 않았다. 문제의 본질은 그 해리를 일으킨 이유, 곧 물과 용질의 상호 작용에 관한 고려 없이 전해 해리 가설이 원래 형식 그대로 세워졌다는 점이었다. 비이상계의 탐구자로서 이 분야에 들어온 반데르 발스는 그런 고려는 너무나 당연한 것이었다. 그는 전해질 용액의 증기압을 이론적으로 계산한 뒤, 실험 결과와 비교하였다. '첫 번째로 지금 현재 당연하게 생각되는 용매와 용질 사이에 상호 작용이 없다는 가정은 옳지 않다' [32d, p.314]. 반데르 발스는 그의 혼합물 이론을 이용해 용액의 증기압과 농도를 방정식으로 표현하고, 이 식을 르뇨와 탐만이 희박 황산의 증기압으로 측정한 실험 결과와 비교한다. 특이한 점은 처음에 그가 용질의 해리를 고려하지 않은 식을 의도적으로 사용했다는 점이었다.

그는 이렇게 설명했다. '물론 나는 즉시 해리를 고려하려 했지만, 일단 이 현상이 압력에 의해 어느 정도 영향을 받는지 확인하고 싶었다.' 그의 결론은 '관측 결과는 용매가 용질에 강한 영향을 주거나, 그 반대의 경우를 고려하지 않는다면 전해 해리 가설과 일치하지 않았다.' [33d, p. 215]. 이 결론에 도달한 뒤 반데르 발스는 세 가지 주장을 내어놓았다. '(1) 물에 녹은 이온의 재결합은 열의 흡수가 수반되어야 한다. (2) 같은 물질의 해리도는 어떤 매체에 녹아 있는지에 따라 달라진다. (3) 용질 농도가 올라가면 해리된 분자 일부가 최대치를 통과해서, 특정 농도에서 전해질의 전도성이 최대치가 되는 이유를 설명할 수 있게 된다.' [33ac].

반데르 발스의 이 논문들은 전해 해리의 초창기 이론에 주어진 첫 건설적 비판[7] 중 하나였기 때문에 의미가 컸으며, 특히 실험 결과에 따른 정밀한 수치 분석에 바탕을 두었기 때문에 더 의미가 있었다.

반트 호프는 1891년 5월 18일 이 논문들에 관해 오스트발트에게 편지를 보내었다. '당신도 아마 최근 반데르 발스가 전해 해리에 관해 쓴 (네덜란드어) 논문을 받았을 것입니다. 나는 이 논문을 곧 학술지 [이를테면: *물리화학 저널*] 게재를 위해 번역할 예정인데 며칠 안으로 끝이 날 것입니다. 그의 결과는 최근 의견을 지지하고 있습니다. 당신의 해리도 이론은 농축 용액까지 확장되었지만, 나 자신은 실험 결과에는 약간 의문을 품고 있습니다.' 오스트발트는 이틀 후 답장을 썼다. '나는 이미 반데르 발스에게 논문들을 번역해 줄 수 있느냐고 물었는데, 그는 승낙했습니다. 아마 그에게 연락해서 두 사람 다 같은 일을 하는 것은 피하는 것이 좋을 것 같습니다.' 한 달 뒤인 6월 18일, 반트 호프는 오스트발트에게 반데르 발스가 번역을 끝냈다는 연락을 하였다 [*16*, p. 238-239]. 그는 몇 부분을 보완했고 이 수정된 논문들은 *물리화학 저널* 7월호에 수록되었다. 그리고 나중에 그 논문들은 오스트발트의 승인 아래 자신의 유명한 책인 *일반화학 강의 (Lehrbuch der allgemeinen Chemie)*의 전해질 용액 부분에 수록되게 되었다.

이제 다시 본론으로 돌아가서 혼합물의 분자 이론 논문과 주로 카메를링 오네스의 연구실에서 행해진 논문 출판에 관련된 다양한 사건 이야기로 넘어가자. *네덜란드 연보* 의 출판은 카메를링 오네스가 레이던 대학교에서 상금을 걸고 낸 문제 '반데르 발스의 두 물질의 혼합물 이론을 확인하기 위한 관찰이 필요하다.' 가 나오자마자 이뤄졌다. 필요한 연구는 이미 1889년부터 카메를링 오네스의 가장 뛰어난 학생인 요한네스 페트루스 쿠에넨이 진행하고 있었다. 반데르 발스에 의하면 '쿠에넨의 완벽한 실험은 그의 이론의 참된 방화벽이 되어 주었다.' [74, p. 83-84]. 카메를링 오네스는 1922년에 이렇게 적었다. '반데르 발스의 천재성은 비록 아내의 죽음으로 가라앉아 있었지만, 그가 쿠에넨이 대략적인 정보만을 들은 채로 실시한 이성분 혼합물 이론과 관련된 실험 결과를 적용하기로 하자 다시 날아올랐다.' [*17*, p. 674]. 따라서 다양한 이성분 혼합물의 ψ-표면 실험이 처음으로 진행된 것은 레이던의 연구실에서였다.

반데르 발스는 새로운 실험 결과가 나오기를 학수고대했는데, 그 결과를 이용해서 자신의 이론적 결론을 증명할 수 있기 때문이었다. 그 마음은 이 구절로 확인이 가능하다. '쿠에넨 씨는 측정이 끝나자마자 바로 도표를 보내 주었다.' [48f, p. 91]. 그는 한번은 연구 토론에도 참여했고, 처음 10년간의 실험 결과는 보고서로 정리되어 1900년 파리에서 열린 물리학 국제 학술회의에 보고되었다 [58]. 그리고 추가로 보충된 두 번째 보고서가 *연속성* 2판의 제2권에 실리게 되는데 [61], 카메를링 오네스에게 바치는 문구는 이렇게 적혀 있었다. '이 다음 쪽부터 실려 있는 이론과 실험의 행복한 조합은 기본적으로 귀하 덕분입니다. 1899년에 출판된 *분자 이론 (Théorie moleculaire)* 또한 귀하의 노력이 컸습니다. 그때부터 지금까지 귀

하는 풍부한 재능을 실험에 끊임없이 투자하여 이론의 핵심이 되는 결과들을 만들어냈습니다.'

6.3 모세관 현상

1893년 반데르 발스는 한림원의 *회고록*에 56쪽에 달하는 길고 빽빽한 *밀도의 연속적 변이 가설에 따른 모세관 현상의 열역학적 이론* 이라는 논문을 발표했다 [37]. 이 논문은 60년이 지나서야 그 가치를 온전히 인정받았다.

제3장에서 언급했듯이 이 논문은 라플라스의 모세관 이론을 바탕으로 하고 있었다. 그 사실은 그의 상태 방정식에 반영되어 있으나 라플라스의 이론에서 설명된 모세관 현상을 그 이상으로 분석하지는 않았다. 이는 모세관 현상의 참된 미시적 분석 곧 분자 운동론을 발전시키려면 최근에야 극복한 많은 이론적 및 실험적 어려움을 넘어서야 했기 때문이다. 현상학적인 이론은 오로지 열역학적인 용어로만 설명할 수 있었는데, 이 분야는 깁스의 기초 논문을 읽기 전까지 반데르 발스가 그렇게 완벽히 알고 있는 분야가 아니었다. 하지만 여기서 그는, 1878년에 발표된 깁스의 모세관 현상이 모든 종류의 표면적 현상을 망라할 뿐만이 아니라 어떤 물리학적 이론이라도 그 모델로도 고려될 수 있었기 때문에 이 주제는 이미 사라진 것이나 마찬가지라고 생각했을 수도 있다. 깁스의 논문은 논리적으로 흠잡을 데가 없었고, 열역학 제1법칙과 제2법칙과 같은 최소한의 가정으로 유도되었기 때문이다.

반데르 발스는 깁스의 연구가 가진 강력한 힘과 큰 결실을 기뻐했지만, 논리라는 것이 자연의 법칙을 분석하기 위한 최선의 도구는 아니라는 생각이 들었다. 뉴 헤이븐의 차갑고 가차 없는 요약 방법은 반데르 발스가 고집스럽게 믿고 있던 직관적인 접근 방식과 충돌하게 된다. 이 믿음은 그 자신의 논문에서 깁스의 모세관 현상 이론에 대한 언급에서 드러난다. '저자[깁스]는 100쪽 이상을 써서 잘 알려진 응용과 잘 알려지지 않은 응용을 같이 언급하면서 자연 현상을 설명하고 있다.' [37e, p. 201].

그가 실제로 깁스 (그리고 라플라스를 비롯한 나머지 연구자들의 경우도 마찬가지로)의 연구에 이의를 제기한 부분은 그들이 벌크 액체에서 증기로 변할 때 비연속적 밀도 변화가 있었다면 수학적으로 확실한 분계면(dividing surface)이 있다고 주장했거나 혹은 주장한 것으로 보이는 부분이다. 하지만 그런 가정은 두 개의 상으로 이루어진 계에서 밀도 분포는 오로지 압력과 온도, 그리고 임의 분포가 가능하지 않은 중력과 같은 외부 역장에만 의존한다는 열역학 원리와 대치되는 것이기 때문이다. 더 나아가서 간단한 물리 법칙에 의해 액체의 밀도는 확실한 분계면까지 일정하게 유지될 수는 없는데, 그 이유는 분자 압력이나 분자의 응집은 벌크 내부보다 경계에서 더 적게 일어나기 때문이다. 깁스는 자신의 분계면이 계면(interface)의 구조를 정확하게 나타내지 못한다는 것을 알고 있었으므로, 논문에 이렇게 적었다. '이 상태는 분자 운동의 구가 무한히 작은 것이 아니므로 구성 요소들의 에너지 밀도를 기준으로 하면 이 현상을 일반화해서 설명할 수는 없다.' [*18*, p. 219]. 하지만 표면층이나 (반데르 발스가 이름 지었듯이) 모세관 층의 두께가 아주 얇으리라는 것 말고는 직접적인 증거는 없었다. 따라서 깁스는 이 문제를 두께에 관한 가정을 아예 하지 않고 처리했다. 그는 '표면층의 두께에 상관없는 열역학적 방법을 찾으려 노력했다' [*19*, p. 11].

그의 논문 제목에서 볼 때 연속성의 개념은 여전히 반데르 발스의 중심 생각이라는 것을 알 수 있다. 그는 이렇게 적었다. '여기서 언급할 필요가 없는 상태는 나로 하여금 이 현상들의 다른 이론들에 눈을 돌리게 만들었다.' [37e, p. 201]. 그중에는 자신의 노력이 담긴 연속성에 도전하는 내용도 있었고, 최근 깁스에 의해 지지를 받은 밀도의 비연속성을 인정하지 않으려는 경향도 있었다. 하지만 이것들이 유일한 이유는 아니었는데, 그는 밀도에서의 변화는 연속성일 수도, 비연속성일 수도 있지만, '밀도의 비연속성이 있을 때 에너지 관련 식을 구하기 어려웠기 때문에 오로지 연속적 변화가 있는 것으로 가정해서 계산했다.' [37e, p. 207].

그의 학위 논문에서 모세관 현상을 풀기 위한 그의 첫 시도는 실패로 돌아갔지만, 이제 깁스의 방법을 터득했기 때문에 다시 도전할 수 있었다.

이 두 번째 도전은 열역학이 불균일계에 적용된 최초의 사례인데, 이 경우는 모세관 층이 두께에 따라 계속 밀도가 연속적으로 바뀌는 경우였다. 하지만 이 층은 매우 얇아서 끊임없이 물리적 성질이 바뀌는데 일반적인 열역학적 방법을 사용하여, 공간에 걸쳐 평균을 내는 것이 적합한가? 이 질문들에 반데르 발스는 1888년의 경우처럼 처음에는 대답을 잘하지 못했기 때문에, 정식 논문을 내는 대신 1888년 5월 28일 이학부 회의에서 단신으로 발표했다 [27]. 이 발표는 비록 로렌츠가 *물리학의 진보* 용 요약본을 준비했음에도 불구하고 그냥 넘어갈 뻔했다 [27c].

그의 망설임은 1892년 2월 25일 이학부 회의에서 카메를링 오네스가 자신이 지도한 E. C. 드브리스의 학위 논문 [*20*]을 발표하면서 사라졌다. 이 논문은 에터 표면 장력의 온도에 따른 변화를 정밀하게 측정한 내용을 담고 있었다. 이때까지 표면 장력은 임계점에서 0이 되지만 일반적으로 온도에 따라 선형적으로 변하는 것으로 알려져 있었다. 드브리스는 처음으로 임계 온도 근처에서 정밀하게 측정하는 데 성공하였고, 사라지는 속도가 예상보다 더 빠르다는 것을 알아내었다. 즉, 임계 온도에서는 그 곡선의 접선은 온도 축을 따라 놓여진다는 의미였다. 반데르 발스는 레이던 대학교 동료의 뒤를 즉시 이어나갔다 [35]. 그는 액체와 증기 사이의 표면에서 밀도가 비연속적으로 바뀐다는 가정은 곧 임계점에서 표면 장력의 선형적인 감소를 의미하는데, 드브리스가 얻은 결과는 이 가정이 최소한 임계점 근처의 액체 경우에는 틀렸다는 것을 증명한다고 주장했다. 다른 한편으로 이 새로운 결과는 자신이 주장했던 모세관 층에서 밀도의 연속적인 변화가 일어난다는 가정을 증명한 셈이었다.

반데르 발스는 깁스와 같이 열역학 제2법칙을 바탕으로 하고 있었지만, 자신의 이론이 '클라우지우스의 연구에 근거를 두고 있다.' [37e, p. 201] 라는 말을 잊지 않고 덧붙였다. '일정한 공간과 일정 온도에서 물질은 $\int \rho(\varepsilon-\tau_1\eta)dk$가 최소가 되도록 분포한다.' [37e, p. 202]. 여기서 피적분 함수는 자유 에너지 밀도이고 적분은 사용 가능한 모든 공간을 의미한다. 이 형태가 그의 목적에 제일 적합한 형태였다. 그는 우리들이 모든 모세관 현상을 잃지 않으려면 높은 상태의 불균일계에서 주어진 지점의 자유 에너지가 그 국부 밀도뿐만이 아니라 주변 지점의 밀도에도 영향을 받는다는 점을 고려해야 한다고 주장했다. 그리고 모세관 현상을 실제로 일으키는 것은 이 관계 때문이다. z-축에 수직인 액체-기체 표면에서 그는 테일러 전개식의 처음 두 항에 한정시킨다.

$$F[\rho(z)] = f[\rho(z)] - \frac{1}{2}c_2(d^2\rho(z)/dz^2), \tag{6.3}$$

여기서 $f[\rho(z)]$는 외부 조건이 같지만, 모세관 층이 없을 때의 상태 방정식을 따르는 균일한 밀도 $\rho(z)$를 가진 가상의 균일 유체, 곧 고려되고 있는 유체와 같은 물질의 자유 에너지 밀도를 의미한다. 이런 유체는, 지금 우리는 이것을 반데르 발스 고리라고 부르지만, 제임스 톰슨(제3장, 3.7절 참조)이 염두에 두었던 불안정한 부분이다. 이것이 모세관 현상에 중요한 역할을 할 수 있다는 것을 처음 주장한 사람은 톰슨이다. 계수 c_2는 다음 식을 통해 구할 수 있다.

$$c_2 = 2\pi\int x^2\psi(x)dx \tag{6.4}$$

곧 그 계수는 분자 사이 거리 x로 미분하면 분자 간 포텐셜이 되는, $\psi(x)$의 2차 모멘트이다. 이 함수의 0차 모멘트와 1차 모멘트는 라플라스의 이론에서 중요한 역할을 하는데, 제3장의 식 (3.10)과 (3.11)을 참조하기 바란다.

총 질량은 고정되고, $\int\rho(z)dz =$상수이며, 자유 에너지는 밀도의 모든 국부적 변화에 따라 최솟값이 된다- 이런 조건들을 가정하여 밀도 프로파일 $\rho(z)$의 모양과, 그에 따른 표면 장력 σ을 다음과 같이 구하였다:

$$\sigma = c_2\int(d\rho(z)/dz)^2dz. \tag{6.5}$$

T^c에 가깝게 테일러 급수를 전개해서 그는 표면 장력과 온도와의 관계를 다음 식으로 나타냈다.

$$\sigma \sim (1 - T/T^c)^{3/2}, \tag{6.6}$$

따라서, 드브리스가 발견한 것처럼 $T = T^c$지점에는 수평 접선이 있고, 라플라스 이론에서 액체-증기 경계에서 비연속적 밀도 변화에 필요했던, 0이 아닌 기울기의 곡선은 존재하지 않았다.

1888년 5월 26일에 짧은 단신을 발표한 후 [27][8] 1893년에 상세한 내용을 출판하기까지 5년 동안 반데르 발스는 자신의 이론에 필요한 모든 요소들을 다 인지하고 있었다는 사실은 분명하다 [37]. 자신의 방식에 완전히 만족하지 않은 부분도 물론 많이 있었다. 이 부분들은 위에서 언급한 일반적인 열역학 공식을 불균일계에 적용이 가능할까 하는 단순한 불확실성도 있었지만, 보다 기술적인 문제점도 있었다. 예를 들어, 엔트로피 밀도를 국부적인 성질로 간주해서 밀도 구배와 무관하다고 가정하는 것이 옳은가? 그는 이 가정을 이용한 채로 '깁스 본인도 결과적으로 이와 비슷한 생각을 했다.'라는 말을 첨부했다 [37e, p. 211; *18*, p. 221]. 더 나아가서, 자유 에너지의 '불균일' 부분에 테일러 급수를 사용할 때 처음 두 항으로 제한하는 것이 옳은가?

여기서 의문이 하나 떠오른다. 반데르 발스의 처리 방식은, 모든 모세관 현상을, 라플라스의 처리 방식에서 유도된 제3장의 식 (3.11)의 1차 모멘트인 c_1이 아니라, $\psi(x)$의 2차 모멘트인 적분 c_2를 기초로 하고 있다. 그는 이렇게 적었다. '라플라스가 모세관 현상의 요소라고 생각한 항들이 에너지를 위한 공식에는 빠져 있고, 따라서 모세관 현상 이론의 전개 과정에서도 빠져 있다는 점은 매우 놀라운 일이다. 이 현상들과 관련 있는 항은 c_2로, 이 수치는 c_1이 a보다 작은 것보다 몇 배는 더 c_1보다 작다. 이 상태에서 우리는 우리가 최소한 다른 관찰 결과와 맞지 않는, 인력이 작용하는 차원의 구를 간주하지 않는 한은, 밀도의 연속적 변화 가설에 따라 모세관 에너지가 아주 작아져서 실험을 통해 얻은 결과와는 달라진다는 결과를 믿게 된다. 하지만 우리는 아래에서 이 어려움이 다 허구라는 것을 보여 줄 것이다' [37e, p. 210]. 이 역설의 정확하고 수치적인 해답은 현대 통계학의 도움이 필요하다 [*23*].

주석(Notes)

1. 에터의 P^c와 T^c는 각각 36atm과 468K이며, 벤젠은 48atm과 563K이다. 따라서 에터가 3atm의 압력과 234K의 온도 상태에 있다면 그 상태는 벤젠이 4atm과 282K에 있는 상태와 동일하다 ($l=1/12$, $m=1/2$).
2. 이 문제를 현대적으로 해결하는 방법은 일정한 압력에서 증기의 열용량이 증발 엔트로피를 넘었을 때 포화 증기의 열용량이 양수임을 나타내는 것이다.
3. 30년 후 그는 평형 원리를 이렇게 적는다.: '깁스는 그 법칙을 만들었지만, 증명을 하진 않았는데, 이는 현대적인 관점에서는 거의 볼 수 없는 일이다. 법칙이란 것은 넓은 일반화를 통해 이해되어야 하며, '지금 현재'(at any rate for present) 우리가 찾을 수 있는 유일한 증명 방법은 끊임없는 실험을 통해 반복 확인하는 것이다.' [113, p. 116]. 여기서 '지금 현재'라는 용어는 볼츠만과 깁스가 만든 통계 역학의 진보와 관련이 된다.
4. 그 다음해에 깁스의 방식으로 맥스웰의 규칙을 변형한 것이 이 '공동 연구'의 첫 결과이다 [$1d_1$, p. 92].
5. ε 에너지, η 엔트로피, ψ 자유 에너지, ζ 자유 엔탈피 (혹은 깁스의 자유 에너지). μ 화학 포텐셜.
6. 시드니 대학교 기록 보관소 [157(b)]에 보관된 *연속성*의 영문 번역가인 R. 쓰렐폴에게 보내는 편지.
7. 이 이전에도 러시아 화학자들인 I. A. 카블루코프나 V. A. 키스챠코프스키와 같은 사람들이 비판했다.
8. 그의 연구가 프레스부르크 (지금은 슬로바키아의 브라티슬라바)의 물리학 교수였던 칼 푹스가 했던 비슷한 형태의 에너지 밀도의 확장을 밀도를 높이로 미분하고 그 결과를 압력과 표면 장력에 응용했던 연구와 따로 진행된 것은 거의 확실하다. 푹스의 첫 논문 [21]은 1884년 4월 엑스너의 *물리학 색인(Repertorium der Physik)*에 실리게 되는데, 이 사건이 반데르 발스로 하여금 서둘러 자신의 결과를 발표하게 되는 계기가 되었을 수는 있다. 푹스의 연구, 그리고 비슷한 레일리의 연구 [22]는 본질적으로 열역학이 아닌 역학이었기 때문에 반데르 발스의 핵심 중 하나를 빗나간다.

제7장

평가

1890년대 중반은 반데르 발스의 삶에 있어서 새로운 장을 열었다. 그는 60번째 생일을 앞두고 있었다. 그가 많은 과학적 업적을 이루었기 때문에, 그가 이제는 물러나서 휴식을 취할 것이라 생각하는 사람도 있었다. 하지만 그건 사실이 아니었으며, 그는 마치 제2의 동력을 찾은 것 같았다.

*분자 이론(Molecular Theory)*과 *모세관 현상(Capillary)*의 출판은 국제 과학 무대에 그의 복귀를 알리는 신호탄이 되었다. 한림원에서의 사무총장 선출은 그의 삶에 또 다른 변화를 가져왔는데, 학생 수가 점점 늘어나는 대학교 관련 업무를 처리하기가 힘들어졌다. 그는 생각 끝에 두 번째 (특임(extraordinary)) 교수를 임명해서 실험 물리학 수업을 담당하도록 결정 내렸다. 1897년 카메를링 오네스의 학생이었던 렘멜트 지싱흐(1858-1927년)가 이 자리에 임명된다. 그는 광학 전공이었으며 보스카의 교과서 일부분을 수정 및 보완해서 *빛(Light)*이라는 이름의 두 권으로 된 서적을 출간한다(1902-7년). 그의 뒤는 곧 카메를링 오네스의 또 다른 학생이자 강사로 반데르 발스에게 합류한 피터 제만 (1865-1943년)이 물려받는다. 그는 자기장에서 스펙트럼 선이 분리되는 주목할 만한 현상을 발견하고 1년 뒤 임용된다. 제만은 곧 몇몇 실험 수업을 감독하게 되지만, 그 자신의 회고에 따르면 [205, p. 110] 반데르 발스는 당초 자신이 맡은 수업의 보조 역할을 기대하고 있었다고 한다. 제만은 또한 결정 광학과 같은 특정 과목 수업을 담당했고, 레이던에 있을 때보다 더 좋은 장비를 가지고 실험을 계속했다. 1902년 그와 로렌츠는 제만 효과 이론을 정립시킨 업적으로 네덜란드 물리학자로는 최초로 노벨상을 받았다.

그의 도움으로 반데르 발스는 강의 내용을 이론 물리학과 열역학으로 한정할 수 있었지만, 교수이자 연구소장[1]으로 모든 행정 업무는 그에게 맡겨졌다. 그는 힘든 시간을 보냈지만 이제 어느 정도 적응하는 것처럼 보였다. 그가 자신의 평형 상태를 복구하는 데는 1893년에 대학교에 들어와 가장 가까운 제자가 되는 필립 콘스탐의 공이 컸다. 이 두 사람의 관계는 콘스탐이 학부생일 때부터 시작되었다. 그는 훗날 반데르 발스가 '마치 아버지처럼 친절하고, 따뜻하고 위로해 줄 수 있는 사람이 될 수 있었다고' 회고하였다. '나는 이 사실을 젊은 학생으로서 질병이나 다른 문제로 우울해 있을 때 그에게 갔고, 그는 "교수와 학생 관계가 아닌, 스승과 제자 관계"로 대화할 때 알 수 있었다.' [206, p. 5]. 반면, 반데르 발스가 얼마나 콘스탐을 아꼈는지는, 열역학 시험으로 정해진 20분 중 10분을, 시험 과목에 관한 자신의 최근 연구 내용 대신 그와 대화하는 데 사용했다는 점에서 알 수 있다.

콘스탐의 장남은 그의 아버지에 대해 이렇게 적었다. '그와 반데르 발스와의 관계는 매우 뿌리가 깊었다. 반데르 발스는 독실한 기독교인이었고, 그 신념을 바탕으로 정확한 물리적 사고를 했기 때문에, 아버지는 그를 따라서 기독교를 믿었다.' [241]. 콘스탐은 자신의 전기에서 반데르 발스의 영향은 '단순히 과학적 부분만이 아니라, 더 깊었다.... 나는 현 시대의 가장 뛰어난 자연 철학자이자 순금처럼 진실에 대한 어떠한 타협도 용납하지 않는 이 사람과 가까운 사이가 되었다.' [2, p. 18]. 그가 쓴 반데르 발스 관련 글들은 [187, 193, 197, 199, 206, 218] 반데르 발스의 일상생활에 관한 정보와 물리화학에서 그의 연구는 삶의 자연스러운 연장선상이란 것을 알게 해 준다. 그와 동시에 그는 네덜란드 과학계와 문화계에서 중요한 독립적 인물이었기 때문에, 반데르 발스는 칭찬을 받아 마땅하다.

필립 아브라함 콘스탐[2]은 1875년 6월 17일 어느 네덜란드 회사의 사무원의 둘째 아들로 본에서 태어났다 [2]. 그의 유년 시절은 일부는 독일, 일부는 외가가 있는 네덜란드에서 보내게 된다. B. J. 스톡비스 (제4장 참조)는 어머니의 형부였다. 그는 암스테르담의 사립 학교에 다니다가 3년 과정의 HBS로 진학하고, 1890년에는 5년 과정의 HBS로 옮겼다. (이 학교 중에는 반데르 발스의 형제가 교사로 있었지만 콘스탐은 이름은 언급하지 않았다.) 열다섯 살이 되어서 독일과 네덜란드 국적 중 하나를 선택해야 하자, 비록 부모는 독일로 돌아가야 했지만, 네덜란드 국적을 선택하고 암스테르담에 남았다. 그는 네덜란드의 자유와 민주주의를 선호했고 독일의 늘어나는 반유대주의를 두려워했다.

대학교에서 처음 그는 어떤 분야를 공부할지 결정하지 못했다. 그는 나중에 반데르 발스에게 말하기를, '그 결정은 제가 교수님이 가르쳤던 *박사 후보자* 들을 위한 강의를 처음 듣고 나서 내려졌습니다. 과학적인 내용 이외에 저는 두 가지의 인상을 받았습니다. 오로지 하나의 진실만이 있다는 것과, 우리는 그것을 찾아내야 한다는 것을요. 그제야 저는 교수님의 지도 아래 제 진로를 결정하고 앞으로 걸어 나가야겠다는 생각이 들었습니다.' [218, p. 38].

1900년 그는 물리학 연구소의 조수가 되었고 그 다음해 그는 이성분 액체-증기 계에서 압력-온도-조성 관계를 다룬 박사 학위 청구 논문 발표를 한다. 이 논문은 상평형을 연구하기 위해 사용된 다양한 방법과 많은 양의 실험 결과로 평가가 높았다. 그와 동시에 이 논문은 자신이 가지고 있던 관심 분야를 드러내었다. *제안* 의 대부분은 철학이나 문화적 문제를 다루었다. 학위 논문 서문에 있는 감사의 말씀에서 고(故) 벨라 스푸뤼트를 언급한 것은 단순한 의례가 아니었다. 반데르 발스에 관해서 그는 이렇게 적었다. '교수님을 거의 매일같이 볼 수 있는 우리에게 이 자리는 고도로 정제된 이론이나 기발한 실험 그 이상의 선물입니다. 이 자리는 저의 내용을 설명할 자리가 아니며 그럴 권리도 없으므로, 저는 교수님의 존재를 통해 얻은 모든 것에 관해 감사의 말을 남깁니다.' [*3*, p. ix].

우수 (쿰 라우데) 발표 이후로 콘스탐은 조수로 반데르 발스 밑에 남았으며, 1907년에는 논리학 강사로 있으면서 그를 도왔다. 그는 그 당시에 그 대학교의 철학 협회 회장이었다. 다음해 반데르 발스가 은퇴하자 그는 물리학과의 교수가 되어 열역학을 가르쳤다[3]. 그의 첫 강의 주제는 '결정론과 과학'이었다. 그는 열역학, 상평형 및 반데르 발스의 연구와 관련된 많은 논문을 썼고, 그중에는 액체의 상호 용해도에 끼치는 높은 압력의 영향에 관한 연구도 있었다. 이 연구는 브뤼셀의 진 팀머만즈 (1882-1971년)가 시작해서, 그의 조수이자 후계자인 A. M. J. F. 미셀이 그 뒤를 이었다[4]. 1919년 그는 교육학 교수도 되지만 1928년까지 열역학을 가르쳤고, 그 뒤에는 사회 문제에 집중했다. 그는 자신이 열역학 분야에서 이룬 성과를 다음 장

에서 자세히 소개될 반데르 발스의 강의를 두 권으로 요약한 *교과서* *(Textbook)* [122, 123]와 1926년에 발간된 *물리학 편람 (Handbuch der Physik)* 의 '혼합물의 열역학' 부분에 소개했다. 그가 쓴 *열 (Warmteleer)* 교과서는 네덜란드에서 몇 판에 걸쳐 출판되었다. 그는 또한 교육, 심리학, 철학, 종교에 관해서도 거의 100권이 넘는 많은 책과 논문을 써냈다. 그의 친한 친구였던 파울 에렌페스트(1880-1993년)[5]에 관해서는 이렇게 적었다. '파울 에렌페스트는 그가 1933년에 자살한 뒤 이 시대의 대변인이 되었다.' 독일에 나치가 집권한 이후 그는 파시즘에 반대하는 책을 여러 권 출판하였다 – *반유대주의 심리학* (1934년), *정신적 위험으로서의 국가 사회주의* (1936년), *민주주의, 독재주의 그리고 교육* (1937년), *비난받는 민주주의* (1938년). 그는 제이 차 세계 대전에서 살아남았고, 1951년 12월 31일 사망했을 때 네덜란드 라디오와 텔레비전 방송은 새해 축제를 즐기는 정규 방송을 잠시 중단하고 그의 죽음을 알렸다.

반데르 발스의 환갑은 1897년 가을에 찾아왔다. 이 당시에 별다른 행사는 없었지만, 그 다음해 봄 논문 출판 25주년 기념일이 다가왔고 이때는 그냥 넘어가지 않았다. 다만 그는 이 축하 행사에 아무런 관심을 두지 않았다. 보스카는 연설문을 작성한 뒤 몇 명의 과학자들에게 서명을 받고 다른 과학자들과 기관에 이 사실을 알렸다. 내용은 다음과 같다. '1873년 6월 14일은 네덜란드 과학계에 중요한 날이었습니다. 그날 레이던에서는 요하네스 디데릭 반데르 발스의 유명한 박사 학위 논문 *기체와 액체 상태의 연속성에 관해서* 의 공개 발표회가 진행되었습니다.' 연설문의 나머지 부분은 반데르 발스 기금을 설립해서 과학계를 돕고 반데르 발스가 네덜란드에 기여한 공을 기리자는 내용이었다. 기금은 '향후 10년간 그 저명한 학자가 제안한 이론을 뒷받침하는 실험 연구는 물론, 이론 창시자의 지도 아래 암스테르담에서 수행될 실험 연구를 지원하기 위해서' 설립되었다 [5, p. 47]. 보스카가 의장으로 있던 네덜란드 자연 과학자 및 의사 회의 운영 위원회는 1,000 휠던을 기부했고, 이를 인준한 그 회의 총회에서는 1899년과 1900년에 추가로 200 휠던을 기부하게 되었다 [5, p. 47-48]. 그 후엔 5 휠던씩의 개인 기부가 활성화되었다 [4, p. 3]. 그 기금은 기념일에 맞춰 1898년 6월 14일에 출범하였다.

그날 *P. C. 호프트스트라트* 에 있는 그의 집으로 엄청난 양의 우편물이 몰려들었다. 레이던으로부터 온 연설문이 아침 일찍 도착했고 반데르 발스는 그것을 읽으며 이제는 늙은 리케의 서명까지 있다는 것에 감동을 하였다. 해외에서의 첫 전보는 모스크바 자연 과학자 협회[6]에서 왔다. 미국 과학자들도 축하와 격려의 전보를 보내왔고, 깁스의 서류 중에서 6월 20일 반데르 발스가 감사를 표시하는 편지를 보내왔다는 것을 알 수 있다 [6, p. 239]. 이 기록이 두 과학자가 서로 주고받은 연락 중에서 유일한 기록이다. 라이프치히의 물리화학 연구소 또한 다음과 같은 딱 들어맞는 전보를 보내왔다; 'Dem Forscher der Continuität wünschen wir Continuität der Forschung.' (연속성의 연구 학자에게 연구가 연속되기를 기원합니다.)' 이 전보는 그 당시 라이프치히에서 일하고 있던 오스트발트와 36명의 다국적 과학자들이 서명했다 [244].

반데르 발스는 축하 인사를 보내온 모든 기관과 사람들에게 정중한 답례의 편지를[7] 보냈지만 (모든 편지는 6월 20일 금요일 저녁에 쓰인 것으로 되어 있다), 화려한 축하 행사는 없었던 것으로 보인다. 그는 한림원의 이학부와 대학교에서 시행된 축하 연설에는 참석했지만, 초상화를 그리자는 요청은 단호하게 손사래 쳤다.

4년 뒤에는 또 다른 기념일이 찾아왔는데, 그가 교수직에 오른 지 25주년이 되는 날이었다[8]. 행사는 비슷하게 진행되었다. 공식적인 축하 행사였지만 번잡한 것은 피하고, 초상화는 거절했다[9]. 그는 렉토의 연설에 이렇게 답변했다. '공식적인 행사에서 결례를 범한 것에 대해 위원회가 아량을 베풀어 주신 것에 감사드립니다.' [7].

1898년의 첫 번째 행사 때는 일의 중요성을 고려해서 카메를링 오네스의 주도로 몇 명의 친구, 동료 및 학생들이 집에 모여서 조촐하게 행사를 하게 되었다. 율리우스는 *반데르 발스 기금* 을 넘기면서 실험을 지원하기 위한 용도로 써 줄 것과 어떻게 쓸 것인지는 반데르 발스 본인의 손에 달렸다고 설명한다. 카메를링 오네스는 이렇게 적었다. '우리는 힘을 모아서 그의 아이디어를 발전시키는 데 있어서 경제적 어려움이 없어지기를 기원했다.' [233][10]. 그에 대한 답례로 반데르 발스는 자신이 걸어온 과학의 길과 주요 연구의 영향력에 관해서 설명했다. 그리고 그는 원래 수학자가 되길 원했지만 리케, 그리고 보스카의 영향으로 인해 물리학으로 눈을 돌리게 되었다고 고백한다[233].

이 시점에서 반데르 발스를 한 사람의 인간이자 과학자로 평가해 보는 것도 괜찮을 것이다. 이를 시작하는 데 있어서 레이던 대학교를 대신하여 카메를링 오네스가 준비한 연설문이 있는데 [244], 이 연설문은 두 사람에 관한 많은 정보를 담고 있다.

친애하는 동료인 반데르 발스 교수님,

'교수 임용' 25주년을 축하하는 이 자리에서 우리는 선생님께 진심 어린 축하와 우리가 가졌던 자긍심, 감사, 그리고 지지를 보여 주고자 합니다.

우리 대학교에서 박사 학위 청구 논문 발표를 한 것은 레이던을 돕는 일이었고, 그 논문이 인기를 얻어 대학교의 명성을 드높이는 데 일조했습니다.

과학계 역사에서 오늘과 같은 기념일이 있는 것은 매우 드문 일입니다. 우리는 (깊은 존경심을 가지고 단언하건데) 선생님께서 25년 전에 완성한 명저, 새롭게 펼쳐진 과학 분야, 이 분야의 선두 주자로서 끊임없이 연구를 계속한 것 중에서 어느 것이 가장 훌륭한 일인지 잘 알지 못합니다.

우리는 선생님께서 외부 평판에 신경 쓰지 않는다는 것을 알지만, 레이던 대학교가 선생님께 수여한 박사 학위를 통해 우리 대학교가 국제적으로 명성이 높은 과학자의 이름과 맺어지게 되었다는 것이 얼마나 자랑스러운지 모른다는 사실을 오늘만큼은 알아주십시오. 우리는 선생님의 학위 논문의 서론에서 우리 학부와 특히 선생님의 후원자에게 감사를 표해줌으로써 선생님의 학위논문 덕분에 뛰어난 연구 결과로 인간의 영혼을 살찌운 것에 대단히 기뻐합니다. 이런 노력을 격려하고 지지하는 것은 대학교가 지녀야 할 가장 큰 책임입니다.

선생님께서 이룩한 성과는 오로지 위대한 힘을 지닌 영혼이 자신에게 주어진 능력을 갖추고 최고의 목표를 달성하기 위해서 오로지 한마음으로 노력해야 이룰 수 있는 것입니다. 선생님의 연구가 미래에 가져다 줄 효과는 그 누구도 상상할 수 없으며 아직도 선생님은 그 이상의 목표를 달성하기 위해서 연구를 계속 진행하고 있습니다. 이미 성취한 연구와 그 값진 결과물은 상상 이상이고, [선생님]께서 보여 준 만족감은 그 안에 잠재된 내재적 힘을 느낄 수 있게 합니다. 하지만 선생님은 이상을 달성하기 위해 더 나아갈 수 있으리라 믿고 있습니다.

자연의 진실이 많이 밝혀지지 않았을 때, 선생님은 항상 진실에 접근하고자 노력했으며 엄청난 숙고 끝에 이뤄냈기 때문에 다른 사람들은 나중에야 이해할 수 있었습니다. 선생님은 항상 이렇게 믿었습니다. '우리는 공포를 딛고 반박할 수 없는 진실의 영역에서 벗어나 자연으로 들어가 더 많은 것을 찾아야 한다. 그래야만 새로운 진실로 가는 길이 열리기 때문이다.'[11] 하지만 선생님은 성공해서 실험 결과의 차이를 연결하는 새로운 법칙을 찾아냈고, 이 법칙들을 확인하기 위한 더 정교한 실험을 고안해냈을 뿐만 아니라, 그 안에 숨겨진 또 다른 진실을 찾아냈습니다.

우리는 선생님의 대응 상태 법칙이 학위 논문의 맨 끝에 몇 단어로 소개되어 있는 것을 기억하며, 학위 논문 곳곳에 설명을 기다리고 있는 머릿속의 다양한 생각들과 또 다른 곳에 있는, 지금은 통과할 수 없는 벽 너머에 있는 진실들이 있지만, 반드시 발견해내겠다는 신념을 느낄 수 있었습니다.

우리는 선생님께서 이 진실들을 발견한 데 대해 만족하시기를 기원합니다.

우리는 선생님의 생각이 모든 과학자들에게 받아들여진 것에 축하드립니다. 이제 그것들은 과학의 기초가 되어 필요한 실험과 다양한 분야의 개척자들이 사용하기 때문에 거의 모든 논문에 인용되고 있습니다.

우리는 선생님의 창의적인 힘 덕분에 탄생된 이 기념일을 축하할 수 있게 되어서 감사드립니다.

마지막으로 지금 이 순간에 전 세계의 많은 과학자들이 선생님의 생각을 발전시키려 한다는 사실, 그렇게 자주 선생님의 도움과 연구 결과를 추구하며 존경하고 지지하는 마음으로 선생님께 더욱 가까이 다가가려 한다는 사실, 그리고 선생님의 학위논문 끝에 적은 바, "'작은 원자가 돌아다니는 미로를 찬양하면서 잠시 동안 행성의 운동과 구의 음악을 잊어버릴 때' 아름다운 과학의 미래가 기대된다.[12]"고 하신 선생님의 바람을 쫓는 사람들의 수가 넘쳐난다는 사실에 대해 축하드립니다.

이 연설문의 주제를 볼 때 반데르 발스는 자신의 학위 논문은 물론 후속 연구를 통해 한 가지의 커다란 문제에 모든 노력을 쏟아 부은 것으로 보인다. 그는 실제로 외골수의 성격이었는데, 그 문제는 바로 물질의 성질에 관한 문제였다. 이를 우리가 글로써 표현하자면 주요 주제로서는, 분자의 성질에서 물질의 성질 -기체, 액체 그리고 그들의 혼합물-을 파악하는 것이었고 부가적인 주제로 제1원리로부터 분자의 성질을 얻는 것이었다. 두 번째 주제는 건드리지 못했지만 아마도 그가 계속 관심을 두고 있었던 전자기에 관한 것일 가능성이 크다. 이 점은 그가 원자 물리학에 관심을 나타낸, 잘 알려지지 않은 1903년의 논문 [69]에서 확인할 수 있다.

'첫 번째로, 물질 원자 곧, 무게를 측정할 수 있는 물질이 존재한다. 이 사실은 매우 중요하다. 두 번째로, 원자 안에 있는 전기는 [복사(radiation)에 의한] 진동 운동을 한다.... 세 번째로, 우리는 이 전기가 측정 가능한 형태로 원자 내에 분포되어 있고 따라서 전기를 구성하는 입자 또한 측정할 수 있다. 우리는 이와 같은 추론을 통해 전해 (electrolysis) 현상이라 결론지었다. 그리고 마지막으로.... 전기는 원자 안에서 움직이지 않지만 측정할 수 있는 원자의 일부분과 연결되어 있다. 이 말은 무게를 측정할 수 있는 원자는 기존에 생각해 온 대로, 분리할 수 없지만 그 안에는 원자보다 작은 입자가 있다.'는 걸 나타내어 준다. [69, p. 508-509]. '하지만 다양한 종류의 빛이 동시에 발산될 수 있다는 사실은 여전히 설명할 수 없다. 복사 원자의 성질에 관한 우리의 개념은 근본적으로 불충분하며, 그것을 알아낸다 해도 현재와 같은 모든 복잡성을 하나의 단순한 원인의 결과로 해석할 수 있게 하기에는 무언가가 부족하다.' [69, p. 511-512].

이와 같은 사소한 일탈도 있었지만, 그는 '실제 부피를 가진 작은 물체' 곧 분자에 가졌던 근본적인 관심에서 벗어나는 일은 없었다. 원자의 존재에 관해 의문을 품는 학생들에게 화를 내며 '자네는 분자 분야에서 그 어떤 것도 달성할 수 없을 걸세.' [247, p. 103] 라고 말한 적이 있었던 것과 같이 이것에 관한 그의 믿음은 거의 어린아이와 같았다. 그는 이 점에 관해서는 어떤 토론도 거부했다. 분자는 그의 진실이었고 그는 열정적으로 그것을 믿었다. 73세에 이른 그는 상태 방정식에서 분자의 크기에 관한 문제를 다루고 있을 때 이렇게 말했다. '나는 아직도 이보다 더 좋은 방법이 있을지 없을지에 대해 생각한다. 사실 이 문제는 평생 나를 괴롭혔고, 나는 이 생각을 심지어 꿈속에서도 떨쳐내지 못했다.' [103e, p. 256]. 그 늙은 나이에 그가 그렇게 느꼈다면 젊었을 때에는 분자 과학에 얼마나 더 큰 열정을 쏟았을지 어렴풋이 짐작만 할 수 있을 뿐이다. '그의 위대함에는 단순한 면도 있지만, 그의 위대함은 단순함이 없으면 설명할 수 없다.' 라고 어떤 젊은 친구가 적은 바가 있다. [204, p. 153].

자기 아이디어에 관한 이런 집착이 그가 외부 간섭을 최소화할 수 있는 계기가 되었을 수도 있다. 그는 외부와 자신을 완전히 격리할 줄 알았다. 제만은 그의 서재 벽 너머에서 들리는 공작소의 망치 소리와 소음에 그가 전혀 영향을 받지 않는다는 사실을 보고 놀랐다. 반데르 발스는 이렇게 대답했다. '나는 지금 내 연구로 바쁩니다.' [205, p. 111].

자신의 이론에 빠진 나머지 다른 사람의 생각이나 이론을 받아들이지 않는 것처럼 보일 수도 있었다. 제만은 회고했다. '그의 영혼의 독창성은 다른 사람의 생각을 그대로 따라가는 것을 막거나, 최소한 주저하게 하였다.

나는 이 놀라운 습관을 그에게 그가 아직 접하지 않았던 발머의 유명한 공식을 알려주었을 때 보게 되었다. 그는 이렇게 대답했다. "자연의 법칙을 개략적인 추측만으로 발견할 수 있으리라 말하는 게 아니기를 바랍니다." 나는 그를 설득하는 데 실패했다. 몇 개월 후에 내가 다시 이 주제로 돌아와서 약간 다른 형태로 시작부터 차근차근 증거를 설명하자 그는 이렇게 말했다. "이 공식에 꽤나 빠져 있나 보군요. 이제 약간은 믿을 수 있을 듯합니다."' [205, p. 111-112].

이와 같은 성격은 콘스탐의 일화에서도 드러난다. '한번은 그가 수업을 끝내고 아주 지쳐 있는 듯이 보여서 무엇이 문제였는지 물어본 적이 있었다. 알고 보니 전날 밤부터 어떤 한 공식의 유도에 문제가 있었다. 나는 이 공식이 그의 분야와는 꽤나 떨어진 내용이었을 뿐만 아니라 교과서에 이미 유도 과정이 나와 있었기 때문에 적잖이 놀랐다. 그는 이렇게 답변했다. "자네는 서재에서 책을 꺼내서 내용을 찾아보는 것이 좋다고 생각하겠지. 하지만 나는 내가 직접 유도할 수 있다면 더 좋으리라 생각하네."' 콘스탐은 덧붙였다. '그런 성격이 강의에 어떤 영향을 끼칠지는 누구나 알 것이다. 모든 내용은 외부에서 빌린 것이 아니고 자기가 스스로 만든 것이었다. 그가 학생들에게 한 첫 요구는 스스로 공부할 것과 스스로 사고하라는 것이었다.' [206, p. 30-31]. 그 이유는 '그가 할 수 있는 것은 오로지 그가 스스로 찾아낸 것뿐이기 때문이었다.' [206, p. 29]. 외부 과학적 영향은 클라우지우스의 논문을 처음으로 '발견'한 것과 맥스웰 및 깁스의 연구 말고는 거의 없었다.

그의 초기 논문에는 물리학과 물리화학에 관한 관련 논문들도 잘 소개되어 있었지만, 나이가 들수록 그는 거의 읽지 않게 되었다. 반 라르는 이렇게 설명했다. '그는 자기 분야에서 제한된 수준으로 주변 논문에서 정보를 얻는다.' [186d', p. 42]. 그럼에도 그는 학술지가 발행될 때마다 새로운 실험 결과가 있는지를 살펴보았다. 분석과 계산 과정은 건너뛰었다. '그는 속독에 특수한 재능이 있었다.' 콘스탐은 이렇게 적었다. '그는 몇 분 안에 이 논문에 "쓸 만한 내용"이 있는지 알아낼 수 있었다. 이 재능은 많은 노력으로 얻어진 것이다. 그는 오랜 계산 과정을 통해 이 분야에선 누구보다 잘 알고 있었기 때문이다.' [206, p. 30]. 따라서 그의 논문에 참고 논문과 다른 사람들의 이론에 관한 설명이 거의 없는 것은 그리 신기한 일이 아니다. 이 현상은 반 라르가 눈치 챈, 그가 논쟁을 싫어하는 성격과 관련이 있을 수도 있다 [180d, p. 43]. 반데르 발스는 연구를 자신의 방식으로 하려 했지 논쟁은 원하지 않았다. 하지만 그의 이론이 공격받을 때는 맹렬하게 반격했다. 우리는 이미 (제4장) 크룩스의 '복사 물질'에 관한 신념에 대한 그의 공격을 보았고, 그의 혼합물에 관한 상태 방정식에서 매개 변수 a_{12}에 관한 그의 관점에서 잘 알 수 있다. 또 다른 예로는 열역학을 상태 방정식에 연결하는 문제가 있는데, 그는 이 문제에 몇 번이고 돌아왔다 (제12장).

하지만 그의 과학적 사고의 중심 교리인 원자와 분자의 존재는 논쟁하기엔 너무 중요한 내용이었다. 콘스탐은 그가 암스테르담에서 오스트발트가 원자의 존재를 부정하는, 기술적으로 아주 훌륭한 강의를 하고 난 뒤에 그보다 더 반데르 발스가 화를 내는 것을 본 적이 없다고 말했다.

나중에 오스트발트가 페린의 브라운 운동 연구에 의해 자신의 주장을 접었어야 했을 때, 반데르 발스는 그가 기체의 분자 운동론에 합당한 증거가 있었음에도 그것을 인정하지 않았던 사실을 기억하고 몹시 분개해 했었다 [206, p. 4; 218, p. 37]. 하지만 이런 감정은 그가 쓴 글이나 논쟁에서는 절대로 드러나지 않았다.

여기서 그만의 문제를 토론하는 방식이나 글을 쓰는 방식을 알아볼 수 있는 예시가 있는데, 볼츠만이 그에게 *프로시딩* 게재를 위해 '반데르 발스의 특성 방정식'에 관한 논문을 써 달라고 부탁한 일이 그것이다. 볼츠만은 그가 수락한 이유가 '내가 생각하기에 이 방법이 내가 생각한 목적을 제일 살릴 수 있고, 이 방정식에 관심이 있는 사람들이 토의해서 과학의 발전으로 이끌 수 있기 때문'이라고 적었다 [*8*, p. 398]. 반데르 발스는 그 논문과 편지의 요약본을 그다음 회의인 1899년 3월 25일에 제출하게 된다[*8*]. 그다음 회의인 4월 22일, 우리가 찾고자 하는 예시가 될 수 있는 답신을 서문 형태로 보내게 된다. '이전 회의의 *프로시딩*에서 볼츠만 교수는 편지가 첨부된 단신 논문을 포함시켰습니다. 이 편지에서 볼츠만 교수는 이 단신 논문이 토의로 이어졌으면 하는 희망을 나타냈습니다. 그 결과로 이 특성 방정식에서 볼츠만 교수의 계수값 b/v, b^2/v^2은 내가 구한 값과는 많이 달랐고, 나는 이 토의 초청에 대한 초대가 나에게도 적용된다고 믿었습니다. 그리고 비록 나는 우리의 견해가 점차 발전되고 확장되는 동안에 두 가지 다른 방식으로 얻어진 결과의 차이에 관한 토론에는 대개 참여하길 좋아하지 않지만, 이 토론이 '과학에 도움이' 되리라는 믿음을 갖고, 그의 요청을 물리치지 않게 되었습니다.'

'나는 이 토의에 참여하는 것이 어려운 일이란 것을 잘 알고 있습니다. 볼츠만 교수의 강의(*Vorlesungen*) 내용은 전혀 다른 논리적 구조를 가지고 있으며 그 다른 결과들이 서로 아주 잘 일치하기 때문에 우리는 볼츠만 교수가 주장하는 것처럼 완벽한 해답이 실려 있을 수도 있다는 가능성을 알고 있습니다. 반면에 나는 내 해답이 몇 개의 풀리지 않은 의문과 사소한 오류를 무시하면 이 문제에 관한 진정한 해답이라고 생각합니다.... 두 개의 결과가 너무 다르므로 전혀 다른 문제로 고려해야 합니다.' 그래서 그의 논문의 목적은 '이 부분에 관해 좀 더 명확하도록 하게' 하는 것이다. [56e, p. 768].

이 구절은 반데르 발스의 논문 집필 양식에 대해 약간의 암시를 주는 것인데, 좀 더 신경 써서 확인해야 할 필요가 있다. 그가 쓴 모든 논문을 보면, 왜 그가 제목에 나타낸 문제를 연구하기로 정했는지, 왜 지금, 현재 양식으로 논문을 발표하게 되었는지에 관해 자세하고 현학적인 설명으로 시작한다. 이 설명이 끝나면 그는 형식은 유지한 채로 본론으로 들어가는데, 따라서 이 자세한 설명이 처음에는 논문을 쉽게 읽히도록 하는 것처럼 보인다. 하지만 이는 깁스가 그랬던 것처럼, 가벼운 해설과 함께 가득 녹아 있는 아이디어들이 합쳐져 있기에, 사실이 아니었다. 반데르 발스-콘스탐의 *교과서(Textbook)*를 러시아어로 번역한 A. 라코프스키는 이렇게 적었다. '이 책은 아주 압축된 형태로 씌어졌고, 다양한 언어로 씌어졌다....

번역할 때 가장 어려웠던 점은 한 문장에 다양한 내용이 들어 있는데, 때때로 숨어 있어서 책 전체를 읽어야 명확해지는 때가 있었다는 점이다.' [122r, p. 8]. 반데르 발스는 한 문제를 다룰 때 모든 관점에서 다루려고 한 점이 명확해 보이지만, 독자에게 그것을 알리지는 않았다. 그 주제에 대해 더 많이 공부할수록 문제를 더 잘 파악할 수 있었다. 아마도 반데르 발스 자신도 이런 단점을 알고 있었기에 다음과 같이 적었을 것이다. '누군가가 자기 자신은 확실하다고 믿는 이론적 발견을 했지만, 아직 일반적으로 받아들여지지 않았을 경우, 아마도 그 사람은 다른 사람의 관점에서 설명하는 것이 좋을 수 있다.' [69, p. 511]. 그런 관점은 그가 쉽게 적응할 수 있는 것이 아니었고 그 때문인지 그의 글 중에서 오직 유명한 두 글에서만 그런 관점이 관찰된다[13]. 그중 하나는 제6장에서 다룬 대응 상태의 원리 [73]이고, 다른 하나 [69]는 로렌츠와 제만이 노벨상을 받고난 뒤에 쓴 글인데, 이 글은 그의 생각과 철학을 이해할 수 있는 좋은 자료이다. 그가 이 글을 쓴 이유는 과학적인 논문과 대조되는 좀 더 가벼운 글이 될 수 있었기 때문이다. '신문들은 많은 양의 글을 써서 다양한 주제를 다루고 사람들에게 정치 소식이나 사회 문제의 흐름을 알려 준다. 우리는 또한 스포츠와 예술에 관한 이야기도 어느 정도 들을 수 있다. 하지만 과학에 대해서는 거의 듣지 못하거나 다음과 같은 격언이 느껴질 정도이다. "웅변은 은이요, 침묵은 금이다." ... *데 기즈* 의 편집장이 나에게 "제만 효과의 중요성을 학교 교육을 받은 일반 독자들에게 설명할 수 있겠습니까?"라고 물어봤을 때, 나는 이 질문에 대답할 수 있을지 확신이 없었지만, 이 도전을 받아들이기로 했다. 학교 교육을 받은 일반 독자들이 가지고 있는 자연에 대한 관점을 잘 알지 못하는 이상, 그리고 왜 이 문제를 언론이 다루지 않았는지 모르는 이상, 이 질문은 대답할 수 없다. 하지만 나는 어느 정도까지 가능한지 시도해 보고 싶었고, *데 기즈* 의 편집장에게 이 기사가 학교 교육을 받은 일반 독자들에게 적절한지 판단하도록 맡겼다.' [69, p. 493-494].

그의 외부적 글쓰기 방식에서 내부적 사고방식으로 관심을 돌리면 가장 먼저 눈치챌 수 있는 것은 그의 생각 표현에 그림이 많이 들어간다는 점이다. 그의 분자, 곡선 및 표면은 공식으로 나타내기보다는 그림으로 나타냈다. 생각의 그림화는 그가 수학에서 사소한 오류나 이론 전개 과정에서 때때로 논리적 모순이 발생해도 그것이 큰 그림을 망치지 않는 이상 크게 신경 쓰지 않았던 이유가 된다[14]. 따라서 그는 기하학적 방법을 많이 사용했고 (예 [8, 9, 42] 참조), 특히 열역학 표면의 복잡한 구조를 설명할 때 집중적으로 사용했다. 그는 여기서 공간의 형상화가 가지는 강력한 힘을 보여 주었다. 기하학적 형태는 그의 머릿속에 남아 그가 생각하는 방식의 기초가 된다.

아마도 그림화를 이용한 생각과 직관에는 어떤 관계가 있을 수도 있고, 반데르 발스에게는 그것이 명확하게 작용했을 수도 있다. 로렌츠는 언젠가 '강력한 상상력'이 없었다면 상태 방정식 발견이 불가능하였을 것이라고 말한 적이 있다 [195, p. 311]. 이 직감은 *연속성*에서 처음이자 가장 강하게 나타난다. 볼츠만은 상태 방정식이 '사실은 영감을 통해' [9][15] 찾아냈다는 것을 정확히 알았고, 맥스웰이 비판하면서 b를 수정했지만, 이는 반데르 발스에게 큰 영향이 없었다.

콘스탐은 이렇게 적었다. '한 번은 그에게 잘못된 가정을 했을 때 어떤 생각을 하는지 물어보았다. 그는 이렇게 대답했다. "나는 내가 쓴 내용이 완벽하게 옳다고는 생각하지 않지만, 결과의 방향성은 맞으며 그것을 찾기 위해 다른 길을 돌아갈 생각은 없다." ' [206, p. 16-17]. 이보다 더 좋은 직감의 예를 찾을 수는 없을 것이다.

그림을 그려 생각하는 방법과 기하학적 방법의 집중적 사용은 그의 과학의 또 다른 단면을 보여 준다. 그에게는 주제의 구조나 전체적 내용이 단순한 계산식보다 더 중요했다. 그는 물리학자들이 계산에만 신경 쓰다 나머지 현상의 본질을 잊어 먹으면 짜증을 내었다. 그는 그들을 '암호관' (*cijferaars*)라고 불렀고, 자신의 계산식도 꽤 복잡했지만, 이 함정에 빠진 학생들과는 거리를 두었다 [218, p. 36].

그의 과학적 사고방식을 다른 식으로 표현하자면 수학적이기보다는 물리학적이었다. 그는 수학의 중요성을 간과하지는 않았지만, 사고 과정은 물리학적이었다. 모든 기체와 증기를 이상적이라 가정한 사람들에 대해서 그는 (*연속성* 에서) 이렇게 적었다. '이 가정을 채택한 사람들이 제기하고 답변한 질문들은 자연의 법칙과는 관련이 없고, 다만 문제를 만드는 데 사용된 임의적인 가정만을 증명할 뿐이다.' [$1e_2$, p. 225]. ψ-표면의 기하학을 연구하는 코르테베흐를 보고 그는 이런 질문을 던졌다. '매개 변수 간의 관계가 자연에 실존하는 일반 물질의 혼합물 표면에 두 번째 주름(fold)을 만드는 데 필수적인 것인가, 아니면 물리학적 의미가 없는 단순한 수학 계산인가?' [58, p. 611]. 그런 질문은 순수 수학자에게는 전혀 떠오르지 않는 생각이다. 그는 콘스탐과의 대화에서도 이 관점을 더 강하게 나타내었다. '수학자는 자연을 자기 생각에 맞게 바꾸려 하네. 한 명의 수학자를 붙잡기 위해서는 백 명의 실험 학자가 필요하단 말이야.' [206, p. 9][16]. 그는 이 이야기를 하는 데 충분한 이유가 있었다. Ya. 프렌켈이 언젠가 언급한 것처럼, 이론가가 갖는 자연에 관한 관점은 이성에 대한 정신적(플라토닉) 사랑과 같은 것이지만, 이는 반데르 발스의 관점과는 거리가 멀었다.

여기서 반데르 발스가 전적으로 이론가라는 일반적인 관점을 다시 한 번 생각해 보자. 반 라르는 반데르 발스가 임계 온도와 관련된 실험을 제외하고는 실험을 거의 하지 않았는다는 글을 적었는데 [180d, p. 32], 이는 사실과 다르다. 아직까지도 많은 사람들이 이 이야기를 하고 있는데, 네덜란드에서조차도 마찬가지이다. 따라서 위에서 언급한 바 있는 흥미로운 어느 논문에서는, 반데르 발스를 '가끔씩 실험 물리학 박사 학위 논문을 지도한 이론가'로 묘사하고 있다 [*4*, p. 2]. 사실 그는 초창기에 많은 실험을 했다. *연속성*에서 그는 에어로솔을 가지고 실험을 했으며[1d$_1$', p.35; 1e$_2$, p. 159; 제2장 참조], 그 뒤에는 두 가지의 순수한 실험으로 연구를 진행했는데, 탄소의 선 스펙트럼 정밀 관측 실험 [3]과 물이 최대 밀도를 보이는 온도의 압력 의존성 측정이었다 — 이 실험에서 그는 압력이 증가할수록 그 온도가 감소한다는 것을 발견하였다 [7][17]. 그는 혼합물과 관련된 실험도 많이 진행했다.

이산화 탄소-공기 및 이산화 탄소-염화 수소 혼합물의 기체-액체 임계 온도 결정 실험 [1d$_1$', p. 143]과 액체 혼합물의 임계 온도에 대한 300atm까지의 압력의 영향 실험 [1d$_1$'. P. 145-146]이 대표적이다. 그리고 마지막으로 자기 광학 분야에서 발명한 희박 기체의 방전 실험도 빼먹을 수 없다 (제4장 참조).

그의 아내가 죽은 이후로 실험을 멈췄을 가능성도 있지만, 콘스탐이 적었듯이 그는 항상 다른 사람의 실험 결과에 주의를 기울이고 있었으며 실험 당사자보다 더 좋은 실험 방식과 지금 현재의 문제점을 자주 파악하곤 했다 [187, p. 58].

그가 다른 사람의 실험에 관심을 기울인 것은 어쩔 수 없는 것이, 그는 조수가 없었고 강의를 맡았으면서도 모든 연구실 사무를 담당해야 했기 때문이다. 하지만 그가 학술지의 실험 논문을 자주 읽은 것으로 보아, 그런 의무 사항이 그의 중요 관심사는 아니었다. 제만은 이렇게 적었다. '그는 내가 실험을 하나 소개할 때마다 관심을 기울였다. 그는 다른 사람의 실험을 마치 자기 자신의 것처럼 귀담아들었다. 여러 번 나는 그에게 자신이 강의나 한림원 보고용으로 짧은 연구를 여러 번 진행했다는 이야기를 들었다. 그만의 낙서와 그림을 곁들여 그가 설명할 때를 보면 그 모든 사실이 더 명확해졌다.' [205, p. 111].

그는 그들을 위해 실험이나 실험 결과를 연구한 것이 아니고, 그 내용들이 자신의 연구를 위한 사고에 풍부한 재료가 되기 때문이었다. 콘스탐은 실험이 그에게 현실에 대해 제대로 이해할 수 있게 해 주었으며 이런 이해가 그의 생각에 '강력한 추진력'이 된다고 강조했다. '그는 자기 생각들이 추측일 뿐이고, 그 생각의 과정은 하나하나가 거듭해서 자신의 단편적 시각을 확인시켜 주고 그런 시각을 버려 나가도록 해 줄 수 있는 힘을 지닌 실험으로 검증되어야 한다는 사실을 알고 있었다.' [206, p. 9, 10]. 반 라르는 '그는 자신의 연구 결과에 절대로 완전히 만족하지 않았으며, 끊임 없는 노력을 기울여 완벽함에 도달하고자 했다.' [186d', p. 41]. 이제 우리는 왜 그의 논문 곳곳에 의문점들, 혼란함, 주저함과 다시 한 번 생각하고자 하는 바람 등이 가득한지 알 수 있다. 따라서 3상 평형의 특수한 경우와 그에 대응하는 T, $-x$와 P, $-x$ 곡선 상의 꼭짓점의 존재를 논하면서 그는 이렇게 적었다. '하지만 나는 아직도 이 꼭짓점의 존재에 확신이 들지 않는다. 그래도 내 자신이 몇 번이나 이 주제로 돌아오는 것이야말로 그 끝 점이 존재한다는 가장 확실한 증거일 것이다. 이 생각은 계속해서 떠올라서, 이제 나는 P, $-x$곡선이 이 점에서는 둥글지도 모르겠다는 생각이 들었다. 나는 이 점의 존재에 대해 마지못해 가정해 왔을 뿐이다.' [107e, p. 668]. 이런 고백은 그가 다른 면에서는 완벽을 보여 주었기 때문에 특히 흥미롭다. 여기서 그는 솔직하게 이런 편지도 보낸다. '콘스탐 씨가 q-선이라 이름 지은 곡선의 형태로 [내] 오류를 수정해 주었다.' [112, p. iv].

이 현실감에 관한 그의 의존도는 다른 연구에서도 은연중에 드러나지만, 한 번은 대놓고 표현한 적이 있다. '비록 이미 알려진 현상의 응용이 중요하긴 하지만, 새로운 현상의 발견이 자기 자신뿐만이 아니라 모든 물리학자들에게 더 중요하다. 물리학자들에게 새로운 현상은 자연의 본질에 관한 우리의 생각을 수정할 수 있는 계기가 되며, 어떻게 확장되고 발전해 나가야 하는지를 알려 준다.' [69, p. 500-501].

이제 다시 그의 생각하는 방식에 대한 토론으로 돌아가 보기로 한다. 역학은 지난 세기 모든 과학의 기초 철학이기도 했기 때문에, 그의 강한 시각적 상상력이 역학에 바탕을 두고 있다는 점을 주목해 보기로 하자[19]. 그는 한번은 자기 자신은 '모든 무생물적 자연은 거대한 역학적 문제로 다룰 수 있으나, 끝없이 진행되는 일련의 평형과 운동의 존재 아닌 다른 어떤 것도 존재한다고 생각하는 사람들 중 하나' 라고 말했다 [61, p. 51].

그의 직감은 이 철학을 너무 극단적으로 받아들이는 것을 막았다[20]. 우리는 데카르트의 제한 때문에 역학은 무생물적 자연에 국한되고, 따라서 살아 있는 생물과 영혼의 세계는 역학의 영역에서 제외된다는 사실을 알고 있다. 하지만 물리학 안에서도 그는 역학에 포함되지 않는 부분이 있다는 것을 알았는데, 그의 경우에는 중력과 분자 간 인력이었다. 이 문제에 관한 그의 고뇌는 그의 박사 학위 논문에서 처음 드러나는데, 16번째 '제안'에서 그는 뉴턴이 고백한 그의 계 내부의 모순을 언급한다(제3장 참조). 반데르 발스는 나중에 이렇게 적는다. '프랑스 혁명을 이끈 사람들이 왕좌를 무너뜨리고 제단을 차지한 것을 기뻐하는 동안 뉴턴은 더 멀리 나갔다. 그는 거의 우주 전체를 차지했다. 그에게 우주는 거의 아무것도 없는 가운데 약간의 무게를 측정할 수 있는 물질이 있는 공간이었다. 하지만 그는 초자연적 능력을 이 무게를 측정할 수 있는 물질에, 태양과 행성에 나누어 줘야 했고, 따라서 그는 여태 시인해 왔던 무게를 측정할 수 있는 물질로부터 '물리적 물체'의 특성을 거두어들여야만 했다.' [69, p. 502]. 이 빈 공간을 채우는 작업은 반데르 발스의 제안으로 시작되었고, 처음에는 영과 프레스넬이, 그다음에는 패러데이와 맥스웰, 그리고 지금은 로렌츠와 제만이 진행하고 있었다. '그럼에도 불구하고 물리학자들은 뉴턴이 던져 버린 것을 되찾기 위해 싫어하면서도 마지못해 하고 있다 [69, p. 503]. 이런 진전에도 불구하고 우리는 뉴턴의 인력을 아직 설명할 수 없으면서 '중력의 수수께끼'를 말하지 않으면 안 된다.' [69, p. 511].

그에게 이런 비슷한 수수께끼는 바로 분자 인력의 근원이었다(제11장, 2절 참조). 그는 분자 인력은 뉴턴 인력과 근본적으로 다르다고 믿었다. 매개 변수 a는 분명히 분자량과 비례 관계가 아니었다[92]. 그는 또한 맥스웰이 제안한 분자 간 반발력의 존재 또한 믿지 않았다. 맥스웰의 가정은 그에게 '일어날 가능성이 없는 것'이었다 [92e, p. 150]. 그는 분자에 정해진 부피를 지정하고 싶었다[21]. 하지만 이런 종류의 힘이나 그의 아들이 제안한 정전기 모델로도 분자 인력을 설명할 수는 없었고 그의 생애 마지막 날까지도 그는 '머지않아 우리는 분자의 형태를 알게 되어 어떻게 서로 끌어당기는지, 그리고 어떻게 인력을 계산할 수 있는지 알게 될 것이다.'

라고 기원하는 수밖에 없었다[92e, p. 151]. 그런 생각이 그로 하여금 '물리학자 가운데 한 철학자'[73, p. 285]라는 평가를 받게 되지만, 앞서 언급했던 것과 같이 '드러나지는 않았다'.

네덜란드에서 그는 로렌츠와 자주 비교되었다. '로렌츠는 헬름홀츠의 위대한 총명함과 침착함을 물려받았고, 반데르 발스는 맥스웰의 변덕과 탐구열을 물려받았다. 로렌츠가 더 이해하기가 쉽다.... 반데르 발스는 헬름홀츠나 로렌츠와 같은 그리스 신이 아닌 철학적인 몽상가이자 탐구자이다. 하지만 그의 깊은 통찰력과 날카로운 식견은 로렌츠와 비교해도 뒤지지 않는다.' [186d', p. 34, 36].

제만은 언젠가 [205, p. 102] '과학사의 플루타르크'라면 반데르 발스와 깁스를 비교하고 싶을 것이라 말했다. 두 과학자는 같이 1830년대 말에 태어났고, 반데르 발스는 주요 연구를 36, 43, 52세일 때 각각 발표했으며, 깁스는 34, 39, 63세일 때 발표했다. 여기까지가 유사점이고, 이제 차이점을 들자면 한 사람은 주로 직관에 의해 움직였지만 다른 한 사람은 철저한 논리적 계산 아래 움직였다. 만약 이 플루타르크의 피상적인 비교를 피한다면 이미 콘스탐과 반 라르에 의해 언급되었듯이 반데르 발스와 맥스웰 사이에 놀라울 정도의 유사성이 있음을 알게 된다. [186d', p. 33-35; 218, p. 36]. 둘 다 강력한 직관이 있었고, 생각을 그림으로 표현하는 능력과 실험이 이론보다 더 중요하다는 신념을 지니고 있었다. 또한, 둘 다 독실한 신자였고, 시 쓰기를 좋아했다. 그리고 처음에는 열역학에 대해 미적지근한 태도를 보이다가, 어느 정도는 깁스의 영향 덕분에 이 분야의 연구에 빠져들게 된다[22].

이미 언급한 대로 반데르 발스는 현대 물리학자 중에서 맥스웰을 첫째, 깁스를 둘째로 꼽았지만, 그가 맥스웰의 이름을 언급할 때는 맥스웰의 주장의 허점을 공격할 때뿐이었다 [248]. 우리는 이에 대한 이유를 알지 못한다. 아마도 맥스웰이 1874년에 비판적으로 쓴 *연속성*의 비평에 잠재의식 속에 남아 있는 분노 때문에 그럴 수도 있겠고, 비슷한 물리적 생각과 방식을 가진 사람에 대한 질투심에서 그랬을 수도 있을 것 같다[23]. 그는 심지어 유명한 기고문 [69, p. 510]에서나 노벨상 강연에서도 맥스웰에 대한 쓴 소리를 남겼는데, 후자의 경우는 그래도 어느 정도는 다정함이 남아 있었다. '비록 맥스웰은 증명에서 잘못된 방법을 택했지만, [지금] 여기에는 맥스웰의 법칙이라 불리는 속도 분포 법칙이 남아 있습니다...' [103e, p. 254].

그는 자연과 자연의 법칙이 인간의 관심사와는 별개라는 신념을 굳게 믿고 있었다. 이 믿음은 위에서 인용한 표현들에서와 같이 그가 남긴 일반적 표현들의 바탕에 깔려 있다. 아인슈타인은 그 믿음을 '종교적'[24]이라 표현했지만, 반데르 발스는 자신의 뜻을 나타내는 데 이 단어에 굳이 큰 의미를 부여하지 않았다. 반데르 발스의 특성을 잘 나타내어 주는 예로, 그는 자신의 개인적인 생각에 관해서 거의 말로 표현한 적은 없었지만, 원자 복사 현상에 관한 논문의 결론 부분에서 이렇게 적은 바가 있다. '이 복잡한 현상은 (언젠가는) 간단한 방법으로 명료하게 설명이 가능할 것이다. 이 표현은 모든 존재하는 현실에서의 자연 전체에 포괄적이지만 개별적인 것으로, 대부분의 물리학자들, 최소한 하느님이 만드신 작품을 보는 사람들이 기다려 온 것이다.' [69, p. 512]. 이것이 볼츠만이 그의 *세계관 (Weltanschauung)* 에서 언급한 내용으로, 콘스탐은 이렇게 적었다. '반데르 발스와 물리 가설에 대해 이야기를 나누면 그 사람은 이 가설이 거의 그에겐 종교적 진실이 되어 버린 것 같다는 느낌을 받게 된다. [206, p.3]. 이는 실로 '그에게 과학은 이상이 아닌, 하느님과 그분의 영광을 찬미하기 위한 봉헌의 수단이다 [206, p. 6].' 그는 과학 활동을 하느님에 대한 의무로 여겼다.

이제 우리는 과학자에 있어서 제일 중요한 부분인 연구의 동기에 관한 내용으로 접어들었다. 아인슈타인은 과학 연구의 동기를 설명하는 유명한 기사에서 [*14*] 과학의 사원은 연구 동기가 야망이나 개인적 이익을 취하기 위한 사람이라면 쫓아내어져야 하기 때문에 거의 비어 있다는 말을 한다. '그럼에도 과거와 현재, 그 안에 남아 있는 사람들이 몇몇 있다.' 아인슈타인은 막스 플랑크를 특히 염두에 두고 그 말을 했지만, 반데르 발스도 마찬가지로 들어갈 수 있었을 것이다. 이 사원은 바로 '예정된 조화'를 보기 위해 과학에 투신한 사람과 '힘든 노동이 수반되는 정신적 노력이 또한 종교적이며 열정적이기도 한' 사람을 위한 자리였다 [*14*]. 이 단어들은 반데르 발스가 과학에 보여 준 모습과 일치한다. 반 라르는 이렇게 적었다. '그는 새로운 연구에 들어가면, 완전히 몰입한다. 그의 모든 것이 한 문제에 완전히 꽉 들어가서 남은 공간이 없을 정도로. 그런 식으로 긴장감 높은 연구를 한다면 밤의 휴식도 그리 큰 의미가 없다.' [186d', p. 42]. 반데르 발스가 진리를 찾는 것은 하느님을 섬기는 것과 같다는 콘스탐이 언급한 내용에는 의심할 여지는 없지만, 진실을 찾고자 하는 환상적인 집념에서 그의 종교적 신앙을 분리하기란 쉽지 않아 보인다[25].

드물게도 반데르 발스는 한때 자신의 동기에 관해서 솔직하게 털어놓은 적이 있다. 로렌츠와 제만의 노벨상 수상에 관한 기사에서 그것이 드러난다. '과학 그 자체를 위한 과학 연구에 가치를 두는 사람들은, 비록 당시 노벨상에 대해 들은 적도 없었던 채로 진행되어 왔던, 로렌츠의 이론적 연구와 제만의 실험적 연구 내용에 기뻐했다. 이런 종류의 상은 보상으로 주어지지만, 나의 신념에 따르면 이것들은 과학 연구의 수준을 끌어올릴 수는 없다. 저항할 수 없는 내적 열망으로 움직이지 않는 사람은 절대로 미래의 보상을 위한 연구의 성과를 이끌어낼 수 없다.' [69, p. 512].

여기서 우리는 어떤 과학자도 한 인간이란 점을 분리할 수 없다는 것을 보게 된다. 카메를링 오네스는 이렇게 적었다. '그의 사생활을 얘기하게 되면 반데르 발스의 성격에 전혀 반대되는 것을 보게 된다.' [233]. 다음과 같은 글을 쓴 사람의 내적 생활을 파헤친다는 것은 불가능에 가깝다 (비록 다른 사람의 일을 통해서이긴 하지만): '이론적이든 실험적이든 모든 발견에는 그에 걸맞은 역사가 있다. 어떻게 첫 데이터가 생성되고, 외부 영향이 어떻게 작용했는지, 초기에는 어떤 문제가 떠올랐는지, 그리고 어떻게 해결했는지 – 이 모든 것들은 외부에 알려지지 않는다. 저자 스스로에게도 이런 일들은 평생 잊을 수 없지만, 이 일들은 가장 큰 영향을 끼친 우리의 가슴속에서만 영원히 남는다. 나는 이 [제만 효과] 발견의 진정한 역사를 안다고는 말할 수 없는 위치에 있다.' [69, p. 509-510].

하지만 그의 생애 말기에 나온 몇 가지 사실과 자료를 통해 우리는 반데르 발스가 어떤 사람이었는지 어렴풋이 짐작할 수 있다. 첫 번째로 받는 인상은 그가 둔하고 딱딱할 정도로 규칙을 중시한다는 점이다.

정확하고 과묵한 키 작은 이 남자는 단조로운 삶을 살아가면서 매사에 철저했다. 그의 수업과 강의는 항상 9시~10시, 10시~11시로 일정했고 수십 년간 그는 똑같은 일상생활을 지켰다. 날마다 그는 똑같은 시간에 일어나서, 밥을 먹고, 잠자리에 들었다. 그의 모습에서 유일하게 흔하지 않은 것은 어린아이처럼 밝게 빛나는 파란 눈동자였는데, 그를 아는 사람들은 이러한 특징을 그의 직선적인 성격에 대입하곤 했다. '꾸미는 것과 거짓은 그와 정반대의 이야기였다. 자신이 그렇게 생각하지 않는 것을 말하는 것은 그에게는 불가능했다.' [204, p. 154]. 이 성격은 많은 사람들이 그와 친해지는 것을 어렵게 만들었다. 그는 꾸밈이 없었고, 일상 대화에 관심이 없었기 때문에 주변 사람들은 그를 어려워했다. 예를 들어 평소에 좋지 않게 생각했던 한림원의 한 회원이 죽자, 다른 사람이 사무총장으로서 장례식에 참석해야 한다고 말을 건넸다. 그는 즉각 대답했다. '내가 만약 그래야만 한다면 더 이상 사무총장으로 있지 않을 걸세.' [204, p. 154]. 그는 말이 적었고, 자신의 생각에 완고하였으며, 좋아하고 싫어함이 분명하였다. 따라서 많은 사람들은 그를 침울하고 음흉한 사람으로 보기도 했다. '반데르 발스는 착하거나 따뜻하다는 말과는 거리가 제일 멀다. 그에게는 이스라엘의 예언자와 같은 힘이 있어서 엄격하고 날카로웠다.' [204, p. 4]. 그의 고집스러운 반감은 어떤 다른 사람들보다도 그의 가장 뛰어난 제자 중 한 사람이었던 반 라르에게 향했다. 그는 1899년 8월 18일 로렌츠에게 편지를 보내서 이에 대한 불만을 털어 놓는다. '...높이 평가하고 있는 다른 한 사람은 반데르 발스 교수인데, 평범한 (과학적) 접촉을 하는 것은 불가능합니다. 내가 과학 연구에 어려움이 있을 때 그는 한 번도 도움이나 지원을 해 준 적이 없었습니다. 반데르 발스 교수의 좋지 않은 성격 중 하나는 다른 사람들의 연구를 제대로 평가하지 않는다는 것입니다 (내 자신의 연구를 말하는 것이 아닌, 훌륭한 평판을 가진 다른 과학자의 연구 말입니다). *A*는 3등급 과학자, *B*는 4등급 과학자.... 등과 같이 말입니다. 그와 나머지 과학자들을 동등한 위치에 놓는 것은 그에게 익숙한 일은 아닙니다. 이는 그가 다른 사람들을 격려하지 않는다는 사실에서 알 수 있습니다. 그는 때때로 극히 냉정합니다.' [*16*, p. 28]. 따라서 반 라르는 반데르발스에 관한 글을 쓸 때 자신의 경험을 활용하였다. '그가 내뿜는 고집과 자급자족의 힘은 그의 예리함과 과묵함과 함께 그를 잘 알지 못하는 사람들에게 부정적인 평가를 하게 한다.' [186d', p. 15]. 하지만 코헨은 이렇게 덧붙였다. '그의 시무룩함과 다른 성격은 그의 수줍음에서 비롯된다.' [*17*, p. 498]. 하지만 그 문제는 그리 간단한 것이 아니었다. 명성은 그의 행동이나 습관에 아무런 영향을 끼치지 않았다. '그는 딸들과 같이 살았지만 마치 고독과 침묵의 섬 위에서 사는 것 같았다.' [204, p. 151]. '이 사람은 속세를 떠나 조용한 연구의 세계로 빠져 들어갔다.' [186d', p. 45].

하지만 *P. C. 호프트스트라트* 에 있는 그의 집은 은둔자의 감옥은 아니었다. 그는 집에서 '늙은 얀'이라 불리었고, '안락의자에 앉아 있는 대신에 책들로 뒤덮인 서재에 앉아 자신만의 생각에 빠져 있었다. 이 집에는 활동적인 사람들이 거의 없어서 가족 문제나 일상생활의 사소한 부분을 챙기는 사람이 없었다.' [204, p. 157].

독립하고 난 뒤에 자신의 어린 동생들을 도와 주곤 했지만, 어릴 때의 힘든 경험 때문인지 그는 욕심이 많지 않고, 검소하며, 어찌 보면 인색할 정도로 아꼈다. 그 가족들에겐 잘 알려진 전설 같은 이야기가 전해져 오는데, 증손자가 이렇게 회고했다. '얀 시니어가 노벨상을 받았다는 소식이 전해지자 손자들이 축하하러 그의 집을 방문했었다. 집에 도착한 아이 중 한 명이 이렇게 이야기했다. "할아버지가 돈을 뿌리신대.(*Grootvader smijt met 't geld.*)" 그는 아이들 각자에게 10센트 동전(*dub-beltje*)을 하나씩 주었다 [242].

주어진 임무에는 꼼꼼했지만 오는 편지에는 전혀 신경을 쓰지 않았다. '그는 반데르 발스 연구소 이외에는 편지를 놔두지 않았다. 편지에 여백이 있을 경우에 그는 그것을 계산 용지로 썼다. 그는 방 한가운데에 있는 탁자에 이 종이들을 놔두고 가버렸는데, 시간이 지나자 그 종이들은 5-6cm 높이로 쌓였다. 봄을 맞이해서 대청소를 해야 할 때면 집안을 돌봐야 했던 장녀 애니는 아버지에게 친구나 친척을 방문하도록 권유하거나 아니면 아버지가 회의 때문에 자리를 비웠을 때를 이용했다. 윗부분의 1-2cm는 바닥에 뿌려졌고, 나머지는 폐지함에 들어갔다. 그리고 난 뒤에 그녀는 자기가 할 수 있는 대로 바닥에 있는 종이들을 다시 정리했다.' [242].

집에서의 규칙은 엄격했다. 아내가 살아 있을 때 그는 아이들에게 엄격했지만, 그녀가 죽고 난 뒤에는 조금씩 부드럽게 대했다 [232, p. 11]. 그의 규범인 '뭔가를 한다면, 제대로 해라.'는 아이들에게도 적용되었고, 이는 아이들에게 처음에는 좀 짜증스러운 일이었다. 그런데도 집안 분위기는 엄격하고 분명했을 뿐만 아니라, 또한 밝았다. '아, 심각한 일도 있었지만 기쁨, 웃음, 유머와 어린아이 같은 장난이 함께한 그날들은 이제 그가 '세계적 명사'가 된 이후로는 큰 의미가 없어졌고 그는 자기 자신을 헛되이 지키려 했다.' [206, p. 5].

심리학자들은 지적 능력과 유머 감각에는 상관관계가 있다고 말한다. 반데르 발스의 경우가 대표적 예인데, 비록 그의 과학 논문에는 어떠한 유머의 흔적도 찾아볼 수 없지만, 그는 과학 관련 글을 쓰고 있을 때는 긴장을 풀 수 있었다. 하지만 집에서는 그를 잘 알고 있었기 때문에 그와 진지한 이야기를 할 수가 없었다. '반데르 발스가 말을 시작하면, 절대로 진지한 내용이 오래가지 않았다... 곧 유머가 튀어나왔고.... 반데르 발스의 말에는 항상 정직함과 유머가 따라 나왔다.' [204, p. 154, 152]. 이는 특히 휴일에 두드러지게 나타났다.

그는 주로 여름에 시골에 작은 집을 빌렸지만 때때로 가족과 같이 해외여행을 가기도 했는데, 1896년에는 티롤, 1897년과 1899년에는 스위스를 갔었다. 하지만 주로 네덜란드에 머물렀고, 1889년부터 1891년까지는 아우데만즈 가족이 소유하고 있던 푸텐의 작은 집에 머물렀다. 1892년부터는 네덜란드 남동부에 있는 흐루즈벡의 집을 빌렸는데, 이 집 근처에는 샹트피드 라 소세예의 빌라도 있었다. 여기서 그는 1898년 볼츠만을 만났다.

제만은 이렇게 회고했다. '나는 반데르 발스가 집을 빌린 흐루즈벡 근처의 싱트 얀스베르흐에서 보낸 이틀을 선명히 기억한다. 여름 날씨는 환상적이었고, 라임 나무에는 꽃이 활짝 펴서 벌들이 바쁘게 돌아다녔으며, 반데르 발스는 그가 평소에 연구실이나 서재에서 보여줬던 모습과는 다른 모습으로 나무 밑에 앉아 있었다.

나는 그가 자연의 아름다움을 만끽하는 모습은 물론 농담과 웃음을 주고받는 모습을 보고 많이 놀랐다. 이미 나이는 60세를 넘겼지만, 그는 산책을 즐겼다. 그는 주변 풍경의 아름다움을 언급하며 어느 방향에 나이메헨이 있고, 어디에 클레프, 어느 쪽이 수크, 모커하이데의 끝은 어디인지, 철도는 어디로 가는지, 그리고 마스 강은 어디로 흘러가는지를 이야기했다. 산책은 그가 주로 주도를 했는데, 때때로 가끔씩 일행을 위해 5분간의 휴식을 하면 모두가 자리에 앉았다. 그는 계속 서 있으면서 5분이 지나 신호를 보내면 산책이 재개되었다.' [205, p. 112].

시골에 있을 때에 그는 저녁에 주로 휴식을 취했는데, 때때로 서재로 들어가서 무언가를 적기도 했다. '왜냐하면, 그의 연구는 그가 휴식 중일 때도 따라오기 때문이었다.' [204, p. 153]. 당구는 그가 즐긴 놀이 중 하나였는데, 그는 상아 공의 충돌과 다원자 분자의 충돌을 비교하며 내부 진동 가운데 에너지의 비탄성 재분배를 떠올리곤 했다. 학기 도중에는 주로 산책을 즐겼다. 그가 어떻게 시간을 보냈는지는 1889년 2월 그를 방문한 *연속성*의 번역자 리차드 쓰렐폴이 남긴 편지로 추측할 수 있다. 그가 방문하기 전에 반데르 발스는 이런 편지를 보냈다. '제가 지금 바쁜 관계로, 정확한 도착 날짜를 알려 주시면 감사하겠습니다. 손님으로서 대접하게 된 것을 기쁘게 생각합니다. 비록 많은 시간을 보낼 수는 없지만, 충분히 값진 방문이 되리라 생각합니다.' 그가 떠나고 난 뒤에 반데르 발스는 이성분 혼합물 논문에 짧은 글을 추가하면서 마무리 지었다. '약간의 여가를 보냈기 때문에 여기에 이런 글을 남긴다...' [157(b)].

그의 일반적인 문화적 취미는 알려진 바가 없다. 위에 언급된 제만 효과와 관련된 글에서 그가 일반 대중들이 갖는 우주에 대한 과학적 관점의 발전 과정을 잘 알고 있으며, 또한 볼테르와 하이네의 반어법 또한 익히고 있다는 것을 알려 준다. '이런 특이한 형식이라면 그의 냉소적인 농담에 얼마나 진지함이 들어있는지 알아야만 한다.' [69, p. 502]. 같은 글에서 그는 아직 풀리지 않은 복사성 고체의 스펙트럼 문제를 음악적 비유로 풀이한다. 집에 있는 피아노는 딸이 종종 연주했지만, 그가 피아노를 연주했는지는 알지 못한다. 산스크리트어 학자였던 동생의 영향 덕분인지, 그는 인도 문학을 즐겼다. 뤼커트의[26] '*브라만의 지혜*' 와 인도 철학과 시와 관련된 비슷한 논문들은 그가 즐겨 읽는 것들이었다.' [186d', p. 45].

가장으로서 아이들에게 갖는 관심과 관계는 과학처럼 대단했으며, 손자가 태어나자 그는 연구실에서 일하는 시간보다 더 많은 시간을 손자들과 노는 데 쓰게 되었다고 카메를링 오네스에게 고백하였다 [204, p. 152].

그의 자랑이자 희망은 아들이었는데 그는 제일 나이가 어렸으며, 유일한 남자아이였고 유일하게 과학의 길을 걸었다. 처음에 그는 아버지에게 교육을 받았고, 그 뒤에는 1892년 물리학·수학 학부에 입학하였다.

1900년 12월 21일은 그가 박사 학위 청구 논문을 발표한 날로, 아버지와 아들 둘 다 매우 기쁜 날이었다. 논문의 제목은 *복사 현상의 통계 처리(A Statistical Treatment of Radiation Phenomena)* [*18*]로, 과학사를 다루는 사람으로서는 그 당시에 복사 이론을 다룬다는 것은 우려가 되는 일이었기 때문에 흥미로운 논문이다. 이 위기는 플랑크의 복사 에너지의 양자화 가설에도 쉽게 해결되지 않았다. 그 중 '*제안*' 하나는 다음과 같았다: '흑체 복사의 파장 분포에 관한 이론식은 아직 완성되지 않았다. 아직까지 루머와 프링스하임의 식이 옳은지, 플랑크의 식[27]이 옳은지 판단할 근거는 많이 부족하다.' 저자는 복사 열역학에서 새로운 결과를 얻어내서 분자 간 상호 작용과 복사와의 관계에 관한 몇 개의 가설을 추가로 첨부했다. 교무 위원회는 이 학위 논문을 *쿰 라우데*로 평가했고, 이는 아버지 혼자만의 결정이 아니었다.

이 학위 논문에는 개인적인 내용도 들어 있었다. 전통에 따라 학위 논문은 헌정사로 시작되었다. '아버지, 기억 속의 어머니, 그리고 내 약혼자에게' 그리고 나머지 선생님들과 자신을 도와 준 사람들에 대한 감사 인사로 이어졌다. 그리고 헌정사는 약간 특별한 방식으로 끝이 난다. '하지만 가장 감사를 드리고 싶은 사람은 아버지입니다. 모두가 내가 아버지에게 얼마나 많은 빚을 졌는지 알고 있습니다. 이 학위 청구 논문 발표를 하는 데 있어서 나를 가장 북돋아 준 것은 조금이라도 아버지를 닮고 싶은 바람이었으며, 그것은 비단 과학뿐만이 아니라 앞으로 펼쳐질 삶에서도 마찬가지입니다.'

1898년부터 그는 시싱의 조수로 물리학 연구소에서 일했고, '임용' 이후로는 *강사* 로 이론 물리학을 가르쳤는데, 주로 기체 분자 운동론을 담당했다. 1903년 가을 그는 흐로닝엔 대학교의 이론 물리학 교수가 되었고, 5년 뒤에는 암스테르담으로 돌아와서 아버지의 뒤를 이었다. 그는 이론 물리학에서 상태 방정식을 포함한 여러 분야의 연구를 담당했고, 한림원의 회원으로 선출되었다. 그의 연구는 아버지의 연구 성과와는 비교할 수 없었지만, 네덜란드에서 중요한 인물이 되었다. 그의 과학 및 공적 활동에는 몇십 년에 걸친 반데르 발스 기금의 관리, *우리 시대*와 *데 기즈*를 비롯한 다양한 사회, 정치, 문학 잡지의 편집 참여, 그리고 국가를 위해 다양한 사회 활동에 참여한다. 하지만 그는 아버지에 관해서 많이 언급하지는 않았다.

1901년부터 그는 아내와 새 가정을 꾸려 나갔지만, 나머지 딸들은 집에 아버지와 함께 남았고, 훗날 애니, 리네, 조, 라는 이름으로 알려지게 된다. 장녀는 어머니를 닮아 상냥했지만 성질도 있었는데, 왜냐하면 그녀가 집안의 가사를 담당했기 때문이고, 1937년 사망하기 전까지 주목을 받았다. 남은 두 딸은 머리가 좋았고 유머 감각도 있었다. 둘은 친한 친구로 남았고 나중에 '어린 얀'이 아이들을 데리고 왔을 때 멋진 게임을 하면서 같이 놀았다. 둘 다 초등학교 교사 자격증은 취득했지만 오로지 조만이 영어 영문학을 평생 가르쳤다. 리네는 작가가 되었지만 잠시 도른과 블뢰멘달에서 역사를 가르치기도 했었다.

그녀가 아마 아버지가 제일 사랑하는 딸이었을 것이다. 그녀는 아내의 죽음 이후로 아이들을 어떻게 대해야 할지 잘 모르는 아버지를 상대로 꽤 불우한 유년기를 보냈다. 그녀는 이 시절을 자신의 소설 *노르티에 벨트 (Noortje Velt)*의 첫 장에 실었지만, 그 뒤로는 아버지와 좋은 관계를 맺는데 성공했다 [232, p. 14]. 그녀의 34번째 생일 하루 전날인 1902년 6월 25일, 그는 그녀에게 편지를 보낸다.

모든 것들이 우리가 바라보고자 하는 것들과는 꽤나 다르단다. 우리는 자주 엠마오로[28] 가는 제자들처럼 "하지만 우리는 그것을 원했는데."라는 말을 하지. 그렇지만 우리는 모든 것들이 정해진 방향으로 흘러가야만 한다는 사실을 믿었을 때

비로소 하느님이 우리에게 요구할 수 있는 권리가 있다는 걸 알게 된단다.

내가 이 편지를 쓰는 이유는 네가 하느님을 믿어야 하는지 라는 의문에 자주 빠져서가 아니라, 적어도 나에게는, 그리고 대다수의 사람들에게 이 전쟁[29]의 결말이 너무나 참혹하므로 우리 가족과 친척의 운명에 비관한 나머지 이런 질문을 다시 던지게 되어서 그렇단다. "사랑과 바로 하느님만이 이 지구상의 일들을 또한 관리하는가?"

하지만 하느님의 목소리는 엠마오로 가는 제자들에게처럼 우리를 계몽시키려고 내려올 것이며, 우리는 모든 것들이 반대가 아닌, 원래 방향으로 돌아가는 것을 알게 된단다! 그의 목소리가 들리지 않더라도 우리는 마음속에서 신앙을 버리지 않고 하느님을 믿으며 그가 우리 모두보다 더 잘 알고 있으며 사랑으로 우리를 보살펴 주시기 때문에 우리에겐 충분한 축복이 된단다.

사랑하는 리네야! 나는 네가 하느님의 사랑스러운 이끄심을 믿고 따라서 새로운 나이에 하느님의 보호가 함께하기를 기원한다.

내일까지 잘 있거라.

아버지 씀

이 편지는 가족이 보관하고 있다가 [242] 재클린 반데르 발스의 전기에 수록되어 출판되었다 [232, p. 25]. 이 편지는 아버지와 딸 사이에 맺어진 강한 관계를 잘 나타내고 있다.

그는 시에도 통달해서 딸들에게 자주 시를 쓰기도 했는데, 이것이 재클린이 장차 소설가와 시인으로 성장하게 되는 원동력이 되었을 것이다. 그녀의 작품들은 아직 많은 네덜란드 사람들의 기억 속에 남아 있으며, 그녀의 이름은 아버지의 이름보다 더 잘 알려졌을 수도 있다.

그녀의 삶은 풍족하지는 않았지만, 내면의 삶은 철학, 역사, 미학, 예술, 외국어 공부로 매우 윤택했다. 그녀는 영어, 프랑스어, 독일어를 필수로 배워야 했으며 또한 노르웨이어와 덴마크어에도 능숙했다. 아버지를 닮아서 그녀는 식물학에도 관심이 많았다. 그녀는 교사 과정을 진행하는 동안 400가지 이상의 식물을 모아서 표본집을 만들어 분류하고 기록하기도 했다. 이 책은 지금은 암스테르담의 휴고 드브리스의 연구소에 보관되어 있다. 그녀는 대부분의 삶을 아버지의 집에서 지내며 지적 관심을 공유하고 있는 소수의 친구들과만 교제했다. 이들 중에는 제만, 카메를링 오네스, 콘스탐 및 샹트피 드 라 소세에 가족들도 포함되어 있었다. 후자의 사람들이 그녀에게 특별히 잘 대해 주었는데, 샹트피는 특히 그녀의 문학적 재능을 처음으로 발견했고, 그의 권한과 영향력으로 출판사를 연결해서 그녀로 하여금 작품을 출판하게 했다. 1893-94년의 겨울에 그녀도 들은 바 있던, 그가 자주 강의했던 '신념과 의문' 강의는 그녀에겐 자극제가 되었다.

그녀의 작품은 평론가들이 '진실하고 창의적인 시' [*19*, p.370]라고 표현할 정도였다. 그녀의 작품 목록에는 소설, 네 권의 시집, 그리고 아주 잘 알려진, 키르케고르에 관한 수필을 포함한 수필 몇 편이 있다. 그녀의 *마지막 시구(Last Verses)*는 네덜란드 시의 걸작이라 평가되며 '몇 마디의 말보다 그녀 내면의 삶의 고귀함을 가장 잘 알려 주는 작품'이라는 평가를 받았다 [206, p. 6].

반데르 발스 자신에게도 같은 식으로 말할 수 있다. 우리는 이미 그의 믿음이 얼마나 확고했는지를 재클린에게 보낸 편지와, 모든 자연은 창조주가 설계한 것이라는 신앙을 드러낸 것으로부터 잘 알 수 있다. 하지만 그는 어떤 교회에도 소속되지 않았고 예배에도 거의 참석하지 않았다. 그보다 나이가 작은 친구인 렌더르츠 목사는 한 번은 영국인이 반데르 발스에게 교회 활동에 관한 장시간의 이야기를 하고 난 뒤에 그에게 비슷한 일을 하느냐고 물었던 일화를 알고 있었다. 그의 대답은 다음과 같았다. '나는 바리사이와 세리의 비유를 다루고 있는 복음을 읽었고, 나는 세리가 되어서 그의 고백을 함께 나누고 싶었다.[30]' [204, p. 154].

그는 사회 활동에서도 비슷한 태도를 보였는데, 특히 아내의 죽음 이후로 더 심해졌다. 그는 친구 보스카, 오네스, 로렌츠 및 로제붐이 활동하던[31] 네덜란드 자연 과학자 및 의사 회의에 단 한 번도 참석하지 않았다. 그는 거의 모든 사회 활동을 회피하고 살아생전 딱 한 번만 의회 선거에 투표한 적이 있는데, 이 일은 그 후 많은 농담거리를 낳았다.

외부 활동에 관심이 없었지만, 그는 '활활 깨어 있는 네덜란드인'이었다 [206, p. 31]. 모든 네덜란드인이 가지고 있던 조국에 대한 자긍심은 19세기 말에 그 세력이 더욱 강해졌다. 스톡비스가 네덜란드 자연 과학자 및 의사 회의의 첫 모임에서 한 개막 연설이 바로 대표적인 예이다. 그의 주제는 지금이야말로 '황금시대' 이후 쇠락한 네덜란드 과학의 국제적 명성을 다시 드높일 시기라는 것이었다. 그는 두 가지 이유를 들었다. 첫째로, 국가는 생물과 같아서 불균형하게 자라기 때문에 '질풍노도'의 시기 이후 침체기가 왔다는 것이었다. 그리고 두 번째 이유는 좀 더 현실적인 이유로 이제 네덜란드는 다시 르네상스를 맞이하기에 좋은 환경에 있다는 것이었다. 그는 사상, 교육, 연구의 자유와 더불어 교육 체계의 발전을 언급했다. '우리의 의무를 다합시다.' 스톡비스는 외쳤다. '우리는 우리의 모든 힘을 기울여서 네덜란드의 과학 발전에 매진하겠다고... 전 국민들 앞에서 선언하고자 여기 모였습니다.' [*20*, p. 31].

반데르 발스의 열렬한 애국심은 비록 그가 다른 것들처럼 자주 말하지는 않았지만 강하게 나타났다. 아마도 이 애국심의 가장 명백한 증거는, 바로 모든 논문을 네덜란드어로 쓰고, 나중에 번역본이 출판되어 나오는 것에서 볼 수 있을 것이다. 그러나 그는 두세 번 정도 자기 생각을 대중들 앞에 밝힌 적이 있다. 앞서 언급된 제만의 효과에 관한 기사에서 그는 이렇게 글을 시작했다. '1902년 노벨 물리학상을 두 네덜란드인이 받았다는 것은 우리나라에 아주 큰 기쁨이다. 이는 조국의 영혼이 살아 숨 쉬고 있다는 것과 알량한 세계주의에 휩쓸리지 않았다는 것을 보여 주는 상징적인 사건이다.

그럼에도 불구하고 이 정도에 흥분한다는 것은 우리나라가 지난 10년간 이룬 높은 물리학 수준을 잘 모르고 있다는 사실을... 그리고 우리 국민들이 종교, 지성, 과학 분야에서 이룬 경탄할 만한 업적들에 대해 충분히 인식하고 있지 못하다는 사실을... 단적으로 보여주는 것이다.'

1년 뒤에 그는 카메를링 오네스의 박사 학위 취득 25주년을 맞이하여 기념사를 썼다. '오네스가 레이던 대학교 연구실에서 연구 주제를 선택하게 된 동기는 우리 조국이 물리학 발전에 기여를 해야 한다는 소망 때문이었다.... 물론 어떤 사람은 과학은 전 세계의 것이라고 한다. 하지만 우리는 과학의 특정 분야에 국가를 연결시키는 데 다양한 이유를 들 수 있으며, 과학에서 국가가 지니는 특수한 역할과 그 나라만의 특징이 있고, 과학의 한 부분은 한 국가의 기본적 교육 시스템에 의해 제공된 교육 과정의 결실이기도 하다[32].... 최근 25년간 네덜란드에서 이룩한 물리학 연구 성과를 보면 우리나라 사람 어느 누구나 물리학에 대해 말할 수 있게 되었다는 느낌을 가지게 한다.' [74, p. 73-74].

1898년 6월 14일 그는 동료들과 친구들에게 '우리 국민들이 네덜란드 과학 특히 네덜란드 물리학에 대해 다시 말을 할 수 있게 하도록 함께 일하자.'는 주장을 했다 [187, p. 56]. 그는 사람들에게 이것이 바로 자신이 젊었을 때부터 가졌던 목표라고 말했고, 그리고 이 말대로 *연속성* 의 출판은 네덜란드 과학계의 두 번째 황금시대를 알리는 신호가 되었다.

독일어판 *연속성* 의 출판은 반데르 발스가 1880년대[33] 유럽 전체에 큰 명성을 얻게 되는 계기가 되었다. 하지만 이 논문에 반기를 드는 나라가 있었는데, 그 나라는 바로 영국이었다. 그 이유 중 하나는 맥스웰의 비판(제3장 참조)이었고, 다른 하나는 1885년에 사망한 이후까지도 앤드류의 연구 업적을 보호하려는 속셈이었다.

그런 가운데 1890년[34]에 첫 영어 번역판 [1e$_1$'] 을 준비한 사람은 오스트레일리아로 이민을 간 케임브리지 대학교 출신 물리학자 리차드 쓰렐폴이었다. 번역판의 출판은 논란을 일으켰다 [23]. 앤드류의 첫 번째 조수이자 켈빈 경의 조카였던 J. T. 보텀리는 1891년 3월 5일 *네이처* 에 항의 편지를 보내었다. 그는 '이미 여러 번 언급된 내용에 얼마나 중요한 내용이 담겨 있는지 모르겠다.'라는 의문으로 시작하며, 이런 말을 했다. '비록 열역학 부분이나 결론 부분이 검증을 버티리라 생각하지는 않지만, 나는 이 논문을 비평하자고 주장하는 것은 아니다. 하지만 나는 그들이 불손하게도 앤드류에게 올바른 감사의 말을 표하지 않는다는 점을 지적하고 싶다.' 맥스웰의 *열 이론* (제3장 참조)에서 반데르 발스가 가져온 S자 모양 등온선에 대해 그는 이렇게 적었다. '이 부분은 이해할 수 없다. 이 곡선은 분명히 맥스웰의 것이 아니고, 다소간 앤드류의 원래 곡선을 가져온 것이다.' 그의 결론은 '연속성의 아이디어나 증거 둘 다 그에 의해 만들어진 것이 아니며, 반데르 발스가 쓴 연속성에 관한 글에 어떠한 새로운 개념의 흔적도 찾을 수 없다.' 로 끝을 맺었다 [*23*, p. 415-416].

1주일 후, 왕립 과학 대학(Royal College of Science)의 물리학 교수인 A. W. 뤼커는 반데르 발스 논문 영어판의 내용을 인용해서 반데르 발스는 이를테면 기체와 액체 분자의 동일성이나, 혹은 이미 감사의 뜻을 표했던 바와 같이, 제임스 톰슨에 의해 이미 제안된 등온선 형태의 이론적 유도 등의 경우와 같이, 그 자신의 아이디어가 아닌 어떤 것을 자신의 것이라고 주장한 적이 없다는 점을 분명히 보여 주었다. 보텀리는 그의 편지를 받으면서 자신의 실수를 인정하였다. '나는 앞서 제출한 편지에서 '곡선은 분명히 맥스웰의 것이 아니고'라는 단어를 빼 줄 것을 요청한다.' 하지만 그는 계속해서, '반데르 발스의 논문에 관한 나의 비판 입장엔 변함이 없으며, 오히려 약간 더 강화되었을 수도 있다.' 고 주장했다[*23*, p. 437].

이 사건은 열역학과 분자 물리학의 권위자이자 1880년에 이미 *연속성*을 자신의 논문에 인용한 옥스퍼드 대학교의 R. E. 베인즈의 편지로 끝을 맺는다. 그는 뤼커가 언급한 부분에 중요한 요점을 몇 개 추가한다. '그[반데르 발스]와 연속성에 관한 토론을 하는 것은 그 특성 [방정식]에 관한 이야기가 아니면 아무런 의미가 없다. 하지만 이 연속성이란 단어는 그의 이론 중에서 제일 중요한 부분이기 때문에 제목이 된 것이 틀림없다. 어느 것이 우선인지에 대해서는 의심의 여지가 없다. 저자는 어디서 실험이 진행되었고 그 내용이 무엇인지에 관한 모든 정보를 제공했고, 이 연속성이란 개념이 이미 알려진 법칙에서 유도되었다는 것을 분명히 알렸다.' 그는 네덜란드어 학위 논문 원본을 인용하며 반데르 발스에게 유일하게 부족했던 부분은 서론에 앤드류의 연구를 좀 더 명확히 언급하지 않은 것뿐이라고 주장했다. '하지만 좀 더 이른 시기였다면 반데르 발스 교수의 학위 논문보다 그 이론적 결론에 이의를 제기할 수는 있을 것이다' [23, p. 487-488].

1891년 5월 4일 반데르 발스는 패러데이의 탄생 100주년을 맞이해서 다른 20명의 외국인 과학자와 함께 영국 왕립 과학 연구원(Royal Institution of Great Britain)의 명예 회원으로 선출되었다. 그 명단에는 베르텔로, 헬름홀츠, 파스퇴르, 깁스, 칸니자로, 멘델레예프와 톰슨의 이름도 있었다. 반데르 발스의 선출은 램지에겐 불쾌한 일이었는데, 그래서 그는 4일 뒤 과학 연구원에서 행한 강의에서 [*24*] 액체와 기체에 관한 이야기를 하면서도 반데르 발스를 전혀 언급하지 않았다. 이는 의도적인 모욕이었다. 반데르 발스는 특별한 말은 하지 않았으나 그의 기분은 5월 16일 그 과학 연구원에 보낸 편지에서 잘 알아볼 수 있다.

협회장 귀하

영국 왕립 과학 연구원에서 저를 명예 회원으로 임명했다는 사실을 영광스럽게 수락 [확인?] 합니다.

이 과학 연구원은 과학계를 선도하는 단체로서 이 협회에 제 이름이 오른다는 사실에 매우 만족합니다. 또한, 과학 연구원에 소속된 과학자 동료들이 나에게 특별한 대우를 해 준 것이 기억납니다.

이 영광을 수락한다는 점은 엄청난 기쁨이며, 감사의 인사를 과학 연구원에 대신 전달해 주기를 부탁드립니다.

최근 약간 상태가 좋지 않은 건강이 회복된다면 런던에 가서 가입 인사를 하겠습니다.

앞으로 적극적으로 함께하겠습니다.

J. D. 반데르 발스 [154].

그는 패러데이 100주년을 맞이해 런던으로 갔고, 재클린에게 반어법 없이 편지를 썼다. '나는 어떻게 해서 이제 수명이 다 되어 가는 유명한 사람들과 같이 있게 되었는지 잘 모르겠구나. 아마도 프랑스, 독일, 이탈리아, 덴마크 과학자들 사이에 네덜란드 사람을 넣고 싶었나 보다.' [232, p. 25].

연속성 의 25주년 기념행사가 그의 명성에 정점을 찍었다. 그 다음해에 램지는 네덜란드 자연 과학자 및 의사 회의에[25] 불활성 기체에 관한 강연을 하게 되었는데, 이때는 그 자세한 내용은 모르지만 반데르 발스를 언급했다. 명성이 오르는 데 일조한 또 다른 사건은 그가 *대영 백과사전* 에 '기체의 응축' 부분의 작성을 위해 초청된 일이었다[64].

1900년에는 베를린 과학 아카데미에 플랑크의 추천과 반트 호프의 지지 덕분에 외국인 회원으로 선출되었다. 같은 해에 그는 또한 *프랑스 학사원(L'Institut de France)*에 푸앵카레의 지명에 의해 회원이 된다. 10년 후 그는 이 학사원의 12명의 외국 회원 중 한 명이 된다[35].

그의 교수 임용 25주년을 맞이하여, 전 세계 170명의 물리학자들의 사진이 담긴 (납처럼 무거운) 앨범과 [231, p. 152], 반데르 발스 기금에 의해 그의 연구 분야 관련 서적과 논문 별쇄본들을 모은 업적집이 헌정되었다. 이들은 그의 더욱 크게 올라간 국제적 명성을 잘 보여 주는 사례가 되었다 [7; 4].

1900년 8월 그는 파리로 가서 제1회 국제 물리학회에 참석한다. 이를 위해 그 도시에는 전 세계에서 800명에 달하는 물리학자들이 모여들었고, 현대 물리학의 성과를 드러내는 그들이 발표한 논문들은 정리된 내용만 하더라도 네 권 분량에 달했다. 반데르 발스가 보고한 내용은 *유체(혼합물)의 정역학(The statics of fluids (mixtures))* [58]과 그 당시에 자신이 신경 쓰고 있던 문제를 추가한 *연속성* 의 2판의 두 번째 부분의 요약본이었다 [61]. 모두 다 읽기에는 내용이 너무 길었기 때문에 베르텔로에 의한 요약본이 8월 11일 회의에 제출되었다. 8월 6일부터 12일까지의 1주일은 행사로 가득했다. 개별 토의, 연구소 방문 (유명한 퀴리 부인의 라듐 연구소), 국제 박람회 참석과 에펠탑 방문까지. 반데르 발스에 있어서 이 회의는 자신의 혼합물 이론을 세계에 알릴 기회였다.

따라서 1890년대 후반에는 그의 삶에 큰 변화가 찾아왔다. 이 장의 앞부분에서도 말했듯이 생활이 안정되었기 때문에 과학 활동이 다시 늘어나게 되었다. 늘어나는 국제적 명성 덕분에 연구 분야의 범위를 늘릴 수 있었고, 더 많은 시간과 자원을 쓸 수 있었다.

단순한 숫자로는 그리 의미 있는 증거가 되지 않겠지만, 그 수치는 놀랄 만하다. 그는 아내가 죽은 뒤 15년간 19편의 논문(번역과 공식 서류 제외)을 발표했지만, 그다음 15년간은 60편의 논문을 발표했는데, 대부분이 삼성분계에 관한 것이었다[47; 65].

여기 반데르 발스가 교수 말기에 지도한 박사 학위 논문의 목록이 있다.

1898 N. J. 반데르 리, 완전 혼합물의 임계 온도에 주는 압력의 영향

1900 H. 훌쇼프, 표면 장력으로 가정한 분자 상수 a의 값 직접 유도

N. 퀸트, 염화 수소와 에탄 혼합물의 등온선 결정

E. H. J. 쿠네우스, 증기와 액체 상태의 공존 비를 연구하기 위한 굴절률 측정

J. D. 반데르 발스 Jr., 복사 현상의 통계 처리

1901 Ph. A. 콘스탐, 반데르 발스의 *P-T-X*-표면 이론의 실험 연구: 예비 연구와 방법

1902 J. J. 할로, 흡수대 근처에서 편광면의 자기 회전

1904 C. H. 브링크만, 염화 메틸과 탄산 혼합물의 등온선 결정

G. C. 게리츠, 이성분계의 *P-X*-선도 결정

1906 B. M. 반 달프센, 삼성분계의 포화 표면

1908 C. 도르스만, 염화 수소와 탄산 혼합물의 등온선

G. 반 릐, 겉보기 회합: 실험 결과들이 반데르 발스의 상태 방정식에 벗어나는 원인 분석에의 기여

오로지 할로의 주제만이 다른 것들과 차이가 있으며 반데르 발스가 이 분야에 가진 관심과 결과는 제만을 통해 얻은 것이었다. 또한, 할로는 반데르 발스의 강의 내용을 받아 적음으로써 참고 자료를 제공해 주었다. 이 기록은 훗날 릐가 학위 논문을 준비할 때와 (반데르 발스가 노벨상 강연에서 이야기했다) 콘스탐이 열역학 교과서를 집필할 때 사용되었다.

이 목록에 없는 반데르 발스가 지도한 학위 논문도 있긴 하지만 이 목록을 통해 우리는 반데르 발스의 중요한 업적 하나- 바로 물리와 물리화학 분야 네덜란드 학파의 창설-를 알게 되었다.

주석(Notes)

1. 전기로 움직이는 트램이 *플란타헤 마위데르흐라트(Plantage Muidergracht)*를 통과하면서 실험실 장비들에 영향을 주었기 때문에, 반데르 발스는 시 당국으로부터 20,000 휠던을 지원받아 장비 보호 장치를 구입한다[*1*].
2. 우리 추측으로는 콘스탐은 아직도 전기 작가를 기다리는 것 같다. 몇몇 자료는 포겐도르프의 전기-문학 단어집 Bd 5, S. 663-664; Bd 6, S. 1364-1365; Bd. 7b, S. 2516-2521, 자서전 레벤스베르(*Levensber*)[2], 아들에게서 온 편지 [241], 암스테르담 주간 잡지 *Ch.W.* 와 *P. C.* 에서 찾을 수 있다.
3. 아들의 편지에서 중요한 부분은 다음과 같다. '아버지는 특히 열역학에 관해서 *특임 교수(extra-ordinarius)*로 임명하여 그 분야에서 반데르 발스가 연구했던 상평형의 실험 연구를 계속 진행하려 했지만, 반데르 발스의 아들인 반데르 발스 Jr.는 이론 물리학의 *일반 교수(ordinarius)*로 임명되었다. 아버지의 연구 분야는 제한되었는데, 그 이유로는 (a) 실험 물리학에는 이미 다른 교수가 있었다. – 그 유명한 P. 제만. (b) 아버지는 모든 힘을 물리학에 투자하고 싶지는 않았고, 정치에도 관심이 있었으며 (1910-1917년), 그보다 더 큰 관심을 철학에, 그리고 나중에는 (1918년 이후) 교육, 심리학 및 신학에 투자했다 [241]'.
4. 숙련된 실험학자인 A. M. J. F 미셀 (1889-1969년)은 고압 물리학과 기술에 있어서 유럽의 권위자가 되었다. [*4*]와 포겐도르프 (위의 주석 2 참조)의 Bd 7b, S.3264-3267 참조.
5. 다시 한 번 아들의 편지 내용을 인용한다.: '1915년부터 그의 친한 친구가 된 사람은 레이던 대학교의 이론 물리학 교수였던 파울 에렌페스트 교수였다.... 에렌페스트는 1920년부터 레이던에서 매달 열린 이론 물리학 국제간 세미나의 창시자로 유명해졌다. 이 세미나에는 A. 아인슈타인이나 N. 보어 같은 사람들도 꾸준히 참석했다. 에렌페스트와 아인슈타인은 종종 그 다음날 암스테르담에 있는 아버지의 집을 방문하곤 했다. 나는 아직도 그 방문을 생생히 기억한다.' [241].
6. 제9장의 끝부분에 인쇄되어 있다.
7. 이때까지 발표되지 않은 글이지만 설명을 위해 여기 첨부한다.

Amsterdam 20 Juni 98

Hochgeehrter Herr,

Für den schönen Glückwünschen, den ich von 'der physico-matematischen Facultät des Kaiserlichen Universität Jurjew' empfangen habe, fühle ich mich zu tiefstem Danke verpflichtet. Glauben sie mich, wenn ich versichere dass diese Dankbarkeit stets rege in mir sein wird und dass ich die heilen Wünsche für Ihre Facultät hege.

Ihr ergebenen

J. D. v d Waals

Herrn Loewinson-Lessing, Decan der phys.-mat. Fac. Universität Jurjew [157(d)].

Jurjew 또는 Yuriev는 지금의 에스토니아 타르투를 의미한다.

존경하는 --- 씨,

본인은 왕립 유리예프(Jurjew, 타르투(Tartu)) 대학교 '물리학수학 학부'로부터 받은 아름다운 축하에 대해 깊은 감사를 드립니다. 그리고 믿어주시기 바랍니다. 본인은 항상 이러한 감사의 말씀이 내 마음 속에 살아 움직일 것이며, 귀 대학을 위한 거룩한 소망이 늘 가슴속에 담겨 있을 것입니다.

J.D. v d 발스 삼가 재배드립니다.

유리예프 '물리학수학 학부' 뢰빈손-레씽(Loewinson-Lessing) 학부장님께

** 유리예프 대학교는 1893-1918년 사이 에스토니아 왕립 대학교로, 즉 당시는 도르파트(Dorpat) 대학교(독일식 학제가 실시되었던)였지만, 오늘날은 타르투(Tartu) 대학교이다- *역자 주.*

8. 기념일은 대학교의 기념일과 겹쳐서 10월 15일 성대하게 치뤄졌다. 반데르 발스는 시작할 때부터 있었던 교수 중 자리에 아직까지 남아 있는 5명의 교수 중 한 명이었다. 5명의 25주년 기념식은 *프로프리아 쿠레스(Propria Cures)*에 기록되었고, 반데르 발스의 기념식은 기자에 의하면 '아주 조용하고 평온하게 열렸다.' [7].

9. 그가 사진을 찍거나 초상화를 강하게 거절하는 성격은 이미 1900년 *Mannen en vrouwen van beteekenis in onze dagen* ('이 시대의 중요한 남자와 여자')에 실린 그와 관련된 기사 [186]에서 확인할 수 있다. 이 기획 기사는 전통적으로 대상자의 초상화로 시작하는데, 반데르 발스의 경우에는 '유감스럽게도 이 기사에는 반데르 발스의 초상화를 실을 수 없었는데 그 이유는 반데르 발스 교수는 우리에게 자신만이 갖고 있는 이유로 인해 초상화를 위한 모습을 취하는 것을 거절한다고 말했기 때문이다. H. M. 서비스는 30년 전에 그려진 초상화 말고는 가지고 있는 초상화가 없었다. - 편집자들.'

10. 반데르 발스 기금은 번창했다. 1904년부터 이 기금은 콘스탐이 하고 있던 고압이 유체 상평형에 주는 영향 연구에 지원되었다. 기금의 지원을 받은 처음 두 논문은 팀머만즈와 콘스탐이 각각 1910년에 발표한 것들이었고, 지금 현재 총 논문 개수는 330편에 달한다. 자세한 사항은 레벨트 셍거스와 셍거스의 기사를 참조 [*4*].

11. 이 부분은 연속성의 부분 72에서 인용한 것이다 [1d1',p.119]. 영어판은 조금 다

르다 [1e₁', p. 446; 1e₂, p. 225].

12. 이 부분은 *연속성* 의 마지막 문장이다 [1, p. 128; 1e₂, p. 239]. 하지만 반데르 발스가 언급하고 있던 사람은 윌리엄 톰슨이 아닌, 플레밍 젠킨이었다 [183, p. 14].

13. 많은 네덜란드 교수들은 일반인용 글들을 발표하고 공개 강의를 많이 가졌지만, 반데르 발스는 그러지 않았다. 그와 대조되는 사람이 바로 한림원의 원장이자 1908년부터 이학부의 부장을 지낸 H. G. 반 데 잔데 바크휘젠으로, 반데르 발스와 같은 해에 은퇴했다. 카이저의 진정한 학생이었던 반 데 잔데 바크휘젠은 어떻게 청중을 사로잡는지 알고 있었다. 반데르 발스는 그러지 않았고 대중들은 그의 과학적 업적을 낮게 평가했다 [189].

14. 이 내용은 독일 물리학자 발데마르 포이그트가 로렌츠에게 1899년 5월 11일 보낸 편지에서 알 수 있다 (편지를 빌려 주신 A. J. 콕스 교수에게 감사의 말을 전합니다).

'나는 볼츠만이 이해하고 있는 분자 이론에 몇 가지 이의를 제기한 까닭에 반데르 발스 씨와 문제가 생겼네. 나는 이렇게 설명했지.; 공식으로 분명하게 *표현된* 한 과정의 방법을 완벽히 *이해하기 위해서는* 공식이 실험으로 증명 가능해야 하며 우리는 공식에 나타나 있지 않기 때문에 현실과 대조가 가능한 요소를 상상을 통해 추가해서 확인해야 한다. 반데르 발스 씨는 이 생각에 분명히 화가 나 있는 상태였기 때문에 나는 서둘러 그 자리를 피했네.

한편으로 나는 내가 그렇게 존경하는 과학자에게 좋지 않은 인상을 남긴 것에 안타까운 생각이 들었지만, 그가 가진 자신의 '그림'에 대한 강한 집착을 보게 되어서 흥미로웠네. 우리는 명확한 결론이 내려질 가능성이 없을 때 가장 흥분하게 되지'. (포이그트가 이탤릭체로 표시함)

15. 이 '비전'이 카메를링 오네스가 연설에서 언급한 그 내용이다. 볼츠만의 회고에 관해서 그는 신랄하게 대답했다: '그런 영감은 오로지 끊임없는 노력과 모든 방향을 상상할 수 없는 만큼의 다양한 실험을 했지만 넘을 수 없는 거대한 암흑의 벽 앞에 가로막힌 위대한 과학자만이 가질 수 있는 것이다.' [196].

16. 맥스웰이 한 비슷한 말과 비교해 보자. '몇몇 수학자들은 자신들을 위해 평생 연구를 한다. 하지만 대부분의 사람들은 수학의 원래 목적은 자연을 해석하는 것이라 생각한다.' [*10*, p. 248]

17. 제6장, 2절 참조

18. 그는 에터와 물의 혼합물에서 두 상태 사이에 있는 메니스커스가 고압에선 평평해지는 것을 발견하고, 혼합 온도는 압력이 증가하면 감소한다는 가설을 세운다. 이 가설은 훗날 자신의 제자 중 한 명이 증명한다.

19. 이 믿음은 꽤나 일반적이었다. 그 예는 1899년 보스카가 반데르 발스의 연구에 관

해 평가한 내용이다. '분자 운동의 세계에 더 깊이 들어가려는 반데르 발스의 용기 있고 성공적인 시도와 그 끈기는 역학 원리를 상태의 물리적 성질과 그 현상에 대입하는 것이 좋은 결과를 가져온다는 것을 증명하는 또 하나의 예이다.' [*11*, p. 11].

20. 그의 출판물 중에서 가장 멀리 간 내용은 이런 내용이었다. '분자는 물질의 고체 형태에 속해 있다고 가정해야 하는 것이 거의 확실하다...' [1, §27, p. 39; $1d_1$', p. 35; $1e_1$', p. 365; $1e_2$, p. 160] 와 '헬륨의 경우 한계 밀도 (m/b)는 중금속과 동일할 것이다. 그 가정에서 중금속의 분리와 비슷한 현상이 일어날 가능성은 상당히 높다.' [83e, p. 528].
21. 그의 선택 이유는 다음과 같다. '어떻게 그리고 왜 어느 정도 거리에 있는 인력이 반발력으로 작용하게 되는지에 대해서 그 [맥스웰]는 의문을 갖지 않았고, 그에 따른 해답도 내놓지 않았다.' [92e, p. 150-51].
22. 하지만 맥스웰은 작업 중이던 열역학 책을 끝내지도, 출판하지도 못했다. [*12*] 참조.
23. 신기한 점은 *연속성*에서 맥스웰의 *열 이론*을 언급한 부분인 '모든 물리학자들이 들고 다녀야 할 작은 책' [1, p. 81] 이 1881년의 독일어 번역본에는 빠져 있다는 점이다 [1d1']. (이 부분은 보충되어야 하나 가장 최신 영어 번역본 [$1e_2$]에도 빠져 있다.)
24. '나는 자연의 현실이 어느 정도는 인간이 이해할 수 있는 수준이라는 이 믿음에 '종교적'이란 단어보다 더 좋은 표현을 찾지 못하겠네.' 1951년 1월 1일의 편지 [*13*].
25. 여기서 암스테르담 주간 학생 잡지에서 과학 연구의 동기에 관한 철학 기사를 소개한다.

    '*형이상학과 윤리 저널(Revue de Metaphysique et de Morale)*의 집필진이기도 한 코르테베흐 교수는 이렇게 말한다. 내 생각에 그와 그의 스승인 반데르 발스 교수는 논문을 쓸 때 이런 생각으로 논문을 쓰지 않았을까 한다.: '동기라는 단어가 내포한 의미대로 이는 우리가 무언가를 알아야 한다는 지식이지, 무언가를 해야 한다는 뜻이 아니다. 이는 미학적 갈증으로, 모든 것에 복잡하게 깃들어 있는 진실의 아름다움을 추구하는 갈증이며, 이것이 바로 과학을 이끄는 원동력이다.' [*15*].
26. 프리드리히 뤼커트 (1788-1866년)는 에르랑겐과 베를린 대학교의 동양 철학 교수로서, 동양 언어 번역가로 유명했다. 여섯 권으로 이루어진 *Die Weisheit der Brahmanen* ('브라만의 지혜')는 1836년에 출판되었다.
27. 그는 플랑크의 첫 공식을 언급한 것이었다. 양자 분야의 시작을 알린 논문은 12월 14일에 제출되었는데, 반데르 발스 Jr. 의 '교수 임용' 1주일 전이었다.
28. 루카 복음 24장
29. 보어 전쟁은 1902년 5월 31일에 끝이 났다.
30. '오, 하느님! 이 죄인을 불쌍히 여겨 주십시오.' (루카 18, 13).
31. 그럼에도 그가 무시하지 않은 한 협회가 있었다. 하를렘의 네덜란드 과학 협회

(HMW, 제1장 참조)로, 그는 1878년에 이미 선출되었다. 여기서 그는 시상 관련 심사자였고, 1892년 자기 광학을 연구한 공로로 제만에게 금메달을 준 사람도 그였다. 1889년부터 HMW는 반데르 발스의 혼합물 이론을 확인하기 위한 실험에 많은 지원을 했다.

32. 최근에 출판된 러시아어 책은 이렇게 적혀 있다. '근본적인 조사를 하는 더 중요한 목적은 국민성을 찾기 위해서이다. 모든 국가에는 독특한 가치관이 있고, 개념의 분류나 연관 관계는 모든 국가들이 개별적으로 소유하고 있다. 자기들의 문제를 해결하는 과정에는 그들 나름대로의 방법과 이유가 있다.' [*21*, p. 80].

33. *연속성*의 네덜란드어 원본은 번역본이 나오기 얼마 전에 이미 절판되었다. 1877년에 요약본 [$1c_2$]이 출판되었지만, 독자들의 요구를 충족하기엔 불가능해졌다. 따라서 1879년 베를린 물리 협회의 초록 담당자는 원본을 구할 수 없었기 때문에 요약본 [$1c_1$]이 맥스웰의 논문 비평을 바탕으로 작성되었다고 알린다. 1881년 암스테르담의 서점 주인은 반데르 발스에게 편지를 보내기도 했다 '영국, 독일, 미국에서 귀하의 책을 요청하는 편지가 계속 오고 있지만, 그 요구에 대응할 수 없습니다.' [231, p. 149]. 네덜란드어 원본의 초기 소유자 중에서 그 가치를 강조한 사람은 프랑스의 브르츠 [22]와 러시아의 스톨레토프 및 멘델레예프였다. (제9장 참조)

34. 이 번역의 준비 과정을 자세히 알고 싶다면 [183, p. 90]을 참조

35. 이 또한 푸엥카레의 지명이었고, 그 이유는 이와 같았다. '그는 생각할 줄 알기에 무언가를 만들 줄 아는 사람 중 한 명이다.' [209, p. 793].

사진 소개

사진 1. 레이던에 있는 반데르 발스가 태어난 집으로, 지금은 정육점이다 (사진: 1984년)

사진 2. 안나 마그달레나 반데르 발스 (손자에게서 얻음)

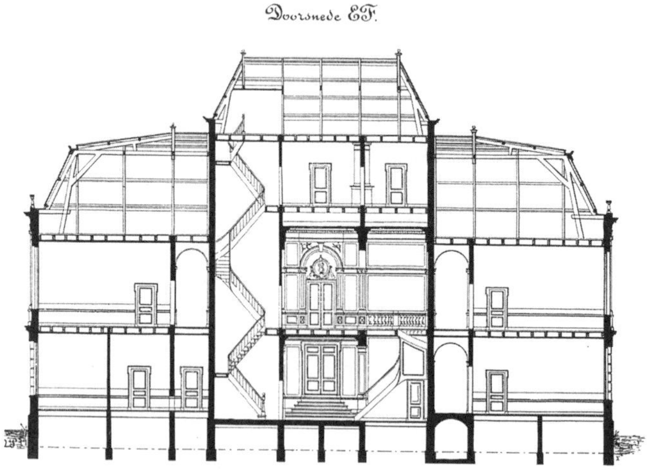

사진 3. 1880년에 계획된 암스테르담의 연구소 도면. 실제 건물은 약간 다르게 지어졌다. (아그니에텐카펠 대학교 박물관 제공)

사진 4. 두 개의 별관이 추가된 연구소의 후면 사진. 1991년 사진이 찍힌 당시에는 상점이었다.

사진 5. 암스테르담의 P. C. 호프트스트라트에 있는 그의 집 (사진: 1991년)

사진 6. Ph. 콘스탐 (그의 아들에게서 얻음)

사진 7. J. D. 반데르 발스와 H. 카메를링 오네스가 1911년 레이던의 카메를링 오네스 연구소에 있는 헬륨 액화 장치 곁에 서 있는 사진. 사진은 카메를링 오네스의 아들이 찍었다.

사진 8. 암스테르담의 거리를 걷는 반데르 발스. 이 사진은 그가 모르게 찍혔으며 주간 신문 *삶(Het Leven)* [194]에 실렸다. 표제는 다음과 같다. '전직 암스테르담 물리학 교수인 반데르 발스씨는 이번 주 190,000프랑의 상금이 걸린 노벨상을 받았으며, 지난 토요일 4명의 우리 기자 중 한 명이 이 사진을 찍었습니다.'

사진 9. 1993년 9월 7일 에 발행된 네덜란드 노벨상 수상자 3명의 기념 우표 세트 중 하나 (저작권은 PTT Post BV. 소유)

사진 10. 1910년 12월 노벨상 수상 당시의 반데르 발스의 모습

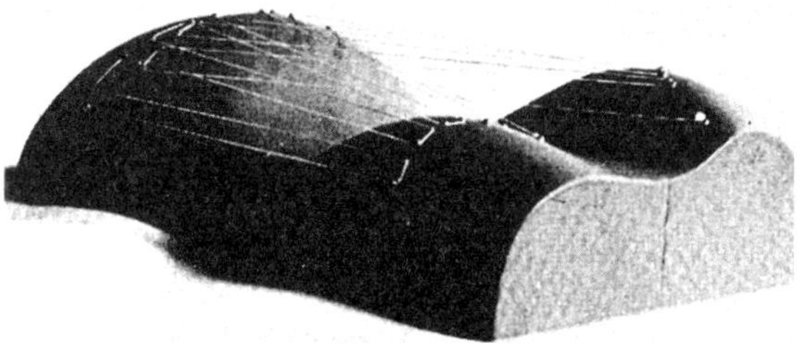

사진 11. 두 개의 액체와 한 개의 기체에 대해 반데르 발스가 만든 Ψ-표면의 모형

제8장

스승과 그의 학파

'그는 위대한 과학자였지만, 또한 위대한 스승이기도 했다.' 콘스탐은 이렇게 표현했다 [206, p. 3]. 제만은 그의 비석 첫 줄에 이렇게 적었다. '네덜란드는 가장 훌륭한 스승 한 분을 잃었습니다.' [205]. 반데르 발스는 국민들의 눈에는 최초이자 으뜸가는 스승이었다. 왜냐하면, 그는 초등학교 교사로 시작해서 대학교수의 위치까지 올랐기 때문이다. 그는 고등 교육에서 자연 과학 부문에 강한 관심을 가졌고 그의 공적 지위를 이용해서 특히 HBS에서 수준 높은 교육이 이루어질 수 있도록 노력했다. 헤이그에 있을 때 그는 오랫동안 중등 교육 시험 위원회의 위원을 맡았고 [186, p. 133], 암스테르담에서는 감독 위원회의 의장을 맡았다. 옛 제자 [224]의 기억에 따르면 반데르 발스는 자기 이상을 실천하기 위해 학생과 교사 두 쪽 다 많은 것을 요구했다. 그는 학생들의 입맛에 맞게 수업을 축소하거나 간소화하는 것을 반대했고, 중등 학교의 역할은 최고의 학생들을 뽑아 상급 학교로 보내는 것이라 믿었다. 그는 재능 있는 어린 학생들을 대학교에 보내기 위해서 많은 노력을 기울였지만, 그의 높은 기준을 얻으려는 평범한 학생들은 신경도 쓰지 않았다.

과학 한림원에서 그는 그 단어가 가질 수 있는 가장 일반적이고 넓은 의미에서의 '스승' 역할을 수행하였다. 교수이자 한림원의 회원으로 동료들의 논문을 출판하기 위해서 반데르 발스는 학생들과 계속 접촉했는데, 이는 매우 가치 있는 일이었다. 그는 종종 그의 논문에 이런 식의 표현을 첨가했다. '스미츠 박사가 질문한 특이점이 발생한 경우에 관해서, 그의 요구에 따라 최소한 이 부분의 기초적인 내용을 짧게 설명하려 한다.' [78e, p. 194]. (질문은 임계 영역에서 고체와 유체 상의 평형에 관한 것이었다.) 얼마나 많은 토론이 이루어졌는지는 알 수 없지만, 그가 *프로시딩* 에 제출한 논문 숫자보다 결코 적지는 않았을 것이라 여겨지는데, 그 까닭은 거의 모든 논문들에서 한결같이 그에 대한 감사 인사가 실려 있기 때문이다. 그

많은 논문들 중에서는 물리학자들의 논문뿐만이 아니라 물리화학적 방법을 사용했다면 화학자들은 물론이고 심지어 생물학자들의 논문도 있었다. 잘 알려지지는 않았지만, 반데르 발스의 영향력을 알 수 있는 중요한 사건은 분자 간 인력 포텐셜과 관련이 있는 흡착 작용에 관한 생화학 논문이었다 [*1*]. 그보다 이른 예라면 제만이 쓴 *이른바 파동의 변칙 확산이라 불리는 현상에 관한 실험* [2]이 있는데, 저자는 반데르 발스가 이 효과에 관심을 가지고 실험 수행에 도움을 주었다고 적었다.

반데르 발스가 네덜란드 물리학자와 화학자의 스승 역할을 했다는 것은 각각 물리학과 화학 분야에서 선두 주자였던 두 명의 유망한 과학자와의 공동 연구에서 드러난다. H. 카메를링 오네스와 H. W. 바크휘스 로제봄.

시간 순서와 과학계에서의 중요한 비중을 고려하여 카메를링 오네스 이야기를 먼저 하자면, 그와 반데르 발스는 서로 간에 깊은 영향을 주었다. 1882년 리케가 은퇴한 뒤 카메를링 오네스는 1923년까지 레이던 대학교의 실험 물리학과 학과장이었다[1]. 그의 연구 방향은 임용 강의 제목에서 드러나는데, '물리학에서의 정량적 분석의 중요성'이었으며, 좌우명은 *측정을 통한 지식(Door meten tot weten)*[2] 이었다. 로렌츠는 헬름홀츠의 말을 빌려서 카메를링 오네스의 연구를 이렇게 평가했다. '과학이 발전된 상태라면 오로지 이론을 정확히 알고 있고 어떻게 문제를 구성해야 하는지를 아는 사람만이 제대로 된 실험을 만들 수 있고, 그와 반대로 아주 뛰어난 실험 경험과 능력을 갖춘 사람만이 이론을 잘 구성할 수 있다.' [7, p. 292][3].

카메를링 오네스는 이 기준을 만족했으며 드문 사업적 기질도 가지고 있었다. - 집념, 목적의식, 그리고 새 물리학 연구소의 관리까지. 그는 이 연구소를 저온 관련 연구에 특화하려 했고, 따라서 '열운동이 최대한으로 억제된 상태에서 일어나는 현상을 분석하기 위해 적합한 환경'으로 만들려 했다 [9, p. 308]. 노벨상 강연에서 그는 '내가 처음부터 레이던에서의 연구를 자신의 특성에 맞게 진행할 수 있었던 이유는 그 당시에 반데르 발스가 유도한 대응 상태의 법칙을 따랐기 때문입니다. 이 법칙은 특히 나의 관심을 끌었는데, 그 이유는 물체의 정지 역학적 유사성[4]의 기초가 될 뿐만 아니라 이 관점에서, 낮은 임계 온도에서 간단한 화학 구조의 편차 연구가 특히 중요하다고 느꼈기 때문입니다.' [*9*, p. 306]. 카메를링 오네스의 대응 상태 연구는 이미 1881년부터 시작되었다 {제6장, 1절 참조}.

레이던 연구소의 장비랑 기술이 제대로 갖춰진 1890년부터 카메를링 오네스는 일련의 *반데르 발스 ψ-표면의 분석 연구*를 오랫동안 진행했다. 그는 매달마다 열리는 이학부 회의를 마치고 반데르 발스를 만나러 갔는데, 그는 이 만남을 '월간 개인 시간'이라 불렀다. '반데르 발스는 항상 공식이 마구 적힌 종이가 뒤덮인 탁자 옆에 앉아 있었다.... 그와의 대화를 통해 그가 가지고 있는, 아직 발표하지 않은 엄청난 양의 계산을 알 수 있었다. 대부분의 종이는 논문을 쓰기 위한 보조 자료였지만, 몇 장에는 중요한 정보가 담겨 있었다. 그런 계산을 통해 그는 행복한 간소화를 이루어냈고 이론을 정립하기도 했다. 풍부한 계산 경험을 통해 그는 레이던에서 일어나는 다른 연구 결과나 내용을 분석할 수 있었다. 그는 계속해서 도표상의 어떤 특이점은 잘못된 것임을 찾아냈고, 그때마다 거의 매번 추가 연구를 통해 그의 비판에 근거가 있음을 보여 주었다.' [201].

카메를링 오네스가 계획한 일련의 연구는 1892년에 발표한 쿠에넨의 학위 논문에서 시작되는데, 그 논문의 이름은 *탄산과 염화 메틸 혼합물의 반데르 발스 표면 측정*이었다. 이 연구와 쿠에넨의 후속 연구가 바로 반데르 발스의 혼합물 이론이 처음 실험과 만나는 순간이었다. 쿠에넨은 자신의 논문 내용이 자세히 실린 기사에서 [*10*] '내 연구는 제목에 언급된 이론과 밀접한 관련이 있지만, 그 연구는 아직 검증되지 않았다. 내가 밝혀낸 중요한 요점은 이론에서 유추한 진실을 실험을 통해 증명했다는 점이다. (40-47)' [*10*, p. 354]. 이 부분은 이성분 혼합물의 응축 현상을 말하고 있으며 그는 이 발견을 '역 응축(retrograde condensation)'이라 이름 지었다. 이는 쿠에넨의 업적 중 가장 훌륭한 것으로, 그는 이렇게 적었다. '이 연구의 방향은 반데르 발스 씨 자신이 이끌었다.' [*10*, p. 377]. 부피와 조성 선도가 실린, 반데르 발스의 논문 *두 개의 다른 물질로 이루어진 물체의 분자 이론* [31]의 마지막 장을 읽은 사람이라면, 그 반데르 발스의 연구 중에 이미 역 응축 개념이 깊이 숨어 있으며 이 개념을 이해하고 발전시킨 쿠에넨의 연구가 얼마나 대단한 것인지를 알 수 있게 된다.

카메를링 오네스는 1922년에 이런 글을 남겼다. '나는 아직도 쿠에넨이 자석 교반기를 이용하는 간단하면서도 근본적인 장치를 고안하여 실험을 지연시키는 현상 [예:이력 현상]을 성공적으로 제거한 뒤, 반데르 발스에게 그 역 응축 현상을 만족스럽게 보여주었을 때, 자신의 이론에 의심의 여지를 없애 버리는 그 아름다운 현상을 깊은 생각과 함께 쳐다보고 있던 반데르 발스의 모습을 생생히 기억한다. 쿠에넨의 실험과 반데르 발스의 유도식이 함께 만들어낸 경탄할 만한 합작품이었다.' [*11*, p. 679].

쿠에넨의 첫 논문이 카메를링 오네스에 의해 이학부의 회의에 처음으로 제출되었을 때 다음과 같은 반응이 나왔다. '실험 과정을 가장 자세히 설명하는 앤드류를 포함한 다른 실험가들의 결론은 여기 제출된 내용과 일치한다. 앤드류와 같은 뛰어난 실험가도 반데르 발스의 이론을 완전히 이해하지 못해 역 응축과 같은 현상을 발견하지 못했다.' [*12*, p. 19]. 마지막 문장은 외교상 영어로 출판되는 *레이던 단신(Leiden Communications)* 4호에는 빠졌는데, 사실 앤드류는 그 현상에 관해 간단하고 덜 정확한 내용만을 발표했기 때문에 그리 공평한 것은 아니었다.

반데르 발스는 쿠에넨의 연구를 관심을 두고 지켜보았다. 쿠에넨은 실험 결과가 나오는 대로[5] 그에게 보고했고 반데르 발스는 그것에 대해서 논평했다. 예를 들어, 1893년에 발표된 쿠에넨의 논문에는 '반데르 발스 씨는 개인적 대화에서 C와 P점 사이의 바이노달 곡선 위에서는 코노발로프의 법칙이 지켜지지 않는다는 흥미로운 이야기를 했다.' [*10*, p. 379][6] 라는 내용이 적혀 있었다.

몇 년 뒤에 나온 *연속성* 2판의 2부에서 반데르 발스는 쿠에넨의 연구를 자세히 언급하며 다른 것들과 함께 그가 '이 현상을 발견하고, 실험으로 확인했다... 그리고 역 응축이라 이름 지었다.'라고 적었다 [61, p. 128][7]. 2년 뒤 쿠에넨은 다른 논문을 썼다. ' 플레이트 점에서 $(\partial^2\nu/\partial x^2)_p$의 부호를 고려하자는 아이디어는 반데르 발스 교수가 5월 24일 런던 물리학회에 나의 논문을 주제로 토의하다 나온 이야기이다.' [*13*, p. 12].

이 연구가 쿠에넨의 이름을 기억하게 되는 계기가 되고 또 다른 중요한 연구로 넘어가는 시발점이 된다. 1880년대의 임계 현상 실험은 주로 느린 확산에 의한 실험 오류에 의해 문제가 많았고, 따라서 임계 영역에서 평형에 도달하는 것은 힘들었다. 이런 오류는 임계점에서의 두 개의 공존 상의 동일성에 관해 상당한 오해를 일으키게 하였다[8]. 이 문제는 카메를링 오네스가 언급한 전자기 교반기를 쿠에넨이 사용해서 평형 상태에 걸리는 시간을 단축하는 실험 방법을 개발하면서 해결되었다. 이 결과는 임계점에 관한 기존의 개념을 지키는 데 중요한 역할을 했으며, 그는 이렇게 말했다. '우리는 이제 앤드류 - 반데르 발스 이론을 세울 수 있게 되었다.' [*15*, p. 278][9]

카메를링 오네스가 시작한 연구 범위는 아주 넓어서 고압 환경에서 온도 변화에 따른 실험 기술 개발, 특히 임계 영역에서 $P-V-T$ 관계와 상평형의 정확한 측정법, 실험 결과의 수학적 처리 방법 및 반데르 발스에 의해 제안된 선을 따른 이론적 분석을 포함하였다. 여기서는 레이던 그룹과 반데르 발스의 관계를 알 수 있는 단지 몇 개의 예들만 보여 줄 뿐이다.

반데르 발스가 만든 이성분 혼합물의 ψ-표면 첫 모형은 개략적인 것에 불과했다. 카메를링 오네스는 레이던에서 실제 계에서의 ψ-표면의 석고 모형을 만들자고 제안했다. 이 힘든 일은 M. 레인가눔과의 협력을 통해 진행되었는데, 그는 독일 물리학자로 1899-1900년 동안 레이던과 암스테르담에서 공부했으며, 제일 차 세계 대전 때 전사했다. 그들의 노력은 결실을 보아 $40 \times 60 \times 80\,cm$ 크기의 모형이 완성된다. 무게 자체는 $80\,kg$에 달했지만 '여러 가지 측면에서 매우 만족스러운 물건'이었다 [*17*, p. 280].

이런 모형들은 일반적이지 않고 역설적인 특징이 발견되는 $H_2 + He$ 계의 연구에 효과적으로 사용되었다. 1906년 11월 카메를링 오네스는 이학부에 *액체에 잠기는 기체* [*18*]라는 짧은 논문을 제출한다. 이론의 시작점은 간단했다. '이상 기체와 증기 장력이 없는 비압축성 액체를 가정하자. 만약 압력이 충분히 낮다면, 기체는 녹지 않으므로 중력에 의해 액체 위에 모이게 된다. 반면, 압력이 충분히 높다면, 압축된 기체는 액체 밑으로 가라앉는다.'

현실적으로 이 가설은 너무 간소화한 것으로, 실제로 기체는 액체와 기체 중에 있는 액체에 녹기 때문에 압력에 변화가 오게 되고, 두 공존 상의 조성과 밀도 또한 변화하기 때문이다. 따라서 '액체 위에서 압축된 기체의 실험은 어떤 것이나 반데르 발스의 이성분 혼합물 원리를 응용하는 데 지나지 않는다.' 카메를링 오네스는 처음에는 가정된 현상을 일으키기 위한 이론적 조건을 알지 못했지만, 곧 실제 조건이 헬륨과 수소의 비율이 1:6, 온도가 -253℃라는 것을 알게 된다.

기체 혼합물을 유리 튜브에 넣고 '49기압까지 압축하니 액체 수소가 나와서 헬륨 상대로 푹 들어간 메니스커스를 형성하게 되었다. 49기압에서는 헬륨, 정확히 말하면 주로 헬륨으로 구성된 기체는 마치 물이 기름을 통과하듯 밑으로 내려가서 바닥에 큰 물방울처럼 맺혔다. 60기압으로 추가로 압력을 가한 뒤 32기압으로 감압시키니 이 액체 방울은 기체의 압력 변화에 대응되는 부피 변화를 일으켰다. 방울의 압력을 변화시키자 방울은 임의로 상승과 하강을 반복했다.' [*18*].

반데르 발스는 즉각 반응했다. 바로 그다음 이학부 회의에서 그는 카메를링 오네스가 발견한 효과의 현상에 관해 일반적인 기준을 제시했다 [83]. 그와 동시에 키솜과 카메를링 오네스는 이 현상의 원리를 토론했고, 순압 효과(barotropic effect)라고 이름 지었다. 그들이 진행한 이 효과의 이론적 연구는 반데르 발스가 예측했던 기체 계의 분리 현상의 부활로 이어졌다 [*19*]. 흥미로운 점은 이 반데르 발스의 예측은 네덜란드어 원본에는 들어가 있지 않았고, *프로시딩*의 영문판에만 추가되었다는 점이다. 이는 카메를링 오네스가 연구 결과를 이학부에 보고한 뒤에 반데르 발스와 토의를 했다는 것을 알려 준다. 헬륨+수소 계의 ψ-표면의 원래 계산은 이미 저자들에게 '*두 상 모두 기체상으로 가정되어야만 그 두 개의 다른 상이 평형 상태에 있을 수 있다*' 라는 믿음을 심어 주었다. 그러면 이 혼합물을 구성하는 두 개의 *물질은 비록 기체 상태에 있다 하더라도 모든 조성에서 섞이지 않는다*[*19*, p. 786]. (이탤릭체는 카메를링 오네스가 사용한 것이다). 이 예측이 어떤 결말을 맞이했는지는 제12장을 참조하기 바란다.

이 토의는 레이던 연구소의 가장 유명하고 위대한 업적인 헬륨의 액화 과정으로 마무리를 해야 한다. 카메를링 오네스는 반데르 발스의 이론이 안내서가 되었고, 마치 '모험 소설'을 읽는 것처럼 느껴졌다고 밝혔다 (제만, [198, p. 702]). 이 책에 소설을 옮기기엔 공간이 부족하니, 원한다면 카메를링 오네스의 원본 논문 [20][10]을 읽기 바란다. 중요한 사실은 로렌츠가 말했듯이 이 연구는 장기간 프로젝트로 '반데르 발스의 정신이 깃든 잘 짜진 계획'에 따라 실행되었다는 점이다 [195, p. 314].

가장 먼저 해결해야 할 문제는 헬륨에 대한 반데르 발스 매개 변수 a의 값이었다. 이 수치가 오직 양수일 때만 헬륨의 액화 가능성이 존재했다. 이 점은 액체 수소의 $P-V$ 등온선의 정밀한 측정과 보일 온도 계산 및 헬륨의 줄 반전 온도를 계산하는 것으로 시작했다. 모든 작업이 끝난 뒤에 헬륨이 액화 가능하다는 결론을 얻게 되었다. '반데르 발스 이론의 인도가 없었더라면 위대한 실행가인 카메를링 오네스도 필요한 정보의 부족으로 실패했을 것이다.' [198, p. 703].

9월 26일, 그 당시에 이학부의 부의장을 맡고 있던 코르테베흐가 여름 휴가 뒤에 열린 회의에서 이렇게 개회사를 하였다. '여러분, 회의에 들어가기 전에 몇 가지 할 말이 있습니다. 지난 회의에서 우리는 6월 회의의 *프로시딩* 보충판으로 휴가 기간의 *프로시딩*이 필요하다는 의견이 있었습니다. 이 특이한 사건은 특이한 원인 때문에 일어났습니다. 여기 계신 분들은 회원인 카메를링 오네스가 레이던 연구소에서 헬륨의 액화에 성공했다는 기쁘고 영광스러운 소식을 들었을 것입니다. 우리는 이 승리를 얻기 위해서는 과학 이론에 대한 이해, 실험 기술 및 끈기가 조화를 이루어야 한다는 점을 잘 알고 있습니다. 이때까지의 실망이 마침내 빛이 되어 우리를 비추고 있습니다. 새로운 네덜란드인의 이름이 물리학의 가장 중요한 영역의 하나에, 그리고 응집 상태 물리학에 영원히 새겨질 것입니다. 이 현상의 이론적 토대를 마련한 반데르 발스의 이름과 더불어 카메를링 오네스의 이름은 가장 저항이 심했던 기체의 정복자로, 그리고 인류에 있어서 절대 영도에 제일 근접한 상태에 도달한 인물로 길이 남을 것입니다. 그는 물리학의 한 분야에서 선구자로 영원히 이름을 남길 것입니다. 이런 업적을 달성한 것에 대하여 무한한 축하와 감사의 인사를 전합니다.' [*21*].

반데르 발스는 특히 한림원 총회의 사무총장으로서 연례 보고서에 헬륨의 액화 연구를 비중 있게 다루었다. 카메를링 오네스는 반복해서 이런 말을 했다. '반데르 발스의 기념비적 이론과 연관된 상태 방정식의 연구는 레이던 연구소의 주요 연구 과제 중 하나입니다.' '나는 농축된 헬륨을 가장 친한 친구이자 기체 액화 연구를 이론적으로 지원해 준 반데르 발스에게 보여 주었을 때 매우 기뻤습니다.' [*9*, p. 316, 325]. 1913년 노벨상 수상식에서 카메를링 오네스는 만찬회 연설에서 이런 말을 추가하였다. '이날의 영광을 가장 존경하는 친구인 반데르 발스에게 바칩니다. 그에게 예측대로 헬륨이 액화되었다고 말했을 때 내가 기뻤던 것과 꼭 마찬가지로 오늘 그는 기쁨이 넘쳐나리라는 것을 알고 있습니다.' [*22*][11]

이미 유명해진 반데르 발스가 레이던에서 진행되던 열역학 연구를 아주 개인적으로 관여했다는 사실은 그리 놀라운 일이 아니다[12]. '비록 나는 그들이 연구하는 동안에 연구소에 그리 자주 방문한 것은 아니었지만, 가끔 운 좋게 직접 연구 상황을 볼 수도 있었고, 그 연구들에 대해서도 알고 있었다. 여러 연구에서 나는 그들이 무엇을 시작했는지와 더불어 그들이 무슨 연구를 하고 있는지 연구 목적에 대해서도 충분히 파악하고 있었다. 나는 카메를링 오네스가 실험을 통해 답하려고 했던 질문이 무엇인지 알았다.

나는 어떤 문제점들이 예측되었는지, 어떤 식으로 첫 성공이 이루어졌는지, 그리고 연구 도중에 어떤 새로운 관점이 떠올랐는지, 그리고 어떤 결과를 얻었는지 알고 있었다. 이 모든 내용은 그들과의 대화, 편지 혹은 발표를 통해 얻을 수 있었고, 설명할 때는 자세한 수치와 도면 및 환등 슬라이드를 활용했다. 그리고 - 여기서는 열역학 연구를 뜻하는데, 열역학이란 단어를 쓰는 것이 제일 무난하다 - 이런 연구들은 내가 찾고 있거나 어느 정도 윤곽을 잡은 질문과 관련되어 있었다. 카메를링 오네스가 재차 실험하는 것은 자주 가장 최신의 결과였고 나는 그와 마찬가지로 실험 결과를 초조하게 기다렸다. 나는 그가 잘못된 실험을 할 것이라고는 상상하지도 않았다. 나는 자주 나 자신도 레이던 연구소의 연구에 참여하고 있는 것처럼 느껴졌다. 주제에 관한 카메를링 오네스와의 협력은 나의 최우선 관심 사항이었고, 네덜란드 땅 위에서 진행된 기술적이고 집중적인 실험 증명은 나한테 찾아온 행운 중에서도 제일 큰 행운이었다. 나는 *연속성*의 2부 작성에 카메를링 오네스가 기여한 것에 무한한 감사의 말을 전하고 싶다.' [74, p. 72-73][13].

반데르 발스가 카메를링 오네스와 가진 과학적 협력이 물리학 분야에 한정되어 있었다면, 바크휘스 로제봄 (1854-1907년)과의 관계는 물리학과 화학의 경계선 위에 있었다. 헨드릭 빌렘 바크휘스 로제봄[14]은 1872년에 알크마르 HBS를 북 네덜란드 1등으로 졸업할 만큼 암스테르담, 하를렘 및 알크마르에서 나온 졸업생들 중에서 제일 뛰어났다. 그의 첫 화학 교사이자 HBS의 교장은 J. D. 뵈케 박사로 화학에 관한 강한 열정이 있었고 그 열정을 학생들에게 물려 주었다. 그는 이 촉망받는 영재를 처남이자 아른헴 농업 중학교 교장으로 있던 J. M. 반 베멜렌에게 추천했다. 그는 바크휘스 로제봄을 토양 연구로 인도했고 훗날 레이던의 화학 교수가 되었을 때는 그가 화학 공장에 취직할 수 있도록 도와 주었다. 바크휘스 로제봄은 HBS를 졸업한 뒤 대학교에 갈 생각은 없었지만, 1878년 반 베멜렌이 그를 레이던의 보조 강사로 추천했다. 여기서 그는 '광속'으로 일을 처리하며 낮에는 연구실에서, 밤에는 독서로 시간을 보냈다. 1881년 2월 그는 수학, 천문학, 물리학 및 화학 *후보자* 자격을 얻었으면서, 대학 외 학위[15]를 취득하게 된다. 1884년에는 *황산과 염화 수소, 브로민화물, 요오드화물의 수화물에 관해서* 란 논문으로 박사 학위를 받았다. 그는 해리 연구를 통해서 이들 주제에 도달하게 되었다. 그의 첫 논문은 3차 부틸 브로민화물의 해리에 관한 것이었다. 그는 각기 다른 온도와 압력에서의 세 가지 회합 상태 - 결정, 용액, 증기- 간의 관계를 알아냄으로써 수화물 해리의 혼란스러운 결과를 해석하려 했다.

그의 중요 연구 결과 중 하나는 만약 용액의 압력이 수화물의 해리압보다 클 경우, 용액으로부터 수화물의 결정이 침전된다는 현상을 발견한 것이었다. 그는 온도와 해리 압력의 관계를 선도를 통해 나타냈다. 학위 청구 논문 발표가 끝난 뒤 그는 브로민화 수소의 수화물을 최소 해리 온도와 최고 해리 온도가 포함된 독특한 $P-T$ 선도로 나타냈다. 그 말은 등온 상태에서 용액 압력이 증가하면 수화물의 결정이 먼저 침전되고 다음 용해되며 다시 침전되기를 반복하는 현상이 관찰되는 온도 범위가 존재한다는 뜻이다.

한림원의 회원이었던 반 베멜렌은 꾸준히 바크휘스 로제봄의 논문을 이 학부 회의에서 이야기했다. 이 독특한 $P-T$ 선도는 1884년 12월 27일에 보고되었는데, 반 베멜렌은 훗날 반데르 발스가 가장 주의 깊게 이 이야기를 들었지만, 질문은 하지 않았다고 회고했다. 2개월 후인 1885년 2월, 반데르 발스는 '최근 바크휘스 로제봄 씨가 연구를 통해 발견한 이 놀라운 현상'에 관한 해답을 찾았다고 주장했다 [21, p. 379]. 반데르 발스의 단신 논문에는 클라페롱- 클라우지우스 식과 비슷한 대략적인 미분 방정식이 포함되어 있었지만, 오른쪽 항은 용액의 조성 x와 수화물의 농도 c에 의존하는 항이었다. $P-T$ 곡선의 기울기는 그 차이 $(c-x)$의 부호에 따라 결정이 되었고, 이 부호의 변화는 바크휘스 로제봄의 복잡한 곡선 경로를 해석하는 데 이바지했다.

추후 연구에서 바크휘스 로제봄은 반데르 발스 방정식을 대입할 수 없는 실험 결과를 얻게 되었다. 따라서 그는 그 식의 저자에게 편지를 직접 보내게 되는데, 이로써 향후 50년간 세상에 알려지지 않은 교류가 시작되었다 [220]. 비록 바크휘스 로제봄이 보낸 편지는 소실되었지만 (독자 여러분들은 반데르 발스가 자신이 받은 편지를 어떻게 다뤘는지 앞에서 언급한 내용을 떠올릴지도 모르겠다.), 그가 받은 편지는 일곱 장이 남아 있고, 상황을 이해할 수 있는 충분한 내용이 담겨 있다. 1885년 12월 13일의 첫 편지에서 반데르 발스는 그저 이 문제를 크리스마스 휴가 때 처리하고 싶다는 이야기를 했다. 1886년 3월 22일의 두 번째 편지 (바크휘스 로제봄의 사람들에게 자극을 받아서)에는 삼상 $P-T$ 곡선의 일반적 궤도에 관한 설명과 두 번째 고체상의 출현으로 이 궤도가 영향을 받았을 수 있다는 이야기가 적혀 있었다. 3일 뒤인 3월 25일에는 아주 자세한 편지 (전체 내용은 [220, p. 57-60] 참조) 가 도착해서 곡선에 대응하는 방정식의 자세한 분석과 그에 따른 다양한 결과가 담겨 있었다. 반데르 발스는 바크휘스 로제봄이 언급했던 브로민화 수소의 2 수화물처럼 고체 1 수화물이 있을 것이란 가설을 제안했다. 각각 10월 5일, 12일, 31일에 도착한 세 장의 편지에는 측정된 실험 결과를 분석한 내용이 적혀 있었다. 마지막인 12월 30일의 일곱 번째 편지에는 바크휘스 로제봄이 실험 결과를 요약해 둔 원고에 대한 그의 반응이 실려 있었다. 반데르 발스는 이렇게 적었다. '비록 몇 부분에 의문 및 보완할 점이 있긴 했지만, 원고 내용은 대단히 만족스러웠고, 바크휘스 로제봄은 그가 옳다고 확신하는 신뢰성이 높은 우수한 실험 결과를 얻었음을 대번에 인식하게 되었다.' [220, p. 64].

다음날인 1886년 12월 31일 바크휘스 로제봄의 논문 *3개의 상태인 고체, 액체, 기체 상태에서 두 물질에 관한 반데르 발스 방정식에 따른 평형 조건에 관해서* 가 출판에 들어갔다. 서론에서 그는 '나는 반데르 발스 씨가 여러 가지 흥미로운 개념을 가지고 있음에도 그것을 발표할 것인지에 대해 마음을 정하지 못한 것에 대해 아쉽게 생각한다. 하지만 그의 방정식은 뒷받침해 주는 이론이 없으면 소용이 없으므로, 그는 필요한 정보를 사용할 수 있도록 허락해 주었다. 이 결정에 나는 큰 감사를 표한다.' [*31*, p. 335]. (반데르 발스는 바크휘스 로제봄에게 보낸 자세한 유도 과정을 생략한 채 공식을 발표했다. 그 당시에 그는 아내의 죽음으로 공개 석상에 모습을 드러내는 것을 꺼렸다.)

1886년 3월에서 10월 사이 바크휘스 로제봄은 레이던에서 반데르 발스와 만나는데, 이는 과학사에서 중요한 만남 중 하나이다. 반데르 발스는 깁스의 열역학 중 상평형에 관한 강의를 하기 위해 레이던에 가 있었다. 강의를 듣는 사람은 소수였다. 반 베멜렌, 로렌츠, 카메를링 오네스 그리고 바크휘스 로제봄. 그는 특히 상(相)규칙을 중요시했으며, 바크휘스 로제봄의 연구 결과에 대해 다음과 같이 말했다. '그 결과는, 두 번째 고체 상태의 출현으로 이론과 현실의 외견상의 모순이 설명 가능하게 되었다는 사실을 제시한 것이다.' 반 베멜렌은 훗날 반데르 발스의 주장이 바크휘스 로제봄에게는 하나의 '계시'가 되었다고 회고했다 [*24*, p. 260]. 이는 그가 깁스의 논문 '불균일 물질의 평형에 관해서'와 반데르 발스의 열역학 강의 요약본을 공부하게 되는 계기가 되었다. 여기서 반트 호프의 흥미로운 증언을 예로 들면, '로제봄의 평생 연구는 자신과 비슷한 인간성을 가진 반데르 발스가 윌라드 깁스의 유명한 연구와 상규칙에 관심을 가졌을 때 결정이 났다.' [*32*]. 이날부터 다양한 회합 상태 혹은 상의 관계를 체계적으로 설정하려는 바크휘스 로제봄의 연구는 25년 후에 본인 스스로 언급했듯이 이론적 토대를 가지게 되었다 [*33*, v.1, p.7]. 반데르 발스는, '로제봄의 연구가 깁스의 상 이론과 로제봄이 나타나기 전까지 접근할 수 없었던 화학 분야를 잇는 다리가 된다는 것을 알았다.' [*24*, p. 260][17]. 이 분야의 문제점은 사실 바크휘스 로제봄과 레이던에 있던 그의 지지자와 학생들, 특히 W. 스토르텐베커와 F. A. H. 슈라이네마커즈에 의해 탐구되었다. 바크휘스 로제봄은 어느새 그의 조국에서 제일가는 화학자라는 명성을 얻게 되며, 1890년에는 반 베멜렌의 추천으로 한림원의 회원으로 선출되었다.

반트 호프는 몇 가지 극적인 사건[18] 끝에 1896년 암스테르담을 떠나 베를린으로 가게 되고, 화학 담당 자리가 공석이 되었다. 이때 반데르 발스는 바크휘스 로제봄이 적임자라고 강력히 추천하였다. 새 교수는 1896년 4월 27일 임용 첫 강의를 갖고 전통대로 임원진, 렉토 마그니피쿠스와 동료 교수들에게 존경심을 표현하는 것으로 강의의 끝을 맺었다. 그는 이렇게 이야기했다. '특별하게 감사의 말씀을 전하고 싶은 분은 존경하는 반데르 발스 교수입니다. 10년 전에 선생님을 만나 제 과학 연구에 큰 자극을 받았을 당시만 하더라도 선생님의 동료가 되리라고는 상상도 하지 못했습니다.... 선생님이 없었다면 저는 이 자리에 없었을 것입니다. 앞으로의 물리화학의 발전은 이론 물리학이 바탕이 되어야 하므로 앞으로도 선생님과 많은 협력을 하고 싶으며, 이런 부탁을 받을 사람은 선생님밖에는 없습니다.

과거의 기억이 저로 하여금 선생님이 미래에도 자비심을 계속 베풀어 주실 것으로 믿게 합니다.' [*38*, p. 25-26]. 축하 행사였기 때문에 형식에는 영향이 있었을지 모르지만, 내용은 그가 말하고 싶은 그 내용이었다. 바크휘스 로제봄은 하고 싶은 말을 했고, 그의 소원은 이루어졌다.

암스테르담에서의 생활은 매우 성공적이었다. 여기서 그는 많은 학생들과 동료들을 끌어모아 화학과를 만들었고, *상규칙의 기준에서 본 불균일 평형* [33]에 관한 기본적인 논문 구상을 하였으며 부분적으로는, 계획을 세우기도 하였다. 또한 열역학 포텐셜로부터 상그림을 구하는 *두 물질의 혼합 결정의 응고점* [39]에 관한 고전적 논문을 포함하여 매우 중요한 이론적 연구들을 수행하였다.

암스테르담에서의 눈부신 그의 성과는 반데르 발스와의 교류가 큰 영향을 끼쳤다는 것은 부정할 수 없다. 그 당시에 물리학·수학 학부에는 묘한 경계가 있었다. 바크휘스 로제봄의 연구실에서 고체와 액체 상태의 불균일 평형을 연구하는 사람들은 화학자라 불렸고, 반데르 발스 연구실에서 액체와 기체 사이의 상평형을 연구하는 사람들은 물리학자라고 불렸다. 그런데도 바크휘스 로제봄 연구실의 많은 학생들은 반데르 발스와 상의했고, 그 반대 또한 마찬가지였다. 예를 들어, Ph. 콘스탐은 학위 논문의 머리말에 바크휘스 로제봄에게 감사의 말을 적었다. '아직 물리와 화학 간의 거리는 멀지만, 선생님의 도움을 요청하지 못할 정도의 거리는 아니었습니다. 선생님의 설명이 있으면 원래 결과들이 훨씬 더 높은 가치를 가지게 되는데 대해 특히 선생님께 감사드립니다.' [*140*, p. x-xi]. 사실 물리화학적 연구는 두 학과에서 동시에 진행되고 있었는데 반데르 발스가 경계선상의 양쪽에 대한 연구 참여는 물론 큰 영향을 끼치고 있었다는 점은 부정할 수 없다. 이를 보여 주는 직접적인 증거는 1903년 10월 이학부 회의에서 반데르 발스가 한 대화 내용의 시작 부분이다. '9월 회의의 *프로시딩*에 A. 스미츠 박사의 실험 논문을 출판하고 난 뒤 바크휘스 로제봄 교수와 접촉한 결과, 액체와 기체의 평형이 고체 상태와 공존할 수 있으면서, 액체와 기체의 연속성의 결과를 바탕으로 주어진 온도에서 이론적인 곡선으로 연결될 수 있을지, 만일 그렇다면, 어떻게 될지에 관한 토의를 주로 했습니다. 바크휘스 로제봄 교수의 희망에 따라 다음 관찰 결과를 보고합니다.' [71e, p. 230].

고체상과 임계 유체상 간의 평형 이론 (제12장 참조)은 바크휘스 로제봄과의 토의 끝에 나온 것으로, 토의 끝에 '역 응축'이라는 현상을 예측하게 된다. 바크휘스 로제봄이 그의 책 *불균일 평형* 에서 썼듯이 '스미츠는 에터 - 안트라퀴논 계를 연구하던 중에 이 현상을 명확히 관찰할 수 있었으며 ... 반데르 발스가 예측했던 곡선의 모양 또한 확인할 수 있었다.' [*33*, v. 2, p. 392].

반데르 발스는 이 실험에 관해서 스미츠와 토의를 했고, 이 토의는 스미츠가 자신의 이론을 개발하는 데 밑거름이 되었다. 그는 10년간의 실험과 이론 연구를 통해 반데르 발스의 아이디어가 없었다면 발견하기 어려웠을 많은 현상들을 발견하였다[19].

바크휘스 로제봄이 1907년에 폐렴으로 세상을 떠나자, 반데르 발스는 그의 연구 계획이 계속 진행될 수 있도록 지원하였다. 그는 *로제봄 기금* 설립에 기여했으며 그의 빈자리는 암스테르담 대학교 졸업생이자 바크휘스 로제봄의 동료였던 A. 스미츠 (1870-1948년)가 맡게 되었다[20]. 스미츠는 슈라이네마커즈의 거절 이후에 학부에 의해 지명되었지만, 이사진은 이를 거부하고 오스트발트 혹은 네른스트를 대신 추천했다. 반데르 발스는 즉각 반응했는데, 이 사실은 교수 회의록에 남아 있다 (1907년 7월 9일). '반데르 발스 씨는 결과가 이렇게 나온 것에 대해 큰 실망감을 나타냈다. 그는 학과의 비어 있는 그 자리는 전통을 살리는 방향으로 채워지는 것이 중요하다고 강조하며 초기부터 진행된 물리-화학 연구는 네덜란드에서 발전되어 온 그 방향대로 계속되어야 바람직할 것이라고 주장하였다. 하지만 만약 독일인 물리화학자가 온다면 이 전통은 결코 이어질 수 없을 것이다. 독일에서의 물리화학 연구는 이미 여기에서는 시대에 뒤떨어진 연구 분야인 희박 용액 위주의 연구이기 때문이다. 따라서 반데르 발스 씨는 외국인 과학자의 초청에 반대한다.' [251, p. 386]. 한 달 동안 이어진 토의 끝에 (자세한 사항은 [251] 참조) 이사진은 마침내 스미츠의 교수 임용에 동의했다. 그 이후로 무기 화학 전공 교수들과 반데르 발스의 협력 관계는 은퇴 이후에도 이어졌다.

따라서 스미츠에게는 임용 후 첫 강의에 이런 말을 하는 것이 당연했다. '반데르 발스가 행한 연구는 화학 분야에선 너무나 중요하기 때문에 우리는 그를 화학자라 부를 수 있습니다. 비록 반데르 발스 본인은 이 명칭에 의문을 제기할 수 있겠으나, 현재 상 이론을 연구하고 있는 과학자들은 그의 이론을 정확히, 그리고 어떻게 사용하는지 알아야 한다는 사실을 기쁘게 듣도록 해야 할 것입니다.' [*42*, p. 19].

스미츠의 이름은 동소체 현상(allotropy)의 이론이 나오면서 유명해졌다. 이 이론은 다형태의 변형을 일으키는 물질을 준-이성분 계로 고려했다. 나머지는 상평형의 열역학 처리가 필요했고 따라서 반데르 발스 '학파'[21]를 벗어나서 발전하기는 힘들었다.

반데르 발스와 같이 일한 또 다른 바크휘스 로제봄의 제자는 F. E. C. 셰퍼 (1883-1954년)였다. 그는 삼상 평형 이론을 반데르 발스와 같이 연구했고 *이학부 프로시딩(Proceedings of the Section of Sciences)*에 논문을 제출하기도 했다. 몇 십 년 후 셰퍼는 반데르 발스가 화학에서 차지하는 비중에 관한 글을 쓸 때 '나는 아직도 나의 위대한 스승이 보여 주신 배려와 격려를 잊을 수 없다.'라고 했다. [207][22]

반데르 발스에게는 직접 연구를 함께한 학생들도 물론 있었는데, 그중 가장 유명한 사람이 바로 요하네스 야코부스 반 라르 (1860-1938년)[23]이었다. 그는 과학적 성취보다 논란이 많은 논문을 다작하는 것으로 더 유명했는데 (예를 들어 J. R. 파팅턴의 *화학의 역사* [*50*]), 그것은 진실의 일부에 지나지 않는다. 그는 뛰어난 물리화학자로 반데르 발스의 이론을 많이 발전시켰다. 초창기 논문이 가졌던 부자연스럽고 논란이 많은 어조는 그 당시에 그가 힘든 시기를 보내야 했기 때문이다. 그는 정열적이었으며 큰 야망을 품었다. 그의 유일한 친구는 코헨으로, '모두 이해한다는 것은 모두 용서한다는 것이다(Tout comprendre, c'est tout pardonner)' [*51*, p. 500]라는 사실을 알려 준 사람이기도 하다. 반 라르는 한 살 때 어머니를 잃었고, 열세 살에는 아버지를 잃었다. 그의 친척들은 그를 HBS에서 해군 사관 학교로 옮기게 했다. 1879년 왕립 해양 연구원을 졸업한 그는 (여기서 수학을 배웠다.) 네덜란드 해군의 배를 타고 세 번의 해양 원정을 다녀왔다. 1880년에 승진했으나 그는 자신이 해군에 별 흥미를 느끼지 않는다는 것을 깨달았다. 그는 전역 신청을 내고 동인도 제도에서 본토로 돌아왔다. 1881년 가을에 그는 암스테르담 대학교에 입학하여 3년간 반트 호프와 반데르 발스의 강의를 받았다. 그는 중등 교육이 부족했기 때문에 시험을 칠 수 없었다. 따라서 반데르 발스는 그를 중등 학교 장학관으로 추천하였으며 '장래가 밝고 유망한 인재'라고 [*47*, p. 25] 추천서에 적었다. 그렇게 해서 반 라르는 학교 교사가 되어 처음에는 미델뷔르흐, 그다음에는 위트레흐트 (1884-96년)에서 지내면서 몇 권의 수학 교과서를 집필하였다. 물리화학에 관한 그의 첫 단행본은 *화학에서의 열역학*

*(Thermodynamics in Chemistry)*으로 1893년에 출판하였고 반트 호프가 서문을 썼다. 그는 *물리화학 저널*에도 몇 편의 논문을 제출했으며, *모세관의 열역학 이론* [37d']을 독일어로 번역하기도 했다. 1896년에는 심각한 신경 질환으로 부득이 명예 퇴직하여 연금 생활을 해야 했으나, 1898년에는 복귀하여 *사강사* 로 수리 화학을 가르쳤고 반데르 발스와도 공동 연구가 가능하게 되었다. 그리고 그는 *연속성* [61] 2판의 두 번째 부분 *이성분 혼합물*을 번역하였다. 번역은 반데르 발스가 끊임없이 내용을 첨가하여 네덜란드어 원본을 변형시켰기에 더욱 힘든 작업이었다. 하지만 반데르 발스는 발문을 통해 반 라르가 '사랑과 정열로 번역을 끝마칠 수 있었다.'라고 감사의 뜻을 나타내었다.

물론 반 라르가 로렌츠에게 1899년 8월 18일에 보낸 편지를 통해 그들 사이에 다른 논의도 오갔다는 걸 알 수 있다. '...반데르 발스는 제게 매우 도움이 됩니다. 그는 자주 옛날 추론으로 돌아와 그것을 다시 예리하게 다듬고 또한 자신의 연구를 끊임없이 비판합니다. 나는 이런 관점에는 좀 까다로워서 약점이 보이기 때문입니다. 한번은 그와 어떤 주제에 관해서 논의하다 내가 즉시 그의 모세관 이론의 약점을 2-3개 정도 지적하자, 그는 주변 사람들 중에서 이런 일을 하는 사람이 없다고 앞으로도 부탁한다고 말했습니다.' [*47*, p. 31].

반 라르는 반데르 발스를 동경했으며, 그 동경심은 *연속성*의 2판과 같은 해에 등장한, 이미 여러 번 언급이 된 반데르 발스에 관한 그의 중요한 한 에세이 [186]에 나타나 있다. 하지만 반데르 발스는 반 라르를 좋게 보지 않았고, 그가 대학교의 높은 자리에 오르는 것을 공개적으로 반대했다 [*47*, p. 31-58]. 그래서 반 라르가 쓴 반데르 발스 방정식과 혼합물 이론에 관련된 논문들은 반데르 발스가 아닌 로렌츠의 이름으로 *이학부 프로시딩* 에 올라가게 된다. 1903-7년 동안 반 라르는 바크휘스 로제봄의 조수가 되어 특히 수학 문제를 같이 연구했는데, 서로 '상대방의 업적을 높이 평가하는 진정한 공동 연구자' (슈라이네마커즈 [52])가 되었다. 바크휘스 로제봄이 죽은 뒤에 반 라르는 스미츠가 오기 전까지 임시로 상평형 이론을 가르쳤다. 그리고 그는 수학 *일반 강사(lector)*가 되어 화학과 생물학 전공 학생들을 가르쳤는데, 그것이 유일한 선택지였다. 반데르 발스의 강한 반대가 반 라르의 과학계 경력을 망쳐 버렸고 그 때문에 1906년에는 반데르 발스와 바크휘스 로제봄이 충돌까지 했다는 점은 안타까운 일이다 [*47*, p. 33]. 1912년 반 라르는 병으로 인해 은퇴하고 스위스로 건너갔다. 그는 몇 번 고향으로 돌아가려다 실패한 뒤로 스위스에서 계속 지내게 되었지만, 그의 열심히 일 하는 능력이나 거친 성격 어느 것도 사라지지 않았다. 그는 네덜란드와 연락을 계속 유지했다. 1914년에 그는 흐로닝엔 대학교에서 *명예*박사 학위를 받았으며, 1929년에는 바크휘스 로제봄 메달을 받았고, 1930년에는 한림원의 통신 회원이 되었다[24].

암스테르담에 있을 당시에 반 라르는 물리화학에 관한 논문들과 유명한 책 (독일어)들을 많이 집필하였다. 그 예로는 *수리 화학 과정* (1901년), *열역학 포텐셜을 위한 6개의 강의록* (1906년), *열역학에 바탕을 둔 이론 전기화학 과정* (1907년) 등이 있다. 그는 센 전해질 용액의 완전 해리를 처음으로 정확히 계산해낸 사람 중 하나이다.

반데르 발스에게 더욱 직접적으로 자극을 받은 것은 상태 방정식 이론인데, 그중 몇 개는 반데르 발스가 노벨상 강연에서 끔찍하게 긴 계산 과정에 관해 언급할 정도였다. 반 라르는 죽기 얼마 전에도 이런 글을 남겼다. '그 연구를 생각하기만 하면 아직도 머리카락이 쭈뼛 선다.' [167, p. 354]. 이 연구와 새로운 형태의 상태 방정식의 몇몇 후기 제안들은 1924년 출판된 소책자에 요약되었다. 그는 그 책자를 출판하면서 이런 말을 남겼다. '나의 매우 존경하는 스승인 고(故) 반데르 발스의 천재성이 번득이는 기본 연구'에 바탕을 두었다. [161, p. v].

그의 이성분 혼합물 연구도 반데르 발스의 아이디어에서 직접적인 영향을 받았다. 액체 혼합물의 성분 물질들의 증기 분압을 계산하기 위해 고안한 식은 현대에도 증류탑 계산에 사용되고 있다. 그의 대부분 논문들은 열역학에서의 깁스의 분석적 방법을 반데르 발스의 상태 방정식에 적용하려한 것들이었다. 논란이 많은 형식임에도 불구하고 이 논문들은 물리화학 분야에 깁스-반데르 발스 방식을 뿌리내리게 하는 데 큰 이바지를 하였다. 1935년에 출간된 그의 마지막 책인 *순수 물질과 이성분 혼합물의 열역학*

[165]에는 그가 물리화학 분야에 기여한 내용들이 정리되어 있다. 그가 도전한 많은 문제들의 해법은 계산의 복잡함 때문에 그 당시에는 가망이 없게 보였으나, 현대에는 컴퓨터에 의한 문제 해결로 흥미롭고 주목할 만한 것으로 입증되고 있다.

반데르 발스가 스승의 역할을 하는 것은 주로 그의 강한 성격에 기인하였음을 보여 주는 수많은 증거들이 있다. 콘스탐은 자신의 후원자에 대해 이렇게 감사 인사를 적었다. '우리는 선생님을 거의 매일 볼 수 있는 특권이 있고, 그런 직접적인 만남의 특권은 가장 완벽한 이론이나 훌륭한 실험 그 이상의 의미를 가집니다.' [*40*, p. ix]. '반데르 발스가 제자들에게 끼친 큰 영향' 은 제만이 언급한 적이 있다[198, p. 703]. 그 영향력은 반데르 발스가 가진 과학에 대한 태도로, 과학계의 선두 주자라면 어떻게 최선을 다해야 하는지는 알고 있어야 한다는 것이었다. 반데르 발스, 그리고 카메를링 오네스와 바크휘스 로제봄에게는 이 사실이 자명하거나 무의식에 잠재되어 있었기 때문에 자연스럽게 항상 자신의 모든 생각을 학생들과 동료들에게 털어놓을 수 있었다. 반데르 발스가 *연속성* 2판의 제2권을 카메를링 오네스에게 바칠 때 그에게 '제자들의 연구는 어느 정도 자신의 연구이기도 하다.'라는 말을 상기시켰고, 이를 통해 자기 자신이 갖고 있는 스승에 대한 태도를 드러냈다. 반데르 발스의 제자들이 학위 논문을 제출한 후에 게재된 많은 논문들엔 그의 이름이 빠진 채로 출판되었다. 하지만 그가 그들의 연구를 이끌어 준 내용에는 그들 학위 논문의 주제에 직접적으로 관련된 부분이 많았다. 예를 들어, 그는 1898년에 발표한 N. J. 반데르리의 학위 논문에서 한 상이 다른 상에 녹을 때의 미분 용해열의 방정식을 유도했는데, 그 학생은 아직 발표하지 않은 공식을 사용할 수 있도록 허가해 준 *후원자* 에 감사를 표했다[53]. 사실 반데르 발스는 이런 공식들을 발표하지 않았지만, 훗날 콘스탐이 1912년에 엮어낸 *열역학 교과서* 제2권에 실리게 된다.

하지만 그렇다고 반데르 발스가 학생들의 보모라는 이야기는 아니다. 반데르 발스와 같이 학위 논문을 쓴 사람 중 한 명인 콘스탐은 '격려가 필요하다면 그는 항상 친절하고 신경 써서 도와 주려 하지만, 그는 자신의 힘을 기르는 것을 최우선으로 하여 혼자 스스로 일어나서 목표를 설정할 수 있도록 도와 준다.' 라고 적었다. 따라서 '드문 실험 재주'를 가진 반데르 발스는 자신의 조언을 학생들에게 강요하지 않고 스스로의 생각을 발전할 수 있도록 도와 주었다. '하지만, 가끔씩 몇 개월간의 노력에도 목적을 달성하지 못할 수도 있는데, 그래도 그 과정에서 무엇이라도 배웠다는 사실이 자네에게 유익한 것이며, 목표를 달성하는 데 내가 추천한 방식보다 더 좋은 방식은 없다는 것을 자네는 알게 될 것이야.' [187, p. 58].

반데르 발스는 학생들과 자신의 생각이 발전된 내용이 담긴 논문들을 자랑스럽게 생각했다. 1900년대부터 그는 자신의 네덜란드 물리학파에 관한 이야기를 더 자주 하게 되는데, 이는 자만심이나 개인적 허세가 아닌, 학생들이 자신의 연구에서 오류를 찾아냈을 때의 태도와 더 관련이 있다. 사실 모든 연구에는 오류가 있을 수 있지만, 두 명의 학생 - 콘스탐과 팀머만즈 - 이 제출한 논문에는 스승의 가설이 잘못되었다는 내용이 담겨 있었다 [*54*].

콘스탐은 나중에 이렇게 밝혔다. '거기에는 사소함, 욕망 혹은 하찮은 개인적 동기는 없었다. 그는 순수했으며 그 끔찍한 저주인 '명성'이 손상되었다고 상처 입거나 하지 않았다. 더 나아가서 그는 분노할 만한 이유가 있음에도 너그럽고 대범하게 행동했다. 학위 논문을 제출하고 난 뒤에 나는 기체의 분자 운동론에 관해서 짧은 논문을 작성했는데, 이 주제는 이미 많은 사람이 다룬 주제였다. 맥스웰, 클라우지우스, 코르테베흐와 반데르 발스까지. 내가 쓴 내용은 클라우지우스가 옳고 나머지 사람들은 틀렸다는 식으로 해석할 수 있었다. 나는 이 논문을 만족스럽게 생각했지만 반데르 발스는 *프로시딩*에 올리기를 싫어했다. 이제야 이유를 알겠다. 내가 쓴 것은 옳긴 했지만 하찮은 내용에 불과했다. "그렇게 논리적으로 될 필요는 없어." 그는 논의를 좀 한 뒤에 이렇게 말했다. 그 당시에 나는 이해하지 못했기 때문에 그의 거절에 화가 나서 황급히 말했다. "제가 알기로 선생님은 현상의 사실만을 다루길 원하신 거로 아는데요." 그는 침착하고 상냥하게 대답했다. "그렇게 말한다면 물론 이 논문을 올리도록 하지." 그러자 나는 어떠한 적대심이나 분노도 느낄 수 없었다' [206, p. 4-5]. 반데르 발스는 가르치는 능력뿐만이 아니라 도덕적 관점에서도 완벽한 스승이었던 것이다.

러시아인 피아니스트이자 교사인 H. 노이하우스는, 사람은 재능을 만들 수는 없지만 문화를 만들 수는 있고, 그 문화의 토양에서 재능이 자라게 된다는 말을 한 적이 있다. 이는 과학에도 적용되며, 반데르 발스는 넓은 의미에서 네덜란드의 토양을 만든 셈이나 다름없었다. 따라서 그의 영향력은 그의 밑에서 직접 일한 사람들뿐만 아니라 많은 사람들이 느낄 수 있었다. 이 영향력이 행사된 가장 중요한 매개체는 그의 강의 기록본이다. 이 내용은 나중에 *열역학 교과서*로 정리되었지만, 이 책은 그가 1880년대부터 시작한 열역학 강의 이후로 25년 뒤에나 나오게 되었다. 하지만 그 전부터 그의 강의 노트는 자라나는 물리학자들과 화학자들에게 큰 가치를 인정받았다. 그 당시에는 만족할 만한 교과서가 없었기에 이 강의 노트는 손에서 손으로 전해지게 되었다[25]. 1880년대 G. P. 바이스만이 만든 이 노트는 바크휘스 로제봄이 처음 열역학을 공부할 때 사용하게 되었다 [*24*, p. 260]. 1890년대 말에는 또 하나의 잘 만들어진 노트가 친구 관계였던 두 명 - 훗날 유명한 토양 학자가 되는 D. J. 히싱크 (1874-1956년)와 물리화학 및 콜로이드 화학 교수가 되는 W. 라인더즈 (1874-1951년)에 의해 완성되었다. 히싱크가 회고한 대로 [*56*], 그들은 맨 앞줄에 앉아 반데르 발스 (매주 목요일과 금요일, 9-10시)와 바크휘스 로제봄 (10-11시)의 강의를 꼼꼼히 받아 적었다. 강의가 끝난 뒤에 그들은 들은 내용을 바탕으로 완성된 요약본을 만들었고, 이 요약본은 대학원생들이 요긴하게 쓰게 되었다.

반데르 발스는 강의에 주로 자신의 실험 결과를 얘기했고, 나중에 이를 출판했다. 따라서 *연속성* 2판의 제2권은 '주로' 그의 '열역학 강의 내용 중에서 혼합물과 관련된 내용'으로 구성되어 있었다[61, p. 50].

하지만 반 라르는 이렇게 알고 있었다. '반데르 발스는 절대로 연구 결과를 정리해서 출판하지 않기 때문에 그 내용을 완전히 이해하기 위해서는 나온 논문들을 전부 순서대로 읽어야 하며, 이는 시간이 걸리는 힘든 일이다. ... 반데르 발스의 이론을 완전히 정리해서 출판할 수 있는 사람이 있다면 그는 많은 칭찬을 받아 마땅하다.' [186d', p. 35]. 그 사람은 바로 Ph. 콘스탐으로 반데르 발스와 가장 가까웠던 학생인 그는 스승의 수업 노트를 화학 열역학 교과서로 만들어냈기 때문에 칭찬을 받을 자격이 있었다.

반데르 발스는 항상 '학생들과 친구들이 나에게 계속해서 열역학 강의 내용을 출판하라는 설득을 하지만, 나는 그런 필요성을 느끼지 못한다. 그 이유는 출판 자체가 아직 성급한 일로, 책이 나온다고 하더라도 그 내용은 곧 시대에 뒤떨어지게 될 것이기 때문이다. 내 강의에서 나는 주로 나 자신의 연구 결과를 언급하는데, 특히 혼합물에 관한 연구에서는 중요한 요소들에 대해 밝혀내야 할 일이 너무 많다는 것을 항상 깨닫기 때문이다. 하지만 만약 학생 중 한 명이 강의 내용을 정리해서 출판하겠다고 한다면 나는 그 일을 막을 생각이 없으며, 특히 절대적인 신뢰를 가지고 있는 학생이라면 안심하고 맡길 수 있다.' [91, p. v].

처음에는 이 작업이 그리 어려워 보이지 않았다. 그의 학생이었던 J. J. 할로가 강의 내용을 속기해서 콘스탐에게 이야기하면, 콘스탐은 그것을 글로 정리해서 반데르 발스에게 보여 주었다. 하지만 글에 문법적 오류가 발견되는 예상치 못한 문제가 발생하였다. 콘스탐은 이렇게 설명했다. '놀라운 점은 비록 결함은 많았지만, 학생으로서 그의 강의를 들을 동안에는 잘못된 점을 눈치채지 못했다는 것이었다. 반데르 발스는 한 번도 매끄럽고 완전한 유도를 내리지 않았고, 우리는 착각에 빠진 채로 그 내용을 이해했다고 생각했다. 그는 그 재료와 씨름했는데 그 가운데 문법적 오류를 찾기도 어렵거니와 겨우 틀린 부분을 찾았을 때의 승리감도 잠시, 이 어려움과 발견의 승리를 반복해서 왔다 갔다 했으므로 수강 학생들은 공부를 많이 해야 했다. 수강생들은 그가 연구 내용에 너무 몰입한 나머지 문법적 오류에 전혀 신경 쓰지 않는다는 사실에 얼어붙기까지 했다.' [206, p. 3].

주된 문제는 강의 내용을 순서대로 정리하는 것이었다. 반데르 발스는 '교과서에서는 대화 내용이 많이 삭제되어야 하므로 분류가 체계적으로 이뤄져야 하고, 특히 번역할 때는 추가 노력이 필요하다' [91, p. v-vi] 라고 말했다. 따라서 반데르 발스의 강의 내용을 출판하는 작업은 시간이 오래 걸렸다. 콘스탐은 강의 내용을 꼼꼼히 해석하면서 의문점이나 어려운 부분이 있으면 반데르 발스와 논의했다. 그로부터 2년을 넘긴[26] 1908년에 *열역학과 기체 및 액체상으로 이뤄진 계의 평형에의 응용 교과서* 라는 제목으로 제1권이 나오게 된다. 서문에는 반데르 발스가 쓴 콘스탐에게 책을 만들기 위해서 '많은 노력과 재주가 들어간 것에 대한... 진심 어린 감사'가 담겨 있었다.

그는 독자들에게 '책 내용은 나의 강의 내용과 비교해서 핵심 부분과 바탕이 되는 개념을 모두 포함하고 있다.' 라고 안심시켰다 [91, p. v, vi]. 책은 명확하게 세 부분으로 나누어진다. 열역학 제1법칙, 엔트로피의 존재를 서술하는 형식으로 된 제2법칙, 그리고 깁스의 평형 원리. 거기다 반데르 발스의 독창적 연구인 모세관 현상의 열역학 이론은 따로 추가되어 있었다 [37]. 특히 흥미로운 부분은 평형 원리의 응용에 관한 내용이었다. 여기서는 일성분계의 상평형과 불균일계 해리의 화학적 평형을 다루고 있었다. 원리의 일반화는 외부의 힘이 존재한다는 가정 아래 전기화학적 및 모세관 계의 분석으로 이루어졌다. 내용과 방법의 독창성, 깁스의 분석학적 방법의 꾸준한 사용과 적절하게 그림을 사용한 설명 (안정성의 조건을 논할 때 사용)은 그 *교과서*의 출판을, 그 당시에 많이 나오고 있던 열역학 책 중에서도 단연 돋보이게 하였다. 독일 물리학자 K. 셰퍼는 이렇게 비평을 적었다. '독자는 이 책에서 전부는 아니지만, 일반적인 열역학 교과서와 비교해서 많은 독창적 내용을 접하게 될 것이다… 실험 방법은 주로 네덜란드 학파의 방식으로 이루어졌고, 전문가의 손으로 이뤄졌기 때문에 모든 전공자가 큰 관심을 갖게 될 것이다.' [91a_4].

제2권은 1912년까지 나오지 않았는데 [113], 그 이유는 이성분 혼합물 이론은 계속 연구 중이었고 끝이 보일 조짐이 없었기 때문이다. 저자들은 그 책의 교정 중에도 글 내용을 수정하고 있었다. 이 책의 첫 부분은 상규칙의 유도와 분석, 독창적인 2상 이성분계의 열역학적 성과와 희박 용액에의 응용 등을 담고 있었다. 중간 부분은 액체와 기체상으로 구성된 이성분계의 이론 및 이들과 고체상의 공존에 대해 다루었고, 마지막 부분은 외부 힘(특히 임계 현상과 전기화학적 평형에 관한 중력의 효과)이 걸린 장(場)에서 다양한 조성을 가진 계를 다루고, 또한 반응계의 일반적 평형 작용에 관한 분석을 담고 있다.

두 권으로 된 그 *교과서*는 교육 분야뿐만이 아닌 과학 분야에도 하나의 이정표가 되었다. 이는 1876년에 발표된 깁스의 *불균일 물질의 평형* 이후로 가장 독창적인 업적일 것이다. 그 교과서는 깁스와 반데르 발스의 방식대로 화학 열역학이 처음 다루어진 책이고, 이성분 혼합물 이론의 체계적인 분석을 처음으로 시도한 책이기도 하다. (밴크로프트는 이 책을 '침착하고 차분하다.'라고 말했지만, 이 말은 책의 어투에 관한 것이지 내용에 관한 말이 아니었다 [113a3].) 모든 부분에서 강하고 독립적인 생각이 느껴졌다. 그가 얻은 다양한 새로운 자료들이 꼼꼼하고 정확하게 설명되어 있어 독자들은 혼란스러운 부분 없이 최대한 책에 집중할 수 있었다.

하지만 유명세를 위한 내용의 타협은 없었다. 독자들에게는 끊임없이 최고급의 내용이 추가되었고, 주제마다 몇 번이고 깊이를 더해 가며 반복되어 설명되었으며 그때마다 새로운 요소들도 추가되었다. 이 반복 과정은 책을 하나로 묶는 데 성공했고 열역학을 상태 방정식이나 실험 결과들과 결합시킨다는 원래 목적을 강화시켜 평형 원리의 핵심과 상평형과 관련된 공식들을 제공하는 데 성공하였다.

인쇄된 내용이 강의 내용을 충실히 따랐다면 우리는 반데르 발스가 수업과 직접적 관련이 없는 토의는 회피했다는 사실을 유추할 수 있다. 그는 아마도 선천적 특성 때문에 형이상학을 피했을 것이다. 열역학에서 가장 유명한 철학적 문제인 우주의 '열의 죽음' 문제에 그가 얼마나 힘차게 대응했는지는 책의 한 구절을 통해 알 수 있다. 처음에 그는 클라우지우스의 유명한 격언 - 우주의 에너지는 일정하고, 우주의 엔트로피는 증가한다. - 을 인용하면서 이렇게 주장한다. '이 형태의 법칙은 많은 의문을 일으킨다. 만약 우주가 과학적 조사가 가능하다고 하더라도 우리는 아직까지 평형 상태의 엔트로피만을 다루었기 때문에 많은 어려움이 있다. 하지만 우주는 평형 상태가 아니며, 우리는 비평형 상태의 계의 엔트로피는 아주 간단한 경우에도 일부분만을 알 수 있다. 더욱이 이 주장은 엔트로피의 값이 에너지의 일관성뿐만이 아닌 다른 요소에도 영향을 받을 수 있다는 관점을 간과하고 있다.... 만약 이 법칙에 오류가 없더라도 이 전체 세계는 하나의 고립계가 아니므로 의미가 없다고 결론내릴 수 있다.' [91, p. 114-115]. 비록 그는 열역학을 추상적인 방식으로 철학적으로 이야기하는 것을 회피했지만, 열역학을 완전히 이해하고 해석하려는 시도를 포기한 것은 아니었다.

제1권은 아무런 수정 없이 그가 사망한 해인 1923년에 재판되었고, 1927년에 콘스탐은 수정판을 출간한다[122, 123]. 중요한 변경 내용은 다음과 같았다. 열역학의 공리적인 기초를 설명하기 위해 새로운 장과 절이 추가되었는데, 여기에 상태 방정식과 평형 원리가 가지게 된 공리적 위치(곧, 이제는 자명해진 상태 방정식과 평형 원리가 물리화학에서 차지하는 비중-*역자 주*), 그리고 네른스트의 열 정리를 다루기 위한 부분이 새로 추가되었다. 또한, 열역학의 일반적 문제에 관한 내용들을 제1권으로 옮기고, 제2권에서는 열역학과 반데르 발스 상태 방정식의 결합에 근거한 반데르 발스의 이성분 혼합물에 관한 이론들을 체계적으로 서술하고자 했다. 이러한 개정 작업들은 결코 사소한 것이 아니었지만, 우리는 콘스탐이 말한 바와 같이, '위대한 스승의 아이디어들은 하나도 바뀐 것이 없다.' [122, p. v]라는 말에는 동의해야만 한다. 심지어 *열역학(Thermodynamics)*에서 *열정역학(Thermostatics)*으로의 이름 변경은 반데르 발스가 1900년대에 이미 제안한 것이었다[58].

반데르 발스가 스승으로 보여 주었던 모든 모습들 - 대학교수로서 한 일, 후배 동료들과 같이 한 연구, '콘스탐에 의해 행복하게 편집된' [198, p. 703] 강의 내용 등 - 은 그가 위대한 과학자였던 만큼 위대한 스승이기도 했다는 것을 알려 준다. 그의 가르침은 특히 물리화학의 발전에 큰 영향을 끼쳤다[27]. 그 자신, 그의 혼합물 이론을 두고 '여기서 이 이론에 이끌려 공부하고, 아직도 이성분 혼합물을 연구하고 있는 물리학자와 화학자의 이름들을 차례대로 나열한다면 엄청난 숫자가 될 것이다.'라고 말한 적이 있다.

'이 연구는 쿠에넨이 시작해서 벨기에의 장 팀머만즈 박사가 마무리를 지었지만, 아직 부분적으로 연구는 더 진행되어야 하며 이미 몇몇 내용은 출판되어 있다.' [103e, p. 263] 라고 말했다. 반 라르는 이 점을 더욱 명확하게 설명했다. '반데르 발스는 장래의 물리학자들과 화학자들에게 열

이론을 가르쳤을 때 같은 재료를 사용했다. 화학자들은 물리학자들 수준으로 열역학 평형에 관해서 자세히 알아야 한다. 네덜란드 화학자들은 그들이 배운 물리학 내용이 매우 견고하고 폭넓은 내용이었다는 점에 그에게 감사해야 한다. 그들은 반데르 발스나 레이던의 로렌츠와 같은 스승이 있었다는 점에 기뻐해야 한다. 견고한 이론적 바탕이라는 말은, 물리학과 수학에 대한 제대로 된 지식이 없으면 지속적으로 진행되는 과학 발전의 흐름, 특히 이론 및 수리 화학의 흐름에 적절하게 대응할 수 없다는 것을 의미한다.' [186d', p. 38-39]. 반데르 발스 덕분에 네덜란드의 물리화학자들은 깁스의 화학 열역학을 응용하는 방식을 전 세계적으로 선도할 수 있었다.

반데르 발스의 교육이 네덜란드 화학자들에게 큰 영향을 끼쳤다는 점은 그 당시의 네덜란드의 화학 논문들과 이웃 나라인 독일의 화학 논문들의 수준과 특성을 비교하면 쉽게 알 수 있다. 네덜란드 논문들에 사용된 물리학과 수리적 사고 수준은 매우 높아서, 수학적 처리 방식과는 가장 관련이 없는 유기화학 분야에서도 마찬가지였다. 이 차이는 반데르 발스가 스승으로 끼쳤던 영향력의 간접적인 효과이다. 이 역할은 공공연히 보여 진 것은 아니었지만 반데르 발스는 동시대의 사람들에게 조용하지만 광범위하게 영향을 끼쳤다. 이 사실은 그를 높게 평가했던 몇 안 되는 기관인 한림원에서의 그의 조용한 영향력도 마찬가지였다. 카메를링 오네스는 그가 '한림원 운영진의 영혼'이라고 표현했다 [208].

이제 반데르 발스 본인이 직접 시작한, 네덜란드의 열역학 학파의 특징에 대해서 논의할 적절한 시점이다[74]. 그의 의견으로는 이 나라에는 두 가지의 연구 특징이 있어서 그가 네덜란드의 열역학 학파를 정의할 수 있게 되었다고 한다. 첫 번째로 '어느 정도 공식적인 성질'은 넓은 분야에서 꾸준히 사용되고 있는 기하학적 처리 방법이었다. '우리는 연구 결과를 공식이나 도표를 통해서 나타낼 수 있다. 도표를 사용하는 것은 네덜란드 학자들만이 할 수 있는 건 아니지만, 이 나라에서는 꾸준하게 도표를 사용해서 평형 문제나 평형 표면의 구축 등을 처리했기 때문에, 네덜란드 학파[28]라고 부를 수 있다. 여기서 이 방식이 성공한 뒤, 깁스도 그 방법을 따름으로써, 그의 이름을 딴 표면으로부터 우리는 많은 양의 결과물을 얻을 수 있었다. 넓은 의미에서 이 성공은, 네덜란드 물리학자들과 화학자들이 어떤 다른 나라들보다도 수학과 특히 표면의 특성을 더 깊게 공부했기 때문에 가능하게 된 것이라고 볼 수 있다. 우리는 수학 교육이 체계적으로 정비되어 있어 순수 수학자들에게만 국한되지 않고 다양하게 쓰인다는 것이 큰 행운이다. 이 나라에서 물리학자들, 심지어 물리학적 연구를 하는 화학자들은 기하학적 표면으로 현상을 해석하는 것을 이해할 뿐만 아니라, 그러한 표면의 특징적인 본질로부터 이 현상들의 특징적 성질을 찾아내는 결론을 추가적으로 도출해낼 수 있도록 수학적 지식을 충분히 가져야 한다는 것이 거의 불변의 규칙으로 정해져 있다.

이런 수학 능력은 외국에서는 그리 흔하지 않다. 나는 이 이야기를 외국인 물리학자에게 들었다. 우리의 연구에 많은 찬사를 표시해 온 그는 나에게 이 나라에 한 가지 문제점이 있다는 것을 알려주고 싶다고, 그리고 그것은 우리가 학생들에게 너무 많은 수학을 가르친다는 것이었다. 그 같은 언급은 나로 하여금 그가 한 찬사의 값어치에 의심을 품게 하였다.' [74, p. 74-75].

네덜란드 학파의 두 번째 특징은 다음과 같은 문장으로 요약된다. '우리나라는 열역학이 무엇을 할 수 있고 무엇을 할 수 없는지를 다른 나라보다 더 잘 알고 있다.' [74, p. 76]. 옛날 방식의 용어에 의하면 열역학은 열(thermal)에 의한 양 (A)과 열량(calorimetric)에 의한 양 (B)과 관련된 미분 방정식으로 이루어지며, 상징적으로 $A = B$였다. 열과 열량은 열 이론의 두 가지 갈래와 연관될 수 있는데, 즉 온도 측정과 열량 측정이며, 클라페롱-클라우지우스 식은 열역학 미분 방정식의 대표적 예이다. 반데르발스는 이렇게 말했다. '만약 나에게 $A = B$라는 식이 주어지더라도 A 혹은 B를 알 수 없다면 이 식은 아무런 의미가 없다.' 하나를 알고 있다면 우리는 열역학 공식에서 이득을 볼 수 있지만, 그렇지 않다면 '악순환'에 갇혀 버리게 되는 것이다. [74, p. 78-79].

'이제 우리가 두 개의 수, A와 B를 안다면 이제 어느 쪽이, 혹은 둘 다, 열의 A 혹은, 열량의 B에 대한 일반 방정식을 만들 수 있는지 질문할 수 있다.... 우리는 A가 주된 양이라 지정함으로써 이 질문에 대답을 하였다.' [74, p. 79]. 이 선택에 유리한 두 가지 논점이 있다. 첫 번째로, 분자 운동론 개념에 바탕을 둔 이론적 계산은 예를 들어 유체의 열에 의한 양, 이를테면 상태 방정식과 같은 계산에는 효과적이다. 우리는 열량에 의한 양에 대해서는, 특히 그것이 혼합물일 경우에는 계산할 수 없다. 두 번째로, 우리는 에너지나 엔트로피와 같은 열량에 의한 양에선 오로지 변화량만 측정할 수 있지만, 압력, 부피, 온도와 같은 열에 의한 양은 절대값을 갖는다. 이 흐름에서 반데르 발스와 그의 지지자들은 열역학을 상태 방정식과 결합한다. 이 결합은 네덜란드 학파의 가장 중요한 특징이며, 나중에 자세히 소개될 것이다.

과학사를 다루는 역사가라면 네덜란드 학파의 또 하나의 특징이 되는 이 이념의 주목할 만한 결과는, 네른스트의 열 정리에 관한 네덜란드가 가진 직관적인 반대이다. 그들은 네른스트 학파의 열역학이 가진 '공학적' 접근을 신용하지 않았는데[29], 이 방식은 실험 결과에 맞추는 모순된 방정식들의 해를 찾는 것이었다. 반데르 발스의 지지자들은 첫 번째 원칙에서 문제를 검증했고 네른스트 학파의 논문에 있는 너무 많은 단순화 가정을 비판했다[30]. 하지만 이 비판에는 더 깊은 뿌리가 있었다. 반데르 발스의 말을 한 번 더 되새겨 보자. '$A = B$ 방정식은 항상 미분 방정식이므로 한 쌍의 수치는 다른 값의 적분을 통해서만 얻을 수 있다.

열에 의한 양에서 열량에 의한 양을 계산할 때 도입되는 미지의 적분 상수는 이 양들의 특성에 맞는 것이지만, 그 역은 성립되지 않는다. 나는 이 주장에 모두가 이해하리라곤 생각하지 않고, 그 내용이 내가 말한 것처럼 그렇게 간단하지도 않다. 그럼에도 내 주장에는 진실의 밀알이 남아 있다. 만약 다른 가능한 방법이 나타난다면 우리는 매우 기쁠 것이다. 하지만 이런 방법은 아직 나타나지 않았기 때문에 우리는 우리가 선택한 길을 거부한 사람들에게 이렇게 물을 권리가 있다. 다른 길을 보여 주시오.' [74, p. 80-81].

비록 그 자신은 이런 길의 존재 가능성을 오래전부터 예측하였지만, 그 다른 길은 네른스트에 의해 1906년에 발견되지만, 70세의 노인이 이 발견에 기뻐하거나, 인정하기에는 이미 너무 늦었다. *열역학 교과서*의 두 권 모두 네른스트의 열 정리는 한 단어도 실려 있지 않다. 몇 십 년이 지나고 열정이 어느 정도 사라진 콘스탐은 1927년에 발간된 *교과서* 2판에 지금은 제3법칙이라 불리는 내용을 집어넣지만, 절제되고 무덤덤한 표현 방식은 그 이유를 알지 모르면 이해할 수 없다[31]. 반 라르가 쓴 상태 방정식 책은 '열 정리와 상관없이' 출판되었다[161, p. iv, *47* 또한 참조].

이 시기에 반데르 발스 학파와 네른스트 학파는 하나의 신조를 공유하고 있었는데, 원자의 존재에 관한 확고하고 꾸준한 믿음을 가지고 있었다. 이 접근 방식은 '적분 식은 무수히 많지만, 정작 원자는 없는 열역학의 한 분파'를 만들어 낸 뒤엠과는 비교되었다 [*62*, p. 54]. 반데르 발스와 그의 학파는 항상 열역학 연구에 원자와 분자 개념을 사용했고, 이 관점은 네덜란드 과학자들이 오스트발트의 *자연철학(Naturphilosophie)*을 거부하는 이유가 된다. 따라서 오스트발트의 *에너지(Die Energie)*의 비평에는 '*일반화학(Algemeine Chemie)*의 저자가 "열정적인 철학자"보다 더 높게 평가된다.' 라는 말이 적혀 있었다[*63*][32].

우리는 이미 네덜란드에서는 수학, 물리학, 화학이 긴밀한 관계에 있고 젊은 과학자들의 교육과 연구의 발전에 큰 영향을 끼친다는 이야기를 했다. 여기서 반데르 발스의 주장에 관한 보스카의 증거를 하나 더 소개하고자 한다. 1889년 4월 그는 제2차 네덜란드 자연 과학자 및 의사 회의에서 물리학·화학 분과를 만들었다. 그는 연설에서 네덜란드 안에서 과학 분야끼리 더 자주 교류해야 한다고 주장했다. '각 분야의 과학은 끝이 없어서 연구의 가지가 서로 멀리 떨어져 있으리라 생각합니다. 하지만 현실은 그 반대 현상이 일어나서 가지가 서로 가까이 모이고 있습니다. 따라서 우리는 최근 순수한 화학 실험에서 시작하여 이론 화학, 물리학, 분자 회합의 역학을 거쳐 지금은 이 시대의 선두 수학자 중 한 명인 케일리와 같은 사람이 연구하는 곡선 표면의 성질을 기하학적으로 분석하는 분야에까지 일련의 연구들이 서로 연관되어 있음을 예로 들 수 있습니다. 그리고 모든 분야에서 우리 과학자들은 외국이나 그 어떤 시대보다도 더 뛰어난 수준의 연구를 하고 있습니다. 이 팀은 아주 중요한 문제 하나를 해결하기 위해서 자발적으로 모인 것입니다.’ [*66*, p. 72]. 이 글은 일반적인 중요성 이외에도 실제 일어난 일을 이야기하고 있었다. 1889년 반데르 발스의 혼합물 이론 논문이 발표되기 두 달 전의 반응이었다.

네덜란드 학파의 연구가 완벽하다거나 오류가 없다는 이야기는 아니지만 항상 활기찼고, 다양한 기질을 가진 사람들의 다양한 관점들을 담고 있었다. 그중에는 이를테면 쿠에넨과 반데르 발스, 반 라르와 콘스탐 사이에 마찰도 있었다. 그중 최소 한 가지 경우를 예를 들면, 불안정한 플레이트 점에 관해서 반데르 발스는 ‘이 현상의 진실은 주로 쿠에넨 쪽에 있다.’ 라고 인정하였다. [74, p. 85]. 그럼에도 불구하고 반데르 발스가 네덜란드 과학 학파를 대표한다고 해도 큰 무리는 없을 것이다.

끝으로, 새로운 세기가 시작될 즈음 발표된 물리학과 화학 관련 문헌에서 짐작할 수 있듯이, 이 당시에 네덜란드 학파가 어느 정도 폐쇄적인지에 대해 논해 보는 것도 의미가 있을 것이다. 네덜란드 과학은 세계 과학과 같이 발전했고, 네덜란드 물리학자들과 화학자들 (그리고 수학자들과 생물학자들도)은 국제무대에서 활발하게 활동했다. 그들은 자신의 관점을 적극적으로 표현했고, 카메를링 오네스의 *레이던 물리학 연구소 소식지*와 같은 잡지를 배포하기도 했다. 레이던의 극저온 연구소는 그 당시 라이프치히에 있던 오스트발트의 물리-화학 연구소보다 더 중요한 국제 과학의 중심지였다. 하지만 네덜란드 열역학 학파가 폐쇄적이었다는 믿음에는 어느 정도 신빙성이 있다. 그들이 고립되기를 원했다기보다는 반데르 발스 학파의 독창적이고 수준 높은 연구에 외국 연구진이 따라오지 못했다고 해석하는 편이 나을 것이다. 영어 *이학부 프로시딩*, 프랑스어 *네덜란드 연보*를 비롯해 독일어 *물리화학 저널*까지 있었지만 많은 수의 논문은 언어의 장벽을 넘지 못했는데, 오로지 소수의 논문만이 네덜란드어로만 출판되었다. 장벽은 실제로 존재했지만, 그것은 언어가 아닌 개념적인 것이었으며, 마침내는 극복되었다.

주석(Notes)

1. 아직까지 완전한 카메를링 오네스 (1853-1926년)의 전기는 없지만, 단편적인 글 몇 편은 남아 있다. 여기서 우리는 불과 열일곱 살 된 학생이 '증기 밀도 측정의 비평적 연구와 이 연구로 얻은 결과와 화학 물질의 성질 및 증기 밀도 간의 관계' 라는 제목의 논문으로 금메달을 땄다는 것을 알 수 있다. 1879년에 멋지게 청구 발표한 그의 박사 학위 논문은 또 다른 분야였는데, 제목은 *지구 회전의 새로운 증거*였다. 하지만 물리화학 측정에 관한 관심은 그가 어릴 때부터 가지고 있었고, 이는 레이던에서의 활동으로 나타난다. 카메를링 오네스가 레이던 대학교의 실험 물리학 교수가 된 것은 자기에게도 제안이 왔던 반데르 발스의 지원이 컸다.
2. *측정을 통한 지식*. 여기서 백 년 뒤에 쓰여진 문장 하나를 첨부한다. '자연을 이해하는데 중요한 단서는 사실 측정의 정확도가 향상되면 발견될 수 있다는 것은 그다지 알려져 있지 않다.' [*6*].
3. 마그누스에 관한 기념 강의를 참조하라[*8*]. 카메를링 오네스는 이 단어들을 논문에 인용했다.
4. 여기서는 카메를링 오네스의 연구 *액체의 일반 이론*을 뜻하는 것이며, 제11장, 4.4절 [92]에서 다뤄진다.
5. 제6장, 2절 참조.
6. 제12장, 2.2절 참조.
7. 반데르 발스는 특히 쿠에넨이 보여 준 실험 기술을 칭찬했다. '오로지 쿠에넨만이 이 역 응축을 관측할 수 있었고, 임계 현상을 대응되는 이론에 접목시킬 수 있었는데, 그 이유는 그가 평형에 도달하기 전까지 이력 현상과 상태를 억제시켰기 때문이다... 이런 점을 간과한 것이 이전 연구에서 이 두 개의 임계 온도를 구별하지 못한 원인이다.' [61, p. 130].
8. J. M. H. 레벨트 셍거스는 이들 불일치에 관한 자세한 분석을 수행했다[*14*].
9. 콘스탐이 그를 가리켜, '반데르 발스의 과학적 손자'로 칭했던[193], 요하네스 페트루스 쿠에넨 (1866-1922년)은 1884년에 레이던 대학교에 입학하여 1889년에는 카메를링 오네스의 조수가 되었다. '임용' 이후로는 *사강사* 로 강의를 했다. 잠시 그는 램지의 연구실에서도 일했고 1895년에는 던디 대학(University College, Dundee)의 물리학 교수로 임명되어 1907년까지 머물렀다. 스코틀랜드에 있으면서 그는 반데르 발스와 카메를링 오네스의 분야에서 연구했으며, 반데르 발스와 더불어 레이던의 물리학 연구소의 열역학 연구에 관한 자세한 분석인 *카메를링 오네스 가이드북(Kamerlingh Onnes Gedenkboek)* (1904년) 편찬에 기여하였다. 레이던에 돌아온 그는 로렌츠의 뒤를 이어 물리학, 특히 열역학을 강의하였다. 그

는 렉토 마그니피쿠스에 선출되었는데 며칠 뒤에 급작스럽게 사망하였다. 쿠에넨의 업적에는 유명한 두 개의 책이 있으며 [158, 159], 제4장 (참고문헌 *19*)에서 인용했던 중요한 역사책 *물리학의 발전에 대한 네덜란드의 기여* (1919년)가 있다. 그의 삶과 성격은 [*11, 16*] 참조.

10. 이 논문은 헬륨의 액화에 성공하기 2주 전에 출판되어 이 기체를 액화시키는 것이 가능할 수도 있다는 내용이 담긴 반데르 발스의 논문 [92]을 인용하며 끝을 맺는다. 자세한 사항은 제11장, 2절 참조.

11. 로렌츠는 헬륨의 액화에 관한 글에서 이렇게 썼다; '황금 글자로 쓰여야 할' 결과, '이제 승리를 달성한 연구소는 그 누구도 예상치 못한 발전의 시대를 열고 있다. 해당 분야에서 이 위대하고 대단한 업적을 평가할 수 있는 사람이라면, 오네스 씨가 과학의 발전과 그의 제자가 될 수 있었던 영광을 누린 젊은 과학자들을 위해 더 많은 결과를 내었으면 하는 우리의 소망을 공유할 것이다.' [*23*, p. 502]. 이 소원은 예상치 못한 방향으로 현실이 되었다. 현대 사람들은 1911년에 발견된 깜짝 놀랄 만한 초전도체를 알고 있다. 하지만 이는 다른 이야기이다.

12. 여기서 반데르 발스와 카메를링 오네스 둘 다 서신을 보관하지 않았지만, 그럼에도 카메를링 오네스가 반데르 발스에게 보낸 편지는 대략 100장 넘게 모이게 되었다.

13. 제만은 반데르 발스와 카메를링 오네스의 관계를 이렇게 표현했다. '그가 오네스의 이야기를 하면 온기가 묻어 나왔다.' [205, p. 111].

14. 카메를링 오네스의 경우와 마찬가지로 바크휘스 로제봄의 완전한 전기 또한 없다. 중요한 정보는 그의 논문들 [*24-27*]과 25주년 기념 *주간 화학(Chemisch Weekblad)* [*28, 29*]에 있다.

15. 비용을 줄이고 시간을 아끼기 위해 그는 레이던의 강의에 나가지 않았다. 1879년에 결혼한 그는 여학생을 위한 HBS에서 1881년 9월부터 일하게 되어 수입을 두 배로 늘렸다. 그의 수입은 2,000 휠던에 달했다.

16. 학위 논문의 내용은 [*30*]에 더 자세히 나와 있다. 학위 논문 자체는 매우 간략하며 (24쪽) 가장 흥미로운 부분은 250atm에 달하는 기압에서 카유테 튜브를 이용했다는 점이다. 이는 서문에서 소개되었듯이 카메를링 오네스의 도움이 컸다.

17. 험프리 데비 경의 가장 위대한 발견은 마이클 패러데이인 것으로 유명하다. 반데르 발스가 상 이론 분야에서 바크휘스 로제봄을 발견한 것과 동일한 수준이라고 해도 과언은 아닐 것이다.

18. 앞서 (제4장, 주석 14 참조) 언급했듯이 반트 호프는 수업에 지쳤지만, 베를린으로부터의 요청을 거절하였다. 1894년에는 막스 플랑크가 암스테르담으로 와서 그를 아우구스트 쿤트 대신 물리학 책임 교수로 초대하였다. 이 제의는 거절했지만,

1895년 4월에 실시된 제5회 네덜란드 자연 과학자 및 의사 회의의 의장 연설에서 반트 호프는 마치 도움을 요청하는 듯한 말을 하였다. '만약 지식의 증식에 국가가 흥미를 느낀다면 그 또한 흥미의 대상이 될 수 있다. 현재의 우리 시스템으로 이 증식은 "무작정 (au petit bonheur)"이다. 상금이 걸린 문제, 1년간 연구비 지원이나 경비 지원. 이 모든 것은 끼워 맞추기에 불과하다. 만약 가르치는 일이 의무인 사람 중에서도 그럴 의향과 시간이 있으면서 필요한 연구를 하는 사람이 있고, 연구하는 일이 의무인 사람 중에서도 그럴 의향과 시간이 있으면서 필요한 강의를 하는 사람이 있다면, 그것을 제대로 분류하는 것이 좋다[*34*]'. 베를린에서 연구만 하고 강의는 없는 두 번째 제의가 들어오자, 모든 물리학과 화학 교수들을 대신해서 로렌츠와 반 베멜렌은 내무부에 청원서를 보내 반트 호프의 강의를 암스테르담에서 1주일에 한 번으로 줄이고, 자격시험이나 일반 시험의 출제 의무에서 해방시켜 달라고 건의하였다. 하지만 '근시안적 관료주의'가 승리한 까닭에 1895년 12월 30일 송별식이 치러졌다. 1896년 1월 1일자로 사임한 반트 호프는 3월에 베를린으로 떠났다([*35-37*] 참조).

19. 이 계의 $P-T\text{-}x$ 공간 모형의 사진은 매우 흥미롭다[*41*]. 이 모양은 가장 복잡한 현상도 가능하다는 인상을 심어 준다.
20. 그 자리는 레이던에서 바크휘스 로제봄의 학생이자 반 베멜렌의 후임자였던 F. A. H. 슈라이네마커즈에게 주어졌으나, 그는 거절한다. 추측하건데 슈라이네마커즈와 반데르 발스 간에 갈등이 있었던 것 같다. 개인적 관계는 알 수 없지만, 슈라이네마커즈가 절대로 열역학과 상태 방정식을 결합시키지 않는 '순수' 열역학자였기 때문에, 과학적 충돌은 있었다. 제12장 참조.
21. 동소체 현상에 관한 스미츠의 책[*43, 44*]에는 많은 양의 반데르 발스 이론이 언급되어 있다. 특히 흥미로운 점은 스미츠가 자신의 '준 회합'을 새로운 상 형성에 연결시켰다는 점이다 (그의 논문 [*45*] 참조). 또한, 반데르 발스가 어떻게 로제봄을 도와 줬고, 누가 반데르 발스가 로제봄에게 보낸 편지들을 출판시켰는지에 관한 내용들을 나중에 기록해 둔 사람도 스미츠란 사실을 기억할 필요가 있다[220].
22. 1917년부터 1953년까지 셰퍼는 델프트 폴리텍의 분석 및 무기화학 교수였다. 그는 항상 열역학에 큰 관심을 나타냈고, 흥미로운 교과서인 *열역학의 화학 반응 응용* [*46*]을 집필했다. 그의 마지막 논문은 로제봄의 100주년 기념일에 맞춰 그의 사후에 출판되었다.
23. E. P. 반 에메릭이 최근에 완성한 반 라르의 전집[*47*]은 기존의 논문에서 밝혀졌던 반 라르에 관한 정보를 보완 및 수정했다 [*48, 49*].
24. 헌장에 따르면 외국에서 살고 있는 네덜란드 과학자는 한림원의 정규 회원이 될 수 없었다. 따라서 반트 호프가 베를린으로 떠나자 그는 기존에 정규 회원이었지

만 통신 회원이 되었다.

25. 여기서 반트 호프의 제자 W. P. 요리센의 일화를 소개한다. 1895년 2월 박사 학위 청구 자격 시험이 끝나고 그는 반트 호프에게 좋은 열역학 책 이름을 알려 달라고 부탁한다. '반데르 발스는 우리에게 어떠한 열역학 책도 추천해주지 않았지. 그가 강의 중에 언급한 대부분의 내용은 자신의 연구와 관련되어 있었고. 이 강의에 대해서 어떠한 이야기도 할 수는 없지만, 적어도 교수와 학생 간의 거리는 너무 멀어 보였어.' [*55*].

26. 이 내용은 1907년 2월 23일 이학부에 제출된 콘스탐의 논문의 첫 문장에서 가져왔다. '이미 많은 시간을 반데르 발스 교수의 열역학 강의 내용을 정리하는 데 사용해 왔고, 이제 고체-액체-증기의 3상 선도의 논의에 도달했다.... 나는 기존에 있던 내용과 다른 의견들을 몇 가지 떠올렸다...' [*57*]. 언급된 이 주제는 그 교과서 제2권의 끝에 있는 것으로 추정된다.

27. '그의 위대한 교육 특징 중 하나는 깁스의 위대한 연구를 화학자들에게 소개해 준 것이다.' 카메를링 오네스가 묘비에 쓴 글 [208].

28. 화학과 화학 기술에 있어서 기하학적 사고의 중요성은 *네이처*의 신간 비평 [*58*]에 가장 자세히 나와 있다. 여기서 이 내용은 '네덜란드 과학은 불균일 평형의 과학이라 부를 수 있다.'라는 주장 뒤에 나온다. '화학자의 마음은 장차 동료가 될 공학자와는 달리 한 지점에 집중한다. 그는 공간 자각 능력과 공간적으로 생각하는 힘이 부족하거나, 다른 말로, 그의 연구의 대부분이 그런 부족함을 만들어내는 경향을 가지고 있다. 사성분계를 연구하는 것보다 더 좋은 수정 방법이 있을까? 만약 그가 원하며 의무로 느끼는 대로 화학자가 세상을 지배한다면, 그는 핵심 인물이 될 것이다. 그는 공간을 이해하고 지배하는 자가 될 것이다. 만약 그렇지 않다면, 공학자가 공간을 지배할 것이고, 늙고 불쌍한 과학자는 자신의 자리에 앉은 채로 무엇이 잘못되었는지를 생각할 것이다 – 수십 년간 그래왔던 것처럼.'

29. 어떻게 이 방식이 사용되었는지에 관한 앞선 예로 네른스트가 쓴 반데르 발스 논문의 비평[*31*]이 있다: '일반적으로 사용되는 열역학 공식은 희박 용액 뿐만이 아니라 일반적으로도 사용할 수 있다는 장점이 있다. 하지만 단점으로는 너무 복잡하기 때문에 의미 있는 결과를 얻기가 힘들다.' [$31c_2$].

30. 특히 콘스탐과 오른슈타인이 한편으로, 네른스트가 반대편에 있었던 논쟁이 있었다[*59-61*].

31. 따라서 러시아어 *열역학 논총(Lechbuch der Thermostatik)*을 나중에 편집한 A. 라코프스키는 이 부분에서 콘스탐의 차가운 말투에 경악감을 표시했다. 그는 이 개념이 콘스탐에게는 너무 새로운 것이었다고 생각한다[$122a_2$].

32. 여기서 화학 열역학에 원자 주의 개념을 도입한 것의 의미를 언급하는 것이 좋겠

다. 모순처럼 들리겠지만, 반데르 발스의 활동은 이 과정에 그리 큰 영향을 주지 않았다. 그는 열역학과 분자 운동론을 합쳐야 한다고 주장했지만, 사실은 열역학과 상태 방정식의 결합으로, 운동론의 결과물이지 이론 자체는 아니었으며, 상태 방정식은 독자적으로 살아남았다.

1891년에 오스트발트가 한, 비합리적이지만 특징적인 주장에 따르면, '운동론 가설은 한때 많은 지지를 받았지만... 이제 아무런 가치가 없는 것으로 결론 났는데, 그 이유는 사실 가까운 장래에 중요하게 사용될 반데르 발스의 두 가지 핵심 개념은 운동론과는 분리되기 때문이다. 물질에 의해 채워지지 않은 공간만이 보일의 법칙을 따른다는 가정도 아니고, 이 물질이 어느 정도 상호 작용 에너지를 가진다는 가정이 운동론 개념을 분명히 보여 주는 증거가 되지도 않는다.' [*64*]. 아마도, 오스트발트가 가진 강한 반-원자 주의의 입장 때문에 이 예는 설득력이 높지 않을 수도 있다. 하지만 원자에 대한 신념이 확고한 네른스트도 이런 말을 했다. '반데르 발스의 연구는 비록 제목이 '두 개의 다른 물질로 이루어진 물체의 분자 이론'이긴 하지만 순수한 열역학적 논문이다.' 이 문장은 네른스트의 *이론 화학*의 모든 편집본에 나오는 내용이다 [*65*]. 콘스탐의 학위 논문에 실린 '*제안*' 중 하나는 이 주장을 반박하고 있다. 이 *제안*은 위의 문장이 '완벽하게 부당하다.'라는 말로 시작되었다 [*40*, p. 217]. 어느 정도 일리가 있지만, 만약 우리가 '열역학적'을 '현상학적'이라는 단어로 바꾼다면 네른스트의 주장은 실제 상황을 완벽히 정확하게 반영하고 있다. 비록 원자 이론으로 자연 과학 전체가 큰 발전을 이룩했지만, 화학 열역학은 이 세기가 끝날 때까지 순수한 현상학적 분야로 남았다. 더 나아가서 물리화학 분야에 있어서 반-원자 주의자들의 '요새' 역할도 하게 되는데, 부분적으로는 오스트발트, 헬름, 야우만과 뒤앙이 주장한 '에너지론' 때문이고, 다른 이유로는 화학자들이 운동론을 잘 받아들이지 못했기 때문이다. 흥미로운 점은 네른스트의 열 정리가 화학 연구에 원자 개념을 더 많이 사용하게 되어서 화학 열역학의 새로운 시작을 알렸다는 점이다. 이는 열용량의 양자론을 화학 문제에 적용한 것과 나중에는 양자론과 통계 이론을 이론학자들이 화학 평형에 많이 응용하게 된 결과 때문이다.

제9장

반데르 발스와 러시아 과학

이 장에서는 반데르 발스의 아이디어가 다른 나라로 전파된 '사례 연구'와 독자들에게 러시아 과학자들이 분자 물리학과 물리화학 분야에서 어떻게 그의 아이디어를 발전시켰는지를 다루고자 한다.

러시아에서 반데르 발스의 연구에 관한 첫 보고서는 A. G. 스톨레토프[1]가 쓴 것으로, 희귀한 *연속성*의 네덜란드어 원본을 가지고 있는 사람 중 한 명이었다. 1879년 1월 그는 *우리가 알고 있는 기체의 지식 발달 과정* [*1*]을 출판하는데, '새로운 법칙', 곧 반데르 발스의 상태 방정식을 포함하고 있었다. 스톨레토프는 이렇게 적었다. '이 법칙은 우리가 한정된 부피와 결합력을 기체에 가정하면 어떤 복잡한 현상도 완전히 해석할 수 있다. 그 반대로 기체에 관한 모든 실험 결과는 반데르 발스의 법칙에 대응하며, 따라서 우리는 분자의 크기와 분자 간 인력의 세기를 계산할 수 있다. 따라서 '이상' 거동에서 벗어난 기체의 불규칙성은 중요한 의미가 있다. 그것들은 지금 현재 접근할 수 없는 원자의 세계에 문제를 해결할 수 있는 실마리를 제공하기 때문이다.' [*1*, p. 174]. 이 글은 심지어 이 이른 시기에도 반데르 발스는 혼자가 아니었다는 사실을 보여주는 것이다. 이에 따라 카메를링 오네스는, '스톨레토프는 당연히 반데르 발스를 처음으로 이해한 사람 중 하나였다.'라고 말할 정도였다. [233].

독일어판의 *연속성*이 출판된 이후, 스톨레토프[2]는 환산 반데르 발스 방정식이 환산 증기압 곡선 $(d\pi/d\tau)_{crit}$의 극한 기울기에서는 일치하지 않는다는 사실과 그 반면에 환산 클라우지우스 방정식은 대략 7의 값을 나타내어 몇 개의 실험 결과와 맞아떨어진다는 사실을 보고하였다. 그와 동시에 그는 반데르 발스 방정식에 관한 자세한 분석을 1881-82년 그가 가르치던 이론 물리학 강의에 추가하였다. 이 강의는 학생인 D. A. 골드함머[2]가 석판 인쇄로 재탄생시키는데, 그는 15년 후에 이렇게 회고하였다. '임계 온도에 관한 연구는 그 당시에는 꽤 새로운 것이어서, 반데르 발스의 유명한 논문과 최근 독일어로 번역된 내용은 학생들에게 당시에 가장 흥미롭고 신나는 문제들로 이끌었다.'[3]. 그 강의의 두 번째와 마지막 부분은 그 방정식을 실제 기체와 액체에 적용하는 내용과 강의의 절반 정도를 차지했던 임계 현상에 관한 내용이었다. 그것들은 스톨레토프가 실험 자료를 바탕으로 제작한 물의 $P-V-T$ 표면 모형으로 나타났다. 스톨레토프의 가르침 덕분에 그의 학생이었던 골드함머와 B. V. 스탄케비치[3]는 반데르 발스의 분야에서 연구를 시작하게 되었다.

1884년 골드함머는 *물의 열역학적 표면 (깁스와 반데르 발스 논문을 바탕으로)* [4]이라는 단행본을 발표하는데, 여기서 그는 물의 세 가지 상태의 $\varepsilon-\eta-v$ (곧 $U-S-V$) 표면을 기술하였다. 그는 간결하다는 이유로 반데르 발스 방정식을 사용했다 ('더 정확한 클라우지우스 방정식을 대신해서'). 이 연구를 알게 된 볼츠만은 골드함머의 도표가 1893년 뮌헨에서 열린 수학 박람회에 전시되어야 한다고 주장했다.

스탄케비치는 주로 기체와 액체의 분자 운동론에 관심을 가졌다. 1884년에 발표된 그의 첫 연구 *기체 분자 운동론의 수학적 처리*[5]는 물리학· 수학 학부에서 주관하는 대회 수상이야 따 놓은 당상이었다. 대부분의 글은 이상 기체에 관한 내용이었지만 몇 부분 (48-53절)은 탄성 충돌을 하는, 크기가 영이 아닌 분자를 가진 실제 기체를 다루고 있었다. 그는 충돌 때 힘의 비리알을 로렌츠의 방식대로 계산함으로써 *연속성*에 있던 방정식 (그는 네덜란드어 원본을 연구했다.) 보다 더 정확한 반데르 방정식을 유도하려고 시도했다. 몇 년 뒤에 그는 반데르 발스 방정식이 이때까지 나온 방정식 중에서는 가장 훌륭하지만, 유도 과정은 수학적으로 만족스럽지 못하다는 글을 썼다. '반데르 발스 이론을 수정하는 것은 현재 기체 분자 운동론에서 가장 시급히 처리해야 할 문제이다.' [6]. 따라서 그는 다음에 중요한 논문 *물체 구성에 관한 운동론 연구* [7]에서 반데르 발스 이론을 발전시키려 노력하였다. 그는 $-r^{-n}$ 형태의 인력의 비리알을 얻고 (그는 실험 결과의 분석을 통해 $n\sim5$라는 것을 추론한다) 비리알 정리를 사용해서 액체 분자의 운동론을 만들려고 시도하였다. 그는 열 상태 방정식 $F(P,V,T)=0$과 열량 상태 방정식 $\varepsilon=\psi(V,T)$ (ε는 에너지) 를 연결해서 다음 식을 제안하였다.

$$P - T\int \frac{\partial \varepsilon}{\partial V} \cdot \frac{dT}{T^2} = T \cdot \tau(V),$$

여기서 τ는 임의 함수이다. 그리고 그는 ε와 τ의 함수가 가진 한계점을 물질의 운동론, 그리고 특히 반데르 발스의 상태 방정식을 통해 해석하려 했다 [*8*].

N. N. 피로고프[4]는 한때 기업인이었다가 과학자가 되었는데, 열역학 제2 법칙의 통계적 바탕을 진지하게 연구한 첫 사람 중 한 명이다. 그는 또한 운동론[5]에 관한 논문을 써서, 인력도 없고 0의 크기인 분자로 구성된 '이상 기체', 인력은 없지만 0이 아닌 크기의 분자로 구성된 '일반 기체', 그리고 인력까지 작용하는 '실제 기체'로 구분했다. 그와 폴란드 물리학자 W. 나탄손은 3개와 4개의 분자 집단 간에 발생하는 상호 작용의 중요성을 강조했고, 그는 또한 분자 집단 중에서 자연적으로 쪼개지는 것과 충분한 에너지를 주입한 뒤에야 일어날 수 있는 '분자 회합'을 구분했다.

상태 방정식 이론을 더 발전시키려 했던 이런 진지한 연구들 외에도 흥미로운 논문은 몇 개가 더 있었다. 따라서 K. D. 크라에비치[6]는 구리 내 원자 내 결합력은 뉴턴의 중력이 아니라는 것을 그 금속의 밀도와 파괴 강도를 이용한 계산으로 알아냈다. 그는 또한 잠열을 '일반화된' 반데르 발스 방정식으로 계산하려 했다 [*12*].

B. B. 골리친[7]은 증기압과 표면 장력을 측정해서 인력의 범위를 찾으려 시도했다. 그는 그 범위가 분자량의 0.86승에 의존한다고 계산했고 [*15*], N. P. 카스테린[8]은 그 멱수가 0.5라고 결론내렸다. 크레아비치[*17*]는 모든 상태 방정식에 있던 열역학적 한계성을 고려했다. 그의 평가 기준은 이랬다:

$$\frac{\partial C_v}{\partial v} = T\frac{\partial^2 P}{\partial T^2}, \quad \frac{\partial C_p}{\partial P} = T\frac{\partial^2 v}{\partial T^2},$$

$$C_p = C_v + T\frac{\partial P}{\partial T} \cdot \frac{\partial v}{\partial T}.$$

이 관점에서 그는 반데르 발스 방정식을 분석했고 (그는 '과학적으로 중요한 일반화' 라고 강조했다), 반데르 발스 방정식을 만족하는 물체는 $\partial C_v/\partial v=0$ 이란 것을 알아냈다. 상태 방정식의 일관성과 줄-톰슨 계수의 측정은 N. 실러[9]가 검증했는데, 그는 클라우지우스의 상태 방정식이 반데르 발스의 것보다 낫다고 주장했다 [*18*].

이 연구들은 반데르 발스의 관점을 받아들인 것에서 시작하지만, 러시아에는 반대 의견을 가진 사람이 최소한 한 명은 있었다. 수학자 N. Ya. 소닌은 반데르 발스의 유도식을 강하게 비판했다 [*19, 20*]. 그는 이렇게 주장했다. '함수의 분석적 형태를 보존해서 물리적 연속성을 표현하는 생각은 꽤 잘못됐다.' 그리고 로렌츠의 유도[*21*]는 '자연의 법칙으로서 반데르 발스 방정식의 가치'를 완전히 부셔버렸다. 그는 유도된 상태 방정식을 미분하는 것이 꽤 일반적인 형태를 얻을 수 있다는 것을 처음으로 보여 준 사람이긴 하지만, 그는 반데르 발스 방정식에 바탕을 둔 대응 상태의 개념을 '실질적 의미가 없는 분석 연습에 지나지 않는다.'[*20*] 라고 이야기했다. 이 반응이 러시아에 있었던 유일한 부정적 반응이며, 오로지 지역 학술지에만 실리고 잘 알려진 학술지에는 실리지 않았기 때문에 그 영향도 미미했다.

여기서 우리는 러시아 과학자들에게만 국한되지 않는 특이한 점에 주목할 필요가 있다. 수학을 더 잘 알고 있는 물리학자들은 화학자들보다 더 비판적이었는데, 화학자들의 보다 정성적인 사고방식은 수학적 취약점에 신경 쓰지 않고 반데르 발스의 개념이 가진 명확함과 아름다움을 더 잘 받아들일 수 있었기 때문이다. 그의 업적에 영향을 처음으로 받은 화학자는 D. I. 멘델레예프와 그의 후계자로 상트페테르부르크 대학교에 있던 D. P. 코노발로프였다. 멘델레예프는 1875년 레이던 대학교 설립 300주년 기념행사를 위해 레이던을 방문했다가 반데르 발스의 학위 논문 사본을 얻게 되었다. 책은 이미 구하기가 아주 힘들었고 멘델레예프는 대학 도서관 목록에 이 책이 '아주 희귀함'이라고 적혀 있는 것을 보았다. 그가 얻은 사본은 멘델레예프 기록 박물관에 보관되어 있는데, 표지에 있는 저자의 이름에 밑줄이 두 개 쳐져 있었기에, 그는 이 연구가 매우 중요하다고 생각했던 것을 알 수 있다. 20년 후 그는 프랑스어 번역본도 샀으며, 그의 서고에는 반데르 발스의 '삼성분계'의 사본 [65f]이 저자의 서명이 실린 채로 보관되어 있다.

멘델레예프는 상태 방정식을 자신의 책인 *화학의 원리* 5판이 나온 1889년부터 자세히 다루었다. 그는 이렇게 적었다. '반데르 발스의 연구 결과를 알릴 필요가 있다. 왜냐하면, 그것들은 액체에서 가장 간단한 형태의 기체로 방해 없이 천천히 변화하는 과정을 설명하기 때문이고, 그리고 비록 유도 자체는 완벽하거나 결정적이라고 할 수는 없지만... 그럼에도 물질의 본질을 깊게 관통하기 때문에 이 중요성은 수많은 물리학 연구뿐만이 아니라, 화학의 영역에도 손이 닿는다.' [22, p. 139]. 그는 '추가 연구를 하게 되면 진실에 더 가까이 다가갈 것이며, 조성과 상수 (a와 b)의 관계를 밝혀낼 것이다. 하지만 위대한 과학의 진보는 이 형태의 상태 방정식에서도 찾아 볼 수 있다.' [22, p. 141].

반데르 발스의 이름은 멘델레예프를 포함한 러시아 과학자들이 편집한 *브록하우스-에프론 백과사전(Brockhaus-Efron Enclyclopaedic Dictionary)*에 영광스럽게 실려 있다. 1891년에 처음 등장하게 되는 글의 제목은 ВаЛъса ФормуЛа (발스의 공식)이며 작성자는 상트페테르부르크 대학교의 물리학 교수였던 I. 베르크만이었다. 글 내용은 보일과 게이-뤼삭 법칙을 벗어나 반데르 발스의 이론이 유도되는 내용이었고, 결말은 '그의 보고서에 의해 액체의 운동론이 정립되었다.'였다.

1886년 코노발로프[10]는 반데르 발스 방정식 [23]을 이용해서 액체 상태의 성질에 관한 중요한 문제를 연구했다. 그 당시에는 액체의 분자적 성질에 두 개의 다른 믿음이 있었다. 하나는 액체가 분자들이 더 큰 집단으로 모인 것으로, 액체의 분자적 본질은 기체와 다르다는 것이었다. 반대 의견은 분자적 특징은 두 상에서 모두 같다는 것이었고, 반데르 발스는 후자 쪽이었다. 코노발로프는 반데르 발스 방정식을 이용해서 열팽창 계수와 액체와 기체의 압축률 및 기화열을 계산했으며, 열팽창의 경우 기체에 대해서는 게이-뤼삭 법칙과 액체에 대해선 최근에 얻어진 멘델레예프의 유도식에 잘 맞았다. [24]. 그는 이렇게 결론내렸다. '따라서 기체가 액체로 변화하는 과정에 반데르 발스의 이론 말고 다른 이론을 사용할 필요는 없다.

액화 과정에서 반드시 많은 숫자의 기체 분자가 모여 액체 속의 하나의 새로운 합성 분자가 되는 과정이 수반될 이유는 없다. 특수한 상황에서는 일어날 수 있겠지만, 이는 일반적 현상에서 벗어나는 특수 상황에만 적용해야지, 액체의 일반 법칙을 유도하는 데는 옳지 않다'[11].

반데르 발스 방정식을 많이 사용한 또 다른 화학자는 L. G. 보가예프스키[12]였다. 두 권의 단행본 *기체와 액체 상태의 연속성에 관해서* [*26*]와 *물질의 다양한 상태* [27]에서 그는 상태 방정식의 등온선에 있는 많은 수학적 요소들을 검증하였다. 그의 토의는 비록 자주 순진하긴 했지만 반데르 발스 연구의 자세한 부분까지 꼼꼼히 반영하였다. 그의 결론 중 하나는 '보일-마리오트-게이-뤼삭 방정식이 기체의 잘 알려진 동역학 이론을 정립하였듯이, 반데르 발스의 방정식 또한 적용 가능한 액체 상태의 많은 정보를 알려 준다.' [*26*, p. 96]. (보가예프스키가 강조했듯이, 보일-마리오트-게이-뤼삭 방정식은 비록 시작이 경험식이긴 했지만 이상 기체에 대한 완벽한 개념을 잘 나타내어 준다.)

반데르 발스의 연구에서 중요한 역할을 한 임계 현상은 러시아에서도 큰 관심을 끌었다. 1859년 당시 하이델베르크 대학교의 대학원생이던 멘델레예프는 '분자 역학' 문제를 모세관 현상을 통해 풀어 보려고 시도했다. 그는 다른 측정치를 통해 분자 접착력이 감소하고, 그것을 통해 결합력이 0이 되는 '절대 끓는점' (독일어로는 *Die absolute Siedetemperatur* 였고, 훗날 영어로 '절대 끓는 온도'로 번역되었다. [22])을 유도해냈는데, 에틸 에터는 191℃, 에탄올은 279℃, 물은 543℃로 추정했다[*28*]. 그 다음해에는 사염화 규소를 40℃까지 연구해서 결합력이 0이 되는 절대 끓는점을 212℃로 계산했다. 밀봉된 튜브에서 실험적으로 관찰한 값은 235-240℃였고, 현재는 233℃로 정해져 있다. 그는 이렇게 결론내렸다. '절대 끓는점에서는 (1) 액체의 결합력이 0이고, (2) 증발 잠열 또한 0이 되며, (3) 액체는 압력과 부피에 상관없이 증기로 변한다.' [*29*]. 그의 말에서 그는 이 현상에 관해 '액체는 증기로 변한다.'와 같은 비대칭적 생각을 하고 있었다는 것이 드러난다[183, p. 5].

1869년 앤드류의 논문[*30*]이 출판되고 나서 멘델레예프는 그의 초기 논문을 분석해서 흥미로운 제안을 하였다. '나에게는 절대 끓는점의 연구가 물질의 조성과의 중요한 상관관계를 밝혀낼 것으로 생각된다. 코프는 끓는점에서 물질들의 부피를 비교함으로써 우리 지식을 넓혔기 때문에, 따라서 결합력이 거의 0이 되는 온도에서의 비교 또한 충분히 가치가 있을 것이다.' [*31*, p. 623]. 우리는 여기서 반데르 발스가 10년 후 공식화하게 되는 대응 상태의 원리가 갖는 가치에 대해 짐작하게 된다.

임계 현상에 관한 실험은 키예프 대학교에 있는 물리학 연구소에서 1873년부터 M. P. 아베나리우스[13]와 그의 학생들에 의해 시작되었다. 그의 연구[*32*]는 네 종류 액체의 임계 온도를 분석하는 내용이었다. 에틸에터 (196.2℃), 이황화 탄소 (276.1℃), 사염화 탄소 (292.5℃), 아세톤 (246.1℃). 이 결과는 조이너가 증발 잠열의 온도에 따른 변화에 대한 식으로부터 외삽한 값과 비교되었다. 앞 세 가지의 액체는 거의 일치했지만, 아세톤의 경우는 그렇지 않았다. 이 연구의 흥미로운 부분은 임계 상태에서 시작되는 혼탁 현상이 처음으로 언급된 점으로, 훗날 카메를링 오네스와 키솜에 의해 재발견된다[160, 50절]. (앤드류는 이 현상을 1871년 6월 런던 왕립 과학 연구원 강연에서 먼저 보고했다.)

그의 이론적 개념은 아직 완성된 것은 아니었는데, 두 번째 논문 [*33*]에서 그는 이 사실을 클라페롱-클라우지우스 방정식을 다음 형태로 나타냄으로써 매우 명확하게 밝혔다.

$$\lambda = P\Delta v\left[\frac{T}{P}\frac{dP}{dT} - 1\right],$$

잠열 λ은 임계점에서 Δv이 0이 되거나 $dP/dT = P/T$ 일 때만 가능하다고 주장했다.

이 오류는 그의 첫 학생이자 동료인 V. I. 사욘체프스키[14]의 중요한 논문[*34*]에서 반복되었다. 하지만 이 오류는 후자가 증기압을 임계점까지 연구하게 되는 계기가 되었고, 그의 연구 결과를 바탕으로 반데르 발스는 대응 상태의 원리를 정립하게 된다 [1d$_1$, p. 130-161]. 이 오류는 곧 키예프에서 나온 실험 결과([*35*] 참조)와 스톨레토프의 비판[*2*]에 의해 수정되었다. 1884년 아베나리우스는 임계점에서의 밀도와 또한 액체와 증기가 갖는 여러 가지 다른 성질들의 동일성에 관한 고전적인 개념에 바탕을 둔 *물질의 임계 상태*에 관한 비평을 출판한다. 그의 두 번째 공동 연구자 K. N. 주크[15]는 임계 온도까지의 액체가 갖는 비부피를 측정했다 [*36*].

키예프에서의 초창기 연구는 멘델레예프와 앤드류의 출판물만큼 반데르 발스의 출판물에는 그리 큰 영향을 받지 않았다. 1881년 *연속성*의 독일어판이 출판되자 새로운 이론적 개념들이 나타나기 시작했는데, O. E. 슈트라우스[16]가 가장 먼저였다. 그는 혼합물의 임계 온도를 다음과 같이 표현할 수 있다고 주장했다.

$$T_m = (v_1 T_1 + v_2 T_2)/(v_1 + v_2),$$

여기서 v_1과 T_1은 성분 1의 임계 부피와 임계 온도를 의미한다. 이 식[17]은 에탄올과 에틸 에터의 측정치[*37*]를 바탕으로 세워졌고, 얀센이 얻어낸 공기와 이산화 탄소의 혼합물 결과에 대조되었으며, 물과 에탄올의 혼합물 (물 부피 50% 미만)의 임계 온도를 측정하기 위해서 사용되었다. 이를 통해 그는 물의 임계 온도가 370℃라는 것을 계산해냈고, 대응 상태의 원리에 따라 임계 압력은 195.5atm으로 계산되었다[*38*]. (현재는 374.2℃와 218.3atm으로 측정되어 있다). 슈트라우스의 공식은 골리친이 실험을 통해 확인했고 [*13*], 불활성 기체의 혼합에 의해 임계 온도가 감소하는 것을 이론적으로 표현하려 했다. 이 연구 도중에 그는 인력 중에서 상호 작용 항을 $a_{12} = (a_1 a_2)^{1/2}$로 나타내었다 [*13*, p. 786].

A. I. 나데즈딘[18]은 아베나리우스의 가장 뛰어난 학생이었다. 그는 반데르 발스의 연구를 아주 높게 평가해서 1885년에는 '최근 10년 동안 가장 위대한 과학적 합성 패턴' [*41*, p. 7]이라고 적고, 또 나중에는 '반데르 발스가 고안한 회합 상태의 변화 이론은... 임계 상태의 중요성을 강조했고 임계 온도를 결정할 수 있는 합리적인 길을 처음 제시해 주었다.'라고 했다 [*41*, p. 172]. 그의 임계 현상 연구는 넓은 범위를 다루었고, 임계점에서 시작되는 혼탁 현상의 관측은 지금까지도 큰 관심거리로 남아 있다 [*41*, p. 67-68].

그는 액체와 증기의 밀도가 같을 때만 균형이 맞춰지는 불투명한 튜브를 저울대로 사용하여 그 속에서의 임계 온도를 구할 수 있는 기발한 방법을 고안해내었다. 그는 35개의 임계 온도, 23개의 임계 압력과 20개의 임계 부피를 측정해냈고, 심지어 그가 죽기 전까지 알려져 있던 결과들의 ¼ 이상의 데이터를 얻었다 [*45*]. 그중 몇 개는 지금까지도 유일하게 사용할 수 있는 것들이다 [*46*]. 1885년에 그는 처음으로 물의 임계 온도를 바로 측정할 수 있었는데 [*40*], 키예프에서의 연구를 집대성한 결과이다. 1886년 나데즈딘의 이른 죽음과 1890년 아베나리우스의 병으로 인한 은퇴 이후로는 알려진 바가 없다.

1880년대에는 임계 온도에 대한 기존의 개념에 반발하는 관점이 나타나기 시작했다 (제8장 참조). 러시아에서는 광학적 방법으로는 진정한 임계 온도를 알아낼 수 없다고 주장한 골리친이 주도했다 [*47*][19]. 스톨레토프는 원 실험자들의 연구 결과들을 강력하게 변호했다. 1892년 1월에는 *물질의 임계 상태에 관해서* 가 출판되었고 [*50*], 나중에 독일어로 번역되었다[20]. 이 논문은 앤드류의 명료한 결과와 반데르 발스, 클라우지우스, 맥스웰의 이론적 토의가 아베나리우스와 그의 학파의 최근 연구 덕분에 더 강화되었지만, 최근에 '이의'를 제기하고 '새로운 사실'을 주장하는 사람들에게 공격받고 있다는 말로 시작한다. 그는 우로블레스키, 카유테, 콜라듀, 골리친과 자민의 논문을 포함한 많은 양의 논문들을 꼼꼼히 분석했다. 그는 메니스커스가 사라지는 온도가 왜 밀봉 튜브에 들어 있는 물질의 양에 관계되는지와 이미 알려진 대로 순물질보다 더 복잡한 행동을 하는 불순물의 혼합에 의한 것이라는 걸 밝혀내었다 [*50*]. 그의 다음 논문[*52*]은 바텔리, 잠비아시, 골리친과 펠라의 최근 논문을 비평하면서 그들이 사용한 물질의 부분적 분해가 그런 이상한 거동을 보이는 원인이라고 주장했다. 그의 마지막 논문 [*53*]은 그이(Gouy)의 최근 연구와 평형을 얻는 과정에서 교반의 영향을 분석했다. 그는 또한 쿠에넨이 *레이던 단신(Leiden Communications)*[21]의 8번째 기사에서 전자기 교반 장치가 평형에 도달하는 시간을 단축했다는 것을 보고한 사실도 확인하였다. 그는 *철학 잡지(Philosophical Magazine)* 1894년 2월호에 실린 램지와 영의 이야기를 인용하며 이렇게 결론내렸다. '이제 우리는 그들의 유명한 동료인 앤드류가 고안한 간단하고 명확한 계획이 더 이상 악의를 품은 실험이나 비논리적 사고에 의해 가로막히지 않기를 기원함니다.' 하지만 변칙적 물질에는 기체와 액체 분자 간에 차이가 있다는 신념에 대한 논쟁은 그치지 않고 계속되었다. 보가예프스키는 액체와 기체 상태에는 서로 다른 회합이 존재할 수 있지만, 그 차이는 임계점에서 사라진다[*26*]는 타협안을 제시했다.

대응 상태의 원리의 발전 과정에 대해서 살펴보면, 초창기에는 두 가지 흐름이 있었다. 첫 번째는 1883년 힌의 논문 *비교 물리 실험(Essai de physique comparée)*에서 나온 비슷한 물질들의 비교 실험이고, 두 번째는 1880년 반데르 발스의 논문에서 나온 '대응 상태'를 찾는 실험이다 [*12*]. 그리고 이 두 흐름은 나데즈딘이 하나로 합쳐서 비슷한 물질들을 비슷한 환경에서 [*44*] 비교하는 실험이 되었고, 그는 임계 온도와 끓는점의 차이는 각 유기 물질들의 집단 안에서는 거의 일정하다는 것을 발견했다 [*55*].

그는 액체의 열팽창 계수의 미분인 $(T^c/V)(dV/dT)$가 35개의 물질 중에서 32개의 물질의 경우 3% 이내에서 상수라는 것과 예외인 메틸 알코올, 에틸 알코올, 클로로폼은 대략 7%의 편차를 가진다는 것을 밝혀내었다. 그가 이 실험을 시행하기 전에는 원리를 확인할 만한 충분한 자료가 없었다. 그는 이렇게 적었다. '반데르 발스의 법칙을 여러 방법으로 확인했는데 만약 이것이 일반 법칙이라면 첫 번째 가정치일 뿐이며, 예외가 있는 법칙이라는 것이 확실하다.' [*41*, p. 106]. 그는 증기압을 또한 연구해서 스톨레토프가 발견한 $(T^c/P^c)(dP/dT)^c \simeq 7$이란 것을 확인했으나, 정확히 같은 값은 같은 종류에 속해 있는 물질들뿐이었다 [*41*, p. 154].

시드니 영의 첫 번째 논문의 등장과 특정한 상태 방정식에 얽매이지 않는 원리 덕분에 더 흥미로운 유도식이 액체 상태에 원리를 대응시킨 보가예프스키 [27]에 의해 만들어졌다. 이 개념은 바친스키[23] [*56, 57*]가 물려받아 고전적인 유체를 둘로 구분하여 만약 액체와 증기 분자들이 같다면 *오르쏘머(orthomers, 동질 동형)*라고 정의하고, 다르면 *알로머(allomers, 이질 동형)*로 분류하였다. 반데르 발스는 이 분류를 받아들였다 [73, p. 286]. 아세트산(알로머)과 이성질체인 폼산 메틸(오르쏘머)을 비교해서 그는 증기압 곡선에 따라 전자의 액체 상태에서의 회합도를 정할 수 있게 되었다.

새로운 세기에 접어들면서 복잡한 상태 방정식도 진실에 완전히 대응하지 못한다는 것이 밝혀지자, 반데르 발스 방정식과 대응 상태 원리를 이용해서 물성들 간의 상관관계를 찾는 것이 일반적이 되었다. 브란트[24]는 내부 압력과 잠열 사이의 스테판의 상관식도 반데르 발스 방정식을 통해 나온 것이라고 밝혀냈다. 비록 그 상수는 정확한 값의 절반밖에 나오지 않았지만, 만약 그 상관식이 $T^b/T^c \simeq 2/3$라는 굴베르그의 규칙과 결합하면 증발 엔트로피에 대해서는 트루턴의 규칙이 얻어진다는 것을 밝혀냈다 [*58*]. 마찬가지로, 바친스키는 약간의 가정이 추가된다면 직선 지름의 법칙도 반데르 발스 방정식을 통해 얻어질 수 있다는 것을 보여 주었다 [*59*]. 또한, 그는 방정식에서 직접적으로 유도한 것은 아니지만, 간접적인 영감을 받아 몇 가지 실험식을 더 찾아내었다 [*60, 61*]. 물리화학자 V. A. 키스챠코프스키[25]도 자신이 측정한 표면 장력을 해석하기 위해 굴베르그의 규칙과 같은 실험적 원리와 그 방정식을 결합시켰다[*62, 63*].

물리화학자이며 열화학자 V. F. 루기닌의 협력자인 A. N. 스츄카레프[26]는 임계점 근처에서 일성분계를 열량적으로 분석했다[*64*]. 반데르 발스 방정식에 따르면, 에너지를 밀도에 대응해서 선도를 그리면 선형이 되지만, 그는 이 현상이 임계점보다 훨씬 높은 온도인 어떤 특정 온도에서만 일어난다는 것을 발견하였다 (예: T^c가 188℃인 이소펜테인의 경우, 약 300℃이다). 그는 등온선이 일직선이 되는 지점을 '반데르 발스 온도'라고 이름 지었다. 리가의 파울 발덴[27] 또한 일반 및 회합 액체의 물성들의 실험적 상관관계에 대해서 많은 논문을 썼고, 1909년 *물리화학 저널*에 실린 세 논문이 그중 가장 유명하다 [*65*].

마지막으로 지금 관점으로 볼 때 임계점에 관한 가장 흥미로운 연구는 골드함머의 연구인데 [*66, 67 또한 참조*], 지금 우리가 임계 지수라고 부르고 있으며, 임계점으로 접근할수록 0이 되는 물리적 성질 (혹은 물리적 성질의 차이)을 지배하는 $(T^c - T)$의 멱수를 다루고 있다. 반데르 발스 또한 이 문제를 생각해 보았지만 [*37*] 그의 방정식에 있던 기존의 멱수에서 생각이 벗어나지 못하였다. 골드함머는 편견을 줄이고 다양한 범위의 유체를 실험하였다. 그의 주된 결과는 주어진 온도에서 공존하는 상의 밀도,

즉 정압(orthobaric) 밀도 차이 $(\rho_l - \rho_v)$는 $(T^c - T)^{1/3}$일 때 0이 되고, 표면 장력은 $(T^c - T)^{5/4}$일 때 0이 되는 것으로 나타났다. 이 수치는 최근에 밝혀진 가장 정확한 값인 0.325와 1.28에 근접한 수치이다.

이제 1880년대로 돌아가서 화학자들이 액체 혼합물 문제[28]에 기여한 부분을 생각해 보자. 코노발로프의 연구는 그중에서도 특별하다. 1884년에 나온 그의 고전적인 학위 논문, *용액의 포화 증기압*은 서유럽에는 불과 두 편의 간단한 논문으로 알려졌었지만 [*68*, *69*], 러시아어 논문은 훨씬 풍부했다[*70*]. 그는 액체와 증기 사이의 상평형 문제와 두 액체 상태가 증기와 평형 상태에 있는 문제를 해결하기 위해 증기압을 사용했다 [*70*, p. 66-73][29]. 이 연구는 제12장에 나올 반데르 발스의 후기 연구를 예견하게 한다.

코노발로프는 이렇게 적었다. '공존하는 용액 사이의 증기압이 같다는 조건은 액체의 상호 용해도 문제와 조성에 따라 달라지는 증기압의 문제를 하나로 엮는다. 만약 우리가 증기압이 두 액체의 혼합물 조성에 미치는 영향을 정확히 안다면 상호 용해도의 문제 또한 해결될 것이다.' (만약 '증기압'을 '화학 포텐셜'로 바꾼다면 이 문장은 모든 현대 열역학 책에 나왔을 것이다.) 그리고 그는 두 액체가 한 용액이 되는 문제와 기체가 액체로 변화하는 과정의 유사성 연구에 들어갔다. 특히 그는 액체 혼합물 A에서 한 성분의 분압이 두 번째 물질인 B의 첨가로 변화하는 것을 A-A 분자 쌍과 A-B 분자 쌍 사이 결합의 상대적 세기 차이로 나타내었다. 만약 혼합물이 혼합 시 온도보다 높은 온도에 있을 경우 그 변화는 일정한 변화를 보이지만, 만약 혼합 시 온도보다 낮은 온도에 있다면 이론적으로는 마치 액체-증기로 이루어진 일성분계의 반데르 발스 고리처럼 최댓값과 최솟값을 나타낸다. '그런 액체의 완전 혼합 온도는 일종의 임계 온도이다. 포화 증기압 곡선에서 최댓값과 최솟값이 사라지고 천천히 감소하는 온도에서는 어떤 비율로도 혼합이 가능하다.' [*70*, p. 68]. 1884년의 이 연구는 그가 얼마나 완벽히 반데르 발스의 생각을 이해했고 임계 상태라는 단일 개념을 파악해서 기존에는 별개의 것으로 여겨졌던 응축과 혼화성을 하나로 합칠 수 있게 했는지 알게 해 준다. 이 선구적인 연구[30]는 일반적으로 알려지지는 않았는데, 그 아이디어를 오르메 마손의 공으로 돌리고 있는 사람들이 많다 [*74*]. 훗날 코노발로프는 혼합물의 임계 현상 연구로 돌아와서, 임계점의 혼탁 현상이 '가장 작은 일로서도 조성을 크게 변화시킬 수가 있다.'는 사실과 '사소한 원인이라도 국부적 균일성을 방해하기에 충분하다.'라는 사실 때문에 일어난다고 하였다 [*76*].

20세기 초가 되자 반데르 발스의 아이디어는 네덜란드 밖에서도 유명해졌는데, 그 이유는 혼합물 부분이 추가된 *연속성*의 2판 [*61*] 출간과 1900년 파리에서 열린 국제 물리학회[58]에서의 활동 때문이다. 그의 러시아인 추종자는 이제 E. V. 바이론[31]과 R. F. 홀만이 추가되었는데, 전자는 상태 방정식을 혼합물에 적용하는 연구를, 후자는 상평형의 열역학을 다루고 있었다.

바이론의 실험과 이론 연구 대부분은 1912년에 출판된 그의 책 *일반 액체의 혼합에 의한 압축* [*77*]에 요약되어 있는데, 이 책에는 반데르 발스 이론과 그 이론이 화학 분야에서 가지는 가치에 관한 일반적인 견해들도 많이 들어가 있다. 그는 농축 용액에 관한 반데르 발스의 이론이 '이 분야에서 가장 일반적인 이론으로 대부분의 결론이 이미 확인되었으며 농축 용액 분야에 있던 불분명하고 알려지지 않은 성질들을 많이 밝혀냈다. 이 분야를 연구하고 있는 사람이라면 이 이론을 받아들여야 한다.' 라고 강조했다 [*77*, p. vii].

바이론의 일반적 접근 방식은 용액의 체계적인 분류에 관한 것으로, 그의 실험을 바탕으로 몇 가지 종류로 나누는 것인데, 첫 번째로 성분 사이에 상호 작용이 없어서 물성들 사이에 가성적 관계가 성립되는 유체 (그는 이런 것을 '동위 유체(isofluid)'라고 불렀다), 그리고 상호작용이 '물리-역학적' 인 '일반 용액', 다음으로 '비정상적' 혹은 회합 액체로 구성된 계, 마지막으로 화학적 반응을 일으키는 성분으로 구성된 용액으로 분류했다. 그는 주로 혼합 시 압축이나 부피 변화를 측정했는데, 왜냐하면 이것이 '용액을 위한 상태 방정식을 사용하기 위한 필수 단계'였기 때문이다[*77*, p. xi].

일반 액체에 관한 아주 정밀한 측정 결과 부피 변화 D는 몰 분율 x에 대칭적인 관계를 보였다.

$$D = Kx(1-x),$$

여기서 압축 상수 K는 온도에 따라 상승하는데, '용액의 두 성분이 같은 물질 종류에 속해서 대응 상태의 원리를 따르고, 비슷한 임계 온도를 가졌을 때'에만 0이 된다[77, p. 78]. 만약 성분이 서로 다른 종류라면 임계 온도가 비슷해도 압축 상수는 훨씬 컸다.

그는 혼합에 의한 부피의 변화는 내부압력 a/V^2의 변화에 따른 성분 부피의 변화에 따른 것이라고 믿었다. 따라서 그는 액체의 압축성을 600atm까지 측정했고, 새 압력계와 피에조미터를 개발했다. 그는 자신의 결과를 반데르 발스 방정식에서 유도해서 다음과 같은 형태로 나타내었다[32]. (이전에 테이트 및 탐만에 의해 이와 비슷한 방정식이 제안된 적이 있었다.)

$$V = A + B/(C+P),$$

부피의 변화를 이론적으로 설명하기 위해서 그는 내부압력 P_x와 비슷한 형태로 가정하되, 반데르 발스의 a_x와 b_x에 대한 몰 분율 이차함수를 사용하여 다음 식을 얻었다.

$$K = \left[V_1\beta_1 \frac{P_1}{P_2} - V_2\beta_2 \frac{P_2}{P_1} \right] (P_2 - P_1),$$

여기서 V_i는 몰 부피, β_i는 압축률, P_i는 성분 i의 내부 압력을 뜻한다. 그는 벤젠+톨루엔, 벤젠+사염화 탄소와 같은 비슷한 물질의 혼합물의 경우 이 식이 옳다는 것을 확인했으나, 이황화 탄소를 포함하거나 벤젠+클로로 벤젠, 벤젠+브로모 벤젠과 같은 덜 비슷한 성분일 경우 실패했다.

$K=0$인 이상적 혹은 동위 유체는 $P_1 = P_2, a_1 = a_2$의 조건이 필요하므로 그는 골리친과 대니얼 베르텔로가 독자적으로 제안한 $a_{12} = (a_1 a_2)^{1/2}$라는 '규칙'은 오로지 $a_1 = a_2$일 때만 가능하다는 결론을 내렸는데, 이 판단은 반데르 발스도 동의했을 가능성이 높다(제12장 참조). 그는 나중에 비정상적 액체의 혼합물도 예를 들어 지방족 알코올과 같은 비슷한 종류의 성분으로 구성되어 있다면 같은 K의 방정식을 따른다는 것을 발견하였다.

그가 정의한 혼합에 따른 부피의 변화 식은 다음과 같다[77, p. 27].

$$V = V_1 x + V_2(1-x) + Kx(1-x),$$

이 식을 두고 훗날 크리체프스키는 '마치 가성적인 부피 성질이 이상 용액에 해당하는 것처럼 바이론의 식은 정규 용액의 특징이다.'[78, p. 62]라고 표현한다. '정규 용액'이라는 단어는 J. H. 힐데브란드가 정의한 용어로써, 그 내용은 크리체프스키의 것과는 조금 달랐고, 절대적으로 바이론의 정의와도 달랐는데, 바이론 정의의 큰 이점은 위 마지막 식을 통해 실험적으로 혼합물의 분류를 분명히 했다는 점이다.

이 '압축 이론'은 사실, 반데르 발스 방정식을 조금 변경한 것에 불과했지만 바이론은 그에 대해 자부심을 가졌다. 가장 큰 장점은 아마도 혼합에 의한 부피 변화의 정밀한 측정을 통해 용액 열역학 발전 초기에 적지 않은 자극이 되어 주었다는 데 있을 것이다.

평생 동안 네덜란드 물리화학 학파에 충성을 다한 홀만[33]은 그의 노력을 불균일계의 열역학 연구에 쏟아부었다. 1907년에 나온 그의 첫 번째 책의 제목은 *깁스의 상규칙을 통한 동형 물질의 혼합 결정 수화물의 형성과 분해에 관해서* [79]였다. 여기에는 혼합 결정 수화물 삼성분계의 안정성의 조건에 관한 자세한 분석과 열다섯 종류의 가능한 상그림이 실려 있었다. 그가 만든 많은 규칙 중에는 코노발로프의 법칙을 일반화한 두 개의 규칙이 있었다. 첫 번째 규칙은 혼합 결정 수화물이 분해에 따른 결과물 곧 액체 용액과 수화도가 낮은 수화물과 평형 상태일 때, '분해된 수화물의 혼합 결정은 (분해에 따른 결과물과 비교해서) 염에서 더 풍부하며, 이런 부가 효과가 분해 온도를 상승시킨다.'이다 [79, p. 70].

두 번째 규칙은 다음과 같다; '만약 모든 상태들이 평형계의 어떤 일정 온도에서 조성의 변화 없이 하나 혹은 여러 개의 상들로부터 만들어진다면, 이 온도는 일반적으로 최댓값 혹은 최솟값이 될 것이다. 만약 이 계가 일변계라면 연속적인 조성-온도 곡선의 기하학적 최댓값 혹은 최솟값이 이 평형 온도에 대응할 것이다. 하지만 만약 이 계가 불변계라면 그 상들이 절대 안정도를 갖는 상태에 관련된 조성-온도 선도의 뾰족한 최댓값 혹은 최솟값이 평형 온도에 대응한다'[79, p. 93].

그의 두 번째로 중요한 연구인 *포화 용액의 열역학에 대한 기여* [80]는 이성분계의 공존 상태에 관한 반데르 발스 방정식 (제12장, 2.2절 참조)을 따르는 실험 결과를 처리하기 위한 이론적 토대를 제공하기 위해 이루어졌다. 그중 몇 개의 결론은 다음과 같다.

'만약 부피의 미분 변화와 한 상 ($'$)을 다른 상 ($''$)에 녹일 때의 미분 용해열의 부호가 같다면, 공존 압력의 최솟값은 공존 온도의 최댓값에 대응하며, 그 역도 성립한다. 하지만 만약 부피 변화와 열의 변화의 부호가 서로 다르다면, 압력의 최솟값 (혹은 최댓값)은 온도의 최솟값 (혹은 최댓값)에 대응한다.' [*80*, p. 101].

'x, T 곡선의 최솟값에서의 농도는 압력의 증가에 따라 $(\partial T/\partial P)_{x'}$와 $(\partial T/\partial P)_{x''}$가 낮은 값 쪽으로 향하게 된다.' '$x$, T 곡선의 최댓값에서의 농도는 압력의 증가에 따라 $(\partial T/\partial P)_{x'}$와 $(\partial T/\partial P)_{x''}$의 미분치가 높은 값으로 향하게 된다.' [*80*, p. 158].

'$(x''-x')_T$와 $(T''-T')_x$의 차이는 성분 간의 녹는점의 차이 (T_1-T_2)의 증가에 따라 증가하거나, 혹은 다른 말로 설명하자면, 고상선과 액상선 곡선 사이의 불균일 부분 영역의 기울기가 가파를수록 그 폭은 더 넓어진다.' [*80*, p. 143].

반데르 발스가 한 표면 장력 연구는 코노발로프의 학생인 G. N. 안토노프[34]의 이성분 혼합물 실험에 영감을 주었다. '안토노프의 규칙'이라 알려져 있는 그의 가장 유명한 업적은 두 개의 섞이지 않는 액체 사이의 표면 장력인 σ_{AB}와 증기와 접촉하고 있는 두 개의 포화 액체상의 표면 장력인 $\sigma_{A/B}$ 와 $\sigma_{B/A}$를 서로 연결한 것이다. 그는 $\sigma_{AB}=\sigma_{A/B}-\sigma_{B/A}$를 알아냈는데, 곧 '두 개의 포화 층들의 경계에서의 표면 장력은 분리된 층들의 표면 장력의 차이와 같다.'는 사실을 발견하였다 [*82*]. 이 규칙의 응용은 안토노프 [*83*] 그 자신과 후속 연구자들 [*84, 85* 그리고 181, 제8장 참조] 에 의해 논의되었다. 그는 더 나아가서 '밀도와 조성에 큰 차이가 있어도 표면 장력은 임계[용액]점 이하로 내려가면 서로 같아진다.'라는 내용도 발견했다 [*86*]. 그는 단일 조성계의 임계점 근처에서 라플라스의 방식은 실패했지만 반데르 발스는, 표면 장력이 $(T^c-T)^{3/2}$일 때 0이 되고, 따라서 $(d\sigma/dT)^c=0$ 또는 임계점 근처에서 σ가 거의 0이 된다는 것을 발견하였다고 언급한다. 만약 이 사실이 임계 용액 온도 근처에 있는 액체 혼합물에도 적용된다면 그의 규칙은 $\sigma_{A/B}$와 $\sigma_{B/A}$가 이 온도에서는 거의 같아야 한다는 조건이 요구된다.

'T_c를 통과하는 임계 조성 혼합물은 표면 장력은 같지만, 조성과 밀도는 다른 두 개의 층으로 나뉜다.' [*81*, p. 129]. 이는 만약 σ가 조성에 무관하다면 깁스 흡착 과잉은 0이 되어, '용질은 용액 전체에 분포하게 되고 표면층에 집중하지 않게 된다.' 라는 결론이 나오게 된다[*81*, p. 125]. 그는 분자가 마치 '더블릿', 즉 전기 쌍극자처럼 거동한다는 가정에 따라 표면 장력 이론을 만들려고 시도했다. 이 분야에 관한 그의 글은 처음에는 1914년에 러시아어로 출판되었고, 전쟁이 끝난 뒤에 추가 내용을 덧붙여서 영어판으로 출판되었다[*87*].

열화학자 스츄카레프 또한 임계점 근처에서 용액들을 연구했으며[*88*], 이 용액들의 에너지와 부피는 조성에 따라 비례한다는 것과 열팽창과 모세관 상승의 증기압 계수는 조성에 무관함을 밝혔는데, 이 관계는 코노발로프와 안토노프가 앞서 발견한 것이었다. 그의 설명은 임계 영역에서 화학 포텐셜이 일정하다는 깁스의 주장에 바탕을 두었는데 [*71*, p. 131], 아쉽게도 이 내용은 독일어 요약본에는 빠져 있다.

마지막으로 반데르 발스와는 직접적인 관련이 없지만 같은 분야에 속하는 연구들을 살펴보도록 하자. 구스타브 탐만[35]은 도르파트 대학교 (현재의 타르투 대학교)에서 순수 액체와 고체의 열역학적 성질을 분석하고 있었다. 그의 연구 결과는 1896년부터 출판되는 일련의 논문들에 담겨 있으며 1903년의 단행본, *결정화와 용융*[*89*]에 정리되어 있다. 그가 훗날 언급한 말은 이 연구들의 내용을 대변하는 하나의 경구가 될 수 있을 것이다. '근대 열역학은 증기압 곡선만을 전적으로 아주 끈기 있게 다루고 있다. 만약 우리가 그 응용을 결정에까지 확장한다면 더 흥미로울 것이다.' [*90*]. 그는 용융선이 $P-T$ 평면에서 하나의 닫힌 고리를 형성한다는 잘못된 주장을 하는데, 이는 훗날 과학자들이 '탐만의 달걀'이라고 비꼬게 된다. 그의 연구에서 중요한 내용은 얼음의 동질 이상 현상과 고체-액체의 임계점이 불가능하다는 주장이었다. 이 마지막 주장은 *연속성*에서 나오는 주장을 반박하는 것처럼 보이지만, 사실 반데르 발스는 이 생각을 공유하고 있었다(제12장, 1.3절 참조). 하지만 탐만은 반데르 발스가 노벨상 강연에서 주장한 액체의 상태 방정식을 이론적으로 해결하자는 내용을 무시하고 오로지 실험에만 의존했다. 고압 환경에서 그의 액체를 위한 실험적 상태 방정식은 아마가의 관측에서 유도해낸 것인데, 기존에 테이트와 바이론이 주장한 것과 비슷하였다.

N. 쿠르나코프 (1860-1941년)가 주도한 '물리-화학적 분석' 학파의 대부분의 연구는 대부분 우리가 다루는 분야에서 벗어나 있지만 한 분야는 네덜란드의 물리화학 학파에서 고안한 열역학에 기하학적 방법을 도입하는 개념을 응용했다. 비토르프[37]의 단행본, *금속계에 적용된 합금 이론* [91]에서 첫 260쪽은 바크휘스 로제봄이 고안한 열역학 포텐셜 곡선에서 유도한 불균일계의 평형 상그림을 기하학적으로 자세히 나타낸 내용을 담고 있다. 비토르프는 백 개 정도의 서로 다른 상그림을 얻었고 이를 아홉 가지 종류로 분류했는데, 로제봄은 이 중에서 다섯 개만을 언급했었다.

이 단행본에는 지금까지도 가장 많은 종류의 상그림이 수록되어 있으며, 만약 액정 상을 포함하는 계가 인정된다면 그 계도 포함될 수 있을 것이다. 이 책을 네덜란드에서 출판하려는 계획이 있었지만, 제일 차 세계 대전[38]의 시작으로 중지되었다. 그가 한, 탄소+철 계의 집중적인 실험 연구는 독일어로 출판되었지만 [92], 이제는 역사적 가치만이 있을 뿐이다. 그의 연구는 반데르 발스의 직접적인 영향을 받은 것은 아니나 바크휘스 로제봄[39]의 이론적 연구에 영향을 받았다.

간접적인 영향을 받은 물리화학 학파의 두 번째 인물은 리가 폴리텍(Polytechnic University of Liga)의 파울 발덴 (1863-1956년)이었다. 그의 동료 M. G. 센트너슈베어 (1874-1944년)는 비휘발성 용질이 암모니아나 이산화 황과 같은 비수용성 용매의 임계 온도에 어떤 영향을 끼치는지를 연구했다 [94]. 하지만 그는 반데르 발스의 혼합물 이론 연구를 사용하지는 않았다.

이 장을 집필하면서, 반데르 발스가 물리학과 화학 분야에서 다룬 문제들이 러시아에서 큰 관심을 끌게 되고, 그리고 비록 이 분야가 다른 곳 [171, 180]과 마찬가지로 이곳에서도 1910년부터 1960년까지 쇠퇴하긴 했지만, A. I. 바친스키, K. 푸틸로프, A. 프레드보디텔레프, W. 세멘셴코와 같은 모스크바의 물리학자 집단은 이 분야에서의 연구를 계속했다는 것을 알게 되었다. 이 결과는 나중에 반데르 발스 방정식과 응용 과정을 담은 책[168]으로 나타난다. 이 책의 저자들은 반데르 발스 이후 60여 년 후에 마이어가 한 상태 방정식의 유도식에 관해서 이렇게 평했다. '이 두 번째 성과를 얻기까지 매우 힘들었을 것으로 보이는데 그에 미루어 볼 때 그 첫 번째 것은 얼마나 위대한가.'[168, p. 60]. 이 학파는 또한 '열역학적 유사성'에 관한 여러 연구 결과들을 발표하였다[*95-97*].

물리화학의 침체기는 러시아나 다른 곳에서나 물리학보다는 주목받지 않았다. 따라서 반데르 발스의 이차원 상태 방정식은 1924년이 되어서야 프룸킨이 흡착 등온선을 유도하기 위해서 사용하게 된다[98]. 반데르 발스의 생각을 흡착 현상에 처음 적용한 사람은 또 다른 러시아 화학자인 A. 티토프였다. 그의 유명한 연구 *숯에 의한 기체의 흡착* [*99*]은 모스크바 대학교의 레베데프 연구실에서 이루어졌다. 그는 특히 일정한 압력 아래서 숯에 의해 흡착된 여러 가지 기체의 양은 반데르 발스 방정식의 a 값들에 대응한다는 '놀라운 사실'을 발견하였다 [*99*, p. 674]. 아레니우스는 이 결과를 바탕으로 흡착이 반데르 발스가 생각한 분자 간 인력에 의존한다는 결론을 내리게 된다[*100*].

반데르 발스의 열역학과 혼합물 이론은 모스크바 대학교 물리화학 교수였던 A. V. 라코프스키 (1879-1941년)에 의해 다음 세대로 전수되었다. 그는 열역학과 물리화학 교과서 3권을 집필했고, '반데르 발스-콘스탐' 러시아판의 편집자이기도 했다 [122, 123]. 같은 도시에서는, I. R. 크리체프스키가 그의 학파를 고압 상태에서의 상평형과 용액의 임계 성질을 연구하는 학파로 만들었고 [*101-103*], 레닌그라드에서는, A. V. 스토론킨과 그 뒤를 이은 A. I. 루사노프에 의해 불균일 평형과 반데르 발스의 개념이 확장되는 그 접점에 관한 중요한 이론적 연구가 진행되게 된다[*104-107*] (제12장 참조.)

러시아와 반데르 발스 및 네덜란드 학파 사이에 맺어진 강한 연구 관계는 1973년에 *연속성* 출판 100주년 기념회가 네덜란드뿐만이 아니라 옛 소련에서도 열리게 되는 계기가 된다[178]. 따라서 반데르 발스의 기념일에 러시아가 기여한 내용을 몇 가지 소개함으로써 이 장을 마무리하는 것이 적절할 것이다.

물리학자 니콜라스 A. 우모프는 *연속성* 출판 25주년 기념 (1898년) 행사 (제7장 참조)에 다음과 같은 내용의 (프랑스어) 전보를 보내어 축하하였다.; '암스테르담, 반데르 발스 교수에게. 모스크바 제국 자연 과학자 협회 (The Imperial Naturalists' Society of Moscow)는 액체와 기체 상태가 같은 법칙을 따른다는 위대한 발견을 한 귀하에게 축하를 보냅니다.' [*108*]. 반데르 발스는 6월 20일에 답장을 보낸다. '우모프 회장님 귀하; 모스크바의 자연 과학자 협회에서 보낸 축하 전문을 기쁜 마음으로 수령했습니다. 이에 대한 저의 감사의 마음과 귀 협회에 무궁한 발전이 있기를 기원하는 제 소망을 받아주십시오. 헌신을 담아서. J. D. 반데르 발스' [157(b)]. 도르파트 대학교에서 온 다른 전문은 이미 언급된 바가 있다 (제7장, 주석 7 참조).

1902년 반데르 발스의 친구와 동료들은 그의 교수 임용 25주년을 기념하여 기록물들을 수집하고 있었다. 키예프에서 물리학 교수로 있던 니콜라스 N. 실러는 모스크바에 사는 화학자 V. A. 키스챠코프스키에게 편지를 보내었다. '친애하는 V. A.. 암스테르담에서 온 제만 교수의 요청을 알려드리겠습니다. 네덜란드에서는 지금 반데르 발스에게 헌정하기 위해 분자 물리학 논문과 책을 모으고 있습니다.... 따라서 그들은 러시아 과학자들도 이 주제에 관한 다양한 언어로 쓰인 논문들을 보내 주시길 원합니다. 그중에서도 특히 필요한 것들의 목록을 제만이 보내 왔습니다. 귀하의 논문 중에서는 (1) "반트 호프-아레니우스 용액 이론에 관한 기여", (2) "용액 이론에 관해서"[40]를 원하고 있습니다. 러시아어는 큰 상관이 없습니다. 그들의 요청에 응답해 주시길 바랍니다.' [*109*][41].

그와 동시에 실러는 반데르 발스를 다른 방식으로 기리는 방법에 대해서 생각했다. 그는 물리학·수학 학부의 위원회에 제안서를 제출하였다. '올해 10월 12/21일은 암스테르담의 유명한 과학자 반데르 발스의 연구 활동 25주년을 기리는 날입니다. 따라서 나는 성 블라디미르 대학교[42]의 물리학·수학 학부에서 물질의 상태 변화에 관해 창시된 분자 이론의 과학적 가치를 충분히 이해해서, 반데르 발스를 이 대학교의 명예 회원으로 선출해 줄 것을 성 블라디미르 대학교 이사회에 요청해 줄 것을 제안합니다.' 이 제안서는 만장일치로 통과되었으며, 명예 학위의 사본은 이 대학교 기록 보관소에 저장되어 있다. 그 내용은 다음과 같다. '성 블라디미르 제국 대학교의 이사회는 1902년 9월 12일 회의에서 암스테르담 대학교의 교수인 반데르 발스를 그의 교수 임용 25주년에 즈음하여 그가 창시한 물질 상태 변화의 분자 이론의 과학적 가치를 기리는 뜻에서 명예 회원으로 선출함.' [*111*].

여기에 언급된 내용들은 러시아 과학자들이 반데르 발스에게 경의를 표한 것의 일부분에 지나지 않는다. 그들의 정신적 채무는 이 장에서 언급된 과학 연구에서 더 자세히 느낄 수 있을 것이다.

주석(Notes)

1. 알렉산더 그레고로비치 스톨레토프 (1839-96년)는 19세기의 가장 유명한 러시아 물리학자로 1860년 모스크바 대학교를 졸업하고, 이후 1862년부터 1866년까지 베를린, 하이델베르크, 괴팅겐에서 공부를 한 뒤에 1866년부터 모스크바에서 물리학을 가르치기 시작하였다. 1873년에는 정교수로 승진하여 모스크바 근대 물리학 연구소를 설립하였다. 그의 연구는 3권으로 정리되어 출판되었으며 (1939-47년), M. S. 소민스키이가 쓴 과학 전기는 나우카(Nauka) 출판사에 의해 1970년에 출판되었다.
2. 드미트리 알렉산드로비치 골드함머 (1860-1922년)는 1884년에 모스크바 대학교를 졸업한 뒤 1888년까지 스트라스부르에서 일하고 1890년부터 카잔 대학교로 옮긴 뒤, 1893년에 물리학 정교수가 되었다. 작은 지방 대학교에서 실험 연구를 하기에는 제약이 많았으므로 주로 이론 연구를 진행하였다. 그는 1892년 광자기 효과를 설명함으로써 제만 효과를 예견하였다.
3. 보리스 블라디모비치 스탄케비치 (1860-1917년)는 1884년에 모스크바 대학교를 졸업한 뒤 오데사에서 수리 물리학 석사 학위를 취득하였다. 1895년에서 1902년까지 바르샤바 대학교에서 강의를 했다.
4. 니콜라이 니콜라예비치 피로고프 (1843-91년)는 뛰어난 외과 의사이자 교육학자인 N. I. 피로고프의 아들로 하이델베르크, 베를린 및 옥스퍼드에서 물리학과 수학을 공부했다. 1880년대까지 그는 사업을 하고 있었으나 자기 죽음을 몇 년 앞두고 그는 열역학 제2법칙과 불완전 기체의 운동론에 통계적 바탕을 마련하였다. 그의 연구 일부는 독일어로 출판되었으나 *[9-11]*, 자살로 생을 마감하기 전에는 별다른 주목을 받지 못했다.
5. 피로고프가 지금 현재 '스몰루코프스키의 문제'(1904년)라고 불리는 문제를 제안하고 해결했다는 점은 주목할 만하다. 이 문제는 부피 아래(sub-volume)에 있는 분자 수의 요동을 계산하는 것이었다.
6. 콘스탄틴 드미트리예비치 크레아비치 (1833-91년)는 1855년에 상트페테르부르크의 사범학교를 멘델레예프와 같이 졸업하였다. 그는 고등학교와 대학교에서 강의했지만, 곧 광업 대학(Mining Institute)의 물리학 교수가 되었고, 1883년부터는 상트페테르부르크에 있는 해군 사관 학교(Naval Academy)로 가게 되었다. 그는 물리학 표준 교과서를 집필하고 유명한 잡지를 편집했지만, 그 시간에도 기체 안에서의 소리의 속도와 이상 거동에서 벗어나는 경우를 연구했다. 그는 또한 상태 방정식과 관련된 문제에 관한 논문 몇 편도 써냈다.
7. 보리스 보리소비치 골리친 백작 (1862-1916년)은 해군 사관 학교에서 크레아비

치 밑에서 수업을 들었지만 이후 해군을 떠나 스트라스부르에 있는 쿤트의 연구소로 가서 1887년부터 1890년까지 물리학을 공부하고 박사 학위 논문 *달턴의 법칙에 관해서* [*13*]를 제출하였다. 그는 모스크바 대학교 (1891-93년)와 도르파트 (지금은 타르투) 대학교에서 물리학을 가르치다 상트페테르부르크로 돌아와서 과학 아카데미와 해군 사관 학교 두 곳에서 동시에 일하였다. 1902년부터 그의 연구는 지진학 중심이 되지만 그 이전에는 열역학과 분자 물리학에 관한 흥미로운 논문도 몇 편 써냈고, 그중에는 반데르 발스 이론을 더 많이 알리게 된 비평도 있다 [*14*]. 그의 연구는 아주 정확한 것은 아니었고 1893년에는 스톨레토프가 골리친의 논문을 비판하며 게재를 거부하였던 일화도 있었다. 그의 논문 모음집은 1960년 모스크바에서 두 권으로 출판되었다.

8. 니콜라이 페트로비치 카스테린 (1869-1947년)은 스톨레토프의 제자로 모스크바 대학교를 1892년에 졸업하였다. 그의 첫 연구 (1892-93년)는 모세관 현상에 관한 것이었는데 카메를링 오네스의 관심을 끌게 되었다. 그는 잠시 베를린과 레이던에서 (1897-99년) 일하다 모스크바로 돌아와서 *사강사*로 이론 물리학을 가르쳤다. 그는 논문 *불균일체에서의 파동 전파에 관해서* 로 박사 학위를 받았다. 그는 1906년부터 1922년까지 오데사에서 물리학 교수로 있다가 모스크바로 돌아와서 다양한 연구소에서 활동했다. 그가 카메를링 오네스와 주고받은 편지는 [233] 반데르 발스의 전기를 준비하는 데 큰 도움이 되었다. B. 야벨로프와 V. 볼코프, Janus, 1900, v. 73, p. 39-52 또한 참조.

9. 니콜라이 니콜라예비치 실러 (1848-1910년)는 1868년에 모스크바 대학교를 졸업한 뒤 처음에는 스톨레토프 밑에 있다가 베를린의 헬름홀츠에게로 가서 1871년부터 1874년까지 연구한 뒤 다시 모스크바로 돌아왔다. 그 뒤에는 키예프로 가서 1876년부터 1903년까지 이론 물리학 교수를 하였다. 그의 열역학 기초 연구는 카라테오도리의 원리를 예측했고, 상평형에 관한 연구는 그로 하여금 HMW의 외국인 회원으로 선출되게 한다. 그는 로렌츠 (v. 5) 와 보스카 (v. 6)에게 헌정된 *네덜란드 연보* 의 기념판에 원고를 기고하였다. 그의 전기를 보려면 ЖРФО, 1911, v.43, P. 445-483를 보라.

10. 드미트리 페트로비치 코노발로프 (1856-1929년)는 1878년 상트페테르부르크의 광업 대학을 졸업한 뒤 부틀레로프와 멘델레예프의 강의를 들은 그 대학에서 강사가 되었다. 그리고 그는 1년간 스트라스부르에 있는 쿤트 밑에서 일했고, 1886년에는 상트페테르부르크 대학교의 교수가 된다. 그는 러시아에서 물리화학 분야를 부흥시키는 데 많은 노력을 기울였다. 1907년에 그는 학생 소요 사태 이후 대학교에서 은퇴한다. 그리고 그는 초대 상공부 장관 (1908-15년)이 되었고, 혁명 이후에는 무게와 측정 위원회 위원장을 맡았다. 그의 대표적 연구 *용액의 포화 증기압에*

관해서 는 1884년에 처음 출판되었고 1909년과 1928년에 재판이 출판되었다. 나우카 출판사에 의해 1964년에 Yu. I. 솔로피예프와 A. Ya. 키프니스가 쓴 완전한 전기가 출판되었다.

11. 신기한 점은 러시아의 화학자들은 이 관점을 가지고 있었는데 비해 나데즈딘이 이끄는 물리학자들은 두 종류의 분자 개념을 선호했다는 것이다. 서유럽에서는 이와 반대되는 현상이 일어나서, 후자의 관점은 주로 화학자들 (L. 마이어, A. 나우만)과 화학 문제를 연구하던 물리학자들(O. 레만, P. 드 힌, R. 피크테트)이 가지고 있었다. J. M. H. 레벨트 셍거스는 *액상(liquidons)*과 *기상(gasons)*의 개념을 자세히 논했는데, 특히 임계 현상에 응용하는 방법에 주안점을 두었다 [*25*].

12. 레오니드 그리고리비치 보가예프스키 (1858-1911년)는 상트페테르부르크 공과대학(Technological Institute at St Petersburg)을 1885년에 졸업한 뒤 평생 그곳에 남아서 화학 기술을 가르침과 동시에 화학 공장을 감독했다. 그는 다양한 재능을 가지고 있었다. 그의 연구 대부분은 화학에 속하지만, 증발이나 건조와 같은 문제와 접하면 그는 이 현상의 근원으로 돌아가서 몇 편의 논문을 써내기도 했다. 이중 두 편의 내용이 이 책 본문에서 언급되었다[*26, 27*].

13. 미하일 페트로비치 아베나리우스 (1835-95년)는 1858년에 상트페테르부르크 대학교를 졸업하고 베를린의 마그누스 밑에서 물리학을 공부한 뒤, 하이델베르크로 옮겼다. 1866년부터 1900년까지 그는 키예프의 물리학 교수를 맡았다. 그는 러시아에서는 처음으로 물리학과 자신의 기술에 체계적인 연구를 도입했으며, 이기심이 없고 과학에 대한 헌신적인 집념은 동료들과 학생들이 그를 높이 평가하게 되는 계기가 되었다. 가장 좋은 전기는 스톨레토프가 *논문모음집(Collected Works, V. 2)*에 적은 것이다. (또한, V. P. 루사코프, TNNET, 1955 V.5, p. 180-215. 참조)

14. 블라디미르 이바노비치 사욘체프스키 (1842-1908년)는 반데르 발스가 사요체우스키로 잘못 알고 있었는데 그 이유는 논문 요약본에 인쇄가 잘못되었기 때문이다[*34*]. 그는 1864년 키예프 대학교를 졸업한 뒤 물리학 연구소 장비 관리자로 일하면서 동시에 여자 김나지움 교사로도 일했다. 그의 논문 *고온에서 포화 증기압의 측정* [*34*]은 아베나리우스에게 고전이라고 평가되었다. 1878년에 그는 키예프를 떠나 바르사뱌 근처의 뉴 알렉산드리아 농업 및 임업 대학(Agriculture and Forestry Institute at New Alexandria)에서 물리학과 기상학을 가르쳤다.

15. 카시안 니콜라예비치 주크 (1844-1917년)는 1870년에 키예프 대학교를 졸업한 뒤 학교 교사로 일하다가 사욘체프스키의 뒤를 이어 1878년부터 물리학 연구소에서 일하기 시작한다. 그는 1890년 아베나리우스가 은퇴할 때까지 재직하다가 키예프 폴리텍 (Polytechnic Institute in Kiev)으로 가서 기상학을 연구하며 가르

쳤다.

16. 오스카 에밀리에비치 슈트라우스 (1856년-?)는 키예프 출신 음악가의 아들로 태어나서 1880년 상트페테르부르크 대학교(The University of St Petersburg)를 졸업하였다. 그해 여름 그는 아베나리우스의 연구실에서 그의 대표 실험인 *몇 종류의 혼합물의 임계 온도에 관해서* [37]를 수행한다. 상트페테르부르크로 돌아온 그는 물과 알코올로 구성된 계의 측정을 마치고 두 번째로 중요한 논문인 *물의 임계 온도와 압력에 관해서*[38]를 발표하였다. 그는 1896년 키예프로 돌아가서 *공학자(The Engineer)*라는 잡지의 전기학 분야를 담당하게 된다. 이 잡지는 1917년에 출판이 중지되었고, 그 이후로 슈트라우스의 행적에는 알려진 바가 없다.
17. 훗날 리보프의 파블레프스키에 의해 같은 결과가 얻어졌다[*39*].
18. 알렉산더 이바노비치 나데즈딘 (1858-86년)은 의사의 아들로 1877년에 키예프 대학교에 들어가서 3년 뒤 아베나리우스가 제출한 논문 경시 대회에서 *절대 끓는 점* (임계 온도의 멘델레예프 식 표현) *근처에서의 물체의 성질 변화* 로 금메달을 획득하였다. 그는 1882년 졸업한 뒤 1886년에 매우 뛰어난 논문인 *비교 물리학적 연구*를 출판한다. 하지만 이 논문은 그의 마지막 무대가 되었다. 그는 열정적으로 과학에 헌신하였으나 좋지 않은 환경과 유독 물질 밑에서 너무 노력하다 보니 건강이 급속도로 악화하여 28번째 생일을 맞이하기 전에 사망했다. 그의 논문과 초기 연구 기록 [*40*]은 사후에 *물리학적 연구* [*41*]라는 이름으로 출판되었다. 그의 논문 중에서 두 번째와 세 번째 부분은 아베나리우스가 요약해서 독일어로 출판하였다[*42, 43*]. 그의 자세한 생애와 업적을 확인하려면 키프니스를 확인할 것 [*44*].
19. 1900년 파리에 있었던 국제 물리학회[*49*]에서 논문 발표를 한 골리친에게 P. N. 레베데프는 흥미로운 편지[*48*]를 보내었다. 레베데프의 아이디어는, 임계 영역에서 '우리가 처음으로 액체의 표면을 자세하게 관찰해 보자는 것이었다. 우리는 지금까지 완전히 무시했던 현상에 직면하고 있다.(비록 클라우지우스와 반데르 발스가 언급을 하기는 했지만); 우리는 경계면에서 *새로운 과학*을 만들어내기 일보 직전에 있으며, 이는 θ (곧 임계 온도) 근처에서 육안으로 관찰할 수 있다.'라고 썼다.
20. 불행히도 이 논문의 독일어판이 실린 잡지는 1892년의 제2권이 끝이기 때문에, 스톨레토프의 연구는 서유럽에는 거의 알려지지 않았다. 하지만 쿠에넨이 언급한다 [*51*].
21. 스톨레토프와 카메를링 오네스 간의 관계는 스톨레토프가 1895년 레이던 연구소를 방문했을 때의 논문[*54*]에 나와 있다.
22. 자연 과학에서 이런 종류의 첫 비교는 1718년에 나온 조프루아의 친화도 표이다.
23. 알렉세이 이오시포비치 바친스키 (1877-1944년)는 1899년에 모스크바 대학교

를 졸업한 뒤 그곳에서 분자 물리학과 열역학을 공부했고, 1918년에 교수가 되었다. 1930년에 그는 시력을 잃고 강의를 그만두었다. 가장 큰 업적인 그의 점성 법칙은 1912년에 완성되었다. 그의 전 연구 업적 모음집과 전기는 1960년 모스크바에서 출판되었다.

24. 알렉산더 안드레비치 브란트 (1855-1932년)는 1878년 상트페테르부르크 교통 공과대학(Institution of Transport Engineers in St Petersburg)을 졸업한 뒤 그곳에서 1918년까지 가열 공학과 열역학 교수로 재직하였고, 학장의 위치까지 올랐다. 그는 1918년 베오그라드로 이민 가서 '러시아 과학원(Russian Scientific Institution)'에서 일하였다. 그는 러시아에서의 증기 기관 역사 (1892년), 열역학 분야의 주목할 만한 저작 목록과, *열역학의 기초*라는 교과서를 집필하였다. 이 교과서의 3판은 1915-16년에 두 권의 책으로 출판되었다. 여기서 그는 주로 준-회합(quasi-association)에 관한 반데르 발스의 논문들에 대해 다루었다. 상트페테르부르크의 그 대학에 열역학에 관한 많은 책과 문서를 남기고 왔으며, 그중에는 네덜란드 물리학자들의 논문들도 있었다.

25. 블라디미르 알렉산드로비치 키스챠코프스키 (1865-1952년)는 1889년 상트페테르부르크 대학교를 졸업하고 라이프치히로 가서 오스트발트 밑에서 물리화학을 공부했다. 그는 상트페테르부르크 폴리텍(Polytechnic Institute in St Petersburg) 의 물리화학 교수가 되기 전에 잠깐 모교로 복귀하기도 했다. 그는 주로 전기화학을 연구했고 러시아에서 아레니우스의 초기 우승자들 중 한 명이었다 (제6장, 2절). 그는 잠열, 끓는점 및 모세관 계수에 관한 괜찮은 관계식들을 많이 만들어냈다.

26. 알렉산더 니콜라예비치 스츄카레프 (1864-1936년)는 1889년에 모스크바 대학교(University of Moscow)를 졸업한 뒤 1911년까지 학교 교사와 루기니의 '열 연구소'에서 조수로 일하다가 하르코프 공과대학(Technological Institute in Kharkov)에 교수로 임용되었다. 책에서 언급한 연구 내용[*64*]은 1905년 모스크바 대학교 학위 논문이었다.

27. 파울 발덴 (1863-1957년)의 경우 Y. P. 스트라딘과 Yu. I. 솔로피예프가 집필하고 나우카 출판사가 1988년 모스크바에서 출판한 전기를 확인할 것.

28. 액체의 상호 용해도는 러시아 화학의 전통적인 분야였다 ([*67*, p.227f] 참조). 드미트리 니콜라예비치 아바셰프 (1829-90년)는 1857년부터 이 분야의 연구를 시작했다. 그는 1851년 상트페테르부르크 대학교를 졸업하고 모스크바의 김나지움에서 교사로 있으면서 (1854-58년) 연구를 계속했다. 그는 1858년 모스크바 대학교에 상호 용해도에 관한 논문을 제출하였다. 그는 실험실 사고로 눈에 상처를 입었고, 이 부상은 그의 건강을 악화시켰다. 그는 처음에는 키예프로 갔다가 그

뒤에 1865년에 오데사로 가서 1868년에 농업 화학 교수가 되었다. 그의 부상은 1873년 이후로 그의 연구를 가로막았다. 그는 10 종류의 각각 다른 액체에서 45쌍의 용해도를 조사했고, 8쌍이 제한적 용해도를 보임을 알아내었다. 그는 이렇게 결론내렸다. '실온에서 서로 어느 정도 녹일 수 있는 모든 액체는 어떤 특정 온도에서는 완전히 녹일 수 있다.' 1873년에 그는 -30 ℃에서 130 ℃의 온도 범위에서 130쌍의 액체를 조사했다. 11개의 경우에서 한정된 용해도가 무한정 용해로 바뀌는 것을 관찰했으며, 그중 하나는 일반적으로 쓰이는 페놀+물 조합이었다. 그는 이렇게 적었다. '두 용액의 조성 변화를 온도에 따라 선도를 그리면 모든 조성에서 완전히 섞이는 온도에서 만나게 되는 두 곡선이 얻어진다.... 아마도 그 용액들의 조성에 관한 두 곡선은 한 단일 곡선의 가지일 것이다.' 하지만 그의 결과는 오직 정성적, 혹은 반정성적이라고 할 수 있었다. 아바셰프의 연구는 더 잘 알려진 연구를 진행한 블라디미르 페도로비치 알렉셰예프 (1852-1919년)가 물려받았는데, 그는 1873년 상트페테르부르크 광업 대학(Mining Institute in St Petersburg)을 졸업하고 1877년까지 그곳의 연구실 조교로 있다가 액체의 상호 용해도에 관한 연구를 시작했다. 아바셰프와 같이 그는 실험실 사고로 눈에 손상을 입었고 건강에도 큰 영향을 받았다.

1877년부터 그는 가족을 부양하기 위해 '화폐청 (Coin Court)'에서 일을 시작했다. 그의 논문 *액체의 상호 용해도에 관해서* 는 1879년 광업 대학에 제출되었다. 그는 교수로 승진하였지만 1899년에 은퇴하고 시골로 내려갔다. 그의 액체 연구는 1886년 멘델레예프와 코노발로프를 상대로 용액의 성질에 관한 논쟁을 하던 끝에 중단되었다. 그는 *광업 잡지(Mining Journal)*에 많은 비평을 올렸고, 그중 하나 (1884년)는 깁스의 평형 원리에 관한 것이었다. 그의 상호 용해도 연구는 물리화학에 큰 기여를 했다. 그는 매우 높은 정확도로 용해도를 측정하는 '합성 방법'을 고안해내었다. 그는 1885년, 비록 그것을 3차 곡선으로 나타내었지만, '지름 방정식은 선형에 가깝다.' 라는 사실을 발견했다. 이는 카유테와 마티아스가 액체-증기 계의 직선 지름 규칙을 정립하기 1년 전의 일이었다. 1888년 로트문트는 이 규칙을 액체-액체 계로 확장하지만 알렉셰예프가 이 현상에 먼저 관심을 기울였다. 그는 결과를 요약해서 1886년 독일어 잡지에 투고했고, 이 논문을 반데르 발스와 다른 서유럽 과학자들이 인용하게 된다.

29. 깁스의 원리에서 갈라진 이런 방식을 그는 이렇게 표현했다 '따라서, 조건은... 같은 압력.' [*71*, p. 104-05]. 굴베르그는 1870년에 이 개념을 처음 제안했다. 코노발로프는 이것을 열역학의 기초 이론에서가 아니라 실험 결과의 일반화를 통해 알게 되었다. 그는 이 사실을 상평형, 삼투압, 액체의 용해도와 용액에서의 임계 현상에 적용시켰다 [*67*, p. 188, 209, 229, 277].

30. 이미 알려진 바로는 [183, p. 26] 구트리 [72] 또한 '임계 온도'라는 용어를 사용했고, 특히 몇 개월 뒤에는 '투명함과 흐림 현상 사이에 있는 임계 온도'라는 말도 했다. 그의 목적은 용액에서 수화물을 찾는 것이었지 상평형을 분석하는 것이 아니었으며, 그의 용어 사용은 매우 일반적이었다. 1889년에는 액체-증기 계와 액체-액체 계의 흐림 현상의 '명확한 유사점'이 레만에 의해 지적되었지만 [*73*, p. 208] 그런 유사 현상이 화학자들에게 널리 알려진 것은 1891년의 마손이 쓴 논문 [*74*] 이후였다. 1876년에 있었던 깁스의 임계 상태에 관한 논의[*71*, p. 129]는 일반적으로 화학자들에게 알려지지 않았다. 하지만, 본인 스스로는 액체 혼합물이 두 개의 층으로 분리되는 현상이야말로 그런 상태의 모든 특성을 가진다는 것을 알았는데 [*71*, p. 134, 각주] , 한 해 전에 출판된 뉴클로의 관찰 결과를 인용했다 [75].
31. 에브제니 블라디스라보비치 바이론 (1874-1919년)은 코노발로프의 제자로 1897년 상트페테르부르크 대학교를 졸업한 뒤 그곳에서 1910년까지 물리화학을 가르치다 상트페테르부르크 임업 대학(Forestry Institute at St Petersburg)에 화학 교수로 임명되었다. 그의 주 연구는 1905년과 1913년 사이에 주로 이루어졌다. 주 내용은 농축 용액에 관한 이론 및 실험 연구였고 세세한 부분까지 아주 자세하고 꼼꼼하게 확인하였으며 그의 논문들은 아무런 수정 사항 없이 깨끗하게 작성되었다. 1917년 그는 독일 가스탄을 조사하다 중독되었는데 그 이상 아무것도 이루지 못한 채 2년 후에 사망한다. 그의 연구는 러시아 밖에서 출판된 적이 없으므로 서유럽에는 거의 알려지지 않았다.
32. 바이론이 내부 압력에 가졌던 관심은 그가 가지고 있던 쿠에넨의 *기체와 액체의 상태 방정식과 연속성 이론 (Die Zustandsgleichung der Gase und Flüssigkeiten und die Kontinaitätstheorie)* 논문의 사본 여백에 적혀 있던 짧은 글들로 확인할 수 있다. 이 사본은 지금 상트페테르부르크 멘델레예프 화학회(Mendeleev Chemical Society, St Petersburg)의 도서관에 보관되어 있다. 분자 간 인력을 다룬 마지막 부분에서 그는 이렇게 적었다. '이 내용을 고려하면 (p. 172-74) v가 작을수록 $K=a/v^2$가 더 정확해진다. 이를 통해 왜 반데르 발스 방정식이 기체보다 액체에 더 정확하고, 왜 방정식 $v=A=B/(C+p)$가 높은 p와 낮은 t, 즉 작은 v에서 더 좋은지 알 수 있다.'
33. 라인하르트 프리드리히 홀만 (1877-1921년)은 도르파트 (나중의 유리예프, 지금의 에스토니아 타르투)에서 태어나서 그곳 대학교를 다니며 탐만의 지도를 받아 혼합 결정 수화물의 증기압을 계산하는 경시 대회에서 금메달을 획득하였다. 그는 1901년에 졸업해서 1903년에는 *사강사*, 1908년에는 모스크바 대학교에 박사 학위 논문을 제출한 뒤에 [79] 화학 연구소의 소장보(Assistant Director)가 되었

다. 그는 또한 암스테르담에 있는 바크휘스 로제봄의 연구소 (1902년)와 베른, 하이델베르크, 괴팅겐 (1904-5년)에서도 일한 적이 있었다. 그의 마지막 책 [*80*]에서 그는 반 베멜렌이 1886년 레이던에서 반데르 발스와 만난 기록을 정리하였는데, 제8장에 언급된 적이 있다. 1912-18년에 그는 사라토프 대학교의 화학 교수로, 18년부터는 유리예프 (지금의 타르투)로 간다. 1년 후에는 마인츠로 가서 화학 산업 협회의 과학 연구소(Scientific Laboratory of the Chemical Industries Association)의 소장을 맡았다. 그는 이성분계와 삼성분계에서의 상평형의 열역학을 주로 연구했다. 그의 논문은 1901-6년에 걸쳐 차례대로 *물리화학 저널*에 실리게 되었는데 (Bd 36, S. 193 Bd 40, S. 561,577 Bd 42, S. 597; Bd 50, S. 567 Bd 54, S. 98), 무엇이 그의 가장 중요한 연구[*80*]인지는 거의 알려져 있지 않다.

34. 게오르기 니콜라예비치 안토노프 (1880-1959년)는 코노발로프의 학생으로 1902년 상트페테르부르크 대학교를 졸업한 뒤 1908년까지 그곳에서 일하였다. 그는 1906년부터 과학 아카데미(Academy of Sciences)의 화학 연구소의 조수도 겸임했고, 기록상으로는 1915년까지 그곳에 이름이 남아 있다. 하지만 그는 1908년부터 1912년까지 영국에서 일하게 되었는데, 이때는 맨체스터의 러더퍼드와 같이 일하였다. 그의 주요 업적은 우라늄-Y의 발견으로 상트페테르부르크 대학교에 1914년에 제출한 학위 논문의 주제가 된다. 전쟁이 시작하자 그는 방위 업무를 담당했고, 1916년에는 포병 위원회에 의해 영국으로 보내졌다. 그는 더 이상 러시아로 돌아가지 않았고 영국 (1927년까지), 프랑스, 미국, 파키스탄에서 실험과 연구를 수행했다. 그의 연구에서 가장 유명한 모세관 현상은 상트페테르부르크 시절에 이루어졌고 그곳에서 1914년 단행본을 출판하였다 [*81*].

35. 구스타브 A. 탐만 (1861-1937년)은 도르파트 대학교에서 1903년까지 공부하고 연구했으며, 이후 괴팅겐으로 옮겼다. 이 시기의 그의 생애와 연구는 N. Ya. 랴고가 쓴 글이 있다.

36. 이 발언은 여기서 소개할 가치가 있다. '순수한 열역학은 이런 종류의 상태도가 있는지 알려주지 못한다. 이는 사실 현실 세계와는 완전히 동떨어져서 상태도가 존재하는지조차도 알려주지 않는다.' [*90*, p. 83-84]. 이 표현과 글 내용은 1911년 *괴팅겐 뉴스 (Göttingen Nachrichten)*에 나왔던 것보다 더 명확하고 강력한 표현이다.

37. 니콜라이 미크하일로비치 비토르프 (1869-1929년)는 1895년에 포병 학교를 졸업하고 둘 다 그 학교 재직 중이었던 A. 파보르스키와 V. 이파티에프 밑에서 유기화학자로 연구를 시작하였다. 그는 그 학교에서 1900년에서 1924년까지 강의를 담당했고, 1912년에 교수가 되었다. 1903-4년에는 물리화학을 외국에서 공부했는데, 주로 괴팅겐에 있던 탐만의 연구실에서 진행했다. 거기서 그는 '절대로 잊지 못할

바크휘스 로제봄'을 만나게 되고, 그는 이 글을 자신의 주 연구 논문의 서문에 넣었다 [*91*].

38. 비토르프의 원고 일부는 그의 딸에게 물려졌고, 그중 일부는 다시 이 책의 저자 한 명에게 도달했다. 이 책에 언급한 연구 내용을 알려 준 사람은 딸이다. 원고 중에서는 A. C. 반 레인 반 알케마데와 바크휘스 로제봄의 논문을 자세히 요약한 내용이 깊은 생각이 담긴 말들과 함께 적혀 있었다. 그들이 비토르프의 연구에 끼친 영향은 명백하다.

39. 인상적인 예로는 A. 스페란스키가 쓴 흥미로운 책 *고용체에 관해서* (1904년)이 있는데, 그는 바크휘스 로제봄의 연구를 독립된 장으로 나누어서 [*93*, p. 47-71] 로제봄이 1899년에 만들어낸 열역학 포텐셜-조성 곡선으로부터 온도-조성 선도를 유도하는 과정을 자세히 소개했다. 이는 로제봄의 연구를 러시아에 처음 소개한 것이었고, 스페란스키는 서문에 이렇게 적었다. '나는 이 장이 아주 중요하다고 생각한다. 내 관점에서 이 네덜란드 화학자 학파가 제안한 개념과 실험 연구는 러시아 연구실들의 선두 주자들보다 더 관심을 받아야 한다.' [*93*, p. iv].

40. 초기의 연구 내용 단신 요약본은 물론 그 연구의 완전한 보고서를 보고 싶으면 1897, v. 29, p. 286-87; 1898, v. 30, p. 576-85를 참조할 것.

41. 여기서 반데르 발스 교수 임용 25주년을 기념하는 의미에서 키스챠코스키가 1902년 10월 3일 러시아 화학 협회에서 한 연설을 간략하게 소개한다. '기체와 액체 상태 사이의 연속성에 관한 그의 개념은 분자량의 현대적 교리의 기초가 되었습니다.... '반데르 발스 식의 연속성'이 없다면 우리는 액체의 분자량을 구할 이론적 바탕이 없는 것이고, 더 나아가서 라울과 반트 호프가 개발한 훌륭한 방법들도 우리가 높게 평가하는 이론적 바탕이 없어지는 것입니다. 반데르 발스의 개념은 액체와 기체 상태 사이의 연속성에서, 기체의 부분 압력과 삼투압 사이의 연관성으로 이어집니다.' [*110*]. 하지만 키스챠코프스키는 물리화학에 관한 독일의 전통적인 관점에 머물렀고 아주 일반적인 관점에서만 반데르 발스를 칭찬한 것이었다.

42. 1918년 전에는 키예프 대학교는 고대 키예프의 대공이 러시아에 기독교를 들여온 공을 기리기 위해 성 블라디미르 대학교로 불렸다.

제10장

은퇴

1907년 11월 23일은 반데르 발스의 70번째 생일이었다. 예상한 대로 [188] 이날에 특별한 축하 행사는 없었으며, 이 나이든 과학자는 기념일을 축하하는 것을 거절했다. 그는 아직도 모든 힘을 쏟아서 이성분 혼합물의 일반론을 연구하고 있었다. 그는 ψ-표면을 연구하기 위한 새 기하학적 방법을 막 발견해냈는데, 이는 '분석적 방법보다 더 쉽게 적용이 가능했고' 또한 이성분 혼합물의 거동을 밝혀 줄 '새로운 빛'을 던져 주었다 [84e, p. 621]

그럼에도 70세의 나이는 네덜란드 학계에서는 연구를 놓고 휴식을 취하게 되는 공식적인 나이였다. 이 나이에 도달한 한림회원은 *원로 회원(rustend lid)*이 되어 권리를 계속 유지하지만, 각종 의무에서 해방되게 되는데, 예를 들어 그가 속한 부서의 각종 회의에 자신의 분야를 대표하여 참석할 의무가 없어지고, 한림원에서 그의 자리는 새로운 사람이 대신 채우게 된다. 대학교수 혹은 강사들은 법에 따라, 만 70세가 된 연도의 학기를 끝으로 은퇴해야만 했다. 1908년 3월 21일에 그는 암스테르담 시 의회에 편지를 보내 지금 맡고 있는 강의를 끝으로 은퇴할 뜻과 의회가 보내준 흔들리지 않은 믿음에 대해 감사의 인사를 전했다[250, p. 278]. 반데르 발스는 자신의 삶에 이런 변화가 올 것이라는 것을 받아들였으나 그의 마지막 강의들에는 그의 은퇴에 관한 어떠한 흔적도 남기지 않았다. 예전과 마찬가지로 그는 늘 아침 9시에 연구실에 도착했다. 이 마지막 겨울에는 맹렬한 눈보라가 휘날리는 밤이 있었지만, 그래도 그는 다음날 아침에 그 자리에 서서 평소보다 작은 규모 학급의 학생들을 바라보았다. 그는 빙그레 웃으며 '날씨에 흔들리지 않고 이 자리에 와 준 여러분들에게 감사를 드립니다.' 라고 말했다. [190, p.328][1].

지난 10년간 그는 이론 물리학에서 자신이 제일 좋아하는 2개의 과목을 가르쳤는데, 전기와 자기, 그리고 열역학과 혼합물 이론이었다. 가을 학기에 그는 1주일에 2시간 정전기의 수학 이론을 강의했으며, 이성분 혼합물 (‘p-선과 q-선’, 허용 및 금지 플레이트 점과 플레이트 곡선)은 1주일에 1시간 강의했다. 봄 학기에 그는 1주일에 2시간 전기 (축전기, 자기와 전기 유도, 자기력, 전류)를 마지막 학년의 학생들에게 가르쳤고, 1주일에 1시간은 열의 역학적 이론, 곧 열역학을 가르쳤다. 모든 것이 일상 그대로였고, 혼합물 이론에서 그는 ψ-표면의 기하학적 결과를 이용해서 새로운 것을 도입했다. 마지막 강의 말미에서 그는 곧 출판될 자신의 논문을 언급하며 ‘이걸 통해 여러분들이 이것을 성공적으로 연구하기를 바랍니다.’라고 말했다.

그의 은퇴를 기리는 행사는 1908년 6월 13일에 있었지만, 공식적인 발령은 그의 자리를 이을 후임자가 선정된 9월 1일까지 내려오지 않았다. 반데르 발스답게 지금까지의 전통이 약간 변형되었는데, 그의 초상화 대신 자신의 과학적 업적이 담긴 석판을 벽에 박아서 그를 기렸다[2]. 130명 정도 되는 사람들이 이 행사에 참석하여 석판을 들고 물리학 연구소로 향했고, 첫 제자 중 한 사람이자 현 김나지움 교사인 H.W.C.E 뷔크만이 1877년부터 1908년까지 교수로서의 반데르 발스의 약력을 순서대로 읽었다. 처음에는 말할 생각이 없던 반데르 발스는 흥미로운 이야기로 답례했는데, 이것이 곧 그의 마지막 강의가 되었다. 그는 처음 임용되었을 때의 물리학 상태, 특히 열 이론을 되돌아보면서 우리의 지식에 내재했던 결함들이 무엇이었으며 자신이 어떻게 자신의 이론을 발전시켰는지 말했다 [191].

그의 공식적 은퇴는 9월 18일에 있었고 렉토 마그니피쿠스는 역사학자들과 생물학자들을 위해서라도 초상화를 그리도록 해 달라고 반데르 발스에게 요청했다. 역사학자들에게는 ‘창조한 것과 분리해서 생각할 수 없는 창조자’로서, 생물학자들에게는 ‘비교 관상학’을 연구할 수 있도록 하기 위해서. ‘교수님은 정말 우리로 하여금 미래에 “반데르 발스의 머리가 비교 분석에 빠져 있다는 게 정말로 안타깝군!” 이라는 말을 듣게 만들고 싶습니까?” [I, p. 7]. 하지만 그 말은 그에게 닿지 않았다.

그의 은퇴식 며칠 전에 레이던의 카메를링 오네스가 헬륨의 액화에 성공했다는 소식이 전해졌는데, 이는 반데르 발스 이론의 생명력을 확인시켜 주는 결과였다. 이 이론과 실험의 성공을 기리기 위해 반데르 발스와 카메를링 오네스에게 자연 과학 및 의학회에서 금메달을 수여했고, 곧 이어 1908년 10월 파리에서 *냉동 국제 학술회의(Conférence Internationale du Froid)*가 카메를링 오네스를 의장으로 하여 개최되었을 때 반데르 발스는 명예 의장직을 맡게 되었다.

2개의 금메달 수상은 100년 이상의 역사를 가진 이 학회가 물리학자에게 주는 첫 금메달이었다. 11월 18일의 그 대학교 강당에서 피터 제만의 주관 아래 수여식이 열리게 되었다. 반데르 발스를 위한 연설에서 그는 *연속성*에서와 대응 상태 법칙의 개념들을 가볍게 요약하고는 '이 성취 덕분에 우리는 자연의 법칙을 통해 가장 정확하고 아름답게 표현되는 조화, 세계의 내적 조화를 들여다보게 되었습니다.' 라고 칭찬했다[2, p. 136]. 그는 계속해서, "하지만, 반데르 발스 업적의 중요성은 다른 면에 있습니다. 19세기 초반에 사람들은 과학적 발견을 파리, 베를린, 런던 혹은 괴팅겐에서만 찾을 수 있었지만, 이젠 우리 네덜란드 물리학자들의 업적이 세계 어디에 내놓아도 손색이 없을 정도로 최고의 업적이 되었습니다." 라고 말했다. 그는 계속해서 말했다.; '네덜란드인으로서 우리는 귀하께서 같은 네덜란드인이란 것이 자랑스럽습니다. 귀하의 이름을 전 세계의 물리학자들 앞자리에 놓을 수 있으며, 귀하의 업적이 미래에도 계속될 것이라 확신할 수 있다는 것이 또한 자랑스럽습니다.' [2, p. 138]

카메를링 오네스의 메달은 그들의 연구 관계를 상징하는 의미에서 반데르 발스가 직접 수여하였다. 그는 친구를 위해 오랜 연구 과정 속에 있었던 큰 어려움들을 차례대로 언급했고, 7월 10일이 기억에 남으리라고 말했다. '긴 여름날 동안 해가 떠서 저물 때까지 열심히 일한 결과, 마침내 헬륨을 액화시켰습니다[3]. 이 일을 완성시킴으로써 절대 온도에 더욱더 근접하게 되었고, 이에 따라 낮은 온도가 끼치는 여러 가지 영향에 관한 새로운 학문의 장을 열게 되었습니다. 귀하의 업적에 대해 한 인간이자 연구자로서 경의를 표하며, 네덜란드 과학의 발전을 축하함과 동시에 가슴속 우정을 담아 이 메달을 수여합니다.' [155].

은퇴가 반데르 발스로 하여금 과학을 버리거나 어린 동료들과 같이하는 연구를 그만두게 하지는 않았다. 그의 요청에 따라 해당 직책은 2개로 갈라졌다. 그의 아들 J. D. 반데르 발스 주니어는 물리학 주임을 맡게 되어 그로닝엔에서 암스테르담으로 돌아왔고, 다른 자리는 열역학 *애드 호미넘* (*ad hominem*; '인신공격의 오류'라고 번역되는 단어인데, '논적의 상대를 향해서', '편견에 호소하여'라는 뜻도 담고 있는 말이다. 여기서 아마 열역학 주임 자리에 이 단어를 사용한 의미는 대학교 평의원들의 반대를 무릅쓰고 만들어진 직책이기 때문에 사용된 말이 아닌가 하고 추정할 뿐이다 – *역자 주*) 주임 자리로서 콘스탐에게 주어졌는데, 강의뿐만이 아니라 혼합물 실험을 같이한다는 조건이 더해졌다. 그 대학교의 평의원들은 자리를 쪼개고 싶지 않았기 때문에 반데르 발스는 시장을 방문해서 이 방식이 현명하다는 것을 설득시켜야 했다. 7월 15일 그에게 보낸 편지에서 반데르 발스는 열역학이 실험적 과학이라는 것과 가르치는 것을 그만두게 된다면 이는 대학에 큰 피해를 줄 것이라고 적었고, 또한 수학과 물리학을 공부하는 학생들뿐만이 아니라 화학에 몸을 담고 있는 학생들 또한 그들 분야에 추가적으로 연구할 분야가 사라지게 된다고 주장했다 [250, p.279]. 마침내 7월 30일 평의원들은 그 두 주임 자리 제안을 받아들였다. 콘스탐은 또한 반데르 발스 기금의 책임자가 되었으며, 기금의 첫 수혜자는 진 팀머만즈이었다.

반데르 발스와 그의 후계자들이 가까운 관계를 유지했다는 것은 명백하다. 그는 한림원의 사무총장으로 계속 남아서 후계자들의 출판물들을 알려주었다. 이 당시 그의 주된 관심사는 혼합물에 관한 이론의 체계적 발전에 있었다. 새로운 기하학적 방식은 새로운 가능성을 열었으며 그는 다른 주제들을 전부 포기한 채 혼합물의 안정, 준안정, 불안정 상태의 복잡한 관계의 미궁 속으로 깊이 빠져들었다. 1907년과 1912년 10월에 걸쳐 일련의 21개의 단신 논문이 담긴 *이성분 혼합물 이론에 관한 기여*라는 일반적 제목이 달린 *프로시딩*이 출판되었다.

이 평온한 날들 속에서 오로지 한 가지 사건만이 일어났다. 1910년 11월 6일 그는 귀하에게 '노벨 물리학상을 수여합니다. 자세한 사항은 편지를 참조하십시오.'라는 전보를 받게 되었다 [244]. 수상 계기는 '액체와 기체의 물리학적 상태에 관한 연구'였다. 혹자는 수상이 왜 이렇게 늦게 이루어졌는지에 대해 의구심이 들 수 있겠지만 (그의 동료인 반트 호프, 로렌츠, 제만은 이미 상을 받았다), 그의 제자와 동료들에게 이는 '예상치 못한 기쁨'이었다 [197]. 사실 그는 적어도 지난 2년간은 후보로 이름을 올렸었다 [3, p. 358, 364, 366].

축하문은 다음과 같았다: '반데르 발스의 이론은 기체를 액체로 전환하는 조건을 계산하도록 해 주는 데 매우 효과적으로 사용되었습니다.

2년 전에 반데르 발스의 가장 유능한 제자인 카메를링 오네스는 유일하게 압축되지 않았던 기체인 헬륨을 액화시키는데 성공했습니다. 하지만 반데르 발스의 학문은 순수 연구 분야에만 해당되는 것이 아니었습니다. 지금 경제와 산업에 핵심 요소가 된 근대식 냉각 공학은 필수 요소를 반데르 발스의 이론적 연구에 바탕을 두고 있습니다.' [4, p. 252]. 아마도 그의 이론은 노벨 위원회가 그 중요성을 인정하기 전부터 실질적인 열매를 맺고 있었음에 틀림없었을 것이다.

12월 그는 감기가 들었지만, 아들과 같이 스톡홀름으로 떠났다. 일반적으로 시상식은 노벨의 사망일인 12월 10일에 거행된다. 스웨덴 과학 아카데미 원장은 다음과 같은 말로 수상자를 맞이했다: '반데르 발스 교수님: 스웨덴 왕립 아카데미는 액체와 기체의 물리학적 상태에 관한 귀하의 선구자적인 연구를 기리기 위해 올해 노벨 물리학상을 귀하께 수여합니다. 함무라비와 모세의 법은 오래되었지만, 매우 중요합니다. 자연의 법칙들은 더 오래되었고 심지어 더욱더 중요합니다. 그 법칙들은 이 지구상의 특정 영역들에만이 아니라 전 세계에 적용이 됩니다. 하지만 이는 다루기에 힘이 듭니다. 하지만 교수님 덕택으로 이 법칙들 속에서 몇 가지 구절을 해독하는 데 성공했습니다. 이제 귀하는 우리 아카데미가 줄 수 있는 최고의 상인 노벨상을 받게 됩니다.' [4, p. 252-253].

다음날, 수상식이 시작될 무렵 원장은 반데르 발스에게 네덜란드인으로서 네 번째로 상을 받게 되었다는 것과 작은 나라들이 세계 과학에 큰 기여를 하고 있다는 것을 인지시켰다. 애국적인 네덜란드인의 귀에는 하나의 음악과 같이 들렸겠지만, 그의 소감은 (그는 대응 상태의 법칙에 관해 이야기하고 싶었다고 말했다.) 좀 더 국제적이었다. 그는 독일어로 시작해서 프랑스어로 바꿨다. 그의 주제는 마치 종족이나 국가, 개인의 차이에 상관없이 인류가 모두가 하나의 속인 것처럼 어떤 물리적 형체들도 모든 다양성이 결국 하나의 속에 속한다는, 그가 좋아하는 비교였다. '무한한 변화와 만나게 되는 하나의 속이란 개념은 수많은 의문을 일으키게 되고, 그에 대해 답변할 수 있는 사람은 영광을 받을 만한 그런 중요한 일을 하게 될 것입니다' [102].

노벨상 수상은 반데르 발스가 부끄러움을 물리치고 대중 앞에 서서 그 자신과 자신의 업적을 설명하는 유일한 기회이었다[103e, p. 254]. 그는 상태 방정식과 특히 준-회합 가설을 통해 그것을 어떻게 발전시켰는지에 대해 자세히 설명했고, 혼합물 이론으로 가볍게 주제를 돌렸다. 그는 약간은 슬픈 어조로 말을 끝냈는데, '존경하는 스웨덴 왕립 아카데미로부터 상을 받는 것은 대단히 만족스럽고 기뻐서 이에 감사를 드리지만, 이 감사는 영구적이지 않고 특히 내 나이를 볼 때 그리 오래갈 것 같지는 않습니다. 하지만, 반대로 바로 이런 이유 때문에 저의 감사는 더욱더 강렬합니다.' [103e, p. 265]

암스테르담에 있는 그의 딸들에게 보낸 편지 내용은 평범했다; '1910년 12월 12일 월요일은 굉장한 날이었다.

내 강연은 2시에 있었고 오래 끌지 않기 위해서 많은 것을 생략했다. 내 목소리는 완전히 돌아오지 않았지만 내 생각으론 모든 일이 아주 훌륭하진 않았어도 괜찮게 진행된 것 같다.' 연회에 관해서 그가 쓴 내용을 보면 그에게 쏟아진 관심과 접대에 그리 큰 영향을 받지 않았다는 것을 알 수 있다. '모두가 친절했고, 내가 길을 잃자 고위직에 있는 사람들 중 한 분이 나타나서 필요한 장소로 직접 데려다 주었다.... 간단히 말해서 모두가 최선을 다해서 우릴 대했고 그래서 행복했다.'[231(b), p.152].

노벨상 수상은 모국에서 엄숙한 의식 절차에 따라 축하받았다. 11월 27일에는 한림원 원장인 로렌츠가 그의 사무총장을 따뜻하게 맞이하며 개인적이면서도 동시에 과학계의 수장으로서 축하했다. 스톡홀름에서 돌아온 뒤에 반데르 발스는 한 번 더 행사를 치뤄야 했다. 1911년 1월 11일 네덜란드 화학회와 자연 과학 및 의학 발전 학회의 물리학 분과 위원회가 공동으로 주최한 회의에서 그의 보고서인 *상태 방정식을 정립하기 위해서 극복해야 할 난관들*은 큰 관심을 끌었다. 노벨상 수상 기념 강연의 네덜란드어 번역본은 1월 말에 출판되었고 [103h_1'] 봄에는 *주간 화학*의 편집장이 번역본의 수요가 너무 높은 관계로 독자들로 하여금 독일어판을 대신 읽어 줄 것을 권장했다 [103$_2$].

전기 작가들은 노벨상의 기묘한 부산물에 대해 크게 고마워했다. 반데르 발스의 사진은 그가 1870년대에 찍은 사진을 제외하고는 존재하지 않았는데, 그는 어떠한 사진도 찍는 걸 거부했다. 하지만 그는 노벨 위원회의 엄격한 규정에 따라 사진을 찍어야만 했고, 이것이 지금 현재까지 유일하게 잘 알려진 얼굴 사진이 되었다. 그리고 그는 40년간의 금기를 깨고 다음 몇 년간 기념 메달을 위한 인물 사진은 물론이고 더 많은 사진을 찍었다[4].

1912년 봄 그는 사무총장 자리의 은퇴를 요청하였다. 한림원의 연례 회의는 일반적으로 로렌츠의 원장 연설로 시작하여 사무총장의 상세 보고, 그리고 재무와 도서 위원회의 보고로 진행된다. 그리고 새로운 사무총장 선거가 진행되어 제만이 뽑혔다. (반데르 발스는 만장일치로 각각 1901, 1906, 1911년에 연속으로 선출되었지만, 이번 투표에는 참가하지 않았다 [245].) 회의가 끝날 무렵 반데르 발스의 자녀들은, 홀에 초대된 자리에서 로렌츠가 은퇴하는 사무총장의 다양한 활동을 생생하게 낭독하는 것을 들었다. 그리고 로렌츠 원장 후임으로 임명된 샹트피 드 라 소세예는 큰 동정의 마음을 담아 말했다; '우리 대부분이' 그는 이렇게 끝을 맺었다 '반데르 발스의 과학뿐만이 아니라 인간성 또한 존경했습니다.' [6].

반데르 발스는 많은 사람들로부터 자신에 대한 찬사를 듣고 크게 감동받았으며 이에 감사의 마음을 나타내었다. 그는 영어와 네덜란드어로 된 *프로시딩* 전집을 선물로 받았다. 은퇴의 이유로 그는 '능력이 줄어들기 시작할 때까지 있고 싶지 않아서'라고 답했다. 때때로 일이 힘들긴 했지만 도움을 받으며 *프로시딩*을 편집할 때처럼 모든 것이 즐거움이었다. 그는 자신과 같이 일했던 친구와 동료들인 반 데 잔데 바크휘젠, 코르테베흐 및 샹트피 드 라 소세예를 떠올리며 한림원을 지켜 온 직원들을 칭찬했다. 그는 앞으로도 한림원에 큰 발전이 있기를 기원하며 끝을 맺었다 [6].

그는 사무총장 직위에서 은퇴한 뒤에도 연구를 계속했다. 1912년 가을에 그는 21번째이자 마지막인 *이성분 혼합물 이론에 관한 기여*와 그 중요한 *열역학 교과서*의 제2권을 출판했다. 이성분 혼합물에 관한 연구를 할 수 있는 최대한의 범위 내에서 마친 뒤에 그는 1913년 단일 물질 상태 방정식 연구로 돌아와서 *상태 방정식에 관한 추가 연구*라는 소책자를 만들었다 [118]. 그는 b의 밀도 의존성에 관한 문제로 다시 돌아왔다. 그는 '이 의존 현상의 원인을 다시 찾아내는 것에 필요성을 느낌과 동시에 그것이 자신의 의무라고 여겼고, 또한 $b=f(v)$ 함수 형태를 찾아내는 것이 불가능하다고 밝혀져도 자신이 그 의존 현상이 물질마다 다르다는 것을 밝혀낼 수 있고 대응 상태의 법칙을 따르지 않는 이유를 설명할 수 있을 것이다.'라고 썼다. 하지만 이번에는 그는 어떠한 진전도 할 수 없었고 분자의 준-회합 분야와 같은 또 다른 문제에 대한 시도도 큰 저항에 부딪혀야 했다.

은퇴와 더불어 그는 이학부 모임에 점점 더 나가지 않게 되었다. 그는 뇌 연구를 위한 연구소 건립을 위해 주어진 임시직인 한림원 위원회의 의장직마저 사퇴했다. 하지만 1908년(은퇴 이후)부터 1916년까지 레이던 대학교의 5명의 책임자 중 한 자리는 계속 유지했다. 그리고 이 동안에 그는 로렌츠를 대신해서 이론 물리학 교수를 맡기 위해 상트페테르부르크에서 온 파울 에렌페스트를 맞이하게 되었다. 에렌페스트의 경력에 중요한 분기점이 된 이 사건은 1921년 11월 1일에 일어난 일이다. 32세의 에렌페스트는 반데르 발스를 그리 탐탁지 않게 보았다.; 그는 가장 친한 친구인 아브라함 요페 [7, p. 98]에게 이런 편지를 썼다. '키 작은 늙은이(70세가 넘는)이자 딱히 더 이상 아무런 것이 없어 보인다.' 그다음 편지에서 그는 자신의 의견을 수정했다. 이 편지는 그의 임용 첫 강의 *빛-에터 가설의 위기* 뒤에 쓰였다. 그 새 교수의 임용 강의는 레이던 대학교의 학생들, 교수들과 부인, 대학 평의원들이 청강했는데, 그중에는 명예 교수 자리에 앉은 반데르 발스도 있었다. 강의가 끝난 뒤에 호텔에서는 공식 연회가 열렸고, 곧이어 파울과 타티아나 에렌페스트는 자신들의 집에서 '토론 모임'

을 결성하였다. 잠시 뒤에 에렌페스트는 요페에게 자신감을 잃지 않은 채로 편지를 써서 '모든 게 잘 풀렸어. 반데르 발스는 내 임용 강의를 축하하기 위해 암스테르담에서 여기까지 와서 우리와 함께 7시 반까지 있었어.' [7, p. 107]. 그 시간대는 네덜란드 기준으로 매우 늦은 시간이었다. 그가 살아있는 고전이라 불렀던 반데르 발스는 단순한 과거 물리학의 유물이 아니라 (1903년에 에렌페스트가 반데르 발스의 방정식을 연구했다는 점은 특기할 만하다.) 중력의 근원과 복사 원자의 거동에 관한 실마리를 찾고자 노력하는 등, 물리학의 최근 문제에도 관심을 가지고 있었다.

1914년 여름이 되자 '거대한 전쟁'이라 불리는 제일 차 세계 대전이 일어났다. 9월 초에 열린 이학부 회의에서 로렌츠 원장은 '우리가 마지막으로 만난 이후로 벌어진 일은 우리로 하여금 걱정과 슬픔에 빠지게 했지만, 과학의 진보가 계속 진행되고 있는 것은 좋은 일입니다. 다행히 우리나라는 전쟁의 재난으로부터 벗어나 있기 때문에 연구를 계속할 수 있습니다.; 우리는 또한 외국의 연구가 재개되는 날이 오기를 열망합니다.' 라고 개막 연설을 했다 [8].

반데르 발스도 이 의견에 동의했지만, 그의 능력은 이제 건강에 크게 좌우되고 있었다. 4년간의 재앙 같은 전쟁 기간 동안 그는 이학부 회의에서 단 한 번만 발언했다. 1916년 6월 그는 고밀도에서 매개 변수 a 상수의 증가에 관한 자신의 의견을 밝혔다 [121]. 이제 그 변화를 준-회합과 연결시키는 것이 틀렸다는 것을 알게 되었고 많은 계산 끝에 '근사치로도 이 결과가 옳지 않다는 확신을 가지게 되었다.' 그는 곧 a의 증가는 '확장이 가능한 분자의 일반적인 규칙적 운동의 결과'라는 확신을 가지지 않을 수가 없게 되었다 [121e, p. 359-360]. 이 아이디어는 기초적인 단계에 머물러 있었지만, 그는 곧 그것이 그의 상태 방정식의 기초가 된 평균장 개념의 타당성에 한계를 보여 준다는 것을 알게 되었다. 그렇지만 그는 자신이 이 문제를 풀기에는 어울리지 않는다는 것을 느꼈고 다음과 같은 희망을 가진 채로 마무리를 지었다.; '다른 연구자가 이 연구에 관심을 가질 것이다.' 아무튼 평균장 개념에서 벗어나는 문제들은 오늘날까지도 답이 없는 실정이지만 그의 희망은 이루어진 셈이다.

이것이 그의 마지막 논문이었다. 그는 1919년 3월 로렌츠를 통해 그의 아들이 쓴 액체의 점성에 관한 이론을 다룬 논문을 제출한 것을 제외하고는 더 이상 한림원에서 활동하지 않았다.

1917년 가을 그는 80세가 되었고 비록 축하하기에는 부적절한 시기였지만 제만은 반데르 발스의 생일날 출판되는 *자연 과학(나투르비센샤프텐; Naturwissenschaften)*에 그의 이론에 관해서 짧지만 사려 깊은 분석을 발표했다 [198]. 그는 그의 주요한 업적들을 정리했고 -상태 방정식, 대응 상태 법칙과 이성분 혼합물 이론- 그리고 그것들이 우연 혹은 실수로 인해 나타난 개별적 아이디어가 아닌 것을 알아냈다. '오로지' 그는 '엄청난 노력과 사려 깊은 연구 끝에야 겨우 도달할 수 있는 아이디어'라고 썼다. 우리는 반데르 발스의 위대한 이론뿐만이 아니라 갈망하는 목표를 달성하기 위한 "피로를 모르는 성실함"[5] 또한 존경한다. 그는, 이 위대한 물리학자가 '앞으로 남은 시간 동안 건강에 도움되는 여가 생활과 물질의 일반적 성질과 관련된 물리학의 한 가지에 새로운 열매들이 익어가는 것을 바라보는 기회'를 가질 수 있기를 기원하면서 끝을 맺었다. 하지만 나이는 이미 한계에 다다랐다. 강제적 여가 생활은 더 이상 건강에 도움이 되지 않았다. 그의 힘은 점점 줄어들었고 친구들은 사라져 갔다. 카메를링 오네스는 '적어도 우리는 우리들에게 많은 일을 해 주었고 마음을 굳게 지키고 있는 존경하고 사랑하는 친구를 보기 위해 짧게 방문하는 것만을 할 수 있다.' 라고 썼다 [208(a)].

1920년, 그의 가장 친한 친구였던 상트피 드 라 소세예가 세상을 떠났다. 그리고 1922년 4월 29일에는 더욱더 충격적으로, 딸 재클린의 사망 소식이 들려왔다. 그녀는 몇 년간 불치병인 암을 앓고 있었다. 반데르 발스의 생명은 끈기 있게 버텼지만, 고통은 점점 더 심해졌다. 그는 불평하지도, 중얼거리지도 않았으며, 휴식을 취하고 있었지만, 그의 눈은 흐릿했고 목소리의 울림이 사라졌다. 그는 쉬면서 때로는 한숨을 쉬며 천천히 다가오고 있는 죽음을 기다렸다 [206, p.6].

1921년에는 그의 다리가 부러졌고 이 사건은 그의 손자의 기억 속에는 이렇게 남았다; '툴툴거리는 늙은이는 다리를 부러뜨리고 난 뒤에 걷는 법을 다시 배우려 하지 않았다. 주기적으로 담배를 태워댔고 그때마다 큰딸이 불을 붙여 주었다' [242].

1923년 초, 카이저의 추천장(제2장 참조)이 오래된 문서 사이에서 발견되었다. 그는 딸로 하여금 이 누렇게 된 종이를 읽도록 하였고 (제만이 말했듯이) '이는 생명의 불꽃을 잠깐 동안 다시 타오르게 했고 그의 영혼은 삶을 거슬러 시작점으로 돌아가게 했다' [205, p. 109].

그는 1923년 3월 8일에 사망했고 장례식은 12일에 치러졌다. 상트피 드라 소세예가 이미 사망했기 때문에 자식들의 희망에 따라 콘스탐이 추모사를 낭독했다. 그는 니우베 오스터베르흐라프플라츠 묘지에 아내와 딸 옆에 묻혔다. 시간이 지남에 따라 하얀 묘비에 새겨진 글은 이미 거의 완전히 지워졌다.

주석(Notes)

1. 네덜란드어 장난으로 직역하자면 '날씨 때문에 움직일 수 없지는 않은 사람들.'
2. 거기엔 다음과 같은 글이 적혀 있다:

요하네스 디데릭 반데르 발스(Johannes Diderik van der Waals)

1877년 - 호흐레에르라르르(Hoogleeraar) - 1908년

상태 방정식(Toestandsvergelijking) - 1873년

대응 상태의 원리(Wet der overeenstemmende Toestanden) - 1880년

이성분 혼합물 이론(Theorie der binaire mengsels) - 1891년 [sic]

모세관 현상의 열역학적 이론(Thermodynamische Theorie der Capillariteit) - 1893년

3. 카메를링 오네스는 오전 5:45에서 저녁 9:40까지 실험이 진행되었다고 발표했다.
4. 제작자는 J. E. 옐트제마이다. 메달은 [197]과 [215]에서 다시 제작되었다. 특이한 점은 유화로 그린 반데르 발스의 초상화는 단 한 개도 없었지만 1937년 11월 기념 물리학회가 열리기 직전에 반데르 발스 연구소에 L. 베예만이 만든 양각 초상화가 새겨졌다.
5. 쉴러의 *이상과 삶(Das Ideal und das Leben)*에서 유래:

   아무리 작은 수고마저도 빛바래지지 않는 진지함에게만, 진리가 깊게 숨겨진 샘(우물)의 살랑이는 소리

   (Nur dem Ernst, den keine Mühe bleichet, Rauscht der Wahrheit tief versteckter Born.)

제11장

분자 물리학

11.1 상태 방정식

1880년 가을, 클라우지우스는 처음으로 반데르 발스의 논문을 '매우 흥미로운 논문'이라 평가했다 [1, p.344]. 하지만 그는 상태 방정식의 정확도가 낮고 앤드류의 논문이나 기존에 출판된 논문에 있는 비슷한 방정식들에 영향을 받았다고 지적했는데, 예를 들어:

$PV = RT - c/TV$,	W. J. M. 랭킨, 1854년
$(P+l)(V-m) = RT$,	G. A. 히른, 1865년
$PV = RT(1+f(T)/V)$,	G. F. 레크나겔, 1871년

같은 것들이 있었다.

게다가 클라우지우스는 운동론을 단 한 번도 인정한 적이 없는, 오랜 적수인 히른의 결과를 조심스럽게 인용하였는데, 여기서 m은 '원자 부피의 합', l은 '내부 작용의 합' 혹은 '내부 압력'이라고 소개했다. 그는 뮌헨의 물리학자 게오르그 레크나겔이 1872년에 더 정확한 분석을 했다고 용의주도하게 보고했는데, 이는 반데르 발스의 박사 학위 논문이 출판되기 1개월 전의 이야기였다. (논문 [2]는 1872년 10월로 적혀 있었지만, 출판은 1874년까지 이루어지지 않았다). 비록 놀랍게도 클라우지우스는 이 일에 대해서는 언급하지 않았지만 반데르 발스처럼 그는 비리알 이론을 이용해서 방정식을 만들어내기도 했다.

클라우지우스의 상태 방정식 목록에 다음 식들이 추가되었다;

$P(V-n) = s$,	D. 베르누이[1], 1738년 [4]
$PV = T - t/V$,	E. 리터[2], 1846년 [5]
$P(V-u) = RT$,	A. 두프레[3], 1869년 [6]

리터, 랭킨, 줄, 두프레와 제임스 톰슨 [174, 183]은 전부 반데르 발스 이전에도 실제 기체의 상태 방정식에 밀도의 제곱에 비례하는 내부 압력을 반

영해야 한다고 주장했지만, 그들의 방정식은 상전이를 설명하지는 못했다.

11.1.1 반데르 발스 방정식의 타당성을 검증하기 위한 초기 논의

상태 방정식은 다음과 같이 쓸 수 있다

$$P = RT/(V-b) - a/V^2 \quad \text{혹은} \quad P = P_T - a/V^2. \tag{11.1}$$

1874년 맥스웰의 비평이 있고 난 뒤에 1881년에 코르테베흐와 반데르 발스가 주고받은 논의의 결과를 바탕으로 로렌츠[4]는 비리알 이론에서 '열 압력, 곧 분자 사이에 어떠한 상호 인력도 작용하지 않을 때의 압력'을 나타내는 다음과 같은 식을 유도하였다:

$$P_T = RT\left[\frac{1}{V} + \frac{b}{V^2}\right], \tag{11.2}$$

이는 반데르 발스의 결과인 방정식 (11.1)과 $1/V$ 부분까지는 동일하지만 $1/V^2$ 부분부터는 두 결과가 달랐다.

로렌츠는 $1/V^3$항에 대해서는 방정식을 얻는데 실패했으며 자신의 분석을 요약하면서, 압축 기체의 경우는 방정식 (11.1)에서 어느 정도 벗어나게 됨에도 불구하고 '문제의 복잡성을 고려할 때 누구든 반데르 발스 방정식 이외의 다른 해답을 찾아낼 수는 없을 것'이라고 했다 [7, p. 136].

1891년 테이트는 방정식 (11.1)을 맹렬하게 공격하면서 이는 비리알 이론에서 구해낸 완벽한 해답[8]에서 추론된 밀도의 멱급수 전개식과 상충되기 때문에 기체-액체 전이 부근에서는 의미가 없다고 주장했다. 이는 '원칙적으로 완전히 틀린 것' [9]이었는데, 왜냐하면 비리알 방정식에서의 P와 V는 해당 계의 실제 압력과 부피를 나타내기 때문에 따로 수정할 필요가 없다는 것이었고, 이는 1874년에 이미 맥스웰에 의해 제기되었던 문제였다. 레일리와 코르테베흐는 반데르 발스를 열렬히 옹호했는데, 다른 무엇보다도 방정식 (11.1)이 일차원 기체에 완벽히 들어맞는다는 것을 독립적으로 증명해냈다[10-13][5,6]. 초창기에 있었던 논쟁은 1898년 볼츠만에 의해 정리되어 자신의 *기체 이론에 관한 강의*에서 발표되었고, 그는 '반데르 발스는 반데르 발스만의 영감이 번뜩이는 너무나 귀중한 도구를 우리에게 주어서 미세한 조정조차 할 필요가 없다.'라고 썼다[15, (1964), p. 355].

11.1.2 반데르 발스 방정식을 발전시키는 것의 문제점

*연속성*의 탄생에는 행운이 따랐다는 것을 인정해야만 한다. 반데르 발스가 '충격적인 일치'라 불렀던 [1e$_2$, p. 192] 계산값과 앤드류의 측정값에는 큰 행운이 따랐는데 왜냐하면 이산화 탄소의 매개 변수 a와 b를 구하기 위해 사용한 르뇨의 결과는 이 목적에는 그리 정확하지 않았기 때문이다 [160, p. 61].

반데르 발스는 시작부터 그의 '상수' b가 상수가 아니라 '우리가 아직 알지 못하는 어떤 법칙'에 의한 밀도의 감소함수라는 것을 알고 있었다 [1e$_2$, p. 193]. 따라서 a와 b가 정해지는 영역과는 멀리 떨어진 P, V, T 부분을 극도로 신중하게 다루지 않으면 안 된다는 것도 그에겐 분명한 사실이었다. 그럼에도 불구하고 이 방정식이 알려지기 시작한 1880년대부터 많은 물리학자들은 *연속성*에 언급했던 이 부분을 무시하면서 a와 b가 진짜 상수인 줄 알고 사용하였다. 이것과 더 정확한 실험 결과가 계속해서 쌓인다는 것은 반데르 발스 방정식과 맞지 않는 결과가 많아진다는 것이었고 이는 방정식의 신뢰성을 약화시킬 수 있었다.

이 때문에 새로운 방정식을 만들려는 시도가 계속 이루어졌는데, 이 중에는 특정 상황에 맞는 방정식과 실험에만 바탕을 둔 방정식, 이론 위주로 만들어진 방정식 등 여러 가지가 있었다. 이 방정식들의 초창기 형태는 1880년에 클라우지우스가 '완성된' 형태로 만들었는데, 그는 '앤드류가 옛날과 현재 발견한 것들을 간단한 방식으로 표현한 것'이라고 표시했다 [1]:

$$P = \frac{RT}{v-f} - \frac{c}{T(V+g)^2}. \tag{11.3}$$

이 방정식은 반데르 발스 방정식과 비교해서 이산화 탄소에는 더 정확한 결과를 만들어냈지만, 이 사실은 변경 가능한 매개 변수가 하나 더 있다는 점에서 그리 놀라운 일은 아니었다. 몇 년간 이 방정식은 반데르 발스 방정식보다 더 자주 쓰이게 되었는데, 특히 실험 결과를 나타낼 때 자주 이용되었다[7].

클라우지우스의 방정식은 곧이어 가능한 모든 형태의 변형으로 이어지게 된다. 1948년에 출간된 완전하지도 않은 목록에는 150개의 각기 다른 방정식이 기록되어 있었다. 하지만 숫자는 그리 중요한 것이 아니었으며, 중요한 점은 그 어떤 것도 원 방정식의 투명함, 통찰력, 형식의 간단함과 응용에의 편리함을 따라가지 못한다는 점이다. 반데르 발스 또한 30년 가까이 자신의 방정식을 발전시키려 했는데, 그는 그 이유를 이렇게 적었다; '상태 방정식의 정확한 지식은 널리 알려진 대로 가장 중요한 것 중 하나이며, 그 이유는 열역학과 결합하면 무게의 측정이 가능한 물질에 관련된 모든 현상을 설명할 수 있기 때문이다' [64, p. 185]. 그럼에도 그의 노력은 경쟁자들보다 더 성공적이지 못했다.

부피 항에 관한 수정 반데르 발스는 매개 변수 b의 기체의 밀도 의존성에 대해서 밝혀내려고 애를 썼다. 이를 통해 그는 자신의 방정식을 실제 현상과 완전히 일치시킬 수 있다는 희망을 가졌다. 하지만 구스타브 예거 [*16*]와 비엔나의 동료 볼츠만 [*17*]이 독립적으로 1896년에 처음으로 로렌츠 방정식의 세제곱 형태를 밝혀냈다 $(5/8)(b^2/V^3)$. 같은 해에 반데르 발스는 평균 자유 행정의 길이 감소를 계산하는 방식으로 $(15/32)(b^2/V^3)$라는 것에 도달했다. 틀린 결과였긴 했지만, 그는 자신이 틀렸다는 사실을 1903년에 자신의 아들이 예거와 볼츠만의 결과와 같은 결과를 얻게 됨으로써 알게 되었다. 1899년 봄에 볼츠만이 보낸 도전장을 거절하지는 않았지만, 그는 시간이 이 분쟁을 해결해 주는 걸 더 선호했다 [56e, p. 468; 18].

하지만 반데르 발스는 자기 스스로의 도전에 직면해 있었다. 1898년 가을 그는 방정식의 다음 부분에 관한 계산을 시작했다 [50]. 하지만 성공적인 결론을 얻지 못하고 1899년 1월에 출판된 반 라르와 관련된 매우 어려운 적분에 관한 평가를 대신 남겼다 [*19*]. 볼츠만의 결과는 2개월 뒤에 발표되었으며, 반데르 발스의 계수 값(b^3/V^4)은 볼츠만의 계수 값보다 0.17 만큼 낮았다. 반데르 발스는 '결과가 너무 다르기 때문에, 우리가 같은 문제를 다루고 있었다고 생각하기 어렵다.'라고 썼다 [56e, p. 468].

50년이 지나서야 볼츠만의 결과가 정확한 것으로 밝혀졌다. 그는 엄청난 수준의 통찰력을 가지고 있었고, 그에게 도움이 될 만한 어떠한 형식도 없었음에도 불구하고 매번 정확한 결론을 내렸다[*18*, p. 504]. 콘스탐은 1904년에 b/V의 고차원 항목 계산에는 많은 어려움이 있어서 어디까지 계산이 가능할지에 대한 한계가 있다고 서술한 적이 있다[20]. 따라서 반 데르 발스는 자신의 규칙적 일과를 벗어나야만 했지만, 부피 수정에 따른 밀도의 의존성에 관한 연구에는 손을 떼지 않았다. 1910년 노벨상 수상 기념 강연에서 그는 이렇게 고백했다; '나는 [이 의존성을 찾아낼] 더 좋은 방법이 있는지 아직도 궁금합니다. 사실 이 문제는 아직도 내 머릿속에 있습니다. 꿈속에서도 튀어나오는 이것으로부터 벗어날 수는 없습니다.' [103e, p. 256]. 따라서 1901-4년에 그는 1898년의 아이디어를 여러 편의 논문 [62, 63, 70]으로 써냄으로써 분자의 내부 자유도를 '더 좋은 방식'으로 풀어내려 했다. 심지어 그는 자신이 좋아하는 강체 구 모델을 희생시켜서 만든 마이크로 크기의 변형 가능한 구를 이용해 거시적 상태 방정식을 발전시키려 했다. 하지만 이 시도는 절망에 가까운 것으로 알려졌을 뿐이며, 결국엔 막다른 골목에 달했고 1903년 이후엔 완전히 포기하였다.

내부 압력의 수정 1890년부터 반데르 발스는 자신의 방정식을 개량시키기 위해 b에다 밀도 의존성을 도입시키는 것 이외에도 내부 압력 a/V^2을 변화시켜 이를 달성하려 했다[160, p. 178]. 학위 논문으로부터의 이러한 변화는 클라우지우스의 비리알 이론에 바탕을 두고 있었지만, 꽤 정성적인 것이었다. 그는 내부 압력[8]의 정밀한 '미세적' 계산에 담긴 극히 복잡한 수학적 문제를 직접 건드릴 열정은 가지고 있지 않은 데다, 분자 간 상호 작용력에 관련된 법칙 공식의 모호한 가설만 가지고는 이 문제를 풀기가 어렵다는 것을 잘 알고 있었다. 그는 더 합리적인 접근을 통해 대응 상태의 법칙을 이용해서 이때까지 쌓인 실험 결과를 풀어내려 했음이 틀림없다. 이 분석을 통해 '일반' 물질의 거동과 화학적으로 회합 상태에 있는 물질의 거동 간에 확실한 차이가 있다는 것을 알았고, 그로 하여금 심지어 일반 유체에 대해서도 분자의 불균일한 공간 분포라는 아이디어에 더 기울어지게 했다. 곧, 단순하거나 혹은 독립적인 분자들뿐만 아니라 액체(혹은 기체 또한) 상태의 복합체 곧 여러 분자들의 회합체들도 '새로운 더 큰 단

위'로 열운동을 하게 된다는 것이다 [103e, p. 263]. 이 아이디어는 클라우지우스[21]에 의해 맨 처음 발표되었다가 훗날 폴란드 물리학자 블라디슬라우 (라디슬라우스) 나탄손, 볼츠만과 그의 제자 하인리히 마케, 그리고 벨기에 물리학자 피에르 드 힌에 의해 지지를 받았다. 이는 분자 분포의 균일성에 관한 *연속성*의 근원적 개념과 완전 대치되는 구도였고, 반데르발스가 그것을 늦게 받아들인 것에는 이유가 있었던 것이다. 1906년 그는 트리펜하위스에 '준-회합'[9]에 관한 보고서를 제출하였다. 그는 이것을 그 당시에는 출판하지 않았는데, 그 이유를 '다른 세부 사항에 의문점이 있기 때문'이라 밝혔다 [101e, p. 107]. 1910년이 되어서야 그는 논문 전체를 출판했는데, 그에 의하면 이렇게 결정한 가장 큰 이유는, 큰 분자 복합체의 운동 거동이 단순 분자의 운동과 거의 비슷하다는 사실이 최근에야 발견되었기 때문이었다. 그는 명백히 1908년에 있었던 페린의 실험 결과를 언급한 것으로, 아인슈타인의 브라운 운동 이론을 확인시켜 준 실험이었다.

그가 임시방편으로 생각했던 준-회합 이론은 유체가 두 가지 종류의 입자, 단순 분자와 n겹 복합체로 조성되어 있다는 단순한 가정에서 출발했다. 따라서 그는 자신의 이성분 혼합물 이론으로 돌아가서 '매우 운이 좋은' 상황을 만들기 위해 [103e, p. 262] 몇 년간 이 혼합물들의 법칙을 연구했다. 그 결과 다음과 같은 상태 방정식을 얻을 수 있었다 [101, 104, 105].

$$\left[P+\frac{a(1-(1-k)x)^2}{V^2}\right](v-b)=RT\left[1-\left(\frac{n-1}{n}\right)x\right], \tag{11.4}$$

여기서 k는 0.5 정도 되는 상수이며 x는 회합도로서, n겹 복합체에 결합된 분자의 전체 숫자를 결합된 단순 분자의 숫자로 나눈 비를 의미했다. 이런 방식으로 준-회합을 다루게 되면, 분자 간 인력 중 일부분이 복합체에 갇혀 중화되어 버리기 때문에 내부 압력이 감소하고, 방정식 (11.4)의 오른쪽 항에 있는 열에너지와 관련이 있는 입자의 수도 줄어들게 된다. 이 분야에서 반데르 발스의 기여도는 엄청난 영향력을 가졌지만, 이는 매력적으로 보이긴 해도 자신의 당초 기대와는 거의 동떨어져 있었다. 다른 연구자들도 상태 방정식 이론의 발전을 위해 많은 노력을 했지만, 그 누구도 중요성이나 신뢰성 있는 결과를 만들어내지 못했다[168].

하지만 준-회합의 개념은 실제 기체의 통계 역학적 연구의 가장 복잡한 접근 방식에서 다른 형태로 나타나게 되었는데, 곧, H. D. 우르셀(1927년)과 J. E. 마이어(1937년)에 의해 제안된 초기 원리들로부터 발전된 비리알 전개식이었다. 이 시도의 핵심이자 자유 에너지의 볼츠만 인수이기도 한 배치 공간 적분은 각각 분자 쌍, 세 쌍, 네 쌍을 나타내는 집단 적분으로 전개시킬 수 있다. 이 적분의 값들은 성분 분자들 간의 힘에 의해 결정된다. 송이(클러스터, clusters)들은 '물리적으로 중요한 독립적 실체'로 여겨지고, 또한 '하나하나의 무리가 독립 분자와 같은 정도로 압력에 영향을 준다.'고 할 수 있었다 [168, p. 237]. 이런 방식으로 준-회합에 관한 반데르 발스의 생각은 현대 이론과 결합함으로써 더 쉽게 이해할 수 있게 되었다.

준-회합을 생각하면서 반데르 발스는 주로 고밀도의 유체, 특히 액체 상태를 염두에 두었다. 하지만 이 상태에서 액체의 분자들은 너무 조밀하게 뭉쳐 있어서 별개의 복합체로 쪼개질 가능성이 거의 없었기 때문에 이 개념은 의미가 없었다. 사실 액체에서 분자의 공간 분포는 균일성과는 거리가 멀었는데, *X*-선 회절로 액체 구조를 검사한 결과 이를 알 수 있었다. 하지만 불균일성이나 단거리 질서는 준-회합과 아무런 관련이 없었는데, 이는 이것들이 분자 간 인력에 의해 발생하는 것이 아니라 분자가 하나로 뭉쳤을 때 나타나는 기하학적 효과에 의한 것이기 때문에, 오히려 반발력과 관련이 있었다.

11.1.3 반데르 발스 방정식의 정밀한 바탕

1938년부터 1980년까지 란다우와 리프시츠의 *통계 물리학* (그들의 고전적인 *이론 물리학 강좌 시리즈*의 책)의 각 편집본에는 다음과 같은 문장이 있었다.: '반데르 발스의 방정식은 물론, 무한한 수의 가능한 [두 상들 간의] 보간법 중에서 필요 부분을 충족하는 단 하나뿐인 방정식이며 다른 것을 선택할 물리적 이유가 없다.; 반데르 발스 방정식은 단순히 가장 간단하며 편리한 방정식일 뿐이다' (다음 부분 참조[*22* (1976), p. 259; (1977),

p. 224][10].

반데르 발스 방정식이 얻은 엄청난 성공에도 불구하고 모든 물리학자가 보다 더 정밀한 유도를 포기한 것은 아니었다. 이미 말했듯이 레일리와 코르테베흐는 1891년에 이미 $(V-b)^{-1}$항이 일차원계에 정확하다는 것을 밝혀냈다[11]. 하지만 수많은 실험 결과와 1950년에 반 호브 [23] 가 철저히 연구한 결과, 제한된 범위의 상호 작용을 가진 일차원계에서는 상전이가 일어나지 않는다는 것이 밝혀졌다. 그렇다면 레일리와 코르테베흐의 결과와 주요 성과가 기체가 액체가 되는 응축 현상을 설명해 준 반데르 발스 방정식과의 관계는 무엇인가?

오른슈타인은 로렌츠가 '후원자'이었던 1908년의 레이던 박사 학위 논문 [24]에서 1902년에 발표된 깁스의 강력한 *통계 역학* [12]을 이용해서 1차 원리로부터 상태 방정식을 유도하려는 시도를 처음으로 한 사람이었다. 1937년, 암스테르담에서 열린 반데르 발스 추모 학술회의에서 막스 보른은 그것을 '원칙적으로 통계 역학적 방법을 이용하면 정해진 방정식[예: 상태 방정식]을 만들 수는 있다. 하지만 수학적 어려움이 너무 크기 때문에 대부분의 연구자들은 약간의 실험적 사실을 바탕으로 한 추측 작업을 더 선호한다.' [25, p. 1035]라고 회고했다. 이 '완벽히 타당한' 방식은 수많은 물리학자들의 노력에도 불구하고 [26], J. K. 페르쿠스, G. J. 예빅, M. S. 베르트하임과 E. 씰레가 1953~1956년에 걸쳐 비리알 급수의 근사적인 합을 알아내기 전까지 (참고: [183, p. 54]) 반데르 발스의 결과물보다 더 확실한 결과를 만들어내지 못했다.

반데르 발스 이론의 놀라운 부활은 1960년대 다른 경로를 통해 이루어졌다. M. 칵 (1959년)의 연구로 부터 시작하여, G. E. 울렌베크 및 P. C. 헴머 (1963-1964년), N. G. 반 캄펜 (1964년), 그리고 J. L 레보위츠와 O. 펜로즈(1966년) 등은 주어진 문제에 대해서 깨끗한 답을 도출해냈다. 어떤 물리학적 모델이 반데르 발스의 상태 방정식에 정확히 맞는 것일까? 찾아낸 모델은 강체 구로서 지름이 σ, 분자 쌍 간의 거리가 r일 때 인력 포텐셜 $u(r;\gamma)$은 다음과 같다.

$$u(r;\gamma)=\infty \quad (\gamma<\sigma \text{ 일 때})$$

$$u(r;\gamma) = -\alpha\gamma^d e^{-\gamma r} \quad (\gamma > \sigma\text{일 때}) \tag{11.5}$$

여기서 d는 고려되고 있는 공간의 차원, γ는 양의 매개 변수이며 그것의 역수인 γ^{-1}은 인력 포텐셜의 범위를 나타내는 척도이다. 그러면 다음과 같은 정의가 도출된다.

$$a = -\int_{\sigma}^{\infty} dr\, u(r;\gamma). \tag{11.6}$$

오른슈타인의 방식을 따라서 먼저 열역학적 극한 $(N\to\infty,\ V\to\infty)$과, 다음은 반데르 발스 극한이라 불리는 극한 $\gamma\to 0$을 취하면 맥스웰이 만든 식으로 보완된 반데르 발스 방정식을 사용한다면 일차원계에서는 정확한 결과가 나오게 된다. 극한 $\gamma\to 0$은 차수 γ 정도로 어디서나 약한 인력 포텐셜에 대응하지만, 무한 범위는 차수 γ^{-1}인 인력 포텐셜과 대응한다. 상태 방정식은 다음과 같이 쓸 수 있다

$$P = \frac{kT}{L-l} - \frac{a}{L^2} \tag{11.7}$$

여기서 L은 계의 길이, l은 단단한 막대기 길이의 합으로, 즉 일차원에서 배제 부피는 단순히 합 l과 같다. 결과물인 방정식 (11.7)은 반 호브 이론을 침해하지 않는데 왜냐하면 그가 설정한 일차원에서의 상전이 금지는 인력이 유한한 범위 안에서 작용하는 계에만 해당하기 때문이다 [27, 28].

11.1.4 방정식은 완전히 정리되었는가?

반데르 발스 이전에는 그 누구도 기체를 포함한 모든 분자들 간에 일반적으로 존재하는 인력을 설득력 있게 표현해낸 사람은 없었다[13]. 이런 힘의 존재는 그의 논문들에 명확하게 나와 있으나, 모세관 현상을 다루기 시작할 때에야 그는 이 힘의 포텐셜의 특정한 형태 곧 $u(r) = -\alpha(\beta/r)e^{-r/\beta}$로 나타내게 되었다. 여기서 α는 양의 상수, β는 분자 크기 차수의 길이이다[37][14]. 하지만 이 함수는 이 힘들의 형태를 실제적으로 추산하기 위해서 만들어졌다기보다는 자신의 이론을 잘 보여 주기 위해서 만들어졌다. 그의 학위 논문에서 그는 '인지할 수 있는 거리에서도 인지가 불가능한 힘이라고 한, 라플라스의 오랜 힘의 관념에서 출발했다. 그가 얻은 결과는

이것을 더 정확히 나타낼 수 있게 했다. 제3장에 나온 라플라스의 2개 함수 H와 K, 식 (3.10)과 (3.11)은 각각 실험으로 측정할 수 있는 표면 장력과 자신의 상태 방정식으로 계산할 수 있는 내부 압력과 관련이 있다. 그들의 비는 인력 범위의 척도이며, 그는 여러 가지 물질에 대해 계산을 했다. 그중에서 2개의 물질인 에터와 알코올에 관해서는 상수 b에서 얻은 분자 지름의 값도 알고 있었다.

	힘의 범위	분자 지름
에터	$2.9\times10^{-8}cm$	$4.0\times10^{-8}cm$
알코올	$2.5\times10^{-8}cm$	$2.7\times10^{-8}cm$

자료가 가진 오차와 분자 지름이 맥스웰이 추산한 공기 중에서의 분자 평균 자유 행정에 바탕을 둔다는 것을 가정하면 (왜냐하면 반데르 발스는 우리가 지금 알고 있는 아보가드로 상수를 몰랐기 때문이다.) 이 결과들은 그로 하여금 분자 간 인력의 범위는 '충돌하고 있는 분자 중심 간의 거리와 정확히 일치한다.'라는 믿음을 주게 했다.... 다른 거리에서의 인력이 없다는 말은 아니지만, 이 거리에서의 인력이 너무 크기 때문에 이것 하나만을 계산에 넣어도 충분하다.'라는 생각을 갖게 했다 [1e$_2$, p. 217].

그는 분자 간 인력이 매우 짧은 거리에서만 존재한다는 믿음을 절대로 버리지 않았는데, 볼츠만을 비롯한 다른 동료들의 이의를 전부 무시했다. 볼츠만은 그의 *기체 이론에 관한 강의*의 제2권에서 다음과 같이 썼다.: '두 분자의 중심 사이에는 인력(반데르 발스 응집력)이 있는데, 먼 거리에서는 소멸해 버리지만 매우 천천히 줄어들기 때문에 이웃하는 두 분자 간의 평균 거리와 비교해서 충분히 크다는 점을 감안하면 상수로 취급할 수 있다.' [*15* (1964), p.220].

반데르 발스는 이 글을 1898년 9월에 제2권이 출간되기 바로 직전에 보았고, 그때 볼츠만은 딸을 위해 빌려 놓은 반데르 발스의 호로에스베에크 시골 별장에 손님으로 와 있었다[103e, p. 261; 205, p. 112; 232, p.16]. 비엔나로 돌아가서 볼츠만은 그의 책 제5장에 이 주장에 대한 반데르 발스의 의견을 주석으로 첨부할 수 있었다.: '그 [반데르 발스]는 2절에 설명된 분자들의 인력은 거리가 증가함에 따라 매우 천천히 감소하기 때문에 이웃하는 분자 간의 평균 거리와 비교하면 상수로 취급할 수 있다는 가정을 부정했고, 그리고 그런 힘의 법칙은 존재하지 않는다고 믿었다. 그럼에도 불구하고 나는 이 가정 없이는 그의 상태 방정식에 관한 정확한 바탕을 얻을 수 없다' [*15* (1964), p. 375].

카메를링 오네스와 키솜이 *상태 방정식(Die Zustandsgleichung)*과 관련하여 가진 한 인터뷰에서 짧은 거리의 '반데르 발스의 힘'과 먼 거리의 '볼츠만-반데르 발스의 힘'을 구분한 점은 흥미로운 부분이다 [160, p. 91].

이 논의는 볼츠만 측의 의견을 바탕으로 결론을 내려가고 있다. 그러나 현실은 1973년에 있었던 반데르 발스 100주년 기념 국제 학술회의 보고서에 쓰인 것처럼 그리 명확하게 끝나지 않았다.: '이 방정식이 완벽하게 밝혀진 특정한 환경에서만 사용할 수 있다면 반데르 발스 방정식의 100주년을 축하하는 것에는 문제가 있을 수 있다. 거리가 멀지도 않고 약하지도 않은 인력 포텐셜을 가진 분자로 이루어진 많은 계에서 반데르 발스 모델이 거의 정량적으로도 잘 들어맞는다는 것은 실험적으로 잘 알려져 있다. 이를테면 이론적으로 많은 연구를 거친 아르곤 계를 들 수 있는데, 아르곤의 인력 포텐셜은 "반발 중심 분자 핵의 절반밖에 안 되는 크기"를 가지고 있다' [*31*, p.143].

11.1.5 어디에나 있는 반데르 발스 힘

반데르 발스는 단 한 번도 공개적으로 자신의 이름을 드높인 보편적 힘인 분자 인력에 관해서 자신의 생각을 말한 적은 없다. *연속성*을 출간하고 30년이 지나서 그는 약간 슬픈 어조로 이렇게 썼다; '우리는 이 인력의 원인에 대해서는 아직도 어둠 속에서 헤매고 있으며, 각자의 의견은 거리에 대한 의존성만큼 크게 다르다.' [64, p. 85]. 1908년까지 그는 이 주제에 관해서 자신의 생각을 드러낸 적이 없다 [92, p. 144-45]. 그는 자신의 방정식에 있는 매개 변수 a와 b에 관해서 '그것들은 같은 바탕 아래 유도된 값들이 아니며 확실성도 같지 않다. 만약 누군가가 물질은 공간을 차지하는 필수불가결한 어떤 성질을 가진다고 믿는다면 b 값의 존재를 완벽하게 추론할 수 있을 것이다.... 그 값은 a값과는 같지도, 비슷하지도 않다. 왜 분자 간 인력이 물질의 필수 요소라고 생각하는가? 그것은 "공간을 채우는 것이 물질"이며 물질이 곧 인력을 가진다.'라는 개념과도 상충된다 [92, p. 144]. 먼저는 1900년과 1908년에 그의 아들에 의해서, 1901년엔 M. 레인가눔이, W. 서덜랜드는 1902년에 분자간 힘을 분자 사이에 있는 쌍극자의 정전기 상호 작용으로 풀어내려는 시도를 했다. 그는 이런 방식에는 흥미를 두지 않았는데 분자 간 인력의 보편성으로 그가 보아 왔던 것들과는 맞지 않는 것으로 여겨졌기 때문이다. 1873년에 쓴 학위 논문에 따르면 그는 형이상학적 주장[15]을 통해 수소를 액화할 수 있는 가능성을 예견하였는데 (듀어가 1898년에 처음 성공), 그 주장이란 '우리는 어떤 상황에서도 물질에 대한 인력 특성을 인정해야 한다.' [1e$_2$, p. 207][16]였다. 그래서 그는 1908년 6월 27일 암스테르담에서 '헬륨의 예를 들자면 a의 존재에 대해 의심을 할' 근거 따위는 없다고 말했고, 2주 이내로 카메를링 오네스는 레이던에서 액화에 성공했다.

그의 학위 논문이 발표되고 50년이 지나서야 이 힘들의 근원에 관해 만족할 만한 해설이 나오기 시작했다. 그것들의 범용성은 하나의 큰 걸림돌이었는데 왜냐하면 많은 유망한 계산들이 분자의 쌍극자 및 사중 극자 모멘트에 바탕을 두고 있었고 이들이 모든 분자에 다 적용될 수는 없기 때문이었다. 1927년 콜롬비아 대학교의 중국인 대학원생 왕 소우친은 오랫동안 찾아왔던 근원을 밝혀내는 데 성공했다. 3년 뒤에 런던은 힘의 정밀한 양자적 방식의 연구를 수행하였다 ([3, p. 210-12; 29, 34] 참조). 그의 설명은 다음과 같다. 모든 원자와 분자에는 설령 그것이 전하적으로 중성이고 시간 평균적으로 구 형체를 하고 있더라도 전자가 대칭적으로 분포되지 않는 순간에 즉각적인 전기 쌍극자가 발생한다는 것이었다. 이 요동하는 쌍극자 쌍에 의한 전기장은 다른 분자의 비슷한 장과 결합하여 쌍극자-쌍극자 인력을 발생시키게 된다. 쌍극자의 전기장은 r^{-3}으로 떨어지기 때문에 한 쌍의 에너지는 r^{-6}만큼 떨어진다. 이 결과는 가장 간단하고 널리 쓰이는 분자 간 포텐셜, 이른바 12-6 포텐셜과 결합하게 된다.

$$u(r) = Ar^{-12} - Br^{-6}. \qquad (11.8)$$

1930년대부터 레나드-존스 (이제 이름이 알려진) [*29*]에 의해 집중적으로 사용되면서 이 방정식은 잘 알려진 대로 가장 합리적인 통계 역학 계산에서 사용하는 포텐셜의 현실적인 표현이 되었다. 첫 번째 항은 반데르 발스가 주장한 분자의 불관통성(impenetrability)에 대응하는 급격히 상승하는 반발 포텐셜을 나타낸 것인데, 오랜 시도 끝에 실험 결과와 맞출 수 있었다.

1940년대 후반에는 단일 분자들 사이에서의 필수적 단거리 힘이 거시적 물체의 장거리 힘으로 이어진다는 충격적인 발견이 있었다. 1960년대에는 $10^{-4}cm$의 길이까지 성공적으로 측정할 수 있었다(참고: [*35*]). 이 힘들의 이론은 1948년에 빛의 유한한 속도를 밝힌 H. B. G. 카시미르와 D. 폴더에 의해 정립되었으며, 따라서 쌍극자-쌍극자 결합의 전파는 '지연' 효과를 일으켜 거시적 거리에서의 에너지가 r^{-6}에서 r^{-7}에 의존하는 것으로 변경되었다. 반데르 발스 이론의 완전한 정립은 1954년 E. M. 리프시츠가 개별적 분자의 존재를 무시하고 물질을 분극성 연속체로 처리하는 새로운 방식을 개발했을 때 비로소 완성되었다고 말할 수 있을 것이다.; 그의 결과물에는 런던(r^{-6})과 카시미르-폴더(r^{-7})의 결과를 특수한 경우로 포함시켰다(참고: [*36, 37*]).

11.1.6 반데르 발스의 유체 모형 [17]

앞에서 본 듯이 반데르 발스 방정식이 나타나고 90년이 지나서야 상태 방정식에 엄격히 들어맞는 모델이 발견되었다. 그것은 탄성 충돌을 하며 서로를 약하지만 장거리 힘으로 끌어당기는 자유 운동하는 강체 구 (분자)였다. 이 '반데르 발스' 모델은 만약 이것이 옛날 이론을 되살리기 위해 설계된 추상적 구조였다면 현재와 같은 인기는 끌지 못했을 것이다. 이 모델은 현대 액체의 섭동 이론의 기초이기도 하다.

1940년에 J. G. 커크우드와 1955년에 러시아 물리학자 I. Z. 피셔는, 인력이 없는 강체 구로 이루어진 계에서는 충분히 높은 밀도에서 상전이-결정화-를 일으킬 것이라고 추측했다. 하지만 그들의 추측은 엄격한 추론과는 거리가 멀었으며 1957년이 되어서야 그들의 결론은 탄성 강체 구의 컴퓨터 시뮬레이션 끝에 증명될 수 있었다. 처음에 W. W. 우드는 몬테 카를로 시뮬레이션을, 그리고 B. J. 알더와 T. E. 웨인라이트는 분자 동역학 시뮬레이션을 이용해 상전이의 존재를 입증했다. 양쪽 방법 다 반지름 분포 함수 곧 기준 분자에서 거리 r만큼 떨어진 곳의 평균 밀도를 나타내는 $g(r)$ 값을 얻게 해 준다. X-선 회절이나 중성자 회절법에 의해 실제 유체에 대해 실험적으로 구할 수도 있는 이 함수는 유체의 모든 열역학적 성질을 계산하는데 있어서 출발점이 된다.

강체 구 지름들과 아주 가까운 부분을 제외하고는, 액체 아르곤의 경우 $g(r)$과 강체 구 계의 컴퓨터 시뮬레이션으로 얻은 결과가 상당히 일치하는 것으로 밝혀졌다. 따라서 1960년대 중반까지는 적어도 단순 액체의 구조는 국부적인 충전과 자유 운동하는 분자들의 불관통성에 의한 입체 효과에 의해 주로 결정된다는 사실이 일반적으로 받아들여지게 되었다. 인력은 비교적 균일한 배경으로 작용해서 구조나 동역학에는 거의 효과를 미치지 않지만, 특정 압력과 온도에서 계를 안정하게 유지할 수 있게 해 주는 응집 에너지를 제공해 준다. 반데르 발스 이론에서의 핵심인 이 모형은 임의로 채워진 볼 베어링 실험을 바탕으로 하여 1936년부터 J. D. 베르날에 의해 옹호되었지만, 1960년대 후반에 H. 라이스, H. C. 롱귀트-히긴스, 및 B. 위덤의 논문들에 처음으로 나타나기 전까지는 통계 역학 이론에서의 정확한 설명을 위해서는 적용되지 않았다.

이 발견은 1950년대 초반부터 발전하기 시작한 통계 역학의 섭동 이론과 연결되게 된다. 이는 액체 상태에서의 다양한 물리학 문제를 해결하는데 사용되었는데, J. A. 바커, J. S. 로우린손, J. A. 포플, R. W. 츠반치히, E. B. 스미스와 B. J. 알더, D. A. 맥쿼리 및 J. L 카츠와 기타 과학자들이 이를 따랐다. 이 연구들 중 몇몇 연구는 분자 간 포텐셜의 인력 부분 (주로 레나드-존스 형태)을 작은 매개 변수로 처리하고 그 계의 성질은 강체 분자의 것으로 전개시켰다. 그 말은 반데르 발스 모델은 마치 이상 기체와 이상 조화 결정(harmonic crystal)이 기체와 고체들의 기준 계로 쓰이듯이 현실적이고 잘 알려진 기준 계로서 사용되게 되었다는 뜻이다.

이 모든 노력들을 성공적인 정량적 액체 이론으로 통합시키는 마지막 단계는 1960~70년대에 처음으로 J. A. 바커와 D. 헨더슨이 시작했고 그 뒤를 J D. 위크스, D. 챈들러와 H C. 앤더슨이 따랐다. 기준 계의 강체 구 반지름을 정하거나, 전체 포텐셜을 기준 부분과 섭동 부분으로 나누는, 가장 효과적인 방식의 발견을 포함한다. 그렇게 나누는 방식은 불관통성의 영향을 인력에서 분리하고자 노력했던 반데르 발스 이론의 정신이 온전히 담겨 있는 것이었다[18]. 기준 계의 강체 구 반지름은 실험을 통해 얻은 열역학적 결과와 인력이 무시된 반지름 방향 분포 함수를 통해 얻은 계산을 비교해서 얻을 수 있다. 이렇게 얻은 구의 유효 크기는 상수는 아니지만 이른바 실제 분자가 가장 가까이 접근할 때의 거리는 충돌 에너지가 증가하면서 줄어들게 된다는, 구의 연화(softening)라 불리는 현상에 대응하듯 온도가 올라가면 천천히 감소하는 함수이다.

*연속성*의 비평에서 맥스웰은, '응축 상태'에서 이러한 물성들에 대해 '기체 법칙으로 이어지는, 단순성과 일반성을 가진 해석 방식을 찾아내기는 매우 힘들 것이다.... 왜냐하면 응축 상태에서 물체의 성질들은 서로 가까이 접근했을 때 일어나는 상호 작용에 의존하게 되고, 이는 서로 만나게 되는 분자들의 특정한 물성에 의해 결정되기 때문이다.[*33*]' 라고 말했다.

한 세기가 지나서 그 같은 의견은 란다우와 리프시츠의 *통계 물리학*에 다음과 같이 더욱 단정적으로 언급되었다.; 액체는 '분자 사이의 상호 작용이 강하고 이 상호 작용의 특수성 (그리고 액체 자체의 특수성)은 액체의 고유한 특성에 매우 좌우된다. 그런 까닭에 액체의 성질을 정량적으로 기술하는 일반 공식을 찾는 것은 불가능하다.'[*22* (1976); p. 256; (1977), p.222]. 모든 액체의 성질에 관해서 단순하고 분석적이며 보편적인 관계식을 정립하는 것은 불가능하다는 비관적인 입장은 근본적으로 옳지만, 그러나 이 말이 반데르 발스 기준 모델을 바탕으로 한 현재의 섭동 이론에 오류가 있다는 뜻은 아니다. 이를 통한 단순 액체의 성질과 그것의 컴퓨터 시뮬레이션 결과는 액체 상태의 특성을 잘 나타내고 있으며, 벤젠, 사염화탄소, 아세토니트릴 같은, 어느 정도 복잡한 액체들도 비록 분자 간 포텐셜을 전혀 알지 못하더라도 정량적 분석이 가능하다는 것이 밝혀졌다.

11.1.7 내부장의 개념

얼마 되지 않아 사람들은 반데르 발스 (혹은 라플라스)의 내부 압력이 곧 물리학의 다른 분야들과 어깨를 견주며 발전을 거듭함을 알게 되었다. 그중에서 가장 중요한 것은 자기 분야였다. 1889년에 영국 기술자 존 홉킨슨은 어떤 온도에서 기체와 액체가 확연히 구분되지 않는 현상과 비슷하게, 니켈과 철이 어떤 온도에서 강자성을 띄지 않게 된다는 것을 발견했다. 그는 '자기 성질이 사라지는 온도를 우리는 임계 온도라고 부르는 것이 좋겠다.'라고 썼다 [*40*]. 피에르 퀴리의 1895년 실험[*41*]은 이 분석을 더 강화시켰다.; 그는 유체 상태 방정식 $f(\rho, P, T) = 0$에 대응하여 자기장에 대해서는 $f_2(M, H, T) = 0$이 성립된다는 것을 알아냈는데, 여기서 자기화도 M은 밀도 ρ에 대응하며, 자기장의 세기 H는 압력 P에 등가적인 세기 함수이다.

취리히의 피에르 바이스는 강자성의 평균장 이론을 개발했는데 그는 이것이 반데르 발스 이론에 대응되는 관계라는 것을 알았다. 1907년 5월 프랑스 물리학회에서 행한 강연에서 그는 내부 자기 모멘트에 의해 발생하는 H를 반데르 발스의 내부 압력과 맞추기 위해서 내부장이라 부르자고 제안했다. 그와 카메를링 오네스[*43*]는 자기 임계 온도에 '퀴리 점'이란 이름을 붙였다. 1930년부터 내부장의 개념은 금속 합금에서의 질서의 전이, 다양한 전기와 자기 전이, 및 액정 상의 형성 같은 다양한 전이 현상에 관한 이론이 도출되는 출발점이 되었다.

11.2 모세관 현상

제6장에서 우리는 그에게 영감을 준, 라플라스가 20년 전에 발표한 이론과는 근본적으로 다른 반데르 발스가 1888년부터 1893년에 걸쳐 개발한 대담한 모세관 이론을 살펴보았다. 가장 명백한 차이는 라플라스가 액체에서 기체로의 분자적으로 급격한 밀도 변화를 가정했는데 비해 반데르 발스는 비교적 완만한 밀도 함수 변화를 가정했다. 그는 표면 장력 σ에 대한 가장 분명한 물리적 결론은 라플라스 이론이 $(d\sigma/dT)$가 임계점에서 0

이 아닐 것이라 가정한 데 비해 자신의 이론은 0이라고 추정했다. 네덜란드 학파의 실험 물리학자들에 의해 반데르 발스의 이론이 정성적으로 옳다는 점이 밝혀졌지만, 이 주제는 그리 관심을 끌지 못했다. 불균일계의 분자 이론에 관한 그 대담한 혁신적 아이디어는 소수의 전문가들을 제외하고는 모두에게 금방 잊혀졌다. 따라서 카메를링 오네스가 1923년에 반데르 발스의 부고를 쓸 때 그는 상태 방정식, 혼합물 이론과 대응 상태 원리는 칭찬했지만 모세관 현상에 관한 이론에 대해서는 언급하지 않았다 [208].

40년 넘게 라플라스와 반데르 발스의 결과를 넘어서는 학술적 진보는 이루어지지 않았으며, 이 전혀 다른 두 가지 접근 방식을 조화시키려는 시도 또한 거의 없었다. 1935년 카르코프[*44*]에서 란다우와 리프시츠는 두 개의 자기 영역 사이의 계면에서 반데르 발스의 결과를 재연해냈지만, 그 이전의 연구에 대해서는 아는 바가 없었다. 액체에 관한 실험은 더 점진적으로 다가왔다. 1937년 R. H. 파울러는 케임브리지에서 라플라스의 방식 중 액체 속의 분자들이 균일하게 분포되어 있다는 가정은 버렸지만, 계면의 뚜렷함은 남겨 두었다[*45*]. 그는 반데르 발스에 관해서는 아무런 언급도 하지 않았다. 파사데나(캘리포니아 공과대학, California Institute of Technology-*역자 주*)의 J. G. 커크우드와 F. P. 버프는 1949년 발표한 논문을 통해, 이 마지막 가정을 제거함으로써 라플라스 식에 뿌리를 둔 이론의 당연한 귀결로 고려될 수 있는 정확한 결과를 제안하였다. 그들은 표면 장력을 분자 간 포텐셜 비리얼과 이체(two body) 분포 함수의 적분으로 표현했다.

그 직전 해에 파리의 J. 이본은 반데르 발스 이론을 첫 번째 근사치로 하여 정확한 결과를 얻을 수 있었다. 이는 표면 장력을 다른 2개의 높이 사이의 밀도 구배와 이 위치에 있는 분자들 간의 직접 상관 함수의 곱을 적분한 것이었다. 하지만 그는 자신의 결론을 1948년 브뤼셀에서 열린 국제순수응용물리학연합(IUPAP) 회의에 발표한 것 말고는 아무것도 출판하지 않았다. 하지만 그의 발표는 프랑크 버프에 의해 주목을 받게 되고 그와 그의 동료들 [*47*], 그리고 독립적으로 D.G. 트리첸버그와 R. 츠반치히

[48]가 20년 후에 같은 결과를 얻게 되자 다시 관심을 끌게 되었다. 반면에 제너럴 일렉트릭 사의 J. W. 칸과 J. E. 힐라드[49]는 반데르 발스의 결과를 이제는 액체-기체 계면에서 재발견했다. 그리고 1959년에 발표된 두 번째 논문에서야 겨우, 칸은 누군가가 자신에게 그들의 이론은 반데르 발스의 것과 근본적으로 같다는 말을 했다는 것을 밝혔다 [50].

이러한 체계는 1979년 영국 하웰의 피터 쇼필드[51]가 커크우드와 버프의 '비리알' 방정식과 이본의 '압축성' 방정식이 상호 교환이 가능한 동일한 것이라는 걸 발표하면서 완성되었다. 그 당시 대부분의 연구들은 라플라스-커크우드 및 버프 방식보다 반데르 발스-이본 방식에 더 가까운 가정인, 밀도-함수 이론에 바탕을 두었다. 통계 역학에서 종종 관찰되듯이, 정밀한 해답을 얻어낼 수 있는 정확한 방정식은 아직 나오지 않았다.

11.3 임계 현상

우리가 지금 임계 현상이라 부르는 현상은 프랑스인 박식가 카냐르 드 라 투르가 밀봉된 튜브에서 액체를 가열시키는 실험을 하면서 처음 알려졌다. 그는 물질마다 고유한 특정 온도 이상에서 액체가 증기와 비슷한 균일한 유체로 변한다는 것을 발견했다. 패러데이는 자신만의 실험을 몇 가지 추가한 뒤에 그 결과를 정확히 설명하는 데 처음으로 성공했다. 1840년대 그는 이 액체와 기체가 하나가 되는 온도를 '카냐르 드 라 투르 점'이라 불렀다. 그는 영구 기체라 불리는 것들은 그 당시에 얻을 수 있는 제일 낮은 온도에서는 압력 하나만으로 액화를 시킬 수 없다는 것을 인식했다. 1861년 멘델레예프는 패러데이보다 카냐르 드 라 투르 쪽에 더 중심을 두고 온도에 따른 표면 장력의 변화를 연구했고 액체의 응집력과 증발 잠열이 동시에 0이 되는 온도를 '절대 끓는점'이라 이름 붙였다(제9장 참조).

토마스 앤드류는 멘델레예프의 연구가 발표된 시점에 이산화 탄소 연구를 시작했고, 가장 중요한 결론을 1869년 베이커 강연에서 발표했다. '임계점'과 '임계 온도'라는 이름을 붙인 사람이 바로 그였으며, 액체의 기화를 언급했던 이전 연구자들[19] (패러데이 제외)과 달리, 임계 영역에서의 액체와 기체 간의 대칭성을 처음으로 결정적으로 정립한 사람도 그였다 [171]. 그는 흐름 현상이 또한 임계점 근처에서의 유체 특성임을 처음으로 밝혔다.

11.3.1 임계 현상의 고전 이론

임계 현상의 이론적 작업은 1873년 3차원 공간 표면에 의한 유체의 열역학적 성질을 다룬 반데르 발스의 학위 논문과 깁스의 논문이 출판되면서 시작되었다[*54*]. 이 두 편의 논문들은 각각 임계 현상의 분자적 해석과 열역학적 해석의 바탕이 되었다. 그들의 가정은 완벽하게 일치했으며, 두 가지 접근 방식 사이의 유익한 상호 작용이 발전된 것은 반데르 발스 덕분이었다. 그는 혼합물에 관한 추후 연구에서 양쪽 방법을 자유롭게 사용했다(제12장 참조). 그러나 임계 현상에서의 그의 관심은 연속성의 분자적 해석, 상태 방정식, 대응 상태와 모세관 현상과 비교하면 부가적인 것이었다. 그에게 임계 현상은 현대 이론 물리학자들이 매력적으로 느끼는 것만큼 흥미로운 주제는 아니었다.

이 주제에 관한 그의 초기 의견은 학위 논문에서, 3개의 임계 상수를 매개 변수 a와 b의 항으로 나타낼 수 있도록 한 상태 방정식 형태로 표현되었다. 토마스 앤드류와 제임스 톰슨은 단 한 개의 상수, 임계 온도만을 다루었다. 반면, 반데르 발스는 세 가지 모두에 동등한 가치를 둔 최초의 학자였다. 임계 온도 아래에서의 유체의 안정, 준안정, 불안정 상태 차이는 반데르 발스와 깁스에 의해 정립되었다. 임계 현상의 일반적 성질은 모든 물체에 있어서 동일하다는 이론은 자신의 그 연구와 대응 상태의 원리에 이미 명확하게 표현되어 있었다.

오늘날 임계 현상의 고전 이론이라 불리는 것은 반데르 발스의 모세관 연구에서 떨어져 나온 부산물로 시작되었다[37]. 그는 임계점에서 표면 장력이 0이 된다는 이유를 알고 싶었기 때문에 상태 방정식과 표면 장력 결과를 가져와 임계점에서의 그 값들을 테일러 급수로 전개했다. 그는 맥스웰의 등적 규칙과 2개의 임계 조건[21] $(\partial P/\partial V)_T = 0$, $(\partial^2 P/\partial V^2)_T = 0$을 사용해서 다음과 같은 결과를 얻었다:

임계 등온선에서

$$(P-P_c)\sim(V-V_c)^{\delta},\ \delta=3;$$

공존 곡선에서

$$(\rho_l-\rho_v)\sim(T_c-T)^{\beta},\ \beta=\frac{1}{2};$$

표면 장력은

$$\sigma\sim(T_c-T)^{\mu},\ \mu=\frac{3}{2}.$$

(문자 δ, β, μ는 오늘날 정의된 기호로, 지금은 임계 지수라 불린다.)

그는 이 방정식들이 자신의 혹은 다른 형식의 상태 방정식보다 더 넓은 범위에서 활용될 수 있다는 것을 알았다. 이 결과를 확인하기 위해 먼저 실험이 실행되었고 그 결과 공존 밀도의 합$(\rho_l+\rho_v)$은 (T_c-T)의 선형 함수라는 것이 밝혀졌고, 이는 카유테와 마티아스가 1886년에 발견한 직선 지름의 경험적 법칙이었다[56]. 그는 E. C. 드브리스가 1893년의 레이던 학위 논문에서 $\mu=1.23$이라는 것을 알아냈다고 보고했지만, 이 지수의 겉보기 값은 온도가 증가함에 따라 증가하고 임계점에는 $\frac{3}{2}$에 도달할 것이라고 생각했기 때문에, 그러한 작은 오차는 그다지 신경 쓰지 않았다.

11.3.2 임계점에서의 비정상성

1890년대부터 고전적인 지수 값들이 실험에 의해 얻어진 값들이 아니라는 증거가 쌓이기 시작했다. 19세기 초에 이 분야에서 가장 성실히 연구한 학자는 주로 레이던에서 연구를 진행했던, 벨기에 물리학자 J. E. 베르샤펠트였다.

그는 자신의 실험 결과와 다른 사람들의 실험값으로부터 신중하게 계산한 결과를 결합시켰는데, 특히 시드니 영이 얻었던 이소펜테인에 대한 탁월한 측정치를 이용해 $\delta=4.26, \beta=0.33-0.37, \mu=1.22-1.23$의 결과를 얻어냈다. 그는 점점 더 자신감을 가지고 고전적인 수치와 그렇게 차이가 나는 이유는 임계점 충분히 근처에서 측정을 하지 않았기 때문이라 주장했지만, 그의 증거에 귀를 기울여 주는 사람은 없었다[57]. 1924년이 되어

서야 반 라르가 이 문제를 다루었다.; 그는 '이 [β에 대한] $\frac{1}{3}$승 법칙은 자연의 법칙이 아니라고 보고했다. 이론적으로 보면 T_c 근처에서 $\frac{1}{2}(\rho_l - \rho_v)$는 반드시 $|\Delta T|^{1/2, 22}$에 비례해야 하기 때문이다. 테일러 급수에서 자유에너지의 전개식은 고전적으로 알려져 있던 지수 값으로 반드시 이어진다는 것을 처음으로 주장한 것은 반 라르 자신이었고, 이 전개식의 타당성을 의심할 이유가 없었기 때문에 그는 β가 $\frac{1}{2}$라는 확신이 있었다. 1910~12년 동안 반데르 발스는 결과에 더 잘 맞는 새로운 함수(1893년에 나온 그의 연구 결과와는 모순되는)를 제안했지만, 그 시도에는 진정성이 별로 없었고, 대부분의 물리학자가 새로운 분야로 떠난 이상 이 차이점은 미제로 남거나 잊혀졌다.

11.3.3 현대의 관점

임계 현상에 관한 관심은 1930년대에 부활했지만, 당시 관심의 중심에 있었던 기체-액체 전이가 아니라, 합금에서의 질서-무질서 전이, 강자성 물질과 나중엔 반강자성 물질, 강유전성과, 그리고 처음엔, 초전도도나 액체 헬륨의 람다 전이 같은 분야에 속하는 것으로는 인식되지 않았던 현상들의 새로운 분야에 관한 것들에 오히려 더 큰 관심이 모아졌다. 실험 결과는 어느 정도 부정확한 임계 지수를 낳았고, 열용량 측정 시 수반되는 오차의 크기는 고전적인 평균장 이론에서 나온 간단한 추산 값과는 거의 맞지 않았다. 가장 일반적인 것은 1937년에 나온 란다우의 2차 상전이 이론이었다[59]. 이 또한 전개식에 바탕을 두었기 때문에 불가피하게 고전적인 지수 값으로 이어졌다.

세계 대전이 끝나고 실험은 더욱더 정교해졌으며 새롭고 더 정확한 지수 값은 물리학자들로 하여금 고전적인 이론들에 심각한 문제점이 있다는 것을 인식시켰다. 이론에 새로운 돌파구를 제시한 사람은 예일 대학교의 라스 온세이거로 1942~48년간 강자성에 관한 2차원 정사각형 이징(Ising) 모형 문제를 연구하면서[*60, 61*] 자신과 다른 사람들의 추가적인 연구 끝에 $\delta = 15$, $\beta = \frac{1}{8}$, $\mu = 1$이라는 값을 얻었다. 이 2차원에서의 값은 유체의 3차원 실험적 값보다 더욱더 고전적인 값보다 멀어져 있었다. 이 연구는 2

차원에서, 나아가서 3차원에서, 자유 에너지는 임계점에서는 자연적 변수인, 부피와 온도의 해석 함수가 아니라는 결론으로 이어졌다. 반데르 발스나 반 라르 조차도 이런 놀라운 사실을 고려해 본 적이 없었으며, 베르샤펠트는 시도는 해 봤지만, 그의 함수는 정확하지 않았다.

이 분야는 곧 이론 물리학에 있어서 흥미로운 분야로 발전했는데, 그 이유는 새로운 급진적 사고를 필요로 했기 때문이며, 그중 가장 중요한 것으로는, 임계 영역에서 밀도(그리고 혼합물의 조성) 요동의 결정적인 역할을 인식하게 된 점이다. 예를 들어 포화 증기압 바로 아래 상태에 있는 증기에 액체 방울을 떨어뜨리거나, 상자성 결정체에 '잘못된' 자기화를 일으키는 미세 영역들 같이, 어떤 한 상이 다른 상과 거의 평형을 유지하고 있을 때 요동이 일어나면 첫 번째 상의 벌크 내부에 있는 두 번째 상의 어떤 변화의 전조가 된다는 사실은 오래전부터 알려져 온 사실이었다. 이 요동의 규모와 세기는 임계 영역에서 급격히 증가하며, 그 증가와 그 극한에서의 발산은 자유 에너지의 비분석적 특성의 원인이 된다.

이러한 요동들의 중요한 성질 중 하나는 프랙탈처럼 모든 범위의 길이에 존재한다는 점이다. 이 물리적 눈금은 자연적 변수를 특정하게 묶는 방식에 관련하여 열역학 함수의 수학적 눈금과 일치한다. 이 둘의 관련된 사실을 이해하고 난 뒤에야 기초 입자 이론을 빌려 옴으로써 재규격화 군(renomalization group)의 개념에 의해 만족스러운 이론을 도출해낼 수 있게 되었다.

따라서 4차원 혹은 그 이상의 차원 세계에서 지수는 고전적인 값을 갖게 되며, 3차원과 2차원에서 계산된 값은 이미 알려진 결과와 잘 맞게 되었다. 이 연구에 관한 공로로 코넬 대학교의 케네스 윌슨은 1982년 노벨 물리학상을 받았다 [*62, 63*].

요동들의 억제나 균일화의 도입은 반데르 발스의 내부 평균 분자 장 가정에 들어가 있다. 힘의 범위가 충분히 길다는 가정 아래에서만 4차원 미만 차원에서 해당이 된다. 이를 입증하는 몇 개의 강유전성 예가 있긴 하지만 대체적으로 이런 경우는 드물다 [*64*]. 대부분의 임계 현상에서 우리는 반데르 발스 이론의 핵심적 측면에서 고찰할 때, 단거리에 작용하는 힘은 평균장 가정에 맞지 않는다는 모순을 보게 된다. 대부분의 경우 3차원의 세계에선 많은 숫자(12 정도)의 분자를 중심 분자 주위로 둘러쌓을 수 있고 이 숫자는 충분한 정도의 균일성을 제공해 준다. 그렇기 때문에 이러한 모순은 정성적으로도 그다지 중요하지 않을 뿐만 아니라 임계점에서도 이 모순은 해결되지 않기 때문에 고전적인 이론은 폐기되어야 한다.

11.4 대응 상태의 원리

11.4.1 초기 역사

클라우지우스는 반데르 발스의 대응 상태 원리에 주목한 최초의 외국학자 중 한 사람이었다. 1881년 7월에 발표한 논문[*21*]에는 1880년의 반데르 발스가 쓴 원 논문[*12*]과 1881년 6월에 출판되어 대응 상태 원리를 새롭게 포함시킨 제12장과 제13장이 추가된 *연속성*의 독일어판을 모두 인용했다. 클라우지우스의 논문은 2상 영역에서의 액체의 성질을 다루었는데, 그는 약간 우쭐대는 태도로 이렇게 말했다; "나의 네덜란드인 동료는 경계 곡선의 구체적인 계산이나 방정식을 만들지 못했다. 나는 만들 수 있었는데...." "'왜냐하면' 반데르 발스는 '전자는 일이 너무 많고 후자는 너무 복잡하기 때문이다.'라고 언급한 적이 있다고 덧붙였다.

하지만 그는 반데르 발스가 상태 방정식을 통해 '중요한 결과를 많이 모았다.'고 말했다. 논문의 두 번째 부분[*65*]에서 클라우지우스는 환산 변수를 사용하기 시작했지만 반데르 발스를 언급하지는 않았다. 그는 '우리가 [따라서] 이 방정식들을 간소화시킬 수 있다는 점은 말할 필요도 없다.'라고 말했다. *대응*이란 단어를 그는 *übereinstimmenden* 이라고 썼는데, 이는 네덜란드어로 반데르 발스의 *overeenstemmende* 를 독일어로 직역한 것이었다. 그는 각주에 이 문제를 1851년의 옛 논문 [*66*]과 1864년에 출판된 열의 역학적 이론 관련 논문 모음집 제1권[*67*]에서 다루었다는 점을 언급했다. 게다가 그는 액체가 공통의 증기압을 갖게 되는 온도를 뜻하는 대응 온도의 개념은 1801년만큼 이른 시기에 존 달턴에 의해 이미 도입되었고, 1848-50년에는 J. A. 그로샨스[*68*] 또한 사용했다고 적었다. (이때 클라우지우스는 *entsprechenden Temperaturen* 이라고 썼는데 이는 *대응 온도*에 가까운 개념이었다.). 달턴은 두 액체의 대응 온도 차이는 그 공통 증기압의 값을 어떻게 선택하느냐 하는 것과는 관련이 없다고 말했다.; 그로샤스는 이 법칙을 대수적 형태로 나타냈다. 1851년 클라우지우스는 이 법칙의 타당성이 제한적이라는 사실을 보여 주면서 1820년대의 C. M. 데스프레츠의 실험 규칙을 바탕으로 자신만의 열역학 법칙을 만들어냈다. 데스프레츠는 기준 끓는점에서 한 단위 부피의 기체를 생성하기 위해 필요한 증발 잠열은 모든 액체들에 대해 동일하다고 말했다. 클라우지우스는 '변동이 큰 대기압 값'을 피하려고, 기준 끓는점을 대응 온도로 대체함으로써 다음과 같은 법칙을 제안하였다.: '...적어도 어떤 온도에서 그 증기압을 알고 있으면 구할 수 있는 특정한 상수를 온도에 곱하면, 한 액체의 포화 증기압의 온도 의존성에 관한 함수는 다른 액체에도 동일하게 사용할 수 있다.' [*67*, p. 125].

대응 상태의 원리에 관한 초창기 역사 중에 흥미로운 일화가 하나 있는데, 독일인 사강사(*Privatdozent*) 유겐 뒤링이 그 원리를 자기가 먼저 발견하였다고 격렬히 주장한 것이다. 그는 지금은 '과학적 공산주의'의 아버지 중 하나로 불리는 프리드리히 엥겔스에 의해 공격받은 것으로 가장 잘 알려져 있는 인물이다. 1878년에 출간된 엥겔스의 책인 *반- 뒤링*은 마르크스의 *자본론*과 함께 막시즘의 성경이 될 정도였다. 같은 해에 뒤링은 *합리적 물리학과 화학의 새로운 기본 법칙*[*70*]을 출판했는데, 여기서 그는 모든 자연 과학을 5개의 새로운 기본 법칙으로 정리하려 했다. 그중 하나는 이 관계식으로,

$$(T_1' - T_1)/(T_2' - T_2) = q_1/q_2 , \tag{11.9}$$

여기서 T_1'과 T_2'는 기준 끓는점, T_1과 T_2는 증기압이 임의의 압력과 동일할 때의 온도, 그리고 q_1과 q_2는 각 액체의 특징을 나타내는 상수이다 [*70*, p. 73].

1880년에 반데르 발스의 논문이 출판되고 나서야 사람들은 증기압에 관한 모든 초창기 '법칙'들은 기껏해야 그가 이전에 제안한 보다 일반적인 법칙의 조각에 불과하였으며, 그 타당성 또한 특정한 환경에서만 타당하다

는 것을 알게 되었다.

따라서 반데르 발스 자신이 직접 보여 주었듯이 [1e₁', p. 468] 뒤링의 식은 두 액체의 임계 압력이 같다는 조건 하에서만 성립이 된다. 그런 논쟁은 뒤링에게 아무런 영향을 주지 않았고, 아들의 도움을 받아 20년 넘게 자신 연구의 우선적 지위를 옹호하면서, '네덜란드인 교수 발스'와 '프러시아인 교수 클라우지우스'가 자신의 법칙을 부정확하게 재현한 것에 불과한데도 자신들의 것이라고 주장한다고 비판했다. 심지어 그는 반데르 발스의 상태 방정식이 베르누이와 자신의 연구 업적을 훔쳐서 만들어진 것이라고 주장했다[*71*, p. 609].

반데르 발스는 자신의 선구자들이 해 놓은 일에 대해서 비록 언급은 하지 않았지만 잘 알고 있는 것처럼 여겨진다. 그러나 그는 1870년에 '절대 끓는점', 다른 말로 임계 온도 (제9장 참조)에서 다른 액체의 성질을 비교하기에 가장 안정된 상태라는 것을 밝혀낸 멘델레예프의 성과는 언급했다. 반데르 발스는 그러나 임계 압력과 부피를 '환산' 매개 변수로 처리하는 것의 중요성을 인식하고, 그 중요성이 분자 수량과의 직접적 연관성 때문에 비롯된다는 것을 알아낸 유일한 학자였다. 그는, '일반적으로 우리는 합리적 이유가 없는 한, 모든 관계가 동일 압력이나 온도에서 추론된 물성이라는 사실을 받아들여서는 안 된다고 했다. 임계 압력이 일반적으로 다르기 때문에 같은 압력에서 서로 다른 물체가 가진 성질 간에는 일반적인 관계가 존재할 리가 없는 까닭이다. 이는 우리가 두 개의 물체를 가정한다면 더욱 명확해진다.; 그중 하나만 임계 압력에 있다고 치자. 이 경우 물체들은 서로 다른 조건 아래 있게 되고, 그들의 압력 관계를 비교하는 것은 불가능하다. 따라서 일반적으로 표현되는 대부분의 관계식은 그 중요성이 크게 낮아진다.' [1e₁', p. 469].

이 새로운 원리를 처음으로 시험한 것이 증기압 곡선이라는 것은 그리 놀라운 일이 아니었다. 그는 이 원리가 아주 정확하다는 것을 알았고 약간의 오차는 불순물 때문이라고 추측했다. 그것들의 영향력을 알아내기 위한 시도는 결과적으로 혼합물 이론으로 이어지게 된다[1e₁', p. 473, 479; 제12장 참조].

11.4.2 원리의 검증

레벨트 생거스는 '이 이론 [곧 원리] 의 강력함은 반데르 발스와 과학계에 있어서 당연한 것이었다.' [177, p. 77] 라고 썼다. 카메를링 오네스는 즉시 반응하여 1880년 가을에 이 원리에 관한 검증에 들어갔다.; 다른 사람들은 그리 적극적이지 않았다. 1880년대에 키예프의 나데즈딘은 증기압 곡선에 관한 추가적인 연구를 한 뒤에 1885년에 '이 법칙은 참으로 일반적이다.' (제9장 참조)라고 발표했다. 1882년과 1887년 사이 램지와 영은 주로 유기 물질에 대해 일련의 증기압, 임계 온도, 몰 부피를 정확하면서도 적절하게 측정했다. 램지가 불활성 기체의 발견으로 이어지는 연구 쪽으로 돌아서게 되자 영은 혼자서 금세기 초까지 연구를 계속했다. 이 작업은 그 원리를 검증하기 위한 결정적 증거를 제공했다. 가브로글루는 램지와 영의 실험과 반데르 발스의 원리 사이의 관계를 자세히 조사했다.

1887년이 되어서야 그의 상태 방정식을 언급하기 시작했고, 1890년이 되어서야 영이 '반데르 발스의 일반화'라고 불렀던 원리에 자주 의존하기 시작했으며, 1902년이 되어서야 '대응 상태의 법칙'이라는 단어를 처음 사용했다[184, p. 234-235]. 그리고 그는 직선 지름의 법칙 (제11장, 3.1절 참조)을 검증하기 시작해서 현대 이론에 따르면 완전히 정확하지는 않을 수도 있지만, 아무튼 그의 결과를 확인해 줬다[177; 72].

이 법칙의 공동 발견자인 프랑스 물리학자 에밀 마티아스는 네덜란드 밖에서 대응 상태의 원리에 관해 가장 큰 기여를 했다. 1890년에 발표된 그의 박사 학위 논문 [73] 과 후기 연구에서 그는 자신, 영 및 다른 사람들의 측정값을 체계적으로 정리했으며 '이 이론 [곧 원리]은 액체의 밀도에 대해 특히 정확하다.'라는 결론을 내렸다. 그리고 '영은 몇 가지 그룹의 물질들(곧 알코올류, 할로-벤젠 류)이 반데르 발스의 아름다운 이론에 잘 들어맞는다는 것을 증명했다.' [184, p.236 참조] 라고 덧붙였다. 가브로글루는 '마티아스는 대응 상태의 법칙의 타당성에 매우 열정적이었고 그 뒤에 반데르 발스의 논문을 프랑스어로 직접 번역하기도 했다.'[1f']. 그는 그 법칙의 '조화로운 단순성'에 감동을 받아 다음과 같이 말했다.'... 마티아스에 의하면 이 법칙은 형식이 독특하며, 모든 유체의 기본 성질에 관련된다는 사실 때문에 열 연구와 이해 방법론에 있어서 동시대 물리학 중에서도 가장 중요한 결과물이다.' [184, p. 236].

아마도 실험 결과와 그 원리의 대립 관계에 있어서 가장 중요한 결론은 액체는 내부적으로 다음과 같은 영의 임계비에 따르는 부류의 물질로 다룰 수 있다는 점이었을 것이다.

$$\gamma = RT_c/P_cV_c, \tag{11.10}$$

반데르 발스의 상태 방정식에 따르면 그 값은 8/3 혹은 2.67이다. 따라서 4개의 할로 벤젠 (fluoro-, chloro-, bromo-, iodo-)류는 전부 3.78에서 3.80 사이의 γ값을 갖고, 환산 증기압 곡선은 1% 이내에서 거의 일치하며, 정압 경계 곡선은 거의 비슷하다. 두 번째로 중요한 집단은 물, 몇몇 유기산과 저분자량 알코올과 같이 극성이 높거나 회합 액체로 조성되어 있고, γ는 4.3의 값을 가진다.

1896년에 E.-H 아마가는 그 원리를 이용해 물질들을 몇 개의 그룹으로 분류하고 임계 매개 변수를 매끄럽게 알아내는 방식을 고안하였다.; 이 방법은 임계 성질이나 상태 방정식에 관한 선행 지식을 필요로 하지 않았다. 그는 눈금이 있는 투명 용지로, 각기 다른 유체의 등온선에 대해 간단한 투영법을 이용해 눈금을 이동시켜 눈금을 맞춰 나갔다[*74*, p. 574-578]. 10년간의 그 원리에 관한 검증을 시도한 후 1990년, 그는 이렇게 썼다.: '반데르 발스 법칙의 일반성에 관해서, 그룹을 형성해야 하는 필요성은 그 법칙의 중요성을 훼손하지 않는다. 이는 하나의 분류법으로, 원래 예측되었던 모모한 법칙의 매혹적인 단순성과 일반성을 전부 잊게 할 정도로 유용했다. 따라서 반데르 발스의 업적은 그 중요성과 유용성을 유지한다.' [*74*, p. p. 582].

1945년, 반데르 발스 방정식이 가장 관심을 받지 못하던 시기에 E. A. 구겐하임은 다음과 같이 썼다.: '대응 상태의 원리는 반데르 발스의 상태 방정식에서 나온 가장 유용한 부산물이라고 말할 수 있다. 이 상태 방정식이 이제는 그리 가치를 인정받지 못하더라도, 대응 상태의 원리는 대단히 유용하며 매우 정확하다.' [*75*, p. 253].

11.4.3 개선 시도

대응 상태의 원리에 관해서 가장 인상적인 연구를 한 사람은 반데르 발스의 충실한 지지자인 카메를링 오네스로, 그는 1926년에 죽기 전까지 항상 자신의 과학적 관심사를 반데르 발스에 집중시켰다. 그는 1901년에 이런 글을 썼다.[23]; '반데르 발스의 a와 b에 관해서 V와 T의 함수를 운동론이나 열역학적 관점에서 이끌어내기 위해 실험적으로 사용한 방법은 수도 없이 많았지만, 상태 방정식 전체 관점에서 관찰된 바와 잘 일치되는 것은 없었다. 나 또한 레이던 연구실에서 대응 상태에 관한 연구나 다른 조사를 계속했지만 만족할 만한 결과를 얻지 못했다. 내가 실험적 형태를 찾을 때마다 나는 좀 더 자세한 조사를 통해서, 반데르 발스나 볼츠만이 제안한 순수한 이론으로부터 알 수 있는 것을 완성하려면 한정된 범위 안에서만 가능하다는 것을 알았다. 따라서 모든 기체와 액체의 등온선의 실험 결과를 체계적으로 모아 이론적 요소를 가능한 한 배제하고 전개식으로 나타내야 한다는 생각이 강하게 들기 시작했다.' [76, p. 3]. 따라서 그는 비리알 상태 방정식을 만들었다[76, 77].

$$\frac{PV}{RT} = 1 + \frac{B(T)}{V} + \frac{C(T)}{V^2} + \frac{D(T)}{V^4} + \frac{E(T)}{V^6} + \frac{F(T)}{V^8}, \qquad (11.11)$$

여기서 비리알 계수 B, C 등등은 다음과 같이 주어졌다;

$$B(T) = b_1 + \frac{b_2}{T} + \frac{b_3}{T^2} + \frac{b_4}{T^4} + \frac{b_5}{T^6}. \qquad (11.12)$$

카메를링 오네스는 반데르 발스 방정식의 전개식을 밀도의 멱급수로 나타내었으며, 그리고 그 전개식을 각각 $(1/T)$항의 한정된 수의 적절한 멱급수로 이뤄진 다항식으로 표현했다. 그는 '이 다항식에서의 항의 숫자는 우리가 계산에 고려한 각기 다른 물질들의 모든 등온선이 관측에서 얻을 수 있는 계수로 모두 표현될 수 있도록 정해져야만 한다.'라고 적었다 [77, p. 5][24].

대응 상태 원리의 정신에 입각해서 그는 반데르 발스의 환산 변수 $l = P/P_c$, $m = T/T_c$, $n = V/V_c$ 을 사용해서 비리알 상태 방정식을 다음과 같이 변환시켰다;

$$\frac{nl}{m\gamma}=1+\gamma\frac{B'(m)}{n}+\gamma^2\frac{C'(m)}{n^2}+\gamma^4\frac{D'(m)}{n^4}+\gamma^6\frac{E'(m)}{n^6}+\gamma^8\frac{F'(m)}{n^8}, \tag{11.13}$$

여기서

$$B'(m)=b'_1+b'_2/m+b'_3/m^2+b'_4/m^4+b'_5/m^6, \tag{11.14}$$

로 표현되며 $C'(m)$ 등도 유사하게 정의된다.

카메를링 오네스와 크로멜린은 아마가의 수소, 산소 및 질소의 측정값과 램지와 영의 에터 측정값, 그리고 영의 이소펜테인 측정값을 결합해서 방정식 (11.13)을 '합성했다'. 그들은 곧 중요한 문제점을 발견했는데, 각 물질의 결과가 환산 단위로 했을 때 서로 겹쳐지지가 않는다는 점이었다. 만약 그 원리에 철저히 따른다면 이런 어려움은 없었겠지만, 현실적으론 문제가 남아 있었다. 그럼에도 불구하고 마침내 '가상 물질에 관한 상태 방정식이 완성되었고... 대응 상태 법칙의 타당성을 가정한다면 모든 계산에 적합하다. 그리고 이 방정식은 그 법칙으로부터의 편차를 추적하는 데 특별히 유용하다...' [*79*, p. 3].

19세기의 마지막부터 1920년대 중반까지 레이던에서는 이 환산 비리알 상태 방정식에 관한 엄청난 양의 연구가 이뤄졌다[25]. 처음에는 주로 이원자 기체인 수소, 산소 및 질소에 집중되었는데, 이는 그것들의 간단한 구조가 반데르 발스가 시작한 가정과 제일 밀접할 거라고 여겨졌기 때문이다. 나중에야 단원자 기체가 더 적합하다는 것이 알려졌고, 1911년에는 '헬륨이 원래 수소를 위해 지정해 둔 자리를 빼앗았다.'[*82*].

다섯 개의 비리알 계수는 다양한 단원자 및 이원자 기체를 통해 구해냈지만, 보편적인 환산 상태 방정식은 아직 만들어내지 못했다. 방정식 (11.13)과 (11.14)[26]에 있는 25개의 수정 가능한 매개 변수를 가지고 그 원리를 만들어내는 것은 절망에 가까운 시도였다. 그럼에도 이 시도는 실제 응용 면에서는 물론이고, 비리알 계수와 분자간 힘의 직접적 상관관계 덕분에 가치 있는 시도였다 [*83*].

깁스는 1903년 자신이 죽고 난 뒤 논문들 속에서 발견된 주석과 1890년대 초반에 쓰인 것으로 보이는 미국 물리학자 칼 바루스에게 쓴 편지를 볼 때 대응 상태의 원리에 특별한 관심이 있었던 것으로 보인다. 이 편지에서 그 문제에 대한 깁스의 접근 방식은 다음과 같이 나타난다.: '...어느 정도의 가정과 어떤 한도 내에서, 뿐만 아니라 어느 정도의 예외를 가지고, 위에서 언급된 의미에서 [곧 그 원리에 입각해서] 다른 물질들의 실제 법칙들이 서로 *비슷한지* 어떤지를 알아내는 일은 가치 있는 일이라고 생각하네. 만약 비슷하지 않다면, 온도, 압력 및 부피의 척도와 관련하여 위의 세 문제(가정, 한도, 및 예외)에 덧붙여 거기에 얼마나 많은 차이가 있는지, 다시 말해, 일반 방정식에 얼마나 많은 독립 상수가 있는지를 찾는 것 또한 가치 있는 일이라고 생각하네...' [*85*].

그리고 그는 측정값을 차례대로 표시하며 다양한 물질 집단에서의 열역학적 거동을 충분한 수준의 정확성을 가지고 표현할 수 있을 만한 독립 상수가 필요한지를 찾으려 했다.

그는 처음엔 카메를링 오네스와 키솜이 고안한 임계 압력비[160, p. 139], 곧 환산 증기압 곡선[27]의 한계 기울기 $D=(d\ln P/d\ln T)$를 바탕으로 유체를 분류하려 했다. 그러고 나서 그는 각 집단마다 P, V, T와의 비슷한 연관성이 있는지를 조사했다. 추가 매개 변수를 도입하자는 깁스의 제안은 1950년대 초반 마침내 빛을 발했는데, 이 매개 변수가 불활성 기체의 경우 그 원리로부터 벗어나는 체계적 오차를 분류할 수 있다는 사실이 밝혀졌기 때문이다 [*88-90*].

양자 역학 효과로 또 하나의 매개 변수가 도입되었다. 1913년 봄에 카메를링 오네스와 키솜은 낮은 온도에서의 영점(zero-point) 진동이 이상 기체조차도 압력의 변화를 일으킨다는 주장을 했다[*91;92*, p. 5]. 베를린의 알프레드 비크는 이 문제를 더욱 올바른 식으로 접근했는데 양자(量子) '수정치'의 중요성을 반영할 수 있는 매개 변수를 이렇게 쓸 수 있다고 주장했다:

$$\Lambda = h(\mu k T_c)^{-1/2}(V_c)^{-1/3}, \tag{11.15}$$

여기서 h는 플랑크 상수이며 μ는 분자의 질량이다 [*93, 94*]. 카메를링 오네스는 비크의 '흥미로운 연구 결과' [*95*]를 언급했지만, 이 추가 매개 변수의 값은 보어와 미셸이 1938년에 밝혀내기 전까지는 충분히 인식되지 못했다[96].

11.4.4 역학적 유사성

반데르 발스의 대응 상태 원리는 가장 일반적으로 이렇게 쓸 수 있다;

$$F(l,m,n) = 0, \tag{11.16}$$

여기서 정의되지 않은 함수 F는 각 물질마다 동일하다. 카메를링 오네스는 이 형태, 혹은 그가 쓰는 형태인 $l = f(n, m)$이 분자 간 상호 작용에서의 역학적 유사점 원리를 통해 유추해낼 수 있다는 것을 처음 알아챘다. 이 유사점의 개념은 갈릴레오와 뉴턴에서 시작했으며, 1883년 오스본 레이놀즈가 수력학의 층류 기준에 관해 쓴 논문에도 실려 있지만, 카메를링 오네스는 이 개념을 현대적인 관념에서 처음 사용했다. 그는 열역학적 계들의 대응 상태들과 역학적인 계들의 대응 상태들이 서로 유사한데, 어떤 물질의 분자들에 고유한 단위로 측정된다는 가정 아래, 각 물질에 대해 운동과 상호 작용 매개 변수가 같은 분자들로 구성된 상태라고 주장하였다. 그 원리가 성립되기 위한 조건은 다음과 같다.: '1. 서로 다른 물질의 분자들은 일반적 모양의 전적으로 단단한 탄성체이다; 2. 상응하는 [대응] 점에서 발생되는 장거리 힘은 이것들의 상응하는 분리와 같은 함수에 비례한다.; 3. 절대 온도는 분자의 병진 운동의 평균 운동 에너지에 비례한다.' [160, p.80]

현대식 용어로는 만약 분자의 크기 i가 길이 σ_i, 질량 μ_i을 갖고 있고 분자간 힘이 모든 물질에 있어서 $f_i(r) = K(r/\sigma_i)$라면 물질 i의 특성 시간은 $\tau_i = (\mu_i \sigma_i / K_i)^{1/2}$로 정의할 수 있으며 몰 부피를 비교하는 데 대응하는 인수들인, 압력 및 온도는 각각 σ_i^3, $(\mu_i/\sigma_i\tau_i^2)$, $(\mu_i\sigma_i^2/\tau_i^2)$로 표현할 수 있다.

'카메를링 오네스의 주장은 통계적이라기 보다 역학적이다.; 하지만 기본적 통찰력은 있으며, 두 개의 특성 매개 변수를 제외하고는 분자 간 상호 작용이 비슷해야 하는데, 그래야 기압, 부피 및 온도의 비교 크기를 잴 수 있기 때문이다. 이와 거의 같은 개념은 J. 드 보어와 A. 미셸, K. S. 피처와 E. A. 구겐하임이 만든 대응 상태의 공식화[1938-45]의 기본이 되었다...' [177, p. 77].

이러한 차원적 분석 방식은 열역학적 매개 변수를 결합하는 데 일상적인 방식이 되었고, 모든 물질에 똑같이 적용되었다. 따라서 비크는 부피 h^3를 갖는 단위격자의 상 공간을 임계 상수로 표시함으로써 식 (11.15)에 있는 매개 변수 Λ를 나타냈다. 1938년이 되어서야 드 보어와 미셸이 열운동의 드브로이 파장과 임계점 $V_c^{1/3}$에서의 특성 공간의 비를 자연스럽게 해석했다.

카메를링 오네스의 조건을 현대적 방식으로 나타내려면 추가적인 중심 분자간 힘이 쌍으로 필요한데, 다음과 같은 형태를 갖고 있다:

$$u_{ii}(\gamma)=\varepsilon_{ii}f(r/\sigma_{ii}), \tag{11.17}$$

ε_{ii}와 σ_{ii}는 각각 힘의 크기와 힘이 미치는 범위를 결정짓는 에너지와 거리이며 f는 모든 물질에 대한 일반 함수이다. 상당한 기간 동안 함수 f는 레나드-존스 형태 [183]를 띄고 있었으나 이제는 이것이 불활성 기체에도 부적합하다는 것이 알려져 있다. 대응 상태의 원리로부터의 체계적 편차는 함수 f의 형태 변화와 (11.17) 식에 다른 항들이 존재하는 것과 관련이 있다; 이 변화는 현대의 통계 역학에서는 섭동 이론에 의해 다뤄지고 있다.

대응 상태의 원리는 저온 물리학과 공학의 역사에 실질적 도구로써 중요한 역할을 수행했다. 저온 물리학의 개척자 중 한 사람인 듀어는 이 원리와 반데르 발스의 일반적인 이론에 관해서 자신의 만족감을 반복해서 표현했다[184]. 1908년 7월 25일, 그는 카메를링 오네스에게 다음과 같은 글을 썼다.: '반데르 발스는 우리 모두의 후원자입니다. 그는 우리의 모든 아이디어의 창조자이며 아무리 높게 칭송해도 모자랍니다.' [184, p. 229]. 하지만 현실적으로 그의 원리에 대한 사랑은 실제보단 정신적인 것에 가까웠다.; 그는 자신의 연구에 그것을 거의 사용하지 않았다. '그는 1898년 수소의 첫 액화 논문에 대응 상태의 법칙을 쓰기 전까지 단 한 번도 그의 논문들에 그것을 언급한 적이 없다.' [184, p. 229]. 위대한 결과를 보고한 그 논문에서야 그는 대응 상태 원리에 기초하여 10년 전에 발표된 수소의 임계 온도에 관한 우로블레스키의 멋진 예상치인 33K를 언급했다.

그는 다음과 같이 글을 남겼다.: '...기체의 등온선 연구에서 나온 액체 수소의 주된 상수에 관련한 우로블레스키 추론의 정확도는 반데르 발스 이론의 승리 신호이다...' [99].

다시 한 번, 그 원리를 체계적으로 저온 연구에 사용하기 시작한 사람은 카메를링 오네스였다. 그의 후계자이자 가까운 동료였던 W. H. 키솜은 카메를링 오네스가 1882년 레이던에 있는 물리학 연구소의 소장으로 임명되었을 때 그가 선택한 연구의 주된 방향은 '대응 상태의 법칙이 등장하는 반데르 발스의 1880년 논문에 의해 정해졌다.'라는 글을 남겼다 [*100*, p. 6]. 이 사실은 카메를링 오네스 본인에 의해 확인되었다.: '나는 반데르 발스의 대응 상태의 법칙을 연구함으로써 압축 기체를 연구할 계기를 얻게 되었다.' [*101*, p. 4]. 듀어가 산소의 액화에 성공하기 2년 전이고 레이던에서의 일이 성사되기 10년 전인 1896년, 그는 산소 대신 수소를 그의 액화 장치에 넣으면 무슨 일이 일어날지에 대한 결과를 예상하면서 대담한 실험을 했다.; 그는 심지어 '열역학적으로 대응하는 조작'이라는 새로운 개념을 도입했다[*102*, p. 6]. 1908년, 헬륨의 첫 액화를 마친 며칠 뒤 그는 듀어에게 그 장치의 사진을 보내면서 1896년의 논문을 언급했다: '이 사진에 헬륨 순환이 어떻게 내 수소 계산에 "대응하는지" (최소한 내 23번 단신 논문의 아이디어를 적용한) 표시를 해 두었습니다.... 반데르 발스의 이론에 최대한 의지하고, 또한 수십 년의 사전 연구를 통해 얻은 내 등온선에 의존하였다는 것은 무척 좋은 일이었습니다.... [대응 상태의 법칙]은 헬륨 액화 과정의 기초가 되었습니다.' [184, p. 211].

키솜은 카메를링 오네스가 헬륨 액화의 마지막 시도에서 2개의 예상 임계 온도가 있었다는 것을 기억했다 - 하나는 듀어의 5-6K이고 두 번째는 올스체위스키의 2K이였다. '첫 번째 시도에는 성공의 징조가 있었는데, 두 번째 온도에서는 헬륨을 얻을 수 없는 환경이었다.' 카메를링 오네스 본인의 예측은 대응 상태의 법칙에서 얻은 것으로 임계 온도는 약 5K였다.... 이는 액화에 필요한 모든 에너지를 집중시키는 데 충분한 환경을 만들었다.'[*100*, p. 18].

비록 일반적으로는 잘 알려져 있지 않았지만, 대응 상태의 원리가 다시 사용되었다는 점은 흥미롭다. -이번에는 꽤 잘못되게 적용되긴 했지만- 카메를링 오네스로 하여금 자신의 두 번째 불멸의 업적인 초전도성의 발견을 이끈 계기가 되었다[*103*].

주석(Notes)

1. 이것과 다른 초기 연구는 브러시에 의해 논의되었다 [179, *3*].
2. 열 이론으로부터 논거가 충분하게 유도한 것이다. t는 본질적으로 분자간 힘의 비리알이다.
3. 히른의 공식에서의 m, 베르누이의 공식에서의 n처럼, 매개 변수 u는 분자 부피의 합을 뜻했고 두프레와 후기 연구자들에 의해 공동 부피로 불렸다[183].
4. 로렌츠가 유도한 이 식 [7]은 연속성의 독일어판에서 논의되었다 [$1d_1$'].
5. *네이처* 에 주석을 보낸 다음날인 10월 13일, 레일리는 사적인 편지를 썼다: '나는 테이트에 또 하나의 비난을 날린다. 그는 외국인들이 한 모든 업적을 깎아내림으로써 그 나라의 명예를 더럽힌다. 나는 반데르 발스의 더욱더 열렬한 지지자가 되었다.'[*14*].
6. 코르테베흐는 주석에서, '선형과 3차원 공간에 대해서 이 문제를 다른 방식으로 풀어내라는 것은 있을 수가 없다.' [*13*] 라는 글을 남겼다.
7. 1894년 마티아스는 이런 글을 썼다.: '과학자들의 관심은, 반데르 발스가 유체의 특성 방정식에 기울였던 것처럼 그 형식에 독점적으로 매몰되어 있었다. 클라우지우스가 주장한 변형된 방정식은 실험과 더 밀접한 관계가 있으므로 즉시 교체되었고, 반데르 발스의 기체와 액체 상태에 관한 유명한 이론에 의해 도달되었던, 많은 결과들은 오랫동안 알려지지 않고 있었다.' [1f', p. 270].
8. 세기가 바뀌면서 이런 시도는 오스트레일리아의 W. 서덜랜드, 독일의 M. 레인가눔, 러시아의 N. 실러가 이행했다.
9. 반데르 발스는 '준-회합'과 '겉보기 회합'을 분자 간 힘(혹은 반데르 발스의 힘)에 의해 회합이 생기는 것을 설명하기 위해 사용했는데, 이는 수소 결합에 의한 회합과 같은 '화학적' 성질을 갖는 힘에 의한 회합과 구분하기 위해서였다.
10. 저자 중 하나(B. E. 야.)는 1960년대 중반에 '반데르 발스 이론' 학파의 한 학생의 부주의한 언급이 란다우 학교의 이론 물리학자들에게 분노를 일으켰다고 기억한다.
11. 다른 많은 초창기 결과처럼 이 또한 잊혀졌고 다른 물리학자들에 의해 나중에 발굴되었다. 오늘날에는 통크의 방정식이라 주로 불린다[183, p. 50-61].
12. 반데르 발스는 자신의 상태 방정식을 향한 오른슈타인의 꾸준한 지원을 거의 눈치 채지 못한 것처럼 보였지만, 노벨상 수상 강연에서 그는 분자 물리학에서 자신이 걸어온 길이 '우회로'일 수 있다고 말하고는, '직선 도로가 있을 수도 있다. 이 길을 찾으려면 깁스의 *통계 역학의 기본 원리들*이 필수 안내서가 될 것이다.''라고도 말했다. [103e, p. 263].
13. S. G. 브리시는 우리가 오늘날 원자 간 힘과 분자 간 힘이라 불리는 것들의 초창

기 연구에서 제일 좋은 성과를 보였다[*3*, p. 204-232; *29*].

14. 반데르 발스는 현재 유카와 포텐셜이라 알려진 이 포텐셜을 최초로 사용한 사람이고 넓은 범위에 걸쳐 활용했다[*30*].
15. 반데르 발스는 뉴턴의 어디에나 있는 중력으로부터 분자 간 인력을 추론하는 것은 '대단히 위험한' 것이라 생각했다. 1901년에 아인슈타인은 처음으로 출판한 논문에서 '우리의 힘 [분자 간 인력]과 중력이 어떤 관계가 있느냐 하는 문제와, 있다면 어떻게 관계하는지에 대한 질문은 자유롭게 논의되어야 합니다.'[*32* (1901), S. 523; (1989), p. 20] 라고 말했는데 이는 약간 흥미로웠고 놀라웠다. *아인슈타인과 분자력의 본성* 에세이 참조 [23; (1989), p. 20].
16. 반데르 발스 논문의 평가에서, 맥스웰은 '그것 [수소]은 인력이 너무 약하기 때문에 절대로 액화되지 않으리라는 생각에 무리는 없을 것이다.'라고 썼다 [*33*, p. 479].
17. 이 항목에서의 설명은 주로 [183, p. 46-61; *38, 39*]에서 인용함.
18. 맥스웰이 가장 불만스럽게 여겼던, 반데르 발스 학위 논문의 특징은, 분자의 불관통성과 그것들의 상호 인력을 전혀 다른 방식으로 처리했기 때문이다. 따라서 현대 이론의 바탕에 이런 상호 의견의 차이가 깔려 있다는 점과 바로 이 차이가 (맥스웰이) 반데르 발스의 연구에 관심을 갖게 된 계기가 된 점은 고로 역설적이라고 볼 수 있다.
19. 앤드류는 멘델레예프를 제외한 모든 이전 연구자들을 언급했다. 비록 나중에 그에게 자신의 두 번째 논문의 별쇄본을 보내긴 했지만. 멘델레예프의 업적은 [*52, 53*, 160, 169]에 더 자세히 나와 있다.; 아마도 앤드류는 그것을 간과했으리라.
20. 이 이름은 오스트발트가 1897년에 처음 사용했다.
21. 자신의 학위 논문에서 반데르 발스는 자신의 3차 상태 방정식에서 3개의 근이 우연히 일치하는 점으로부터 임계점의 위치를 찾아냈다. 케임브리지의 스코틀랜드 물리학자이자 수학자인 J. D. 해밀턴 딕슨은 1880년에 최초로 이런 식의 간단한 방정식을 사용한 학자이다 [*55*]. 또한, 카메를링 오네스에 의해 그 이듬해 독자적으로 사용되었다[160, p. 60].
22. 그 지속적인 이상성을 당시 물리학자들에게 전적으로 받아들이게끔 설명해 준 레벨트 센거스가 번역하였다.
23. 카메를링 오네스는, 1885년에 PV를 처음 밀도 멱급수의 전개식으로 표시하고, 1847년에 르뇨의 측정값을 이용하여 두 계수를 처음으로 계산한 M. 티센의 연구를 언급했다[160, p. 149].
24. 비리알 전개식을 만들려는 1897년의 첫 시도에서, 카메를링 오네스는 밀도의 홀수 곱을 생략하지 않았다 [*78*]. 현대 이론과 실험은 그들을 포함한다.
25. 가브로글루[184]와 가브로글루-가우다루리스 간의 토론 [*80, 81*] 을 참조하라.

26. 만약 반데르 발스 방정식이 매우 정확하다면 카메를링 오네스의 비리알 방정식에는 6개의 변경 가능한 매개 변수만이 존재한다. $b_1', b_2', c_1', d_1', e_1'$및 f_1' 계수를 제외한 모든 계수는 0이 된다.

27. 스톨레토프 [86]는 클라우지우스 방정식의 증기압 곡선을 계산하기 위해 플랑크가 사용한 방법을 이용하여 (맥스웰의 등적 규칙과 더불어) 반데르 발스 방정식에 있어서 $D=4$라는 것을 처음으로 밝혔다[87]. 반데르 발스는 이 결과를 얻지 못한 것으로 보이며 실험을 통해 얻은 결과는 7 이상을 넘었다[1e₁', p. 478]. 그의 평소의 본능과 달리 그는 실험적 공식인

$$\log_{10} l = f(1-m^{-1})$$

을 사용했는데, 여기서 그의 상태 방정식은 $f=1.72$가 될 필요가 있었지만, f는 '보통의' 물질에 있어서는 3이었다.

제12장

물리화학

반데르 발스는 본인을 물리학자라고 했는데, 이 말 자체는 옳다. 하지만, 본디 물리학자들 중에서 물리화학에 기여한 사람이 많다는 것 또한 기억해야 할 것이다. 그중에는 헬름홀츠, 플랑크와 깁스가 제일 유명하지만, 그밖에도 수많은 과학자들이 있고 반데르 발스 또한 포함되어 있는데, 앤드류는 이 사실을 적절하게 기록했다.: '물리와 화학을 명확하게 구분할 수 있는 선을 긋는다는 것은 어려운 일이다. 그리고 그 분류가 인위적인 것이 아닌지에 관해서도 확실하지 않다.' [*1*, p. lxxvii]. 반데르 발스의 상태 방정식, 대응 상태의 원리 및 모세관 이론은 분자 물리학과 물리화학에 동등하게 속해 있지만, 그의 업적의 일부는 현대식 분류에 따르면 전적으로 물리화학에만 속해 있다. 다성분 비이상계의 열역학, 곧 실제 용액과 그들 사이의 상평형에 관한 그의 업적은 물리화학에 속한다.

12.1 일반 아이디어와 방법론

12.1.1 열역학과 상태 방정식

깁스와 굴베르그를 제외하면 19세기 말경엔, 어느 누구도 열역학의 모든 분야-일반적, 기술적, 및 화학적으로- 가 본질적으로 이상(ideal)계의 열역학이라는 사실을 분명하게 이해하지 못했다. 이러한 한계점 때문에 순수하게 열역학적 방법을 이용해서 평형에 관한 문제를 풀 수 있다는 환상을 불러일으켰다. 이 문제를 처음으로 명확히 제시한 사람은 반데르 발스였다. '현재 열역학은 물리학의 일부분으로 사용되고 있으며 예전에는 불가능하다고 여겨졌던 분야, 또는 다른 자료를 통해 쌓여진 지식이 응용되는 분야에 사용되고 있다. 하지만 이 정보가 원천적으로 순수한 열역학에서 유래한다는 일반적인 믿음을 갖는 것은 옳지 않다. 물질의 특성 때문에 이는 불가능하다. 열역학은 왼쪽에는 열의 수량을, 오른쪽에는 일이나 에너지의 수량을 나타내는 방정식을 어떻게 얻을 것인지를 가르쳐 준다.... 하지만 만약 우리가 다른 자료에서 방정식의 어느 쪽도 알아내지 못한다면, 이 방정식은 아무런 의미가 없다.... 열역학은 자연스럽게 물질의 역학이나 운동론으로부터 발전하기 때문에, 운동론으로부터 그것의 더 중요한 결과 중의 하나인 상태 방정식을 얻는 다양한 응용을 만들어내는 것 또한 가능할 것이다.'[*91*, p.24].

열역학과 상태 방정식 이론 간의 상호 작용은 또한 다른 특징도 지니고 있다.: '단 하나의 물질만을 다루더라도 상태 방정식을 이해하기엔 부족하기 때문에, 우리는 어떤 계가 언제 균일화를 멈추게 되는지와 공존 상태의 성질들을 알아내는 데 사용할 규칙이 필요하다.' 이제부터는 열역학 없이는 문제를 다룰 수 없으며[1], '혼합물의 경우 평형의 열역학 규칙의 적용은 단일 물질보다 더욱더 중요하게 되었다.'[61, p. 90, 91].

12.1.2 연속성의 원리

반데르 발스는 열역학과 상태 방정식의 합성을, 자신이 밀고 나갔던 연속성의 원리 아래 실행했다. 곧 그는 초임계 영역을 통한 액체에서 기체로 향하는 연속되는 경로가 존재한다는 앤드류의 주장과 더불어 이 원리를 일반화시켜 액체와 기체는 같은 상태 방정식을 공유한다는 것과 그 때문에 연속적이고 연속 미분이 가능한 표면 ψ와 ζ(깁스가 사용한, 헬름홀츠와 깁스의 자유 에너지)를 2상계에서도 만들 수 있다고 주장했다 (참고: [65e, p.451-52] 및 [169]).

액체에서 기체로의 연속적 전이는 불안정한 상태를 포함하고 따라서 연속 함수에 해당되는 ψ(혹은 ζ)의 대응 값들은 실험적으로 알아낼 수 없다. 진정한 상평형을 알려주는 실제 수치는 연속적일 때보다 낮지만, 그것들을 통해 알아낼 수는 있다.; '...가장 간단한 물질조차도 공존의 법칙을 구하려면 불안정한 상태에 관한 지식이 필요하다는 것이 입증되었다. 공존 압력을 구할 때 예를 들어 맥스웰의 기준을 생각해 보자. 이성분 혼합물의 경우 ψ 표면 위의 플레이트에 대한 지식은 임계 현상을 추론하는 데 반드시 필요하다. 이 모든 경우에 어떤 한도의 한쪽 끝이 연결되어 있는지를 알 수 있고, 실현 불가능한 조건 아래에서도- 연속성을 가정할 때는-, 다른 한도의 다른 쪽 끝이 연결되어 있는지를 완전히 추정할 수 있다.' [65e, p. 449].

여기서 플랑크는 완전한 열역학적 분석을 위해 이 실현 불가능한 상태들이 얼마나 중요한지를 알려주기 위해 이를 반데르 발스 등온선이라 이름 붙였다[2, p. 650-651]. 이 상태에 관한 현대적 토론을 보려면 문헌 [3, p. 182-83]을 참조하면 된다.

따라서 반데르 발스의 연속성 원리는 순수 열역학의 경계를 벗어난 일반화이다.; 이는 비록 특정한 대수 형태에 묶이지 않는 것이지만, 상태 방정식 이론에 속한다. 연속성의 개념은 위에 언급한 원리에만 있는 것이 아니라, 물체를 기하학적으로 그리고 연속적으로 해석하는 데도 필요한 그의 중심 아이디어였다. 그의 과학 연구에 있어서 기하학적 방법의 역할은 근본적으로 연속성의 역할과 같았다. (훗날 N. S. 쿠르나코프는 물리화학적 계를 기하학적으로 설명하는 바탕으로 연속성 개념을 개발했다.; 그는 그의 선구자인 반데르 발스에게 감사를 표했다. 이를테면 [4, p. 77]를 참고하라.)

12.1.3 상 이론

여기서 몇몇 단어의 정의에 대해 다시 한 번 살펴 볼 필요가 있다; 일단, *상*의 개념은 무엇인가? 우선, 상이란 관찰 가능한 경계에 의해 다른 부분과 분리된 균일계의 한 부분이라는 간단한 정의를 오랫동안 사용해 온 연구자나 교과서 저자들은, 이 개념에 관한 반데르 발스의 기여는 잘 알지 못했다. '상은 조성과 열역학적 상태[5, p. 96]에 의해 특징지어진다.'는 깁스의 상에 관한 간결한 표현조차 잘 이해하지 못했다. 19세기 말과 20세기 초까지만 해도 일반적으로 쓰이는 그 간단한 정의가 부정확하고 미완성된 것이란 사실은 인식되지 못했다. 임계 상태를 포함한 상평형의 일반 법칙을 연구하는 경우에 한해서 상의 개념에 관한 좀 더 정확한 분석이 필요하다는 인식이 들었다. 이 문제는 자연스럽게 반데르 발스를 끌어들였다. 그의 정의는 다음과 같았다.: 'n개의 성분을 가진 상은, 그 성분들의 특성에 의해, 첫째 이 상에 속한 물체들의 복합체의 열역학 포텐셜과 다른 열역학적 양이 온도, 압력, 그리고 해당 복합체의 조성에 어떤 식으로 의존하는지, 둘째 그와는 반대로 $(n-1)$성분의 정해진 압력, 온도 및 $(n-1)$개의 열역학 포텐셜이, 조성과 다른 열역학적 양들을 어떻게 결정하게 되는지 등의 관련성에 의해 특징지어질 수 있다.'[113, p. 11]. 이 '상 구축의 법칙'은 '상의 방정식'으로 나타낼 수 있다. 균일성의 필요조건은 이 정의에 의도적으로 포함되지 않았는데, 왜냐하면 다른 '물체의 복합체'가 같은 상에 존재할 수 있고, 대개 각자가 그것의 형태, 기질, 수량 등 공간적 성질에 의해서만 구분되기 때문이며, '또한 (예를 들어 유화액에 포함된 방울들같이) 특정한 조건 아래서 하나의 균일 복합체가 될 수 있기 때문이다.' 반드시 그런 건 아니지만, 같은 상에 소속된 물체의 복합체들은 공간적 성질뿐만 아니라 다른 열역학적이 아닌 성질, 예를 들어 같은 상으로 존재하는 거울상 이성질체들로도 구별이 가능하다([113, p. 12] 참조). 여기서 직접적인 것과 그 반대의 것, 두 가지의 요구 조건이 필요하다는 것이 중요한데, 어느 한 가지만으로는 상의 정의를 내리기엔 필요하지만 충분하지는 않기 때문이다([113, p. 336, 357] 참조).

상규칙과 열역학 위에 언급한 상의 정의는 '열역학을 사용하지 않고' 변수가 하나인 계의 상규칙을 얻을 수 있을까? 라는 흥미로운 질문을 제시한다. 그 변수에 있어서 두 가지의 조건이면 충분한데, 하나는 '압력, 온도 및 조성은 평형에 있어서 모든 면에서 중요한, 주어진 상에서의 물체의 상태를 명확히 결정한다는 것'이다. 이 제안은 모든 상은 상태 방정식을 가진다는 가정과 밀접하게 관련이 되어 있다. 이는 본질적으로 상의 정의를 담고 있으며 그 정의에 사용된 경험적 사실에 달려 있다[113, p. 21]. 두 번째 조건은 '만약 평형이 성립되었다면 그 상에서 양의 증가나 감소에 따라 영향을 받아서는 안 된다.'는 것이다. 이 명제는 모세관 효과가 평형에는 아무런 영향을 주지 않는다는 것을 가정한다.

이 두 개의 명제를 사용해서 반데르 발스는 $(n+1)$개의 상에서 n개의 성분으로 이루어진 계의 압력 변화는 오로지 온도의 변화에 의해서만 가능하고, 등온 압축 혹은 팽창에 의해서는 불가능하다는 것을 증명했다. 이 증명에는 깁스의 평형 원리를 사용하지 않았지만, 암묵적으로 엔트로피의 존재를 가정했다. 따라서 이는 열역학의 원리, 또는 더 자세히 말해서 평형의 원리보다 상태 방정식의 개념을 우선시했다는 걸 뜻한다. 콘스탐은 이 생각을 나중에 받아들여서 이렇게 표현했다.; '이는 깁스의 결과 중에서도 특히 상 이론이 열역학에서 추론된 것이 아니고, 논리적으로 앞선다는 것을 뜻한다. 곧 이 이론의 원리는 열역학 제1법칙과 제2법칙이 아니라 실험을 통해 얻은 특정한 주장과 상태 방정식의 일반론을 따르고 있다. 이 원리는 제1법칙과 제2법칙보다 덜 특화되었지만 반대로 그 법칙들은 일단 상태 방정식의 일반론이 완성된 뒤에야 발견된 법칙들이다.'[122, p.3].

여기서 열역학에서 모델들이 갖는 역할에 관해서 언급해 두는 게 좋을 것 같다. 왜냐하면, 반데르 발스가 그들을 매우 많이 이용했기 때문이다. 맥스웰은 열역학을, '물체의 분자 조성에 관한 어떠한 가설도 세우지 않은 채, 우리가 열역학 제1법칙과 제2법칙이라 부르는 것만을 이용해서 물체의 운동과 열 성질을 찾는 것으로,' 정의했다[6, p. 258]. 이 주제는 곧 새로운 분야로 확장되었는데, 그중 가장 먼저 화학 분야에서 이루어졌다. 그리고 이런 확장은 추가 정보의 가정을 필요로 했는데, 이는 '열역학 이전' 혹은 '열역학 이후'라 부를 수 있을 것이다. 하나는 탐만이 언급했듯이 (제9장, 주석 36 참조), 열역학 단독으로는 상그림이 존재하는지 안 하는지를 알 수 없다는 것이다. 깁스는 이 추가 정보를 '상', '성분'에 덧붙여서 '임계 상' 및 '상간 경계' 및 '충전된(charged) 성분'이라는 개념으로 풀어냈다. 이 모든 것들은 이미 알고 있는 물리화학적 계에서 온 것으로, 따라서 우리는 이를 경험을 통해 일반화한 현상학적 모델이라 부를 수 있다. 이런 모델들은 열역학적 연구의 주제가 되며 위에서 언급한 콘스탐의 주장의 뿌리가 된다.

하지만 이는 문제의 한 부분에 불과한데, 왜냐하면 이 '열역학 이전' 모델을 가정하더라도 반데르 발스가 관측했듯이 상태 방정식에 추가적인 정보가 없다면 열역학 방정식은 우리에게 아무것도 알려 주지 않기 때문이다. 문제의 두 번째 요소 –러시아 물리화학자 라코프스키는 '열역학의 수정(fertilization)'이라 불렀다-는 '열역학 이후' 모델의 도입이다.

여기서 '모델'이란 단어의 뜻은 무엇인가? 열역학 방정식을 만들기 위해 필요한 자료는, 염두에 두고 있는 계에서의 실험적 결과를 통해 얻거나 계를 대변하는 모델을 통해 구체화할 수 있다. 우리는 모델을 물리적, 수학적 및 구조적인 3종류로 나눌 수 있다.

물리적 모델은 고려중인 것과 비슷한 알려진 계를 의미한다. 수학적 모델은 분석학적 혹은 기하학적으로 가능하며, 상태 방정식처럼 하나의 방정식 형태로 원래 열역학 방정식에 포함되거나 혹은 계를 표현하는 기하학적 형태로 나타낼 수 있다[2]. 구조적 모델은 계를 구축한 개체들에 관한 명제들의 집합이다.

3종류의 모델은 명확하게 연결되어 있지만, 만약 적절한 물리적 혹은 수학적 모델을 선택할 경우 구조적 모델이 먼저 오게 된다.[3] 반데르 발스 스스로는 구조적 모델로 시작했는데, 이는 부피가 0이 아니며 상호 인력을 가진 작은 입자들로 구성되어 있다. 순수 및 혼합 물질에 관한 그의 상태 방정식은 이 모델에서 유래되었으나 (제8장, 주석 32 참조), 그것들은 곧 구조적 뿌리를 가린 채 자기 스스로의 생명력을 갖게 되었다. 반데르 발스가 열역학에 도입한 두 번째 구조적 모델은 두께가 0이 아닌 계면 층이다. 또한, 아래에서 설명되어 있듯이 기하학적 모델의 사용에도 크게 기여했다.

임계 상 한 세기 전, 열역학과 분자 운동론은 명확하게 구분되어 있었는데, 서로 간의 관계는 다음과 같았다.; 순수 열역학은 임계 상이 존재하는지 않는지 알 수 없지만, 만약 실험을 통해서 밝혀지거나 임계 상이란 바로 두 상이 같아지는 상태라는 분자 이론을 통해 예측이 된다면 이 *임계* 상태에 관한 열역학적 접근은 발전이 가능했다. 이 접근 혹은 이론의 시작은 깁스에 의해 시작되었고, 바로 n개의 성분으로 이루어진 임계 상은 $(n-1)$의 자유도를 갖는다는 것이었다. 이 이론은 반데르 발스와 그의 연속성 원리에 의해 더욱 발전되었다.; '만약 2개의 공존 상들이 같은 상태 방정식 (그리고 이 말이 맞아야 임계 상이 가능하다)을 따르고 있다면.... 이 상들은 같은 상태 방정식을 따르는 제3의 *불안정* 상 영역에 의해 분리된다. 만약 2개의 공존 상들이 같아진다면 불안정 상의 영역은 사라져

야만 한다.... 다른 말로 하면, 만약 2개의 공존 상이 같아진다면 그것은 그들이 다른 환경에서는 두 공존 상을 분리시키지만 임계 상태에서는 0이 되는 불안정 상의 영역에도 속해 있다는 것이다. 따라서 임계 상은 3개의 상 영역이 만나는 임계점에 속해 있으며, 상의 숫자를 계산할 때는 임계 상을 3개로 쳐야 한다.'[113, p. 38-39; 122, p. 142-143].

다음 언급은 그 자체로도, 그리고 열역학과 분자론 및 실험 간의 관계에 관한 그의 깊은 통찰력을 알 수 있게 하는 증거로도 흥미로운 것이다. 첫 번째로 '고차의 임계 현상이 있느냐고 물으면, 바로 2개 이상의 공존 상이 동일해질 때이다.... 이는 2개의 성분으로 구성된 계에서는 일어날 수 없으며, 3개의 성분 중 한 성분에서도 일어날 수 없을 것이다.... 고차 임계점의 존재는 실험적으로[4] 해결하거나 정확한 이론을 가진 상태 방정식에 의해 해결할 문제이다.'[113, p. 39-40; 122, p. 143].

이 관점들은 I. R. 크리체프스키와 그 그룹의 과학자들이 1960년대 연구한 결과 사실로 드러났다([8, 9] 참조)[5]. 지금은 기체-액체-액체와 3개의 액체상으로 이루어진 계의 경우 3차의 임계 현상(혹은 *삼중 임계* 상태)이 알려져 있다[6].

여기서 두 번째 언급은 고체상을 포함한 임계 현상과 관계가 있다. 그는 액체와 고체상에 하나의 공통된 상태 방정식을 사용했기 때문에 그런 상태가 가능하리라 여겼던 플랑크의 의견과 대립하였다. 반데르 발스는 다음과 같이 썼다.: '우리는 액체와 기체 상태에서 밀도와 압력의 차이와 그것에 의한 성질의 차이를 제외하고는 아무런 차이가 없다는 것을 가정한다. 이 상태에서 분자의 *배열*은 아무런 의미가 없지만, 고체 상태에선 매우 중요하다. 그렇기 때문에 같은 온도에서 같은 밀도를 가진 두 개의 다른 배열이 존재할 수 없고, 반대로 다른 배열과 성질을 가진 물질은 같은 밀도를 가질 수 없다.' [113, p. 41-42; 122, p. 145].[7,8.]

12.1.4 열역학적 방법

반데르 발스는 깁스의 열역학적 표시 방법을 거의 그대로 가져왔지만, 공식과 원리의 부분에 약간의 수정을 했다. 첫 번째로 깁스가 사용했던 분자의 질량 혹은 개수 대신 질량이나 몰 분율을 사용했다. 이렇게 변수의 숫자를 하나로 줄이는 것은 성분의 숫자가 적은 이성분계에 특히 효과적이다. 물론 용액 조성은 지난 세기 초부터 백분율로 표시되었고, 1870년에 굴베르그[*18*]와 나중의 뒤앙[*19, 20*]은 이성분계 성분의 양의 비로 해서 사용했다. 그러나 이 변수를 줄이는 방식은 3개 이상의 성분이 있을 경우 적용이 불가능하며, 이성분계에 있어서도 한쪽이 단일 성분의 극한이 되어 버려 그 비가 무한대가 될 때 문제가 된다. 깁스는 때때로 $m_1+m_2+m_3=1$의 조건을 사용해서 삼성분계의 성분을 삼각형으로 나타냈지만, 일반적으로 분수를 사용하지는 않았다. 이 변수들을 화학 열역학에 포함시킨 사람은 반데르 발스였다(1889-1890년) [29, 31].

그의 업적과 깁스의 업적을 구별하는 것은 본질상 수학적이 아닌 심리적인 것으로 연속성 원리의 자연적 결과 때문인 것으로 보인다. 깁스는 항상 한정된 숫자의 상을 고려한 데 비해, 반데르 발스는 일반적인 경우, 곧 이 숫자가 무한대가 될 수 있다는 가정 아래 문제를 다루었다. 이는 예를 들어 중력장 같은 외부의 힘이 있을 경우 사실이다. 모세관 현상의 경우도 이와 마찬가지이다[61, p. 92]. 이 언급은 다음과 같이 해석될 수 있다. 깁스에 의하면 상은 그것의 양이나 형태가 아니라 열역학적 상태에 의해 특징지어지는 균일한 몸체이다. 따라서 외부의 힘이 존재하는 장에 놓인 어떤 상은 서서히 이웃 상으로 변하는 무한대의 상으로 변하게 된다. 이는 액체와 기체를 구별하는, 0이 아닌 두께를 가진 모세관 층에서의 무한대의 상에도 마찬가지로 적용된다.

반데르 발스의 주된 연구 중 하나이자 지금은 다양한 조성의 상이라 불리는 이것은 깁스의 입장에서는 상이 아니었다. 러시아 물리학자 N. A. 우모프의 적절한 표현을 빌리자면, 이것은 '무한대의 상이 연속적으로 서로의 상으로 가려지는 물체(제9장의 참고문헌. *67*의 p. 247 참조) 이다. 이 개념은 반데르 발스가 최소 자유 에너지를 결정할 때 썼던 상태인 $\int(\psi/v)d\tau=$최솟값의 기초가 되었는데, 왜냐하면 이 형태는 한 성분에서 다른 성분으로의 ψ의 연속적 변화를 가능하게 하기 때문이다.

여기서 반데르 발스가 화학 열역학에 도입한 또 다른 변화를 고려해야

하는데, 그것은 깁스의 평형 조건을 미분 형태로 나타낸 것이다. 깁스는

$$P^{\alpha} = P^{\beta},\ T^{\alpha} = T^{\beta},\ \mu_i^{\alpha} = \mu_i^{\beta}\ (i = 1, 2, \ldots) \tag{12.1}$$

을 써서 각 성분의 압력, 온도 및 화학 포텐셜이 2개의 상 α와 β에서 같다는 것을 표시했다.

평형을 유지해 가면서 무한소로 작은 변화가 상태 변화에 일어나게 되면 조건 $P^{\alpha} + dP^{\alpha} = P^{\beta} + dP^{\beta}$가 되고 곧

$$dP^{\alpha} = dP^{\beta},\ dT^{\alpha} = dT^{\beta},\ d\mu_i^{\alpha} = d\mu_i^{\beta}\ (i = 1, 2, \ldots). \tag{12.2}$$

가 된다. 이런 방식의 접근은 평형을 정의하는 데 있어서 상들이 서로 무한히 작은 차이만을 가지게 하고, 반데르 발스가 생각한 것 중에서 도처에 존재하는 연속성의 아이디어를 떠오르게 한다.

그는 이전에도 함축적으로 써 왔지만, 조건 (12.2)는 1900년 반데르 발스에 의해 처음 만들어진 것이다. [61, p. 108] (또한 [113, p. 77]을 참조할 것). 화학 열역학에 있어서 깁스의 장치를 너무 자연스럽게 따르고 있는 조건들이라, 그 창의성은 물론이고 누구의 이론인가는 사실 일반적으로 잘 알려져 있지 않았다.

12.2 이성분 및 삼성분계의 열역학

12.2.1 안정성의 조건

이성분 및 삼성분계에서 상평형 분석의 시작점은 이것에서 나온 깁스의 평형 원리와 안정성의 조건이다. 깁스를 따라 반데르 발스는 처음에 상의 안정성을 연속적 변화에 관해 고려했다. 무한히 가까운 상태로의 변화에 대해 불안정한 상태는 변하기 쉬운 것으로, 연속적으로 존재할 수는 없다. 1, 2, 3개의 성분으로 이루어진 상의 안정성에 관한 필요 및 충분조건은 성공적으로 밝혀졌다; 그것들은 다양한 방식의 계의 고립 방법에 대해 열역학적 부등식으로 공식화하곤 했다. 가장 일반적이고 흥미로운 결론은 '안정성의 조건은 성분의 수에 따라 그 수가 증가한다.'는 것이다[65e, p. 556-557]. 그 이유는 계가 더 복잡해질수록 초기의 조건은 여전히 필요하지만, 상의 조성을 바꾸는 새로운 방법이 생겨나기 때문이다.

안정과 불안정 상태의 경계는 부등식의 부호를 안정성의 조건에 있는 등식 중의 하나로 바꾸는 것이다. 이성분계의 경우

$$\left(\frac{\partial^2\psi}{\partial x^2}\right)_v\left(\frac{\partial^2\psi}{\partial v^2}\right)_x-\left(\frac{\partial^2\psi}{\partial x\partial v}\right)^2=0 \tag{12.3}$$

이며 삼성분계의 경우

$$\begin{vmatrix} \frac{\partial^2\psi}{\partial v^2} & \frac{\partial^2\psi}{\partial x\partial v} & \frac{\partial^2\psi}{\partial y\partial v} \\ \frac{\partial^2\psi}{\partial v\partial x} & \frac{\partial^2\psi}{\partial x^2} & \frac{\partial^2\psi}{\partial y\partial x} \\ \frac{\partial^2\psi}{\partial v\partial y} & \frac{\partial^2\psi}{\partial x\partial y} & \frac{\partial^2\psi}{\partial y^2} \end{vmatrix}=0. \tag{12.4}$$

과 같다. 식 (12.4)에 의해 정의된 경계 표면이 이성분계의 경계선을 포함하고 있다면 식 (12.3) 또한 성립한다.

절대 불안정의 이 경계들은 실제 계에서는 일반적으로 도달하지 않지만, 안정 상태의 좁은 구간을 파악하기 위해서는 일반적으로 그것들을 연구하지 않으면 안 된다. 반데르 발스에 따르면 이는 안정과 불안정 상태가 동시에 일어나는 임계 상태에서 특히 중요하다.; 절대 안정성의 한계는 그런 상에서 정말로 달성된다. 이것이 바로 경계선 (혹은 표면)에 관한 식들이 임계 현상 이론에 있어서 중요한 역할을 하는 이유이다.

연속적 (혹은 무한히 작은) 변화에도 안정한 상은 불연속적 변화에는 안정하지 않을 수도 있는데, 이는 다른 상으로의 변환 혹은 기존의 상에서 새로운 상이 만들어지는 것과 관련이 있다. 그런 상태는 *준안정성*이라 불린다.; 이 단어는 오스트발트 [*21*, p. 302]가 반데르 발스 등온선에서 찾아낸 그런 상태들을 일반화하기 위해서 도입했다. '[절대] 안정과 준안정 상태를 해석적으로 구별하는 것은 쉽지 않는데, 이는 어떤 한 점이, 고려 중인 한 점에서뿐만 아니라 거기서 멀리 떨어진 다른 점들에 있어서도, 한 지역에 있는지 아니면 다른 지역에 있는지는 표면의 특이성에 의존하기 때문이다.' [91, p. 133]. (단일 성분계의 표면은 열역학적인 ε, η, v 표면이고, 이성분의 경우 ψ, v, x (일정한 P와 T에서), 그리고 삼성분의 경우 ζ, x, y (일정한 T와 P에서)이다. 여기서 x와 y는 몰 분율이며, ε는 에너지, η는

엔트로피다.) 곧 '어떤 상태가 안정하냐 불안정하냐 하는 문제는 그 지점에서 서로 이웃하는 계의 성질에 달려 있는 반면, 준안전성은 준안정성이라 평가되는 상태와 꽤 다른 상태에 놓인 계의 성질에 의해 밝혀진다.'[113, p. 483].

12.2.2 *이성분 혼합물에서의 상의 공존*

공존 방정식 순수 열역학의 틀 안에서 절대 안정과 준안정 상태의 경계는 상의 공존에 관한 미분 방정식들을 통해 파악할 수 있다. 이 방정식들은 공존 상 α와 β의 온도, 조성 및 압력 (혹은 부피)의 변화와 관련되어 있다. 이들은 평형에서의 무한히 작은 변화를 가정해서 식 (12.2)에 주어진 평형 조건으로부터 유래한 방정식이다. 만약 독립 변수가 P, T, x라면 반 데르 발스의 미분 방정식은 다음과 같은 형태를 가진다.

$$\left[(V^{\beta}-V^{\alpha})-(x^{\beta}-x^{\alpha})(\partial V/\partial x)^{\alpha}_{P,T}\right]dP$$
$$=\left[(\eta^{\beta}-\eta^{\alpha})-(x^{\beta}-x^{\alpha})(\partial\eta/\partial x)^{\alpha}_{P,T}\right]dT+(x^{\beta}-x^{\alpha})(\partial^{2}\zeta/\partial x^{2})^{\alpha}dx^{\alpha}. \tag{12.5}$$

이 방정식은 상 α에 대한 것이며, β의 경우 첨자 α를 β로 바꾸면 된다. 반데르 발스는 두 개의 방정식을 동시에 쓰거나 그게 귀찮으면 α(액체)와 β(증기)를 바꾸면 두 번째 공식이 얻어진다고 설명하였다.

만약 독립 변수가 온도, 조성 그리고 부피(압력 대신)라면 상 공존의 방정식은 다음 형태를 갖는다.

$$\begin{aligned}&\left[(\eta^{\beta}-\eta^{\alpha})-(V^{\beta}-V^{\alpha})(\partial\eta/\partial V)^{\alpha}_{x,T}-(x^{\beta}-x^{\alpha})(\partial\eta/\partial x)^{\alpha}_{V,T}\right]dT\\&+\left[(V^{\beta}-V^{\alpha})(\partial^{2}\psi/\partial V^{2})^{\alpha}_{x,T}+(x^{\beta}-x^{\alpha})(\partial^{2}\psi/\partial x\partial V)^{\alpha}_{T}\right]dV^{\alpha}\\&+\left[(V^{\beta}-V^{\alpha})(\partial^{2}\psi/\partial x\partial V)^{\alpha}_{T}+(x^{\beta}-x^{\alpha})(\partial^{2}\psi/\partial x^{2})^{\alpha}_{V,T}\right]dx^{\alpha}\\&=0\end{aligned} \tag{12.6}$$

평형에서의 무한히 작은 변화에 따른 공존 상들의 부피 변화는 서로 같지 않기 때문에, 방정식 (12.6)과 그 부속 식은 방정식 (12.5)와 그 부속

식보다 더 복잡해 보인다. 하지만 방정식 (12.5)와 (12.6)은 동일하다.: 한쪽에서 다른 한쪽을 유도할 수 있다. 반데르 발스는 이 방정식들을 1890년부터 조금씩 유도해냈다. 처음에 그는 자유 에너지만을 사용했고 dP와 dx간의 관계를 만들었다. 1897년 그는 ψ를 ζ로 바꾸고 방정식 (12.5)를 여기[47]에 수록된 형태로 만들었다.; 그 뒤 1900년에 방정식 (12.6)을 유도하였다[61].

이제 반데르 발스의 미분 방정식의 의미를 살펴보자. dP와 dT의 계수들은 1몰의 한 상이 무한대의 부피를 가진 다른 상에 녹았을 때 부피와 엔트로피에서의 몰 변화 $v^{\beta\alpha}$와 $\eta^{\beta\alpha}$이다.; 따라서 방정식 (12.5)에서 dP의 계수는 고정된 P와 T에서 상 β의 1몰이 무한대의 상 α에 녹았을 때의 부피의 변화이다. 방정식 (12.5)에서 dx^{α}의 계수는 조성의 변화에 의해 생성되는 상의 열역학 포텐셜의 변화와 관련되어 있다.; 그 부호는 상의 안정성을 나타낸다. (방정식 (12.6)에서 dx^{α}의 계수 또한 안정성의 조건과 관련되어 있지만, 그리 간단하지는 않다.) 방정식 (12.5)와 (12.6)은 이성분계의 모든 열역학적 의미들을 내포하고 있다.

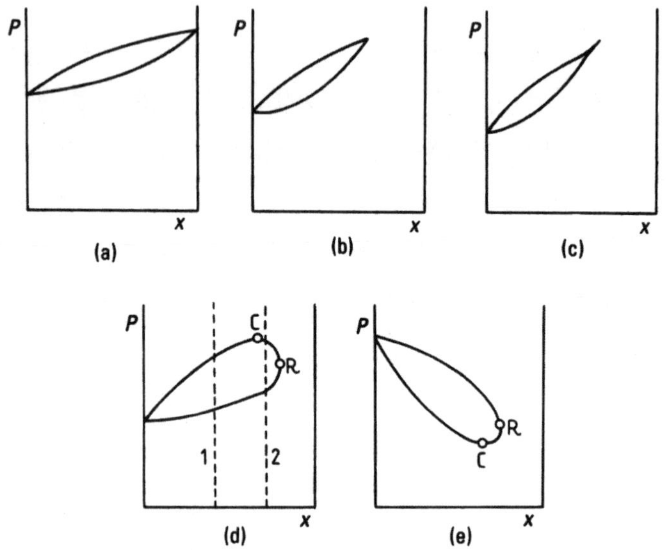

그림 12.1 증기압에 대한 액체와 증기의 조성 의존성을 나타내는 등온선: (a) 온도가 더 잘 휘발되는 성분의 임계 온도보다 낮은 경우; (b), (c), (d), (e) 온도가 성분들의 임계 온도 사이일 때; (d), (e) 이 두 경우는 연속성 원리에 따라 예측한 것임. 점선은 혼합물을 등온 압축할 때 계의 대표적인 점의 궤적을 나타냄.
(1) 정상 조성, (2) 임계 조성

코노발로프의 법칙과 역 응축 이 미분 방정식들에서 가장 잘 알려진 (그리고 그 활용성의 한계를 보여 준) 유도식은 공존하는 액체와 증기 상의 조성에 관한 코노발로프의 법칙이다[113, p. 114; 122, p. 221][9]. 반데르 발스의 이러한 결과들은 잘 알려져 있으며 많은 화학 열역학 교과서에서 찾아볼 수 있다([22] 참조).

하지만 보통 별 설명 없이 간과되고 있는 중요한 관점이 하나 있다. 2개의 등온선, 즉 액체와 기체의 압력-조성 선도는 더 잘 휘발되는 물질이 임계 온도 이상의 온도에서는 전 조성 범위를 망라하지 못하고 $x < 1$ 되는 어떤 점에 수렴한다는 것이 일반적으로 지적되었다. 이 주장은 옳지만, 한 쌍의 등온선이 3가지 방식으로 만날 수 있다는 점은 잘 언급되지 않았다.;

그것들은 각각 그림 12.1의 (b), (c), (d)에서 보이는 것처럼 교차할 수도, 접선할 수도, 하나의 연속적 곡선으로 부드럽게 모일 수도 있었다. 순수한 열역학 바탕으로는 3가지의 가능성 중 하나를 선택할 수 없지만, 연속성의 원리를 가져오면 오로지 3번째 가능성만이 허용된다. 이 예측은 그의 논문 *분자론* 에서 나왔고, 이제는 실험을 통해 확인도 되었다.: 예외는 알려지지 않았다.

따라서 반데르 발스는 혼합물의 임계 현상에서의 특이점이 순수 물질에서는 발견되지 않는다는 것을 밝혀냈다.; 순수 물질의 임계점에 관한 잘 알려진 특징은 이제 다른 2개의 점으로 쪼개진다. 점 R에서 우리는 한 조성을 갖는 액체로 존재할 수 있는 가장 높은 온도에서의 유체 상태를 얻게 된다.; 이 특징은 임계 상태를 정의할 때 가장 많이 사용되었는데, 특히 기체의 액화를 연구했던 과학자들이 주로 이용했다. 하지만 이 가장 높은 온도에서 그 액체는 다른 조성의 증기와 평형을 이루고 있다. 다른 한편으로 점 C로 이동하면, 2개 상의 모든 성질이 동일해지기 때문에 이것이야 말로 바로 진정한 임계점이 된다. 이렇게 임계 상태의 특징을 '분류'하는 것은 상이 공존한다는 것이 연속 곡선에 의해 묘사되기 때문이다. 이 연속성은 코노발로프의 법칙이나 역 응축과 같은 중요한 현상들을 불러일으킨다.

이 현상들 중에서 첫 번째는 그림 12.1(d)에서 $dP/dx = 0$인 점 C와 dP/dx가 무한대인 점 R 사이에 묘사되어 있다. 그러면 코노발로프 법칙의 반대 결과를 얻게 되는데, 그 액체에 공존 곡선을 따라 압력을 증가하는 성분을 추가하면 증기의 농도가 *증가되기* 때문이다.

역 응축을 묘사하기 위해서는 정해진 조성을 갖는 혼합물을 등온 압축한 결과를 보여주는 액체-증기 선도에서 어떤 점의 움직임을 고려해야 한다. 선도의 정상적 부분에서는, 임계점보다 충분히 낮은 압력에서, 그 점은 단위 상 증기 상태로부터 응축이 시작되는 선-*이슬점(dew-point) 곡선* 과 마주칠 때까지 계속 위로 움직인다. 그리고 각 압력에서 2상 지역을 통과하게 되고 액체 대 증기의 비는 잘 알려진 지레 규칙에 의해 결정되다가 더 압축하게 되면, 곧 *포점(bubble-point)* 곡선을 통과하면서 증기 상은 사라진다.; 압력을 더 높이면 그냥 액체를 압축하는 것에 지나지 않는다. 하지만 만약 성분 중 하나에 임계 압력보다 높은 압력이 주어졌다면, 조성은 점 C와 R 사이에 놓이게 되며, 전혀 다른 현상들로 이어지게 된다. 압축을 하면 앞에서와 같이, 증기는 이슬점 곡선에 도달하면서 응축되기 시작하지만, 이제는 더 압축하게 되면 그 점은 포점에서의 2상 지역이 아닌 이슬점 곡선을 두 번째로 통과하는 결과로 이어지게 된다. 이것은 2상 지역을 통과함으로써 첫 번째로 생성된 액체는 추가적인 압력 증가에 의해 기화하게 된다는 것을 의미한다. 쿠에넨은 만약 점 C와 R이 그림 12.1(e)처럼 나타났을 경우, *제2종 역 응축(retrograde condensation of the second kind)*이 일어날 것이라고 예측했다. 그 대표적인 점은 이제 포점 곡선을 두 곳에서 지나가기 때문에 만약 압력을 증가하면 처음에 증기가 생성되었다가 다시 응축된다. 이 그림들을 통해서 역 응축이 P, x 곡선이 수직 기울기를 가졌을 때 존재하는 점 R과 관련되어 있다는 것을 알 수 있다. 이 주장은 공존 상의 미분 방정식의 도움을 받아 정확히 증명할 수 있다. 이 결과는 연속성 원리와 공존의 열역학적 미분 방정식의 우아한 결합을 보여 준다.

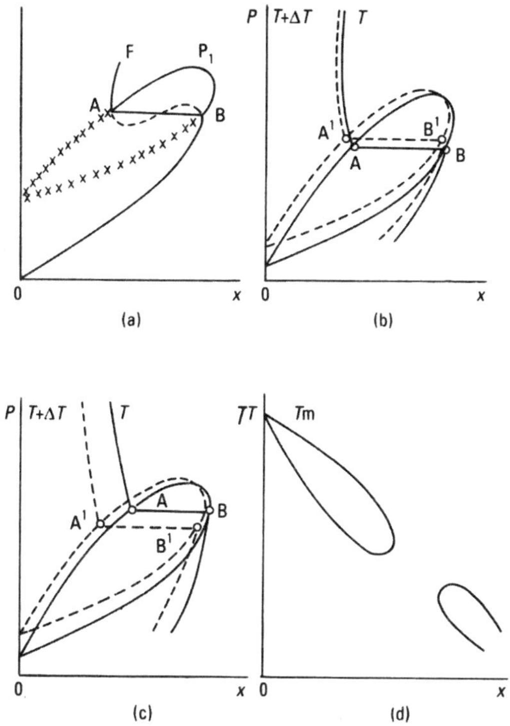

그림 12.2 (반데르 발스가 그린) 선도. 임계 영역의 이성분계에서 고체와 유체 상의 공존을 보여 준다: (a), 압력-조성 등온선; (b), (c), 온도 증가에 의한 등온선의 이동; (d) 온도-조성 등압선

고체상을 포함한 평형 임계 영역에서의 고체의 포화 용액의 평형에 관한 반데르 발스의 연구 결과는 잘 알려져 있지 않지만, 순수 유체 시스템과 비교해서도 우아함이 뒤떨어지지 않는다. 이런 종류의 계에서는 고체의 녹는점 온도가 용매의 임계점보다 높을 경우 특이한 현상이 관찰된다. 이는 고체의 용해도 곡선을 따라가다 녹는점에 도달하기 전에 멈추는데, 액체 상태가 증기와 같아지는 지점에서 멈춘다. 반데르 발스가 연구한 압력-조성 등온선 중 하나가 그림 12.2에 나타나 있다[71e, p. 237]. 곡선 아래 OB는 증기+고체 영역, 수평선 AB는 3상 평형의 압력, 그리고 곡선 EAPBE는 액체-증기 평형, AB 아래 부분은 고체상의 형성이 억제되었을 때 나타나며 준안정성을 띈다.

그는 2개의 평형 곡선 AF(고체-액체)와 BO(고체-증기)를 연속 곡선 OBAF에서 나온 가지로 보고 실제로 얻을 수 없는 부분을 A와 B를 연결하는 점선으로 표시했다. 방정식 (12.5)를 사용해서 액체와 고체가 공존하는 상을 분석한 결과 P, x 곡선에 수직 접선이 있는 경우, 그 점은 안정 영역에 들어가 있다는 것이 확인되었다.

우리는 이제 온도가 증가하면 어떤 일이 일어나는지 알 수 있게 되었다. 액체-증기 평형을 다룸으로써 고리 EAPBE가 줄어들면서 위로 움직인다는 것을 알았다.; dT의 계수가 0인 점에서만 변하지 않는다. 3상 지역을 나타내는 수평선 AB는 어떤 방향으로도 움직일 수 있지만 (그림 12.2(b) 혹은 (c)의 A′B′),어떤 경우든, 특정 온도에서는 0이 된다. 만약 AB가 위로 올라가면 포화 액체 용액에서의 용매 비율 x^{α}는 처음에는 줄어들지만, 한도 밖을 벗어나지는 않는다. 온도가 3개의 상이 공존할 수 있는 제일 높은 온도로 접근할수록 x^{α}는 고체+증기 계에서의 용매 비율 x^{β}가 높은 값 쪽으로 접근하고, 따라서 액체 용액 속의 용매 양은 최젓값을 지나게 된다. 반대로 만일 온도가 올라가면서 AB가 내려가게 되면 x^{α}는 최댓값을 통과한다[71e].

3상 평형이 사라지는 그 두 가지 방식은 각각, 고체가 두 개의 초임계 유체 상과 평형을 이루게 되는 분리된 3상 영역에 대응된다. 이 삼상 평형을 나타내는 두 개의 고리는 T, x 선도(그림 12.2(a), [71e, p. 239] 참조)의 등압선을 통해 표현될 수 있는데, 여기서 T_m은 선택된 온도에서 고체가 갖는 녹는점이다. 각 고리는 접선이 수직인 안정 점을 하나 가지고 있는데, $(\partial T/\partial x)_P = \infty$, 따라서 역 응축 현상을 일으키지만, 용매의 몰 분율이 낮은 위쪽 고리에서는 응축이 아닌 역 고체화가, 용매의 몰 분율이 높은 아래쪽 고리는 역 용해가 일어난다. 역 고체화가 일어나면 압축은 일단 고체의 분리로 이어지고 더 압축하게 되면 고밀도 초임계 증기에의 용해로 이어진다. 때때로 주어진 조성에 따라 압력을 추가적으로 올리면 고체의 두 번째 침전으로 이어진다.

이성분계에서의 3상 평형 위에 언급한 2상 평형은 반데르 발스의 열역

학 연구의 주요 과제였지만 그는 이성분계에서의 3상 평형에 관해 논문 1편[46]을 남겼다. (이보다 먼저 바크휘스 로젠봄의 논문[21]에서 이 문제에 대해 다루었다. 제8장 참조.) 여기서 그는 이 계가 하나의 '겉보기 삼중점', 즉 고체, 액체 및 기체상이 같은 조성을 가진 상태인지에 대해 논했다. 그는 액체-증기 상태의 ψ표면에 바탕을 둔 기하학적 표현으로 자주 문제를 다뤘는데, 이제는 고체의 일정한 조성인 ψ선이 추가되었다. 평형 상태는 두 점에서 그 표면과 그 선에서 동시에 직각인 한 면에 의해 표현된다.

그는 (깁스에 의해 얻어진 바 있는) 분석 결과를 다음과 같이 유도했다.

$$\frac{dP}{dT} = \begin{vmatrix} x^s & y^s & 1 \\ x^l & y^l & 1 \\ x^g & y^g & 1 \end{vmatrix} \cdot \begin{vmatrix} x^s & v^s & 1 \\ x^l & v^l & 1 \\ x^g & v^g & 1 \end{vmatrix} \tag{12.7}$$

여기서 첨자는 각각 고체, 액체 그리고 기체상을 의미한다. 위 식은 클라페롱-클라우지우스 방정식을 세 개의 상을 가진 일변수 계로 전개시킨 형태이다. 이 연구를 하게 한 질문에 대한 해답은 바로 '아니오'이다. 같은 조성을 가진 세 개의 상은 존재할 수 없다. 만약 고체 성분이 액체와 증기에서 분리된다면 두 개의 삼중점을 갖게 된다.-하나는 같은 조성을 가진 액체로써, 다른 하나는 증기로써. 다시 말해 만약 세 개의 상이 존재한다면 오로지 두 개의 상만이 같은 조성을 가질 수 있다.

12.2.3 삼성분계. 상 공존에 관한 방정식

1897년 9월 반데르 발스는 처음으로 삼성분계에 있어서의 약간의 결과를 발표하였다[47]. 원론적 결과[10]는 식 (12.5)의 3차 유사 식인 식 (12.8)이다.

$$\begin{aligned} &\left[\left(V^\beta - V^\alpha\right) - \left(x^\beta - x^\alpha\right)(\partial V/\partial x)^\alpha - \left(y^\beta - y^\alpha\right)(\partial V/\partial y)^\alpha\right] dP \\ &= \left[\left(\eta^\beta - \eta^\alpha\right) - \left(x^\beta - x^\alpha\right)(\partial \eta/\partial x)^\alpha - \left(y^\beta - y^\alpha\right)(\partial \eta/\partial y)^\alpha\right] dT \\ &+ \left[\left(x^\beta - x^\alpha\right) - \left(\partial^2\zeta/\partial x^2\right)^\alpha + \left(y^\beta - y^\alpha\right)\left(\partial^2\zeta/\partial x \partial y\right)^\alpha\right] dx^\alpha \\ &+ \left[\left(x^\beta - x^\alpha\right)\left(\partial^2\zeta/\partial x \partial y\right)^\alpha + \left(y^\beta - y^\alpha\right)\left(\partial^2\zeta/\partial y^2\right)^\alpha\right] dy^\alpha \end{aligned} \tag{12.8}$$

여기서 x와 y는 두 번째와 세 번째 성분의 몰 분율이며, 상 β에 관한 식은 첨자 α와 β를 서로 바꾸면 된다. 몇 년 후에 *삼성분계*에 관한 그의 일련의 논문 속에서 그는 두 번째 미분 방정식을 만들어냈는데, 이는 방정식 (12.6)의 유사 식이었다[65e, p. 552, 683]. 삼성분계와 '성분 수가 임의인 혼합물'[65e, p. 691]에서 dP와 dT의 계수는 다시 한 번 제1상의 1몰을 무한한 양의 제2상에 녹였을 때의 부피와 엔트로피의 변화의 의미를 담고 있다. 반데르 발스는 위 식을 성분 수가 임의인 경우까지 전개시킬 수 있는 가능성을 보았지만, 이것이 A. V. 스토론킨[24][11] 에 의해 정확한 형태를 띄기 까지는 43년이 더 걸렸다. 제이 차 세계 대전이 끝나고, 하스는 이 식들을 평균 및 부분 몰 함수[25] ([*3*, p. 183-251] 참조)를 이용해서 더 현대적인 식으로 유도했다. 평면과 곡선 계면에 대해서 몇 개의 항들이 더해진 추가적인 일반화는 루사노프에 의해 얻어졌다(제9장의 참고문헌 [*106*] 과 [*107*] 참조).

반데르 발스의 열역학 연구의 진화에 있어서 중요하게 짚어야 할 점은 삼성분계의 경우 상의 공존에 관한 방정식은 ζ를 사용한 형태 (1897년)가 ψ를 사용한 형태(1902년)보다 먼저 나왔다는 점이다.

이성분계의 경우는 반대이다. 이는 자연적으로 열역학과 상태 방정식의 결합을 위한 그의 기하학적 접근에서 온 것으로, ψ함수는 이성분계 연구에 더 효과적인데 비해, ζ는 삼성분계에 더 적합하다. 그는 이렇게 썼다.; '기하학적 표현이 평형 조건을 유도하는 데 반드시 필요한 것은 아니며, 성분 수가 늘어나는 경우에도 사용할 수 없지만, 이성분 혼합물의 경우 도형적 접근이 효과가 뛰어나다는 것이 오랜 기간 동안 증명되고 있다.' [65e, p. 448].

연속성 원리의 응용 삼성분계의 기하학적 열역학에서 반데르 발스는 임계 현상을 분석하기 위해서 ζ-표면의 안정, 준안정, 그리고 불안정한 부분 간의 관계를 파악하는 데 주력했다. 이를 위해 그는 열역학적 관계에 연속성 원리를 추가했다. 일단 그는 등온 표면, 부피-조성 및 압력-조성의 형태를 추론하게 한 ζ-표면의 각기 다른 층들 간의(고정된 P, T*에서*) 상호 관계를 고려했다. 마지막으로 그는 자신의 생각을 구체화시킬 때 다음과 같

은 언급을 남겼다. '이론적으로 볼 때 주어진 온도에서 P, x^{α}와 y^{α}간의 관계는 V, x^{α}와 y^{α}간의 관계보다 중요도가 떨어진다. 하지만 단순 물질조차도 최대 압력에 한해서만 실험이 이루어졌고, 최근에 와서야 밀도에 관한 연구가 시작되었다. 이대로라면 우리는 삼성분계에 있어서도 실험은 압력에 관한 것이 먼저 진행될 것이고, 다른 상과 공존하는 상의 밀도에 관한 실험은 그 뒤에 따라올 것이다.' [65e, p. 3]. 그의 의견은 훗날 크리체프스키와 그 그룹 연구진에 의해 확인되었다[26][12].

부피-조성 선도에서 반데르 발스는 이성분계의 경계 곡선이 삼성분계의 경계 표면이 된다는 것을 보여 주었는데, 그 예로 공존 표면 혹은 불안정 상태와 준안정 상태를 가르는 표면 등이 있다. 일반적으로 이 표면들은 곡선에 수직으로 만나며 오로지 삼성분 혼합물이 최소 임계 온도를 가졌을 때만 공통되는 한 점을 가진다. 만약 온도가 충분히 높으면 공존 표면은 줄어들고 그 투영된 조성은 삼각형 모양의 조성도 내에 놓이게 된다. 반면에 표면 자체는 증기를 대표하는 상부 면과 액체를 대표하는 하부 면 사이에 밀폐된 구멍을 만든다. 공존 표면을 따라가는 곡선은 조성 평면에 수직으로 접하는 기둥면과 접촉하게 되고, 이 곡선 위의 점들은 이성분계의 접촉 임계점 (그림 12.1의 R 점)과 유사하다. 플레이트 점, 즉 혼합물의 임계점은 액체 판들 혹은 증기 판들 위에 있을 수 있으며, 액체의 경우 1차, 증기의 경우 2차 역 응축이 일어나게 된다.

등온 압축-조성 표면을 연구하면서 반데르 발스는 이 표면의 이동이 압력의 변화에 의해 일어난다는 흥미로운 결과를 얻었다. 그는 식 (12.8)을 가져와서 $dT=0$과 함께 다음 제한을 만족하는, 상 α의 조성 x^{α}, y^{α}으로부터 공존 상 β의 x^{β}, y^{β}로 변화를 고려했다.

$$\frac{dx^{\alpha}}{x^{\beta}-x^{\alpha}}=\frac{dy^{\alpha}}{y^{\beta}-y^{\alpha}}=\frac{dl}{l}$$

여기서 l은 이 상들의 대표적인 점들과 만나는 직선의 길이이다. 따라서 그는 미분 dP/dl, 즉 압력에 의한 상 α의 조성의 변화가 어떤 방향으로 일어나는지를 찾아낼 수 있었다. 만약 상 α가 액체라면 $dP/dl>0$이며, 따라서 압력의 증가는 액체 조성을 불균일 영역으로 이동시킨다. '삼성분계에서의 이 법칙은 후자의 법칙이 적절히 전개된다면 이성분계에서의 코노발로프의 법칙과 동일하다.' [65e, p. 20-21]. 반대로 만약 α가 증기라면 $dP/dl < 0$이며, 따라서 압력의 증가는 증기 조성을 불균일성 영역으로 이동시킨다. 따라서 압력의 변화는 양쪽 가지를 같은 방향으로 이동시키거나 혹은 '가지 중 하나가 다른 쪽으로부터 멀어져간다.' [65e, p. 21]. 만약 공존 압력이 최대라면 이 주장은 원칙적으로는 옳지만, 실제 내용은 약간 달라진다.; 등압선은 이제 최대 압력 지점 주위에서 폐곡선이 되며 압력이 증가하면 곡선이 점점 줄어들어 그 안에 있는 증기의 폐곡선과 가깝게 된다.; 최대 압력이면 두 곡선은 같은 점에서 붕괴된다.

이성분계의 코노발로프 법칙처럼 이 법칙은 임계 영역에서 멀리 떨어진 곳에서 유효하다. 하지만 이 지역에서는 압력-조성 곡선의 궤적은 전체 혹은 일부분이 조성 삼각형 안에 있으며 액체 판들과 증기 판들은 식 (12.9)의 $v^{\beta\alpha}$가 0일 경우 곡선을 따라 서로 합쳐진다.

역 응축과 증기 상의 공존 2차 역 응축은 삼성분계에서 실험적으로 간단히 나타낼 수 있다. 반데르 발스는 이렇게 이유를 밝혔다.: '우리는 이 현상을 이성분계보다 삼성분계에서 더 쉽게 관찰할 수 있으리라 생각한다. 역 응축을 쉽게 관찰하려면 두 판들의 포화 표면 [예: $P(x^\alpha, y^\alpha)$, $P(x^\beta, y^\beta)$] 사이가 충분히 먼 거리여야만 한다.; 그리고 판 사이의 거리는 양 끝보다 중간을 고려하며 여기서는 이성분 혼합물을 다루게 되는데, 왜냐하면 삼성분계에서의 안정과 공존의 조건은 이성분계보다 더 엄격하기 때문이다' [65e, p. 122].

이는 공존 압력에 극한값이 없는 계에선 옳은데, 그 이유는 판들이 만나는 조성 선도의 중간에 점이 하나 있어야 하기 때문에 (그가 언급하였듯이) 만약 극한값이 있다면 정압 상태에 있는 판들의 분리가 역 현상을 관찰하기엔 충분히 크지 않기 때문이다.

이 논문에서 반데르 발스는 두 개의 기체상의 공존에 관해서 흥미로운 질문을 던졌다. 이 현상은 온도가 이성분의 임계 온도(몰 분율 x와 y)보다 높지만 세 번째 것(몰 분율 $1-x-y$)보다 낮을 때 발생할 수 있다. 이제 조성 범위가 $x=0$에서 $y=0$까지 일 때 임계점 C와 수직 접선의 극한 점 $R(v^{\beta\alpha}=0)$의 상호 위치에는 두 가지 가능성이 있다. 첫 번째 가능성은 그림 12.1(d)에 나타낸 것으로 이성분 혼합물의 경우 원 논문을 완전하게 인용하면 가장 잘 설명할 수 있다.; 만약 압력이 R 점들의 최소 압력보다 낮을 경우, 동일 압력의 곡선에 있는 두 개의 가지는 압력의 증가에 따라 위에 나온 법칙에 의해 나타나는 선에 의해 완벽히 분리된다. 하지만 만약 압력이 더 증가해서 점 R의 압력에 도달한다면, 2개의 가지는 여전히 분리되어 있지만, 증기 가지는 $v^{\beta\alpha}=0$일 때 한 점이 발생한다. 이 점은 압력이 증가해도 움직이지 않는다. 이 점들이 있는 곳은 혼합물의 극한을 형성하는데, 주어진 온도에 따라 2개의 상으로 쪼개질 수 있다. 기하학적 관점에서 보자면 이는 포화 표면의 한 수직면을 나타낸 포락선(envelope)이거나 동일 압력 곡선을 나타낸 포락선이다. 만약 압력이 점 C의 가장 낮은 압력과 동일해진다면, 동일 압력 곡선의 두 개의 가지는 연속적으로 서로를 차례대로 지나간다. 하지만 만약 우리가 하부 판인 증기상과 상부 판인 액체상을 대표해서 이것들을 말한다면 증기 상은 두 가지가 연결되는 곳(플레이트 점)을 지나가지 않고 오로지 두 개의 연속적인 동일 압력 곡선이 교차하는 $v^{\beta\alpha}=0$인 곳만을 지나간다. 그 교차점의 한 면에 있는 모든 점들-곧 플레이트 점이 일어나는 면-에 있어서 $v^{\beta\alpha}$는 양수이다.

'이 점들은 압력이 증가하면 그와 짝(conjugate)인 점으로 교체된다.; 교차점의 다른 편에 있는 모든 점의 수는 공존 상을 대표하는 점들에서 멀어질 것이다. 따라서 만약 우리가 지금 알고 있는 정의를 따라 '액체상'과 '증기상'이란 표현을 계속 쓴다면 우리는 플레이트 점과 $v^{\beta\alpha}=0$인 점 사이에 있는 점들에선 2개의 액체상이 공존한다고 말해야 한다.' [65e, p. 121-122].

두 번째 가능성은 그림 12.1(e)에서 볼 수 있다. 곧 '위에 언급한 규칙들은 계속 지켜지지만, 이 경우 우리는 플레이트 점과 $v^{\beta\alpha}=0$인 점 사이에 있는 *증기* 상과 공존하는 일련의 *증기* 상들을 찾을 수 있다. 이 점들에 있어서는 제2종 역 응축이 일어난다.' (이탤릭체는 반데르 발스가 표시한 것임.)[65, p. 225; 65e p. 1222; 65f, p. 422].

삼성분 혼합물에 관한 일련의 논문들은 다음과 같이 끝을 맺는다.; '나는 여기서 대략적으로 삼성분계의 성질 중 약간만을 다루었다. 비록 내가 다른 성질도 연구하려 했지만 나는 그것들이 이미 충분한 양의 조사를 마쳤다는 것을 고려해야 했다.' [65f, p. 442]. 그의 의도는 완전히 실현되지 않았는데 (하지만 [66]을 참조하라) 아마도 삼성분계가 자신이 생각했던 것보다 훨씬 더 복잡하다는 것을 알았기 때문일 것이다.

12.3 비이상 다성분계의 이론

12.3.1 원리들

반데르 발스의 업적 중에 가장 인상적인 부분은 상태 방정식에 바탕을 둔 혼합물 이론이다. 이 분야는 그가 손을 대기 전까지 존재하지 않았고, 본질적으로 그의 (혼합물용으로 일반화된) 상태 방정식을 자신이 유도한 열역학적 방법으로 풀어낸 것이다. 그의 아들이 언급하였듯이 깁스와 반데르 발스의 연구는 '서로를 가장 멋진 모습으로 보충해 주었다.'[27, p. 410].

해석적 공식화 순수 열역학을 풍성하게 만들기 위한 일반적인 표현은 다음과 같을 수 있다. 어떤 열역학 포텐셜이든 그것을 표현하기 위해선 성분의 농도에만 의존하는 항 하나와 분자적 성질에 좌우하는 $\int PdV$ 형태의 항 하나가 필요하다. 따라서 이성분 혼합물의 자유 에너지는 다음과 같이 쓸 수 있고,

$$\psi = MRT[x\ln x + (1-x)\ln(1-x)] - \int PdV, \tag{12.9}$$

삼성분 혼합물에 관한 깁스의 ζ 함수는 다음과 같다:

$$\zeta = MRT[(1-x-y)\ln(1-x-y) + x\ln x + y\ln y] + PV - \int PdV. \tag{12.10}$$

이 적분의 존재는 '저밀도 혼합물의 이론에서 고밀도 혼합물의 이론'으로 이동한다는 의미를 담고 있다[122, p. 226]. '저밀도 혼합물의 이론은 로그

항만 고려해서 정의할 수 있다. 이 정의는 왜 고밀도 혼합물 이론의 발전이 늦어졌는지를 알게 해 주는데, 그 이유는 $\int PdV$ 항을 조사하는 데 있어 P가 V, x, T의 함수일 때, 즉 상태 방정식을 알고 있을 때만 가능했기 때문이다. 하지만 그 당시에 합리적이고 정량적인 고밀도 혼합물 이론으로 향하는 직선 도로는 보이지 않았는데, 지금도 마찬가지이다.' [113, p. 119-120]. 1912년에 이 글이 쓰였을 때 화학 열역학에서 비이상 혼합물에 의해 발생한 문제의 근원에는 뚜렷한 설명이 존재하지 않았다.

상태 방정식 비이상 용액 이론을 만들기 위해 반데르 발스는 '무작위 수의 성분이 있는 균일한 혼합물의 상태 방정식' [61, p. 51]을 필요로 했다. 그런 방정식은 앞 장에서 언급한 모델을 바탕으로 설계할 수 있었다. 그는 일반론을 다음과 같이 묘사했다: '유체가 엄청난 수의 불변하는 입자들로 구성되어 있다는 가설, 어떤 크기를 가지고 매우 짧은 거리에서만 인력을 발생시킨다는 가설은 일반적으로 실험 결과와 잘 일치되어졌다.

이 가설은 액체 상태가 분자들이 하나로 합쳐지는 거대한 현상의 결과이며 액체 상태가 기체 상태보다 더 복잡하다고 가정할 필요가 없음을 보여 준다.... 또한, 이 가설은 액체 상태를 포함해서 혼합물의 묘사가 변경할 수 없는 분자들로 구성되어 있다는 결론으로 이어지지만, 이 가설을 받아들여 예외가 없다고는 하지 않는다. 성분 중 하나가 이례적이거나 *더욱이 (a fortiori)* 양쪽 다 이례적일 경우 예외가 된다. 게다가 두 물질 사이에 화학 작용이 있을 수 있고 혹은 그중 하나가 전기적으로 분리될 수 있다. 각각의 경우에 계의 거동을 지배하는 법칙은 가정이 잘 맞아떨어지는 곳에는 필요로 하지 않는다. 그럼에도 불구하고, 더욱더 복잡한 경우에도 우리는 더 간단한 경우를 다루는 법칙을 알지 못하고는 그 행동들을 지배하는 법칙에 도달할 수 없다. 따라서 '분자의 불변경성은 액체 상태에서도 주된 관심사가 된다.'라는 생각을 하는 것은 합리적이다'[58, p.583-584].

따라서 그는 자신이 만든 혼합물용 상태 방정식을 사용했지만 매개 변수 a와 b를 몰 함수의 이차 함수로 나타냈다.; 따라서 이성분 혼합물의 경우;

$$a_x = a_1(1-x)^2 + 2a_{12}x(1-x) + a_2x^2, \qquad (12.11)$$

$$b_x = b_1(1-x)^2 + 2b_{12}x(1-x) + b_2x^2,$$

$$\text{혹은 } b_x = b_1(1-x) + b_2x, \text{ 만약 } b_{12} = \frac{1}{2}(b_1 + b_2) \qquad (12.12)$$

이 표현들은 '분자의 숫자는 변하지 않고, 회합, 분해 혹은 화학 반응도 일어나지 않는다.'라는 의미를 담고 있다[61, p. 52].

일단 혼합물용 상태 방정식은 직접적인 실험적 근거는 없지만 1890년대에 레이던에서 어느 정도 정확한 $P-V-T$ 측정이 이루어졌으며, 파리의 아마가도 비슷한 결과를 얻었다 ([160] 참조). 반데르 발스는 상태 방정식을 통한 예상과 쿠에넨, 하르트만과 퀸케의 실험 결과를 비교해서 위 방정식이 쓸모가 있다는 결론을 내렸다[61]. 하지만 그는 순수 물질에 사용했을 때의 한계점이 혼합물에 사용했을 때에도 나타난다는 것을 알고 있었다.

이 상태 방정식의 첫 번째 응용은 *분자론*에 실린 그의 논문에서 볼 수 있다.; 조성 x의 혼합물이 균일할 때 값 $a = a_x, b = b_x$를 가진 방정식으로 나타낼 수 있는데, 확실한 임계 상수들은 잘 알려진 값으로 주어진다.

$$T_c = 8a_x/27Rb_x, \; P_c = a_x/27b_x^2, \; V_c = 3b_x. \qquad (12.13)$$

반데르 발스는 이것들이 유일하게 확실히 알 수 있는 값이라고 주장했는데, 그 이유는 이것들이 실제 혼합물에 관여하지 않지만 '단일 물질로 여겨지는 혼합물', 즉 a와 b의 값이 같은 가상적 물질인 경우와는 달리, 다른 조성의 상들로 분리되지 않기 때문이다.

혼합물을 가상적 단일 물질로 대체하는 개념은 상평형 계산에 대단히 효과적인 기술이란 것이 증명되었다. 1936년 W. B. 케이는 대응 상태의 원리를 '각 혼합물에 특정한 온도와 압력을, 유사-임계 온도와 압력으로 바꿔서 해당되는 환산량을 계산' [28, p. 1015]하는 방법을 도입해서 일반화시켰다. 케이는 반데르 발스를 직접 언급하지는 않았지만, 그의 아이디어를 사용했던 것은 명확하다.

순수 물질에 대한 교차 매개 변수 a_{12}와 b_{12}를 명백히 파악하는 문제는 반데르 발스를 몇 년간 괴롭혔다. 그는 어느 순간 이 문제에 대한 해답이 없다는 것을 알았고, 단일 물질에 관한 a와 b 이상의 수준으로 알아내는 것이 불가능하다는 것과 만약 해답이 있다 하더라도 아직 우리가 그것을 알아낼 수는 없을 것이라는 걸 깨달았다. 골리친 (제9장, 참고문헌 [13] 참조)과 또한 나중에는 베르텔로가 다음 식을 제안하였다.

$$a_{12} = (a_1 a_2)^{1/2} \tag{12.14}$$

반데르 발스는 이미 자신의 *분자론*에서 가장 간단한 관계식으로 이것을 고려했지만, 곧 그 생각을 버렸다. 그는 베르텔로의 주장 [49][13]에 반대한 것이다. 그는 이렇게 썼다.: '부자 인력은 단순히 분자량에 좌우되는 것이 아니라 존재 자체는 알고 있지만, 정확히는 모르는 어떤 것에 의해 좌우된다.... 따라서 내 의견으로는 그것을 조성한 기체의 성질만 알아서는 혼합물의 밀도를 계산할 수 없으며,... a_{12}의 값을 알아야만 한다. a_{12}가 $\sqrt{a_1 a_2}$과 비슷한 경우는 많이 있겠지만, 이 가설로 계산한 밀도는 오로지 추정치일 뿐이다.' 베르텔로는 이에 동의했지만[*30*], 그럼에도 이 공식은 널리 쓰였다. 몇 년간 반데르 발스는 이 식이 계속해서 응용되는 것을[14] 허용했지만, 나중엔 이 법칙을 만족시키는 혼합물에 대한 상평형의 간단한 이미지를 구하려는 반 라르의 계속된 시도에 자극받았는지 이 과도한 간소화에 반기를 들고, 계산이 간단하다고 해서 그 사용의 정당성이 부여되는 것은 아니라고 주장했다[84e, p. 631].

반데르 발스의 제자인 반 달프센은 n개의 성분으로 이루어진 계에 대해 1904년 이런 공식을 내놓았다;

$$a = \sum_{p=1}^{n} \sum_{q=1}^{n} a_{pq} x_p x_q, \; b = \sum_{p=1}^{n} \sum_{q=1}^{n} b_{pq} x_p x_q . \tag{12.15}$$

그는 만약 $a_{pq}^2 = a_{pp} a_{qq}$일 경우, 혼합물의 확실한 임계 온도는 단일 물질로 가정했을 경우 a/b에 비례하기 때문에 $n \geq 3$일 경우 극한값을 가질 수 없고, $n = 2$일 경우 최댓값을 가질 수 없다는 것을 보여주었다[*31*]. 2년 뒤 반데르 발스는, 너무 가정을 세게 하면 임계 온도에서 최솟값을 이끌어낼 수 없다는 것을 보여 줌으로써 반격을 개시하였다[92][15].

반데르 발스는 단일 상 계에서의 상태 방정식을 거의 쓰지 않았다. 하지만 그는 혼합에 의한 온도와 부피 변화에 관한 3편의 논문을 썼는데

[51, 53, 55], 그중 첫 번째 것은 기본적인 내용에, 나머지 두 편에는 아마가, 쿠에넨, 베르샤펠트의 실험과의 정량적 비교가 자세히 적혀 있었다.

그의 목적은 아마가의 법칙 (P가 일정할 때 $\Delta v = 0$)과 달턴의 법칙 (v가 일정할 때 $\Delta P = 0$)을 검증하는 것이었는데, 결론은 다음과 같았다. '우리는 첫 번째 법칙을 근사법으로 인정해야 한다. 무한히 큰 부피가 감소하여 그 물질의 가능한 한 최소 부피가 되는 등온 과정을 통하여, 약간의 변화가 있을 수 있지만, 그 차이는 전부 제한 범위 안이었다. 두 번째 법칙은 무한히 희박한 상태에서는 완벽하게 들어맞지만, 이것을 액체 부피에 도입하기는 말 그대로 불가능하다. 이런 법칙은 한계 법칙(*loi limité*)라고 불러야 한다. *이 관점에서 보자면 보일의 법칙은 근사 법칙이 아닌 한계 법칙이다*' [51e, p. 191]. 혼합물용 상태 방정식의 주된 사용 용도는 자유 에너지의 표현을 위해서였고, 또한 ψ-표면 때문이었다.

자유 에너지의 명시적 표현과 그 응용 상태 방정식에서 유도된 식 (12.9)의 적분 계산을 하게 되면 이성분계의 ψ는 다음과 같은 적절한 함수 형태로 나타난다.:

$$\psi = MRT[x \ln x + (1-x)\ln(1-x)] + MRT\ln(v - b_x) - a_x/v, \tag{12.16}$$

여기서 a_x와 b_x는 식 (12.11) 및 (12.12)에 의해 주어진다. 이 식은 이성분 혼합물의 모든 열역학적 성질과 상평형으로 가는 길을 열어주지만, 때때로 수학적 어려움이 존재한다. 하지만 식 (12.16)에서 바로 얻을 수 있는 결과도 몇 개가 존재한다. 그중 하나가 우리가 지금 불변 끓음 계라 부르는 것이다. 상 α(액체)와 β(기체) 간의 평형 조건은

$$(\partial\psi/\partial x)^{\alpha}_{v,T} = (\partial\psi/\partial x)^{\beta}_{v,T} \tag{12.17}$$

이며 이때 불변 끓음 혼합물 $x^{\alpha} = x^{\beta}$일 경우, 그것은 증기압이 극한이란 것을 의미한다. 식 (12.16)을 식 (12.7)에 넣으면

$$\left(\frac{1}{v^{\alpha}} + \frac{1}{v^{\beta}}\right)\frac{db_x}{dx} = \frac{1}{a_x}\frac{da_x}{dx}. \tag{12.18}$$

을 얻는다. 낮은 온도에서는 $v^{\beta} \gg v^{\alpha} \approx b_x$가 되므로 식 (12.19)은 (대략) 이렇게 된다.:

$$\frac{d}{dx}\left(\frac{a_x}{b_x}\right) = 0\,. \qquad (12.19)$$

식 (12.13)에서 이 조건은 T_c가 극한값이며, 만약 a_1, a_2, a_{12}가 합리적인 값이라면 그 값이 최솟값임에 틀림없음을 어렵지 않게 알 수 있다. 따라서 양의 불변 끓음 혼합물 (곧 증기압에서 최댓값을 가짐)은 임계 온도에서 최솟값을 갖는다. 이 결과는 근사를 하였기 때문에 정확한 것은 아니지만, 모든 실험적 증거는 이 법칙에 긍정적으로 나타났다[123, p. 263].

식 (12.18)의 두 번째 결과는 다음과 같다. 고온 고압일 때 두 상의 부피는 임계 한도 $3b_x$에 접근하기 때문에 식 (12.18)은

$$\frac{2}{3}\frac{d\ln b_x}{dx} = \frac{d\ln a_x}{dx}\,,$$

가 되거나 식 (12.13)을 통해

$$\frac{d\ln T_c}{dx} = -\,\frac{1}{3}\frac{d\ln b_x}{dx}\,,$$

가 되며 조성이, 부피가 작은 분자 성분 쪽으로 향하게 되면 임계 온도가 상승하게 된다[113, p. 162; 123, p. 39].

추가적인 결과로, 카메를링 오네스와 키솜이 순압 현상의 존재를 발견한 것을 들 수 있다.; '휘발성이 더 큰 물질이 자신의 최대 밀도 값을 가질 때 M/b이 되고, 기체상은 액체상보다 더 큰 밀도를 가질 수 있다.'[83e, p. 258]. 여기서 M은 분자량이라서, 몰 부피 대신 비부피를 사용하여 유도하였다. 위 dv/dx의 부호가 바뀔 때 상변화가 일어난다.

플레이트의 기하학적 공식 지금까지 언급한 바와 같은 규칙들은 순수하게 해석적인 방법으로 유도해낼 수 있으나 더 일반적인 문제는 명쾌한 분석이 힘들기 때문에 반데르 발스는 자신의 혼합물 이론을 기하학적으로 바꾸었다. 그의 주된 도구이자 연구의 중심 과제였던 것은 바로 ψ-표면이다. 이는 식 (12.14)를 통해 구해지는데 정해진 온도에서 *균일화*된 혼합물의 자유 에너지 값을 알려 준다. 이 표면은 수직면 $v=0$과 $(\partial\psi/\partial x)_{v,T}$가 $x=0$, $x=1$일 때 무한대로 가는 무한 기울기에 접근하는 두 개의 면

$x = 0$, $x = 1$에 둘러싸여 있다. 혼합물이 안정되고 균일화되어 있다면 ψ-표면은 아래로 볼록하지만, 만약 혼합물이 불안정하고 두 개의 상으로 분리된다면 표면의 일부분은 아래로 오목하다.; 이것이 바로 *플레이트*이며 불안정 상태를 나타낸다.

가장 간단한 사례는 $x = 0$에서 $x = 1$까지 표면 전체를 가로지르는 플레이트로, 반데르 발스는 이것을 횡단 플레이트로 불러서 부피 축과 평행으로 달리는 종단 플레이트와 구별했다[16]. 횡단 플레이트는 그림 12.1(a)에 나타난 것처럼 액체-증기 평형에 대응한다. 공존 상은 ψ-표면과 직교하는 면과의 접촉점으로 표현된다. 만약 온도가 임계 영역까지 오르게 되면 ψ-표면은 변형되어 플레이트는 조성의 모든 범위를 다루진 않지만, 식 (12.3)이 성립하는 임계 영역을 상징하는 점에서 소멸한다. 반데르 발스가 사용한 자료를 만든 코르테베흐는 이 점을 *플레이트-점* 이라 부르고, '임의의 점을 통과하는 접촉점보다는 그 표면과의 고차원의 접촉점을 가진 접선을 그려서 만날 수 있는 점'이라 정의했다[*33*, p. 1154].

표면 위의 특정 선들은 플레이트와 플레이트 점과 관련되어 있다. 그 중 첫 번째는 *바이노달(binodal)* 곡선으로 접평면의 접촉점 쌍들의 궤적이다. 그 표면 위로 맥스웰의 기름칠 된 판을 굴리는 도구를 사용하면 바이노달 곡선이 생성된다. 엄밀히 말해서 플레이트는 표면의 일부분이고 바이노달 곡선에 묶여 있다. 두 번째 선은 *스피노달(spinodal) 곡선*[17]으로, 곡률이 0인 점들, 곧 변곡점들의 궤적이다. 이는 플레이트 안에 완전히 놓여 있으며 플레이트 점에서 바이노달과 접선한다. 두 선에는 명확한 열역학적 의미가 있다.; 바이노달은 절대 안정 상태의 경계이며, 스피노달은 준안정과 불안정 상태의 경계이다.

플레이트 점 근처의 표면 $z(w, y)$의 방정식은 아래와 같이 나타낼 수 있다 [*33*].

$$z = cw^2 + dwy^2 + ey^4 .$$

플레이트 점에서 접평면은 표면에서 교차할 수도 있고 교차하지 않을 수도 있는데, 이는 $(4ce - d^2)$의 크기에 달려 있다. 만약 그 크기가 양수일 경우, 교차는 없으며 접촉점-'제일 종 플레이트 점'만이 존재한다. 만약 크기가 음수일 경우 교차가 일어나며 우리는 제이 종 플레이트 점을 얻는데, 두 개의 접 곡선이 표면의 볼록-우묵한 부분 위에 존재하며 플레이트 점에서 서로 접촉하는 부분에 생성된다.

플레이트 점의 생성과 소멸에 관한 연구 결과, 온도의 변화 혹은 반데르발스 매개 변수 a, b에 의해 표면이 변형되면서 두 개의 특수한 경우로 나눠지게 되는데, $d=0$과 $d^2-4ce=0$이다. 플레이트 점은 표면 $0<x<1$ 영역 부분에서 두 가지 중 한 가지 방법으로 사라질 수 있는데; 하나는 가능한 조성의 범위를 넘어서거나 다른 하나는 두 번째 플레이트 점과 만나서, 두 경우 모두 허수가 되는 경우이다. 같은 종류의 2개 플레이트 점이 만나면 '이성분 균일 플레이트 점'이 되는데, 이는 $d=0$일 때 일어난다. 다른 종류의 플레이트 점이 만나면 '이성분 불균일 플레이트 점'이 되며, 이는 $d^2=4ce$일 때 일어난다. 다른 종류의 플레이트 점이 생기거나 사라지는 것은 다양한 경우의 상평형에 의해 좌우되며, 액체-증기, 액체-액체, 액체-액체-증기 시스템이 그렇다. 반데르 발스가 '3상의 압력'이라 부른 마지막 경우는 특히 복잡하며 연구에는 엄청난 노력이 들어간다.

반데르 발스에 따르면 ψ-표면 연구에 있어서 가장 중요하면서도 일반적인 문제는 다음과 같다.: '이성분계에 있어서 ψ-표면의 플레이트는 간단한 모양이다. 다른 경우 모양이 복잡하거나 제2의 플레이트가 존재한다. 그리고 아직 누구도 이 다른 형태의 원인을 찾아내지 못했으며, 특정 그룹들로 이루어진 혼합물들의 다른 물성들과의 연관성조차 밝혀내지 못했다.' [84e, a p. 621]. 일단 누군가가 '주어진 이성분 혼합물에 3상 압력이 있는지 없는지를 알아내야만 한다. 그리고 현실적으로 매우 중요한 문제를 푸는 데 도움이 되는 것이라면 매우 중요하게 다루어져야 한다.'[95e, p. 317].

이 문제들은 이미 자신의 *분자론*에 문제 해결법과 함께 언급되었고, 그것은 스피노달 선 혹은 선들의 진로를 연구하는 것이었다. 이 선들의 진로에 관한 지식은 '플레이트-점 선'(plait-point line, 쿠에넨이 사용한 용어) 혹은 현대 용어로 임계선이라 불리는 것을 그려내게 했다. 이 선은 계의 상거동 중에서도 가장 중요한 기하학적 결정 요인이며[*33*], 이는 이론적 결론을 내리기 위한 실험이나 여러 가지 물질을 비교하는데 요긴하게 사용된다. 이런 이유 때문에 몇 년간 '플레이트-점 선은 자세한 연구를 위한 특별한 대상'이 되었다[113, p. 290]. 그의 전략은 혼합물을 가상의 단일 물질로 보는 것이다. 예를 들어 만약 그림 12.1(d)나 12.1(e)의 점 C와 R이 동시에 일어나면 제3의 점 또한 동시에 일어나는데, 등온선 위에 $(\partial P/\partial v)$와 $(\partial^2 P/\partial v^2)$이 사라지는 곳에 생성된다. 이 마지막 점에 대해서 식 (12.13)은 잘 적용되며 '3개의 점이 서로 멀리 떨어져 있지 않은 모든 경우에 플레이트-점 선을 대략적으로 그려낼 수 있다.'[48f, p. 82]. 이는 쿠에넨이 연구한 C_2H_6 + N_2O 같은 계엔 꽤 효과적이지만, 다른 계를 다루기 위해서는 좀 더 일반화된 방법이 필요하다.

12.3.2 p와 q선들의 네트워크

플레이트-점 선의 진로를 해석적으로 연구하는 것은 어렵다. 만약 ψ를 식 (12.5)에 도입하고 미분 db_x/dx와 db_x/dx를 삽입하면 스피노달 식 (12.3)이 얼마나 다루기 힘들어지는지는 이미 앞서 살펴본 적이 있다. ψ-표면을 분류화하는 시도에도 비슷한 문제가 있기 때문에, 연구는 다른 방향으로 나아가기 시작했다. '나는 이론을 처리하기 위해 해석적인 방법보다 더 쉬운 방법을 찾으려 했고, 결과가 말해 주듯이 플레이트의 각기 다른 모양의 원인을 밝혀낼 수 있었고 이미 알고 있었던 현상을 이해하는 데 새로운 빛을 비추었다.' [84e, p. 62].

선택된 방법은 두 가지의 '등치선(isolines)' 곧 p-선과 q-선의 형성과 후속 해석이다. 주어진 온도에서 공존 상은 3개의 같은 값을 가진다. 첫 번째는 압력 곧 $-(\partial\psi/\partial v)_{x,T}$, 두 번째는 수학적으로 유사한, $q-(\partial\psi/\partial x)_{v,T}$, 여기서 $q=M_2\mu_2-M_1\mu_1$, 곧 '분자 혹은 화학' 포텐셜의 차, 세 번째는 $\psi-v(\partial\psi/\partial v)_{x,T}-x(\partial\psi/\partial x)_{v,T}$의 형태로 나타낸 포텐셜 $M_1\mu_1$이다. 반데르 발스 방법의 우아함은 상평형의 정성 분석을 하게 되면 제3의 양이 필요 없어지게 된다는 점에 있다.

p-와 q-선의 네트워크에서 우리는 무엇을 얻을 수 있을까? 스피노달에 관한 식 (12.3)을 보면 이는 다음 식을 따른다.:

$$(\partial v/\partial x)_p = (\partial v/\partial x)_q$$

따라서 스피노달은 p-와 q-선의 접점의 위치에 존재한다. 그는 이렇게 요약했다.: '만약 우리가 혼합물 조성의 성질을 통해 p-와 q-선의 진로를 유추해낸다면, 우리는 적어도 스피노달 곡선의 모양은 알아낼 수 있다. 그리고 이 선들의 진로를 정성적으로만 추측할 수 있다고 해도, 그리고 정성적이며 정확한 정보를 원한다 해도, 스피노달 곡선의 정확한 모양은 알 수 없겠지만, 큰 틀에서 왜 플레이트의 모양이 일반적으로 간단한지와, 다른 경우에 복잡한 모양을 갖는지, 그리고 제2의 플레이트가 존재하는지에 관한 이유는 알아낼 수 있다.'[84e, p. 622-623].

반데르 발스는 p-선의 네트워크를 상태 방정식을 통해 바로 구축했는데, 왜냐하면 $p = f(v, x)$이기 때문이고, 등압선을 나타내는 네트워크는 $p =$상수이므로 $v - x$ 면에서 손쉽게 만들 수 있기 때문이다. 다양한 범위의 온도와 a_{12}, a_1, a_2의 비율에 따라 6개의 서로 다른 네트워크를 얻을 수 있다.

비슷하게 q-선의 네트워크, 즉 $v - x$ 면에서 $q =$상수인 이것은 q에 대한 다음 식으로 나타낼 수 있다.

$$q = MRT \ln \frac{x}{1-x} + \int_{v0}^{\infty} \left(\frac{\partial P}{\partial x} \right)_v dv.$$

이 식은 자유 에너지의 표현 식(12.9)를 미분해서 얻을 수 있다.; 미분 $(\partial P/\partial x)_v$은 상태 방정식에서 나왔다. 마찬가지로 6개의 네트워크 종류가 있다.

12.3.3 다른 종류의 상 분리의 분류: 기체 혼합물에서의 상 분리

p-선과 q-선이 어떻게 배치되었고 특히 이 배치가 $(\partial^2\psi/\partial v^2)_x = 0$ (곧 $(\partial P/\partial v)_x = 0$이며 $(\partial^2\psi/\partial x^2)_v = 0$) 일 때 ψ-표면 위에 선의 존재 유무에 따라 어떤 영향을 받는지에 관한 다양한 연구가 진행되었다. 이 선들 중 하나 혹은 양쪽 다의 존재 유무, 그리고 같이 존재할 경우의 상호 배치가 임계선의 형태를 결정하는 중요한 요인이라는 것이 밝혀졌고, 반데르 발스와 콘스탐에 의해 이성분 혼합물의 상 분리를 분류하는데 사용되었다. 이 일이 진행되는 동안 반데르 발스는 이런 글을 남겼다.; '단일 물질의 경우

현상은 그리 복잡하지 않고 일반적인 구도를 잡는 것은 쉬운 일이다. 따라서 단순한 이성분 혼합물에서 모든 것이 마치 미로처럼 복잡하다는 것은 매우 놀라운 일이다. 이는 3상 압력이 존재한다면 특히 그렇다.' [103e, p. 263]. 그럼에도 불구하고 그들은 6개의 주요한 상그림 형태를 만들어냈으며, 그것의 요약은 표 12.1에 나와 있다.

가장 특이한 것은 맨 마지막 것으로 모순적인 상황을 묘사하기 때문에 몇 년간 불가능한 것으로 여겨졌다. 이 현상은 오늘날은 잘 알려진 초임계 영역에서 기체가 두 개의 상으로 분리되는 현상이다. 이 가능성은 1894년 쿠에넨의 역 응축 현상의 발견과 마찬가지로 모호한 형태로 반데르 발스에 의해 이미 예언되어 있었다. 거의 인용된 바 없는 한 논문, *고온의 ψ-표면에서 종단 플레이트의 존재에 의한 혼합물의 임계 현상의 변화 혹은 부재*[38]에서 그는 쿠에넨의 액체-액체 평형과 온도를 올렸을 때 일어날 수 있는 변화에 대해 다루었다.

표 12.1 이성분 혼합물에서 상 분리의 주요 형태 ([162]와 [163] 참조).

형태	플레이트-점 선 (plait-point line; PPL)의 특성	주석
I	PPL이 두 개의 불균일 이중 플레이트 점, 즉 두 개의 전환점을 가지고 있다. PPL이 액체-증기 평형을 액체-액체로부터 분리시킨다.	3상 평형 액체-액체-증기의 가장 간단한 경우
II	두 개의 전환점을 가진 PPL이 하나의 복잡한 곡선을 만들어 성분들의 임계점을 연결한다.	두 개의 액체 층 중 하나가 임계 영역에서 증기와 합쳐진다.
III	PPL이 두 개로 갈라져서 하나는 두 개의 불균일 플레이트 점을 가지고 나머지 하나는 이중 균일 플레이트 점을 가진다.	이는 형태 I과 비슷하나 상의 공존에 최대 압력과 최소 온도가 존재한다는 것이 다르다.
IV	PPL이 두 개로 갈라져서 하나가 두 개의 불균일 및 두 개의 균일 플레이트 점을 가진다.	증기 상을 억제할 정도의 고압에서 두 개의 액체상이 공존한다.
V	PPL이 두 개의 전환점과 최소 온도를 가진다.	3상 압력이 순수 물질의 증기압보다 높은 복잡해진 II 형태

VIa	PPL이 두 개의 전환점과 최대 온도를 가진다.	초임계 압력과 온도에서 기체 혼합물의 층으로 분리된다.
VIb	PPL이 두 개의 불균일 및 두 개의 균일 플레이트 점을 가지고 성분들의 임계점을 연결한다.	

종단 플레이트가 사라지면 완전한 혼화성을 보이게 되는 일반적인 경우를 제외하고 그는 플레이트가 남는 경우 또한 고려했다.: '이 경우는 성분들의 임계 온도를 넘어선 온도에서 액체상이 ψ-표면에 존재하는 종단 플레이트 때문에 액체상이 사라지는 유일한 경우이다. 이는 발열하며 섞이는 물질들에서는 일어나지 않는데 왜냐하면 거기엔 어떤 온도에서도 종단 플레이트가 존재하지 않기 때문이다.

또한, 약간의 열을 흡수하며 혼합되는 물질에서도 일어나지 않는데, 그럴 경우 종단 플레이트가 낮은 온도에서만 존재하기 때문이다. 하지만 많은 양의 열을 흡수하며 혼합되는 경우는 그런 현상이 발생할 가능성이 있다.'[38, p. 134-135].

반데르 발스는 이것을 기체 혼합물의 분리라고 부르지 않았는데, 아마도 자극적인 어법을 좋아하지 않았거나 초임계 영역에서 액체와 기체를 구별하지 않았기 때문일 가능성이 있다. 하지만 임계 온도 위의 양 성분들에 임계 곡선과 상평형이 존재한다는 것은 공존 상이 일반적인 뜻으로 쓰이는 액체가 아닌, ('기체'라는 표현을 피하고 싶다면) '유체'라는 것을 뜻한다. 이 현상에 처음 관심을 가진 사람은 카메를링 오네스와 키솜으로 '기체-기체 평형'[19]이란 표현을 굳이 제외하지는 않았다. 훗날 반데르 발스도 이것을 *열역학 교과서* [113, p. 401]에 도입시켰다. 그는 기체 혼합물의 분리는 두 가지 형태로 일어날 수 있다고 추론했다.

그로부터 약 30년이 지난 1940년 가을, 크리체프스키와 볼샤코프는 암모니아-질소 계가 순압 효과를 가진다는 것을 나타내는 실험 결과가 담긴 논문을 투고했는데, 여기서 순압 효과의 의미는 기체상이 액체보다 더 밀도가 높아서 용기의 바닥으로 향하게 되고, 더욱이 임계선이 85℃~90℃ 사이에 있는 최저점을 통과해서 더 높은 온도로 향하게 되는 현상으로,

125℃와 5800atm까지 도달한다. 반데르 발스가 언급한 논의는 그들로 하여금 계를 2개의 기체상으로 분리하는 것이 가능하다는 믿음을 주었다. '우리가 곧 실행하길 기대하는 실험들은' 그들은 이렇게 썼다. '암모니아-질소 계가 125℃에서 어떻게 거동할지를 보여줄 것이며, 암모니아의 임계온도 위에서 2개의 기체상으로 분리가 가능한지를 확인할 수 있을 것이다.' [*35*, p. 171]. 1941년 9월에 크리체프스키와 치클리스의 짧은 논문이 출판되었다.: '우리는 임계 압력이 $9500\,kg\,cm^{-2}$일 때 임계선의 경로를 148℃까지 추적할 수 있었다. 따라서 암모니아의 임계점 (133.1℃)보다 높은 온도를 가진 암모니아-질소 계에서 제한된 상호 혼화성 현상이 관측되었다. 우리는 메탄-암모니아, 메탄-질소-암모니아, 질소-수소-암모니아 계도 또한 연구했으며 이들도 제한된 상호 혼화성 현상을 보였다. 추가적인 실험은 현재 진행 중이다.'[36][20]. 35년 후에 치클리스는 이런 글을 남겼다.: '... 1941년 크리체프스키는 기체-기체 평형이 실현된다는 것을 나타내는 실험의 첫 결과들을 출판했다. 따라서 이 주제에 관해서 잊혀진 개념들을 되살려서, 실험으로 확인하고 이런 상평형 이론을 더욱더 발전시킨 것에 관한 공로는 그에게 있다.'[*37*, p. 1366].

1943년 치클리스는 기체-기체 평형에는 2가지 종류가 있다는 반데르 발스의 예측을 확인했다. 하나의 경우는 휘발성이 낮은 성분의 임계점을 고온으로 올리는 것이고, 다른 하나는 저온으로 낮춰서 최저점을 통과시키고 다시 고온으로 올리는 것이었다. 암모니아-헬륨 계는 전자이고, 암모니아-질소 계는 후자인데, 기체-기체 평형은 암모니아의 임계점 아래 온도지만 임계 선의 최솟값보단 높은 곳에서 일어나며, 이를 이중 균일 플레이트 점[21]이라 부른다.

첫 번째 종류에서의 $P-T$와 $P-x$ 선도의 예측된 모양에 관해서 치클리스는 나중에 이런 말을 남겼다. '우리는 이것들이 실험에 의해서 얼마나 정확히 증명되는지 그저 놀랄 수밖에 없었다.' [38, p. 89]. 현재는, 수십 가지 계에서 초임계 (혹은 기체-기체) 상평형이 알려져 있다[22].

반데르 발스는 상평형의 여섯 가지 형태와 이성분계의 특성 매개 변수 간의 관계를 완성시키기 위해 많은 노력을 기울였다.

$$n = b_2/b_1,\ k = (a_2/a_1)^{1/2},\ l = a_{12}/(a_1 a_2)^{1/2}.$$

이 연구에 참여했던 콘스탐은 훗날 고백하기를 '많은 가정을 통해 간소화시켰음에도 불구하고 우리는 깨끗한 결과를 얻지 못했다.'[123, p. 285]. 강력한 컴퓨터의 발전만이 이 문제를 잘 다룰 수 있을 것이다. 첫 번째 결과는 P. H. 반 콘넨뷔르흐가 1968년에 쓴 학위 논문으로, 지도교수 R. L. 스캇[*40,41*]에 의해 약간의 첨삭이 된 채로 출판되었다. 이는 현재 가장 자주 쓰이는 상그림의 분류로 이어졌지만, 그 결과들은 동일한 크기의 분자들, 즉 $n = 1$에 국한되었다.

12.3.4 삼성분 혼합물

삼성분계에 있어서 상 거동의 복잡성과 다양성에 끝이 없는 것은 당연해 보인다. 따라서 반데르 발스는 그가 이성분 혼합물에서 썼던 방식을 이용한 체계적인 연구는 하지 않았다. 하지만 그는 연구가 어떻게 이뤄져야 하는지는 보여주었다[65].; 예전처럼 그 방식은 열역학과 상태 방정식의 결합이었다. 후자는 예전과 동일한 방식으로 설계되었고 매개 변수 a와 b는 몰 분율의 2차 함수로 나타냈는데, 왜냐하면 쌍 간의 상호 작용만을 고려했기 때문이다. 세제곱 항의 부재는 중요한데 왜냐하면 이는 삼성분 혼합물의 매개 변수를 세 개의 이성분 혼합물을 통해 알아낼 수 있도록 하기 때문이다. 이는 아주 큰 간소화이며 이성분 혼합물의 경우 매개 변수를 순수 물질의 지식을 통해 얻지 못했던 것과 비교하면 큰 대조를 보인다.; 그래서 그는 이렇게 썼다.; '삼성분 혼합물 이론은 이성분 혼합물 이론 이상의 어떤 새로운 자료를 요구하지 않는다.' [66e, p. 235]. 그는 삼성분계의 최소 임계 온도의 조건을 예로 들며 이 결론을 내렸다[66].

12.3.5 혼합물 이론의 수용과 평가

상태 방정식과 대응 상태의 원리와 달리 반데르 발스의 혼합물 이론은 유럽 과학자들에게 별다른 관심을 받지 못했다. 가장 명백한 이유는 그 당시 대부분의 화학자는 수학이나 물리학에 관한 지식이 거의 없었기 때문이다.; 그의 제자들 이외 모든 연구자들은 그의 복잡한 계산에 지레 겁을 먹었다. 그만의 글 쓰는 법 또한 난이도를 더했고 네덜란드에서도 이것에는 확신이 없었는데, 콘스탐에 의하면 만약 저자의 구술 설명이 없었다면 *분자론*이 그리 큰 성공을 얻었을지는 의문이라고 했다. 유럽의 나머지 다른 나라들에서 혼합물에 관한 그의 연구에 감사의 뜻을 나타낸 것은 네덜란드와 비교해서 20년이 뒤처져 있었다. *열역학 교과서*의 제2권이 출간되고 자신의 아들[162]과 콘스탐 [163]에 의해 나중에 논평이 나오고 난 뒤에야 전 세계가 마침내 이것의 진정한 가치를 알게 되었다. 하지만 그때는 이미 과학적 관심사가 이동하고 난 뒤라서 너무 늦어버렸고, 이 분야는 '문화의 막'에 가로막혀 묻히고 말았다. 20세기 중반에 와서야 과학적 및 실용적 관심이 부활하면서 발굴 작업이 시작되었다. 20세기 초에는 사정이 약간 달랐는데, 이는 1913년 알렉산더 핀들레이가 한 말로 대신할 수 있다. '반트 호프가 보여 준 묽은 용액과 기체 사이에서 존재하는 충격적인 유추인 반트 호프 법칙은 농축 용액에 적용할 경우 고압에서 기체에 관한 법칙처럼 변형되어야 한다. 다른 말로 하자면 삼투압과 농도 간의 정량적 관계는 반데르 발스가 기체에 대해 만든 방정식처럼 표현되어야 한다.'[*42*, p. 27].

반데르 발스의 혼합물 이론을 통해 비이상 용액을 포함하는 방식은 원론적으로 틀렸다는 것을 알 수 있는데, 반 라르는 계속해서 '이 경우에 덜 적합한 것은 없다.' [*43*] 라고 강조했다. 반데르 발스의 상규칙에 관한 첫 논문이 나오고 사반세기가 지난 후에야 다른 사람들이 비이상 용액의 이론을 만들려고 할 때 반트 호프의 방정식을 반데르 발스의 방정식을 흉내내서 변형시키려 했다는 것은 불행한 일이다.

그의 관점과 정 반대되는 사람도 있었는데, 특히 뒤앙은 열역학을 상태방정식에 결합시키는 개념을 거부했다. 뒤앙의 거부에는 원자에 관한 그의 반발심과 자연의 현상학적 그림을 그리고 싶었던 그의 소망 때문이었지만, 경쟁 심리나 심지어 질투에 의한 것일 수도 있었다. 임계 영역에서의 이성분 혼합물 이론에 관한 그의 첫 결과는 1888년에 출판되었는데[*19*], 이는 반데르 발스의 *분자론*이 모습을 드러내기 전이었지만, 이 분야에서 네덜란드인의 연구 결과는 특히 역 응축의 발견 이후에 더 큰 인기와 관심을 끌었다. 뒤앙은 자신의 의견을 영어로 나타내고[*44*], 프랑스어로 그의 잘 알려진 *논문*[20, t. 4]에 ψ-표면에 관한 짧은 설명을 곁들이면서 다음과 같이 결론지었다.; '반데르 발스 씨와 그 뒤에 쿠에넨 씨는 ψ-표면을 통해 유체 혼합물의 액체와 기체 상태의 연속성 이론을 발전시켰다. 비록 우리는 이 방법을 쓸 의도가 없으나 독자로 하여금 이 원리에 관한 정보를 이해하는 것은 도움이 되리라고 판단된다.'[*20*, t. 4, p. 108].

반데르 발스 또한 마찬가지로 '흥미로운 뒤앙 씨의 이론적 논문'이라 간단히 언급하며 '뒤앙 씨는 일정한 형식을 갖는 상태 방정식의 사용을 거부했기 때문에 오로지 열역학의 적용에 관해서만 논의할 수 있었고, 아무튼 기초적인 형태로서, 그의 결과는 우리 결과와는 다르다.'라고 마무리 지었다. [58, p. 610]. 그 다음해인 1910년 콘스탐은 1편의 논문[*45*]을 출판하는데, 이 논문은 반데르 발스 이론이 대중적으로 인식되게 한 내용이었고, 뒤앙은 이때 자신의 연구실에 얻은 실험 결과와 그 이론의 차이를 근거로 들면서 공격적으로 반응하였다. 그의 결론은, '반데르 발스에 의해 제안되고 개발된 ψ-표면 이론이 완전히 거부되어야 함을 의미하지는 않는다. 이 이론에는 두 가지 뚜렷한 측면이 있다. 하나는, 의심할 여지가 없이 옳은 열역학 법칙과 매우 일반적인 주장이 있는 반면, 다른 한 측면에서는 ψ-표면의 해석적인 형식과 특히 그것의 농도 x의 의존성에 관한 매우 임의적인 주장이 담겨 있다. 후자의 주장들을 거부하고 전자의 주장을 바탕으로 해서 이성분 혼합물 이론을 만드는 것이야말로 정말 중요한 일이다. 나는 이것을 내 책, *화학공학 개론(Traité élémentaire de mécanique chimique)*에서 완성시켰다고 믿는다.'[*46*, p. 606].

콘스탐의 학위 논문 중 10번째 *제안*에 뒤앙이 주장한 혼합물 이론이 열역학 하나로만 얻을 수 있다는 것은 망상에 불과하다는 말이 적혀 있었던 것을 제외하고는, 그러한 공격에 즉각적인 반응은 없었다. 몇 년 뒤에 이 논쟁은 *열역학 교과서*에서 재개되었다[91, p. 177-178]. 여기서 그는 뒤앙의 *논문*에서 가져온 기체 혼합물의 분해 이론은 열역학 하나로는 성립할 수 없다는 주장이 담긴 프랑스어로 된 글을 인용했다. '따라서 방금 인용한 글을 보면, 뒤앙은 열역학적 연구의 한계를 명확히 알고 있음에도 불구하고, 어째서 다른 곳에서, 자유 에너지의 그 변수들에 대한 의존성을 명확한 형태로 나타냄으로써 그것을 입증하지도 않고 열역학을 적용할 수 있다고 주장하는지 이해하기가 어렵다.' 그 장의 결론은 반데르 발스가 자주 쓰는 주장인 '이 추가적인 정보 없이는 더 자세한 평형 관계의 지식은 알아낼 수 없다.'로 내려졌다.

반데르 발스가 개척한 비이상 계의 합리적 연구 방법은 이 두 가지의 극단적 관점, 즉 상태 방정식을 혼합물에 직접 대입하는 순진한 발상과 오로지 순수 열역학의 정설[23]만을 고수하면서 그런 방정식을 완전히 배제하는 관점 양쪽 편에 선 셈이었다. 20세기 초반, 희박 및 이상 계에 중점을 둔 깁스 이전 (혹은 반트 호프) 학파는 힘이 다 떨어졌고, 상평형의 보다 일반적 예시는 그들의 관심 밖이었다. 이때 콘스탐은 다음과 같이 썼다.: '현재 물리화학은 아직 나침반을 모르는 사람에게 그것의 정량적 부분을 항해하도록 하고 있다. 연안 무역은 지정된 똑같은 지역을 계속 오고가며 열정적으로 진행되고 있다.; 하지만 그들은 연안에서 멀리 떨어진 대양으로 모험 나가는 것을 두려워하며 그 이유는 몰아치는 임의의 가설 파도에 피해를 입을까 두려워하기 때문이다. 오직 믿을 만한 나침반이 있을 때만 그 두려움은 치유될 수 있다.

물리화학자들은 삼투압 방식을 버리고 잘 정비된 상태 방정식과 열역학 포텐셜을 도입해야만 어떤 결과를 얻을 수 있다.' [*47*, p. 751]. 네덜란드의 연구자들은 반데르 발스가 찾아낸 거친 가시밭길을 따라가며 2개의 장애물과 만나게 된다. 첫 번째는 오로지 직접적인 연구로만 해결이 가능한 상태 방정식의 악명 높은 부정확성이었으며, 두 번째는 엄청나게 복잡한 계산이었다.; 치클리스는 나중에 이렇게 언급했다. '방정식의 길이는 수 m에 달할 수 있다.' [*38*, p. 121].

비이상 계의 보다 간단한 접근에 관한 요구는 G. N. 루이스가 도입한 활동도 방법에 의해 해결되었고, 이는 지금도 물리화학에서 널리 쓰이고 있다. 처음에는 이것이 반데르 발스 이론와 대조되는 것으로 보였기 때문에 그의 제자들에게 강한 비판을 불러일으켰고, 특히 반 라르는 기회가 있는 한 무조건 '미국식' 열역학을 공격하며 그것의 *활동도(activity), 분산도 (fugacity)* 및 '정확한 개념 대신 들어간 다른 단어들'을 깎아내렸다 [*48*]. 거기다 란다우의 말이 메아리가 되어 퍼져 나갔다.: '루이스의 이론은 언어학적인 것이다.; 실제적인 추론은 없으면서 새로운 단어만 추가시켰다.' [*49*].

1929년에 발간된 중요한 한 단행본[*50*]에서는 활동도 방법을 '전적으로 공식적'이라고 평가하면서 반데르 발스의 이성분 혼합물 이론을 '뛰어난 결과이자 반데르 발스의 방정식은 실험 결과를 분석하는 데 있어서 비록 복잡하고 최종 공식에 있는 매개 변수의 값을 추측하는 것이 불가능할지라도 훌륭한 출발점이 된다.'라고 분석하였다. 그와 동시에 그 저자들은 실험적 계수를 이 방법에 도입할 필요성에서 '어쨌든 현재로서는, 이 방법을 활동도 방법 못지않게 공식적인 것이 되도록 하였다.'라고 언급하였다[*50*, p. 296, 364].

그동안 활동도[24] 연구는 반데르 발스가 도입했던 원리와 완전히 같은 원리를 사용했다는 사실을 나타냈는데, 그것은 바로 열역학 함수를 두 부분으로 나누는 것이다. 그중 첫 번째는 (*이상* 항)이 *선험적으로 알려진* 것으로 농도에 직접적으로 의존하는 것이고, 두 번째는 활동도 계수에 의존하기 때문에 실험을 통해 측정하거나 분자론을 통해 결정되어야 하는 것이다. 반데르 발스의 개념은 여전히 유효했고 몇몇 경우에 있어서 활동도 계수를 결정하는 데 반영되었는데, 이를테면 뉴턴-닷지 도형과 활동도 계수를 환산 온도 및 압력과 연관 짓는 화학공학자들에게서 그 예를 볼 수 있다([*22*, *55*] 참조).

형이상학적 접근에서 분자적 접근으로 넘어오는 과정에서 우리는 1950년대부터 시작한 과학 계획에 관심을 기울여야 한다. 우리 중 하나는 1959년 이런 글을 썼다.: '액체 혼합물 연구에 있어서 이론과 실제가 순수 액체 연구에 의해 갈라지는 것은 참 불행한 일이다. 나는 이 책에서 이 두 주제를 다시 하나로 합치려고 했다'[169[1959] p. vii]. 그 시간부터 반데르 발스 학파와의 전형적인 관련성이 다시 용액 이론 전면에 나타나기 시작했다.

그중 첫 번째 징후는 아마도 I. 프리고진이 1957년에 쓴 글일 것이다.:

'혼합물의 분자론은 반데르 발스와 그의 학파가 기초를 쌓은 훌륭한 시발점이다... 반데르 발스는 다성분계에 있어서 요즈음 우리들조차 존경을 표하지 않을 수 없을 만큼 정밀하고 일관된 이론을 만들어냈다.... 어떤 의미에서는 현재 책에서 자주 사용되는 평균 포텐셜 모델은 현대판 반데르 발스 업적이라 불러도 된다.'[*56*]. 원 개념과 더 가깝게 연관된 것은 방법론으로, 단순 액체가 혼합물 모델을 만드는 데 사용되는 이론은 반데르 발스의 혼합물 이미지, 예를 들어 *반데르 발스의 단일 유체 근사*[*57, 58, 169, 181*] 라고 불리는 것에 상당한 바탕을 두고 있다. 여기서 우리는 단지 반데르 발스의 이차 근사적 방정식 (12.15) 때문이 아니라 '혼합물은 단일 물질로 고려한다.'라는 그의 아이디어에도 바탕을 두고 있으며, 이 개념은 혼합물의 '가임계 상수'를 정의하기 위해 오랫동안 시도되어 왔다.

반데르 발스의 액체 모델 (제11장, 3절)과 직접적 연관성이 있는 다른 모델은 M. 릭비 *등*[*59*]이 만든 '확장된 반데르 발스의 혼합물 이론'과 S. 노르드홀름과 동료들[*60*]이 만든 '일반화된 반데르 발스 이론'이 있다. 여기서 반데르 발스 모델은 순수 액체의 물리학[*61*]과 더불어 실제 계의 더 복잡한 거동들을 파악하기 위해 사용되는 제한적 사례 곧 이상적 기준에 있어서 중요한 역할을 한다.

반데르 발스 방정식에 관한 설명은 현상학적으로도 같은 방식으로 적절히 할 수 있다.; 이미 언급한 연구[*40, 41*]에서 알 수 있듯이, 반데르 발스 방정식은 이성분 유체 혼합물에서의 엄청난 다양성을 가진 상평형의 전체적인 그림을 정성적으로 그려내기에 충분한 것으로 밝혀졌다. 그럼에도 불구하고 반데르 발스 방정식을 직접 이용한 해석적 연구는, 비록 정성적이긴 하지만 더 일반적인 그의 방식인 기하학적 접근보다 결과가 좋지 않았다. 정확한 정량적 연구와 더불어 정성적 연구의 중요성과 필요성이 더욱 증가하고 있는 것은 근대 과학의 특성인데, 이는 아마도 '정확한' 연구의 바탕이 얼마나 만족스럽지 못하였는지가 인식되고 있기 때문이다. 기하학적 접근을 흥미롭게 하는 것은 일반적 배경인데, G. 페익스[*62*]의 연구를 예로 들 수 있다. 이 방법들은 아직까지도 충분히 연구가 되지 않은, 압력 하의 상평형 분야를 실험하며 연구하는 데 특히 적합한 것으로 보인다. 선진 연구실들 (총설 논문들[*37, 36*] 참조)조차 아직 반데르 발스가 발견한 풍부한 업적들을 완전히 사용하지 못했기에 우리는 그의 기하학적 방법을 발전시키기 위해 많은 노력을 해야 한다.

오스트발트는 1913년에 다음과 같이 예언했다. '그 유명한 저자가 풍부한 양의 새롭고 중요한 결과를 내면 그것을 실험적으로 소화시키는 데는 몇 년이 아니라 몇 십 년이 걸릴 것이다.' [113, a_1]. 그 말은 사실로 드러났다.

주석(Notes)

1. 반데르 발스는 운동론을 열역학 대신 사용할 수 있는지에 관해서 한 번도 시도를 한 적이 없으며, 그의 생각은 원리적으로는 가능하다는 것이었다. 논문 *열역학 포텐셜의 운동론적 해석* [*39*] (그 자신이 항상 높게 평가하던 논문)에서 그는 상평형을 위한 열역학적 조건 (즉 공존 상들에서의 동일한 온도, 압력 그리고 화학 포텐셜)을 운동론을 통해 유추한 조건과 비교했는데, 일반적으로 임의의 시간에 상 α에서 상 β로 움직이는 각 종류의 분자 개수와 상 β에서 상 α로 움직이는 분자 개수는 같아야 한다는 점이다. 일성분계와 이성분계의 경우 이 숫자들은 온도, 압력, 조성이 변수인 상태 방정식의 매개 변수 a와 b로 나타낼 수 있다. 더욱이 화학 (혹은 열역학) 포텐셜 또한 같은 형태로 표현할 수 있으므로, 이 두 조건은 동일한 것으로 간주된다. 하지만 나중에 그는 고백하기를 '비록 이 [공존 상의] 성질들과 그에 의한 공존 조건, 그리고 상태 방정식 자체도 역학적 (혹은 운동론적) 방식으로 유도할 수 있지만, 상태 방정식을 통한 열역학적 접근을 통해 유도하는 것이 일반적이다.' [61, p. 90].
2. '기하학적 열역학', 러시아 열역학자 A. B. 믈로드체브스키가 이렇게 부른 이 분야는 '자연에서 형성되는 것의 "기하학적 이야기"이다.; 다른 한편으로, 열역학의 일반 법칙을 바탕으로 기하학적 방법을 도입해서 특정한 물리 법칙을 만드는 것이다.' [*7*, p. 5]. 용해도 선도는 계의 첫 기하학적 모델이었고, 그의 불균일 평형에서의 깁스의 '기하학적 그림'은 기하학적 열역학의 발전에 중요한 단계를 쌓았다. 이 모델과 열역학의 합성은 모델에 의해 생성된 특이점을 갖고 있는 열역학 표면의 설계로 이어졌다.
3. 구조적 모델에서 열역학 함수의 해석 공식을 만드는 일반적인 방법은 통계 역학이지만, 이 경로는 대부분의 실제 계에 있어서는 사용할 수 없기 때문에, 첫 번째 원리에서 약간 벗어나서 우리는 매개 변수 값 혹은 통계 역학의 일반 방정식의 형태를 가정해야 한다.
4. 그는 '상이 실험적으로 존재한다는 말은 2개의 메니스커스가 카유테 튜브에서 동시에 사라진다는 것을 뜻한다.' [113, p. 40] 라고 생각했지만, 요즈음은 그런 상태의 존재를 보여 주기 위해서는 좀 더 정교한 실험이 요구된다.
5. 한 총설 논문에서는[*8*] 1961년에 출판된 삼중 임계 현상을 설명하는 G. 에프레모바의 논문으로 시작한다. 하지만 이는 오해인데 왜냐하면 이 논문[*10*]은 180℃에서 아세트산-물-n-부탄의 삼성분계를 조사한 것을 다루고 있는데, 그중에는 성분 중 하나인 부탄의 임계점보다 높은 온도에서 액체-액체 평형이 일어나고 있기 때문에, 2개의 액체상의 공존 구간은 온도가 증가할수록 감소한다. 이 특이점들이

'고차원에서의 임계 현상'의 존재를 암시했던 건 사실이지만, 좀 더 정확한 주장과 190℃에 그런 임계점이 존재한다는 것을 증명하는 증거는 첫 번째 논문 [*10*]을 참고한 후기 논문 [*11*]에서만 등장한다. 흥미로운 점은 그리피스와 위덤이 언급하고 10년쯤이 지나자 이 결과들이 서유럽에 알려지기 시작했다는 것이다 [*12*].

6. 우리는 삼중 임계점뿐만 아니라 크리체프스키의 연구실 [*13*]에서 실험적으로 연구한 삼중 임계선 또한 다룬다.; 더 자세한 내용과 이론에 의해 추측된 점은 랑과 위덤의 결과에 의해 실험적으로 성립되었다.

7. 이 주장들은 액체와 이상 결정 사이에 벌어지는 상전이에는 완벽하게 맞아떨어진다. 하지만 물리학적으로 이런 이상적 세계로부터 멀리 벗어나는 경우가 생기면서부터 토론이 시작되었다. 1935년 Ya. 프렌켈은 고체와 액체 상태의 연속성 개념을 바탕으로 하여 녹음 현상과 결정화 이론을 발표한다[*15*]. 녹음 현상은 결정 내 결함의 농도가 연속적으로 증가하는 것임을 고려해서 그는 이렇게 썼다.: '이 전이와 반데르 발스의 이론에 바탕을 둔 액체에서 기체상으로의 연속적 전이의 유일한 차이는 후자의 경우 오로지 1개의 독립 변수를 다룬다는 것이다.-압력 (온도는 유지된다). 그 반면 전자는 압력과 더불어 하나를 더 고려하는데, 부피의 함수인 규칙도-혹은 무정형화도가 바로 그것이다. 따라서 우리는 녹음 혹은 결정화 이론을 반데르 발스의 끓는 현상 혹은 응축 현상과 비슷한 수준으로 나타낼 수 있다.' [*15*, p. 914]. 그 다음해에 란다우는 이 생각을 비판하면서 '결정이 액체 혹은 다른 형태의 결정으로 전이하는 행위는 대칭 요소의 일부분이 사라지거나 나타나기 때문이다. 따라서 연속적 전이…대칭성의 변화와 관계가 있다면... 그것은 절대적으로 불가능하다.' [*17*, p. 26-27]. 프렌켈은 1946년에 출판된 유명한 *액체 운동론* 과 1947년의 *통계 물리학*에서도 자신의 의견을 계속 고수했다. 우리는 액정, 고분자에서의 전이, 특히 장력하의 전이(곧, 음의 1차원 압력)와 작은 송이(cluster) 등 3개 분야에서 그의 직관이 맞았을 수도 있다고 본다.

8. 반데르 발스는 후기 논문 [116]에서 다시 이 문제로 돌아와 무한히 큰 압력에서 '점성-고체 상태'의 가능성을 가정하고는, '고체 상태로 존재할 수 있는 가장 높은 온도에서, 무한히 큰 압력 아래에서는 고체와 점성 액체의 차이는 아마 사라질 것이다.'라고 서술하였다.

9. 어떤 주장이 어떤 법칙으로 쓰여 있는지에 대해서는 혼란이 있다. 원본 논문과 바크휘스 로제봄의 해석에 따르면 우리는 첫 번째 법칙은 만약 그 성분 용액보다 증기의 분율이 높다면 증기압이 상승한다는 것이고, 두 번째 법칙, 정확히는 깁스-코노발로프 법칙은, 최고 혹은 최저 압력 (만약 등압이 가정되어있다면 온도) 공존 상의 조성은 동일하다는 것이다. 세 번째 법칙은 코노발로프가 유도한 식에 암시된 내용으로 압력이나 온도가 바뀌면 두 상이 같은 방향으로 상변화를 일으

킨다는 것이다 ([*3*, p. 204; 22, p. 550] 참조).

10. 이 결과는 주로 슈라이네마커즈 덕분이지만 그는 이 방정식을 1990년부터 사용하기 시작했다[*23*].

11. 스토론킨이 반데르 발스의 아이디어에 얼마나 감사했는지는 자신의 첫 논문에 위에서 언급한 책들의 내용들이 많이 들어가 있는 것으로 알 수 있다[제9장 참조, 논문: [*104*], [*105*] 참조].

12. 크리체프스키의 책 [*26*]은 특히 '기체상일 때 부피 효과는 액체상일 때 부피 효과보다 항상 크다는 것은 편견'이라는 말을 하고 '액체의 부피 측정은 다양한 온도에서뿐만 아니라 다양한 압력에서도 시행되어야 한다는 주장으로 결론을 맺었다' [*26*, p. 168]

13. 이 논문은 도발을 받지 않은 채로 작성되었음에도 실제로 반론을 불러일으킨 유일한 논문이다. 이 이전 장에서 다룬 볼츠만과의 토론은 볼츠만의 도전에 의해 어쩔 수 없이 내어놓은 대답이다.

14. 따라서 그는 1900년에 식 (12.14)에 대해 이렇게 썼다.: '나는 이 의견을 예전에 반론한 적이 있는데, 첫째로 이 관계를 결론짓기 위한 가정이 지금까지도 나에게는 오류처럼 보이며, 둘째로 혼합물의 임계 현상의 엄청난 다양성을 a_{12}, a_1, a_2사이의 그렇게 단순한 관계로 가정한다는 점이 모순되어 보인다. 혼합물이 보여 주는 많은 복잡성이, 성분들 그 자체들이 갖는 비정상성 때문이라고 배워온 나로서는 관계식 $a_{12}=\sqrt{a_1a_2}$에 반대하는 등의 나의 수많은 반대 의미가 퇴색되었고, 아무튼 이 관계가 일어날 만한 가능성이 있는 모든 현상을 꼼꼼히 확인하는 게 바람직하다고 나는 생각한다.' [60e, p. 170].

15. 따라서 이 기하학적 평균 근사법이 반데르 발스 덕분이라는 말은 요즈음 문헌이 좀 과장된 것이다 ([*32*, p. 45] 참조).

16. 나중에 반데르 발스는 종단과 횡단 플레이트의 범위가 넓은 온도 간격에 의해 분리되었을 때 그런 분류가 유용하다고 밝혔다. 플레이트가 서로 겹치게 되면 그때는 '주' 플레이트와 '가지' 플레이트로 분류하는 것이 더 효과적이다 [76e].

17. 이 항의 어원은 라틴어 *spina* (가시)에서 왔다; ψ-표면이 플레이트 점에서 접하는 평면과 만나는 부분은 전환점을 가진 곡선으로, 이를 끝 혹은 '가시'로 부른다 ([61], p. 99 참조).

18. 크리체프스키는 따라서 이렇게 표현했다.: '상그림의 뼈대는 임계 곡선으로, 상평형의 특이성을 결정하는 경로이다.' [34, p. 114].

19. 삼성분계에서 기체-기체 평형 (2.3절 참조)은 가장 휘발성 낮은 성분의 임계점보다 낮은 온도에서 일어나며, 온도가 상승하면 상 격차는 점으로 줄어들고 마침내 사라진다.

20. 이 발견의 역사에는 드라마 같은 이야기가 있다. 1940년 1월 2일, *소련 물리화학 저널(Acta physicochimica USSR)*의 편집자는 12권 3호에 출판된 단신 논문을 받았는데, 여기에는 140℃와 압력 $5000\,kg\,cm^{-2}$이상일 경우 NH_3-N_2계가 제한된 상호 용해성을 가진다는 주장이 있었다. 그 논문은 주제에 있어서 유일하게 외국어로 작성된 논문이었기에 보통 서양 과학 문헌에 참고되는 것이었다. 이는 오류로 알려졌지만, 크리체프스키 교수는 저자 중 한 사람에게 측정이 어려워서 오류가 있었으며 1년 반이 지나서야 그 효과를 감지할 수 있었다고 말했다[*36*]. 크리체프스키 본인이나 동료들은 어느 누구도 그 첫 번째 논문에 대해서 더 이상 언급을 하지 않았다.
21. 치클리스는 헬륨을 포함하는 일련의 이성분계 (He-H_2에서 He-Xe로)와 He-N_2-NH_3의 삼성분계에 있는 일련의 준-이성분계에서 한 종류의 분리가 다른 쪽으로 순차적인 전이가 일어난다는 것을 보였다 [*38*, p. 117-119].
22. M. 템킨에 의해 기체의 불혼화성에 관한 간단한 기준, 혹은 필수 조건이 제시되었다는 사실은 흥미로운데, 왜냐하면 그의 분석은 순전히 반데르 발스의 혼합물 이론에 바탕을 두고 있기 때문이다. 그는 휘발성이 덜한 (제2) 성분의 임계 온도 T_2 근처의 ψ-표면에서 종단 플레이트가 존재할 가능성을 연구했다. 플레이트에 $\partial^2\psi/\partial x^2<0$의 조건을 적용하면 식 (12.16), (12.11)-(12.12) 및 임계 온도의 표현 식 $(T_c)_2=8a_2/27b_2$을 사용하여 그는 '만약 매개 변수 a_{12}가 a_1과 a_2의 평균보다 충분히 낮다면 기체-기체 평형이 가능하다.'라는 것을 보여줄 수 있었다.
23. 네덜란드에서 슈라이네마커즈는 이 학파에 속해 있었다. 그는 이론적 문제를 로렌츠와 코르테베흐와 토의했지만 반데르 발스와는 절대로 하지 않았으며, 사람들은 거기에 암묵적인 의견 차이가 있으리라 추측했다.
24. 여기서 '활동도 계수'를 도입한 사람은 N. 비예름 [*51*]이고, 이 방법의 발전에 두 번째 원동력이 된 활동도와 화학 포텐셜의 조합을 만든 사람은 P. 디바이 [*52*]였으며(루이스 본인은 하지 않았지만, 나중에 자기 자신은 부분 몰 자유 에너지를 사용했다), 화학 포텐셜을 바탕으로 비이상 용액의 열역학을 체계적으로 나타낸 사람은 F. H. 맥도걸 [*53*]과 특히 E. A. 구겐하임 [*54*]이다.

제13장

결론

반데르 발스의 삶과 업적을 세 가지의 관점에서 바라보았다. 과학에 국가적인 요소와 국제적인 요소가 있다는 것에 새로운 사실은 없으며 그는 네덜란드 과학계를 대표하는 인물이자 전 세계에서 널리 인정받는 사람이었다. 이 두 가지 요소에 우리는 세 번째 요소를 추가해야 하는데, 그것은 그가 살아온 환경과 성격에서 드러나는 개인적 관점이다. 그의 과학적 업적은 이 3개 요소가 결합해서 만든 눈부신 결정체의 예이다.

그의 외골수적 성격은 그의 업적에 연속성이라는 낙인을 남겨 주었다. 과학사 중에서 한 과학자의 삶이 첫 연구부터 순조롭게 풀린 적은 그리 많지 않다. 연속성의 개념은 때때로 끊어진 경우도 있었지만, 그의 업적에 있어서 중요한 주제가 되었다. 우리는 푸앙카레의, '과학은 항상 원자론에서 연속성으로의 주기적인 전환이 반복해서 일어나도록 운명지어져 있다.' 라는 말을 기억할 필요가 있다.

연속성의 주제는 그의 학위 논문 제목에서만 찾을 수 있는 것이 아니라 그의 기하학적 방법과 액체와 증기 사이의 계면 층의 특징적인 처리 방식에서도 찾을 수 있다. 불연속성의 주제는 원자와 분자에 관한 그의 관점과 헌신으로부터도 알 수 있는데, 자연의 계층적 설계에 대한 믿음에서도 엿볼 수 있었다. 진화론이 받아들여지기 시작한 시기에 콘스탐은 '반데르 발스는 심지어 무생물계조차도 그 형태나 본질에는 고유한 차이가 있다는 신념을 지키고 있었으며, 모든 것이 다른 것으로 계속 합쳐지는 것이 아니라 사물과 아이디어에는 통과할 수 없는 벽이 존재한다고 믿었다.' [218, p. 381].

그의 연구 중 핵심은 유체와 상전이의 분자 모델이지만, 그의 학위 논문에 담긴 원래의 연구 성과는 다른 분야에도 뻗어나가 과학계 전체에 큰 영향을 끼쳤다. 이 영향은 각기 다른 시간대와 형태를 가지고 각기 다른 속도로 여러 이론에 뿌리내렸다. 제일 차 세계 대전이 끝난 뒤에 그의 연구는 낡은 것으로 취급받아 무시당했으나, 20세기 후반에 유체 물리학에 관한 연구가 시작하면서 다시 부활했다[183]. 우리는 이 부활의 뿌리가, 근대 과학에 있어서 정성적 연구의 중요성의 인식 증대와 거의 모든 '정확한' 연구의 바탕이 얼마나 부정확한지를 인식하게 된 것에 있다고 추측할 수 있다.

반데르 발스의 업적은 물리와 화학의 상호 작용을 보여 주는 흥미로운 예시인데, 과학은 꽤 다른 개념들을 가져다가 하나로 꿰매는 일을 자주 하곤 한다. 그의 연구에서 어느 쪽의 과학이 더 큰 혜택을 받았는지는 분간하기 어렵기 때문에 많은 전기 작가들이 그를 물리화학자라고 묘사한 것은 그리 놀라운 일이 아니다[207-209, 211]. 그의 유산은 이상 계의 고전적 물리화학을 비이상 계로 넓힌 것으로, 현대 연구의 흐름과 아주 잘 일치한다.

하지만 우리는 또한 네덜란드 과학을 되살린 그의 업적을 잊어서는 안 된다. 1873년 반데르 발스의 논문이 발표된 해, 드 캉돌은 이런 글을 썼다.; '만약 [1860년대의 네덜란드 과학의 상태에 관한] 내 분석이 맞는다고 하면 홀란드는 다시 일어날 것이다. 현재의 쇠퇴는 18세기 말 영국이 그랬듯이 일시적인 것이다. 홀란드에는 아직 강한 영향력이 많이 남아 있어서 누군가가 이 나라에 과학의 광채를 다시 가지고 온다는 희망을 품을 수 있다.' [*l*]. 반데르 발스는 이 침체의 시기에 태어나 가난과 계급적 차별을 뚫고 싸워나가 네덜란드 과학의 르네상스를 일으킨 첫 후원자가 되었다. 이 르네상스는 수학, 물리학, 화학의 강하고 유익한 상호 작용에 의해 빛을 발하게 되었다.

마지막으로 우리는 타협을 싫어하고 자만심에서 벗어나려 한 변함없는 본성과 더불어 동시대인들에게 보여 준 그의 높은 도덕적 기준을 잊어선 안 된다. '항상 일만 하고, 절대 뒤돌아보지 않으며, 모든 종류의 사치를 피하는 삶, 이는 우리들의 양식도 아니고, 불안하고, 부산하며, 초조해하면서 피상적인 광택과 영광만을 쫓는, 이 시대의 대표적 삶의 방식과도 너무도 다르지 않은가?' [186d', p. 45]. 제만[198]은 칼라일의 말을 인용해서 그의 위대한 동포를 이렇게 묘사했다:

'그 *과묵한* 위대한 사람! 의미 없는 말들, 가치 없는 행동들이 판치는 세상의 소란스러운 어리석음을 돌아보게 되면, 누구나 기꺼이 그 위대한 *침묵의* 황제를 되돌아보게 된다. 그 고귀하고 조용한 사람들은 그가 몸담았던 부서에 여기저기 흩어져 있다.; 침묵을 지키며 생각하고, 과묵하게 일한다.; 조간신문이 언급을 하지 않는데도! 그들이 바로 지구의 소금이다. 이것이 없거나 적은 국가는 나쁜 길을 가고 있다.'[2].

부 록

참고 문헌

제1장 레이던

1. Amicis, E. de, *La Hollande*, Paris, 1878, 413 p.
2. Werner, M. L. (M. Л. Вернер), *Strana plotin (The country of dykes)*, Moscow, 1884, 230 p. (in Russian).
3. Nemirovich-Danchenko Vas.I. (Вас. Ив. Немирович-Данченко), *Po Germanii I Gollandii (Around Germany and Holland)*, St Petersburg, 1892, 474 p. (in Russian).
4. Sagra, H. de la, *Voyage en Hollande et en Belgique*, Paris, 1839, t. 1, *Hollande*, 366p.
5. Laveleye, E. de, *L'Instruction du Peuple*, Paris, 1872, 489p.
6. Loos, D. de, *Organisation de l'enseignement secondaire dans le royaume des Pays-Bas*, Leeuwarden, 1894, 130p.
7. Lorentz, H. A., Rede bij de aanvaarding van het doctoraat in de geneeskunde h.c.te Leiden. In *Collected papers*, v. 9, Den Haag, 1939, p. 326-334.
8. Heynsius, A., *Discours solemnel pronouncé le 8 fevr. 1875 pour le jubilé de l'Université de Leiden par le Recteur de l'Université A. Heynsius*, Leiden, 1875, 42 p.
9. van de Sande Bakhuyzen, H. G., Petrus Leonardus Rijke, *Versl.*, 1899, d. 7, b. 532.
10. Nissen, C., *Die Illustrierten Vogelbücher. Ihre Geschichte und Bibliographie*, Stuttgart, 1953, 223 S.

제2장 HBS 교사

1. Baedeker, K., *Belgium and Holland*, 6th edn, London and Leipzig, 1881.
2. Plantenga, P. P. *Les Pays-Bas, Guide des Voyageurs*, Zutphen, 1863.
3. van der Slee, J. C., *De Illustre School te Deventer*, 's Gravenhage, 1916.
4. Bottema, O., De Hoogere Burgerschool te Deventer, 1864-1919. In *Gedenkboek te Deventer Hoogere Burgerschool, 1864-1939*, Deventer, 1939, b. 5-27.
5. Schrek, D. J. E., David Bierens de Haan, *Scripta Mathematica*, 1955, v. 21, p. 31-41.
6. Berkenvelder-Helfreich, B., *Deventer in oude ansichten*, Zaltbommel, 1968.

7. Anon, *Elementary and middle-class instruction in the Netherlands*, Leiden, 1876.

8. Went, F. A. F. C., Hendricus Gerardus van de Sande Bakhuyzen, *Versl.*, 1923, d. 32, b. 4-7.

9. Snelders H. A. M., Hendrik Willem Schroeder van der Kolk (1836-1867) en de physische chemie, *Scientiarum Historia*, 1971, Jg. 13, b. 185-197.

10. Schwencke, J., *'s Gravenhage in oude ansichten*, Zaltbommel, 1967.

11. Rykachev, V. (В. Рыгкачев), *Three months in Flushing*, Morskoi sbornik, 1856, v. 24, p. 3, No. 10, p. 102-131; No. 11, p. 402-423 (in Russian).

12. Loos, D. de, *Organisation de l'enseignement secondaire dans le royaume des Pays-Bas*, Leeuwarden, 1894.

13. Schierbeck, A., Grepen uit de geschiedenis van de natuurkundige maatschappij Diligentia, 1793-1943. In *Jaarboek: Die Haghe voor* 1943.

14. Ehrenfest, P. and Joffe, A. F. (П. Эренфест, А. Иоффе), *Scientific correspondence*, ed. V. Ya. Frenkel, Leningrad, 1973 (in Russian).

15. Lorentz, H. A. Johannes Bosscha (1831-1911). In *Collected papers,* v. 9, Den Haag, 1939, p. 391-403.

16. Bosscha, J., *Leerboek der natuurkunde en van hare voornaamste toepassingen*, Leiden, 1865-1873, b. 1-4. st. 1-7.

17. Boutan, A. and d'Almeida, J.Ch., *Cours élémentaire de physique*, Paris, 1862.

18. Anon, J. Bosscha, *Rev. Gén. Sci. Pures Appl.*, 1911, t. 22, p. 433-434.

19. Kamerlingh Onnes, H., Prof. Johannes Bosscha, *Nature*, 1911. v. 86, p. 419-420.

20. Amicis, E. de, *La Hollande*, Paris, 1878.

21. *Album studiosorum Academiae Lugdono Batavae: 1575-1875*, Hagae, 1875.

22. Kluyver, J. C., Dr. Pieter van Geer. In *Almanak van het Leidsch Studenten Corps.*, Leiden, 1920. P 287-290.

23. Lorentz, H. A., Rede bij de aanvaarding van het doctoraat in de geneeskunde honoris causa. In *Collected papers*, v. 9, Den Haag, 1939, p. 326-334.

24. Haas-Lorentz, G. L. de, Reminiscences. In *H. A. Lorentz, Impressions of his life and work*, ed. G. L. de Haas-Lorentz, Amsterdam, 1957, p. 15-47, 160-164.

25. Cohen, e., *Jacob Henricus van 't Hoff: Sein Leben und Wirken*, Leipzig, 1912.

26. *Aus dem Wissenschaftlichen Briefwechsel Wilhelm Ostwalds*, Bd 2, Berlin, 1969.

27. Ref. *16*, 2nd edn, 1875, b. viii.

28. Bosscha, J., On secondary education in the Netherlands. In *The Health Exhibition Literature*, London, 1884, v. 16, Conference on Education, Section D, Training of

teachers, organisation of intermediate and higher education, p. 197-201.

29. Saint-Loup, L., Sur l'expression de la force élastique d'une vapeur saturée en fonction de la temperature, *Ann. Chim. Phys.*, 1872, t. 27, p. 211-227
30. Bosscha, J., Over drupvorming, *P. V.*, 1871, N5, b. 2-4.
31. Bosscha, J., Eene eevoudige proef, niet zonder belang voor de theorie der capillaire werkingen, *P. V.*, 1871, N3, b. 5-7.
32. Roell, J., Hr. Gerrit de Vries Azn., *Jb. KAW*, 1900, b. 41-107.

제3장 '대단히 독창적인 학위 논문'

1. Hertz, H., Einleitende Übersicht. In *Gesammelte Werke*, Bd 2, *Untersuchungen über die Ausbreitung der Elektrische Kraft*, 3. Aufl., Leipzig, 1914, S. 1-31.
2. Clausius, R., Ueber die Art der Bewegung, welche wir Wärme nennen, *A. Ph.*, 1857, Bd 100, S. 353-380.
3. Bosscha, J., Sur la dilatation absolue du mercure, d'après les experiénces de M. Regnault, *A.N.*, 1869, t. 4, p. 167-196; *A. Ph.*, Ergänzbd 5, S. 276-304.
4. Clausius, R., Ueber die bewegende Kraft der Wärme und die Gesetze, welche sich daraus für die Wärmelehre selbst ableiten lassen, *A. Ph.*, 1850, Bd 79, S. 368-397, 500-524.
5. Bierens de Haan, J. A., *De Hollandsche Maatschappij der Wetenschappen 1752-1952*, Haarlem, 1952.
6. Brush, S. G., *The kind of motion we call heat – A history of the kinetic theory of gases in the nineteenth century*, Amsterdam, 1976.
7. Buijs-Ballot (Buys Ballot), C.H.D., Ueber die Art von Bewegung, welche wir Wärme und Elektricität nennen, *A. Ph.*, 1858, Bd 103, S. 240-259.
8. Snelders, H. A. M. and Schuurmans, C. J. E., C. H. D. Buys Ballot. In *Van Stevin tot Lorentz. Portretten van Nederlandse natuurwetenschappers*, Red. A. J. Kox, Amsterdam, 1980, b. 123-134.
9. Clausius, R., Ueber die mittlere Länge der Wege, welche bei der Molecular-bewegung gasförmiger Körper von den einzelnen Molecülen zurückgelegt warden; nebst einigen anderen Bemerkungen über die mechanische Wärmetheorie, *A. Ph.*, 1858, Bd 105, S. 239-258.
10. Brush, S. G., *Statistical physics and the atomic theory of matter from Boyle and Newton to Landau and Onsager*, Princeton, New Jersey, 1983.

11. Maxwell, J. C., Molecules, *Nature*, 1873, v. 8, p. 437-441.

12. Garber, E., Clausius' and Maxwell's kinetic theory of gases, *Hist. Stud. Phys. Sci.*, 1970, v. 2, p. 299-319.

13. Garber, E., Molecular science in late-nineteenth-century Britain, *Hist. Stud. Phys. Sci.*, 1978, v. 9, p. 265-297.

14. Maxwell, J. C., On the dynamical theory of gases, *Philos. Trans. R. Soc. London*, 1867, v. 157, p. 49-88.

15. Brush, S. G., Interatomic forces and gas theory from Newton to Lennard-Jones, *Arch. Rat. Mech. Anal.*, 1970, v. 39, p. 1-29.

16. Garber, E., Brush, S. G. and Everitt, C. W. F., Kinetic theory and the properties of gases: Maxwell's work in its nineteenth-century context. In *Maxwell on molecules and gases*, ed. E. Garber, S. G. Brush and C. W. F. Everitt, Cambridge, Massachusetts, 1986, p. 1-63.

17. Maxwell, J. C., *Theory of heat*, London, 1871.

18. Meyer, O. E. *Kinetische Theorie der Gase in elementarer Darstellung mit mathematischen Zusätzen*, Breslau, 1877.

19. Gibbs, J. W., Rudolf Julius Emanuel Clausius. In *Collected Works*, New York, 1928, v. 2, p. 261-267.

20. Clausius, R., Ueber einem auf die Wärme anwendbaren mechanischen Satz, *A. Ph.*, 1870, Bd 141, S. 124-130.

21. Laplace, P. S., *Traité de méchanique céleste; Supplément au dixième livre, Sur l'action capillaire*, Paris [1806].

22. Regnault, H. V., Relation des expériences entreprises par l'ordre de M. le Ministre des Travaux publics et sur la proposition de la Commission centrale de machines à vapeur, pour déterminer les principals lois et les données numériques qui entrent dans le calcul des machines à vapeur, *Mém. Acad. Sci. Inst. Fr.* 1847, t. 21; 1862, t. 26.

23. Bosscha, J., Sur la dilation apparente du mercure . . . d'après les expériences de M. Regnault, *A. N.*, 1869, t. 4, p. 197-208; *A. Ph.*, 1871, Ergänzbd 5, S. 444-469.

24. Andrews, T., Ueber die Continuität der gasigen und flüssigen Zustände der Materie, *A. Ph.*, 1871, Ergänzbd 5, S. 64-87.

25. Andrews, T., On the continuity of the gaseous and liquid states of matter, *Philos. Trans, R. Soc. London*, 1869, v. 159, p. 575-590.

26. Thomson, J., Considerations on the abrupt change at boiling or condensation in reference to the continuity of the fluid state of matter, *Proc. R. Soc.*, 1871, v. 20, p.

1-8.

27. Maxwell, J. C., Illustrations of the dynamical theory of gases. Part II. On the process of diffusion of two or more kinds of moving particles among one another, *Philos. Mag.*, 1860, v. 20, p. 21-37.
28. Loschmidt, J., Zur Grösse der Luftmolecüle, *Sitzungsber. Kais. Akad. Wiss, Wien Math - Naturwiss. Kl.*, 1865, Sekt. II, Bd 52, S. 395-413.
29. Stoney, G. J., The internal motions of gases compared with the motions of waves of light, *Philos. Mag.*, 1868, v. 36, p. 132-141.
30. Thomson, W., Presidential Address to the British Association meeting at Edinburgh, *Rep. BAAS*, 1871, v. 41, p. lxxxiv-cv.
31. Boltzmann, L., *Vorlesungen über Gastheorie*, Bd 2, Leipzig, 1898; *Lectures on Gas Theory*, trans. S. G. Brush, Berkeley, California, 1964.
32. Boltzmann, L. and Nabl, J., Kinetische Theorie der Materie. In *Encykl. D. Math. Wiss.*, 1905, Bd 5, T. l, H. 4, S. 493-557.
33. Fokker, A. D., H. A. Lorentz. In Sevensma, T. P., *Nederlandsche helden der wetenschappen*, Amsterdam, 1946, b. 53-93.
34. Plateau, J. *Statique experimentale et théorique des liquids soumis aux seules forces moléculaires*, 2 vols, Paris, 1873.
35. Maxwell, J. C., Plateau on soap-bubbles, *Nature*, 1874, v. 10, p. 119-121.
36. Maxwell, J. C., Van der Waals on the continuity of the gaseous and liquid states, *Nature*, 1874, v. 10, p. 477-480.
37. Campbell, L. and Garnett, W., *The life of James Clerk Maxwell,* London, 1882.
38. Maxwell, J. C., On the dynamical evidence of the molecular constitution of bodies, *Nature*, 1875, v. 11, p. 357-359, 374-377.
39. Tait, P. G. On van der Waals's treatment of Laplace's pressure in the virial equation: in answer to Lord Rayleigh, *Nature* 1891, v. 44, p. 546-547.
40. Thomson, J., *Collected papers in Physics and Engineering*, Cambridge, 1912.
41. Tait, P. G. and Crum Brown, A., Memoir. In Andrews, T., *The Scientific Papers*, London, 1889, p. ix-lxii.
42. Maxwell, J. C. to Tait, P. G., Letter anonymously dated April, 1874, Maxwell Collection, Cambridge University.
43. Maxwell, J. C. to Tait, P. G., Letter of 14 February 1876, In *Maxwell on molecules and gases*, ed. E. Garber, S. G. Brush and C. W. F. Everitt, Cambridge, Massachusetts, 1986, p. 508-510.

44. Clausius, R., Ueber das Verhalten der Kohlensäure in Bezug auf Druck, Volumen und Temperatur, *A. Ph.*, 1880, Bd 9, S. 337-357.

45. Clausius, R., Ueber den Satz vom mittleren Ergal und seine Anwendung auf die Molecularbewegungen der Gase, *A. Ph.*, 1876, Ergänzbd 7, S. 215-280; *Sitzungsber. Niederrein, Ges. Bonn*, 1874, S. 183-231; *Philos. Mag.*, 1875, v. 50, p. 26-46, 101-117, 191-200.

46. Korteweg, D. J., Over de berekening van den gemiddelden botsingsafstand der gasmoleculen, met in achtneming van al hunne afmetingen, *V. M.*, 1876, d. 10, b. 349-362; *A. N.*, 1877, t. 12, p. 241-253.

47. Korteweg, D. J., Over de berekening van de vermeerdering welke de spanning van een gas tengevolge van de botsingen der molecule ondergaat, *V. M.*, 1876, d. 10, b. 363-370; *A. N.*, 1877, t. 12, p. 254-261.

48. Andrews, T., On the gaseous state of matter, *Philos. Trans. R. Soc. London*, 1876, v. 166, p. 421-449.

49. Maxwell, J. C., Report on Dr. Andrews' paper 'On the gaseous state of matter', A collection of scientific papers and correspondence by and addressed to Thomas Andrews, item MS2/16-1, Library of the Queen's University, Belfast.

50. Andrews, T., Presidential address. In *The Scientific Papers*, London, 1889, p. 393-417; *BAAS Rep.*, 1876, v. 46, p. lxviii-lxxxvi.

51. Maxwell, J. C., in Report of the Committee . . . for testing experimentally Ohm's law, *BAAS Rep.*, 1876, v. 46, p. 49-52.

52. Janssen, W. J., *Stickstofoxydule in den vloeibaren en gasvormigen toestand*, Leiden, 1877.

53. van Emmerik, E. P., *J. J. van Laar (1860-1938). A mathematical chemist*, Thesis, Delft University of Technology, 1991.

54. Boltzmann, L., Ueber eine neue Bestimmung einer auf die Messung der Molekũle Bezug habenden Grösse aus der Theorie der Capillarität, *Sitzungsber. Kais. Akad. Wiss. Wien, Math.-Naturwiss. Kl.*, 1877 Sekt. II Bd 75 S. 801-813.

55. Newton, I., *The correspondence*, ed. H. W. Turnbull, v. 3, p. 253-254, Cambridge, 1961.

56. Poinsot, L., *Eléments de statique*, Paris, 1848.

57. Ogilvie, J., *The Imperial Dictionary of the English Language*, v. 2, London, 1883.

58. Maxwell, J. C., Atom, In *Maxwell on molecules and gases*, ed. E. Garber, S. G. Brush and C. W. F. Everitt, Cambridge, Massachusetts, 1986, p. 176-215.

59. Baynes, R. E., Critical temperature of ethylene, *Nature*, 1880, v. 23, p. 186.

제4장 암스테르담 대학교

1. Fromentin, E., *The Masters of Past Time,* London, 1913.

2. *'s Gravenhage*, Den Haag, 1923.

3. Bosscha, J., On secondary education in the Netherlands. In T*he Health Exhibition Literature*, London, 1884, v. 16, Conference on Education, Section D, Training of teachers, organisation of intermediate and higher education, p. 197-201.

4. Willink, B., Origins of the second Golden Age of Dutch science after 1800: intended and unintended consequences of educational reform. *Soc. Stud. Sci.*, 1991, v. 21, p. 503-526.

5. *Jb. AU (1877-1884)*, Amsterdam, 1885.

6. Saltet, R. H., Barend Joseph Stokvis, *P. C.,* 1902, 4 Oct., 14 Jg., N2, b. 17-18.

7. *Levensber.*

8. Korteweg, D. J., *Over de voortplantingssnelheid van golven in elastische buizen*, Leiden, 1878.

9. Korteweg, D. J. and de Vries, G., On the change of form of long waves advancing in a rectangular canal and on a new type of long stationary waves, *Philos. Mag*., 1895, v. 39, p. 422-443.

10. Korteweg, D. J., Ueber Faltenpunkte, *Wien. S.-Ber.*, 1889, Bd 98, Abt. 2a, S. 1154-1191; A.N., 1891, t. 24, p. 51-98.

11. Korteweg, D. J., La théorie génerale de plis et la surface ψ de van der Waals dans le cas de symmétrie, *A.N.*, 1891, t. 24, p. 295-368.

12. Korteweg, D. J., Plaitpoints and corresponding plaits in the neighbourhood of the sides of the ψ-surface of van der Waals, *Proc.*, 1902-3, v. 5, p. 445-465.

13. Cohen, E., Chemie en chemische industrie te Amsterdam in den loop der eeuwen, *Ch. W.*, 1940, Jg. 37, b. 486-502.

14. Beth, H. J. E. and van der Woude, W., Levensbericht van D. J. Korteweg (31 Maart 1848-10 Mei 1941), *Jb. KAW*, 1945-6, b. 194-208.

15. Kuiper, K., Levensbericht van Pierre Daniel Chantepie de la Saussaye, *Jb. KAW,* 1920-21, b. 103-128.

16. *Jb. AU, (1891-1892),* Amsterdam, 1892.

17. Einstein, A., W. H. Julius (1860-1925), *Astrophys. J.*, 1926, v. 63, p. 196-198.
18. Cohen, E., Vijftig Jaren Revolutie, *Ch. W.*, 1939, Jg. 36, b. 351-356.
19. Bückmann, H. W. C. E., *Over elektrische ontlading in verdunde gassen*, Academisch proefschrift, Amsterdam, 1881.
20. Kuenen, J. P., *Het aandeel van Nederland in de outwikkeling der natuurkunde gedurende de laatste 150 jaren* (Gedenkboek van het Bataafsch Genootschap der Proefondervindelijke Wijsbegeerte te Rotterdam . . . 1769-1919), Rotterdam, 1919.
21. Cohen, E., *Jacobus Henricus van 't Hoff. Sein Leben und Wirken*, Leipzig, 1912.

제5장 왕립 과학 한림원에서

1. *Jb. KAW* voor 1896, b. ciii.
2. Archief Kon. Nederlandse Akademie, inv. No. 26 and 27. Tables of contents of the minute books for 1870-1909 and 1910-24.
3. *Jb. KAW* voor 1898, b. lxxvi-lxxvii.
4. *N.P.R.I.,* 1891, v. 13, p. 362, 478.
5. W. H. Keesom, *Leiden Comm.*, Suppl. No. 57, 1926, p. 11.
6. *Jb. KAW* voor 1898, b. cii-ciii.
7. *Jb. KAW* voor 1912, b. cxxxvi.

제6장 1880년대의 과학 연구

1. Volevich, I. V. (И. В. Волевич), *Sovremennaya literatura Niderlandov*, Moscow, 1962.
2. Roth, F., Ueber die Zusammendrückbarkeit der Gase, *A. Ph.*, 1880, Bd 11, S.1-36.
3. Roth, F., Abstracts of papers by W. Ramsay and J. B. Hannay, *Beibl.*, 1881, Bd 5, S. 422, 784.
4. Maxwell, J. C., On the dynamical evidence of the molecular constitution of bodies, *Nature*, 1875, v. 11, p. 357-359, 374-377.
5. Clausius, R., Ueber das Verhalten der Kohlensäure in Bezug auf Druck, Volumen und Temperatur, *A. Ph.*, 1880, Bd 9, S. 337-357.
6. Clausius, R., Ueber die theoretische Bestimmung des Dampfdruckes und der Volumina des Dampfes und der Flüssigkeit, *A. Ph.*, 1881, Bd 14, S. 279-290, 692-704.

7. Planck, M., Die Theorie des Sättigungsgesetzes, *A. Ph.*, 1881, Bd 13, S. 535-543.

8. Stoletov, A. G. (A. Г. Столетов), Notes on the critical state of bodies (in Russian), *ЖРФО*, 1882, t. 14, c. 167-175.

9. Dewar, J., President's address, *BAAS Rep.*, 1902, v. 72, p. 3-50.

10. Chwolson, O. D., *Traité de physique*, t. 3, 3.Fasc., p. 795-802, Paris, 1911.

11. Swart, A. J., Úber die Dissociationsgesetze in Gasen, umgearbeiteter Auszug van 't Hoffs, *Z. ph. Ch.*, 1891, Bd 7, S. 120-139.

12. *JB. AU (1888-1889)*, Amsterdam, 1890, b. 48.

13. van der Waals Jr., J. D., Gibbs' invloed op de mengseltheoirie, *Ch. W.*, 1926, Jg. 23, b. 410-411.

14. Maxwell, J. C., *On the equilibrium of heterogeneous substances*, in South Kensington Museum Conferences held in connection with the special loan collection of scientific apparatus: Physics and mechanics, London, 1876, p. 145-150. Reprinted in *Philos. Mag.*, 1908, v. 16, p. 818-824.

15. Cohen, E., *Jacobus Henricus van 't Hoff: Sein Leben und Wirken,* Leipzig, 1912.

16. *Aus dem wissenschaftlichen Briefwechsel Wilhelm Ostwalds*, Bd 2, Berlin, 1969.

17. Kamerlingh Onnes, H., Prof J. P. Kuenen, *Nature*, 1922, v. 110, p. 673-674.

18. Gibbs, J. W., *Collected Works*, v. 1, New York, 1928.

19. Rusanov, A. I., The centennial of Gibbs' theory of capillarity. In *The modern theory of capillarity: To the centennial of Gibbs' theory of capillarity*, ed. F. C. Goodrich and A. I. Rusanov, Berlin, 1981, p. 1-18.

20. de Vries, E. C., Metingen over den invloed van de temperatuur op de capillaire stijghoogte bij aether, tusschen den kritischen toestand en het kookpunt van aethylen, *V.M.*, 1892, d. 1, b. 156-160; *A.N.*, 1895, t. 28, p. 210-219.

21. Fuchs, K., Ueber Verdampfung, *Repert. Phys.* 1888, Bd 24, S. 141-160과 후기 논문들, S. 298-317, 614-647; *Sitzungsber. Kais. Akad. Wiss. Math.-Naturwiss. Kl.,* 1889, Sekt. IIa, Bd 98, S. 740-751, 1362-1391.

22. Rayleigh, Lord, On the theory of surface forces. II. Compressible fluids, *Philos. Mag.,* 1892, v. 33, p. 209-220, reprinted in *Scientific Papers*, Cambridge, 1902, v. 3, p. 513-523.

23. Rowlinson, J. S. and Widom, B., *Molecular Theory of Capillarity*, Oxford, 1982, chap. 3 and 4.

제7장 평가

1. *P.C.*, 1906, Jg. 18, b. 4,18.

2. Kohnstamm, Ph., *Hoe mijn 'bijbelsch personalisme' ontstond*, Haarlem, 1934, 43 b.

3. Kohnstamm, Ph., *Experimentele onderzoekingen naar aanleiding van de theorie van van der Waals: Het P-T-X-vlak: voorstudies en methoden*, Amsterdam, 1901, 219 b.

4. Levelt Sengers, J. M. H. and Sengers, J. V., Van der Waals Fund, Van der Waals Laboratory and Dutch high-pressure science, *Physica A*, 1989, v. 156, p. 1-14.

5. *NNGC 7*, Haarlem, 1899, b. 46,47-48,51,81.

6. Wheeler, L. P., *J. W. Gibbs: The Historty of a Great Mind*, New Haven, 1951, 264 p.

7. *P. C.*, 1902, Jg. 14, b. 80.

8. Boltzmann, L., Ueber die Zustandsgleichung van der Waals, *Versl.*, 1899, d. 7, b. 477-484; On the characteristic equation of v.d. Waals, *Proc.*, 1899, v. l, p. 398-404.

9. Boltzmann, L., *Vorlesungen über Gastheorie*, Bd 2, Leipzig, 1898, S. 155; *Lectures on Gas Theory* trans. S.G. Brush, Berkeley, California, 1964, p. 356.

10. Maxwell, J. C., Introductory Lecture on Experimental Physics. *Scientific Papers*, v. 2, Cambridge, 1890, p. 241-255.

11. Bosscha, J. Openingsrede, *NNGC 7*, Haarlem, 1899, b. 1-20.

12. Garber, E., J. C. Maxwell and Thermodynamics, *Am. J. Phys.*, 1969, v. 37, p. 146-155.

13. Einstein, A., *Briefe an Maurice Solovine*, Berlin, 1960, S. 102; *Letters to Solovine*, New York, 1993, p. 118-119.

14. Einstein, A., Motiv des Forschers. In *Zu Max Planck's 60. Geburtstag: Aussprachen in der Deutsche physikalische Gesellschaft,* Karlsruhe, 1918, S. 29-32.

15. Klaverweiden, F. B., De Filosophische Studentenvereeniging, *P. C.*, 1906, Jg. 18, b. 126-128.

16. van Emmerik, E. P., *J. J. van Laar (1860-1938). A Mathematical Chemist*, Doctoral Thesis, Delft, 1991, 228 p.

17. Cohen, E., Chemie en chemische industrie te Amsterdam in den loop der eeuwen, *Ch. W.*, 1940, Jg. 37, b. 486-502.

18. van der Waals, J. D. Jr., *Statistische behandeling der stralingsverschijnselen*, Amsterdam, 1900, 93 + iv b.

19. Rispens, J. A., *Richtingen en figuren in de Nederlandsche letterkunde na 1880*, Kampen, 1938, 436 b.

20. Stokvis, B. J., *Nationaliteit en Natuurwetenschap. Rede tot opening van het Eerste Nederlandsche Natuur – en Geneeskundig Congres,* Haarlem, 1887, 32 b.
21. Gachev, Georgii (Г. Д. Гачев), *On national images of the world*, Moscow, 1988, p. 180 (in Russian).
22. Wurtz, Ch.A., *La théorie atomique*, Paris, 1879, 248 p.
23. Bottomley, J. T., Rücker, A. W., Baynes, R. E. [Letters to the Editor, concerning van der Waals's 'Continuity of the liquid and gaseous states'], *Nature,* 1891, v. 43, p. 415-416,437,487-488.
24. Ramsay, W., Liquids and gases, *N.P.R.I.*, 1891, v. 13, p. 365-374.
25. Ramsay, W., Recent Researches on the Gases of the Atmosphere, *NNGC 7*, Haarlem, 1899, b. 189-912.

제8장 스승과 그의 학파

1. Katz, J. R., The laws of surface-adsorption and the potential of molecular attraction, *Proc.*, 1912, v. 15, p. 445-454.
2. Zeeman, P., Een experiment over zoogenaamde anomale voortplanting van golven, *Versl.*, 1897, d. 6, b. 11-13.
3. Cohen, E., Kamerlingh Onnes Memorial Lecture, *J.C.S.*, 1927, May, p. 1193-1203.
4. Gerrits, G. C., *Grote Nederlanders bij die opbou der Natuurwetenschappen*, Leiden, 1948, b. 430-460.
5. Gavroglu, K. and Goudaroulis, Y., Heike Kamerlingh Onnes' researches at Leiden and their methodological implications, *Stud. Hist. Philos. Sci.*, 1988, v. 19, p. 243-274.
6. Trigg, G. L., *Landmark experiments in twentieth century physics,* New York and London, 1975, p. 121.
7. Lorentz, H. A., Het proefschrift van Prof. Kamerlingh Onnes. In *Collected papers*, Den Haag, 1939, v. 9, p. 291-307.
8. Helmholtz, H. v., Rede zum Gedachtnis an G. Magnus (Berlin, 1871). In *Vorträge und Reden*, 4.Aufl., Braunschweig, 1896, Bd 2, S. 33-51 (S. 46).
9. Kamerlingh Onnes, H., Investigations into properties of substances at low temperatures, which have led, amongst other things, to the preparation of liquid helium. In *Nobel Lectures, Physics, 1901-1921*, Amsterdam, 1967, p. 306-336.
10. Kuenen, J. P., Mésures concernant la surface de van der Waals pour les mélanges d'acide carbonique et de chlorure de méthyle, *A.N.*, 1893, t. 26, p. 354-422.

11. Kamerlingh Onnes, H., Prof J. P. Kuenen, *Nature*, 1922, v. 110, p. 673-674.
12. Kuenen, J. P., Over de retrograde condensatie, *Versl.*, 1892, d. 1, b. 15-19.
13. Kuenen, J. P., On the influence of gravitation on the critical phenomena of simple substances and of mixtures, *Leiden Comm.*, No. 17, p. 1-19; A.N., 1898, t. 1, p. 342-353 (p. 349).
14. Levelt Sengers, J. M. H., Liquidons and gasons; controversies about the continuity of states, *Physica*, 1979, v. 98A, p. 363-402.
15. Kuenen, J. P., Quelques expériences relatives aux anomalies au voisinage du point critique, *A.N.*, 1898, t. 1, p. 278-296.
16. Lorentz, H. A., Johan Kuenen (1866-1922). In *Collected Papers*, Den Haag, 1939, v. 9, p. 404-406.theory
17. Kamerlingh Onnes, H. and Reinganum, M., Contributions to the knowledge of van der Waals' ψ-surface, 1,2, *Proc.,* 1900, v. 3, p. 275-288, 289-298.
18. Kamerlingh Onnes, H., Contribution to the knowledge of the ψ-surface of van der Waals, 11, A gas that sinks in a liquid, *Proc.* 1906, v. 9, p. 459-460.
19. Kamerlingh Onnes, H. and Keesom, W. H., Contribution to the knowledge of the ψ-surface of van der Waals, 15, *Proc.*, 1907, v. 9, p. 786-798; v. 10, p. 231-237.
20. Kamerlingh Onnes, H., The liquefaction of helium, *Proc.*, 1908, v. 11, p. 167-185; *Leiden Comm.*, No. 108.
21. Korteweg, D. J., *Versl.*, Sept. 26, 1908, d. 17, b. 182-183.
22. *Les Prix Nobel 1913*, Stockholm, 1914, p. 48.
23. Lorentz, H. A., La liquéfaction de l'Helium, *A.N.,* 1908, t. 13, p. 492-502.
24. van Bemmelen, J. M., Het leven en de werken van H. W. Bakhuis Roozeboom in zijnen Leidschen tijd, *Ch. W.*, 1907, Jg. 4, b. 249-285.
25. Jorissen, W. P. and Ringer, W. E., H. W. Bakhuis Roozeboom. In *Mannen en vrouwen van beteekenis in onze dagen,* No. 37, 1907, b. 155-218.
26. van Bemmelen, J. M., Jorissen, W. P. and Ringer, W. E., Hendrik Willem Bakhuis Roozeboom, *Ber.*, 1907, Bd 40, S. 5141-5174.
27. Stortenbeker, W., Hendrik Guillaume Bakhuis Roozeboom, *Rec.*, 1908, t. 27, p. 360-410.
28. Bakhuis Roozeboom – herdenking, 30 October 1954, *Ch. W.*, 1954, Jg. 50, N44, b. 749-763.
29. Bakhuis Roozeboom – Herdenkingssymposium, 28 October 1954, *Ch. W.*, 1955, Jg. 51, N23 (especially b. 401-413).

30. Bakhuis Roozeboom, H. W., Sur l'hydrate de l'acide sulfureux, sur l'hydrate de chlore; sur l'hydrate de brome; sur l'hydrate du gaz chlorhydrique, *Rec.*, 1884, t. 3, p., 29-58, 59-72, 73-83, 84-104.

31. Bakhuis Roozeboom, H. W., Sur les conditions d'équilibre de deux corps dans les trois états, solide, liquid et gazeux, d'après M. v.d. Waals, *Rec.*, 1886, t. 5, p. 335-350.

32. van 't Hoff, J. H., Prof Dr. Hendrik Willem Bakhuis Roozeboom, *Ch. Ztg.*, 1907, 23 Febr., S. 199.

33. Bakhuis Roozeboom, H. W., *Heterogene Gleichgewichte vom Standpunkte der Phasenlehre*, Braunschweig, Heft 1, 1901, Heft 2, Theil 1, 1904.

34. van 't Hoff, J. H., NNGC 5, Haarlem, 1895, b. 9.

35. Lorentz, H. A., Van 't Hoff's vertrek uit Nederland, *Ch. W.*, 1915, Jg. 12, b. 515-516.

36. *Jb. A.U.* 1895-1896, Amsterdam, 1897, b. 7-9, 32-34.

37. *Levensber.*, b. 66.

38. Bakhuis Roozeboom, H. W., *De wetenschappelijke beoefening der chemie en hare uitkomsten*, Rede . . ., Leiden, 1896.

39. Bakhuis Roozeboom, H. W., Erstarrungspunkte der Mischkrystalle zweier Stoffe. Umwandlungspunkte bei Mischkrystallen, *Z. Ph, Ch.*, 1899, Bd 30, S. 385-412, 413-429; *A.N.*, 1900, t. 3, p. 414-444, 445-463.

40. Kohnstamm, Ph. A., *Experimenteele onderzoekingen naar aanleiding van de theorie van Van der Waals : Het p-T-X-vlak: voorstudies en methoden*, Proefschrift . . ., Amsterdam, 1901.

41. Smits, A., The *P, T, X*-spacial representation of the system ether-anthraquinone, *Proc.*, 1909-10, v. 12, p. 231-233.

42. Smits, A., *De chemie in hare oude en nieuwe banen*, Rede . . ., Delft, 1907, b. 19.

43. Smits, A., *Die Theorie der Allotropie*, Leipzig, 1921.

44. Smits, A., *Die Theorie der Komplexität und der Allotropie*, Berlin, 1938.

45. Smits, A., Das Gesetz der Umwandlungsstufen in the light of the theory of allotropy, *Proc.*, 1912, v. 14, p. 788-801 (p. 791).

46. Scheffer, F. E. C., *Toepassingen van de thermodynamica op chemische processen*, Tweede druk, Delft, 1958.

47. van Emmerik, E. P., *J. J. van Laar (1860-1938). A mathematical chemist*, Doctoral Thesis, Delft, 1991.

48. Jorissen, W. P., J. J. van Laar, *Ch. W.*, 1920, Jg. 17, b. 362-367.
Jorissen, W. P., Levensbericht van Johannis Jacobus van Laar, *Jb. KAW*, 1938-39, Amsterdam, 1939, b. 239-243
A. E. Korvezee, *Leven en werken van Dr. J. J. van Laar*, Delft, 1954.
49. van Klooster, H. S., J. J. van Laar, *J. Chem. Educ.*, 1937, v. 14, p. 459; 1962, v. 39, p. 74-76.
50. Partington, J. R., *A History of Chemistry*, v. 4, London, 1964, p. 616.
51. Cohen, E., Chemie en chemische industrie te Amsterdam in den loop der eeuwen, *Ch. W.*, 1940, Jg. 37, b. 486-502.
52. Schreinemakers, F. A. H., H. W. Bakhuis Roozeboom (1854-1907), *Ch. W.*, 1926, Jg. 23, b. 412-413.
53. van der Lee, N. J., *De invloed van den druk op de kritische mengtemperatuur*, Proefschrift . . ., Amsterdam, 1898.
54. Kohnstamm, Ph. and Timmermans, J., On vapour-pressures in binary systems with partial miscibility of the liquids, *Proc.*, 1911, v. 13, p. 865-880.
55. Jorissen, W. P., Mijn herinneringen aan Jacobus Henricus van 't Hoff en de studie der chemici aan de Universiteit van Amsterdam onder zijn leiding, *Ch. W.*, 1952, Jg. 48, N. 35, b. 647-58.
56. Hissink, D. J., Enige herinneringen uit de Jaren 1896 tot Januari 1900 aan mijn leermeester Prof. Dr. H. W. Bakhuis Roozeboom, *Ch. W.*, 1954, Jg. 50, b. 756-757.
57. Kohnstamm, Ph., On the shape of the three-phase-line solid-liquid-vapour for a binary mixture, *Proc.*, 1907, v. 9, p. 639.
58. Anon, L'Espace dans la Chimie, *Nature*, 1921, v. 108, p. 171-172.
59. Kohnstamm, Ph. and Ornstein, L. S., On Nernst's theorem of heat, *Proc.*, 1911, v. 13, p. 700-715.
60. Nernst, W., On the inconsistency of my heat theorem and van der Waal's equation at very low temperatures, *Proc.* 1911, v. 14, p. 201-204; *Versl.*, 1911, d. 20, b. 64-67 (in German).
61. Kohnstamm, Ph. and Ornstein, L. S., Nernst's theorem of heat and chemical facts, *Proc.*, 1912, v. 14, p. 802-818.
62. Poincaré, H., Les conceptions nouvelles de la matière. In *Le matérialisme actuel,* Paris, 1913, p. 49-67.
63. Kruyt, H. R., Boekaankondigingen, *Ch. W.*, 1913, Jg. 10, b. 822.
64. Ostwald, W., Fortschritte der physikalischen Chemie in den letzteren Jahren (1891). In

Abhandlungen und Vorträge allgemeinen Inhaltes, Leipzig, 1916, S. 34-52 (S. 37).

65. Nernst, W., *Theoretische Chemie vom Standpunkt der Avogadroschen Regel und der Thermodynamik*, 8-15 Aufl., Stuttgart, 1926, S. 264.

66. Bosscha, J., Voorzitter's toespraak, *NNGC 2*, Leiden, 1889, b. 71-72.

제9장 반데르 발스와 러시아 과학

1. Stoletov, A. G. (А. Г. Столетов), An outline development of our knowledge of gases (in Russian). In *Collected works*, v. 2, Moscow-Leningrad, 1941, p. 53-185.

2. Stoletov, A. G., Notes on critical state of bodies (in Russian), *ЖРФО*, 1882, v. 14, N5, p. 167-175; c, *J. Phys. (Paris)*, 1882, t. 1, p. 543-548; ac, *Beibl.*, 1882, Bd 6, S. 775-777.

3. Goldhammer, D. A., (Д. А. Гольдгаммер), To the memory of Professor A. G. Stoletov (in Russian), *Izvestiya fysiko-matematicheskogo Obshchestva pri Kazanskom Universitete*, 1897, v. 7, No. 1, p. 39-54.

4. Goldhammer, D. A., The thermodynamic surface of water according to Gibbs and van der Waals (in Russian), *Uchyonie Zapiski Imperatorskogo Moskovskogo Universiteta, otdel fysiko-matematicheskii*, Issue No. 6, Moscow, 1884; ac, *Beibl.*, 1886, Bd 10, S. 333-338.

5. Stankevich, B. V. (Б. В. Станкевич), Kinetic theory of gases, mathematically presented (in Russian). *Kineticheskaya teoriya gazov v matematicheskom izlozhenii*, Moscow, 1884, 229 p.

6. Stankevich, B. V., Kinetic theory of the state of bodies and its topical problems (in Russian), *В.У.И.*, 1887, No. 3, p. 1-16.

7. Stankevich, B. V., Essays on the kinetic theory of the structure of bodies (in Russian), *В.У.И.*, 1887, N8, p. 1-32; N9, p. 33-48; 1888, No. 1, p. 49-80. The same in *Zapiski Matematicheskogo otdeleniya Novorossiiskogo Obshchestva Estestvoispitatelei*, Odessa, 1888, v. 8, p. 1-84.

8. Stankevich, B. V., A contribution to the mechanical theory of heat (in Russian), *В.У. И.*, 1887, No. 7, p. 1-16.
   Stankiewitch, b. W. Zur mechanischen Wärmetheorie, *Z. Math. Phys.*, 1889, Bd 34, S. 111-116.

9. Pirogov, N. N. (Н. Н. Пирогов), On the statistical foundations of thermodynamics (in Russian), *ЖРФО*, 1886, v. 18, p. 307-326; 1887, v. 19, p. 100-120, 157-176; 1890, v.

22, p. 44-89, 173-220; ac_1, *F. Ph.*, 1886, Abth. 2, S. 237-251; ac_2, *Exner's Repert. Phys.*, 1891, bd 27, S. 515-546.

10. Pirogov, N. N. On imperfect gases (in Russian), *ЖРФО*, 1889, v. 21, No. 4, p. 44-57; c, *F. Ph.*, 1889, Abth. 2, S. 207-209.

11. Pirogov, N. N. On the virial of forces (in Russian), *ЖРФО*, 1888, v. 20, No. 1, p. 1-19; 1889, v. 21, N9, p. 219-1248; 1891, v. 23, No. 4, p. 127-151; Ueber das Virial der Kräfte, *Z. Math. Phys.*, 1892, Bd 37, S. 257-290.

12. Kraevich, K. D. (К. Д. Краевич), On the dependence of the heat of evaporation on other observable quantities (in Russian), *ЖРФО*, 1889, v. 21, No. 6, p. 137-153; *Exner's Repert. Phys.*, 1890, Bd 26, S. 581-603.

13. Galitzine, B., Ueber das Dalton'sche Gesetz, Strassburg, 1890; 또는, *Nachr. Kõnigl. Ges. Wiss. Gött.*, 1890, No. 1, S. 22-29; *A. Ph.*, 1890, Bd 41, S. 588-626, 770-800.

14. Golitsin, B. B. (Б. Б. Голицын), On the gaseous and liquid state of matter (in Russian), *Vestnik opitnoi fisiki I elementarnoi matematiki*, 1889, VI semestr, p. 85-97, 133-144, 177-186, 221-231; VII semestr, p. 21-31, 62-72, 141-156; 1890, VIII semestr, p. 21-28, 41-51.

15. Galitzine, B., Über die Wirkungsweise der Molekularkräfte, *Z. ph. Ch.*, 1889, Bd 4, S. 417-426.

16. Kasterin, N. P. (Н. Р. Кастерин), On the change of the cohesion of liquids with the temperature (in Russian), *ЖРФО*, 1893, v. 25, No. 1, p. 51-72; c, *Beibl.*, 1893, Bd 17, S. 892,893.

17. Kraevich, K., A note on the van der Waals formula (in Russian), *ЖРФО*, 1887, v. 19, No. 1, p. 1-6.

18. Schiller, N., Ueber eine mögliche aus den Joule-Thomson'schen Abkühlungsversuchen herzuleitende Form der Zustandsgleichung für Gase, *A. Ph.*, 1890, Bd 40, S. 149-156; *ЖРФО*, 1890, v. 22, p. 110-115.

19. Sonia, N.Ya. (Н. Я. Сонин), On the so-called physical law of van der Waals (in Russian), *Protokoli zasedaniy otdeleniya fisiki i chimii Varshavskogo Obshchestva Estestvoispitatelei*, 1889, No. 5, p. 9-11; N6, p. 1-8.

20. Sonin, N. Ya. On the application of the virial theorem to the kinetic theory of gases (in Russian), *Protokoli zasedaniy otdeleniya fisiki i chimii Varshavskogo Obshchestva Estestvoispitatelei*, No. 7, p. 1-8; c, *F. Ph.*, 1890, Abth.2, S. 247-248.

21. Lorentz, H. A., Über die Anwendung der Satzes vom Virial in der kinetischen Theorie der Gase, *A. Ph.*, 1881, Bd 12, S. 127-136.

22. Mendeleeff, D., *The principles of chemistry*, translated from the Russian 5th edn, London, v. 1, 1891.

23. Konowalow, d., Einige Bemerkungen zur Theorie der Flüssigkeiten, *ЖРХО*, 1886, v. 18, p. 395-402; c, *Beibl.*, 1887, Bd 11, S. 420-422; *Z. ph. Ch.*, 1887, Bd 1, S. 39-45.

24. Mendeleev, D. (Д. Менделеев), On the expansion of liquids (in Russian), *ЖРХО*, 1884, v. 16, p. 1-10; *J.C.S.*, 1884, v. 45, p. 126-135.

25. Levelt Sengers, J.M.H., Liquidons and gasons; controversies about the continuity of states, *Physica*, 1979, v. 98A, p. 363-402.

26. Bogaevskii, L. (Л. Богаеский), On the continuity of gaseous and liquid states (in Russian), *Izvestiya Sancy-Petrburgskogo Technologicheskogo Institute*, 1896, v. 11, p. 15-110. The same, as a separate book, *O neprerivnosti gasoobraznogo i zhidkogo sostoyanii,* St Petersburg, 1896, 96 p.

27. Bogaevskii, L., On the various states of matter (in Russian), *Zapiski Imp. Academii Nauk, St Petersburg*, 1897, v. 5, No. 13, p. 1-103.

28. Mendeleev, D., The molecular cohesion of some organic compounds (in Russian), *Gorny Journal* (*Mining Magazine*), 1860, Part 1, p. 365-381; *Works*, v. 5, Moscow-Leningrad, 1947, p. 8-17.

29. Mendelejeff, D., Ueber die Ausdehnung der Flüssigkeiten beim Erwärmen über ihren Siedepunkt, *Ann. Chem. Pharm.*, 1861, Bd 119, Hft. 1, S. 1-11.

30. Andrews, T., On the continuity of the gaseous and liquid states of matter. *Philos. Trans. R. Soc. London*, 1869, 159, 575-90.

31. Mendelejeff, D., Bemerkungen zu den Untersuchungen von Andrews über die compressibität der Kohlensäure, *A. Ph.*, 1870, Bd 141, S. 618-626.

32. Avenarius, M., Ueber innere latente Wärme, *Bull. Soc. Nat. Moscou*, 1873, t. 47, No. 3, p. 117-132; *A. Ph.*, 1874, Bd 151, S. 303-316.

33. Avenarius, M., Ueber die Ursachen welche die kritische Temperatur bedingen, *Bull. Imp. Acad. Sci. St Petersbourg*, 1876, t. 22, No. 3, p. 378-389.

34. Sayonchevskii, V. (В. Зайончевский), The determination of vapour tension for some liquids at high temperatures (in Russian), *К.У.И.*, 1878, No. 4, p. 21-49; No. 8, p. 29-39; c, *Beibl.*, 1879, Bd 3, S. 741-743.

35. Sayonchevskii, V., A few words in connection with Professor Stoletov's 'Notes on the critical state of bodies' (in Russian), *ЖРФО*, 1882, v. 14, No. 7, p. 386-388; c, *Beibl.*, 1883, Bd 7, S. 585.

36. Zhuk, K. N. (К. Н. Жук), The volume of a liquid as a function of the temperature

at a constant pressure (in Russian), *ЖРФО*, 1881, v. 13, No. 5, p. 239-241; No. 9, p. 411-413; 1884, v. 16, No. 6, p. 304-306.

37. Strauss, O. (O. Страус), On the critical temperatures of some mixtures (in Russian), *ЖРФО*, 1880, v. 12, No. 8, p. 207-218; c. *Beibl.*, 1882, Bd 6, S. 282.

38. Strauss, O., On the critical temperature and the critical pressure of water (in Russian), *ЖРФО*, 1881, v. 13, p. 270; 1882; v. 14, p. 510-517; c, *Beibl.*, 1883, Bd 7, S. 676.

39. Pawlewski, B., Über die kritischen Tmeperaturen flüssiger Körper, *Ber.*, 1882, Bd 15, S. 460-462.

40. Nadezhdin, A. (A. Надеждин), The determination of the critical temperatures of nitrous acid, bromine, iodine and water (in Russian), *К.У.И.*, 1885, No. 6, p. 21-34; *Bull. Acad. Imp. Sci. St. Petersbourg*, 1885, t. 30, p. 327-330; c, *Beibl.*, 1885, Bd 9, S. 721-723; *Ch. Cb.*, 1886, S. 401-402.

41. Nadezhdin, A. I., *Physical Studies (Fisicheskikhie issledovaniya)*, Kiev, 1887, 172 p.

42. Nadejdine, A., Ueber die Ausdehnung der Flüssigkeiten und der Uebergang der Körper aus dem flüssigen in der gasförmigen Zustand, *Exner's Repert. Phys.*, 1887, Bd 23, S. 617-649, 685-718.

43. Nadejdine, A, Ueber die Spannkraft der gesättigten Dämpfe, *Exner's Repert. Phys.*, 1887, Bd 23, S. 759-790.

44. Kipnis, A. Ya. (A. Я. Кипнис), From the history of molecular physics: A. I. Nadezhdin (in Russian). In *Issledovaniya po istorii fisiki i mekhaniki*, Moscow, 1990, p. 5-36.

45. Hellborn, E., Zusammenstellung der bisher ermittelten kritischen Daten der Flüssigkeiten, *Z. ph. Ch.*, 1891, Bd 7, S. 601-613.

46. Landolt-Börnstein, *Zahlenwerte und Funktionen aus aturwissenschaften und Technik*, 2 Bd, l.Teil., Berlin, 1971 (Tab. 211161).

47. Golitsin, B. B., On critical temperatures (in Russian), *ЖРФО*, 1890, v. 22, p. 259,265-268; ac, *Beibl.*, 1891, Bd 15, S. 639.

48. Kipnis, A. Ya., P. N. Lebedev's letter on critical phenomena (in Russian), *Voprosi istorii estestvoznaniya i techniki*, 1962, Issue 13, p. 88-91.

49. Galitzine, B. and Wilip, J., L'indice critique, *Rapports présentés au Congrès Internationale de Physique*, Paris, 1900, t. 1, p. 668-681.

50. Stoletov, A. G., On the critical state of bodies, II (in Russian), *Trudi otdeleniya fisicheskikh nauk Imp. Obshchestva lyubitelei estestvoznaniya*, 1892, v. 5, issue 1, p. 1-15; *Collected Works*, v. 1, Moscow, 1939, p. 276-306.

Stoletov, A. G., Ueber den kritischen Zustand der Körper, *Physik. Revue*, 1892, Bd 2, S. 44-78; *F. Ph.*, 1892 (Abt. 2), S. 190-192; c, *Beibl.*, 1894, Bd 18, S. 1006-1007.

51. Kuenen, J. P., On the anomalous phenomena near the critical point, *Leiden Commun.*, 1893, No. 8, p. 9-16.

52. Stoletov, A., On the critical state of bodies, III (in Russian), *ЖРФО*, 1893, v. 25, No. 9, p. 303-326; *Collected Works*, v. 1, p. 307-332.

53. Stoletov, A., On the critical state of bodies, IV (in Russian), *ЖРФО*, 1894, v. 26, No. 1, p. 26-30; *Collected Works*, v. 1, p. 333-338.

54. Yavelow, B. E. and Volkow, V. A., A contribution to the history of scientific relations between the Netherlands and Russia. H. Kamerlingh Onnes' correspondence with Russian physicists. I. H. Kamerlingh Onnes' letters to A. G. Stoletow, *Janus*, 1984, v. 71, p. 135-151.

55. Nadezhdin, A., Ueber den kritischen Punkt, *ЖРФО*, 1882 v. 14, p. 157-161, 536-541; 1883, v. 15, p. 25-29; c, *Beibl.*, 1883, Bd 7, S. 678-681.

56. Batschinski, A., Ueber eine Erweiterung des Begriffes der kritischen Grössen, *Z. ph. Ch.*, 1902, Bd 40, S. 629-634.

57. Batschinski, A., Über die Polymerisation der orthomeren Flüssigkeiten, insbesondere der Essigsäure, *Bull. Soc. Nat. Moscou*, 1903, t. 17, No. 2-3, p. 188-199.

58. Brandt, A. A. (A. A. Брандт), On a relation between Stefan's formula for the internal pressure of liquids and van der Waals's equation. On a relation between Trouton's formula and van der Waals's equation (in Russian), *ЖРФО*, 1903, v. 35, No. 3, p. 409-415, 417-420, 421 (Résumé).

59. Batschinski, A., Bemerkungen über das Gesetz der geraden Mittellinie, *Z. ph. Ch.*, 1902, Bd 41, S. 741-743.

60. Batschinski, A., Beziehungen für die thermischen Eigenschaften der Stoffe, *A. Ph.*, 1904, Bd 14, S. 288-308.

61. Batschinski, A., Abhandlungen über Zustandsgleichung, I, II, III, *A. Ph.*, 1906, Bd 19, S. 307-309, 310-332; Bd 21, S. 1001-1012.

62. Kistyakovskii, V. (В. Кистяковский), Relations between coefficients determining the properties of liquids at their boiling point (in Russian), *Izvestiya Sankt-Peterburgskogo Polytechnicheskogo Institute*, 1903, v. 1, Issue 3-4, p. 425-453.

63. Kistjakowsky, W., Eine der Regel von Trouton für die latent Verdampfungswärme analoge Regel für die kapillaren Erscheinungen, *Z. Elektrochem.*, 1906, Bd 12, S. 513-514.

64. Shchukarev, A. N. (A. H. Щукарев), Studies on the internal energy of gaseous-liquid systems (in Russian), *ЖРФО*, 1904, v. 36, p. 281-365. 같은 내용이 수록된 다른 저서, *Issledovaniya vnutrennei energii gazoobraznozhidkikh sistem*, Moscow, 1905, 85 p. Schükarew, A., Untersuchungen über den Zustand gasförming-flüssig, *Z. ph. Ch.*, 1903, Bd 44, S. 548-562; 1906, Bd 557 S. 99-112.

65. Walden, P., (a), Ausdehnungsmodulus, spezifische Kohäsion, Oberflächenspannung und Molekulargrösse der Lösungsmittel; (b) Über den Zusammenhang der Kapillaritätskonstanten mit der latenten Verdampfungswärme der Lösungsmittel; (c) Ueber den Zusammenhang der Oberflächenspannung mit dem Binnendruck und der van der Waalsschen Grössen *a* und *b*, *Z. ph. Ch.*, 1909, Bd 65, S. 129-225, 257-288, Bd 66, S. 385-444.

66. Goldhammer, D.A., Studien über die Theorie der übereinstimmende Zustände, *Z. ph. Ch.*, 1910, Bd 71, S. 577-624.

67. Kipnis, A. Ya. *Razvitie chimicheskoi termodinamiki v Rossii (The development of chemical thermodynamics in Russia)*, Moscow-Keningrad, 1964, 348 p.

68. Konowalow, D., Über die Dampfspannungen der Flüssigkeitsgemische, *A. Ph.*, 7 1881, Bd 14, S. 34-52, 219-226.

69. Konowalow, D. Über unzersetzt siedende Lösungen, *Ber.*, 1884, Bd 17, S. 1531-1539.

70. Konovalov, D. (Д. Коновалов), On the vapour tensions of solutions (in Russian), *Ж РХО*, 1884, v. 16, p. 11-84. The same as separate books *Ob uprugosti para rastvorov*, St Petersburg, 1884; 2nd edn St Petersburg, 1909; 34d edn Leningrad, 1927.

71. Gibbs, J. W., *The collected Works*, New York, 1928, v. 1.

72. Guthrie, F., (a) On salt solutions and attached water; (b) On some thermal and volume changes attending mixture, *Philos. Mag.*, 1884, v. 18, p. 22-35, 105-120, 495-517.

73. Lehmann, *O., Molekularphysik*, Leipzig, 1889, Bd 2, S. 208.

74. Masson, Orme, Eine Folgerung aus der Theorie gasähnlicher Lösungen, *Z. ph. Ch.*, 1891, Bd 7, S. 500-510.

75. Duclaux, E., Sur la séparation des liquids mélangés, et sur des nouveaux thermomètres à maxima et à minima, *C.R.*, 1875, t. 81, p. 815-817.

76. Konowalow, d., Das kritische Gebiet der Lösungen und die Erscheinungen der Opaleszenz, *ЖРХО*, 1902, v. 34, p. 738-766; *A. Ph.*, 1903, Bd 10, S. 360-392; Über die Trübung kritischer Lösungen, *A. Ph.*, 1904, Bd 12, S. 1160-1164.

77. Biron, E. V. (E. B. Биорн) *Szhatie pri smeshenii normal' nikh zhidkostei*

(Compression by mixing of normal liquids), St Petersburg, 1912, 184 p.

78. Krichevskii, I. R. (И. Р. Кричевский), *Fazovie ravnovesiya v rastvorakh pri visokikh davleniyakh (Phase equilibria in solutions at high pressures),* 2nd edn, Moscow-Leningrad, 1952, 168 p.

79. Hollman, R. F. (Р. Ф. Холлман) *Ob obrazovanii i rashcheplenii smeshannikh kristallogidratov isomorfnikh veshchestv s tochki zreniya pravila faz Gibbsa (On the formation and decomposition of isomorphous substances of mixed crystals from the point of view of Gibbs's phase rule)*, Yuriev, 1907, 213 p.

80. Hollman, R. F., *K termodinamike nasishchennikh rastvorov (A contribution to the thermodynamics of saturated solutions),* Saratov, 1917, 299 p.

81. Antonov, G. N. (Г. Н. Антонов), *O natyazhenii na granitse dvukh nesme-shivayushchichsya zhidkostei v sostoyanii ravnovesiya. Eksperimental'noe issledovanie (On the tension at the boundary of two immiscible liquids at the equilibrium state. An experimental study)*, St Petersburg, 1914, 129 p.

82. Antonoff, G., Sur la tension superficielle à la limite de deux couches, *ЖРХО*, 1907, t. 39, p. 342-353; *J. chim. phys.*, 1907, t. 5, p. 372-385.

83. Antonoff, G., On the validity of Antonoff's rule, *J. Phys. Chem.*, 1942, v. 46, p. 497-499.

84. Adam, N. K., *The physics and chemistry of surfaces*, 2nd edn, Oxford, 1938, p. 214-215.

85. Adamson, A. W., *Physical chemistry of surfaces*, New York, 1976, Chap. 3.

86. Antonoff, G., Sur la tension superficielle des solutions dans la zone critique, *ЖРХО*, 1906, t. 38, p. 1258-1266; *J. chim. phys.*, 1907, t. 5, p. 364-371.

87. Antonoff, G. N., Interfacial tension and complex molecules, *Philos. Mag.*, 1918, v. 36, p. 377-396.

88. Shchukarev, A. N., *Svoistva rastvorov pri kriticheskoi temperature smesheniya (Solution properties at the critical temperature of mixing)*, Moscow, 1908. 같은 내용이 다음 논문에도 수록됨, *Uchyonie zapiski Moskovskogo universiteta, otd. estestv.-ist.*, 1909, issue XXV, p. 1-67; Über de Eigenschaften der Lösungen bei ihrer kritischen Lösungs-temperatur, *Z. ph. Ch.*, 1908, Bd 62, S. 601-608; 1909, Bd 71, S. 90-108.

89. Tammann, G., *Kristallisieren und Schmelzen. Ein Beitrag zur Lehre der Anderungen des Aggregatzustandes*, Leipzig, 1903, 348 S.

90. Tammann, G. A. (Г. А. Тамман), A contribution to the thermodynamics of

one-component systems (in Russian), *ЖРФО*, 1912, v. 44, p. 83-101.

91. Vittorf, N.M. (Н. М. Витторф), *Teoriya splavov v primenenii k metallicheskim sistemam (The theory of alloys and its application to metallic systems)*, St Petersburg, 1909, 433 p.

92. von Wittorf, N. M. Vorläufige Versuche über primäre Kristallisation und nachfolgende physikalisch-chemische Umwandlungen im System Eisen-Kohlenstoff mit über 4% Kohlenstoff, *ЖРХО*, 1911, v. 43, p. 1613-1690; *Z. anorg. Chem.*, 1912, Bd 79 S. 1-70.

93. Speranskii, A. (А. Сперанский), *O tvyordikh rastvorakh obrazuemikh dvumya komponentami (On solid solutions formed of two components),* Moscow, 1904, 154 p.

94. Centnerszwer, M., Die kritische Temperatur der Lösungen, *ЖРХО*, 1903, v. 35, p. 742-493, 897-935; *Z. ph. Ch.*, 1903, Bd 46, S. 427-501.

95. Badil'kes, I. S. (И. С. Бадылъкес), *Termodinamicheskoe podobie rabochikh veshchestv i protessov kholodil'nikh mashin (Thermodynamic similarity of working substances and the processes of refrigerating machines),* Moscow, 1960, 64 p.

96. Putilov, K. A. (К. А. Путилов), *Termodinamika (Thermodynamics)*, Moscow, 1971, Ch. 8.

97. Filippov, L. P. (Л. П. Филиппов), *Podobie svoistv veshchestv (Similarity in the properties of substances)*, Moscow, 1978, 256 p.

98. Frumkin, A., Die Kapillarkurve der höheren Fettsäuren und die Zustandsgleichung der Oberflächenschicht, *Z. ph. Ch.*, 1925, Bd 116, S. 466-497.

99. Titoff, A. (А. Титов), Die Adsorption von Gasen durch Kohle, *Z. ph. Ch.*, 1910. Bd 74, S. 641-678; *Bull. Soc. Nat. Moscou*, 1910, t. 24, p. 213-331.

100. Arrhenius, S., *Theories of Solutions*, New Haven, 1912, p. 67-68.

101. Krichevskii, I. R., *Fazovie ravnovesiya v rastvorakh pri visokikh davleniyakh (Phase equilibria in solutions at high pressures)*, Moscow, 1946, 120 p.

102. Krichevskii, I. R., *Termodinamika kriticheskikh beskonechno razbavlennikh rastvrov (Thermodynamics of critical infinitely dilute solutions)*, Moscow, 1975, 120 p.

103. Tsiklis, D. S., Chasanova, N. E., et al. (Д. С. Циклис, Н. Е. Хазанова и др.), Papers devoted to 75th birthday of Prof. I. Krichevskii (in Russian), *ЖФХ*, 1976, v. 50, No. 6; *Russ. J. Phys. Chem.*, 1976, v. 50, No. 6.

104. Storonkin, A. V. (А. В. Сторонкин), *Ob usloviyakh termodinamicheskogo ravnovesiya mnogokomponentnikh sistem (On the conditions of thermodynamic equilibrium of multicomponent systems)*, Leningrad, 1948, 122 p.

105. Storonkin, A. V., *Termodinamika geterogennikh sistem (Thermodynamics of heterogeneous systems)*, Leningrad, Parts 1-2, 1967, 447 p.; Part 3, 1969, 189 p.

106. Rusanov, A. I. (А. И. Русанов), *Termodinamika poverchnostnikh yavlenii (Thermodynamics of surface phenomena)*, Leningrad, 1960, 180 p.

107. Rusanov, A. I., *Fasovie ravnovesiya i poverkhnostnie yavleniya (Phase equilibria and surface phenomena)*, Leningrad, 1967, 338 p.

108. *The Archives of the Naturalists' Society of Moscow*, inventory 727, 1898.

109. *The Archives of the Russian Academy of Sciences*, Moscow, box 610, inventory 4, No. 48.

110. Kistyakovskii, V. A., Van der Waals's jubilee is coming (in Russian), *ЖРХО*, 1902, v. 34, No. 8, p. 735.

111. The file *On the election of Professoer Van der Waals as an Honorary Member of St Vladimir University*, The City Archives of Kiev, 1902, box 116, inventory 341, No. 110.

제10장 은퇴

1. *Jb. AU* (1907-1908), Amsterdam, 1909.

2. Zeeman, P., Rede, *W.G.N.*, 1909, d.6, afl.2, b. 135-138.

3. *Science, Technology and Society in the Time of A. Nobel*, Oxford, 1982.

4. *Les Prix Nobel en 1910*, Stockholm, 1911. Quoted from [103e].

5. *Ch. W.*, 1937, 20 Nov., Jg.34, b.765.

6. *Jb KAW*, 1912, b.cxxxvi.

7. Ehrenfest, P.-Joffe, A.F. (П. Эренфест – А. Ф. Иоффе), *Scientific correspondence* (in Russian), ed. V.Ya. Frenkel, Leningrad, 1973.

8. *Versl.*, 1914, d.23, b.515.

제11장 분자 물리학

1. Clausius, R., Über das Verhalten der Kohlensäure in Bezug auf Druck, volumen und Temperatur, *A. Ph.*, 1880, Bd 9, S. 337-357.

2. Recknagel, G., Ueber Temperatur und Temperaturmaass, *A. Ph.*, 1874, Erg. Bd 6, S. 275-302.

3. Brush, S. G., *Statistical Physics and the Atomic Theory of Matter, from Boyle and*

Newton to Landau and Onsager, Princeton, New Jersey, 1983.

4. Bernoulli, D., *Hydrodynamics, sive de viribus et motibus fluidorum commentarii,* Argentorati [Strasbourg], 1738; English translation of the section on kinetic theory in Brush, S. G., *Kinetic Theory*, v. 1, *The Nature of Gases and of Heat*, Oxford, 1965, p. 57-65.
5. Ritter, E., Sur la constitution physique des fluids élastiques, *Mém. Soc. Hist. Nat. Genève*, 1846, t. 11, p. 99-114.
6. Dupré, A., *Théorie mécanique de la Chaleur*, Paris, 1869.
7. Lorentz, H. A., Über die Anwendung des Satzes vom Virial in der kinetischen Theorie der Gase, *A. Ph.*, 1881, Bd 12, S. 127-136.
8. Tait, P. G. On the foundations of the kinetic theory of gases. IV, *Trans. R. Soc. Edinburgh*, 1890-91, v. 26, p 257-272; *Collected Papers*, v. 2, p. 192-208, Cambridge, 1900.
9. Tait, P.G., On van der Waals's treatment of Laplace's pressure in the virial equation: in answer to Lord Rayleigh, *Nature*, 1891, v. 44, p. 546-547, p. 627-628.
10. Rayleigh (Lord), On van der Waals's treatment of Laplace's pressure in the virial equation: a letter to Prof. Tait, *Nature,* 1891, v. 44, p. 499.
11. Rayleigh (Lord), On van der Waals's treatment of Laplace's pressure in the virial equation: a letter to Prof. Tait, *Nature*, 1891, v. 44, p. 597.
12. Rayleigh (Lord), On the virial of a system of hard colliding bodies, *Nature*, 1891, v. 45, p. 80-82.
13. Korteweg, D.T., On van der Waals's isothermal equation, *Nature*, 1891, v. 45, p. 152-154.
14. Strutt, R. J. (4th Lord Rayleigh), *John William Strutt, Third Baron Rayleigh*, London, 1924, p. 183.
15. Boltzmann, L., *Vorlesungen über Gastheorie*, Bd 1, 2, Leipzig, 1896-1898; *Lectures on Gas Theory*, 번역. S. G. Brush, Berkeley, California, 1964.
16. Jäger, G., Die Gasdruckformel unit Berücksichtigung des Molekularvolumens, *Kais. Akad. Wiss. Wien,* Sekt.IIa, 1896, Bd 105, S. 15-21.
17. Boltzmann, L., Über die Berechnung der Abweichungen der Gas vom Boyle-Charles'schen Gesetz und der Dissoziation derselben, *Kais. Akad. Wiss. Wien,* Sekt.IIa, 1896, Bd 105, S. 695-706.
18. Nairn, J. H. and Kilpatrick, J. E., Van der Waals, Boltzmann and the fourth virial coefficient of hard spheres, *Am. J. Phys.*, 1972, V. 40, p. 503-515.

19. van Laar, J. J., Berekening der tweede correctie op de grootheid b der toestands-vergelijking van van der Waals, *Versl.*, 1899, d. 7, b. 350-364.

20. Kohnstamm, P. A., On the equations of Clausius and van der waals for the mean length and the number of collisions, *Versl.*, 1904, d. 12, b 961-967.

21. Clausius, R., Über die theoretische Bestimmung des Dampfdruckes und der Volumina des Dampfes und der Flussgkeit, *A. Ph.*, 1881, Bd 15, S. 279-290, 692-704.

22. Landau, L. D. and Lifshits, E. M., *Statistical Physics*, Part I, Moscow, 1976 (in Russian); revised 2nd English edn, Oxford, 1977.

23. van Hove, L., Sur l'intégrale de configuration pour les systèmes de particules à une dimension, *Physica*, 1950, v. 16, p. 137-143.

24. Ornstein, L. S., *Toepassing der Statistische Mechanica van Gibbs op moleculair-theoretische vraagstukken*, Leiden, 1908; 프랑스어 증보 번역판, A.N., 3a, 1918, t. 4, p. 203-303.

25. Born, M., The statistical mechanics of condensing systems, *Physica*, 1937, v. 4, p. 1034-1044.

26. de Boer, J. and Uhlenbeck, G. E., eds., *Studies in statistical mechanics*, v. 1, Amsterdam, 1962.

27. Lebowitz, J. L., Exact derivation of the van der Waals equation, *Physica*, 1974, v. 73, p. 48-60.

28. Lebowitz, J. L. and Waisman, E. M., Statistical mechanics of simple fluids; beyond van der Waals, *Physics Today*, 1980, v. 33, p. 24-30.

29. Brush, S. G., Interatomic forces and gas theory from Newton to Lennard-Jones, *Arch. Rat. Mech. Anal.*, 1970, v. 39, p. 1-29.

30. Rowlinson, J. S., The Yukawa potential, *Physica*, 1989, v. 156A, p. 15-34.

31. Alder, B. J., Alley, W. E. and Rigby, M., Corrections to the van der Waals model for mixtures and for the diffusion coefficient, *Physica*, 1974, v. 75, p. 143-155.

32. Einstein, A., Folgerungen aus den Capillaritätserscheinungen, A. Ph., 1901, Bd 4, S. 513-523; *Collected Papers*, 1989, Princeton, New Jersey, v. 2, p. 10-21. (주석과 함께 보완된 이 문헌의 중판에도 수록됨).

33. Maxwell, J. C., Van der Waals on the continuity of the gaseous and liquid states, *Nature*, 1874, v. 10, p. 477-480.

34. Margenau, H., Van der Waals forces, *Rev. Mod. Phys.*, 1939, v. 11, p. 1-35.

35. Israelachivili, J. N., The nature of van der Waals forces, *Contemp. Phys.*, 1974, v. 15, p. 159-177.

36. Dzyaloshinskii, I. E., Lifshits, E. M. and Pitaevskii, L. P., General theory of the van

der Waals forces, (in Russian) *Uspekhi Fizitcheskikh Nauk*, 1961, t. 73, p. 381-422; e, *Adv. Phys.*, 1961, v. 10, p. 165-207.

37. Winterton, R. H. S., Van der Waals forces, *Contemp. Phys.*, 1970, v. 11, p. 559-574.

38. Barker, J. A. and Henderson, D., The fluid phases of matter, *Sci. Am.*, 1981, v. 245, p. 82-90.

39. Chandler, D., Weeks, J. D. and Andersen, H. C., Van der Waals picture of liquids, solids, and phase transformations, *Science*, 1983, v. 220, p. 787-794.

40. Hopkinson, J., Magnetic and other physical properties of iron at a high temperature, *Philos. Trans. R. Soc. London, Ser. A*, 1889, v. 180, p. 443-465; *Original Papers*, Cambridge, 1901, v. 2, p. 186-221.

41. Curie, P., Propriétés magnetiques des corps à diverses températures, *Ann. Chim.*, 1895, t. 5, p. 289-405.

42. Weiss, P., L'hypothèse du champ moléculaire et la propriété ferromagnetique, *J. Phys.* (Paris), 1907, t. 6, p. 661-690.

43. Weiss, P. and Kamerlingh Onnes, H. Researches on magnetization at very low temperatures, *Proc.*, 1910, v. 12, p. 649-677; 프랑스어 번역본 *J. Phys. (Paris)*, 1910, t. 9, p. 555-584.

44. Landau, L. and Lifshits, E., On the theory of the dispersion of magnetic permeability in ferromagnetic bodies, *Phys. Z. Sowjetunion*, 1935, Bd 8, S.153-169; 재수록본 *Collected Papers of L. D. Landau*, ed. D. ter Haar, Oxford, 1965, p. 101-114.

45. Fowler, R. H., A tentative statistical theory of MacLeod's equation for surface tension, and the parachor, *Proc. R. Soc. London, Ser. A*, 1937, v. 159, p. 229-246.

46. Kirkwood, J. G. and Buff, F. P., The statistical mechanical theory of surface tension, *J. Chem. Phys.*, 1949, v. 17, p. 338-343.

47. Lovett, R., DeHaven, P. W., Vieceli, J. J. and Buff, F. P., Generalized van der Waals theories for surface tension and interfacial width, *J. Chem. Phys.*, 1973, v. 58, p. 1880-1885.

48. Triezenberg, D. G. and Zwanzig, R., Fluctuation theory of surface tension, *Phys. Rev. Lett.*, 1972, v. 28, p 1183-1185.

49. Cahn, J. W. and Hilliard, J. E., Free energy of a nonunifom system. I. Interfacial free energy, *J. Chem. Phys.*, 1958, v. 28, p. 258-267.

50. Cahn, J. W., Free energy of a nonuniform system. II. Thermodynamic basis, *J. Chem. Phys.*, 1959, v. 30, p. 1121-1124.

51. Schofield, P., The statistical theory of surface tension, *Chem. Phys. Lett.*, 1979, v. 62,

p. 413-415.

52. Janssen, W. J, *Stickstofoxydule in den vloeibaren en gasvormigen toestand*, Leiden, 1877, ii, 56 b.

53. Meyer, O. E., *Kinetische Theorie der Gase in elementarer Darstellung*, Breslau, 1877, xv, 338 S.

54. Gibbs, J. W., A method of geometrical representation of the thermodynamic properties of substances by means of surfaces, *Trans. Connecticut Acad.*, 1873, v. 2, p. 382-404; *Collected Works*, New York, 1928, v. 1, p. 33-54.

55. Dickson, J. D. H., On the criterion by which the critical point of a gas may be determined, *Philos. Mag.*, 1880, v. 10, p. 40-43.

56. Cailletet, L. and Mathias, [E.], Recherches sur les densités des gaz liquéfiées et de leur vapeurs saturés, *C.R.*, 1880, t. 10, p 1202-1207.

57. Levelt Sengers, J. M. H., Critical exponents at the turn of the century, *Physica*, 1976, v. 82A, p. 319-351.

58. van Laar, J.J., *Die Zustandsgleichung von Gasen und Flüssigkeiten*, Leipzig, 1924.

59. Kandau, L., Zur Theorie der Phasenumwandlungen. I. . . . II., *Phys. Z. Sowjetunion*, 1937, Bd 11, S. 26-47, 545-555.

60. Onsager, L., Crystal statistics. I. A two-dimensional model with an order-disorder transition, *Phys. Rev.*, 1944, v. 65, p. 117-149.

61. Brush, S. G., History of the Lenz-Ising model, *Rev. Mod. Phys.*, 1967, v. 39, p. 883-893.

62. Wilson, K. G., Renormalization group and critical phenomena. I. . . . II., *Phys. Rev.*, 1971, v. B4, p. 3174-3183, 3184-3205.

63. Wilson, K. G., The renormalization group: Critical phenomena and the Kondo problem, *Rev. Mod. Phys.*, 1975, v. 47, p. 773-840.

64. Fleury, P. A., Phase transitions, critical phenomena, and instabilities, *Science*, 1981, v. 211, p. 125-131.

65. Clausius, R., Über die theoretische Bestimmung des Dampfdruckes und der Volumina des Dampfes und der Flüssigkeit. Zweiter Aufzatz, *A. Ph.*, 1881, Bd 14, S. 692-704.

66. Clausius, R., Über den theoretischen Zusammenhang zweier empirisch aufgestellter Gesetze über die Spannung und die latent Wärme verschiedener Dämpfe, *A. Ph.*, 1851, Bd 82, S. 273-281.

67. Clausius, R., *Abhandlungen über die mechanische Wármetheorie,* Erste Abt., Braunschweig, 1864.

68. Groshans, J. A., Bemerkungen über die Volume und die Dichtigkeiten flüssiger und gasiger Körper, *A. Ph.*, 1850, Bd 80, S. 296-302.

69. Despretz, C., Mémoire sur les chaleurs latentes de diverses vapeurs, *Ann. Chim.*, 1823, t. 24, p. 323-332, 및 이 논문에 수록된 참고 문헌들.

70. Dühring, E., *Neue Grundgesetze zur rationellen Physik und Chemie*, Leipzig, 1878.

71. Dühring, E., *Kritische Geschichte der allgemeinen Principen der Mechanik,* Leipzig, 1887.

72. Rowlinson, J.S., Are diameters rectilinear?, *Nature*, 1986, v. 319, p. 362.

73. Mathias, E., *Sur la chaleur de vaporization des gaz liquéfiés*, Thesis, 1890, Paris.

74. Amagat, E.-H., Statique expérimentale des fluides, *Rapports préséntś au Congrès International de Physique réuni à Paris en 1900*, Paris, 1900, t. 1, p. 551-582.

75. Guggenheim, E. A., The principle of corresponding states, *J. Chem. Phys.*, 1945, v. 13, p. 253-261.

76. Kamerlingh Onnes, H., Expression of the equation of state of gases and liquids by means of series, *Commun. Phys. Lab. Leiden*, 1901, No. 71.

77. Kamerlingh Onnes, H., Über die Riehenentwickelung für die Zustandgsleichung der Gase und Flussigkeiten, *Commun. Phys. Lab. Leiden*, 1901, No. 4.

78. Kamerlingh Onnes, H., Théorie général de l'état fluide, *A.N.*, 1897, t. 30, p. 101-136.

79. Kamerlingh Onnes, H. and Crommelin, C. A., Isotherms of monoatomic substances and of their binary mixtures. IX. The behavior of argon with regard to the law of corresponding states, *Commun. Phys. Lab. Leiden*, 1911, No. 120a.

80. Gavroglu, K. and Goudaroulis, Y., Heike Kamerlingh Onnes's researches at Leiden and their methodological implications, *Stud. Hist. Philos. Sci.*, 1988, v. 19, p. 243-274.

81. Gavroglu, K. and Goundaroulis, Y., *Methodological aspects of the development of low temperature physics 1881-1956: Concepts out of context*, Dordrecht, 1989, 178p.

82. Mathias, E. and Kamerlingh Onnes, H., The rectilinear diameter for argon, *Commun. Phys. Lab. Leiden*, 1911, No. 117.

83. Mason, E. A. and Spurling, T. H., *The virial equation of state,* Oxford, 1969.

84. Gibbs, J. W., *The collected works*, New York, 1928, v. 1.

85. Barus, C., Certain suggestions by J. Willard Gibbs on geophysical research, *Am. J. Sci.*, 1906, v. 21, p. 461-462.

86. Stoletov, A. G., Zametki o krititcheskom sostoyanii tel, *ЖРФО*, 1882, t. 14, part 5A, p. 167-176 (Notes on the critical state of bodies, in Russian). 요약본은 다음 문헌 참조 *J. Phys. (Paris),* 1882, t. 1, p. 543-548; Beibl., 1882, Bd 6, S. 775-777.

87. Planck, M., Die Theorie des Sattigungsgesetzes, *A. Ph.*, 1881, Bd 13, S. 535-543.

88. Cook, D. and Rowlinson, J. S., Deviations from the principle of corresponding states, *Proc. R. Soc. London, Ser. A*, 1953, v. 219, p. 405-418.

89. Riedel, L., Untersuchungen über eine Erweiterung des Theorems der übereinstimmender Zustände, *Chem.-ing.-Tech.*, 1954, Bd 26, S. 83-89, 259-264, 679-683.

90. Pitzer, K. S., The volumetric and thermodynamic properties of fluids, I, *J. Am. Chem. Soc.*, 1955, v. 77, p. 3427-3433 및 후기 논문들.

91. Kamerlingh Onnes, H. and Keesom, W. H., Über die Translationenergie in einatomigen Gasen beim absoluten Nullpunkt. In *Vorträge über die kinetische Theorie der Materie und der Elektrizität (gehalten in Göttingen auf Einladung der Komission der Wolfskehlstiftung)*, Leipzig und Berlin, 1914, S. 193-194.

92. Keesom, W. H., On the equation of state of an ideal monoatomic gas according to quantum theory, *Commun. Phys. Lab. Leiden*, 1913, Suppl. No. 30a.

93. Byk, A., Das Theorem der übereinstimmende Zustande und die Quantentheorie der Gase und Flüssigkeiten, *A. Ph.*, 1921, Bd 66, S. 167-216.

94. Byk, A., Zur Quantentheorie der Gase und Flüssigkeiten, *A. Ph.*, 1922, Bd 69, S. 161-201.

95. Palacios Martinez, J. and Kamerlingh Onnes, H., Isothermes de substances monoatomiques et leur mélanges binaires. XXI. Déterminatons d'isothermes de l'hydrogène et de l'helium à basse température, faites en vue d'examiner si la compressibilité de ces gaz est influencée par les quanta, *Commun. Phys. Lab. Leiden,* 1923, No. 164.

96. Boer, J. de and Michels, A., Contribution to the quantum-mechanical theory of the equation of state and the law of corresponding states. Determination of the law of force of helium, *Physica*, 1938, v. 5, p. 945-957.

97. Kamerlingh Onnes, H., Algemeene theorie der vloeistoffen, *Verh.,* 1881, d. 21, b. 1-24, 1-14, 1-9; 프랑스어 판, Théorie général de l'état fluide, *A.N.*, 1897, t. 30, p. 101-136.

98. Reynolds, O., An experimental investigation of the circumstances which determine whether the motion of water shall be direct or sinuous, and the law of resistance in parallel channels, *Philos. Trans. R. Soc. London,* 1883, v. 174, p. 935-982.

99. Dewar, J., Liquid hydrogen, *Proc. R. Soc. London*, 1899, v. 16, p. 1-14.

100. Keesom, W. H., Prof. Dr. H. Kamerlingh Onnes. His life-work, the founding of the Cryogenic Laboratory, *Commun. Phys. Lab. Leiden*, 1926, Suppl. No. 57.

101. Kamerlingh Onnes, H., On the cryogenic laboratory at Leiden and on the production of very low temperatures, *Commun. Phys. Lab. Leiden*, 1894, No. 14.

102. Kamerlingh Onnes, H., Remarks on the liquefaction of hydrogen, on thermodynamic similarity and the use of vacuum vessels, *Commun. Phys. Lab. Leiden*, 1896, No. 23.

103. Yavelov, B. E., *Early history of superconductivity*, 1911-1935, Moscow, Institute of History of Science and Technology, 1985 (in Russian, unpublished).

제12장 물리화학

1. Andrews, T., Address by the President, *BAAS Rep.*, 1876, v. 46, p. lxvii-lxxxvi.

2. Planck, M., Allgemeines zur neueren Entwicklung der Wärmetheorie, *Z. ph. Ch.*, 1891, Bd 7, S. 647-656.

3. Haase, R., *Thermodynamik der Mischphasen mit einer Einführung in die Grundlagen der Thermodynamik*, Berlin, 1956, 597 S.

4. Kurnakow, N. S., Singuläre Punkte chemischer Diagramme, *Z. anorg. allg. Chem.*, 1925, Bd 146, S. 69-102.

5. Gibbs, J. W., *Collected Works*, vol. I, New York, 1928, 434 p.

6. Maxwell, J. C., Tait's 'Thermodynamics', *Nature*, 1878, v. 17, p. 257-259, 278-280.

7. Mlodzeevskii, A.B. (А. Б. Млодзеевский), *Geometricheskaya termodinamika* (*Geometric Thermodynamics*), Moscow, 1956, 92 p.

8. Knobler, C. M. and Scott, R. L., Multicritical points in fluid mixtures. In *Phase transitions and critical phenomena*, ed. C. Domb and J. L. Lebowitz, vol. 9, London, 1984, p. 164-231.

9. Khazanova, N. E. (Н. Е. Хазанова), Critical phenomena in solutions, *ЖФХ*, 1976, t. 50, c. 1372-1380; *Russ. J. Phys. Chem.*, 1976, v. 50, p. 831-837.

10. Efremova, G. D. and Pryanikova, R. O., (Г. Д. Ефремова, Р. О. Пряникова), Liquid-liquid equilibrium in the system acetic acid-water-butane, *Chimicheskaya promishlennost*, 1961, c. 46-48 (564-566).

11. Krichevskii, I. R., Efremova, G. D., Pryanikova, R. O. and Serebryakova, A. V. (И. Р. Кричевский, А. В. Серебрякова), A possible case of critical phenomena, *ЖФХ*, 1963, t. 37, c. 1924-1925; *Russ. J. Phys. Chem.*, 1963, v. 37, p. 1046-1047.

12. Griffiths, R. B. and Widom, B, Multicomponent-Fluid Tricritical Points, *Phys. Rev.*, 1973, v. A8, p. 2173-2175.

13. Efremova, G. D. and Schwarz, A. V. (A. B. Шварц), Critical phenomena of higher order in four-component systems, *Dokl. Akad. Nauk USSR*, 1969, t. 188, c. 1108-1110.

14. Lang, J. C. and Widom, B., Equilibrium of three liquid phases and approach to the tricritical point in benzene-ethanol water-ammonium sulfate mixtures, *Physica*, 1975, v. 81A, p. 190-213.

15. Frenkel, J., The liquid state and the theory of fusion. I. Continuity between the solid and liquid states. II. The theory of fusion and crystallization, *Acta physicochim. USSR*, 1935, v. 3, p. 633-648, 913-938.

16. Landau, L., The theory of phase transitions, *Nature*, 1936, v. 138, p. 840-841.

17. Landau, L., Zur Theorie der Phasenumwandlungen, I,II, *Physik. Z. Sowjetunion*, 1937, Bd 11, S. 26-47, 545-555. 영어 번역본은 다음 문헌 참조 *Collected Papers of L. D. Landau*, Oxford, 1965, p. 193-209, 209-216.

18. Guldberg, C. M., Beitrag zur Theorie der unbestimmten chemischen Verbindungen, *Ostwald's Klassiker,* No. 139, Leipzig, 1903, S. 27-70.

19. Duhem, P., Sur la liquéfaction de l'acide carbonique en présence de l'air, *J. Phys.* (*Paris*), 1888, t. 7, p. 158-168.

20. Duhem, P., *Traité élémentaire de mécanique chimique fondée sur la thermodynamique*, Paris, t. I, 1897, t. II,III, 1898, t. IV, 1899.

21. Ostwald, W., Studien über die Bildung und Umwandlung fester Körper, *Z. ph. Ch.*, 1897, Bd 22, S. 289-330.

22. Dodge, B. F., *Chemical engineering thermodynamics*, New York, 1944.

23. Schreinemakers, F. A. H., Dampfdrucke ternärer Gemische, *Z. ph. Ch.,* 1901, Bd 36, S. 287-289, 413-489, 710-740; Bd 38, S. 227-255.

24. Storonkin, A., Über die Gleichgewichtsbedingungen in Zweiphasensytemen mit vielen Komponenten I., *Acta physicochim. USSR*, 1940, Bd 40, S. 505-530.

25. Haase, R., Einige allgemeine Beziehungen für Zustandsfunktionen bei Vielkomponentensystemen, *Z. Naturforsch.*, 1948, Bd 3a, N5, S. 285-290.

26. Krichevskii, I. R., *Fasovie ravnovesiya v rastvorach pri visokich davleniyach*, (*Phase equilibria in solutions at high pressures*), 2nd edn, Moscow, 1952, 168 p.

27. van der Waals, J. D., Jr., Gibbs' invloed op de mengseltheorie, *Ch. W.*, 1926, Jg. 23, b. 410-411.

28. Kay, W. B., Density of hydrocarbon gases and vapors, *Ind. Eng. Chem.*, 1936, v. 28, p. 1014-1019.

29. Berthelot, D., Sur le mélange des gaz, *C.R.*, 1898, t. 126, p. 1703-1706.

30. Berthelot, D., Sur le mélange des gaz, *C.R.*, 1898, t. 126, p. 1857-1858.

31. Van Dalfsen, B. M., On the function *a/b* for multiple mixtures, *Proc.*, 1904, v. 7, p. 94-107.

32. Prausnitz, J. M., *Molecular thermodynamics of fluid-phase equilibria*, Englewood Cliffs, New Jersey, 1969.

33. Korteweg, D. J., Ueber Faltenpunkte, *Wien. S.-Ber.*, 1889, Bd 98, Abt. 2a, S. 1154-1191.

34. Krichevskii, I. R., *Fasovie ravnovesiya v rastvorach pri visokich davleniyach,* (*Phase equilibria in solutions at high pressures*), Moscow, 1946, 120 p.

35. Krichevskii, I. R., and Bolshakov, P. E. (П. Е. Большаков), Heterogeneous equilibria in the ammonia-nitrogen system at high pressures, *ЖФХ*, 1941, v. 15, p. 184-192.

36. Krichevskii, I. R., and Tsiklis, D. S. (Д. С. Циклис), The limited mutual solubility of gases at high pressures, *ЖФХ*, 1941, v. 15, p. 1059.

37. Tsiklis, D. S., Phase equilibria in solutions at high pressures, *ЖФХ*, 1976, v. 50, p. 1361-1371.

38. Ciklis, D. S. (Tsiklis), *Phasentrennung in Gasgemischen. Phasengleichgewichte in binären und ternären Systemen im Gebiet überkritischer Parameter. Übersetszung aus dem Russisch, ergänzt und erweitert von der Verfasser*, VEB Deutscher Verlag für Grundstoff-industrie, Leipzig, 1972, 224 S.

39. Temkin, M. I. (M. И. Тёмкин), On conditions determining the possibility of gaseous phases coexistence, *ЖФХ*, 1959, v. 33, p. 2040-2044.

40. Scott, R. L. and van Konynenburg, P. H., Van der Waals's and related models for hydrocarbon mixtures, *Discuss. Faraday, Soc.*, 1970, v. 49, p. 87-97.

41. van Konynenburg, P. H. and Scott, R. L., Critical lines and phase equilibria in binary van der Waals mixtures, *Philos. Trans. R. Soc. A,* 1980, v. 298, p. 495-540.

42. Findlay, A., *Osmotic pressure*, London, 1913.

43. van Laar, J. J., *Sechs Vorträge über das thermodynamische Potential*, Braunschweig, 1906, S. 31, 86.

44. Duhem, P., On the liquefaction of a mixture of two gases, *J. Ph. Ch.,* 1897, v. 1, p. 273-297.

45. Kohnstamm, Ph., Über Dampfdrucke binärer Gemische, betrachtet im Lichte der Theorie von van der Waals, *Z. ph. Ch.*, 1901, Bd 36, S. 41-62.

46. Duhem, P., Ueber die Verdampfung binärer Gemische, *Z. ph. Ch.*, 1901, Bd 36, S.

605-606.

47. Kohnstamm, Ph., Osmotic pressure or thermodynamic potential, *Proc.*, 1905, v. 7, p. 741-751.

48. van Laar, J. J., Richard Lorenz, *Ch. W.*, 1929, Jg. 26, b. 406-407.

49. Landau, L. D. (Л. Д. Ландау), A comment after V. K. Semenchenko's lecture. In *Svoystva rastvorov electrolitov* (*Properties of electrolytic solutions*), Leningrad, 1930, p. 41.

50. Schottky, W., Ulich, H. and Wagner, C., *Thermodynamik. Die Lehre von der Kreisprozessen, den physikalischen und chemischen Veränderungen und Gleichgewichten*, Berlin, 1929.

51. Bjerrum, N., Der Aktivitatskoeffizient der Ionen, *Z. anorg. Allg. Chem.*, 1920, Bd 109, S. 275-292.

52. Debye, P., Osmotische Zustandsgleichung und Aktivität verdünnter starker Elektrolyte, *Phys. Z.*, 1924, Bd 25, S. 97-107.

53. MacDougall, F. H., *Thermodynamics and Chemistry*, New York, 1923, 2nd edn, 1926.

54. Guggenheim, E. A., *Modern Thermodynamics by the methods of Willard Gibbs*, London, 1933.

55. Reid, R. C., Prausnitz, J. M. and Sherwood, T. K., *The properties of gases and liquids*, 3rd edn, New York, 1977.

56. Prigogine, I., *The molecular theory of solutions*, Amsterdam, 1957, p. xiii.

57. Leland, T. W., Rowlinson, J. S. and Sather, G. A., Statistical thermodynamics of mixtures of molecules of different sizes, *Trans. Faraday Soc.*, 1968, v. 64, p. 1447-1460.

58. Leland, T. W., Rowlinson, J. S., Sather, G. A. and Watson, I. D., Statistical thermodynamics of two-fluid models of mixtures, *Trans. Faraday Soc.*, 1969, v. 65, p. 2034-2043.

59. Rigby, M., Alder, B. J., Sapse, A.-M. and Hecht, C. E., Augmented van der Waals theory of mixtures, *J. Chem. Phys*, 1970, v. 52, p. 3665-3670.

60. Nordholm, S. and Haymet, A. D. J., Generalized van der Waals theory. I Basic formulation and application to uniform fluids; Nordholm, S., Harrowel, P. R. and Cheung, K., Generalized van der Waals theory. IX Excess properties of simple fluid mixtures; *Aust. J. Chem.*, 1980, v. 33, p. 2013-2027; 1982, v. 35, p. 247-263.

61. Chandler, D., Weeks, J. D. and Andersen, H. C., Van der Waals picture of liquids and phase transformations, *Science*, 1983, v. 220, p 787-794.

62. Feix, G., Die Theorie der Faltenpunkte und ihre Anwendung auf Phasengleichgewichte

Flüssigkeit-Flüssigkeit-Dampf, *Z. ph. Ch.* (*Leipzig*), 1983, Bd 264, S. 369-378.

63. Schneider, G. M., Fluid mixtures at high pressures, *Pure Appl. Chem.*, 1983, v. 55, N3, p. 479-492.

제13장 결론

1. de Candolle, A., *Histoire des Sciences et des Savants*, Genève, 1873, p. 211-22.

2. Carlyle, T., *On Heroes, Hero-Worship and the Heroic in History*, London, 1841, p. 351.

약어 목록

A. N.	Archives Néerlandaises des sciences exactes et naturelles publiées par la Societé Hollandaise des sciences à Harlem
A. Ph.	Annalen der Physik
BAAS Rep.	Reports of British Association for Advancement of Science
Ber.	Berichte der Eutschen Chemischen Gesellschaft
Beibl.	Beiblätter zu Wiedemanns Annalen der Physik
C. R.	Comptes rendus hebdomadaires des séances de l'Academie des sciences(Paris)
Ch. Cb.	Chemisches Centralblatt
Ch. W.	Chemisch weekblad. Orgaan van de Nederlandsche Chemische Vereeniging(Amsterdam)
Ch. Ztg.	Chemiker-Zeitung
F. Ph.	Die Fortschritte der Physik im Jahre . . .
E. B.	Encyclopaedia Britannica
Jb. AU	Jaarboek van der Universiteit van Amsterdam
Jb. Ch.	Jahresberichte über Fortschritte der Chemie und der verwandten Teile anderer Wissenschaften.
Jb. KAW	Jaarboek van de Koninklijke Akademie van Wetenschappen gevestigt le Amsterdam
J. C. S.	Journal of the Chemical Society of London
J. Ph. Ch.	Journal of Physical Chemistry
Levensber.	Lebensberichten van professoren en lectoren: Het aanhangsel tot het Gedenkboek van de Universiteit van Amsterdam, uitgegeven bij de herdenking van haar 300-jarig bestaan. Amsterdam, 1932, 179 b.
NNGC	Handelingen van het Nederlandsch Natuur- en Geneskundige Congres
N. P. R. I.	Notices of the Proceedings at the meetings of the members of the Royal Institution of Great Britain
N. T. N.	Nederlandsch Tijdschrift voor Natuurkunde
N. V.	Maatschapij Diligentia ('s Gravenhage). Natuurkundige Voordrachten
P. C.	Amsterdamsch Studenten-Weekblad, Propria Cures
P. N. T. N.	Physica, Nederlandsch Tijdschrift voor Natuurkunde
Ph. Z.	Physikalische Zeitschrift
Proc.	Koninklijke Akademie van Wetenschappen te Amsterdam. Proceedings of the Section of Sciences
P. V.	Processen-Verbaal van de vergaderingen der Afdeling der natuurkunde
Rec.	Recueil de travaux chimiques de Pays-Bas
V. M.	Verslagen en Mededeelingen der Koninklijke Akademie van

	Wetenschappen. Afdeling der Natuurkunde
Verh.	Verhandelingen der Koninklijke Akademie van Wetenschappen te Amsterdam
Versl.	Koninklijke Akademie van Wetenschappen te Amsterdam. Verslagen van de gewone vergaderingen der Wis- en Natuurkundige Afdeling
W. G. N.	Werken van het Genootschap ter Bevordering van Natuur-, Geneesen Heelkunde te Amsterdam
Wien. S.-Ber	Sitzungsberichte der mathematisch-naturwissenschaftlichen Klasse der Königliche Akademie der Wissenschaften zu Wien
Z. El.	Zeitschrift für Elektrochemie und angewandte physikalische Chemie
Z. ph. Ch.	Zeitschrift für physikalische Chemie, Leipzig
ВУИ	Варшавские Университетские Известия (Bulletin of Warsaw University)
ЖРФО	Журнал Русского Физико-химического Общества, часть Физическая (Journal of the Russian Physico-Chemical Society, Physical Section)
ЖРХО	Журнал Русского Физико-химического Общества, часть Хизическая (Journal of the Russian Physico-Chemical Society, Chemical Section)
ЖФХ	Журнал Физической Химии (Journal of Physical Chemistry)
КУИ	Киевские Университетские Известия (Bulletin of Kiev University)
ТИИЕТ	Труды Института Истории Естествознания и Техники АН СССР, Москва (Transactions of the Institute for the History of Natural Sciences and Technology of the USSR Academy of Sciences, Moscow)
УАН	Успехи Физических Наук (Advances in Physical Sciences)

반데르 발스 논문 전체 목록[1]

참조: 논문들의 표기법은 다음과 같다;

a, 총설; c, 초록 혹은 요약본; ac, 저자의 초록 혹은 요약문; d,e,f,h,r, 번역문 (d (독일어), e (영어), f (불어), h(네덜란드어), 및 r(러시아어)); 글자 위에 있는 이 기호(')는 번역할 때 의미전달을 위해 의역되었거나 나중에 재판될 때 변경된 부분을 나타낸다.; 하첨자는 초록, 혹은 총설 원 논문 판의 원래 번호 혹은 권 수를 의미한다. 이를테면, ld_2'는 논문 [1]의 독일어판의 2권(혹은 2판)을 의미하고, lc_3은 논문 [1]의 3번째 초록 혹은 요약본을 의미한다.

---

[1] 이 목록에는 그가 한림원의 사무총장으로 재직하면서 작성한 보고서들은 포함되어 있지 않다. Jb. KAW, 1897-1912년 참조.

반데르 발스 출판물 중에서 영어, 독일어, 혹은 불어로 번역된 것들은 그중 하나의 제목으로만 표시한다. 완전한 형태로 출판되지 않았거나 저자의 초록에 들어가지 않은 반데르 발스의 서신 내용들은 별표(*)로 나타내었다. 많지는 않지만, 편집자들에 의해 제목이 붙여진 경우에는 대괄호[ ]로 표시한다. 원문을 확인하지 못한 논문이나 출판물들은 별표 두 개 (**)로 표시한다. 그런 경우에는 문헌의 원 출처를 괄호( )안에 제공한다.; 이 책의 저자에게 보내어진 편지는 L/A로 표시한다.

1. *Over de Continuiteit van den Gas- en Vloeistoftoestand (On the Continuity of the Gaseous and Liquid States)*, Thesis, Leiden, 1873. viii, 134 b.; a_1, *Nature*, 1874, v. 10, p. 477-480; c_1, *F. Ph.*, 1874, Bd 30, S. 691-693; c_2, *Beibl.*, 1877, Bd 1, S. 10-21; d_1', Leipzig, 1881. viii, 168 S.; c_3, *F. Ph.*, 1881, Bd 37, S. 637-679; e_1', in *Phys. Memoirs, Phys. Soc. London*, 1890, v. 1, p. vi, 333-496; f', Paris, 1894. xvi, 280 p.; a_2, *Arch. Sci. Phys.*, 1894, t. 32, p. 216-217; d_2', Leipzig, 1899. viii, 182 S.; c_4, *F. Ph.*, 1899, Bd 55, Abt. 2, S. 367-368; a_3, *J. Ph. Ch.*, 1899, v. 3, p. 164; a_4, *Z. ph. Ch.*, 1899, Bd 30, S. 184; e_2, *Stud. Stat. Mech.*, Amsterdam, 1988, v. 14, p. 121-239.
2. De invloed van magneten op electrische stroomen en in 't bijzonder op electrisch licht, *N. V.*, 1874-75, Ser. 3, b. 85-93.
3. Het lijnen-spectrum van Koolstof, *P. V.*, 1876, N4, b. 2-3.
4. Sur le nombre relatif des chocs que subit une molécule suivant qu'elle se meut au milieu de molécules en mouvement ou au milieu de molécules supposées en repos, et sur l'influence que les dimensions des molécules, dans la direction du mouvement relatif, exercent sur le nombre de ces chocs, *V. M.*, 1876, d. 10, b. 321-336; f, *A. N.*, 1877, t. 12, p. 201-216; c, *F. Ph.* 1877, Bd 33, S. 682-685.
5. Sur le nombre des chocs et la distance de choc moyenne dans les mélanges gazeux, *V. M.*, 1876, d. 10, b. 337-348; f, *A. N.*, 1877, t. 12, p. 217-228; c, *F. Ph.* 1877, Bd 33, S. 682-685.
6. [Mitteilung zu E. Wiedemann, betreffend der Formel von Andrews (Recknagel)], *Beibl.*, 1877, Bd 1, S. 27-28.
7. L'influence de la pression sur la température du maximum de densité de l'eau, *V. M.*, 1877, d. 11, b. 119-131; c_1, *Beibl.*, 1877, Bd 1, S. 511-513; c_2, *F. Ph.*, 1877, Bd 33, S. 711-713; c_3, *Mondes*, 1877, t. 44, p. 471; f, *A. N.*, 1877, t. 12, p. 457-469; c_4, *Jb. Ch.*, 1877, S. 46.

8. Over de specifieke warmte van den verzadigden damp, *V. M.*, 1878, d. 12, b. 169-183; ac, *P. V.*, 1878, N 7, b. 4-5; c_1, *Beibl.*, 1878, Bd 2, S. 328-332; c_2, *F. Ph.* 1878, Bd 34, S. 625-626.

9. Een meetkundige voorstelling voor de voortplanting van het geluid in de lucht, P. V., 1879, N 6, b. 8-11; c_1, *Beibl.*, 1880, Bd 4, S. 531-532; c_2, *F. Ph.*, 1880, d 36, S. 1108-1110.

10. De betrekking tusschen spanning, volumen en temperatuur bij dissociatie, *V. M.,* 1880, d. 15, b. 199-217; ac, *P. V.*, 1880, N 7, b. 3; c_1, *Beibl.*, 1880, Bd 4, S. 749-753; c_2, *F. Ph.*, 1880, Bd 36, S. 551-555, 1069-1073.

11. Over de samendrukbaarheid van ethyleengas, *V. M.*, 1880, d. 15, b. 426-432; ac, *P. V.*, 1880, N 1, b. 5; c. *Beibl.*, 1880, Bd 4, S. 704.

12. Untersuchungen über die übereinstimmenden Eigenschaften der zustandsgleichungen der verschiedenen Körper, *Verh.*, 1880, d. 20, N 5, b. 1-32; ac_1, *P. V.*, 1880, N 3, b. 4-5, N 5, b. 2-3; c_1, *Beibl.*, 1881, Bd 5, S. 27-28; c_2, *Beibl.*, 1881, Bd 5, S. 250-259; c_3, *F. Ph.* 1880, Bd 36, S. 564-569; ac_2, ld'; ac_3, le'; ac_4, lf'; ac_5, ld_2'.

13. Electrische verschijnselen in ruimten bij hoogen grad van verdunning der stof, of zoogenaamde stralende stof, *N. V.*, 1880-81, Ser. 9, b. 42-51.

14. Eenige opmerkingen naar aanleiding van de algemeene theorie der ponderomotorischan krachten van Dr. D. J. Korteweg, *Verh.*, 1880, d. 20, N 1, b. 1-12.

15. Over de coefficienten van uitzetting en van samendrukking in overeen-stemmende toestanden der verschillende vloeistoffen, *Verh.*, 1880, d. 20, N 6, b. 1-11; c_1, *Beibl.*, 1881, Bd 5, S. 250-259; c_2, *F. Ph.*, 1880, Bd 36, S. 564-569; ac_1, ld_1'; ac_2, le'; ac_3, lf'; ac_4, ld_2'.

16. Bijdrage tot de kennis van de wet der overeenstemmende toestanden, *Verh.*, 1881, d. 21, N 5, b. 1-10; c, *Beibl.*, 1881, Bd 5, S. 567-569.

17. Over de physische constanten van diaethylamin, *P. V.*, 1881, N 7, b. 4-5..

18. Over het stroomen van vloeistoffen en gassen door capillare buizen met elliptische doorsneden, *P. V.*, 1881, N 2, b. 2.

19. Over een mogelijken temperatuursfactor van den molekulairdruk bij vloeistoffen en gassen, *P. V.,* 1881, N 6, b. 3.

20. Een methode bij de terugkaatsing van gepolarised licht op de poolvlakte van een electromagnet (proef van Kerr) de phase en de intensiteit van den magnetischen lichtocomponent te bepalen, *P. V.*, 1884, N 9, b. 7-8.

21. Influence de la température sur la richesse en gaz d'une solution et sur l'équilibre

entre des solutions gazeuses et des hydrates solides, *V. M.*, 1885, d. 1, b. 377-380; f, *Rec.*, 1885, t. 4, p. 135-138; c_1, *Jb. Ch.*, 1885, S. 88-89, c_2, *F. Ph.*, 1885, Bd 41, Abt. 1, S. 484.

*22. Over de plaats de buigspunten in de isothermische lijnen, *V. M.*, 1886, d. 2, b. 165.

*23. Over de thermodynamisch oppervlak van Gibbs, *V. M.*, 1886, d. 2, b. 199.

*24. Over het stabiel evenwicht van heterogene stiffen, *V. M.*, 1886, d. 2, b. 199, 231.

*25. Over de grenzen van het gebied van den vasten toestand voor enkelvoudige en samengestelde stoffen, *V. M.*, 1886, d. 2, b. 240.

*26. Over de oplosbaarheid der zouten bij verschillende temperaturen, *V. M.*, 1886, d. 2, b. 376.

27. De samenhang tusschen de wijze waarop de dichtheid verandert in der overgangslaag van vloeistof op damp en de wijze der werking der molekulaire krachten, *P. V.*, 1888, 26 Mai, b. 13-14; *V. M.*, 1889, d. 5, b. 171-172; c_1, *F. Ph.*, 1888, Bd 44, Abt. 2, S. 331-332; c_2, *Beibl.*, 1889, Bd 13, S. 134-135.

28. De voorwaarden, wooraan voldaan moet worden als een gegeven stof zich bij gegeven temperatuur T_K in een gegeven ruimte in evenwicht schikt. *P. V.*, 1888, 30 Juni, b. 1-3; *V. M.*, 1889, d. 5, b. 199-202; c, *Beibl.*, 1889, Bd 13, S. 140-141.

29. Eenige uitkomsten verkregen bij het zoeken naar een moleculair-theorie voor een mengsel van twee stoffen, *V. M.*, 1889. D. 6, b. 163-166; c, *Beibl.*, 1889, Bd 13, S. 465-466.

30. Over het evenwicht van vasle verbindingen tegenover vloeistofen dampmengsels, *V. M.*, 1890, d. 7, b. 4.

31. Théorie moléculaire d'une substance composée de deux matières différentes, *A. N.*, 1891, t. 24, p. 1-56; d, *Z. ph. Ch.*, 1890, Bd 5, S. 133-173; c_1, *F. Ph.*, 1890, Bd 46, S. 136; c_2, *Ch. Cb.*, 1890, T. 1, S. 789; c_3, *Ber.*, 1890 Bd 23, Abt. 2, S. 265; c_4, *Jb. Ch.*, 1890, S. 115; e, $1e_2$, p. 241-282.

32. Die Grösse des Druckes bei koëxistierenden Phasen von Mischungen, besonders bei Salz- und Säurelösungen, *V. M.*, 1891, d. 8, b. 409-447; ac, *V. M.*, 1891, d. 8, b. 397-399; d, *Z. ph. Ch.*, 1891, Bd 8, S. 189-214; c_1, *Ber.*, 1891, Bd 24, Abt. 2, S. 163; c_2, *J. C. S.*, 1891, v. 60, p. 1319; c_3, *F. Ph.*, 1891, Bd 47, Abt. 1, S. 343, Abt. 2, S. 241-242; c_4, *Jb. Ch.*, 1891, S. 185; f, *A. N.*, 1893, t. 26, p. 91-95.

33. Die Formel der elektrolytischen Dissociation, *V. M.*, 1891, d. 8, b. 448-459; ac, *V. M.*, 1892, d. 9, b. 3; d', *Z. ph. Ch.*, 1891, Bd 8, S. 215-222; c_1, *F. Ph.*, 1891, Bd 47, Abt. 2, S. 559-560; c_2, *Ber.*, 1891, Bd 24, Abt. 2, S. 613-614; f', *A. N.*, 1893, t. 26,

p. 126-136; c_3 [[32] 에 대해서도 마찬가지로], *Beibl.*, 1892, Bd 16, S. 137-139.

34. Over een toepassing van de wet der overeenstemmende toestanden bij opgeloste stoffen, *V. M.*, 1892, d. 9, b. 346-349; c, *F. Ph.*, 1892, Bd 48, Abt. 1, S. 377-378; c_2, *Beibl.*, 1893, Bd 17, S. 307-308.

35. Opmerking, betreffend het onderzoek van Dr. de Vries, *Versl.*, 1892, d. l, b. 158-160; c, *Beibl.*, 1894, B 18, S. 525.

36. De formule voor de wet van moleculaire attractive, *Versl.*, 1893, d. 2, b. 20-21; c, *Beibl.*, 1894, Bd 18, S. 734.

37. The thermodynamic theory of capillarity under the hypothesis of a continuous variation of density, *Verh.*, 1893, Sect. 1, d. 1, N 8, b. 1-56; d', *Z. ph. Ch.*, 1894, Bd 13, S. 657-725; c_1, *F. Ph.*, 1893, Bd 49, Abt. 1, S. 463-467; c_2, *Beibl.*, 1894, Bd 18, S. 170-172; c_3, *Beibl.*, 1895, Bd 19, S. 608-611; f', *A. N.*, 1895, t. 28, p. 121-209; e', *J. Stat. Phys.*, 1979, v. 20, p. 200-244.

38. Over de afwezigheid van of wijziging in de kritische verschijnselen voor een mengsel, ten gevolge van het bestaan der lengteplooi op het ψ-vlak bij hoogere temperaturen, *Versl.*, 1894, d. 3, b. 133-137; c_1, *Beibl.*, 1895, Bd 19, S. 557; c_2, *F. Ph.*, 1894, Bd 50, Abt. 2, S. 205; c_3, *F. Ph.*, 1895, Bd 51, Abt. 2, S. 229.

39. L'interprétation cinétique du potential thermodynamique, *Versl.,* 1895, d. 3, b. 205-219; c, *Beibl.*, 1895, Bd 19, S. 552-553; f, *A. N.*, 1897, t. 30, p. 137-153.

40. Sur les caractères qui décident de l'allure de la courbe de plissement dans le cas d'un mélange de deux substances, *Versl.*, 1895, d. 4, b. 20-30; c, *Beibl.*, 1895, Bd 19, S. 864; f, *A. N.*, 1897, t. 30, p. 266-277.

41. Sur les conditions critiques, ou de plissement d'un mélange, *Versl.*, 1895, d. 4, b. 82-93; c, *F. Ph.*, 1895, Bd 51, Abt. 2, S. 226; f, *A. N.*, 1897, t. 30, p. 278-290.

42. Over de wijze van uitstraling de X-stralen, *Versl.*, 1896, d. 4, b. 293-294; c, *F. Ph.*, 1896, Bd 52, Abt. 2, S. 632-633.

43. Contribution à la connaissance de l'équation d'état, *Versl.*, 1896, d. 5, b. 150-153; c_1, *F. Ph.*, 1896, Bd 52, Abt. 2, S. 199-200; c_2, *Nature*, 1896, v. 55, p. 112; f', *A. N.*, 1901, t. 4, p. 299-313; c_3, *F. Ph.*, 1901, Bd 57, Abt. 2, S. 201.

44. L'état moléculaire du dissolvent a-t-il une influence sur la diminution des tensions de vapeur produite par des sels dissous?, *Versl.*, 1897, d. 5, b. 342-350; c_1, *Beibl.*, 1897, Bd 21, S. 570; c_2, *J. Ph. Ch.*, 1897, v. 1, p. 687; c_3, *F. Ph.*, 1897, Bd 53, Abt. 1, S. 473; f, *A. N.*, 1901, t. 4, p. 332-340.

45. Bijzonderheden in den loop der smeltkromme, *Versl.*, 1897, d. 5, b. 385-388; c_1,

Nature 1897, v. 55, p. 551-552; c_2, *F. Ph.*, 1897, Bd 53, Abt. 2, S. 291-292.

46. De l'équilibre d'un corps solide complexe en présence de gaz et de liquide, *Versl.*, 1897, d. 5, b. 482-491; c_1, *Beibl.*, 1897, Bd 21, S. 715-716; c_2, *F. Ph.*, 1897, Bd 53, Abt. 2, S. 180-181; f, *A. N.*, 1898, t. 1, p. 78-88; c_3, *F. Ph.*, 1897, Bd 53, Abt. 1, S. 236-237.

47. Sur la representation graphique des équilibres à l'aide de fonction ζ, *Versl.*, 1897, d. 6, b. 209-218; c_1, *Beibl.*, 1898, Bd 22, S. 87; c_2, *F. Ph.*, 1897, Bd 53, Abt. 2, S. 181; f, *A. N.*, 1899, t. 2, p. 68-78; c_3, *F. Ph.*, 1898, Bd 54, Abt. 2, S. 217.

48. Une règle approchée relative à la forme de la courbe de plissement d'un mélange, *Versl.*, 1897, d. 6, b. 279-303; c_1, *Beibl.*, 1898, Bd 22, S. 87-89; c_2, *F. Ph.*, 1897, Bd 53, Abt. 2, S. 182-183; c_3, *Z. ph. Ch.*, 1899, Bd 30, S. 157; f, *A. N.*, 1899, t. 2, p. 79-102; c_4, *F. Ph.*, 1898, Bd 54, Abt. 2, S. 217-218.

49. Sur le mélange des gaz: Extrait d'une letter à M. H. Becquerel, *C. R.*, 1898, t. 126, p. 1856-1857; c_1, *J. Ph. Ch.*, 1899, v. 3, p. 416; c_2, *Z. ph. Ch.*, 1899, Bd 28, S. 565; c_3, *F. Ph.*, 1898, Bd 54, Abt. 2, S. 487-488.

50. Simple deduction of the characteristic equation for substances with extended and composite molecules, *Versl.*, 1898, d. 7, b. 160-165; e, *Proc.*, 1898, v. 1, p. 138-143; c_1, *Z. ph. Ch.*, 1899, Bd 30, S. 157-158; c_2, *F. Ph.*, 1898, Bd 54, Abt. 2, S. 229; f', *A. N.*, 1901, t. 4, p. 299-313; c_3, *F. Ph.*, 1901, Bd 57, Abt. 2, S. 201.

51. Variation of volume and of pressure in mixing, *Versl.,* 1898, d. 7, b. 239-250; e, *Proc.,* 1898, v. 1, p. 179-191.

52. On the accurate determination of the molecular weight of gases from their density, *Versl.*, 1898, d. 7, b. 258-261; e, *Proc.*, 1898, v. 1, p. 198-201; c_1, *Z. ph. Ch.*, 1899, Bd 30, S. 158-159; c_2, *F. Ph.*, 1898, Bd 54, Abt. 1, S. 163-164.

53 Variation of volume and of pressure in mixing, II, *Versl.,* 1898, d. 7, b. 270-280, 297; e, *Proc.*, 1898, v. 1, p. 232-243; c, *F. Ph.*, 1898, Bd 54, Abt. 2, S. 214-215.

54. An anomaly in the course of the plaitpoint curve in a mixture of anomalous substances, *Versl.*, 1899, d. 7, b. 464-469; e, *Proc.*, 1899, v. 1, p. 385-390; c, *F. Ph.*, 1899, Bd 55, Abt. 2, S. 258.

55. On variation of volume and pressure. III, *Versl.,* 1899, d. 7, b. 469-477; e, *Proc.*, 1899, v. 1, p. 390-397; c_1, *F. Ph.*, 1899, Bd 55, Abt. 2, S. 249; c_2, *Z. ph. Ch.*, 1899, Bd 30, S. 159-160.

56. On the deduction of the characteristic equation – discussion with prof. Boltzmann, *Versl.*, 1899, d. 7, b. 537-542; e, *Proc.*, 1899, v. 1, p. 468-473; c_1, *Z. ph. Ch.*, 1900,

Bd 35, S. 504; f', *A. N.*, 1901, t. 4, p. 299-313; c_2, *F. Ph.*, 1901, Bd 57, Abt. 2, S. 201.

57. The cooling of a current of gas by sudden change of pressure, *Versl.*, 1900, d. 8, b. 441-451; e, *Proc.*, 1900, v. 2, p. 379-389; c, *F. Ph.*, 1900, Bd 56, Abt. 2, S. 207-209.

58. Statique des fluides (mélanges), *Rapports présentés au Congrès Internationale de Physique réuni à Paris en 1900*, Paris, 1900, t. 1, p. 583-614; c_1, *F. Ph.*, 1900, Bd 56, Abt. 2, S. 199; a, *Ph. Z.*, 1900, Bd 1, S. 608-610.

59. Sur la relation entre les modifications, subiés par le volume spécifique de la vapeur saturée et celui de liquide coexistant sous l'influence des variations de température, *A. N.*, 1900, t. 5, p. 407-416; c_1, *F. Ph.*, 1900, Bd 56, Abt. 2, S. 199-200; d, *Z. ph. Ch.*, 1901, Bd 36, S. 460-468; c_2, *Ch. Cb.*, 1901, T. 1, S. 871; c_3, *Jb. Ch.*, 1901, S. 21.

60. The properties of the pressure curves for coexisting phases of mixtures, *Versl.*, 1900, d. 9, b. 166-180; e, *Proc.*, 1900, v. 3, p. 163-177; c, *F. Ph.*, 1900, Bd 56, Abt. 2, S. 200.

61. Die Continuität des gasförmigen und flüssigen Zustandes, T. 2. Binäre Gemische, Leipzig, 1900. iv, 192 S.; c, *F. Ph.*, 1900, Bd 56, Abt. 2, S. 198; a_1, *Z. ph. Ch.*, 1900, Bd 35, S. 507; a_2, *J. Ph. Ch.*, 1901, v. 5, p. 141.

62. The equation of state and the theory of cyclic motion, *Versl.*, 1901, d. 9, b. 499, 556-559, 614-627, 701-712; e, *Proc.,* 1901, v. 3, p. 515-528, 571-584, 643-654; f, *A. N.*, 1901, t. 4, p. 231-269; c_1, *F. Ph.*, 1901, Bd 57, Abt. 2, S. 199-201; d, *Z. ph. Ch.*, 1901, Bd 38, S. 257-288; c_2, *Ch. Cb.*, 1901, T. 1, S. 871; c_3, *F. Ph.*, 1901, Bd 57, Abt. 1, S. 112-113; c_4, *Jb. Ch.*, 1901, S. 18.

63. Sur une formule exacte exprimant la variation de *b* avec volume, *A. N.*, 1901, t. 6, p. 47-54; c, *F. Ph.*, 1901, Bd 57, Abt. 2, S. 201.

64. Condensation of gases, *E. B.*, 10th edn, London, 1902, v. 27, p. 183-188; 64_2 *E. B.*, 11th edn, Cambridge, 1910, v. 6, p. 844-849.

65. Ternary systems. I-V, *Versl.*, 1902, d. 10, b. 544-560, 665-686, 862-876; d. 11, b. 88-109, 224-243; e, *Proc.*, 1902, v. 4, p. 448-463, 553-560, 681-694; v. 5, p. 1-21, 121-139; c, *F. Ph.*, 1902, Bd 58, Abt. 1, S. 182-83; f, *A. N.*, 1902, t. 7, p. 343-442.

66. On the conditions for the occurrence of a minimum critical temperature for a ternary system, *Versl.*, 1902, d. 11, b. 285-294; e, *Proc.*, 1902, v. 5, p. 225-235; c_1, *F. Ph.*, 1902, Bd 58, Abt. 1, S. 123; f, *A. N.*, 1903, t. 8, p. 69-81; c_2, *F. Ph.*, 1903, Bd 59,

Abt. 2, S. 537.

67. Some observations on the course of the molecular transformation, *Versl.*, 1902, d. 11, p. 391-395; e, *Proc.*, 1902, v. 5, b. 303-307; c_1, *F. Ph.*, 1902, Bd 58, Abt. 2, S. 255; f, *A. N.*, 1903, t. 8, p. 104-108; c_2, *F. Ph.*, 1903, Bd 59, Abt. 2, S. 539.

68. Critical phenomena in partially miscible liquids, *Versl.*, 1902, d. 11, b. 396-400; e, *Proc.*, 1902, v. 5, p. 307-311; f, *A. N.*, 1903, t. 8, p. 109-113; c, *F. Ph.*, 1902, Bd 58, Abt. 2, S. 251.

69. Het Zeeman-verschijnsel, *De Gids*, 1903, d. 21, b. 493-512.

70. The liquid state and the equation of condition, *Versl.*, 1903, d. 12, b. 82-110; e, *Proc.*, 1903, v. 6, p. 123-151; c_1, *F. Ph.*, 1903, Bd 59, Abt. 2, S. 525; f_1, *A. N.*, 1904, t. 9, p. 1-33; f_2, *J. Chim. Phys.*, 1904, t. 2, p. 7-46; c_2, *F. Ph.*, 1904, Bd 60, Abt. 2, S. 664-665.

71. The equilibrium between a solid body and a fluid phase, especially in the neighbourhood of the critical state, *Versl.*, 1903, d. 12, b. 439-454, 606-615; e, *Proc.*, 1903, v. 6, p. 230-244, 357-366; c_1, *F. Ph.*, 1903, Bd 59, Abt. 2, S. 531; f, *A. N.*, 1904, t. 9, p. 158-185; c_2, *F. Ph.*, 1904, Bd 60, Abt. 2, S. 664.

72. Variation de la grandeur *b* de l'equation d'état considèrée comme une diminution apparente de la molécule, in *Boltzmann-Festschrift,* Leipzig, 1904, S. 305-312; f, *A. N.*, 1904 t. 9, p. 381-388; c_1, *Ch. Cb.*, 1905, T. 2, S. 734; c_2, F. *Ph.*, 1904, Bd 60, Abt. 2, S. 666; c_3, *Jb. Ch.*, 1904, S. 31.

73. Das Prinzip der Korrespondenz in der Physik der Materie, *Deutsche Rev.*, 1904, Jg. 29, Bd 1, S. 275-287; h, *Wet. bladen*, 1904, d. 2, b. 161-177.

74. De arbeid van Kamerlingh Onnes voor de Vaterlandsche Natuurkunde, in *Het Natuurkunding laboratorium des Rijks-universiteit te Leiden in de jaren 1882-1904: Gedenkboek aangeboden aan . . . H. Kamerlingh Onnes . . .* Leiden, 1904, b. 71-87.

75. The derivation of the formula which gives the relation between the concentration of coexisting phases for binary mixtures, *Versl.*, 1904, d. 13, b. 145-151; e, *Proc.*, 1904, v. 7, p. 156-162; f, *A. N.*, 1905, t. 10, p. 113-120.

76. The transformation of a branch plait into a main plait and vice versa, *Versl.*, 1905, d. 13, b. 625-630; e. *Proc.*, 1905, v. 7, p. 621-626; f, *A. N.*, 1905, t. 10, p. 284-290.

77. The shape of sections of the surface of saturation normal to the x-axis, in the case of a three phase pressure between two temperatures, *Versl.*, 1905, d. 14, b. 176-185; e, *Proc.*, 1905, v. 8, p. 184-193; f, *A. N.*, 1905, t. 10, p. 483-485.

78. The (T, x)-equilibria of solid and fluid phases for variable values of the pressure,

Versl., 1905, d. 14, b. 185-187; e, *Proc.*, 1905, v. 8, p. 193-195.

79. Properties of the critical line (plaitpoint line) on the side of the component, *Versl.*, 1905, d. 14, b. 230-240; e, *Proc.*, 1905, v. 8, p. 271-280; f, *A. N.*, 1906, t. 11, p. 115-148; c *Ch. Cb.*, 1906. T. 1, S. 1592.

80. The properties of the sections of the surface of saturation of a binary mixture on the side of the components, *Versl.*, 1905, d. 14, b. 240-249; e, *Proc.*, 1905, v. 8, p. 280-289; f', *A. N.*, 1906, t. 11, p. 115-148; c, *Ch. Cb.*, 1906, T. 1, S. 1592.

81. The exact numerical values for the properties of the plaitpoint line on the side of the components, *Versl.*, 1905, d. 14, b. 249-258; e, *Proc.*, 1905, v. 8, p. 289-298; f', *A. N.*, 1906, t. 11, p. 115-148; c_1, *Ch. Cb.*, 1906, T. 1, S. 1592; c_2, *Jb. Ch.*, 1905-8, S. 162.

*82. Een onstandigheid welke in acht genomen moet worden bij de toepassing der toestandsvergelijking voor groote dichtheid der materie, *Versl.*, 1906, d. 14, b. 623.

83. A remark on the theory of the ψ-surface for binary mixtures, *Versl.*, 1907, d. 14, b. 540-555; e, *Proc.*, 1907, v. 9, p. 524-528; c, *F. Ph.*, 1907, Bd 63, Abt. 1, S. 290.

84. Contribution to the theory of binary mixtures, *Versl.,* 1907, d. 15, b. 686-704; e, *Proc.,* 1907, v. 9, p. 621-638.

85. Ibid., II, *Versl.*, 1907, d. 15, b. 823-847; e, *Proc.*, 1907, v. 9, p. 727-749.

86. Ibid., III, *Versl.*, 1907, d. 15, b. 915-939; e, *Proc.*, 1907, v. 9, p. 826-849.

87. Ibid., IV, *Versl.*, 1907, d. 16, b. 12-31; e, *Proc.*, 1907, v. 10, p. 56-74.

88. Ibid., V, *Versl.*, 1907, d. 16, b. 143-161; e, *Proc.*, 1907, v. 10, p. 123-141.

89. Ibid., VI, The plaitpoint line, *Versl.*, 1907, d. 16, b. 216-232; e, *Proc.*, 1907, v. 10, p. 183-199, 84-89; f, *A. N.*, 1908, t. 13, p. 17-90, 199-259; c, *Ch Cb.*, 1908, T. 2, S. 1758; c_2, *Jb. Ch.*, 1905-1908, S. 87.

90. The shape of the empiric isotherm for the condensation of a binary mixture, *Versl.,* 1907, d. 15, b. 847-851; e, *Proc.*, 1907, v. 9, p. 750-753; f, *A. N.*, 1907, t. 12, p. 418-422.

91. *Lehrbuch der Thermodynamik in ihrer Anwendung auf das Gleichgewicht von Systemen mit gasförmig-flüssigen Phasen. Nach Vorlesungen von Van der Waals . . . bearbeitet von Dr. Ph. Kohnstamm.* T. 1, Leipzig; Amsterdam, 1908, xii, 287 S.; a_1, *F. Ph.*, 1908, Bd 64, Abt. 2, S. 501; a_2, *Z. ph. Ch.*, 1908, Bd 66, S. 381-382; a_3, *Физ обоз р* (Physical Review Kiev), 1919, т. 10, c. 164-165; a_4, *Ph. Z.*, 1910. Bd 11, S. 511; **91_2, Leipzig, 1923, xii, 289 S.

92. Contribution to the theory of binary mixtures. XII, *Versl.*, 1908, d. 17, b. 140-151; e,

Proc., 1908, v. 11, p. 146-157.

93 Ibid., VIII, *Versl.*, 1908, d. 17, b 148-161; e, *Proc.*, 1908, v. 11, p. 187-200.

94. Ibid., IX, *Versl.*, 1908, d. 17, b. 262-273; e, *Proc.*, 1908, v. 11, p. 201-212.

95. Ibid., X, *Versl.*, 1908, d. 17, b. 375-391; e, *Proc.*, 1908, v. 11, p. 317-333.

96. Ibid., XI, *Versl.*, 1908, d. 17, b. 439-457; e, *Proc.*, 1908, v. 11, p. 426-444.

97. Ibid., XII, *Versl.*, 1908, d. 17, b. 504-521; e, *Proc.*, 1908, v. 11, p. 477-493.

98. Ibid., XIII, *Versl.*, 1909, d. 17, b. 790-807; e, *Proc.*, 1909, v. 11, p. 698-715.

99. Ibid., XIV, Double retrograde condensation. *Versl.*, 1909, d. 17, b. 856-872; e, *Proc.*, 1909, v. 11, p. 816-831.

100. Ibid., XV, Splitting of the spinodal line *Versl.*, 1909, d. 17, b. 1013-1029; e, *Proc.*, 1909, v. 11, p. 890-905; f, *A. N.*, 1909, t. 14, p. 181-221, 389-465; 1911, t. 15, p. 126-160; c, *Ch. Cb.*, 1909, T. 2, S. 1188; 1910, T. 1, S. 127.

101. Quasi-association or molecule-complexes, *Versl.*, 1910, d. 9, b. 78-105, 519-561; e, *Proc.*, 1910, v. 13, p. 107-134, 494-503; c_1, *Ch. Cb.*, 1911, T. 1, S. 110; f, *A. N.*, 1912, t. 1A, p. 90-135; c_2, *F. Ph.*, 1911, Bd 57, Abt. 2, S. 607.

102. [Le discours sur le principe des ètats correspondantes]. In *Les Prix Nobel en 1910*, Stockholm, 1911, p. 43-44.

103. Die Zustandsgleichung: Nobel-Vortrag . . . – In *Les Prix Nobel en 1910*, Stockholm, 1911, p. 1-14; 103_2, Leipzig, 1911, 24 S.; r, *ЖРХО* 1911, t. 43, отд. II., c. 175-185; a_1, *Z. ph. Ch.*, 1911, Bd 76, S. 510; a_2, *Z. Elektrochem.*, 1911, Jg. 17, S. 544; a_3, *Ph. Z.* 1912, Bd 13, S. 790-791; h_1', *Ch. W.*, 1911, Jg. 8, b. 69-82; a_4, *Ch. W.*, 1911, Jg. 8, B. 483; c, *Ch. Cb.* 1911, T. 1, S. 1338; h_2', *W. G. N.*, 1912, d. 7, Afl. 1, b. 123-133; e, in *Nobel Lectures in Physics, 1901-1921*, Amsterdam, 1967, p. 254-265.

104. On te value of the critical quantities, *Versl.*, 1911, d. 19, b. 1310-1330; e, *Proc.*, 1911, v. 13, p. 1211-1231; c_1, *Ch. Cb.* 1911, T. 1, S. 1536; f, *A. N.*, 1912, t. 1A, p. 136-158; c_2, *F. Ph.*, 1911, Bd 67, Abt. 2, S. 606-607.

105. Some remarks on the value of the volumes of the coexisting phases of a single substance, *Versl.*, 1911, d. 19, b. 1458-1467; e, *Proc.*, 1911, v. 13, p. 1253-1262; c_1, *Cb. Ch.*, 1911, T. 2, S. 333; f, *A. N.*, 1912, t. 1A, p. 292-303; c_2, *F. Ph.*, 1912, Bd 68, Abt. 2, S. 650.

106. Contribution to the theory of the binary mixtures. XVI, *Versl.*, 1911, d. 20, b. 597-603; e, *Proc.*, 1911, v. 14, p. 503-509.

107. Ibid., XVII, The concentration of the gas phase between that of two coexisting liquid

phases, *Versl.*, 1911, d. 20, b. 654-673; e, *Proc.*, 1912, v. 14, p. 655-673.

108. Ibid., XVIII, *Versl.*, 1912, d. 20, b. 937-955; e, *Proc.*, 1912, v. 14, p. 875-892, N 106-108; f, *A. N.*, 1912, t. 2A, p. 96-138; 1913, t. 3A, p. 196-227.

109. Ibid., XIX, *Versl.*, 1912, d. 20, b. 1215-1229; e, *Proc.*, 1912, v. 14, p. 1049-1063.

110. Ibid., XX., *Versl.*, 1912, d. 20, b. 1366-1379; e, *Proc.*, 1912, v. 14, p. 1217-1230.

111. Ibid., XXI, The conditions for the existence of minimum critical temperature, *Versl.*, 1912, d. 21, b. 615-627; e, *Proc.*, 1912, v. 15, p. 602-614; c, *F. Ph.*, 1912, Bd 68, Abt. 2, S. 641-642.

112. Some remarkable relations either accurate or approximative for different substances, *Versl.*, 1912, d. 21, b. 800-807; e, *Proc.*, 1913, v. 15, p. 903-910.

113. *Lehrbuch der Thermodynamik in ihrer Anwendung auf das Gleichgewicht von Systemen mit gasförmig-flüssigen Phasen . . . bearbeitet von Dr. Ph. Kohnstamm*, Leipzig, 1912, T. 2, xvi, 646 S.; a_1, *Z. ph. Ch.*, 1913, Bd 83, S. 761-762; a_2, *Ch. W.*, 1913, Jg. 10, b. 350-351; a_3, *J. Ph. Ch.*, 1914, v. 18, p. 460.

114. The law of corresponding states for different substances, *Versl.*, 1912, d. 21, b. 947-957; e, *Proc.*, 1913, v. 15, p. 971-981; c, *F. Ph.*, 1913, Bd 69, Abt. 2, S. 646-647.

115. Some remarks on the course of the variability of the quantity b of the equation of state, *Versl.*, 1913, d. 21, b. 1074-1088; e, *Proc.*, 1913, v. 15, p. 1131-1144.

116. On the point in which the solid state disappears as an answer to the question in how far this point can be compared to the critical point of a liquid: The easiest way to do this is by means of the ψ-curve, *Versl.*, 1913, d. 21, b. 1187-1188; e, *Proc.*, 1913, v. 16, p. 39-40.

117. Over de formule die aangeeft hoe de waarde van de grootheid b der toestandsvergelijking vermindert met verkleining van het volume, *Ch. W.*, 1913, Jg. 10, b. 628-634; c_1, *Ch. Cb.*, 1913, T. 2, S. 1450; c_2, *F. Ph.*, 1913, Bd 69, Abt. 2, S. 649.

118. Weiteres zur Zustandsgleichung, Leipzig, 1913, 55 S.; a_1, *Z. El.*, 1914, Bd 20, S. 142; a_2, *Ch. W.*, 1914, Jg. 11, b. 29-30.

119. The volume of molecules and the volume of the component atoms, *Versl.*, 1914, d. 22, b. 782-792; e, *Proc.*, 1914, v. 16, p. 880-890; c, *F. Ph.*, 1914, Bd 70, Abt. 2, S. 543.

120. On the critical density for associating substances, *Versl.*, 1914, d. 22, b. 1125-1131; e, *Proc.*, 1914, v. 16, p. 1076-1081; c, *Ch. W.*, 1914, Jg. 11, b. 426.

121. The increase of the quantity *a* of the equation of state for densities greater than the critical density, *Versl.,* 1916, d. 25, b. 275-284; e, *Proc.*, 1916, v. 19, p. 359-367; c, *F. Ph.*, 1916, Bd 72, Abt. 2, S. 402-403.

122. *Lehrbuch der Thermostatik, das heisst des thermischen Gleichgewichtes materieller Systeme,* T. 1, *allgemeine Thermostatik . . . bearbeitet von Dr. Ph. Kohnstamm,* Leipzig, 1927, xvi, 390 S.; r, Moscow, 1936 Ч. 1, 462 c.; a_1, *Ph. Z.*, 1928, Bd 29, S. 913-914; a_2, *УФН,* 1928, t. 8, c. 420-422.

123. Ibid., T. 2, *Binäre Gemische*, Leipzig, 1927, viii, 402 S.; Moscow, 1936, 439 c.

논문들에 관한 보고서

124. Van H. A. Lorentz, *V. M.*, 1878, d. 13, b. 139-143.

125. Van H. A. Lorentz, *V. M.*, 1880, d. 15, b. 345-349.

126. Van D. J. Korteweg, *V. M.*, 1879, d. 14, b. 389-393.

127. Van H. Kamerlingh Onnes, *V. M.*, 1881, d. 16, b. 214-243, 294-296.

128. Van H. Haga, *V. M.*, 1882, d. 17, b. 207-209.

129. Van J. W. Giltay, *V. M.*, 1884, d. 20, b. 71-77.

130. Van P. H. Dojes, *V. M.*, 1889, d. 5, b. 223-225.

131. Van P. H. Dojes, *Versl.*, 1895, d. 3, b. 242-244.

132. Van A. C. van Rijn van Alkemade, *V. M.*, 1892, d. 9, b. 333-336.

133. Van L. H. Siertsema, *Versl.*, 1896, d. 4, b. 208-209.

134. Van C. H. Wind, *Versl.*, 1896, d. 4, b. 210-215.

위원회 보고서

135. Betreffend bliksemafleiders, *V. M.,* 1880, d. 15, b. 33-37.

136. Ibid., *V. M.*, 1881, d. 16, b. 215-222.

137. Ibid., *V. M.*, 1882, d. 17, b. 254-259.

138. Ibid., *V. M.*, 1888, d. 4, b. 121-125.

139. Ibid., *V. M.*, 1889, d. 5, b. 6-8.

140. Ibid., *Versl.*, 1895, d. 4, b. 2-3.

141. Ibid., *Versl.*, 1895, d. 4, b. 158-164.

142. Ibid., *Versl.,* 1896, d. 5, b. 196-199.

143. Ibid., *Versl.*, 1897, d. 6, b. 360-361.

144. Ibid., *Versl.,* 1902, d. 10, b. 641-645.

145. Over het gevaar van de aanwezigheid van gecomprimeerde gassen in het Natuurkundig Laboratorium te Leiden, *Versl.*, 1896, d. 5, b. 3-17.

146. Betreffend de gehoorigheid gevangenissen, *Versl.,* 1897, d. 6, b. 103-172.

147. Ibid., *Versl.*, 1897, d. 6, b. 361-370, 538-544.

148. Betreffend Laboratorium op den Col d'Olen, *Versl.*, 1909, d. 17, b. 855-856.

149. Betreffend subsidieaanvrag van het 'Comite Internationale des Tables physicochimiques' *Versl.*, 1910, d. 19, b. 613-615.

논평과 답신 혹은 감사의 말씀

150. De toekomste besaring der standaarden, *V. M.*, 1887, d. 3, b. 266-267.

151. Prof. D. Bierens de Haan, *Versl.*, 1895, d. 4, b. 95-96.

152. M. C. Ver Loren van Theemat, *Versl.*, 1900, d. 8, b. 558.

153. Missive van de Geologische Commissie, *Versl.*, 1906, d. 15, b. 312-313.

154. Letter to Royal Institution of Great Britain, *N. P. R. I.*, 1891, v. 13, p. 477.

155. Toespraak bij uitreikening de gouden medaille, *W. G. N.*, 1909, d. 6, Afl. 2, b. 138-139.

156. Toespraak bij neerlegging van het Secretariaat, *Jb. KAW.,* 1912, b. cxxxvi-cxxxvii.

편지

157. 반데르 발스의 편지들 중에서 출판되지 않은 것들: (a) 수신: H. A. Lorentz, 8/iii/1878, 13/iii/1881, Algemeen Rijksarchief, Den Haag; (b) 수신: R. Threlfall, 29/iii//1888, 9/ii/1889, 25/ii/1889, Archives of Sydeny University; (c) 수신: N. A. Umov, 20/vi/1898, Archive of Moscow Naturalists' Society, inv. N727; (d) 수신: F. Yu. Levinson-Lessing, 20/vi/1898, Archive of the Russian Academy of Sciences, fund 347, inv. N3, dossier 88; (e) 수신: H. Kamerlingh Onnes, 6/xi/1893 etc., Museum Boerhaave, Leiden; (f) 수신: W. Ostwald, 14/i/90 to 2/v/91, Ostwald Nachlass 3401, Deutsche Akad. Wiss., Berlin.

반데르 발스의 과학 업적에 관련된 출판물 목록

158. Kuenen, J. P., *Theorie der Verdampfung und Verflüssigung von Gemischen und der fraktionierten Destillation,* Leipzig, 1906, xii, 244 S.

159. Kuenen, J. P., *Die Zustandsgleichung der Gase und Flüssigkeiten und die Kontinuitätstheorie,* Braunschweig, 1907, x, 241 S.

160. Kamerlingh Onnes, H. and Keesom, W. H., Die Zustandsgleichung, *Leiden Comm.*, 1912, Suppl. N 23, 352 S.

161. van Laar, J. J., *Die Zustandsgleichung von Gasen und Flüssigkeiten; Mit besonderen Berücksichtigung der veränderlichkeit der Werte von a und b, des kritischen Zustandes und der Theorie der Dampfspannungskurven*, Leipzig, 1924, x, 368 S.

162. van der Waals, J. D. jr., Die zustandsvergleichung der gasförmigen und flüssigen Körper. In *Handbuch der Physik*, Berlin, 1926, Bd 10, S. 126-222.

163. Kohnstamm, Ph., Thermodynamik der Gemische, Ibid., s. 223-274.

164. Bakker, G., Kapillarität und Oberflächenspannung, *Handbuch der Experimentalphysik*, Leipzig, 1928, Bd 11, S. xv, 458.

165. van Laar, J. J., *Die Thermodynamik einheitlicher Stoffe und binärer Gemische, mit Anwendungen auf verschiedenen physikalisch-chemische Probleme*, Groningen, Batavia, 1935, 379 S.

166. Internationale Natuurkundige Congres toe Van der Waals 100-jarig jubileum, Van der Waals Centenary Number, *P. N. T. N.*, 1937, v. 5, p. 915-1180.

167. van Laar, J. J., Het bestaansrecht der theoretische en toegepaste thermodynamica naast de moderne atoomtheorie, *Ch. W.*, 1938, Jg. 35, b. 351-363.

168. Vukalovich, M. P. and Novikov, I. I. (М. П. Вукалович, И. И. Новиков), *Uravenie sostoyaniya real'nikh gazov (The equation of state of real gases)*, Moscow, 1948, 339 p.

169. Rowlinson, J. S., *Liquids and Liquid Mixtures*, London, 1959, 2nd edn 1969, 3rd edn with F. L. Swinton, 1982, viii, 328 p.

170. Brush, S. G., Development of the kinetic theory of gases, 5. The equation of state, *Am. J. Phys.*, 1961, v. 29, p. 593-605.

171. Rowlinson, J. S., Thomas Andrews and the critical point, *Nature*, 1969, v. 224, p. 541-544.

172. Rigby, M., The van der Waals fluid: a renaissance, *Chem. Soc. Q. Rev.*, 1970, v. 24, p. 416-432.

173. Brush, S. G., J. D. Van der Waals and the states of matter, *Phys. Teacher*. 1973, v. 11, p. 261-270.

174. Rowlinson, J. S., Legacy of Van der Waals, *Nature*, 1973, v. 244, p. 414-417.

175. de Boer, J., Van der Waals in his time and the present revival: Opening address, *Physica*, 1974, v. 73, p. 1-27.

176. Klein, M., The historical origins of the Van der Waals equation, Ibid., p. 28-47.

177. Levelt Sengers, J. M. H., From Van der Waals equation to the scaling laws, Ibid., p. 73-106.

178. Novikov, I. I. (ed.), *Uravneniya sostoyaniya gazov i zhidkostei: K stoletiyu uravneniya Van-der-Waalsa (Equation of state for gases and liquids; on the centenary of van der Waals's equation)*, Moscow, 1975, 260 p.

179. Brush, S. G., The kind of motion we call heat, Amsterdam, 1976, v. 1, p. 249-273; v. 2, p. 386-421.

180. Rowlinson, J. S., Van der Waals revisited, *Chem. Br.*, 1980, v. 16, p. 32-35.

181. Rowlinson, J. S. and Widom B., *Molecular theory of capillarity*, Oxford, 1982, xii, 327 p.

182. 'Johannes Diderik van der Waals', *Studievereiniging voor technische natuurkunde, 1960-1985*, Eindhoven, 1985, 96 + 102 b.

183. Rowlinson, J. S., Van der Waals and the physics of liquids. In $1e_2$, p. 1-119.

184. Gavroglu, K., The reaction of British physicists and chemists to van der Waals' early work and to the law of corresponding states, *Hist. Stud. Phys. Biol. Sci.*, 1990, v. 20, p. 199-237.

전기

185. Lorentz, H., Prof. J. D. van der Waals, *Eigen Haard*, 1898, N 26, b. 407-408.

186. van Laar J. J., J. D. van der Waals, *Mannen en vrouwen van beteekenis in onze dagen*, 1900, Bd 31, b. 87-138, d', Leipzig, 1900, 51 S.; c, *Ph. Z.*, 1900, Bd 2, S. 96.

187. Kohnstamm, Ph., J. D. van der Waals, 25 October 1877-1902, *P. C.*, 1902, 25 Oct., Jg. 14, N5, b. 56-58.

188. 익명, J. D. van der Waals, *Ch. W.*, 1907, Jg. 4, b. 800-801.

189. 익명, Twee hollandsche geleerde, *Nieuws van den Tag,* 1908, 2 Apr.

190. Van Ploeg, J., Prof. J. D. van der Waals, *P. C.*, 1908, 11 Juli, Jg. 19, N33, b.

328-329.

191. 익명, Gedenksteen – Van der Waals, *Algemeen Handelsblad*, 1908, 13 juli.

192. Traube J., J. D. Van der Waals und sein universelles Gesetz: Die Zustandsgleichung, *Ch. Ztg.*, 1908, 23 Nov., S. 1166-1169.

193. K[ohnstamm] Ph., Prof. Dr. van der Waals, *Amsterdamsche Studentenalmanak voor 1909*, 1909, b. 157-163.

194. 익명, Professor J. D. van der Waals, Die verleden week den Nobelprijs outving, *Weekbl. Het Leven*, 1910, 18 Nov., b. 938.

195. Lorentz, H. A., Prof. van der Waals bekroning met den Nobelprijs. (1) *Nieuwe Rotterdam. Courant*, 1910, 22 Nov.; (2) Lorentz, H. A., *Collected Papers*, Den Haag, 1939, v. 9, p. 308-314.

196. Kamerlingh Onnes, H., De onderzoekingen van van der Waals, *De Amsterdammer*, 1910, 4 Dec., b. 1-2.

197. Kohnstamm Ph., J. D. van der Waals, *Ch. W.*, 1912, Jg. 9, b. 560-562.

198. Zeeman P., J. D. Van der Waals zu zeinem 80. Geburtstag, *Die Naturwiss.*, 1917, Bd 5, S. 701-703.

199. Kohnstamm Ph., Van der Waals, *Algemmen Handelsblad*, 1923, 11 Maart; 재수록 문헌 - [206], b. 1-6.

200. 익명, Begrafenis van professor dr. J. D. van der Waals, *Algemeen Handelsblad*, 1932, 12 Maart.

201. Kamerlingh Onnes H., Ter herinnering aan prof. dr. J. D. van der Waals, *De Telegraaf*, 1923, 11 Maart.

202. Went, F. A. F. C., J. D. van der Waals, *Versl.*, 1923, d. 32, b. 212-217.

203. 익명, J. D. van der Waals, *Ch. W.*, 1923, Jg. 20, b. 141, 167.

204. Leendertz, W., J. D. van der Waals, *De Gids*, 1932, Jg. 87, b. 151-155.

205. Zeeman, P., Prof. Dr. J. D. van der Waals Sr.: In memoriam, *P. N. T. N.*, 1923, Jg. 3, N 4, p. 101-113.

206. Kohnstamm Ph., Het lebenswerk van J. D. van der Waals, *Onze Eeuw*, Haarlem, 1932, Jg. xxiii, N 10, b. 1-32.

207. Scheffer, F. E. C., Over de beteekenis van het werk van van der Waals voor de chemie, *Ch. W.*, 1923, Jg. 20, b. 222-225.

208 Kamerlingh Onnes, H., Prof. J. D. van der Waals, *Nature*, 1923, v. 111, p. 609-610; (b) *Great Chemists*, ed. E. Farber, New York, 1961, p. 749-755.

209. Haller, A., Van der Waals, *C. R.*, 1923, t. 176, p. 793-794.

210. Haller, A., Van der Waals, *C. R.*, 1923, t. 177, p. 1350.

211. Jeans, J. H., Van der Waals memorial lecture, (1) *J. C. S.*, 1923, p. 3398-3414; (2) Memorial lectures delivered before the Chemical Society 1914-1932, London, 1933, v. 3, p. 75-90.

212. Mathias, E., Nécrologie J. D. van der Waals, *Rev. Gén. Sci. Pures Appl,* 1923, t. 34, p. 354-355.

213. Maggi, G. A., Commemorazione del Socio Straniero Van der Waals, *Rend. Accad. Nat. Lincei. Cl. fis.*, 1924, t. 33, p. 152-159.

214. Schwab, G. M., J. D. Van der Waals, *Allgem. Ztg.*, 1923, 18 März (Bibl. d. Deutsch. Ztschr. Literatur, 1923, Leipzig, 1924, Bd 2, S. 240).

215. Lint, J. G. de., Medallic illustrations of the history of science, No 6: J. D. Van der Waals, *Isis*, 1927, v. 9, p. 258, 359.

216. Johan Dirk van der Waals, *Levensber.*, b. 169-170.

217. Voorwoord, *Faraday*, Groningen, 1937, Jg. 8, N 2 (Van der Waals-Nummer), b. 33.

218. Kohnstamm Ph., Van der Waals als docent en leermeester, Ibid., b. 34-41.

219. Keesom, W. H., Beteekenis van der Waals voor het onderzoek bij lage temperaturen, Ibid., b. 42-49.

220. Smits, A., De beteekenis van het werk van J. D. van der Waals Sr. voor de chemische wetenschap., Ibid., b. 50-71.

221. Feltkamp, T. E. W., Artikel., Ibid., b. 71.

222. Michels, A. M. J. F., Tegenwoordige onderzoekinen in verband met de theorie van van der Waals, Ibid., b. 72-77.

223. Bachinskii, A.I. (A. И. Бачинский), Johannes Diderik van der Waals (in Russian), *Fizika v shkol'e*, 1937, No. 1, p. 27-30.

224. Gerrits, G. C., Van der Waals als docent, *Algemeen Handelsblad*, 1937, 26 nov.

225. Debye, P., J. D. van der Waals: Rede, *N. T. N.*, 1937, Jg. 4, b. 257-267.

226. Sevensma, T. R., *Nederlandsche Helden der Wetenschap*, Amsterdam, 1946, b. 125-165.

227. Gerrits, G. C., *Grote Nederlanders bij de opbouw der Natuurwetenschappen*, Leiden, 1948, b. 275-315.

228. Heathcote N. H. de., *Nobel prize winners in physics (1901-1950)* New York, 1953, p. 87-93.

229. Oesper, R. E., J. D. van der Waals, *J. Chem. Educ.*, 1954, v. 31, p. 599.

230. *Nobel lectures: Including presentation speeches and laureates' biographies: Physics*

1901-1921, Amsterdam, 1967, p. 266-268.

231. Kox, A. J., J. D. van der Waals: De realiteit van atomen, (a) *Intermediar*, 1980, d. 16, N 32, b. 35-45; (b) In *Van Stevin tot Lorentz: Portretten van Nederlandse natuurwetenschappers*, Red. A. J. Kox and M. Chamalaun, Amsterdam, 1980, b. 149-161.
232. Van der Ent H. and Kramer-Vreugdenhil, J., *Jacqueline E. van der Waals: Haar leven en haar werk*, Nijkerk, 1982, 189 b.
233. Kamerlingh Onnes, H., Letters to N. P. Kasterin of 8 and 10 Oct. 1898, The M. V. Lomonosov Moscow State University Archives, fund 219, inventory 1, dossier 299.
234. Collection Municipal archives, The Hague.
235. Processen-Verbaal van Buitengewone Vergaderingen Wis- en Natuurkundige Afd. gehouden 27 Febr., 27 Maart en 23 Apr. 1875, Rijksarchief in Noord-Holland, Haarlem.
236. Downer, W., L/A, 7/xi/1983.
237. Tabak, J., L/A, 7/vi/1983.
238. Bordewijk, H., L/A, 17/vi/1983.
239. Bordewijk, H., L/A, 5/iii/1984.
240. Valenbreder, J., L/A, 5/xiii/1983.
241. Kohnstamm, G. A., L/A, 28/vii, 22/xii/1983.
242. van der Waals J. C. and van der Waals, J., L/A, 1/iii/1984.
243. Wurfbain, M. L., L/A, 7/vi/1984.
244. J. D. van der Waals' archief, Van der Waals Laboratory, Amsterdam.
245. Archief Nederlandse Akademie van Wetenschappen, Inv. Vis 26, 27, Rijksarchief in Noord-Holland, Haarlem.
246. Maxwell, J. C., Van der Waals' equation, Manuscript in Cambridge University Library.
247. Beek, L., *Dutch Pioneers of Science*, Assen, van Goreum, 1985, p. 100-107.
248. Yavelov, B. E. and Kipnis, A. Ya. (Б. Е. Явелов, А. Я. Кипнис), Maxwell and Van der Waals (in Russian). In *Maksvell I razvitie fiziki xix-xx vekov*, Moscow, 1985, p. 140-157.
249. Yavelov, B. E., On van der Waals's 150th Anniversary (in Russian), *Fizika Nizkich Temperatur*, 1987, t. 13, N12, c. 1310-1312.
250. van Emmerik, E. P., Zoals het nog is; het laboratorium voor Van der Waals, *Laboratorium Praktijk,* Mei 1988, b. 276-280.
251. van Emmerik, E. P., De invloed van Van der Waals op de vacature Bakhuis

Roozeboom in 1907, Ibid., Augustus 1988, b. 384-387.

252. 익명, Prof. van der Waals. *Weekbl. Het Leven.* 1910, 7 Nov.

인명 색인

여기에 수록된 색인은 머리말과 참고 문헌을 제외한, 본문과 주석에 나오는 모든 이름들을 포함한다. 복모음 ij 는 두 개의 글자로 표시하였으나 가끔 네덜란드어에서는 가령 a y과 같이 나타내기도 하였다. 볼드체로 된 쪽(page) 수는 주요한 약력 정보가 담긴 것들이며 이 정보는 과학 인명사전에 수록된 잘 알려진 과학자들에 대해서는 제공하지 않았다. 반데르 발스와의 관계는 괄호로 표시하였다.

ㄱ

가넷 Garnett, W. 85
가버 Garber, E. 40
가브로글루 Gavroglu, K. 297, 306
가시웃 Gassiot, J. P. 26
가우다루리스 Goudaroulis, Y. 306
갈릴레오 갈릴레이 Galileo Galilei 137, 302
건닝 Gunning, J. W. **92**, 93
게리츠 Gerrits, G. C. 97, 186
고흐 Gogh, V. v. 87
골드함머 Goldhammer, D. A. 230, 231, 240, **251**
골리친 Golitsin, B. B. 232, 237, 238, 243, **251**, 254, 333
구겐하임 Guggenheim, E. A. 298, 302, 353
구트리 Guthrie, F. 257
굴베르그 Guldberg, C. M. 47, 137, 240, 256, 308, 315
그라브산드 Gravesande, W. J. 's 3
그로샨스 Groshans, J. A. 294, 295
그로티우스 Grotius, H. 2
그리피스 Griffiths, R. B. 351
그린 Green 111, 112
그린비스 Grinvis, C. H. C. 118
그이 Gouy, G. 238
깁스 Gibbs, J. W. 44, 45, 108, 132, 136, 137, 138, 140, 141, 147, 148, 149, 151, 152, 164, 170, 183, 206, 212, 217, 218, 228, 231, 256, 257, 300, 301, 305, 308, 309, 310, 312, 314, 315, 316, 330, 346, 351

ㄴ

나데즈딘 Nadezhdin, A. I. 237, 238, 239, **254**, 297
나블 Nabl, J. 63
나우만 Naumann, A. 253
나탄손 Natanson, W. 232, 277
나폴레옹, 황제 Napoleon, Emperor 5, 73, 74
네른스트 Nernst, W. 209, 219, 222, 223, 228, 229
네미로비치-단첸코 Nemorivich-Danchenko, V. I. 5
노르드홀름 Nordholm, S. 348
노이하우스 Neuhaus, H. 215
뉴턴 Newton, I. 64, 65, 169, 302, 306, 347

ㄷ

다우너 Downer, W. 17
달턴 Dalton, J. 137, 294, 295, 334
달프센 Dalfsen, B. M. v. 186, 333
데벤터 Deventer, Ch. M. v. 102
데비 Davy, H. 226
데스프레츠 Despretz, C. M. 295
데아미치스 de Amicis, E. 4
데카르트 Descartes, R. 169
데커 Dekker, E. D. 87
도르스만 Dorsman, C. 186
도우 Dou, G. 2
돈데르스Donders, F. C. 75
두프레 Dupre, A. 272, 305
뒤링 Duhring, E. 295, 296
뒤부아 Dubois, E. 111
뒤부아 Du Bois, H. 72

뒤앙 Duhem, P. 229, 315, 345
듀어 Dewar, J. 122, 132, 283, 304
듀클로 Duclaux, E. 257
드브리스 구스타브 De Vries, G. 94
드브리스 게릿 De Vries, G. 33, 88
드브리스 De Vries, M. 64
드브리스 휴고 De Vries, H. 12, 25, 33, 64, 93, 97, 103, 179
드브리스 De Vries, E. C. 149, 150, 291
드브로이 De Brogeie 303
드 보어 De Boer, J. 302, 303
디바이 Debye, P. 353
디젠 Diesen, G. v. 75, 119
딕슨 Dickson, J. D. H. 306

ㄹ

라이스 Reiss, H. 285
라인더즈 Reinders, W. 215
라코프스키 Rakovskii, A. V. 164, 228, 248, 312
라플라스 Laplace, P. S. 42, 43, 46, 47, 48, 50, 51, 61, 111, 147, 148, 150, 151, 245, 280, 281, 287, 288, 289
란다우 Landau, L. D. 278, 286, 288, 292, 347,351
랑 Lang, J. C. 351
램지 Ramsay, W. 184, 238, 297, 300
랭킨 Rankine, W. J. M. 272
랴고 Ryago, N. Ya. 258
러더퍼드 Rutherford, E. 258
런던 London, F. 283, 284
레나드-존스 Lennard-Jones, J. E. 284, 285, 303
레만 Lehmann, O. 253, 257
레베데프 Lebedev, P. N. 248, 254
레벨트 셍거스 Levelt Sengers, J. M. H. 188, 225, 253, 297
레보위츠 Lebowitz, J. L. 279
레이놀즈 Reynolds, O. 302
레이우엔훅 Leeuwenhoek, A. v. 3
레인 알케마데 Rijn v. Alkemade, A. C. v. 259
레인가눔 Reinganum, M. 200, 283, 305
레일리 경 Rayleigh, Lord 72, 305
레크나겔 Recknagel, G. F. 272
레흐 Lecher 112
렌더르츠 Leendertz, W. 180
렐리 Lely, C. 121
렘브란트 Rembrandt, H. 2
로데위크, 왕 Lodewijk, King 73
로렌츠 Lorentz, H. A. 9, 10, 11, 12, 19, 25, 30, 31, 66, 76, 80, 84, 85, 88, 90, 111, 118, 119, 125, 153, 164, 165, 169, 170, 173, 180, 189, 202, 206, 211, 225, 226, 227, 233, 252, 264, 266, 267, 268, 269, 273, 305, 353
로슈미트 Loschmidt, J. 61, 62
로스 Roth, T. F. 128, 130
로우린손 Rowlinson, J. S. 85, 285
로제봄, 바크휘스 로제봄 참조 Roozeboom
로트문트 Rothmund, V. 256
롯지 Lodge, O. 117, 119
롱귀트-히긴스 Longuet-Higgins, H. C. 285
뢰빈손-레씽 Levinson-Lessing, F. Yu. 188
뢴트겐 Rontgen, W. K. 104
루기닌 Louginin, V. F. 240
루머 Lummer, O. R. 177
루사노프 Rusanov, A. I. 248, 326
루사코프 Russakov, V. P. 253
루이 나폴레옹, 로데위크 참조 Louis Napoleon, (Lodewijk 참조)
루이스 Lewis, G. N. 346, 347, 353
뤼커 Rücker, A. W. 183
뤼커트 Rückert, F. 177, 190
르뇨 Regnault, H. V. 29, 52, 53, 54, 58, 63, 69, 81, 85, 145, 306
리케 Rijke, P. L. 11, 12, 13, 16, 18, 28, 30, 31, 64, 75, 76, 78, 80, 81, 88, 90, 94, 109, 118, 141, 157, 158
리터 Ritter, E. 272
리프시츠 Lifshits, E. M. 278, 284, 286, 288
릭비 Rigby, M. 348
린네 Linne, C. 4

ㅁ

마그네즈, 스미트 참조 Magnez, (Smit, A. P. 참조)
마그누스 Magnus, H. G. 253
마르크스 Marx, K. 295
마손 Masson, O. 242
마이어 Meyer, J. E. 278
마이어 Meyer, J. R. 65, 82

마이어 Meyer, L. 253
마이어 Meyer, O. E. 82
마케 Mache, H. 277
마테스 Matthes, C. J. 92, 93
마티아스 Mathias, E. 256, 291, 297, 305
맥도걸 McDougall, F. H. 353
맥스웰 Maxwell, J. C. 36, 40, 41, 43, 44, 49, 55, 56, 57, 59, 60, 61, 62, 68, 69, 70, 71, 72, 73, 76, 78, 79, 80, 84, 85, 100, 101, 112, 117, 129, 130, 136, 139, 140, 141, 152, 165, 169, 170, 182, 183, 189, 190, 191, 214, 238, 273, 280, 281, 286, 290, 306, 307, 309, 336
맥쿼리 McQuarrie, D. A. 285
메우즈 Meurs, J. v. 35
메취 Metsu, G. 2
멘델레예프 Mendeleev, D. I. 183, 191, 233, 234, 235, 237, 251, 252, 254, 256, 257, 289, 296, 306
멜잠 Melsam, A. 119, 127
미셀 Michels, A. M. J. F. 155, 187, 301, 302, 303
몽포르트 Montfoort, J. (grandmother) 1
'물타툴리', 데커 참조 'Multatuli', (Dekker 참조)
뮈스헨뷔르흐 Musschenbroek, P. v. 3
믈로드체브스키 Mlodzeevskii, A. B. 350
미처셔리히 Mitscherlich, E. 85

ㅂ

바루스 Barus, C. 300
바움하우어 Baumhauer, E. H. v. 75
바위스 발롯 Buys Ballot. C. H. D. 38, 63, 71, 75, 104, 115
바이론 Biron, E. V. 242, 247, **257**
바이스 Weiss, P. 287
바이스만 Weisman, G. P. 215
바친스키 Batschinskii, A. I. 239, 240, 247, **254**
바커 Bakker, G. 102
바커 Barker, J. A. 285, 286
바크휘스 로제봄 Bakhuis Roozeboom, H. W. 180, 197, **204**, **205**, 206, 207, 208, 209, 210, 211, 212, 213, 215, 226, 227, 247, 258, 259, 351
바크휘젠, 잔데 바크휘젠 참조 Bakhuyzen, (Sande Bakhuyzen 참조)
바텔리 Battelli, A. 238
반 게어 Van Geer, P. L. V. 30, 31, 64, 80
반 라르 Van Laar, J. J. V. 85, 102, 111, 166, 170, 173, 174, **210**, **211**, **212**, 215, 219, 223, 224, 227, 275, 292, 333, 346
반 달프센 Van Dalfsen, B. M. 186, 333
반데르 리 Van der, N. J. 186, 213
반 릐 Van Rij, G. 186
반데르 발스 Waals, A. M. v. d. (큰딸) 21, 108, 178
반데르 발스 Waals, A. M. v. d. (부인) 16, 19, 20, 21, 67, 108, 109, 115, 138, 146, 192
반데르 발스 Waals, C. v. d. (동생) 6
반데르 발스 Waals, E. v. d. (모친) 6
반데르 발스 Waals, E. v. d. (여동생들) 6
반데르 발스 Waals, G. v. d. (동생) 6
반데르 발스 Waals, H. G. v. d. (동생) 6, 176
반데르 발스 Waals, J. C. v. d. (손자) 17, 114, 269
반데르 발스 Waals, J. D. v. d. 책 전체
반데르 발스 Waals, J. D. v. d. (셋째 딸) 22, 125, 178
반데르 발스 Waals, J. D. v. d. (아들) 35, 67, 96, 125, **177**, **178**, 186, 187, 263
반데르 발스 Waals, J. E. v. d. (둘째 딸) 22, 178, 179, **180**, 184, 269
반데르 발스 Waals, J. H. v. d. 17
반데르 발스 Waals, J. v. d (부친) 6
반데르 발스 Waals, J. v. d. (증손자) 17, 174
반데르 발스 Waals, N. B. v. d. 17
반트 호프 Van't Hoff, J. H. 12, 31, 33, 88, 93, 97, 102, 114, 138, 144, 145, 146, 184, 206, 207, 211, 226, 227, 228, 249, 264, 344, 346
발 Waal, B. 1
발 Waal, M. D. v. d. 1
발덴 Walden, P. 240, 247, 255
발롯, 바위스 발롯 참조 Ballot, (Buys Ballot 참조)
발머 Balmer, J. J. 161
밴크로프트 Bancroft, W. D. 218
버질 Virgil 84
버프 Buff, F. P. 288, 289
베르날 Bernal, J. D. 285
베르너 Werner, M. L. 5
베르누이 Bernoulli, D. 272, 296, 305
베르담 Verdam, J. 8, 9, 10, 19, 30
베르샤펠트 Verschaffelt, J. E. 291, 293
베르크만 Bergman, I. 234
베르텔로 Berthelot, D. 243, 333

베르텔로 Berthelot, M. 183, 185
베르트하임 Wertheim, M. S. 279
베멜렌 Bemmelen, J. M. v. 75, 204, 205, 206, 227, 258
베버 Weber, W. E. 65, 84
베예만 Beyerman, L. 271
베인즈 Baynes, R. E. 183
벤트 Went, F. A. C. 98
벤틀리 Bentley, R. 84
벨라 스프뤼트 Bellaar Spruyt, C. 23, **95**, **96**, 117, 155
브가예프스키 Bogaevskii, L. G. 235, 239, **253**
보게 Waage, P. 47, 137
보르데위크 Bordewijk, H. 17, 35
보른 Born, M. . 113, 279
보스카 Bosscha, J. 24, **27**, **28**, **29**, 32, 33, 37, 43, 46, 53, 67, 68, 71, 75, 87, 92, 116, 132, 141, 142, 143, 156, 158, 180, 189, 252
보스카 Bosscha. J. (sen.) 27
보스코비치 Boskovich, R. J. 38
보어 Bohr, N. 187, 301
보텀리 Bottomley, J. T. 182, 183
볼샤코프 Bolshakov, P. E. 341
볼츠만 Boltzmann, L. 40, 41, 63, 82, 152, 163, 165, 171, 175, 189, 231, 273, 275, 277, 278, 281, 282, 299, 352
볼코프 Volkov, V 252
볼테르 Voltaire, F. M. A. d. 176
뵈케 Boeke, J. D. 204
부르프바인 Wurfbain, M. L. 17
부르하버 Boerhaave, H. 3, 4
부탕 Boutan, A. 28
부틀레로프 Butlerov, A. M. 252
뷔르흐 Burg, J. D. v. (외조부) 6
뷔크만 Bückmann, H. W. C. E. 106, 107, 261
브란트 Brandt. A. A. 240, **255**
브러시 Brush, S. G. 22, 38, 71, 305
브루인스 Bruins, E. M. 17
브링크 Brink, J. t. 23, 25
브링크 Brink, M. v. 35
브링크만 Brinkman, C. H. 186
쁘아송 Poisson 111
블루멘트로스트 Blumentrost, L. 4
비더만 Wiedemann, E. 81, 82, 128
비더만 Wiedemann, G. 81, 128
비어렌즈 데 한 Bierens d. Haan, D. 9, 18, 30, 31, 64, 75, 80
비예름 Bjerrum, N. 353
비츠 Beets, N. 87, 96
비크 Byk, A. 301
비토르프 Vittorf, N. M. 247, **258**, 259
빌리겐 Willigen, V. S. M. v. d. 18, 19, 27, 75
빙분즈 Vingbooms, J. 74

ㅅ

사욘체프스키 Sayonchevskii, V. L. 236, **253**
샹트피 드 라 소세예 Chantepie d, l, Saussaye, P. D. **96**, 108, 110, 175, 180, 266, 270
서덜랜드 Sutherland, W. 283, 305
세멘셴코 Sementschenko, W. 247
센트너슈베어 Tsentnerszver, M. G. 247
셍거스 Sengers, J. V. 188
셍거스, 레벨트 셍거스 참조
셰퍼 Scheffer, F. E. C. 210, 227
셰퍼 Scheffer, K. 217
소닌 Sonin, N. Ya. 233
소민스키이 Sominskii, M. S. 251
소세예, 샹트피 드 라 소세예 참조 Saussaye
솔로피예프 Soloviev, Yu. I. 253, 255
쇼테 Schoute, P. H. 23
쇼필드 Schofield, P. 289
슈라이네마커즈 Schreinemakers, F. A. H. 207, 209, 211, 227, 352, 353
슈뢰더 콜크 (아버지와 아들) Schroeder v. d. Kolk, J. L. C. (elder and younger) 35
슈뢰더 콜크 Schroeder v. d. Kolk, H. W. 21
슈비텐 Swieten, G. v. 4
슈트라우스 Strauss, O. E. 237, **254**
스넬 Snel, W. 2
스몰루코프스키 Smoluchowski, M. 251
스미스 Smith, E. B. 285
스미츠 Smits, A. 208, 209, 227
스미트 (장모) Smit, A. P. (mother-in-law) 16, 21
스미트, 발스 참조 Smit, A. M. (발스 Waals, A. M. v. d. 참조)
스미트, 요셉 Smit, Joseph (처형) 16
스미트, 요하네스 Smit, Johannes (장인) 16, 21

스와트 Swart, A. J. 138
스왐메르담 Swammerdam, J. 3
스츄카레프 Shchukarev, A. N. 240, 246, **255**
스칼리제르 Scaliger, J. 2
스캇 Scott, R. L. 343
스타스 Stas, J. S. 94
스탄케비치 Stankcvich, B. V. 231, **251**
스테빈 Stevin, S. 2, 9
스테인 Steen, J. 2
스테인 파르브 Steyn Parve, D. J. 71, 82, 83
스테판 Stefan, J. 82, 240
스토니 Stoney, G. J. 62
스토론킨 Storonkin, A. V. 248, 326, 352
스토르텐베커 Stortenbeker, W. 207
스톡비스 Stokvis, B. J. 91, 127, 181
스톨레토프 Stoletov, A. G. 130, 139, 191, 230, 231, 236, 238, 239, **251**, 252, 253, 254
스트라딘 Stradin, Y. P. 255
스틸체즈 Stieltjes, T. J. 75
스페란스키 Speranskii, A. 259
스프뤼트, 벨라 스프뤼트 참조 Spruyt, (Bellaar Spruyt 참조)
스피노자 Spinoza, B. 3, 9
시싱 Sissingh, R. 178
쉴러 Schiller, F. 138, 271
실러 Schiller, N. N. 233, 249, **252**, 305
쓰렐폴 Threlfall, R. 152, 176, 182
씰레 Thiele, E. 279

ㅇ

아레니우스 Arrhenius, S. A. 31, 144, 249, 255
아마가 Amagat, E.H. 298, 332, 334
아바셰프 Abashev, D. N. **255**, 256
아베나리우스 Avenarius, M. P. 236, 238, **253**, 254
아세르 Asser, T. M. R. **91**
아우데만즈 Oudemans, A. C. 71, 92
아우데만즈 Oudemans, C. A. J. A. 92, 117
아우데만즈 Oudemans, J. A. C. 92
아인슈타인 Einstein, A. 171, 187, 306
아켄 Aken, A. T. v. 82
안토노프 Antonov, G. N. 245, 246, **258**
알더 Alder, B. J. 285
알렉세예프 Alekseev, V. F. **256**
알메이다 Almeida, J. Ch. d' 28
알바 공작 Alba, Duke of 2
알바니Albany, Duchess of 123
알비누스 Albinus, B. 3
앙페르 Ampére, A. M. 26, 100
앤더슨 Anderson, H. C. 286
앤드류 Andrews, E. 72
앤드류 Andrews, T. 52, 54, 55, 56, 57, 58, 59, 60, 63, 69, 72, 76, 78, 79, 80, 81, 84, 139, 182, 200, 235, 237, 238, 274, 289, 290, 306
야벨로프 Yavelov, B. E. 252, 305
야우만 Jaumann, G. A. J. 229
얀센 Janssen, W. J. 78, 79, 80, 81, 85, 237
에디슨 Edison, T. 106
에렌페스트 Ehrenfest, P. 27, 31, 156, 187, 267, 268
에렌페스트 Ehrenfest, T. 267
에르스테트 Oersted, H. C. 26
에메릭 Emmerik, P. v. 227
에이크만 Eykman, C. 110
에프레모바 Efremova, G. D. 350
에피쿠로스 Epicurus 65
엥겔스 Engels, F. 295
영 Young, S. 238, 239, 291, 297, 298, 300
영 Young. T. 61, 169
예거 Jager, G. 275
예빅 Yevick, G. J. 279
옐트제마 Jeltsema, J. E. 271
오네스, 카메를링 오네스 참조 Onnes, (Kamerlingh Onnes 참조)
오라녜 공 William, Prince 2
오른슈타인 Ornstein, L. S. 228, 280, 305
오스트발트 Ostwald, W. 41, 144, 145, 146, 157, 162, 209, 223, 224, 229, 306, 317, 349
오프추머 Opzoomer, C. W. 95
온세이거 Onsager, L. 292
올스체위스키 Olszewski, K. S. 122, 304
와츠 Watts, W. M. 107
왕 Wang, S. C. 283
요리센 Jorissen, W. P. 228
요페 Ioffe, A. F. 31, 268
욜리 Jolly, P. 130
우드 Wood, W. W. 285
우로블레스키 Wroblewski, S. 238, 303
우르셀 Ursell, H. D. 278

우모프 Umov, N. A. 249, 315
울렌베크 Uhlenbeck, G. E. 279
웨인라이트 Wainwright, T. E. 285
위덤 Widom, B. 285, 351
위크스 Weeks, J. D. 286
위트링가 Witringa, A. J. 18
윌슨 Wilson, K. G. 293
율리우스 Julius, W. H. 104
이본 Yvon, J. 288, 289
이스라엘스 Israels, J. 87
이파티에프 Ipatiev, V. 258

ㅈ

자민 Jamin, J. C. 238
자이에르 Zaayer, T. 121, 123
잔데 바크휘젠 Sande Bakhuyzen, H. G. v. d. 20, 23, 30, 64, 71, 75, 80, 115, 119, 189, 266
잠비아시 Zambiasi, G. 238
제만 Zeeman, P. 153, 161, 164, 167, 170, 172, 175, 176, 180, 181, 187, 196, 213, 251, 262, 264, 266, 269, 270, 355
젠킨 Jenkin, H. C. F. 62, 189
조이너 Zeuner, G. A. 236
조프루아 Geoffroy, E. F. 254
주크 Zhuk, K. N. 237, **253**
줄 Joule, J. P. 43, 44, 62, 63, 85, 272
지멘스 Siemens, W. 117
지싱흐 Sissingh R. 153

ㅊ

챈들러 Chandler, D. 286
츠바르데마커 Zwaardemaker, H. 110
츠반 Zwaan, F. W. d. 104
츠반치히 Zwanzig, R. W. 285, 288
츠올손 Chwolson, O. 135
치클리스 Tsiklis, D. S. 342, 346, 353
칠로프 Zilov, P. A. 130

ㅋ

카냐르 드 라 투르 Cagniard d. l. Tour, C. 59, 60, 289
카라테오도리 Caratheodory, C. 252
카란드 Caland, P. 86
카메를링 오네스 Kamerlingh Onnes, H. 11, 12, 16, 17, 29, 32, 33, 39, 41, 42, 81, 84, 107, 118, 119, 121, 122, 123, 124, 139, 143, 144, 146, 149, 153, 157, 158, 172, 194, 197, 198, 199, 200, 201, 202, 203, 204, 206, 213, 220, 224, 225, 226, 228, 230, 236, 252, 254, 261, 262, 264, 269, 271, 282, 283, 287, 297, 299, 300, 301, 302, 303, 304, 306, 307, 335, 341
카블루코프 Kablukov, I. A. 152
카스테린 Kasterin, N. P. 232, **252**
카시미르 Casimir, H. B. G. 284
카위페르스 Cupyers, P. J. H. 87, 119, 127
카유테 Cailletet, L. P. 59, 139, 226, 238, 256, 291, 350
카이저 Kaiser, F. 11, 15, 20, 23, 28, 30, 31, 75, 85, 270
카이저 Kaiser, J. W. 85
카즈 Kaz, Ph. C. 103, 107, 115
카진 Cazin, a. A. 135
카츠 Cats, J. 1
카츠 Katz, J. L 285
칵 Kac, M. 279
칸 Cahn, J. W. 289
칸니차로 Cannizzaro, S. 183
칼라일 Carlyle, T. 355
캄펜 Kampen, N. G. v. 279
캉돌 Candolle, A. P. d. 37, 355
커크우드 Kirkwood, J. G. 284, 288, 289
케이 Kay, W. B. 332
케일리 Cayley, A. 223
켈빈, 톰슨 W. 참조Kelvin, (Thomson, W. 참조)
코노발로프 Konovalov, D. P. 199, 233, 234, 241, 242, 244, 245, 246, **252**, 256, 257, 258, 320, 328, 351
코르테베흐 Korteweg, D. J. **77**, **78**, 93, 94, 95, 105, 106, 110, 120, 121, 166, 202, 214, 266, 273, 279, 305, 336
코페샤르 Koppeschauer, W. F. **23**, 83, 85
코프 Kopp. H. F. M. 236

코헨 Cohen, E. 95, 103, 104, 174, 210
콕스 Kox, A. J. 17, 189
콘넨뷔르흐 Konynenburg, P. H. v. 343
콘스탐 Kohnstamm, Ph. 17, 37, 52, 96, 102, 108, 125, 138, **154**, 155, 161, 162, 164, 165, 167, 170, 171, 180, 186, 187, 188, 193, 196, 208, 213, 214, 216, 217, 219, 223, 224, 225, 228, 229, 263, 270, 276, 312, 339, 344, 345
콜라듀 Colardeau, E. 238
콜크, 슈뢰더 반데르 콜크 참조Kolk, (Schroeder v. d. Kolk 참조)
콥 Cop, M. J. 19, 21
쿠네우스 Cunaeus, E. H. J. 186
쿠르나코프 Kurnakov, N. S. 247, 310
쿠에넨 Kuenen, J. P. 146, 198, 199, 200, 219, 224, **225**, 226, 238, 254, 257, 322, 332, 337, 338, 345
쿤 Kuhn, C. H. 97
쿤트 Kundt, A. 226, 252
퀴리 Curie, M. 185
퀴리 Curie, P. 287
퀸케 Quincke, G. H. 332
퀸트 Quint, N. 186
크레아비치 Kraevich, K. D. 232, **251**
크로멜린 Crommelin, C. A. 300
크룩스 Crookes, W. 105, 106, 162
크리체프스키 Krichevskii, I. R. 243, 244, 248, 314, 327, 341, 342, 351, 352, 353
클라우지우스 Clausius, R. J. E., 37, 38, 39, 40, 44, 45, 46, 48, 49, 51, 52, 53, 61, 62, 63, 69, 76, 77, 78, 85, 130, 132, 136, 138, 205, 214, 218, 231, 233, 236, 238, 254, 272, 274, 276, 277, 294, 295, 305, 307, 325
클라인 Klein, M. 39, 52, 84
클루시우스 Clusius, C. 2
키르쉬 Kirsch, A. A. 35
키르케고르 Kierkegaard, S. 180
키르히호프 Kirchhoff, G. R. 117
키솜 Keesom, W. H. 124, 201, 282, 301, 304, 335, 341
키스챠코프스키 Kistyakovskii, V. A. 152, 240, 249, **255**, 259
키프니스 Kipnis, A. Ya. 253, 254

ㅌ

타박 Tabak, J. 35
탐만 Tammann, G. 145, 243, 246, 257, **258**
테르스테흐 Tersteeg, G. 87
테이트 Tait, P. G. 72, 73, 76, 243, 247, 273, 305
템킨 Temkin, M. 353
토르베케 Thorbecke, J. R. 6, 10, 13, 21, 23, 27, 28, 32, 33, 35, 71, 74, 87
톰슨 Thomsen, J. 183
톰슨 Thomson, J. 57, 59, 60, 72, 150, 272, 290
톰슨 Thomson, W. 43, 44, 57, 62, 63, 65, 85, 189
통크 Tonks, L. 305
트리첸버그 Triezenberg, D. G. 288
트립 Trip, H. and L. 74
티센 Thiesen, M. 306
티토프 Titov, A. 248
팀머만즈 Timmermans, J. 155, 188, 214

ㅍ

파르브, 스테인 파르브 참조 Parve, (Steyn Parve 참조)
파보르스키 Favorskii, A. 258
파블레프스키 Pavlewski, B. 254
파스퇴르 Pasteur, L. 183
파울러 Fowler, R. H. 288
파팅턴 Partington, J. R. 210
팔켄뷔르흐 Valkenburg, J. 102
패러데이 Faraday, M. 58, 100, 127, 169, 183, 184, 226, 289, 290
페르쿠스 Percus, J. K. 279
페린 Perrin, J. 162, 277
페쉬 Pesch, A. J. v. 23, 93
페익스 Feix, G. 348
페흐너 Fechner, G. 84
펜로즈 Penrose, O. 279
펠라 Pellat, J. S. H. 238
포겐도르프 Poggendorff, J. C. 81, 187
포이그트 Voigt, W. 189
포플 Pople, J. A. 285
폰델 Vondel, J. v. d. 1, 86
폴더 Polder, D. 284

표토르, 차르 Peter, Tsar 4
푸앵소 Poinsot, L. 65, 84
푸앵카레 Poincaré, H. 185, 191
푸틸로프 Putilov, K . 247
푹스 Fuchs, K. 152
프랑시몽 Franchimont, A. P. N. 78
프레드보디텔레프 Predvoditelev, A. 247
프레스넬 Fresnel, A. J. 169
프렌켈 Frenkel, Ya. 166, 351
프로망탱 Fromentin, E. 86
프리고진 Prigogine, I. 347
프린스 오브 웨일스 (영국 왕세자)Wales, Prince of 123
프링스하임 Pringsheim, E. 177
플라토 Plateau, J. A. F. 67, 72
플랑크 Planck, M. 130, 132, 171, 177, 184, 190, 226, 301, 307, 308, 310
플레밍 Fleming, A. 117
플레밍 젠킨, 젠킨 참조 Fleeming Jenkin, (Jenkin 참조)
플뤼커 Plucker, J. 26
피로고프 Pirogov, N. I. **251**
피로고프 Pirogov, N. N. 232, 251
피셔 Fisher, I. Z. 284
피처 Pitzer, K. S. 302
피크테트 Pictet, R. P. 122, 253
핀들레이 Findlay, A. 344

ㅎ

하르트만 Hartmann, C. M. A. 332
하스 Haase, R. 326
하이네 Heine, H. 2, 176
학스만 Haaxman, J. R. 25
한, 비어렌즈 데 한 참조 Haan, (Bierens d. Haan 참조)
할러 Haller, A. v. 4
할로 Hallo, J. J. 186, 216
헤르츠 Hertz, H. 36, 111, 112
헤임스케르크 Heemskerk, J. 88, 89
헨더슨 Henderson, D. 286
헬름 Helm, G. F. 229
헬름홀츠 Helmholtz, H. L. F. 100, 117, 170, 183, 252, 308, 309
헴머 Hemmer, P. C. 279
호브 Hove, L. v. 279, 280
호이겐스 Huygens, Christiaan 1, 3, 9, 38, 95
호이겐스 Huygens, Constantijn 2
호프트 Hooft, P. C. 1, 86
호헤베르프 Hoogewerff, S. 121
홀만 Hollman, R. F. 242, **257**
홉킨손 Hopkinson, J. 287
훌쇼프 Hulshof, H. 186
히른 Hirn, G. A. 135, 272, 305
히싱크 Hissink, D. J. 215
히어 Heer, O. 37
히토르프 Hittorf, J. W. 107
힌 Heen, P. d. 253, 277
힐데브란드 Hildebrand, J. H. 244
'힐데브란드' 비츠 참조 'Hildebrand', (Beets 참조)
힐라드 Hilliard, J. E. 289

주제 색인

이 색인엔 독자들의 이해를 돕고자 우리말 용어와 함께 네덜란드어 혹은 영어를 함께 나타내었다.

ㄱ

가이드 드 보야주 Guide des Voyageurs 18
고용체 solid solution 259
고지 독일어 high Dutch of Germany 84
공기 air 53, 59, 105, 167, 237, 281
공익협회 Maatschappij tot Nut van 't Algemeen 7
공존 coexistence 129, 139, 140, 141, 186, 200, 240, 241, 244, 245, 291, 309, 313, 314, 318, 320, 321, 322, 323, 324, 325, 326, 327, 328, 329, 338, 340, 341, 350, 351
과학 한림원 Academy of Sciences 한림원 참조.
광업 대학 Mining Institute 251, 252, 256
겉보기 회합 apparent association 186, 305
교육 학술회의 Conference on Education 32
결정화 crystallization 246, 351
경계 곡선 Boundary curve 129, 130, 131, 132, 294, 298, 327
구리 copper 232
국립 미술관 Rijksmuseum 74, 85, 87, 118
국립 표준국 National Bureau of Standards 29
국제 미터조약 Metre, International Convention (International Convention of the Meter) 29
국제 박람회, International Exhibition 185
국제순수응용물리학연합 International Union for Pure and Applied Physics (IUPAP) 288
국제 재판소 International Court 91
굴베르그의 규칙 Guldberg's rule 240
균일 homogemeous 141, 142, 242, 277, 278, 288, 289, 293, 294, 309, 310, 311, 331, 332, 335, 336, 337, 340, 341, 342
게이-뤼삭 법칙 Gay-Lussac's law 136, 234
괴팅겐 대학교 Gottingen University 251, 258, 262
극저온 연구소 Cryogenic Laboratory 6, 122, 123, 124, 224
기상학 metrology 38, 253
기체 gasons 46, 47, 58, 129, 137, 201, 217, 226, 230, 234, 251, 253, 257, 259, 351
기체의 액화 liquefaction of gases 58, 130, 321
기하학적 (모형)(방법) geometrical model(methods) 9, 105, 112, 134, 140, 141, 142, 165, 166, 220, 228, 247, 261, 263, 278, 310, 313, 325, 326, 329, 335, 348, 350, 352, 354
김나지움 Realgymnasia 7, 13, 18, 20, 24, 25, 87, 253, 255, 261
깁스-코노발로프 법칙 Gibbs-Konovalov law 351
깁스의 평형 원리 Gibbs's principle of equilibrium 217, 256, 312, 316
깁스 흡착 과잉 Gibbs adsorption excess 246
끓는점 boiling point 236, 239, 255, 295

ㄴ

남부 홀란드 주 및 헤이그 신문 Dagblad van Zuidhollad en' s Gravenhage 25
내부 압력 internal pressure 36, 42, 47, 50, 51, 243, 276, 277, 281
내부장 internal field 287
냉각 공학 refrigeration engineering 264
냉동 국제 학술 회의 Conference International du Froid 262
네덜란드 과학 협회 Hollandsche Maatschappij der Wetenschappen (HMW) HMW 참조 9, 37, 191
네덜란드 관보 Nederlandse Staats Courant 117
네덜란드 무역 협회 Nederlandsche Handel-Maatschappij 5
네덜란드 연보 Archives néerlandaises 142, 144, 146, 224, 252
네덜란드 문학 및 수학협회 Mathesis Scientiarum Genetrix Methesis 또는 수학협회를 참조 6
네덜란드 자연과학 및 의학 발전 학회 Society for the Development of Natural and Medical Sciences 266

네덜란드 자연과학자 및 의사 회의 Congress of Dutch Natural Scientists and Physicians 91, 181, 184, 223, 227
네덜란드 화학회 Dutch Chemical Society 266
네덜란드 학술회 Holland Society of Sciences 29
네덜란드 한림원 Hollandsche Maatschappij der Wetenschappen; (HMW)을 참조
노벨상 Nobel prize 37, 38, 39, 42, 52, 82, 88, 91, 140, 142, 143, 153, 164, 172, 181, 186, 195, 197, 203, 246, 263, 264, 265, 266, 276, 293
녹음 melting 245, 351
농축 용액 Condensed solution 145, 242, 257, 344
니켈 nickel 287

ㄷ

단거리 질서 Short range order 278
단디 대학 Dandee University College 225
달턴의 법칙 Dalton's law 139, 252, 334
대영 백과 사전 Encyclopaedia Britannica 85, 184
대응 상태 corresponding states 128-134, 233, 239, 290, 302
대응 상태의 원리(법칙) Principle (Law) of corresponding states 105, 237, 243, 264, 267, 269, 271, 288, 290, 294, 297, 298, 299, 300, 301, 302, 303, 304
데 기즈 De Gids 5, 87, 165, 178
데벤터 아테나움 일루스트레 Deventer Arthenaeum Illustre 18
데벤터 쾨켄 Deventer koeken 18
델프트 폴리텍 Delft Polytechnic 29, 37, 77, 92, 93, 116, 121, 132, 227
도르파트 대학교 Dorpat university, 246, 257
등압선 isobar 323, 324, 328, 339
동소체 현상 allotropy 209, 227
동위 유체 isofluid 242, 243
동일성 identity 41, 42, 43
동질 동형 orthomor 오르쏘머 참조
등온선 isotherm 55, 56, 57, 59, 70, 78, 79, 182, 186, 202, 235, 240, 298, 299, 303, 310, 320, 323, 338
등온선의 기본 방정식 fundamental equation of the isothermals 44, 47, 49, 50, 53
등적 규칙 equal-areas rule 62, 70, 129, 130, 131, 307
등치선 isoline 338
딜리젠티아 Diligentia 25, 27, 32, 71, 75, 105

ㄹ

라듐 연구소 Radium Laboratory 185
라이치히 물리화학 연구소 Leipzig Physical Chemistry Institute 157, 224
라플라스 적분 Laplace's integrals 61
람다 점 lambda point 292
런던 물리학회 Physical Society of London 영국 왕립 물리학회 참조 199
런던 화학회 Chemical Society in London 영국 왕립 화학회 참조 70, 129
러시아 과학원 Russian Scientific Institution 255
레나드-존스 포텐셜 Lennard-Jones potential 283, 285, 303
레이던 Leiden 제1장 전부(1~17)
레이던 단신 Leiden Communications 199, 238
레이던 대학교 Leiden University 1~17, 20, 21, 23, 33, 64, 70, 72, 75, 76, 78, 80, 82, 88, 109, 146, 149, 158, 181, 187, 197, 225, 233, 267
레이던 베이즈 Leiden baize 3
레이던병 Leiden jar 3
레이던 옷감 fine Leiden Cloth 3
레이던 캠릿 Leiden camlet 3
렉토 Rector 90, 91, 92, 95, 109, 157, 207, 226, 261
로슈미트 수 Loschmidt's number 61, 62
로제봄 기금 Roozeboom's Fund 209
루인스 'Ruins' 5
룸코르프의 유도 코일 26

ㅁ

마우리츠하위스 Mauritshuis 119
맥스웰의 법칙 Maxwell's law 171
맥스웰의 비평 Maxwell's review 68, 69, 70, 71, 72, 78, 136
메테시스 Mathesis Scientiarum Genetrix 6
멱급수 power series 273, 299, 306
모세관 층 capillary layer 148, 149, 150, 315
모세관 현상 capillarity. 42, 47, 65, 67, 68, 112, 147,

148, 149, 151, 153, 211, 217, 235, 252, 255, 258, 271, 280, 287, 288, 289, 290, 311, 315
모스코바 대학교 Moscow University, 251, 252, 255, 257
모스코바 자연과학자 협회Moscow Naturalists' Society 157
모스코바 제국 자연과학자 협회 Imperial Naturalists' Society of Moscow 249
물 water 51, 59, 61, 167, 189, 231, 235, 237, 238, 254, 256
물리학 연구소 Physical Laboratory 97, 121, 224, 225, 253, 261
물리학 강좌 Natuurkundige Voordrachten 25, 35
물리학 연보 Annalen 11, 77, 130
물리화학 저널 Zeitschrift für physikalische Chemie 138, 224, 240
묽은 용액 dilute solution 344
뮬로 MULO 7
밀도-함수 density-function 289

ㅂ

바르샤바 대학교 Warsaw University 251
바이노달 곡선 Binodal curve 112, 129, 199, 336
바크휘스 로제봄 메달 Bakhuis Roozeboom Medal 212
바이블래터 Beiblater 81, 82, 128, 136
반데르 발스 고리 van der Waals loops 241
반데르 발스 기금 van der Waals Fund 156, 157, 188, 263
반데르 발스 등온선 van der Waals isotherm 310
반데르 발스 방정식 van der Waals equation 44-64, 85, 112, 206, 219, 231, 232, 233, 234, 235, 240, 244, 248, 257, 268, 273, 274, 278, 279, 298, 299, 307
반데르 발스 온도 van der Waals temperature 240
반데르 발스 힘 van der Waals force 282
배열 arrangement 45, 314
배제 부피 excluded volume 52, 280
베르스라헨 Verslagen 12, 124, 125, 127
베를린 과학 아카데미 Berlin Academy of Sciences 10, 184
베버의 법칙 Weber's law 65
베이커 강연 Bakerian Lecture 78, 289
벤젠 benzene 152, 243, 286, 297
벤젠+브로모 벤젠 benzene +bromobenzene 243
벤젠+사염화 탄소 benzene +carbon tetrachloride 243
벤젠+클로로 벤젠 benzene +chlorobenzene 243
벤젠+톨루엔 benzene +toluene 243
별빛 하늘 The Starry Sky 10
보어 전쟁 War, Anglo-Boer 190
보일 법칙 Boyle's law 79, 136, 229, 234, 334
보일 온도 Boyle point 202
보일-마리오트-게이-뤼삭 방정식 Boyle – Mariotte – Gay - Lussac equation 235
보좌관 Assessor 91
복사 radiation 160, 177, 186, 268
복사 물질 radiant matter 106, 162
볼츠만 인수 Boltgman factor 278
부러흐 Burger Avondschool 야간 학교 참조
북부 독일 지방어 Low-Dutch language 70, 84
분계면 dividing surface 148
분극화 Polarization 98
분산도 fugacity 347
분자 molecule 제11장 전부(272~307)
분자간 포텐셜 intermolecular potential 283, 286
분자 과학 molecular science 44, 53, 70, 106, 161
분자 압력 molecular pressure 42, 43, 46, 50, 52, 60, 63, 68, 148
분자 운동론 kinetic theory of molecules 38, 39, 40, 41, 43, 44, 53, 63, 69, 78, 82, 100, 101, 135, 137, 138, 147, 162, 178, 214, 222, 229, 231, 232, 251, 309, 313, 350
분자(간)력 intermolecular force 67, 247, 257, 277, 281, 300, 305, 306
분자 역학 molecular mechanics 70, 78
분자 인력 molecular attraction 43, 248, 283, 300, 306
불관통성 impenetrability 284, 285, 286, 306
불균일 heterogeneous 136, 138, 206, 207, 208, 217, 218, 228, 247, 248, 276, 288, 327, 337, 340, 341
불변 끓음 azeotrope 334
불변 끓음 혼합물 azeotropic mixture 334, 335
불변계 invariant system 244
불변경성 unalterability of *molecules* *331*
불활성 기체 inert gas 184, 237, 297, 301, 303

브라운 운동 Brownian motion 162, 277
브록하우스-에프론 백과사전 Brockhaus - Efron Enclyclopaedic Dictionary 234
비리알 virial 45, 48, 52, 53, 69, 231, 272, 273, 276, 278, 279, 288, 299, 300, 306
비리알 방정식 virial equation 53, 273, 289, 299, 300, 307
비스 비바 vis viva 45
비인력 specific attraction 51
비엔나 과학 아카데미 Vienna Academy of Sciences 82
비열 specific heat 134, 135
빛 light 24, 26, 76, 85, 97, 100, 101, 107, 111, 153, 267

ㅅ

사강사 Privat Dozent 81, 211, 225, 252, 257, 295
사관 학교 Military Academy 251
사라토프 대학교 Saratov University 258
사성분계 Four-component system 228
사염화 규소 Silicone tetrachloride 235
사염화 탄소 carbon tetrachloride 236, 286
사중 극자 quadrupole 283
산소 oxygen 300, 304
삼성분계 ternary system 186, 234, 258, 316, 325, 326, 330, 343, 350, 353
삼성분 혼합물 ternary mixture 327, 330, 343
삼중점 tricritical point 314, 325
삼투압 osmotic pressure 144, 256, 259, 344, 346
상 phase 227, 303, 310, 311, 318
상규칙 phase rule 206, 207, 217, 244, 311, 344
상그림 phase diagram 207, 244, 247, 352
상의 방정식 the equation of a phase 311
상전이 phase transition 273, 279, 280, 284, 285, 292, 351, 354
상태 방정식 equation of state 50, 55, 58, 140, 141, 186, 218, 219, 222, 223, 229, 232, 233, 234, 239, 242, 247, 248, 251, 257, 266, 267, 268, 271, 272, 276, 277, 279, 280, 281, 282, 287, 288, 294, 298, 299, 300, 307, 308, 309, 311, 326, 330, 331, 332, 343, 346, 350
상평형 phase equilibrium 138, 206, 212, 217, 218, 241, 242, 248, 252, 256, 257, 258, 256, 269, 308, 310, 342, 343, 346, 348, 350
상페테르부르크 과학 아카데미 St Petersburg Academy of Sciences 4
상페테르부르크 대학교 University of St Petersburg 233, 253, 254, 257, 258, 267
새로운 수로 Nieuwe Waterweg 86
섭동 이론 perturbation theory 284, 285, 286, 303
성 블라드미르 대학교 st vladmir university 249, 250, 259
속 genus 133
송이 cluster 278, 351
수소 hydrogen 26, 53, 59, 200, 201, 283, 300, 303, 304
수에즈 운하 Suez Canal 5, 86
수은 mercury 29, 61
수화물 hydrate 204, 205, 244, 257
수학협회. 네덜란드 문학 및 수학협회(메테시스 Mathesis Scientiarum Genetrix) 참조 6, 7, 9, 15, 17, 23
순압 효과 barotropic effect 201, 335, 341
숯 coal 248
스웨덴 과학 아카데미 Swedish Academy of Sciences 264, 265
Royal Swedish Academy Swedish Academy of Sciences 참조
스펙트럼 spectrum 26, 41, 107, 167, 176
스피노달 곡선 spinodal curve 112, 336, 338, 339
시드니 대학교 Sydney University 152

ㅇ

아르곤 argon 282, 285
아마가의 법칙 Amagat's law 334
아보가드로 법칙 Avogadro's law 61, 144
아보가드로 상수 Avogadro's constant 60, 281
아산화 질소 nitrous oxide 78, 79
아세톤 acetone 236
아세토니트릴 acetonitrile 286
아세트산 acetic acid 239
아세트산-물-n-부탄 acetic acid+water+n-butane 350
아크테 Akte 또는 Akte van Bekwaamheid 8, 14, 15, 20, 66
아테나움 Athenaeum 7, 18, 19, 27, 71, 89, 90, 91,

92, 93, 95
아테나움 일루스트레 Arthenaeum Illustre 18, 88
안정성 stability 58, 244, 263, 290, 313, 316, 317, 326, 327
안토노프의 규칙 Antonov's rule 245
안트라퀴논+에틸 에터 anthraquinone +ether 208
알로머 (이질동형) allomer 239
알코올 alcohol 61, 254, 281, 297, 298
암모니아 ammonia 247, 342
암모니아+메탄 ammonia +methane 342
암모니아+메탄+질소ammonia +methane +nitrogen 342
암모니아+질소Ammonia +nitrogen 342
암모니아+질소+수소 Ammonia + nitrogen + hydrogen 342
암모니아+헬륨ammonia +helium 342
암스테르담 대학교 University of Amsterdam 83, 제4장 전체 (86~114), 138, 140, 209, 210, 250
암스테르담 시립 대학교 Gemeente Universiteit van Amsterdam 89
암스테르담 왕립 과학, 문학 및 예술원 Amsterdam Royal Institute of Sciences, Letters, and Arts 73
압력계수 pressure coefficient 53
압축률 compressibility 41, 53, 234, 243
앙상블 ensemble 45
Archives Musée Teyler 19
액정 liquid crystal 247, 287, 351
액체 liquid 또는 liquidon 46, 58, 67, 129, 149, 217, 225, 234, 235, 237, 239, 241, 253, 257, 259, 285, 286, 288, 327, 351
액화 liquefaction 58, 59, 132, 201, 202, 226, 235, 261, 289, 304
야간 학교 Burger Avondschool 7, 17
에든버러 대학교 Edinburgh University 9
에어로솔 aerosol 33, 35, 43, 167
HBS Hoogere Burgerscholen 13, 제2장 전체 (18~35), 55, 67, 71, 75, 77, 78, 85, 87, 88, 95, 116, 134, 154, 196, 204, 210, 226
HMW Hollandsche Maatschappij der Wetenschappen 또는 Holland Society of Sciences of Haarlem, 네덜란드 과학 협회 참조 9, 11, 18, 37, 71, 73, 75, 95, 191, 252
에르랑겐 Erlangeng University 190
에탄 ethane 186
에탄올 ethanol, ethyl alcohol 235, 237
에틸 에터 ethyl ether 135, 235, 236, 237
에터 ether 61, 135, 149, 152, 189, 267, 281, 300
에터+안트라퀴논 ether+anthraquinone 208
엑스-선 회절 X-ray diffraction 278, 285
엔트로피 entropy 112, 140, 151, 152, 217, 218, 222, 240, 326
엘스비어 Elsevier 2
역 응축 retrograde condensation 198, 199, 322, 328, 330
연속성 Continuity 34, 36, 39, 41, 42, 43, 55, 66, 67, 68, 77, 81, 82, 92, 93, 108, 112, 129, 130, 135, 140, 142, 152, 156, 157, 167, 182, 183, 188, 189, 190, 211, 213, 215, 230, 231, 235, 237, 242, 246, 248, 249, 257, 259, 262, 274, 277, 310, 321, 326, 345
연속체 contimuum 47
연화 softening 286
열 heat 26, 37, 40, 41, 44, 45, 51, 55, 63, 100, 101, 111, 112, 145, 221, 223
열운동 thermal motion 46, 197, 303
열역학 교과서 Lehrbuch der Thermodynamik 156, 164, 213, 215-219, 223, 228, 248, 267, 341, 344, 345
열역학 제1법칙 First law of Thermodynamics 101, 147, 217, 312
열역학 제2법칙 Second law of Thermodynamics 45, 101, 147, 149, 217, 232, 251, 312
열역학 포텐셜, thermodynamic potential (또는 화학 포텐셜 Chemical potentical 참조) 207, 212, 247, 310, 350
열역학적 유사성 thermodynamic similarity 248
열용량 heat capacity 48, 81, 129, 138, 152, 292
열의 죽음 heat death 218
열팽창 계수 coefficient of thermal expanstion 41, 53, 234, 239
염화 수소 hydrogen chloride 186, 204
영구 기체 permanent gas 44, 58, 59, 289
영국 왕립 과학 대학 Royal College of Science, London 183
영국 왕립 음악 학교 Royal Music School 22
영국 왕립 천문학회 Royal Astronomical society, London 10
영국 왕립 과학 연구원 Royal Institution in London

또는 Royal Institution of Great Bratain 참조 10, 183, 184
영국 왕립 학회 Royal Society 78
영국 (왕립) 화학회 Chemical Society, London (또는 런던 화학회 참조) 70, 129
영국 학술 협회 British Association 9, 105
예술 협회 Fine Arts Society 22
예일 대학교 Yale University 292
오데사 대학교 Odessa University 251
오로쓰머 orthomer 239
옥스퍼드 대학교 Oxford University 183
옴의 법칙 Ohm's law 79
왕립 과학 한림원 Royal Academy of Sciences, 또는 한림원 참조. 9, 71, 73, 74, 제5장 전체(115~127)
왕립 학회 철학 회보 Philosophical Transaction of the Royal Society 79
요동 fluctuations 251, 293
왕립 해양 연구원 Royal Marine Institution 210
용액 solution 204, 212, 241, 242, 243, 246, 249, 256, 353
용액 이론 solution theory 249
용해도 solubility 241, 255, 256
운동 에너지 kinetic energy 37, 45, 48, 51, 302
의학과 자연 과학 학회 The society of medical and natural sciences 93
우리 시대(Ouze eeuw) 96, 178
위트레흐트 대학교 Utrecht University 35, 38
유리예프 Yuriev, Jurjew 또는 타르투 참조 188, 258
유카와 포텐셜 Yukawa potential 306
응집 상태 condensed state 41, 42, 202
응축 condensation 198, 241, 279, 286, 351
이산화 황 sulphur dioxide 26, 53, 247
이산화 탄소 carbon dioxide 26, 52, 53, 54, 56, 78, 79, 107, 130, 274, 289
이산화 탄소+공기 carbon dioxide+air 167, 237
이산화 탄소+염화 메틸carbon dioxide +methyl chloride 186, 198
이산화탄소+염화 수소carbon dioxide +hydrogen chloride 167, 186
이상 기체 ideal gas 36, 40, 47, 53, 68, 200, 231, 232, 235, 285, 301
이상 조화 결정 ideal harmonic crystal 285
이성분계 binary system 112, 186, 217, 244, 258, 315, 316-330, 353
이성분 혼합물 binary mixture 112, 141, 142, 198, 200, 201, 211, 212, 217, 219, 245, 263, 271, 267, 269, 277, 318, 326, 330, 337, 339, 343, 347
이성질체 isomeris 41, 239, 311
이소펜테인 isopentane 240, 291, 300
이슬점 dew point 321, 322
이징 모형 Ising model 292
이황화 탄소 carbon disulphide 236, 61
인력 포텐셜 interaction potential 280, 282
일성분계 one component system 217, 240, 241, 350
임계 매개 변수 critical parameter 55
임계 부피 critical volume 58, 237, 238
임계 압력 critical pressure 58, 237, 238, 296, 301, 332, 342
임계 온도 critical temperature 58, 59, 85, 149, 236, 237, 238, 241, 254, 257, 287, 290, 296, 303, 304, 332, 333, 335, 342, 343, 353
임계점 critical point 58, 149, 200, 236, 237, 239, 240, 242, 245, 246, 291, 293, 303, 321, 323, 341, 342, 350, 351
임계 지수 critical exponent 59, 85, 240, 291, 292

ㅈ

자기 magnetism 100, 101, 107, 186, 261, 287, 292, 293
자연 과학 및 의학회 Natural and Medical Sciences Society 262
자유 에너지 free energy 140, 141, 142, 149, 150, 151, 152, 278, 293, 315, 319, 330, 334, 346, 353
작용구 sphere of action 46
작용 원판 disc of action 49
재규격화 군 renormalization group 293
전진 운동 progressive motion 48, 51
전해 electrolysis 145
전해질 electrolyte 144, 145, 212
점도(점성) viscosity 44, 255, 269, 351
절대 온도 absolute temperature 262
절대 끓는점 absolute boiling temperature 235, 236, 254, 289, 296
정규 용액 regular solution 244
정압 orthobaric 241, 298, 328

제만 효과 Zeeman effect 153, 172
제안 Stellingen 35, 64, 84, 94, 155, 229, 345
제일 차 세계 대전 the first World War 200, 247, 268, 354
제2종 역 응축 retrograde condensation of the second kind 322, 330
제이 차 세계 대전 the second World War 156, 326
ζ--표면 ζ-surface 309, 326
주간 화학 chemist weekblad 226, 266
준 물체 pseudo body 39
준-회합 quasi-association 227, 255, 265, 267, 277, 278, 305
숄 반전 온도 Joule inversion temperature 202
줄-톰슨 실험 Joule-Thomson experiment 43
줄-톰슨 효과 Joule-Thomson effect 44, 85
줄-톰슨 계수 Joule-Thomson coefficient 62, 63, 233
증기 vapor 51, 65, 131, 152, 235, 237, 239, 241, 257, 289, 320
증기압 vapor pressure 130, 145, 232, 236, 239, 241, 294, 295, 296, 297, 307
증발 잠열 latent heat of vaporization 131, 138, 232, 235, 236, 255, 289, 295
지레 규칙 lever rule 321
직선 지름의 법칙 the law of rectilinear diameters 240, 256, 297
질량 작용의 법칙 law of mass action 47
질소 nitrogen 26, 107, 300

ㅊ

철 iron 247, 287
철학 잡지 philosophical magazine 238
초산 +부탄+물 acetic acid + butane + water 350
초전도도(초전도성) superconductivity 226, 292, 304
충돌 매개 변수 impact parameter 50
측정을 통한 지식 Through measurement to knowledge 197, 225

ㅋ

카냐르 드 라 투르 점 Cagnaird d.l.Tour,c. point 289
카르노 순환 Carnots cycle 112, 132
카잔 대학교 Kazan University 251
카잔 수학회 Kazan Mathematical Society 9
커의 자기 광학 효과 Kerr (magneto-optics) effect 107
캘리포니아 공과대학 California Institute of Technology 파사데나 참조
케임브리지 대학교 Cambridge University 182
코넬 대학교 Cornell University 293
코노발로프의 법칙 Konovalov's law 199, 244, 320, 321
퀴리 점 curie point 287
q 선 q-line 112, 261, 338, 339
클라지우스 방정식 Clausius equation 274
클라페롱-클라우지우스 식 Clapeyron-Clausius equation 205, 221, 236, 325
클로로폼 chloroform 135, 239
클라스트 cluster 278, 351
키예프 대학교 Kiev University 253, 254

ㅌ

타르투 Tartu 188
타르투 대학교 Tartu University 188, 246
타스마니아 Tasmania 1
탄산 carbonyl acid 186, 198
탄산+염화 메틸 carbonyl acid+methyl chloride 186, 198
탄소 carbon 53, 107, 247
탄소+철 carbon +iron 247
탐만의 달걀 Tamman's egg 246
태양 Sun 26, 35, 65, 104, 169
테일러 급수 Tayler series 151, 290, 292
트루턴의 규칙 Trouton's rule 240
트리펜하위스 Trippenhuis 74, 75, 277

ㅍ

파사데나 (캘리포니아 공과대학) California Institute of Technology, Pasadena 288
φ-표면 φ-surface 94, 140, 141, 142, 146, 166, 195, 198, 200, 201, 261, 309, 325, 334, 335, 337, 339,

341, 345, 353
판드로모티브 힘 pondermotive power 94, 105, 111
패러데이의 새장 Faraday cage 127
팽창 계수 coefficient of expansion 53
페놀+ 물 phenol +water 256
평균 자유 행정 mean free path 38, 49, 50, 61, 275, 281
평균장 mean-field 268, 287
포락선 envelope 329
포점 bubble point 321, 322
포화 액체 saturated liquid 55
포화 증기 saturated vapor 55, 129, 134, 135, 138, 152
포화 증기압 saturated vapor 58, 62, 70, 129, 241, 252, 253, 293, 295
폼산 메틸 methyl formate 239
표면 장력 surface tension 33, 61, 65, 67, 82, 149, 150, 152, 186, 232, 240, 241, 245, 246, 281, 288, 289, 291
표면 층 surface layer 68, 148, 246
프라네크 대학교 Franeker University 4, 5
프라하 아카데미 Prague Academy 9
프랙탈 fractal 293
프랑스 학사원 Institute de France 73, 185
프레스부르크 Pressburg, 또는 브라티슬라바 (Bratislava) 참조 152
프로시딩 proceeding 또는 베르스라헨 참조 12, 35, 124, 125, 163, 201, 202, 263, 266
플레이트 plait 141, 261, 309, 335, 336, 337, 338, 339, 340, 341, 352, 353
플레이트 점 plait point 139, 142, 199, 261, 327, 329, 336, 337, 338, 340, 341, 342, 352
플레이트 선 plait line 261, 337, 338, 340
피뢰침 lightning conductor 117, 118, 119
p-선 p-line 112, 261, 338, 339
피에조미터 piezometer 243

ㅎ

하이델베르크 대학교 Heidelberg University 235, 251, 253, 258
한림원 Royal Academy of Sciences 9, 11, 12, 18, 23, 35, 52, 71, 73, 74, 75, 92, 93, 115~127(제5장 전부), 173, 196, 202, 207, 212, 220, 227, 260, 265, 266, 267, 269
할로-벤젠 halo-benzene 297
할렘머 메어 Haarlemmer Meer 5
해리 dissociation 136, 144, 145, 204, 212, 217
헬륨 Helium 190, 194, 201, 202, 203, 226, 261, 264, 283, 292, 304, 342, 353
헬륨 + 수소 helium +hydrogen 200, 201, 353
헬륨 + 제논 helium +xenon 353
호이겐스 메달 Huygens Medal 38, 95
호크 Hok 22
혼탁 현상 opalescence 236, 237, 242
혼합물 mixture 58, 137, 140, 141, 142, 185, 186, 189, 191, 198, 201, 222, 237, 241, 242, 245, 246, 247, 248, 257, 260, 263, 277, 288, 293, 309, 321, 327, 329, 330, 331, 332, 333, 341, 344, 346, 348, 352, 353
혼화성 miscibility 241, 342, 353
화학 역학 chemical mechanics 136
화학 포텐셜 chemical potential 152, 212, 241, 247, 311, 316, 338, 346, 350, 353
화학 연구소 Chemical Laboratory 121, 123
확산 diffusion 38, 44, 197
환산 reduced 131, 296, 299, 300, 301
환산 부피 reduced volume 131
환산 압력 reduced pressure 131, 132
환산 온도 reduced temperature 132
환산 증기압 reduced vapor pressure 131, 230, 298, 301
활동도 activity 346, 347, 353
활동도 계수 activity coefficient 347, 353
황금시대 Golden age(Gouden Eeuw) 1, 3, 12, 181
황산 sulfuric acid 204
후보자 candidate 14, 32, 94, 99, 111, 112, 138, 155, 204
후원자 promotor 64, 94, 213, 279, 303
흐르닝엔 대학교 Groningen University 4, 23, 71, 88, 90, 125, 178, 212
회합 association 204, 206, 223, 232, 237, 242, 276, 298
흐림 opalescence 혼탁 현상 참조 257
흡착 adsorption 197, 248
흡착 등온선 adsorption isothermal 248
희박 기체 dilute gas 26, 27, 36, 46, 105, 107, 167
희박 용액 dilute solution 144, 209, 217, 228

역자 후기

대학에서 물리 혹은 화학 관련 전공을 한 학생 혹은 졸업생들이라면 이상 기체와 실제 기체의 존재는 물론, $PV=nRT$라고 하는 이상기체 상태 방정식과 반데르 발스 상태 방정식, 그리고 대응 상태의 원리에 대해 배우지 않은 사람은 아마 아무도 없을 것이다. 게다가 열역학을 배우는 학생들은 용액 이론, 모세관 이론, 상평형 같은 주제에 대해서도 기본적인 지식을 습득하게 된다.

그중에서도 특히 실제 기체에 대해 가장 간단하면서도 이상 기체 상태 방정식을 보완한 반데르 발스 상태 방정식은 반데르 발스라는 이름을 그들에게 뚜렷이 각인시켜 주게 된다.

학생들은 기초 물리학이나 일반화학은 물론, 물리화학이나 열역학 등을 공부하면서 교과서에 등장하는 많은 이론들을 암기식으로 외우는 경우가 많다. 하지만 이름을 가진 유명한 법칙이나 원리들이 어떤 배경하에서 등장하게 되었는지 과학사적으로 공부를 하다 보면 그 법칙들이나 원리들이 훨씬 더 이해가 수월할 경우가 적지 않다.

이런 점에서 네덜란드의 물리학자, 요하네스 디데릭 반데르 발스의 삶과 그의 업적은 물론, 분자 과학의 태동을 다룬 이 책은 학생들에게 큰 도움이 되리라 생각한다. 우리들이 1996년 옥스퍼드 대학교 출판사(Oxford University Press)에서 출간된 이 원저를 처음 접했을 때 놀라움을 금치 못한 채 손에서 놓지 못하던 기억을 되살리면 이 책을 읽는 학생들에게도 마찬가지 감동을 불러일으킬 수 있을 것으로 기대된다.

젊은 날 작성한 박사 학위 논문으로 노벨상을 받고 분자 과학과 물리화학이라는 새로운 학문 세계를 정립한 위대한 과학자의 삶을 들여다보면서 많은 것을 배우게 될 것이라 확신한다.

다만, 영어는 물론이고 책 곳곳에 네덜란드어, 독어, 불어, 러시아어 때로는 라틴어가 등장하기 때문에 번역이 쉽지 않았음을 솔직히 고백한다. 또한 때로는 한 문장이 매우 길기도 하고, 일상생활에서 잘 사용하지 않는 영어 단어를 구사하고 있어 읽기가 쉽지 않은 책이었다. 그럼에도 불구하고 책이 다루고 있는 전체 내용이 워낙 훌륭하기에 즐겁게 번역 작업을 마칠 수 있었다.

이 책을 번역하면서 영어는 물론이고 네덜란드어, 독일어, 프랑스어, 러시아어로 된 인명이나 지명 같은 고유 명사 외래어에 대해 나름대로 정확한 표기를 하려고 애썼지만, 그래도 많은 오류가 있을 것이라 짐작한다. 사실 이런 어려움은 원저에도 등장한다. 러시아 학자 Коновалов를 영어로 번역하면서 Konowalow와 Konovalov 등으로 혼용하여 사용하고 있고, Надеждин를 Nadezhdin과 Nadejdine 등으로 혼용하여 사용하고 있는 걸 보면, 역시 외국 인명을 모국어로 번역하는 것이 쉽지 않음을 보여 준다. 이 역서에는 우리말로 각각 코노발로프와 나데진으로 번역하였지만 이 또한 정확한 표기인지는 확신할 수 없다. 어떤 경우든 인명이나 지명 등의 고유명사에 대한 역자들의 우리말 번역에 오류가 적지 않으리라는 점을 미리 밝혀 두고자 한다. 따라서 이에 대해서는 전적으로 번역자의 잘못임을 고백하고 독자들에게 양해를 미리 구하고자 한다. 번역자의 실수 때문에 큰 오류를 범하는 잘못을 피하기 위해 원저의 색인에 등장하는 이름은 물론이고 별도로, 번역할 때 사용했던 이름들은 번역된 이름 뒤에 괄호를 사용하여 원어를 함께 나타내었다. 그밖에도 색인에는 번역할 때 사용한 우리말과 함께, 원저 색인에 있던 영어 이름을 모두 함께 표기하였으므로 참고 바란다.

또한, 원저에서는 주석(Notes)과 참고 문헌이 모두 각 장마다 별도로 수록되어 있으나, 이 번역서에는 읽기 쉽도록 주석은 각장 끝에 그대로 두되 참고 문헌은 모두 부록으로 옮겨 실었다.

이 책을 우리말로 번역하도록 허락해 준 대표저자 J. S. 로우린손 교수(옥스퍼드 대학교 명예교수)에게 진심으로 감사드린다. 아울러 각각 독일어와 프랑스어 번역에 도움을 주신 부산대학교 독어교육과의 이상금 교수와 부산대학교 불어교육과의 서명숙 교수에게도 특별히 감사드린다. 또한 여러 나라 언어들이 섞인 참고 문헌들과 부록의 문헌 및 출판물 목록 등을 타이핑해 준 부산대학교 고분자공학과 김예은 학생과 이 책의 원고들을 윤독해 준 부경대학교 이원기 교수와 부산대학교 고분자공학과 나노정보소재연구실의 대학원생들에게도 고맙다는 인사를 남긴다. 무엇보다도 3여 년에 걸친 이 책의 번역과 인쇄, 교정 작업 동안 함께하지 못한 시간들을 인내하며 참아주고 배려해 준 사랑하는 가족들에게 가장 큰 고마움을 전하고 싶다.

2018년 1월 1일

하창식·이중희

역자 소개

하창식

부산대학교 화학공학과 졸업
한국과학기술원 화학공학과 공학석사 및 공학박사 학위 취득
University of Cincinnati (재료공학과), Stanford University (화학공학과), SUNY Buffalo(화학과) 및 UCLA(화학과) 방문 연구
부산대학교 부총장, 나노그리드소재 융합연구단장,
한국 접착 및 계면학회 회장 역임
부산대학교 고분자공학과 교수
한국과학기술한림원 정회원, 한국공학한림원 정회원
저서: Advances in Organic Light-Emitting Devices (TransTech),
고분자 구조와 물성(대영사), 고분자화학(문운당) 등

이중희

McGill University, Department of Chemical Engineering, Canada
University of Tsukuba, School of Life and Environmental Sciences, Japan
United Nations Volunteers, UNV Reference Unit Intern, Bonn, Germany
부산대학교 유전공학연구소, 생산기술연구소 연구원
Keywords International, LQA Testing / Freelance Translator, Tokyo, Japan

반데르 발스와 분자 과학

초판 인쇄　2018년 1월 30일
초판 발행　2018년 2월 7일

원 표 제　Van der Waals and Molecular Science
원 저 자　A. Ya. 키프니스, B. E. 야벨로프, J. S. 로우린손
역　　자　하창식 · 이중희

발 행 인　전 호 환
펴 낸 곳　부산대학교 출판부
주소－부산광역시 금정구 장전동 부산대학로63번길 2(장전동)
전화－(051) 510－1932~3
전송－(051) 512－7812
등록－제카 11-2 1992. 9. 10.

* 잘못된 책은 구입한 서점에서 교환해 드립니다.
* 이 책은 저자로부터 직접 허가를 받아 번역하였습니다.

값 25,000원

ISBN 978-89-7316-572-8 93430

『이 도서의 국립중앙도서관 출판예정도서목록(CIP)은 서지정보유통지원시스템 홈페이지(http://seoji.nl.go.kr)와 국가자료공동목록시스템(http://www.nl.go.kr/kolisnet)에서 이용하실 수 있습니다.(CIP제어번호: CIP2018003038)』